U0229622

国家防汛抗旱指挥系统二期工程综合数据库工程标准（上册）

水利部国家防汛抗旱指挥系统工程项目建设办公室　编

中国水利水电出版社
www.waterpub.com.cn

·北京·

内 容 提 要

本书汇编了防洪工程数据库、地理空间数据库、实时工情数据库、洪涝灾情统计数据库、旱情数据库、社会经济数据库、元数据库共计 7 个数据库的表结构及标识符标准，是国家防汛抗旱指挥系统二期工程项目标准的一部分，用于规范国家防汛抗旱指挥系统二期工程数据库的表结构及标识符。

本书可作为国家防汛抗旱指挥系统数据库建设人员的指导用书，也可作为防汛抗旱指挥人员、管理人员的参考资料。

图书在版编目（ＣＩＰ）数据

国家防汛抗旱指挥系统二期工程综合数据库工程标准/水利部国家防汛抗旱指挥系统工程项目建设办公室编. --北京 ：中国水利水电出版社，2018.5
ISBN 978-7-5170-6507-4

Ⅰ. ①国… Ⅱ. ①水… Ⅲ. ①防洪－指挥系统－系统工程－标准－中国②抗旱－指挥系统－系统工程－标准－中国 Ⅳ. ①TV87-65②S423-65

中国版本图书馆CIP数据核字(2018)第119333号

书　　名	**国家防汛抗旱指挥系统二期工程综合数据库工程标准** **（上册）** GUOJIA FANGXUN KANGHAN ZHIHUI XITONG ERQI GONGCHENG ZONGHE SHUJUKU GONGCHENG BIAOZHUN
作　　者	水利部国家防汛抗旱指挥系统工程项目建设办公室　编
出版发行	中国水利水电出版社 （北京市海淀区玉渊潭南路 1 号 D 座　100038） 网址：www. waterpub. com. cn E - mail：sales@ waterpub. com. cn 电话：（010）68367658（营销中心）
经　　售	北京科水图书销售中心（零售） 电话：（010）88383994、63202643、68545874 全国各地新华书店和相关出版物销售网点
排　　版	中国水利水电出版社微机排版中心
印　　刷	北京瑞斯通印务发展有限公司
规　　格	210mm×297mm　16 开本　35 印张（总）　1060 千字（总）
版　　次	2018 年 5 月第 1 版　2018 年 5 月第 1 次印刷
印　　数	001—500 册
总 定 价	**300.00 元**（上、下册/含光盘）

凡购买我社图书，如有缺页、倒页、脱页的，本社营销中心负责调换

版权所有·侵权必究

《国家防汛抗旱指挥系统二期工程综合数据库工程标准》
编 委 会

主 编 杨名亮

副主编 郝春明 王向军

编 委（按姓氏笔画排序）

邓玉梅 朱 锐 向卓然 刘 阳 刘汉宇

刘明升 孙洪林 苏爽爽 李 栋 李双平

张立立 陈德清 武 芳 赵 琛 赵志强

高 宁 雷玉峰 褚文君

前　　言

国家防汛抗旱指挥系统二期工程（以下简称"二期工程"）建设的总体目标是在一期工程建设的基础上，建成覆盖全国中央报汛站的水情信息采集系统；初步建成覆盖全国重点工程的工情信息采集体系，增强重点工程的视频监视能力；初步建成覆盖全国地县的旱情信息采集体系；提高防汛抗旱移动应急指挥能力；整合信息资源和应用系统功能，扩大江河预报断面范围和调度区域，增强业务应用系统的信息处理能力，提升主要江河洪水预报有效预见期，补充防洪调度方案，优化防洪调度系统，强化旱情信息分析处理能力；扩展水利信息网络，提高网络承载能力，强化系统安全等级，提升信息安全保障水平。构建科学、高效、安全的国家级防汛抗旱决策支撑体系。

二期工程建设内容主要包括信息采集系统、通信与计算机网络系统、数据汇集与应用支撑平台、防汛抗旱综合数据库、业务应用系统和系统集成与应用整合 6 个部分。

防汛抗旱综合数据库部分包括一期工程部分数据库的补充完善和二期工程新建的数据库，分别为防洪工程数据库、地理空间数据库、实时工情数据库、洪涝灾情统计数据库、旱情数据库、社会经济数据库、元数据库，共计 7 个。

本书汇编的标准是在第一次全国水利普查调查指标的基础上，按照《水利信息化资源整合共享顶层设计》（水信息〔2015〕169 号）的要求，与水利部水信息基础平台项目编制的《水利对象基础信息数据库表结构与标识符》（暂定）等标准进行整合；依据 GB/T 1.1—2009《标准化工作导则　第 1 部分：标准的结构和编写》和 SL 478—2010《水利信息数据库表结构及标识符编制规范》等国家和行业标准编制要求进行规范化、标准化处理。

本书汇编了共计 7 个数据库的表结构及标识符标准，是二期工程项目标准的一部分，用于规范二期工程数据库的表结构及标识符，可用于指导各地国家防汛抗旱指挥系统的数据库建设。

本书编委会

2017 年 11 月 29 日

总 目 录

前言

国家防汛抗旱指挥系统工程建设标准

NFCS 01—2017

防洪工程数据库表结构及标识符
Structure and identifier for flood control project database

2017－02－17发布

2017－02－17实施

水利部网络安全与信息化领导小组办公室
水利部国家防汛抗旱指挥系统工程项目建设办公室

发布

前　言

本标准是国家防汛抗旱指挥系统二期工程的项目标准之一，用于规范防洪工程数据库的表结构及标识符。本标准在国家防汛抗旱指挥系统一期工程防洪工程数据库设计成果和第一次全国水利普查调查指标的基础上，按照《水利信息化资源整合共享顶层设计》（水信息〔2015〕169号）的要求，与水利部水信息基础平台项目编制的《水利对象基础信息数据库表结构与标识符》（暂定）等标准充分整合；依据 GB/T 1.1—2009《标准化工作导则　第 1 部分：标准的结构和编写》和 SL 478—2010《水利信息数据库表结构及标识符编制规范》等国家和行业标准编制要求进行规范化、标准化处理。

本标准包括 8 个章节和附录，主要内容包括范围、规范性引用文件、术语和定义、数据范围、表结构设计、标识符命名、字段类型及长度、防洪工程数据库表结构、附录。

本标准批准部门：水利部网络安全与信息化领导小组办公室、水利部国家防汛抗旱指挥系统工程项目建设办公室

本标准主持机构：水利部国家防汛抗旱指挥系统工程项目建设办公室

本标准解释单位：水利部国家防汛抗旱指挥系统工程项目建设办公室

本标准主编单位：水利部国家防汛抗旱指挥系统工程项目建设办公室

本标准发布单位：水利部网络安全与信息化领导小组办公室、水利部国家防汛抗旱指挥系统工程项目建设办公室

本标准主要起草人：万海斌、杨名亮、杨海坤、郝春明、王向军、武芳、赵琛、王彩云、陈德清、刘明升、向琢然、吴东平、陈美丽、苏爽爽

本标准审查技术负责人：夏成宁

本标准体例格式审查人：程益联

2017 年 2 月 17 日

目　　录

8

1 范围

为规范国家防汛抗旱指挥系统二期工程的设计、实施和管理，统一国家防汛抗旱指挥系统二期工程数据库中防洪工程数据的库表结构、数据表示及标识制定本标准。

本标准适用于国家防汛抗旱指挥系统二期工程防洪工程数据库建设，以及与其相关的数据查询、信息发布和应用服务软件开发。

2 规范性引用文件

下列文件中的条款通过本标准的引用而成为本标准的条款。凡是注日期的引用文件，仅注日期的版本适用于本标准。凡是不注日期的引用文件，其最新版本（包括所有的修改单）适用于本标准。

GB/T 10113—2003《分类与编码通用术语》

GB/T 50095《水文基本术语和符号标准》

SL 26—92《水利水电工程技术术语标准》

SL/Z 376—2007《水利信息化常用术语》

SL 478—2010《水利信息数据库表结构及标识符编制规范》

SL 252—2000《水利水电工程等级划分及洪水标准》

SL 213—2012《水利工程代码编制规范》

SZY 102—2013《信息分类及编码规定》

SL 729—2016《水利空间要素数据字典》

《水利对象分类编码方案》（暂定）

《水利对象基础信息数据库表结构与标识符》（暂定）

3 术语和定义

3.1 防洪工程数据库 flood control project database

与防洪业务有关的各种水利工程信息的数据集合，包括河流、堤防、水库、水闸、蓄滞洪区等工程基础信息，以及上述工程的各类设计指标、登记信息、多媒体文件、历史情况记录等资料。

3.2 流域 watershed；drainage basin

地表水及地下水的分水线所包围的集水或汇水区域。

3.3 水系 hydrographic net；river system

由流域内的干、支流与其他经常性或临时性的水道以及湖泊、水库等构成的联络相通的总体。

3.4 河流 river

陆地表面宣泄水流的通道，是江、河、川、溪的总称。

3.5 河段 reach

根据管理的需要或河流河床演变特点对河流进行的划分，包括自然河段和管理河段。

3.6 水库 reservoir

在河道山谷、低洼地及地下含水层修建拦水坝（闸）、溢堰或隔水墙所形成拦蓄水量调节径流的蓄水区。

3.7 水库大坝 dam

包括水库永久性挡水建筑物，以及与其配合运用的泄洪、输水和过船建筑物等。

3.8 测站 hydrological station

为经常收集水文数据而在河、渠、湖、库上或流域内设立的各种水文观测场所的总称；本标准主要指水文站、水位站和墒情站。

3.9 堤防 dike

沿河、渠、湖或行洪区、分洪区、围垦区的边缘修筑的挡水建筑物。

3.10 堤段 dike section

根据管理的需要，对堤防进行的管理区间划分。

3.11 海堤 seawall

用于挡潮、防浪，保护海岸或河口海滨的水工建筑物。

3.12 蓄滞洪区 flood detention area

为防御异常洪水，利用沿河湖泊、洼地或特别划定的地区，修筑围堤及附属建筑物，分蓄河道超额洪水的区域。蓄滞洪区是蓄洪区、滞洪区、分洪区的统称；行洪区是指天然河道及其两侧或两岸大堤之间不设工程控制，在洪水位超过设计分洪水位高程时，自然进水用以宣泄洪水的区域。

3.13 湖泊 lake

湖盆及其承纳的水体。

3.14 圩垸 protective embankment

在河、湖、洲滩及海滨边滩近水地带修建堤防所构成的封闭的生产和生活区域。

3.15 水闸 sluice

修建在河道和渠道上利用闸门控制流量和调节水位的低水头建筑物。

3.16 橡胶坝 rubber dam

锚固于地板上的、用合成纤维织物做成的袋囊状的，利用充、排水（气）控制其升降的活动溢流堰。

3.17 桥梁 bridge

跨越河道或从河床内穿过的桥梁。

3.18 管线 pipeline

跨越河道或从河床内穿过的管线。

3.19 倒虹吸 inverted siphon

以倒虹吸管形式敷设于地面或地下用以输送渠道水流穿过其他水道、洼地、道路的压力管道式交叉建筑物。

3.20 渡槽 flume

渡槽渠道跨越其他水道、洼地、道路及铁路时修建的桥式立交输水建筑物。

3.21 治河工程 river - training project

为稳定河槽或控制主槽游荡范围，改善河流边界条件及水流流态的工程。

3.22 险工险段 dangerous section

河道堤防上存在着不利于堤防防洪安全的隐患所在的工程和堤段，简称"险工险段"。堤防上的主要险工有：滑坡；崩岸、裂缝；漏洞；浪坎；管涌；散浸；跌窝；迎流顶冲；堤脚陡坎；穿堤建筑物接触渗漏；建筑物老化损坏；闸门锈蚀、漏水、变形等。

3.23 泵站 pumping station

机电提水设备及配套建筑物组成的排灌设施。

3.24 灌区 irrigation area

具有灌溉水源及灌溉排水设施，能对农田进行适时适量灌溉的区域。

3.25 表结构 table sturcture

用于组织管理数据资源而构建的数据表的结构体系。

3.26 标识符 identifier

数据库中用于唯一标识数据要素的名称或数字，标识符分为表标识符和字段标识符。

3.27 字段 field

数据库中表示与对象或类关联的变量，由字段名、字段标识和字段类型等数据要素组成。

3.28 数据类型 data type

字段中定义变量性质、长度、有效值域及对该值域内的值进行有效操作的规定的总和。

4 数据范围

4.1 本数据库收集的数据

从既满足国家防汛指挥系统的需要，又尽可能减少数据冗余、保证数据质量的角度出发，限定本数据库收集对象如下：

——防洪工程资料更新周期在几个月、几年、十几年或一般不需要更新的长周期型工程特征数据及文件；

——工程图（包括流域水系图、湖泊平面图、防洪工程分布图以及工程图等）；

——音像资料库，包括数字图像、声音数据、视频数据等；

——历史资料，每次资料更新，原有信息均保留下来。

4.2 本数据库不收集的数据

——实时数据（实时工情信息、水雨情信息等）；

——历史洪水信息；

——实时多媒体信息；

——方法等资料。

5 表结构设计

5.1 一般规定

5.1.1 防洪工程数据库表结构设计应遵循科学、实用、简洁和可扩展性的原则。

5.1.2 防洪工程数据库表结构设计的命名原则及格式应尽量满足 SL 478—2010《水利信息数据库表结构及标识符编制规范》的要求。

5.1.3 各类对象统一的属性项进行统一的库表设计，其他属性项按工程类别单独进行库表设计。

5.1.4 充分概括各类工程的共性和特点，使对各类工程的描述既不失真，保持工程描述的完整性，又尽可能简练，减少冗余。

5.1.5 针对不同表对数据项描述的需求，为方便用户理解，同一属性在不同的表中采用不同的称谓，即使用同义词（见附录 A）的方法进行指标项描述。

5.1.6 为确保对水利工程对象的统一定义，本数据库中的水利工程对象与《水利对象基础信息数据库表结构与标识符》（暂行）保持一致。

5.1.7 为避免库表的重复设计，保证一数一源，对于《水利对象基础信息数据库表结构与标识符》（暂行）等基础数据库中已进行规范化设计的表和字段，本数据库对其进行直接引用。

5.1.8 结合数据模型设计，建立工程对象与行政区划、行业单位等基础管理信息对象以及与其他工程对象之间的对象关系表；对象关系直接引用《水利对象基础信息数据库表结构与标识符》（暂行）相关表格（见附录 B）

5.2 表设计与定义

5.2.1 本标准包括通用基础信息、20 类防洪工程基础信息以及对象关系信息的存储结构，共 246 张表。

5.2.2 每个表结构描述的内容应包括中文表名、表主题、表标识、表编号、表体和字段描述 6 个部分。

5.2.3 中文表名应使用简明扼要的文字表达该表所描述的内容。

5.2.4 表主题应进一步描述该表存储的内容、目的及意义。

5.2.5 表标识用以识别表的分类及命名，应为中文表名的英文的缩写，在进行数据库建设时，应作为数据库的表名。

5.2.6 表编号为表的数字化识别代码，反映表的分类和在表结构描述中的逻辑顺序，由 11 位字符组成。表编号格式为：

$$FHGC \_ AAA \_ BBBB$$

其中　FHGC——专业分类码，固定字符，表示防洪工程数据库；

　　　AAA——表编号的一级分类码，3 位字符，表类代码按表 5.2.6-1 的规定执行；

　　　BBBB——表编号的二级分类码，4 位字符，每类表从 0001 开始编号，依次递增。

5.2.7 表体以表格的形式列出表中每个字段的字段名、标识符、类型及长度、计量单位、是否允许空值、主键和索引序号等，在引用了其他表主键作为外键时，应添加外键说明，各内容应符合下列规定：

　　a）字段名采用中文描述，表征字段的名称。

　　b）标识符为数据库中该字段的唯一标识。标识符命名规则见第 6 章。

　　c）类型及长度描述该字段的数据类型和数据最大位数。字段类型及长度的规定见第 7 章。

　　d）计量单位描述该字段填入数据的计量单位，关系表无此项。

表 5.2.6－1　表编号的一级分类代码

AAA	表　分　类	内　容
000	通用信息表	存储 15 类防洪工程的通用信息
001	河流信息表	存储河流的专有信息
002	河段信息表	存储河段的专有信息
003	水库信息表	存储水库工程的专有信息
004	水库大坝信息表	存储大坝的专有信息
005	测站信息表	存储测站的专有信息
006	堤防信息表	存储堤防工程的专有信息
007	堤段信息表	存储堤段工程的专有信息
008	蓄滞洪区信息表	存储蓄滞洪区工程的专有信息
009	湖泊信息表	存储湖泊的专有信息
010	圩垸信息表	存储圩垸工程的专有信息
011	水闸信息表	存储水闸工程的专有信息
012	橡胶坝信息表	存储橡胶坝工程的专有信息
013	桥梁信息表	存储桥梁的专有信息
014	管线信息表	存储管线的专有信息
015	倒虹吸信息表	存储倒虹吸的专有信息
016	渡槽信息表	存储渡槽的专有信息
017	治河工程信息表	存储治河工程的专有信息
018	险工险段信息表	存储险工险段的专有信息
019	泵站信息表	存储泵工程的专有信息
020	灌区信息表	存储灌区工程的专有信息

注　对于直接从其他标准引用的表格，延用原标准的表编号。

　　e）是否允许空值描述该字段是否允许填入空值，用"N"表示该字段不允许为空值，否则表示该字段可以取空值。

　　f）主键描述该字段是否作为主键，用"Y"表示该字段是表的主键或联合主键之一，否则表示该字段不是主键。

　　g）索引序号用于描述该字段在实际建表时索引的优先顺序，分别用阿拉伯数字"1""2""3"等描述。"1"表示该字段在表中为第一索引字段，"2"表示该字段在该表中为第二索引字段，依次类推。

　　h）外键指向所引用的前置表主键，当前置表存在该外键值时为有效值，确保数据一致性。

5.2.8　字段描述用于对表体中各字段的意义、填写说明及示例等给出说明。

5.2.9　相同字段名或同义字段名的解释，以第一次解释为准。

6　标识符命名

6.1　一般规定

6.1.1　标识符分为表标识和字段标识两类，遵循唯一性。

6.1.2　标识符由英文字母、下划线、数字构成，首字符应为大写英文字母。

6.1.3　标识符是中文名称关键词的英文翻译，可采用英文译名的缩写命名。

6.1.4　按照中文名称提取的关键词顺序排列关键词的英文翻译，关键词之间用下划线分隔；缩写关键词一般不超过 4 个，后续关键词应取首字母。

6.1.5　当英文单词长度不超过 6 个字母时，可直接取其全拼。

6.1.6　当标识符采用英文译名缩写命名时，单词缩写主要遵循以下规则：

a) 英文关键词有标准缩写的应直接采用，例如，POLYGON 缩写为 POL、CHINA 缩写为 CHN。

b) 没有标准缩写的，取单词的第一个音节，并自辅音之后省略，例如，INTAKE 缩写为 INT。

c) 如果英文译名缩写相同时，参考压缩字母法等常见缩写方法以区分不同关键词。

6.1.7 相同的实体和实体特征在要素类表、关系类表、属性类表中应采用一致的标识。

6.2 表标识

6.2.1 表标识与表名应一一对应。

6.2.2 表标识由前缀、主体标识及下划线组成。其编写格式为：

$$FHGC\_\alpha$$

其中　FHGC——含义见 5.2.5 节；

　　　α——表标识的主体标识。

注：对于直接从其他标准引用的表格，延用原标准的表标识。

6.3 字段标识

字段命名为关键词的英文方式。具体规则是：

a) 先从中文字段名称中取出关键词。

b) 采用一般规定，将关键词翻译成英文，关键词之间按顺序排列。

c) 字段标识长度尽量不超过 10 个字符。

7 字段类型及长度

基础数据库表字段类型主要有字符、数值、日期时间和布尔型。其类型长度应按以下格式描述：

a) 字符型。其长度的描述格式为：

$$C(D) 或 VC(D)$$

其中　C——定长字符串型的数据类型标识；

　VC——变长字符串型的数据类型标识；

　（）——固定不变；

　　D——十进制数，用以定义字符串长度，或最大可能的字符串长度。

b) 数值型。其长度的描述格式为：

$$N(D[,d])$$

其中　N——数值型的数据类型标识；

　（）——固定不变；

　[ ]——表示小数位描述，可选；

　　D——描述数值型数据的总位数（不包括小数点位）；

　，——固定不变，分隔符；

　　d——描述数值型数据的小数位数。

c) 日期时间型。采用公元纪年的北京时间。

1) 日期型：Date。表示日期型数据，即 YYYY - MM - DD（年-月-日）。不能填写至月或日的，月和日分别填写 01。

2) 时间型：Time。表示时间型数据，即 YYYY - MM - DD hh：mm：ss（年-月-日 时：分：秒）。

d）布尔型。其描述格式为：

Bool

布尔型字段用于存储逻辑判断字符，取值为 1 或 0，1 表示是，0 表示否；若为空值，其表达意义同 0。

　　e）字段的取值范围。

　　　　1）可采用抽象的连续数字描述，在字段描述中应给出其取值范围。

　　　　2）取值为特定的若干选项，在字段描述中应采用枚举的方法描述取值范围。

8 防洪工程数据库表结构

8.1 通用基础信息表

8.1.1 工程名称与代码表

　　a）本表存储防洪工程数据库所有工程的名称和代码。

　　b）表标识：FHGC _ PRNMSR。

　　c）表编号：FHGC _ 000 _ 0001。

　　d）各字段定义见表 8.1.1－1。

表 8.1.1－1 工程名称与代码表字段定义

序号	字 段 名	标 识 符	类型及长度	计量单位	是否允许空值	主键	外键	索引序号
1	工程代码	ENNMCD	C（17）		N	Y		1
2	工程名称	ENNM	VC（100）		N			
3	工程类型	TYPE	C（2）		N			
4	对象建立时间	FROM _ DATE	DATE		N			
5	对象终止时间	TO _ DATE	DATE					

　　e）各字段存储内容应符合下列规定：

　　　　1）工程代码：唯一标识本数据库 20 类防洪工程中的某一个工程，按《水利对象分类编码方案》（暂行）的规定执行。同义词见附录 A。

　　　　2）工程名称：指工程的中文名称全称。

　　　　3）工程类型：指工程的类型，按表 8.1.1－2 的规定执行。

表 8.1.1－2 工 程 类 型 代 码 表

代码	工程类型	代码	工程类型	代码	工程类型	代码	工程类型
01	河流	06	堤防	11	水闸	16	渡槽
02	河段	07	堤段	12	橡胶坝	17	治河工程
03	水库	08	蓄滞洪区	13	桥梁	18	险工险段
04	水库大坝	09	湖泊	14	管线	19	泵站
05	测站	10	圩垸	15	倒虹吸	20	灌区

　　　　4）对象建立时间：对象个体生命周期开始时间。

　　　　5）对象终止时间：对象个体生命周期终止时间。

8.1.2 行政区划名录表

　　a）本表存储行政区划对象名录信息，引用《水利对象基础信息数据库表结构与标识符》（暂定）中的"行政区划名录表"。

　　b）表标识：OBJ _ AD。

c）表编号：OBJ＿0050。

d）各字段定义见表8.1.2－1。

表8.1.2－1 行政区划名录表字段定义

序号	字 段 名	标 识 符	类型及长度	计量单位	是否允许空值	主键	外键	索引序号
1	行政区划代码	AD＿CODE	C（15）		N	Y		1
2	行政区划名称	AD＿NAME	VC（100）		N			
3	对象建立时间	FROM＿DATE	DATE		N			
4	对象终止时间	TO＿DATE	DATE					

e）各字段存储内容应符合下列规定：

　　1）行政区划代码：也称行政代码，它是国家行政机关的识别符号。

　　2）行政区划名称：指行政区划代码所代表行政区划的中文名称。

　　3）对象建立时间：同8.1.1节"对象建立时间"字段。

　　4）对象终止时间：同8.1.1节"对象终止时间"字段。

8.1.3 多媒体资料库表

a）本表存储与本数据库工程有关的多媒体资料信息，包括文档资料、图片资料、音像资料等。

b）表标识：FHGC＿SNIMDT。

c）表编号：FHGC＿000＿0002。

d）各字段定义见表8.1.3－1。

表8.1.3－1 多媒体资料库表字段定义

序号	字 段 名	标 识 符	类型及长度	计量单位	是否允许空值	主键	外键	索引序号
1	多媒体文件代码	SNPCCD	C（17）		N	Y		1
2	经度	LN	N（11，8）	（°）				
3	纬度	LT	N（10，8）	（°）				
4	文件标题	FLTT	VC（60）					
5	关键词	KWD	VC（60）					
6	编制单位名称	ESTORGNM	VC（250）					
7	编制单位代码	ESTORGCD	C（18）				Y	
8	编制人员	ESTPERS	VC（100）					
9	编制完成日期	ESTFINDT	Date					
10	发布单位名称	PUBORGNM	VC（250）					
11	发布单位代码	PUBORGCD	C（18）				Y	
12	发布日期	PUBDT	Date					
13	摘要信息	ABS	VC（4000）					
14	多媒体文件类型	MULFLTP	C（1）		N			
15	文件路径	FLPA	VC（256）		N			
16	文件名	FLNM	VC（128）		N			
17	文件大小	FLSZ	N（12，2）	kB				
18	文件扩展名	FLEXT	VC（10）					
19	备注	NOTE	VC（1024）					
20	属性采集时间	COLL＿DATE	DATE		N	Y		2
21	属性更新时间	UPD＿DATE	DATE					

e）各字段存储内容应符合下列规定：

1) 多媒体文件代码：唯一标识一个音像文件，其编码格式参考《水利对象分类编码方案》（摘录）"非自然类-区域归属类-非空间类"对象编码规范执行，其中对象分类代码规定为"DMTV"。

2) 经度：多媒体资料存储工程所在经度，计量单位为（°），计至 8 位小数；我国地处东经，故缺省"东经"字样。

3) 纬度：多媒体资料存储工程所在纬度，计量单位为（°），计至 8 位小数；我国地处北纬，故缺省"北纬"字样。

4) 文件标题：多媒体文件中的"标题"或描述多媒体文件主要内容的标题信息。

5) 关键词：多媒体文件中的"关键词"或描述多媒体文件内容的关键词信息。

6) 编制单位名称：多媒体文件的编制单位名称；若有多个编制单位，则只填写第一个编制单位名称。

7) 编制单位代码：多媒体文件编制单位的代码，是引用表 8.1.6－1 的外键。

8) 编制人员：多媒体文件的主要编制人员姓名。

9) 编制完成日期：多媒体文件完成编制的日期。

10) 发布单位名称：对外（下属单位、行业、社会公众等）发布多媒体文件单位名称；若有多个发布单位，则只填写第一个发布单位名称。

11) 发布单位代码：发布单位名称对应的组织机构代码，是引用表 8.1.6－1 的外键。

12) 发布日期：发布多媒体文件的日期。

13) 摘要信息：文件中的"摘要"或对文件主要内容简要描述的信息。

14) 多媒体文件类型：填写多媒体文件类型代码，按表 8.1.3－2 的规定取值。

表 8.1.3－2　多媒体文件类型代码表

代码	类型简称	类 型 名 称
1	Doc	文档资料，包括 WORD、EXCEL、WPS、PDF 等电子文档及表格文件
2	Img	图片资料，包括 BMP、TIFF、JPG、GIF、DWG 等图片文件
3	Video	视音资料，包括各类视频文件、音频文件
9	Other	其他文件

15) 文件路径：填写该多媒体文件的相对路径，格式为"/节点代码/多媒体类型简称/文件创建年月/文件代码.扩展名"。节点代码按表 8.1.3－3 的规定取值；多媒体文件类型简称按表 8.1.3－2 的规定取值；文件创建年月按照 YYYYMM 格式取值（YYYY 为年份，MM 为月份）；文件代码按照"多媒体文件代码"字段取值；扩展名按照"文件扩展名"字段取值。如中央节点（水利部节点代码为"MWR"）2013 年 4 月 15 日创建的一水库 BMP 格式的全景照片文件，属于图片资料（多媒体文件类型简称为"Img"），文件路径字段为"/MWR/Img/201304/DMTV0000000000010.bmp"。

表 8.1.3－3　节 点 代 码 表

节 点 名 称	节点代码	节 点 名 称	节点代码
北京市	BJ	海南省	HI
天津市	TJ	重庆市	CQ
河北省	HE	四川省	SC
山西省	SX	贵州省	GZ
内蒙古自治区	NM	云南省	YN
辽宁省	LN	西藏自治区	XZ
吉林省	JL	陕西省	SN
黑龙江省	HL	甘肃省	GS

表 8.1.3－3　节　点　代　码　表（续）

节 点 名 称	节 点 代 码	节 点 名 称	节点代码
上海市	SH	青海省	QH
江苏省	JS	宁夏回族自治区	NX
浙江省	ZJ	新疆维吾尔自治区	XJ
安徽省	AH	新疆生产建设兵团	XB
福建省	FJ	水利部	MWR
江西省	JX	长江水利委员会	CJW
山东省	SD	黄河水利委员会	YRC
河南省	HA	淮河水利委员会	HRC
湖北省	HB	海河水利委员会	HWC
湖南省	HN	珠江水利委员会	ZJW
广东省	GD	松辽水利委员会	SLW
广西壮族自治区	GX	太湖流域管理局	TBA

16）文件名：多媒体文件的原文件名，不包括文件扩展名。

17）文件大小：多媒体文件大小，计量单位为 kB，计至两位小数。

18）文件扩展名：该多媒体文件的扩展名。

19）备注：简短描述的其他文字内容。当本表枚举项为"其他"时，可在此做详细说明。

20）属性采集时间：本条记录的采集时间。

21）属性更新时间：本条记录的失效时间，即本条记录的下一次采集时间，本条记录未被更新时，该字段为空。

8.1.4　工程与多媒体资料关系表

a）本表存储工程与多媒体资料的关联信息。

b）表标识：FHGC _ ENSPIN。

c）表编号：FHGC _ 000 _ 0003。

d）各字段定义见表 8.1.4－1。

表 8.1.4－1　工程与多媒体资料关系表字段定义

序号	字 段 名	标 识 符	类型及长度	计量单位	是否允许空值	主键	外键	索引序号
1	工程代码	ENNMCD	C（17）		N	Y	Y	1
2	多媒体文件代码	SNPCCD	C（17）		N	Y	Y	2
3	关系建立时间	FROM _ DATE	DATE		N			
4	关系终止时间	TO _ DATE	DATE					

e）各字段存储内容应符合下列规定：

1）工程代码：同 8.1.1 节"工程代码"字段，是引用表 8.1.1－1 的外键。

2）多媒体文件代码：同 8.1.3 节"多媒体文件代码"字段。

3）关系建立时间：关系建立日期。

4）关系终止时间：关系终止日期。

8.1.5　工程与工程图关系表

a）本表存储各工程主要的工程图信息。

b）表标识：FHGC _ PRGL。

c）表编号：FHGC _ 000 _ 0004。

d) 各字段定义见表 8.1.5-1。

表 8.1.5-1 工程与工程图关系表字段定义

序号	字 段 名	标 识 符	类型及长度	计量单位	是否允许空值	主键	外键	索引序号
1	工程代码	ENNMCD	C（17）		N	Y	Y	1
2	图号	FGMR	C（17）		N	Y	Y	2
3	原图号	FRFGMR	VC（40）					
4	主图名	MNFGNM	VC（80）					
5	副图名	AXFGNM	VC（40）					
6	图纸张数	DRQN	VC（5）					
7	图纸类型	FGSR	C（1）					
8	备注	NOTE	VC（1024）					
9	关系建立时间	FROM_DATE	DATE		N	Y		3
10	关系终止时间	TO_DATE	DATE					

e) 各字段存储内容应符合下列规定：

1）工程代码：同 8.1.1 节"工程代码"字段，是引用表 8.1.1-1 的外键。

2）图号：唯一标识本数据库的一个工程图片，图号与多媒体文件代码同义，见附录 A，是引用表 8.1.3-1 的外键。

3）原图号：指原手绘图纸的编号，如果是电子图，则取空。

4）主图名：是一套图的主标题，与"副图名"一起组成完整的图名，如《刘家峡水利枢纽布置图-平面布置图》《刘家峡水利枢纽布置图-上游立视图》，其中"主图名"为"刘家峡水利枢纽布置图"，"副图名"分别为"平面布置图""上游立视图"。

5）副图名：是一套图的副标题，与"主图名"一起组成完整的图名。

6）图纸张数：以分式"$1/x$"表示，分母表示共几张，分子表示第几张。如只有 1 张，填"1/1"。

7）图纸类型：图纸类型取值见表 8.1.5-2。

表 8.1.5-2 图 纸 类 型 代 码 表

代码	图纸类型	代码	图纸类型
1	设计图	4	改建图
2	竣工图	9	其他
3	示意图		

8）备注：同 8.1.3 节"备注"字段。

9）关系建立时间：同 8.1.4 节"关系建立时间"字段。

10）关系终止时间：同 8.1.4 节"关系终止时间"字段。

8.1.6 水利行业单位名录表

a) 本表存储水利行业单位对象名录信息，引用《水利对象基础信息数据库表结构与标识符》（暂定）中的"水利行业单位名录表"。

b) 表标识：OBJ_WIUN。

c) 表编号：OBJ_0025。

d）各字段定义见表 8.1.6－1。

表 8.1.6－1　水利行业单位名录表字段定义

序号	字　段　名	标　识　符	类型及长度	计量单位	是否允许空值	主键	外键	索引序号
1	水利行业单位代码	WIUN_CODE	C（18）		N	Y		1
2	水利行业单位名称	WIUN_NAME	VC（250）		N			
3	对象建立时间	FROM_DATE	DATE		N			
4	对象终止时间	TO_DATE	DATE					

e）各字段存储内容应符合下列规定：

　　1）水利行业单位代码：填写水利行业单位代码。

　　2）水利行业单位名称：水利行业单位代码所代表水利行业单位的中文名称。

　　3）对象建立时间：同 8.1.1 节"对象建立时间"字段。

　　4）对象终止时间：同 8.1.1 节"对象终止时间"字段。

8.1.7　流域分区名录表

a）本表存储流域分区对象名录信息，引用《水利对象基础信息数据库表结构与标识符》（暂定）中的"流域分区名录表"。

b）表标识：OBJ_BAS。

c）表编号：OBJ_0001。

d）各字段定义见表 8.1.7－1。

表 8.1.7－1　流域分区名录表字段定义

序号	字　段　名	标　识　符	类型及长度	计量单位	是否允许空值	主键	外键	索引序号
1	流域分区代码	BAS_CODE	C（17）		N	Y		1
2	流域分区名称	BAS_NAME	VC（100）		N			
3	对象建立时间	FROM_DATE	DATE		N			
4	对象终止时间	TO_DATE	DATE					

e）各字段存储内容应符合下列规定：

　　1）流域分区代码：填写流域分区代码。

　　2）流域分区名称：指流域分区代码所代表流域分区的中文名称。

　　3）对象建立时间：同 8.1.1 节"对象建立时间"字段。

　　4）对象终止时间：同 8.1.1 节"对象终止时间"字段。

8.2　河流

8.2.1　河流名录表

a）本表存储本数据库中河流的对象名录信息，引用《水利对象基础信息数据库表结构与标识符》（暂定）中的"河流名录表"。

b）表标识：OBJ_RV。

c）表编号：OBJ_0003。

d）各字段定义见表 8.2.1－1。

表8.2.1－1　河流名录表字段定义

序号	字 段 名	标 识 符	类型及长度	计量单位	是否允许空值	主键	外键	索引序号
1	河流代码	RV_CODE	C (17)		N	Y		1
2	河流名称	RV_NAME	VC (100)		N			
3	对象建立时间	FROM_DATE	DATE		N			
4	对象终止时间	TO_DATE	DATE					

　　e）各字段存储内容应符合下列规定：

　　　　1）河流代码：唯一标识本数据库的一条河流，河流代码与工程代码同义，见附录A。

　　　　2）河流名称：指河流代码所代表河流的中文名称。

　　　　3）对象建立时间：同8.1.1节"对象建立时间"字段。

　　　　4）对象终止时间：同8.1.1节"对象终止时间"字段。

8.2.2　河流基础信息表

　　a）本表存储某条河流的基础信息，引用《水利对象基础信息数据库表结构与标识符》（暂定）中的"河流基础信息表"。

　　b）表标识：ATT_RV_BASE。

　　c）表编号：ATT_0003。

　　d）各字段定义见表8.2.2－1。

表8.2.2－1　河流基础信息表字段定义

序号	字 段 名	标 识 符	类型及长度	计量单位	是否允许空值	主键	外键	索引序号
1	河流代码	RV_CODE	C (17)		N	Y	Y	1
2	河流名称	RV_NAME	VC (100)		N			
3	河源经度	RV_SOUR_LONG	N (11, 8)	(°)	N			
4	河源纬度	RV_SOUR_LAT	N (10, 8)	(°)	N			
5	河口经度	RV_MOU_LONG	N (11, 8)	(°)	N			
6	河口纬度	RV_MOU_LAT	N (10, 8)	(°)	N			
7	河源所在位置	RV_SOUR_LOC	VC (256)					
8	河口所在位置	RV_MOU_LOC	VC (256)					
9	跨界类型	CR_OVER_TYPE	C (1)					
10	流经地区	FLOW_AREA	VC (1024)					
11	河流类型	RV_TYPE	C (1)					
12	河流级别	RV_GRAD	VC (2)					
13	岸别	BANK	C (1)					
14	河流长度	RV_LEN	N (9, 3)	km				
15	河流流域面积	RV_BAS_AREA	N (10, 2)	km²				
16	多年平均流量	LON_AVER_ANN_FLOW	N (8, 2)	m³/s				
17	多年平均年径流量	MEA_ANN_RUOF	N (8, 2)	m³/s				
18	平均比降	AVER_SLOP	VC (10)					
19	备注	NOTE	VC (1024)					
20	属性采集时间	COLL_DATE	DATE		N		Y	2
21	属性更新时间	UPD_DATE	DATE					

e) 各字段存储内容应符合下列规定：

1) 河流代码：同 8.2.1 节 "河流代码" 字段，是引用表 8.2.1-1 的外键。

2) 河流名称：同 8.2.1 节 "河流名称" 字段。

3) 河源经度：河流的河源所在经度，同 8.1.3 节 "经度" 字段。

4) 河源纬度：河流的河源所在纬度，同 8.1.3 节 "纬度" 字段。

5) 河口经度：河流的河口所在经度，同 8.1.3 节 "经度" 字段。

6) 河口纬度：河流的河口所在纬度，同 8.1.3 节 "纬度" 字段。

7) 河源所在位置：河源所在的位置。

8) 河口所在位置：河口所在的位置。

9) 跨界类型：填写跨界类型代码，跨界类型采用表 8.2.2-2 代码取值。

表 8.2.2-2 跨界类型代码表

代码	跨界类型	代码	跨界类型
0	未知	3	跨省
1	跨国并跨省	4	跨县
2	跨国	5	县界内

10) 流经地区：填写河流流经地区，跨国并跨省和跨国河流填外国国名、我国省名和县名，如 "××国，××省××县"；跨省河流填省名和县名，如 "××省××县，××省×× 县"；跨县河流填县名，如 "××县，××县"；县界内河流填县名，如 "××县"。

11) 河流类型：填写河流类型代码，河流类型采用表 8.2.2-3 代码取值。

表 8.2.2-3 河流类型代码表

代码	河流类型	代码	河流类型
1	自然流域	3	平原水网区
2	区间流域		

12) 河流级别：填写河流级别代码，河流级别采用表 8.2.2-4 代码取值。

表 8.2.2-4 河流级别代码表

代码	河流级别	代码	河流级别
0	干流河流	5	五级河流
1	一级河流	6	六级河流
2	二级河流	7	七级河流
3	三级河流	8	八级河流
4	四级河流	99	未定级别

13) 岸别：填写岸别代码，岸别采用表 8.2.2-5 代码取值。

表 8.2.2-5 岸别代码表

代码	岸别	代码	岸别
0	不分	2	右
1	左		

14) 河流长度：河流由河源至河口的中泓长度。

15) 河流流域面积：河流地表水集水区内的面积。

16) 多年平均流量：河流流量的多年平均值。

17）多年平均年径流量：河流的多年平均年径流量。

18）平均比降：河流的平均比降。

19）备注：同 8.1.3 节"备注"字段。

20）属性采集时间：同 8.1.3 节"属性采集时间"字段。

21）属性更新时间：同 8.1.3 节"属性更新时间"字段。

8.2.3 流域（水系）基本情况表

a）本表存储河流所在流域水系的基本情况。

b）表标识：FHGC_DRARBSIN。

c）表编号：FHGC_001_0001。

d）各字段定义见表 8.2.3-1。

表 8.2.3-1 流域（水系）基本情况表字段定义

序号	字 段 名	标识符	类型及长度	计量单位	是否允许空值	主键	外键	索引序号
1	河流代码	RV_CODE	C（17）		N	Y	Y	1
2	河源高程	RVSREL	N（8，3）	m				
3	中游起点位置	MDJMPL	VC（256）					
4	下游起点位置	DWJMPL	VC（256）					
5	多年平均年降水深	AVPDP	N（6，2）	mm				
6	多年平均年径流深	AVRFDP	N（6，2）	mm				
7	有无水文站和水位站	HYSTOGG	C（1）					
8	上游河长	UPLN	N（8，3）	km				
9	中游河长	MDLN	N（8，3）	km				
10	下游河长	DWLN	N（8，3）	km				
11	全河汇入一级支流数	TREBNB	N（6）	条				
12	全河汇入一级支流名称	TREBNM	VC（4000）					
13	上游流域面积	UPDRBSA	N（9，2）	km^2				
14	中游流域面积	MDDRBSAR	N（9，2）	km^2				
15	下游流域面积	DWDRBSAR	N（9，2）	km^2				
16	流域山区面积	DRBSCTAR	N（9，2）	km^2				
17	流域丘陵面积	DRBSHLAR	N（9，2）	km^2				
18	流域平原面积	DRBSPLAR	N（9，2）	km^2				
19	流域湖泊面积	DRBSLKAR	N（8，2）	km^2				
20	流域耕地面积	DRBSINAR	N（7）	10^4 亩				
21	流域内人口	DRBSPP	N（10，4）	10^4 人				
22	流域内社经情况	DBISEIN	VC（4000）					
23	洪水威胁范围	FLTHRG	VC（4000）					
24	水准基面	LVBSLV	C（2）					
25	假定水准基面位置	DLBLP	VC（80）					
26	备注	NOTE	VC（1024）					
27	属性采集时间	COLL_DATE	DATE		N	Y		2
28	属性更新时间	UPD_DATE	DATE					

e）各字段存储内容应符合下列规定：

　　1）河流代码：同 8.2.1 节"河流代码"字段，是引用表 8.2.1-1 的外键。

　　2）河源高程：河流发源处的高程。

　　3）中游起点位置：河流上游与中游分界点，包括省（市）、区（县）、乡的名称。

　　4）下游起点位置：河流中游与下游分界点，包括省（市）、区（县）、乡的名称。

　　5）多年平均年降水深：流域多年平均年降水深。

　　6）多年平均年径流深：流域多年平均年径流深。

　　7）有无水文站和水位站：描述河流有没有水文站和水位站。自然流域水文站和水位站按"先支后干，不重复填写"的原则清查，即当水文站和水位站在支流上时，在该支流中填写，干流不再填写水文站和水位站；区间流域不填写水文站和水位站情况；平原水网区河流按平原水网区单元统一填写，平原水网区河流不填写水文站和水位站情况。水文站和水位站采用表 8.2.3-2 代码取值。

表 8.2.3-2　水文站和水位站代码表

代码	水文站和水位站	代码	水文站和水位站
1	有	0	没有

　　8）上游河长：河源与中游起点位置之间的长度。

　　9）中游河长：中游起点位置与下游起点位置之间的长度。

　　10）下游河长：下游起点位置至河口之间的长度。

　　11）全河汇入一级支流数：汇入本河流在 SL 249—2012 中下一级支流的条数。

　　12）全河汇入一级支流名称：汇入本河流在表 SL 249—2012 中下一级支流的名称。

　　13）上游流域面积：流域分水线与河流上游同中游分界点断面之间所包围的平面面积。

　　14）中游流域面积：中、下游起始断面与流域分水线之间所包围的平面面积。

　　15）下游流域面积：下游起始断面与河口之间流域分水线所包围的平面面积。

　　16）流域山区面积：流域内现有山区面积。流域内如无山区，填"0"。

　　17）流域丘陵面积：流域内现有丘陵面积。流域内如无丘陵，填"0"。

　　18）流域平原面积：流域内现有平原面积。流域内如无平原，填"0"。

　　19）流域湖泊面积：流域内湖盆积水部分的面积。流域内如无湖泊，填"0"。

　　20）流域耕地面积：流域内现有种植农作物土地的面积。

　　21）流域内人口：包括现有农业人口和非农业人口。

　　22）流域内社经情况：概述该流域内的社会经济情况。

　　23）洪水威胁范围：填写设计标准洪水的威胁范围。

　　24）水准基面：同绝对基面、标准基面、高程基面、高程系统，是计算水位和高程的起始面。水准基面按表 8.2.3-3 要求取值。

表 8.2.3-3　水　准　基　面　代　码　表

代码	水准基面	代码	水准基面	代码	水准基面
01	1985 年国家高程基准	08	大连高程系	15	新兵团水文
02	1954 年黄海高程系	09	波罗的海水准	16	广州
03	1956 年黄海高程系	10	渤海高程系	17	安庆
04	榆林	11	海防高程系	18	坎门
05	吴淞基面	12	海口秀英港	97	冻结
06	珠江高程系	13	废黄河	98	假定
07	大沽高程系	14	康斯坦丁	99	其他

25）假定水准基面位置：为计算测站水位或高程而暂时假定的水准基面。如实际上采用的是"假定水准基面"应填"水准基面＋×××米"，如"大沽高程系＋9米"；计算水位和高程的假定起始面（假定高程、独立高程系统、相对高程）的位置，由于该点位置可以是任意的，此处记录该点的位置，以描述清楚为准。

26）备注：同8.1.3节"备注"字段。如果不分上、中、下游河段，填"不分段"。

27）属性采集时间：同8.1.3节"属性采集时间"字段。

28）属性更新时间：同8.1.3节"属性更新时间"字段。

8.2.4 河道横断面基本特征表

a）本表存储河流某个横断面的基本特征。

b）表标识：FHGC_RCTRBSCH。

c）表编号：FHGC_001_0002。

d）各字段定义见表8.2.4-1。

表8.2.4-1 河道横断面基本特征表字段定义

序号	字 段 名	标识符	类型及长度	计量单位	是否允许空值	主键	外键	索引序号
1	河流代码	RV_CODE	C (17)		N	Y	Y	1
2	河道横断面代码	CHTRCD	C (17)		N	Y		2
3	断面名称	TRNM	VC (100)					
4	断面所在位置	TRATPL	VC (256)					
5	起始断面代码	INTRCD	C (17)					
6	至起始断面距离	TOINTRDS	N (8, 3)	km				
7	断面起测点坐标 x	TRSRPCRX	VC (13)	(°)				
8	断面起测点坐标 y	TRSRPCRY	VC (13)	(°)				
9	断面起测点高程	TRSRPNEL	N (8, 3)	m				
10	断面控制站代码	TRENNMCD	C (17)				Y	
11	滩地宽度	BTWD	N (7, 1)	m				
12	河槽宽度	CHWD	N (7, 1)	m				
13	滩地平均高程	BCAVEL	N (8, 3)	m				
14	滩地冲淤厚度	BECLSLTH	N (6, 2)	m				
15	河槽平均高程	CHAVEL	N (8, 3)	m				
16	河槽冲淤厚度	CHCLSLTH	N (6, 2)	m				
17	主河槽（河床最深点）底部高程	MNCHEL	N (8, 3)	m				
18	备注	NOTE	VC (1024)					
19	属性采集时间	COLL_DATE	DATE		N		Y	3
20	属性更新时间	UPD_DATE	DATE					

e）各字段存储内容应符合下列规定：

1）河流代码：同8.2.1节"河流代码"字段，是引用表8.2.1-1的外键。

2）河道横断面代码：唯一标识我国某条河流的一个横断面，河道横断面编码规则按《水利对象分类编码方案》（暂行）的规定执行。

3）断面名称：指断面的中文名称。

4）断面所在位置：指施测断面所在地点。

5）起始断面代码：指某次测量中，沿河长方向的测量起始"河道横断面代码"，用于绘制河床的纵剖面，同 8.2.4 节"河道横断面代码"字段。

　　6）至起始断面距离：指本断面沿河流中泓线到"起始断面"的长度。

　　7）断面起测点坐标 x：指国家大地坐标系的 x 值，用于与 GPS 联系。

　　8）断面起测点坐标 y：指国家大地坐标系的 y 值，用于与 GPS 联系。

　　9）断面起测点高程：断面起测点的高程。

　　10）断面控制站代码：与 8.6.1 节"测站代码"同义，见附录 A，是引用表 8.6.1－1 的外键。

　　11）滩地宽度：河道横断面上洪水时期被水流淹没、中水时出露的滩地宽度（滩地面积与滩地长度的比值）。

　　12）河槽宽度：正常年份相应水位所对应的河槽两岸之间的水平距离。

　　13）滩地平均高程：滩地测点高程的平均值。

　　14）滩地冲淤厚度：滩地本次测量与上一次测量测点的高程差，以"＋"表示淤，"－"表示冲。

　　15）河槽平均高程：河槽测点高程的平均值。

　　16）河槽冲淤厚度：河槽本次测量与上一次测量测点的高程差，以"＋"表示淤，"－"表示冲。

　　17）主河槽（河床最深点）底部高程：河道横断面内，水深最大点的高程；主河槽（河床最深点）底部高程＝表"FHGC＿001＿0003"中"测点高程的最小值"。

　　18）备注：同 8.1.3 节"备注"字段。

　　19）属性采集时间：同 8.1.3 节"属性采集时间"字段，本表指横断面施测的具体日期。

　　20）属性更新时间：同 8.1.3 节"属性更新时间"字段。

8.2.5　河道横断面表

a）本表存储河道横断面的起点距-高程关系，利用该表应可绘制河流的横断面图。

b）表标识：FHGC＿RCTR。

c）表编号：FHGC＿001＿0003。

d）各字段定义见表 8.2.5－1。

表 8.2.5－1　河道横断面表字段定义

序号	字 段 名	标 识 符	类型及长度	计量单位	是否允许空值	主键	外键	索引序号
1	河流代码	RV＿CODE	C（17）		N	Y	Y	1
2	河道横断面代码	CHTRCD	C（17）		N	Y	Y	2
3	起点距	JMDS	N（8，2）	m	N	Y		
4	测点高程	SRPNEL	N（8，3）	m				
5	属性采集时间	COLL＿DATE	DATE		N	Y	Y	3
6	属性更新时间	UPD＿DATE	DATE					

e）各字段存储内容应符合下列规定：

　　1）河流代码：同 8.2.1 节"河流代码"字段，是引用表 8.2.1－1 的外键。

　　2）河道横断面代码：同 8.2.4 节"河道横断面代码"字段，是引用表 8.2.4－1 的外键。

　　3）起点距：进行河道横断面测量时，预先在河道的某一岸选取一断面桩为基准点，沿断面方向至另一岸断面桩间任一点的水平距离。

　　4）测点高程：测验河道横断面时，相应某一起点距所测得的地面高程。

　　5）属性采集时间：同 8.1.3 节"属性采集时间"字段，是引用表 8.2.4－1 的外键。

　　6）属性更新时间：同 8.1.3 节"属性更新时间"字段。

8.2.6 洪水传播时间表

a）本表存储河流某两个报汛站之间的洪水传播时间。

b）表标识：FHGC＿FLSPTM。

c）表编号：FHGC＿001＿0004。

d）各字段定义见表8.2.6－1。

表8.2.6－1 洪水传播时间表字段定义

序号	字 段 名	标识符	类型及长度	计量单位	是否允许空值	主键	外键	索引序号
1	河流代码	RV＿CODE	C（17）		N	Y	Y	1
2	上游报汛站代码	UPCDCD	C（17）		N	Y	Y	2
3	下游报汛站代码	STCDCD	C（17）				Y	
4	河道长	RCLEN	N（7，3）	km				
5	最大安全泄量	MXSFDS	VC（40）	m^3/s				
6	最小传播时间	MNTM	N（5，1）	h				
7	最大传播时间	MXTM	N（5，1）	h				
8	平均传播时间	AVTM	N（5，1）	h				
9	实测和调查最大洪水	MXFL	C（1）					
10	属性采集时间	COLL＿DATE	DATE		N	Y		3
11	属性更新时间	UPD＿DATE	DATE					

e）各字段存储内容应符合下列规定：

1）河流代码：同8.2.1节"河流代码"字段，是引用表8.2.1－1的外键。

2）上游报汛站代码：河道上游承担报汛任务的水文测站的代码，同8.6.1节"测站代码"字段，见附录A，是引用表8.6.1－1的外键。

3）下游报汛站代码：河道下游承担报汛任务的水文测站的代码，同8.6.1节"测站代码"字段，见附录A，是引用表8.6.1－1的外键。

4）河道长：两报汛站之间的河流长度。

5）最大安全泄量：指本河段的"最大安全泄量"，可以范围表示，填写格式为"×××～×××"，单位为"m^3/s"。

6）最小传播时间：洪水从上游报汛站流到下游报汛站所需要的最短时间。

7）最大传播时间：洪水从上游报汛站流到下游报汛站所需要的最长时间。

8）平均传播时间：洪水从上游报汛站流到下游报汛站所需要的平均时间。

9）实测和调查最大洪水：描述河道内有没有发生实测和调查最大洪水。自然流域实测或调查最大洪水按"先支后干，不重复填写"的原则清查，即当实测和调查最大洪水发生在支流上时，在该支流填写，干流不再填写实测和调查最大洪水；区间流域不填写实测和调查最大洪水情况；平原水网区河流按平原水网区单元统一填写，平原水网区河流不填写实测和调查最大洪水情况。实测和调查最大洪水采用表8.2.6－2代码取值。

表8.2.6－2 实测和调查最大洪水代码表

代码	实测和调查最大洪水	代码	实测和调查最大洪水
1	有	0	没有

10）属性采集时间：同8.1.3节"属性采集时间"字段。

11）属性更新时间：同8.1.3节"属性更新时间"字段。

8.3 河段

8.3.1 河段名录表

a) 本表存储河段的对象名录信息，引用《水利对象基础信息数据库表结构与标识符》（暂定）中的"河段名录表"。

b) 表标识：OBJ＿REA。

c) 表编号：OBJ＿0047。

d) 各字段定义见表8.3.1－1。

表 8.3.1－1　河段名录表字段定义

序号	字 段 名	标 识 符	类型及长度	计量单位	是否允许空值	主键	外键	索引序号
1	河段代码	REA＿CODE	C（17）		N	Y		1
2	河段名称	REA＿NAME	VC（100）		N			
3	对象建立时间	FROM＿DATE	DATE		N			
4	对象终止时间	TO＿DATE	DATE					

e) 各字段存储内容应符合下列规定：

1) 河段代码：唯一标识本数据库的一个河段，河段代码与工程代码同义，见附录A。

2) 河段名称：指河段代码所代表河段的中文名称。

3) 对象建立时间：同8.1.1节"对象建立时间"字段。

4) 对象终止时间：同8.1.1节"对象终止时间"字段。

8.3.2 河段基础信息表

a) 本表存储河段基础信息，引用《水利对象基础信息数据库表结构与标识符》（暂定）中的"河段基础信息表"。

b) 表标识：ATT＿REA＿BASE。

c) 表编号：ATT＿0047。

d) 各字段定义见表8.3.2－1。

表 8.3.2－1　河段基础信息表字段定义

序号	字 段 名	标 识 符	类型及长度	计量单位	是否允许空值	主键	外键	索引序号
1	河段代码	REA＿CODE	C（17）		N	Y	Y	1
2	河段名称	REA＿NAME	VC（100）		N			
3	起点经度	START＿LONG	N（11，8）	（°）	N			
4	起点纬度	START＿LAT	N（10，8）	（°）	N			
5	终点经度	END＿LONG	N（11，8）	（°）	N			
6	终点纬度	END＿LAT	N（10，8）	（°）	N			
7	起点所在位置	START＿LOC	VC（256）					
8	终点所在位置	END＿LOC	VC（256）					
9	河型	RV＿CHAN＿PATT	C（1）					
10	河段长度	REA＿LEN	N（8，3）	km				
11	备注	NOTE	VC（1024）					
12	属性采集时间	COLL＿DATE	DATE		N	Y		2
13	属性更新时间	UPD＿DATE	DATE					

e）各字段存储内容应符合下列规定：

    1）河段代码：同 8.3.1 节"河段代码"字段，是引用表 8.3.1－1 的外键。

    2）河段名称：同 8.3.1 节"河段名称"字段。

    3）起点经度：同 8.1.3 节"经度"字段。

    4）起点纬度：同 8.1.3 节"纬度"字段。

    5）终点经度：同 8.1.3 节"经度"字段。

    6）终点纬度：同 8.1.3 节"纬度"字段。

    7）起点所在位置：河段起点所在位置的说明，所在的省（自治区、直辖市）、地（区、市、州、盟）、县（区、市、旗）、乡（镇）以及具体街（村）的名称。

    8）终点所在位置：河段终点所在位置的说明，所在的省（自治区、直辖市）、地（区、市、州、盟）、县（区、市、旗）、乡（镇）以及具体街（村）的名称。

    9）河型：填写河型代码，河型采用表 8.3.2－2 代码取值。

表 8.3.2－2　河 型 代 码 表

代码	河　型	代码	河　型
1	顺直型	5	悬河（地上河）
2	弯曲型（蜿蜒型）	6	过渡河段
3	游荡型	7	山区型
4	分汊型	9	其他

    10）河段长度：限定河段横断面（上、下游界面）间的河流长度。

    11）备注：同 8.1.3 节"备注"字段。若"河型"为"其他"，可在此说明。

    12）属性采集时间：同 8.1.3 节"属性采集时间"字段。

    13）属性更新时间：同 8.1.3 节"属性更新时间"字段。

8.3.3　河段基本情况表

a）本表存储河流的分段及河段基本情况。

b）表标识：FHGC＿RVRCDS。

c）表编号：FHGC＿002＿0001。

d）各字段定义见表 8.3.3－1。

表 8.3.3－1　河段基本情况表字段定义

序号	字　段　名	标 识 符	类型及长度	计量单位	是否允许空值	主键	外键	索引序号
1	河段代码	REA＿CODE	C（17）		N	Y	Y	1
2	岸别	BANK	C（1）		N	Y		
3	上界控制站代码	UPCNCD	C（17）				Y	
4	下界控制站代码	DWCNCD	C（17）				Y	
5	汇流面积	VLAR	N（9，2）	km²				
6	汇入一级支流数	ENBRNB	N（2）	条				
7	河槽平均宽度	CHAVWD	N（7，1）	m				
8	滩地平均宽度	BTAVWD	N（7，1）	m				
9	河槽面积	RCHAR	N（7，2）	km²				
10	滩地面积	BTAR	N（7，2）	km²				
11	河道平滩流量	CHFLDS	N（7，2）	m³/s				

表 8.3.3－1 河段基本情况表字段定义（续）

序号	字 段 名	标 识 符	类型及长度	计量单位	是否允许空值	主键	外键	索引序号
12	河床比降	RVAVSL	N（8，3）	‰				
13	弯曲率	CV	N（3）					
14	糙率	RG	N（5，3）					
15	最大河宽	MXRVWD	N（7，1）	m				
16	最小河宽	MNRVWD	N（7，1）	m				
17	备注	NOTE	VC（1024）					
18	属性采集时间	COLL_DATE	DATE		N	Y		2
19	属性更新时间	UPD_DATE	DATE					

e）各字段存储内容应符合下列规定：

1）河段代码：同 8.3.1 节"河段代码"字段，是引用表 8.3.1－1 的外键。

2）岸别：同 8.2.2 节"岸别"字段。

3）上界控制站代码：测验河段上游起点断面水文要素测站的代码，同 8.6.1 节"测站代码"字段，见附录 A，是引用表 8.6.1－1 的外键。

4）下界控制站代码：测验河段下游终止断面水文要素测站的代码，同 8.6.1 节"测站代码"字段，见附录 A，是引用表 8.6.1－1 的外键。

5）汇流面积：河段分水线与上、下游界面之间所包围的平面面积或湖泊上游所有进湖水系流域面积与湖面面积（最高水位时湖泊的水面面积）之和。

6）汇入一级支流数：汇入某个河段内的主要支流数。

7）河槽平均宽度：河流（或河段）河谷中经常行水的水面面积与河段长度的比值。

8）滩地平均宽度：滩地的面积与其长度的比值。

9）河槽面积：中水时期有水流的部分称主槽或称基本河槽，基本河槽的面积为"河槽面积"。

10）滩地面积：洪水时被河水淹没，中水时露出水面部分的面积。

11）河道平滩流量：与河漫滩滩唇即将被淹没或刚被淹没时相对应的流量。

12）河床比降：河床比降又称纵坡降、坡降，指河道沿水流方向每单位水平距离的落差，平原水网区河流填"－1"。

13）弯曲率：沿河流中线两点间的实际长度与其直线距离的比值，如为直流段"弯曲率"取"1"。

14）糙率：河槽表面的粗糙程度，用以表示河床粗糙度对水流能量损失的影响。

15）最大河宽：河段内防洪高水位时，横断面水流最宽处之两端水平距离。

16）最小河宽：河段内防洪高水位时，横断面水流最窄处之两端水平距离。

17）备注：同 8.1.3 节"备注"字段。如果河段在"资料截止日期"前没有滩地，填"无滩地"；河流没有拐弯，填"直流段"。

18）属性采集时间：同 8.1.3 节"属性采集时间"字段。

19）属性更新时间：同 8.1.3 节"属性更新时间"字段。

8.3.4 河段行洪障碍登记表

a）本表存储河段的行洪障碍物的情况。

b）表标识：FHGC_RCGOOBPR。

c）表编号：FHGC_002_0002。

d）各字段定义见表 8.3.4－1。

表 8.3.4－1 河段行洪障碍登记表字段定义

序号	字 段 名	标 识 符	类型及长度	计量单位	是否允许空值	主键	外键	索引序号
1	河段代码	REA_CODE	C（17）		N	Y	Y	1
2	岸别	BANK	C（1）		N	Y	Y	
3	障碍物名称	BRNM	VC（100）		N	Y		
4	行障控制站代码	GOENNMCD	C（17）				Y	
5	位置	BNPL	VC（256）					
6	水位壅高情况	WTLVBKIN	VC（40）					
7	障碍物平面面积	BRAR	N（7，1）	m²				
8	障碍物最大外形尺寸	BRDM	VC（40）					
9	障碍物侵占河道宽度	BRINCHWD	N（6，1）	m				
10	障碍物侵占过水面积	BRIGWTAR	N（7，1）	m²				
11	清障计划	RVBRPL	VC（4000）					
12	清障情况	RVBRIN	VC（4000）					
13	备注	NOTE	VC（1024）					
14	属性采集时间	COLL_DATE	DATE		N		Y	2
15	属性更新时间	UPD_DATE	DATE					

e）各字段存储内容应符合下列规定：

 1）河段代码：同 8.3.1 节"河段代码"字段，是引用表 8.3.1－1 的外键。

 2）岸别：同 8.2.2 节"岸别"字段。

 3）障碍物名称：同一个河段的障碍物不得重名。

 4）行障控制站代码：负责测验障碍物所在河道横断面水文要素站点的代码，同 8.6.1 节"测站代码"字段，见附录 A，是引用表 8.6.1－1 的外键。

 5）位置：行洪障碍物所在具体地点。

 6）水位壅高情况：行洪障碍物造成的水位壅高情况介绍。

 7）障碍物平面面积：指障碍物在河道中所占据的水平投影面积。

 8）障碍物最大外形尺寸：当障碍物外形接近长方形时，以"长×宽"描述；当障碍物外形接近圆形时，以"ϕ直径"描述；单位为 m。

 9）障碍物侵占河道宽度：指障碍物在河道中所占据的河道宽度。

 10）障碍物侵占过水面积：指障碍物在河道中所占据的过水面积。

 11）清障计划：针对河道中的障碍物拟采取的清理计划。

 12）清障情况：清理河道中障碍物的情况。

 13）备注：同 8.1.3 节"备注"字段。

 14）属性采集时间：同 8.1.3 节"属性采集时间"字段。

 15）属性更新时间：同 8.1.3 节"属性更新时间"字段。

8.4 水库

8.4.1 水库名录表

a）本表存储水库的对象名录信息，引用《水利对象基础信息数据库表结构与标识符》（暂定）中的"水库名录表"。

b）表标识：OBJ＿RES。

c）表编号：OBJ＿0020。

d）各字段定义见表8.4.1－1。

表8.4.1－1　水库名录表字段定义

序号	字 段 名	标 识 符	类型及长度	计量单位	是否允许空值	主键	外键	索引序号
1	水库代码	RES＿CODE	C（17）		N	Y		1
2	水库名称	RES＿NAME	VC（100）		N			
3	对象建立时间	FROM＿DATE	DATE		N			
4	对象终止时间	TO＿DATE	DATE					

e）各字段存储内容应符合下列规定：

　　1）水库代码：唯一标识本数据库的一个水库，水库代码与工程代码同义，见附录A。

　　2）水库名称：指水库代码所代表水库的中文名称。

　　3）对象建立时间：同8.1.1节"对象建立时间"字段。

　　4）对象终止时间：同8.1.1节"对象终止时间"字段。

8.4.2　水库基础信息表

a）本表存储水库的基础信息，引用《水利对象基础信息数据库表结构与标识符》（暂定）中的"水库基础信息表"。

b）表标识：ATT＿RES＿BASE。

c）表编号：ATT＿0020。

d）各字段定义见表8.4.2－1。

表8.4.2－1　水库基础信息表字段定义

序号	字 段 名	标 识 符	类型及长度	计量单位	是否允许空值	主键	外键	索引序号
1	水库代码	RES＿CODE	C（17）		N	Y	Y	1
2	水库名称	RES＿NAME	VC（100）		N			
3	左下角经度	LOW＿LEFT＿LONG	N（11，8）	（°）	N			
4	左下角纬度	LOW＿LEFT＿LAT	N（10，8）	（°）	N			
5	右上角经度	UP＿RIGHT＿LONG	N（11，8）	（°）	N			
6	右上角纬度	UP＿RIGHT＿LAT	N（10，8）	（°）	N			
7	水库所在位置	RES＿LOC	VC（256）					
8	水库类型	RES＿TYPE	C（1）					
9	工程等别	ENG＿GRAD	C（1）					
10	工程规模	ENG＿SCAL	C（1）					
11	集雨面积	WAT＿SHED＿AREA	N（9，2）	km^2				
12	坝址多年平均年径流量	DAAD＿MUL＿AVER＿RUOF	N（21，4）	$10^4 m^3$				
13	防洪高水位	UPP＿LEV＿FLCO	N（8，3）	m				
14	正常蓄水位	NORM＿WAT＿LEV	N（8，3）	m				
15	正常蓄水位相应水面面积	NORM＿POOL＿STAG＿AREA	N（6，2）	km^2				
16	正常蓄水位相应库容	NORM＿POOL＿STAG＿CAP	N（9，2）	$10^4 m^3$				
17	防洪限制水位	FL＿LOW＿LIM＿LEV	N（8，3）	m				

表 8.4.2－1 水库基础信息表字段定义（续）

序号	字 段 名	标 识 符	类型及长度	计量单位	是否允许空值	主键	外键	索引序号
18	防洪限制水位库容	FL＿LOW＿LIM＿LEV＿CAP	N（9，2）	$10^4 m^3$				
19	死水位	DEAD＿LEV	N（8，3）	m				
20	总库容	TOT＿CAP	N（9，2）	$10^4 m^3$				
21	调洪库容	STOR＿FL＿CAP	N（9，2）	$10^4 m^3$				
22	防洪库容	FLCO＿CAP	N（9，2）	$10^4 m^3$				
23	兴利库容	BEN＿RES＿CAP	N（9，2）	$10^4 m^3$				
24	死库容	DEAD＿CAP	N（9，2）	$10^4 m^3$				
25	工程建设情况	ENG＿STAT	C（1）					
26	运行状况	RUN＿STAT	C（1）					
27	开工时间	START＿DATE	DATE					
28	建成时间	COMP＿DATE	DATE					
29	归口管理部门	ADM＿DEP	C（1）					
30	备注	NOTE	VC（1024）					
31	属性采集时间	COLL＿DATE	DATE		N	Y		2
32	属性更新时间	UPD＿DATE	DATE					

e）各字段存储内容应符合下列规定：

1）水库代码：同 8.4.1 节"水库代码"字段，是引用表 8.4.1－1 的外键。

2）水库名称：同 8.4.1 节"水库名称"字段。

3）左下角经度：同 8.1.3 节"经度"字段。

4）左下角纬度：同 8.1.3 节"纬度"字段。

5）右上角经度：同 8.1.3 节"经度"字段。

6）右上角纬度：同 8.1.3 节"度"字段。

7）水库所在位置：水库主坝详细位置的描述，所在的省（自治区、直辖市）、地（区、市、州、盟）、县（区、市、旗）、乡（镇）以及具体街（村）的名称。

8）水库类型：根据水库所处的地形条件不同，其类型一般可分为山丘水库、平原水库及地下水库。

①山丘水库指用拦河坝横断河谷，拦截河川径流，抬高水位形成的水库。包括山谷水库和丘陵区水库。

②平原水库指在平原地区，利用天然湖泊、洼淀、河道，通过修建围堤和控制闸等建筑物形成的蓄水库。包含滨海区水库。

注：当山区、丘陵区的水利水电工程永久性建筑物的挡水高度低于 15m，且上、下游最大水头差小于 10m 时，形成的水库按平原水库填写；当平原区、滨海区的水利水电工程永久性建筑物的挡水高度高于 15m，且上下游最大水头差大于 10m 时，形成的水库按山丘水库填写。

③地下水库指储存在某一地域地下含水层内的水体，可供开发利用的地下储水场所。

依据水库类型，填写水库类型代码，采用表 8.4.2－2 代码取值。

表 8.4.2－2 水库类型代码表

代码	水库类型	代码	水库类型
1	山丘水库	3	地下水库
2	平原水库		

9）工程等别：按照工程设计文件中规定的等别进行填写，采用表8.4.2-3代码取值。

表8.4.2-3　工程等别代码表

代码	工程等别	代码	工程等别
1	Ⅰ	4	Ⅳ
2	Ⅱ	5	Ⅴ
3	Ⅲ		

无法查阅工程设计文件的，参照SL 252—2000《水利水电工程等级划分及洪水标准》中的水利水电工程分等指标表（见表8.4.2-4）进行取值。

表8.4.2-4　水利水电工程分等指标表

工程等别	工程规模	水库总库容 /10⁸m³	防洪		治涝	灌溉	供水	发电
			保护城镇及工矿企业的重要性	保护农田 /10⁴亩	治涝面积 /10⁴亩	灌溉面积 /10⁴亩	供水对象重要性	装机容量 /10⁴kW
Ⅰ	大（1）型	≥10	特别重要	≥500	≥500	≥150	特别重要	≥120
Ⅱ	大（2）型	10～1.0	重要	500～100	200～60	150～50	重要	120～30
Ⅲ	中型	1.0～0.10	中等	100～30	60～15	50～5	中等	30～5
Ⅳ	小（1）型	0.10～0.01	一般	30～5	15～3	5～0.5	一般	5～1
Ⅴ	小（2）型	0.01～0.001		<5	<3	<0.5		<1

注　1. 水库总库容指水库最高水位以下的静库容。
　　2. 治涝面积和灌溉面积均指设计面积。

10）工程规模：填写工程规模代码，采用表8.4.2-5代码取值。

表8.4.2-5　工程规模代码表

代码	工程规模	代码	工程规模
1	大（1）型	4	小（1）型
2	大（2）型	5	小（2）型
3	中型		

11）集雨面积：指坝址以上的流域面积，计量单位为km²，计至两位小数。

12）坝址多年平均年径流量：通过河流某一断面的水量称为本断面以上流域的年径流量的算术平均值。

13）防洪高水位：水库遇下游防护对象的设计洪水标准时在坝前达到的最高水位。

14）正常蓄水位：水库在正常运用的情况下，为满足设计的兴利要求在供水期开始时应蓄到的最高水位。

15）正常蓄水位相应水面面积：正常蓄水位相应的水库水面面积。

16）正常蓄水位相应库容：正常蓄水位以下的水库容积。

17）防洪限制水位：水库在汛期允许兴利蓄水的上限水位。

18）防洪限制水位库容：汛期限制水位对应的水库容积。

19）死水位：水库在正常运用情况下，允许消落到的最低水位。

20）总库容：校核洪水位以下的水库容积。

21）调洪库容：校核洪水位至防洪限制水位之间的水库容积。

22）防洪库容：防洪高水位至防洪限制水位之间的水库容积。

23）兴利库容：正常蓄水位至死水位之间的水库容积。

24）死库容：指死水位以下的水库容积。

25）工程建设情况：填写工程建设情况代码，已建指工程已经建成，投入正常运行，正常运行指工程整体规模发挥作用；在建指工程正在建设中，未投入正常运行。依据工程建设情况，填写工程建设情况代码，采用表 8.4.2-6 代码取值。

表 8.4.2-6　工程建设情况代码表

代码	工程建设情况	代码	工程建设情况
0	未建	2	已建
1	在建		

26）运行状况：填写运行状况代码，采用表 8.4.2-7 代码取值。

表 8.4.2-7　运 行 状 况 代 码 表

代码	运 行 状 况	代码	运 行 状 况
1	在用良好（工程处于良好运行）	3	停用（工程已废弃或由于其他原因停用）
2	在用故障（工程带故障运行）		

27）开工时间：在建工程开工令上的开工时间。

28）建成时间：工程首次投入正常运行的时间。

29）归口管理部门：填写水库的归口管理部门代码，采用表 8.4.2-8 代码取值。

30）备注：同 8.1.3 节"备注"字段。当"归口管理部门"为"其他部门"时，可在此说明。

31）属性采集时间：同 8.1.3 节"属性采集时间"字段。

32）属性更新时间：同 8.1.3 节"属性更新时间"字段。

表 8.4.2-8　归口管理部门代码表

代码	归口管理部门	代码	归口管理部门
1	水利部门	5	城建部门
2	电力部门	6	航运部门
3	农业部门	7	环保部门
4	林业部门	9	其他部门

8.4.3　水库水文特征值表

a）本表存储水库的水文特征值。

b）表标识：FHGC_RSHYPR。

c）表编号：FHGC_003_0001。

d）各字段定义见表 8.4.3-1。

表 8.4.3-1　水库水文特征值表字段定义

序号	字 段 名	标 识 符	类型及长度	计量单位	是否允许空值	主键	外键	索引序号
1	水库代码	RES_CODE	C（17）		N	Y	Y	1
2	多年平均年降水量	AVANPR	N（6,2）	mm				
3	多年平均流量	LON_AVER_ANN_FLOW	N（8,2）	m^3/s				
4	多年平均年蒸发量	AVANEV	N（4）	mm				
5	多年平均含沙量	AVANSNQN	N（7,2）	kg/m^3				

表 8.4.3－1　水库水文特征值表字段定义（续）

序号	字 段 名	标 识 符	类型及长度	计量单位	是否允许空值	主键	外键	索引序号
6	多年平均年输沙量	AVANSDLD	N（9，3）	10^4t				
7	发电引用总流量	GNQUTTFL	N（8，2）	m³/s				
8	设计洪水位时最大泄量	DFLMD	N（9，2）	m³/s				
9	校核洪水位时最大泄量	CFLMD	N（9，2）	m³/s				
10	最小下泄流量	MNDS	N（7，2）	m³/s				
11	最小泄量相应下游水位	MDDWL	N（8，3）	m				
12	备注	NOTE	VC（1024）					
13	属性采集时间	COLL_DATE	DATE		N	Y		2
14	属性更新时间	UPD_DATE	DATE					

e）各字段存储内容应符合下列规定：

1）水库代码：同 8.4.1 节"水库代码"字段，是引用表 8.4.1－1 的外键。

2）多年平均年降水量：指坝址以上，流域年降水量的多年平均值。

3）多年平均流量：同 8.2.2 节"多年平均流量"字段。

4）多年平均年蒸发量：指水库水面年蒸发量的多年平均值。

5）多年平均含沙量：单位水体中所含悬移质泥沙质量的多年平均值，或年平均输沙率除以年平均流量。

6）多年平均年输沙量：年入库泥沙质量的多年平均值。

7）发电引用总流量：设计水头下，进入各台水轮机的流量之和，如果没有电站，填"0"。

8）设计洪水位时最大泄量：指设计洪水位对应的可能最大泄量，例如，除了非常溢洪道外所有泄水建筑物全部打开时的泄量。

9）校核洪水位时最大泄量：指校核洪水位对应的可能最大泄量，例如，所有泄水建筑物（包括非常溢洪道）全部打开时的泄量。

10）最小下泄流量：根据下游需要而规定的水库最小下泄流量。如允许断流，填"0"。

11）最小泄量相应下游水位：对应最小下泄流量的下游水位。

12）备注：同 8.1.3 节"备注"字段。

13）属性采集时间：同 8.1.3 节"属性采集时间"字段。

14）属性更新时间：同 8.1.3 节"属性更新时间"字段。

8.4.4　洪水计算成果表

a）本表存储某水库的洪水计算成果。

b）表标识：FHGC_DSFLCLPR。

c）表编号：FHGC_003_0002。

d）各字段定义见表 8.4.4－1。

表 8.4.4－1　洪水计算成果表字段定义

序号	字 段 名	标 识 符	类型及长度	计量单位	是否允许空值	主键	外键	索引序号
1	水库代码	RES_CODE	C（17）		N	Y	Y	1
2	计算日期	CLDT	DATE		N	Y		
3	洪水频率	FLQN	VC（16）		N	Y		
4	时段长	TMPRLN	VC（10）		N	Y		

表 8.4.4－1　洪水计算成果表字段定义（续）

序号	字 段 名	标 识 符	类型及长度	计量单位	是否允许空值	主键	外键	索引序号
5	时段洪量	DTPFQ	N（9，2）	$10^4 m^3$				
6	洪峰流量	DSFLPKFL	N（8，2）	m^3/s				
7	备注	NOTE	VC（1024）					
8	属性采集时间	COLL＿DATE	DATE		N		Y	2
9	属性更新时间	UPD＿DATE	DATE					

　　e）各字段存储内容应符合下列规定：

　　　　1）水库代码：同 8.4.1 节"水库代码"字段，是引用表 8.4.1－1 的外键。

　　　　2）计算日期：洪水计算的起始日期。

　　　　3）洪水频率：设计所依据的洪峰或洪量出现的频率，以"％"表示；至少填报"设计频率"和"校核频率"。

　　　　4）时段长：可以是"天"，也可能是"小时"，填写格式规范为"××天/××小时"。

　　　　5）时段洪量：对应某频率的 24h、48h、72h、1d、3d、5d、7d 等时段长的洪量。

　　　　6）洪峰流量：对应某频率的洪峰流量。

　　　　7）备注：同 8.1.3 节"备注"字段，说明洪水频率类型等，如设计频率、校核频率。

　　　　8）属性采集时间：同 8.1.3 节"属性采集时间"字段。

　　　　9）属性更新时间：同 8.1.3 节"属性更新时间"字段。

8.4.5　入库河流表

　　a）本表存储流入某水库的河流。

　　b）表标识：FHGC＿ENRSRV。

　　c）表编号：FHGC＿003＿0003。

　　d）各字段定义见表 8.4.5－1。

表 8.4.5－1　入库河流表字段定义

序号	字 段 名	标识符	类型及长度	计量单位	是否允许空值	主键	外键	索引序号
1	水库代码	RES＿CODE	C（17）		N	Y	Y	1
2	入库河流名称代码	ENRSRVCD	C（17）		N	Y	Y	2
3	入库河流名称	ENRSRVNM	VC（100）					
4	入库河流控制站代码	ELRSCCD	C（17）				Y	
5	备注	NOTE	VC（1024）					
6	属性采集时间	COLL＿DATE	DATE		N		Y	3
7	属性更新时间	UPD＿DATE	DATE					

　　e）各字段存储内容应符合下列规定：

　　　　1）水库代码：同 8.4.1 节"水库代码"字段，是引用表 8.4.1－1 的外键。

　　　　2）入库河流名称代码：同 8.2.1 节"河流代码"字段，见附录 A，是引用表 8.2.1－1 的外键。

　　　　3）入库河流名称：入库河流名称代码所代表的河流的中文名称，同 8.2.1 节"河流名称"字段，见附录 A。

　　　　4）入库河流控制站代码：测验河流在水库入口处水文要素测站的代码，同 8.6.1 节"测站代码"字段，见附录 A，是引用表 8.6.1－1 的外键。

5）备注：同 8.1.3 节"备注"字段。

6）属性采集时间：同 8.1.3 节"属性采集时间"字段。

7）属性更新时间：同 8.1.3 节"属性更新时间"字段。

8.4.6 出库河流表

a）本表存储流出某水库的河流。

b）表标识：FHGC _ GORSRV。

c）表编号：FHGC _ 003 _ 0004。

d）各字段定义见表 8.4.6-1。

表 8.4.6-1 出库河流表字段定义

序号	字 段 名	标 识 符	类型及长度	计量单位	是否允许空值	主键	外键	索引序号
1	水库代码	RES _ CODE	C（17）		N	Y	Y	1
2	出库河流名称代码	GORSRVCD	C（17）		N	Y	Y	2
3	出库河流名称	GORSRVNM	VC（100）					
4	出库河流控制站代码	GLRSCCD	C（17）				Y	
5	备注	NOTE	VC（1024）					
6	属性采集时间	COLL _ DATE	DATE		N	Y		3
7	属性更新时间	UPD _ DATE	DATE					

e）各字段存储内容应符合下列规定：

1）水库代码：同 8.4.1 节"水库代码"字段，是引用表 8.4.1-1 的外键。

2）出库河流名称代码：同 8.2.1 节"河流代码"字段，见附录 A，是引用表 8.2.1-1 的外键。

3）出库河流名称：出库河流名称代码所代表的河流的中文名称，同 8.2.1 节"河流名称"字段，见附录 A。

4）出库河流控制站代码：测验河流在水库出口处水文要素测站的代码，同 8.6.1 节"测站代码"字段，见附录 A，是引用表 8.6.1-1 的外键。

5）备注：同 8.1.3 节"备注"字段。

6）属性采集时间：同 8.1.3 节"属性采集时间"字段。

7）属性更新时间：同 8.1.3 节"属性更新时间"字段。

8.4.7 水库特征值表

a）本表存储水库的特征值。

b）表标识：FHGC _ RSPP。

c）表编号：FHGC _ 003 _ 0005。

d）各字段定义见表 8.4.7-1。

表 8.4.7-1 水库特征值表字段定义

序号	字 段 名	标 识 符	类型及长度	计量单位	是否允许空值	主键	外键	索引序号
1	水库代码	RES _ CODE	C（17）		N	Y	Y	1
2	水库调节特性	RSADCH	C（1）					
3	设计洪水标准	DSFLST	N（5）					
4	设计洪水位	DSFLLV	N（8，3）	m				

表 8.4.7-1 水库特征值表字段定义 (续)

序号	字 段 名	标 识 符	类型及长度	计量单位	是否允许空值	主键	外键	索引序号
5	校核洪水标准	CHFLST	VC (40)					
6	校核洪水位	CHFLLV	N (8, 3)	m				
7	水准基面	LVBSLV	C (2)					
8	假定水准基面位置	DLBLP	VC (80)					
9	备注	NOTE	VC (1024)					
10	属性采集时间	COLL_DATE	DATE		N	Y		2
11	属性更新时间	UPD_DATE	DATE					

e) 各字段存储内容应符合下列规定:

1) 水库代码:同 8.4.1 节 "水库代码" 字段,是引用表 8.4.1-1 的外键。

2) 水库调节特性:水库调节特性采用表 8.4.7-2 代码取值。

表 8.4.7-2 水库调节特性代码表

代码	水库调节特性	代码	水库调节特性
1	日调节	5	多年调节
2	周调节	6	无调节
3	季调节	9	其他
4	年调节		

3) 设计洪水标准:采用某一种洪水的重现期作为水库设计的依据,以 "××××重现期 [年]" 表示。

4) 设计洪水位:水库遇设计标准洪水时在坝前达到的最高水位。

5) 校核洪水标准:采用某一种洪水的重现期或可能最大洪水作为水库的校核标准,以 "×× ××重现期 [年] /可能最大洪水××××××m³/s" 表示。

6) 校核洪水位:水库遇校核标准洪水时在坝前达到的最高水位,又称 "非常洪水位"。

7) 水准基面:同 8.2.3 节 "水准基面" 字段。

8) 假定水准基面位置:同 8.2.3 节 "假定水准基面位置" 字段。

9) 备注:同 8.1.3 节 "备注" 字段。如有保坝洪水,在此说明;对于 "其他" 调节类型,在此说明;对无调节水库,可能无 "死水位",在此说明 "无死水位"。

10) 属性采集时间:同 8.1.3 节 "属性采集时间" 字段。

11) 属性更新时间:同 8.1.3 节 "属性更新时间" 字段。

8.4.8 水库水位面积、库容、泄量关系表

a) 本表存储水库的水位-面积、水位-库容、水位-泄量关系等。

b) 表标识:FHGC_RWACDR。

c) 表编号:FHGC_003_0006。

d) 各字段定义见表 8.4.8-1。

e) 各字段存储内容应符合下列规定:

1) 水库代码:同 8.4.1 节 "水库代码" 字段,是引用表 8.4.1-1 的外键。

2) 水位:指水库的任意一个水位,或某个特征水位。

3) 面积:对应某个水位时的水库水面面积。

4) 库容:对应某个水位时的水库库容。

表 8.4.8－1　水库水位面积、库容、泄量关系表字段定义

序号	字 段 名	标 识 符	类型及长度	计量单位	是否允许空值	主键	外键	索引序号
1	水库代码	RES_CODE	C（17）		N	Y	Y	1
2	水位	WTLV	N（8,3）	m	N	Y		
3	面积	AR	N（8,2）	km²				
4	库容	RSCP	N（9,2）	10⁴m³				
5	正常溢洪道总泄量	NRSOTTDS	N（8,2）	m³/s				
6	非常溢洪道总泄量	EXSOTTDS	N（8,2）	m³/s				
7	洞（管）总泄量	HLPPTTDS	N（8,2）	m³/s				
8	发电引用流量	GNQUFL	N（8,2）	m³/s				
9	属性采集时间	COLL_DATE	DATE		N	Y		2
10	属性更新时间	UPD_DATE	DATE					

5）正常溢洪道总泄量：对应某个水位时所有正常溢洪道全部打开时的泄量。

6）非常溢洪道总泄量：对应某个水位时所有非常溢洪道全部打开时的泄量。

7）洞（管）总泄量：对应某个水位时除了发电引用流量以外，所有洞（管）全部打开时的泄量。

8）发电引用流量：对应某个水位时全部发电机组投入运行时的引用流量。

9）属性采集时间：同 8.1.3 节"属性采集时间"字段。

10）属性更新时间：同 8.1.3 节"属性更新时间"字段。

8.4.9　水库主要效益指标表

a）本表存储水库的主要效益指标。

b）表标识：FHGC_RPBIT。

c）表编号：FHGC_003_0007。

d）各字段定义见表 8.4.9－1。

表 8.4.9－1　水库主要效益指标表字段定义

序号	字 段 名	标 识 符	类型及长度	计量单位	是否允许空值	主键	外键	索引序号
1	水库代码	RES_CODE	C（17）		N	Y	Y	1
2	工程任务	ENGTS	VC（6）					
3	供水对象	WSUPOBJ	VC（6）					
4	防洪保护面积	CNFLPRAR	N（10,2）	km²				
5	防洪保护城镇、工矿、企业	ATPRCTNM	VC（4000）					
6	总装机容量	INCP	N（8,2）	MW				
7	多年平均年发电量	AVANENOT	N（10,4）	10⁸kWh				
8	设计灌溉面积	DSIRAR	N（10）	亩				
9	实际灌溉面积	ACIRAR	N（10）	亩				
10	灌区名称	IRRNM	VC（200）					
11	实际最大灌溉引水流量	AMIWQN	N（5,2）	m³/s				
12	城市、工业引水流量	CINQWFL	N（5,2）	m³/s				
13	治涝面积	ATPRHGA	N（9）	亩				
14	改善航道	IMCH	N（6,3）	km				
15	备注	NOTE	VC（1024）					
16	属性采集时间	COLL_DATE	DATE		N	Y		2
17	属性更新时间	UPD_DATE	DATE					

e）各字段存储内容应符合下列规定：

   1）水库代码：同8.4.1节"水库代码"字段，是引用表8.4.1-1的外键。

   2）工程任务：工程任务采用表8.4.9-2代码取值，有多种工程任务的填写多项，以"，"隔开。

表8.4.9-2　工程任务代码表

代码	工程任务	代码	工程任务
1	防洪	5	航运
2	供水	6	养殖
3	灌溉	9	其他
4	发电		

   3）供水对象：供水对象采用表8.4.9-3代码取值，有多种供水对象的填写多项，以"，"隔开。

表8.4.9-3　供水对象代码表

代码	供水对象	代码	供水对象
1	城乡生活	3	农业灌溉
2	工矿企业		

   4）防洪保护面积：指水库建成后，因调洪作用而被保护的下游地区的面积。

   5）防洪保护城镇、工况、企业：指水库建成后，因调洪作用而被保护的城镇、工矿和企业。

   6）总装机容量：一座水电站全部水轮发电机组的额定出力之和，如无电站，填"0"。

   7）多年平均年发电量：水电站在多年期间各年发电量的算术平均值。

   8）设计灌溉面积：按规定的保证率设计的灌区面积，如无灌溉效益，填"0"。

   9）实际灌溉面积：指灌溉工程通过工程管理和用水管理实际完成的灌溉面积，如无灌溉效益，填"0"。

  10）灌区名称：填写受益灌区名称，有多个则填写多个，如无灌溉效益，填"无"，同8.21.1节"灌区名称"字段，见附录A。

  11）实际最大灌溉引水流量：如无灌溉效益，填"0"。

  12）城市、工业引水流量：如无城市、工业引水效益，填"0"。

  13）治涝面积：如无治涝效益，填"0"。

  14）改善航道：如无改善航道效益，填"0"。

  15）备注：同8.1.3节"备注"字段。

  16）属性采集时间：同8.1.3节"属性采集时间"字段。

  17）属性更新时间：同8.1.3节"属性更新时间"字段。

8.4.10　淹没损失及工程永久占地表

a）本表存储水库的淹没损失和工程永久占地情况。

b）表标识：FHGC_SBLSEPOL。

c）表编号：FHGC_003_0008。

d）各字段定义见表8.4.10-1。

表 8.4.10－1　淹没损失及工程永久占地表字段定义

序号	字 段 名	标识符	类型及长度	计量单位	是否允许空值	主键	外键	索引序号
1	水库代码	RES＿CODE	C（17）		N	Y	Y	1
2	淹没土地（洪水）标准	SBSLST	N（5）	a				
3	淹没土地面积	SBIN	N（7）	亩				
4	迁移人口（洪水）标准	MVPPFLST	N（5）	a				
5	计划迁移人口	PLMVPPQN	N（7）	人				
6	已迁移人口	MVPPQN	N（7）	人				
7	生产安置人口	PRODPOP	N（7）	人				
8	设计征地高程	DSWLEL	N（8，3）	m				
9	设计移民高程	DSEMEL	N（8，3）	m				
10	淹没情况	INRN	VC（4000）					
11	工程永久占地	PRFRDM	N（6）	亩				
12	存在问题	EXQS	VC（4000）					
13	属性采集时间	COLL＿DATE	DATE		N	Y		2
14	属性更新时间	UPD＿DATE	DATE					

e）各字段存储内容应符合下列规定：

1）水库代码：同 8.4.1 节"水库代码"字段，是引用表 8.4.1－1 的外键。

2）淹没土地（洪水）标准：采用某一种洪水的重现期作为淹没土地（洪水）标准。

3）淹没土地面积：水库建成后淹没土地面积的总数。

4）迁移人口（洪水）标准：采用某一种洪水的重现期作为迁移人口（洪水）的标准。

5）计划迁移人口：水库建成后计划迁移人口数。

6）已迁移人口：水库建成后已迁移人口数。

7）生产安置人口：水库建成后生产安置人口数。

8）设计征地高程：用坝前水位表示，实际指征地的设计起点高程。

9）设计移民高程：用坝前水位表示，实际指移民的设计起点高程。

10）淹没情况：描述淹没房屋、淹没工矿企业、淹没铁路及公路、淹没电信线路及输电线路等的情况。

11）工程永久占地：包括永久建筑物和工程管理范围的占地，以及一部分临时用地但不能复耕利用的土地。

12）存在问题：如不存在问题，填"无"。

13）属性采集时间：同 8.1.3 节"属性采集时间"字段。

14）属性更新时间：同 8.1.3 节"属性更新时间"字段。

8.4.11　泄水建筑物表

a）本表存储水库泄水建筑物的特征信息。

b）表标识：FHGC＿DSCN。

c）表编号：FHGC＿003＿0009。

d）各字段定义见表 8.4.11－1。

表 8.4.11-1　泄水建筑物表字段定义

序号	字 段 名	标 识 符	类型及长度	计量单位	是否允许空值	主键	外键	索引序号
1	水库代码	RES_CODE	C (17)		N	Y	Y	1
2	建筑物名称	CNNM	VC (100)		N	Y		2
3	管理单位代码	ADUNCD	C (18)				Y	
4	管理单位名称	ADUNNM	VC (250)					
5	建筑物级别	CNCL	C (1)					
6	正常/非常溢洪道	FNCL	C (1)					
7	泄水建筑物类型	DSCNCLTP	C (3)					
8	最大泄洪流量	MXDISFL	N (9, 2)	m³/s				
9	建筑物位置	CNPLCD	C (1)					
10	孔数（条数）	HLNB	N (2)	孔（条）				
11	溢流前沿总长度	OFBTLN	N (6, 2)	m				
12	地基地质	GRGL	VC (4000)					
13	孔口断面形式	ORTRTP	C (1)					
14	孔口净高	CRNTHG	N (5, 2)	m				
15	孔口净宽	CRNTWD	N (5, 2)	m				
16	孔口内径	ORINDM	N (5, 2)	m				
17	进口底槛高程	INBTCGEL	N (8, 3)	m				
18	出口底槛高程	OTBTCGEL	N (8, 3)	m				
19	消能方式	ENDSTP	C (1)					
20	进口闸门形式	INGTTP	C (1)					
21	进口闸门数量	INGTNB	N (2)	扇				
22	启闭机形式	HDGRTP	C (1)					
23	启闭机台数	HDGRNB	N (2)	台				
24	单机启闭力	STLFPW	N (5, 1)	t				
25	闸门全开需要时间	GTOPTM	N (5, 2)	min				
26	电源配置	PWSPCN	VC (100)					
27	备注	NOTE	VC (1024)					
28	属性采集时间	COLL_DATE	DATE		N	Y		3
29	属性更新时间	UPD_DATE	DATE					

　　e）各字段存储内容应符合下列规定：

　　1）水库代码：同 8.4.1 节"水库代码"字段，是引用表 8.4.1-1 的外键。

　　2）建筑物名称：指建筑物的中文名称全称，同一个工程中，建筑物名称不得相同。

　　3）管理单位代码：同 8.1.6 节"水利行业单位代码"字段，是引用表 8.1.6-1 的外键。

　　4）管理单位名称：同 8.1.6 节"水利行业单位名称"字段。

　　5）建筑物级别：建筑物级别采用表 8.4.11-2 代码取值。

表 8.4.11-2　建 筑 物 级 别 代 码 表

代码	建筑物级别	代码	建筑物级别
1	1	4	4
2	2	5	5
3	3		

6）正常/非常溢洪道：说明是正常溢洪道还是非常溢洪道，正常/非常溢洪道采用表 8.4.11 - 3 代码取值。

表 8.4.11 - 3　正常/非常溢洪道代码表

代码	正常/非常溢洪道	代码	正常/非常溢洪道
1	正常	2	非常

7）泄水建筑物类型：从挡水建筑物上游（或从涝区）向下游宣泄多余水量的水工建筑物，就防洪而言，泛指在汛期宣泄洪水或协助宣泄洪水的建筑物。泄水建筑物类型分类码设计见表 8.4.11 - 4。

表 8.4.11 - 4　泄水建筑物类型分类码

代码	一级分类	二级分类	定　　义
100	溢洪道	溢洪道	进口控制段为开敞的，可以有闸门控制，也可以是无闸门控制的，且下泄水流具有自由表面的溢洪道
101		陡槽式溢洪道	陡槽轴线与进口溢流堰轴线正交的开敞式溢洪道
102		侧槽式溢洪道（侧堰溢洪道）	陡槽轴线与进口溢流堰轴线大致平行的开敞式溢洪道
103		滑雪道式溢洪道	进口控制段位于坝顶，通过泄槽将水流挑射到远离坝脚处排入河道的开敞式溢洪道
104		井式溢洪道	进口为环形溢流堰，其后接竖井和泄水隧洞及出口消能设施等的河岸溢洪道
105		虹吸式溢洪道	建于河岸或坝段内，利用有压管流产生的虹吸作用泄水的溢洪道
199		其他	
201	（坝身）泄水孔	坝身中孔	设在坝体中部大致在 1/2 坝高以上的泄水孔
202		坝身底孔	设在坝基部位的泄水孔
300	（水工）隧洞		在山体中开挖的、具有封闭断面的过水通道
301		泄洪隧洞	泄放水库洪水以保证工程安全的隧洞
302		发电隧洞	为水电站输送发电用水的隧洞
303		灌溉引水隧洞	从水库向灌溉区引水的隧洞
304		放空隧洞	为检修、排沙或其他目的而修建的、用于泄空水库存水的隧洞
399		其他	
401	发电引水钢管	发电引水钢管	
999	其他	其他	

8）最大泄洪流量：泄洪（流）建筑物的最大泄洪流量。

9）建筑物位置：此处特指"泄水建筑物"的位置，以大坝为参照物，建筑物位置采用表 8.4.11 - 5 代码取值。

表 8.4.11 - 5　建　筑　物　位　置　代　码　表

代码	建筑物位置	代码	建筑物位置
1	坝上表孔	4	左岸
2	坝上中孔	5	右岸
3	坝上底孔	9	其他

10）孔数（条数）：泄水建筑物上的闸孔个数。

11）溢流前沿总长度：指溢流堰顶净宽的总和。

12）地基地质：指泄水建筑物所在位置的地质情况。

13）孔口断面形式：孔口断面形式采用表 8.4.11-6 代码取值。

表 8.4.11-6　孔口断面形式代码表

代码	孔口断面形式	代码	孔口断面形式
1	开敞式（指无闸门控制）	4	马蹄形
2	矩形（指有闸门控制）	5	城门洞形
3	圆形	9	其他

14）孔口净高：指矩形孔口，马蹄形则指底部矩形的高度。

15）孔口净宽：指矩形孔口，马蹄形则指底部矩形的宽度。

16）孔口内径：指圆形孔孔口内径。

17）进口底槛高程：孔口进口的底槛高程。

18）出口底槛高程：孔口出口的底槛高程。

19）消能方式：消能方式采用表 8.4.11-7 代码取值。

表 8.4.11-7　消能方式代码表

代码	消能方式	代码	消能方式
1	底流	3	挑流
2	面流	9	其他

20）进口闸门形式：进口闸门形式采用表 8.4.11-8 代码取值。

表 8.4.11-8　进口闸门形式代码表

代码	进口闸门形式	代码	进口闸门形式
1	平板门	4	人字门
2	弧形门	5	自动翻板门
3	叠梁门	9	其他

21）进口闸门数量：对应某种闸门的数量。

22）启闭机形式：指工作闸门的启闭机形式，启闭机形式采用表 8.4.11-9 代码取值。

表 8.4.11-9　启闭机形式代码表

代码	启闭机形式	代码	启闭机形式
1	卷扬式启闭机	5	门式启闭机
2	螺杆启闭机	6	台车式启闭机
3	液压启闭机	7	桥式启闭机
4	链式启闭机	9	其他

23）启闭机台数：对应每一种闸门启闭机的台数。

24）单机启闭力：描述每一种闸门启闭机的单机启闭力。

25）闸门全开需要时间：指在正常情况下，全部闸门打开所需时间。

26）电源配置：描述启闭机的电源配置情况，包括备用电源的配置。

27）备注：同 8.1.3 节"备注"字段。若"泄水建筑物类型""建筑物位置""孔口断面形式""消能方式""进口闸门形式""启闭机形式"为"其他"，可在此说明。

28）属性采集时间：同 8.1.3 节"属性采集时间"字段。

29）属性更新时间：同 8.1.3 节"属性更新时间"字段。

8.4.12 单孔水位泄量关系表

a）本表存储某泄水建筑物的单孔水位-泄量关系。

b）表标识：FHGC_SHWLDRL。

c）表编号：FHGC_003_0010。

d）各字段定义见表8.4.12-1。

表8.4.12-1 单孔水位泄量关系表字段定义

序号	字 段 名	标 识 符	类型及长度	计量单位	是否允许空值	主键	外键	索引序号
1	水库代码	RES_CODE	C（17）		N	Y	Y	1
2	建筑物名称	CNNM	VC（100）		N	Y	Y	2
3	水位	WTLV	N（8，3）	m	N	Y		
4	泄量	DS	N（7，2）	m³/s				
5	属性采集时间	COLL_DATE	DATE		N	Y		3
6	属性更新时间	UPD_DATE	DATE					

e）各字段存储内容应符合下列规定：

　　1）水库代码：同8.4.1节"水库代码"字段，是引用表8.4.1-1的外键。

　　2）建筑物名称：同8.4.11节"建筑物名称"字段。

　　3）水位：同8.4.8节"水位"字段。

　　4）泄量：对应某个"水位"闸门全开时的"泄量"。

　　5）属性采集时间：同8.1.3节"属性采集时间"字段。

　　6）属性更新时间：同8.1.3节"属性更新时间"字段。

8.4.13 水库防洪调度表

a）本表存储水库的防洪调度信息。

b）表标识：FHGC_RSATPR。

c）表编号：FHGC_003_0011。

d）各字段定义见表8.4.13-1。

表8.4.13-1 水库防洪调度表字段定义

序号	字 段 名	标识符	类型及长度	计量单位	是否允许空值	主键	外键	索引序号
1	水库代码	RES_CODE	C（17）		N	Y	Y	1
2	调度原则	OPRPR	VC（4000）					
3	调度权限	OPPWLM	VC（4000）					
4	下游河道安全泄量	DWCHSFDS	N（8，2）	m³/s				
5	调度方式	CNFLTP	VC（4000）					
6	超标准洪水对策措施	EXSTFLMS	VC（4000）					
7	调度设计文件	OPDSFL	VC（4000）					
8	运用期间批复文件	USPRBCFL	VC（4000）					
9	水库枢纽建筑物组成	RSCCI	VC（4000）					
10	存在问题	EXQS	VC（4000）					
11	备注	NOTE	VC（1024）					
12	属性采集时间	COLL_DATE	DATE		N	Y		2
13	属性更新时间	UPD_DATE	DATE					

e）各字段存储内容应符合下列规定：

1）水库代码：同 8.4.1 节"水库代码"字段，是引用表 8.4.1-1 的外键。

2）调度原则：指上级批准的调度原则。如尚未批复，填"未批复"。

3）调度权限：如权限尚不明确，填"不明确"。

4）下游河道安全泄量：下游河道在保证水位时能安全下泄的流量。

5）调度方式：指具体工程管理单位的操作方式（或预案）。如尚未制定调度方式，填"无"。

6）超标准洪水对策措施：如没有对策措施，填"无"。

7）调度设计文件：如没有调度设计文件，填"无"。

8）运用期间批复文件：如没有批复文件，填"无"。

9）水库枢纽建筑物组成：描述水库工程的建筑物及其布置情况。

10）存在问题：同 8.4.10 节"存在问题"字段。

11）备注：同 8.1.3 节"备注"字段。

12）属性采集时间：同 8.1.3 节"属性采集时间"字段。

13）属性更新时间：同 8.1.3 节"属性更新时间"字段。

8.4.14 建筑物观测表

a）本表存储建筑物观测信息。

b）表标识：FHGC_CNOBINTB。

c）表编号：FHGC_003_0012。

d）各字段定义见表 8.4.14-1。

表 8.4.14-1 建筑物观测表字段定义

序号	字 段 名	标 识 符	类型及长度	计量单位	是否允许空值	主键	外键	索引序号
1	水库代码	RES_CODE	C（17）		N	Y	Y	1
2	建筑物名称	CNNM	VC（100）		N	Y		2
3	观测开始年号	OBBGYR	VC（4）					
4	观测项目	OBIT	VC（200）					
5	观测系列长	OBSRLN	VC（10）					
6	备注	NOTE	VC（1024）					
7	属性采集时间	COLL_DATE	DATE		N	Y		3
8	属性更新时间	UPD_DATE	DATE					

e）各字段存储内容应符合下列规定：

1）水库代码：同 8.4.1 节"水库代码"字段，是引用表 8.4.1-1 的外键。

2）建筑物名称：同 8.4.11 节"建筑物名称"字段。

3）观测开始年号：开始观测建筑物的年份。

4）观测项目：建筑物观测的项目，如沉降、变形等。

5）观测系列长：建筑物观测的时间长度。

6）备注：同 8.1.3 节"备注"字段。如果不易描述清楚，可在此处说明观测布置图的电子文件名称，以方便调出相应布置图查看；或布置图的中文名称，以便考虑是否要设法获取。

7）属性采集时间：同 8.1.3 节"属性采集时间"字段。

8）属性更新时间：同 8.1.3 节"属性更新时间"字段。

8.4.15 水库运行历史记录表

a) 本表存储水库的历史运行的特征记录信息。

b) 表标识：FHGC_RRHNT。

c) 表编号：FHGC_003_0013。

d) 各字段定义见表8.4.15-1。

表 8.4.15-1 水库运行历史记录表字段定义

序号	字 段 名	标识符	类型及长度	计量单位	是否允许空值	主键	外键	索引序号
1	水库代码	RES_CODE	C (17)		N	Y	Y	1
2	历史最高水位	HSHGWTLV	N (8, 3)	m				
3	历史最高水位发生日期	HHWLTM	DATE					
4	历史最大入库流量	HMERFL	N (8, 2)	m³/s				
5	历史最大入库流量发生日期	HMERFLT	DATE					
6	水库多年平均水位	RAAWL	N (8, 3)	m				
7	历史最大出库流量	MXEXRSFL	N (8, 2)	m³/s				
8	历史最大出库流量发生日期	MERFTM	DATE					
9	历史防凌最高运用水位	HCIFHUWL	N (8, 3)	m				
10	历史防凌最高运用水位发生日期	HCIFHUWT	DATE					
11	已淤积库容	SDST	N (9, 2)	10⁴m³				
12	水库历次损毁情况	RSETDSIN	VC (4000)					
13	水库除险加固情况	RRDIIN	VC (4000)					
14	备注	NOTE	VC (1024)					
15	属性采集时间	COLL_DATE	DATE		N		Y	2
16	属性更新时间	UPD_DATE	DATE					

e) 各字段存储内容应符合下列规定：

1) 水库代码：同8.4.1节"水库代码"字段，是引用表8.4.1-1的外键。

2) 历史最高水位：水库站自设站以来曾经发生过的最高水位；在数据更新时，检查新的数据是否较原有数据大。

3) 历史最高水位发生日期：在数据更新时，检查新的日期是否较原有日期晚。

4) 历史最大入库流量：水库站自设站以来曾经发生过的最大入库流量；在数据更新时，检查新的数据是否较原有数据大。

5) 历史最大入库流量发生日期：在数据更新时，检查新的日期是否较原有日期晚。

6) 水库多年平均水位：水库多年的平均水位。

7) 历史最大出库流量：水库站自设站以来曾经发生过的最大出库流量；在数据更新时，检查新的数据是否较原有数据大。

8) 历史最大出库流量发生日期：在数据更新时，检查新的日期是否较原有日期晚。

9) 历史防凌最高运用水位：水库站自设站以来曾经发生过的防陵最高运用水位；在数据更新时，检查新的数据是否较原有数据大。

10) 历史防凌最高运用水位发生日期：在数据更新时，检查新的日期是否较原有日期晚。

11) 已淤积库容：淤积所占水库容积。

12) 水库历次损毁情况：描述水库历次的损毁情况，用一段话进行描述，以描述清楚为目的。

13) 水库除险加固情况：描述对水库采取的除险加固措施，用一段话进行描述，以描述清楚

14）备注：同 8.1.3 节"备注"字段。如水库无防凌问题，填"无凌"。

15）属性采集时间：同 8.1.3 节"属性采集时间"字段。

16）属性更新时间：同 8.1.3 节"属性更新时间"字段。

8.4.16 水库出险年度记录表

a）本表存储水库历史上发生的险情信息。

b）表标识：FHGC_RSDNYRNT。

c）表编号：FHGC_003_0014。

d）各字段定义见表 8.4.16-1。

表 8.4.16-1 水库出险年度记录表字段定义

序号	字 段 名	标 识 符	类型及长度	计量单位	是否允许空值	主键	外键	索引序号
1	水库代码	RES_CODE	C (17)		N	Y	Y	1
2	出险建筑物名称	DNCNNM	VC (100)		N	Y		2
3	险情分类代码	DNINCD	C (2)		N	Y		3
4	出险时间	DNTM	DATE		N	Y		
5	险情名称	DNINNM	C (4)					
6	出险部位	DNPR	VC (256)					
7	出险地点桩号	DNPLCH	VC (50)					
8	险情级别	DNINCL	C (1)					
9	出险数量	DANG_NUM	N (3)	处				
10	险情描述	DNDS	VC (4000)					
11	除险措施	RMDNMS	VC (4000)					
12	备注	NOTE	VC (1024)					
13	属性采集时间	COLL_DATE	DATE		N	Y		4
14	属性更新时间	UPD_DATE	DATE					

e）各字段存储内容应符合下列规定：

1）水库代码：同 8.4.1 节"水库代码"字段，是引用表 8.4.1-1 的外键。

2）出险建筑物名称：同 8.4.11 节"建筑物名称"字段。

3）险情分类代码：险情分类代码设计见表 8.4.16-2。

表 8.4.16-2 险情编号（险情分类代码）表

险情编码（代码）	险情名称	可能发生此险情的建筑物	险 情 解 释
01	决口	堤防	堤防断裂或缺口，造成河、湖、海水外溢成灾
02	漫溢（漫堤、漫顶）	堤防（段）、土坝、混凝土坝	堤防（或大坝）漫顶过水，尚未发展成溃决等重大险情，漫堤、漫顶是漫溢的同义词
03	漏洞	堤防、穿堤建筑物、土坝、水闸	堤防（土坝）等建筑物背水坡或堤脚（坝脚）附近出现横贯堤身（坝身）或堤基（坝基）的集中渗流通道
04	管涌（泡泉、翻砂、鼓水）	堤防、穿堤建筑物、土坝、水闸	砂性土在渗流力作用下被水流不断带走，形成管状渗流通道的现象。泡泉、翻砂、鼓水是管涌的同义词
05	陷坑（跌窝、塌坑）	堤防、土坝	堤防、土坝突然发生局部塌陷。跌窝、塌坑是陷坑的同义词

表 8.4.16-2 险情编号（险情分类代码）表（续）

险情编码（代码）	险情名称	可能发生此险情的建筑物	险情解释
06	滑坡（脱坡）	堤防、土坝、护岸工程	堤（坝）、岸坡坡面一部分土体发生剪切破坏，沿某一滑动面向下塌滑。脱坡是滑坡的同义词
07	淘刷	堤防、水闸、坝体、泄水建筑物等其他建筑物	堤（坝、闸）脚或基础被水流侵蚀，淘空以至危及有关建筑物的安全
08	裂缝	堤防、穿堤建筑物、坝、泄水建筑物、水闸	干缩或冻融、坝体变形、水力劈裂、地震等作用下，引起各种水工建筑物的拉裂或剪裂
09	崩岸	堤防（段）、护坡护岸、土坝	临水面土体崩落造成险情
10	渗水（散浸）	堤防（段）、土坝	浸润线抬高，背水坡逸出点高出地面，引起土体湿润或发软，有水逸出
11	浪坎（风浪）	堤防（段）	堤防临水坡在风浪的连续冲击淘刷下，形成淘槽或土坎
12	滑动	穿堤建筑物、泄水建筑物、混凝土坝、水闸	水工建筑物沿基础中的缓倾角断层、软弱夹层向下滑移、变形
13	启闭失灵	泄水建筑物、水闸	启闭机失灵、闸门无法启闭
14	闸门破坏	泄水建筑物、水闸	闸门变形扭曲、变形破坏
15	溃坝	土坝	土坝崩溃倒塌造成的重大险情
16	倾覆	混凝土坝	混凝土大坝倾倒造成的重大险情
17	应力过大	混凝土坝	混凝土坝坝基或坝体上任一点的应力大于容许应力
18	坍塌	堤防、库岸、河道、护岸工程、隧洞	河流岸坡、水库库岸发生坍塌破坏，或在隧洞内围岩坍塌破坏
19	堵塞	泄水建筑物	泄水建筑物水道被堵从而抬高上游水位引起的险情
20	基础破坏	泄水建筑物、水闸	基础不均匀沉陷、基础滑动剪断等
21	消能工破坏	泄水建筑物、水闸	消能工底板被掀起或冲毁等
22	基础排水失效	泄水建筑物	基础排水堵塞等
23	洞身破坏	泄水建筑物	洞身围岩失稳、衬砌破坏等
24	控导工程局部破坏	控导工程	丁坝、坝垛、石矶等控导工程出现局部墩蛰、滑塌等险情
25	控导工程冲毁	控导工程	丁坝、坝垛、石矶等控导工程整体被毁坏
26	堤身单薄	堤防	
27	堤顶高度不足	堤防	堤顶高程未达标
99	其他		囊括以上27种险情以外的情况

4）出险时间：指险情的具体发生时间。

5）险情名称：见表 8.4.16-2。当险情代码取 99（其他）时，在"备注"中说明出现的险情名称。

6）出险部位：描述发生险情的具体部位或险点在出险建筑物上的相对位置，如"坝顶""上游坡脚"等。应尽量结合出险实际情况详细描述，如标注高程、坐标等。

7）出险地点桩号：发生险情地点的桩号，以"千米数＋米数"表示，如"135＋012.1"。

8）险情级别：险情级别采用表 8.4.16-3 代码取值。

表 8.4.16-3 险情级别代码表

代码	险情级别	代码	险情级别
1	重大险情	3	一般险情
2	较大险情		

9）出险数量：发生险情的个数。

10）险情描述：对发生的险情的描述性文字。

11）除险措施：针对该险情采取的除险措施。

12）备注：同 8.1.3 节"备注"字段。

13）属性采集时间：同 8.1.3 节"属性采集时间"字段。

14）属性更新时间：同 8.1.3 节"属性更新时间"字段。

8.4.17 自动测报系统表

a）本表存储水库自动测报系统的基本信息。

b）表标识：FHGC＿ATSRROSS。

c）表编号：FHGC＿003＿0015。

d）各字段定义见表 8.4.17－1。

表 8.4.17－1 自动测报系统表字段定义

序号	字 段 名	标 识 符	类型及长度	计量单位	是否允许空值	主键	外键	索引序号
1	水库代码	RES＿CODE	C（17）		N	Y	Y	1
2	中心站名称	CNSTNM	VC（100）					
3	站址	STAD	VC（256）					
4	预报模型	FRMD	VC（4000）					
5	组网方案	BDNTSH	VC（4000）					
6	连接中继站数目	CNRLSTNB	N（2）	个				
7	连接遥测站数目	CRSSNB	N（2）	个				
8	工作体制	WRSS	C（1）					
9	通信方式	CMMNR	VC（12）					
10	采用电源	USPW	VC（4）					
11	运行状况	OPIN	VC（4000）					
12	备注	NOTE	VC（1024）					
13	属性采集时间	COLL＿DATE	DATE		N	Y	Y	2
14	属性更新时间	UPD＿DATE	DATE					

e）各字段存储内容应符合下列规定：

1）水库代码：同 8.4.1 节"水库代码"字段，是引用表 8.4.1－1 的外键。

2）中心站名称：中心站的中文名称。

3）站址：测站详细位置的描述，所在的省（自治区、直辖市）、地（区、市、州、盟）、县（区、市、旗）、乡（镇）以及具体街（村）的名称。

4）预报模型：水库的水文预报模型。

5）组网方案：如不方便描述，可将组网方案图的图号填入，并将该图在表 FHGC＿000＿0004 中标识清楚后存入系统。

6）连接中继站数目：中心站连接的中继站个数。

7）连接遥测站数目：中心站连接的遥测站个数。

8）工作体制：工作体制采用表 8.4.17－2 代码取值。

表 8.4.17-2 工 作 体 制 代 码 表

代码	工作体制	代码	工作体制
1	自报式	3	混合式
2	应答式		

9）通信方式：通信方式采用表 8.4.17-3 代码取值，有多种通信方式填写多个，以"，"隔开。

表 8.4.17-3 通 信 方 式 代 码 表

代码	通信方式	代码	通信方式
1	卫星	4	有线
2	超短波	5	移动通信
3	短波	9	其他

10）采用电源：采用电源采用表 8.4.17-4 代码取值，同时采用多种电源填写多个，以"，"隔开。

表 8.4.17-4 采 用 电 源 代 码 表

代码	采用电源	代码	采用电源
1	太阳能电池	9	其他
2	市电		

11）运行状况：指自动测报系统的运行情况，同 8.4.2 节"运行状况"字段。

12）备注：同 8.1.3 节"备注"字段。如无自动测报系统，填"无自动测报系统"。

13）属性采集时间：同 8.1.3 节"属性采集时间"字段。

14）属性更新时间：同 8.1.3 节"属性更新时间"字段。

8.4.18 中继站表

a）本表存储水库自动测报系统设置中继站的情况。

b）表标识：FHGC_RLST。

c）表编号：FHGC_003_0016。

d）各字段定义见表 8.4.18-1。

表 8.4.18-1 中 继 站 表 字 段 定 义

序号	字 段 名	标 识 符	类型及长度	计量单位	是否允许空值	主键	外键	索引序号
1	水库代码	RES_CODE	C（17）		N	Y	Y	1
2	中继站名称	RLSTNM	VC（100）		N	Y		2
3	站址	STAD	VC（256）					
4	中继级数	RLCLNB	C（1）					
5	通信方式	CMMNR	VC（12）					
6	采用电源	USPW	VC（4）					
7	连接遥测站数目	CRSSNB	N（2）	个				
8	备注	NOTE	VC（1024）					
9	属性采集时间	COLL_DATE	DATE		N	Y	Y	3
10	属性更新时间	UPD_DATE	DATE					

e）各字段存储内容应符合下列规定：

1）水库代码：同 8.4.1 节"水库代码"字段，是引用表 8.4.1－1 的外键。

2）中继站名称：指中继站的中文名称。

3）站址：同 8.4.17 节"站址"字段。

4）中继级数：中继级数采用表 8.4.18－2 代码取值。

表 8.4.18－2 中继级数代码表

代码	中继级数	代码	中继级数
1	1	3	3
2	2		

5）通信方式：同 8.4.17 节"通信方式"字段。

6）采用电源：同 8.4.17 节"采用电源"字段。

7）连接遥测站数目：同 8.4.17 节"连接遥测站数目"字段。

8）备注：同 8.1.3 节"备注"字段。

9）属性采集时间：同 8.1.3 节"属性采集时间"字段，是引用表 8.4.17－1 的外键。

10）属性更新时间：同 8.1.3 节"属性更新时间"字段。

8.4.19 遥测站表

a）本表存储水库自动测报系统遥测站的情况。

b）表标识：FHGC＿RMSRST。

c）表编号：FHGC＿003＿0017。

d）各字段定义见表 8.4.19－1。

表 8.4.19－1 遥测站表字段定义

序号	字 段 名	标 识 符	类型及长度	计量单位	是否允许空值	主键	外键	索引序号
1	水库代码	RES＿CODE	C（17）		N	Y	Y	1
2	遥测站代码	RMSRSTCD	C（17）		N	Y	Y	2
3	遥测站名称	RMSTNM	VC（100）					
4	站址	STAD	VC（256）					
5	连接对象名称	JNOBNM	VC（100）					
6	测验项目	SRIT	VC（20）					
7	通信方式	CMMNR	VC（12）					
8	采用电源	USPW	VC（4）					
9	备注	NOTE	VC（1024）					
10	属性采集时间	COLL＿DATE	DATE		N	Y	Y	3
11	属性更新时间	UPD＿DATE	DATE					

e）各字段存储内容应符合下列规定：

1）水库代码：同 8.4.1 节"水库代码"字段，是引用表 8.4.17－1 的外键。

2）遥测站代码：如果该遥测站也是控制站，它也将必然是所述水库的关联工程，同 8.6.1 节"测站代码"字段，见附录 A。

3）遥测站名称：如果该遥测站也是控制站，它也将必然是所述水库的关联工程，同 8.6.1 节"测站名称"字段，见附录 A。

4）站址：同 8.4.17 节"站址"字段。

5）连接对象名称：指与中心站直接连接或与某个中继站连接，填写中心站名称或某中继站名称。

6）测验项目：指测站测量水文要素的作业项目，测验项目采用表8.4.19-2代码取值，有多种测验项目的填写多项，以"，"隔开。

表 8.4.19-2 测 验 项 目 代 码 表

代码	测验项目	代码	测验项目
1	雨量	4	蒸发
2	水位	5	水质
3	流量	9	其他

7）通信方式：同8.4.17节"通信方式"字段。

8）采用电源：同8.4.17节"采用电源"字段。

9）备注：同8.1.3节"备注"字段。

10）属性采集时间：同8.1.3节"属性采集时间"字段，是引用表8.4.17-1的外键。

11）属性更新时间：同8.1.3节"属性更新时间"字段。

8.4.20 水库汛期运用主要特征值表

a）本表存储水库工程在汛期运用时的主要特征值。

b）表标识：FHGC_RFKWLV。

c）表编号：FHGC_003_0018。

d）各字段定义见表8.4.20-1。

表 8.4.20-1 水库汛期运用主要特征值表字段定义

序号	字 段 名	标识符	类型及长度	计量单位	是否允许空值	主键	外键	索引序号
1	水库代码	RES_CODE	C（17）		N	Y	Y	1
2	汛期限制水位开始日期	FSLWBDTM	VC（4）		N	Y		3
3	汛期限制水位结束日期	FSLWEDTM	VC（4）		N			
4	防洪高水位相应洪水标准	CFHWLFST	VC（40）					
5	备注	NOTE	VC（1024）					
6	属性采集时间	COLL_DATE	DATE		N		Y	2
7	属性更新时间	UPD_DATE	DATE					

e）各字段存储内容应符合下列规定：

1）水库代码：同8.4.1节"水库代码"字段，是引用表8.4.1-1的外键。

2）汛期限制水位开始日期：指汛限水位开始的时间，以4位数字表示，例如，7月1日，填写格式为0701。

3）汛期限制水位结束日期：汛限水位结束的时间，以4位数字表示，例如，9月1日，填写格式为0901。

4）防洪高水位相应洪水标准：水库下游防护对象的设计洪水标准。

5）备注：同8.1.3节"备注"字段。

6）属性采集时间：同8.1.3节"属性采集时间"字段。

7）属性更新时间：同8.1.3节"属性更新时间"字段。

8.5 水库大坝

8.5.1 水库大坝名录表

a) 本表存储水库大坝的对象名录信息，引用《水利对象基础信息数据库表结构与标识符》（暂定）中的"水库大坝名录表"。

b) 表标识：OBJ_DAM。

c) 表编号：OBJ_0006。

d) 各字段定义见表 8.5.1-1。

表 8.5.1-1 水库大坝名录表字段定义

序号	字段名	标识符	类型及长度	计量单位	是否允许空值	主键	外键	索引序号
1	大坝代码	DAM_CODE	C (17)		N	Y		1
2	大坝名称	DAM_NAME	VC (100)		N			
3	对象建立时间	FROM_DATE	DATE		N			
4	对象终止时间	TO_DATE	DATE		N			

e) 各字段存储内容应符合下列规定：

1）大坝代码：唯一标识本数据库的一个水库大坝，大坝代码与工程代码同义，见附录 A。

2）大坝名称：指大坝代码所代表水库大坝的中文名称。

3）对象建立时间：同 8.1.1 节"对象建立时间"字段。

4）对象终止时间：同 8.1.1 节"对象终止时间"字段。

8.5.2 水库大坝基础信息表

a) 本表存储水库大坝的基础信息，引用《水利对象基础信息数据库表结构与标识符》（暂定）中的"水库大坝基础信息表"。

b) 表标识：ATT_DAM_BASE。

c) 表编号：ATT_0006。

d) 各字段定义见表 8.5.2-1。

表 8.5.2-1 水库大坝基础信息表字段定义

序号	字段名	标识符	类型及长度	计量单位	是否允许空值	主键	外键	索引序号
1	大坝代码	DAM_CODE	C (17)		N	Y	Y	1
2	大坝名称	DAM_NAME	VC (100)		N			
3	起点经度	START_LONG	N (11, 8)	(°)	N			
4	起点纬度	START_LAT	N (10, 8)	(°)	N			
5	终点经度	END_LONG	N (11, 8)	(°)	N			
6	终点纬度	END_LAT	N (10, 8)	(°)	N			
7	大坝所在位置	DAM_LOC	VC (256)		N			
8	是否主坝	IF_MAIN_DAM	C (1)					
9	大坝级别	DAM_GRAD	C (1)					
10	大坝最大坝高	DAM_MAX_HEIG	N (5, 2)	m				
11	大坝坝顶长度	DAM_TOP_LEN	N (7, 2)	m				
12	大坝坝顶宽度	DAM_TOP_WID	N (4, 2)	m				
13	大坝材料类型	DAM_TYPE_MAT	C (1)					

表 8.5.2－1　水库大坝基础信息表字段定义（续）

序号	字段名	标识符	类型及长度	计量单位	是否允许空值	主键	外键	索引序号
14	大坝结构类型	DAM_TYPE_STR	C（1）					
15	工程建设情况	ENG_STAT	C（1）					
16	运行状况	RUN_STAT	C（1）					
17	开工时间	START_DATE	DATE					
18	建成时间	COMP_DATE	DATE					
19	备注	NOTE	VC（1024）					
20	属性采集时间	COLL_DATE	DATE		N	Y		2
21	属性更新时间	UPD_DATE	DATE					

　　e）各字段存储内容应符合下列规定：

　　　1）大坝代码：同 8.5.1 节"大坝代码"字段，是引用表 8.5.1－1 的外键。

　　　2）大坝名称：同 8.5.1 节"大坝名称"字段。

　　　3）起点经度：同 8.1.3 节"经度"字段。

　　　4）起点纬度：同 8.1.3 节"纬度"字段。

　　　5）终点经度：同 8.1.3 节"经度"字段。

　　　6）终点纬度：同 8.1.3 节"纬度"字段。

　　　7）大坝所在位置：大坝站详细位置的描述，所在的省（自治区、直辖市）、地（区、市、州、盟）、县（区、市、旗）、乡（镇）以及具体街（村）的名称。

　　　8）是否主坝：填写属性判断代码，采用表 8.5.2－2 代码取值。

表 8.5.2－2　是否主坝代码表

代码	是否主坝	代码	是否主坝
0	未知	2	否
1	是		

　　　9）大坝级别：填写大坝级别代码，根据 SL 252—2000《水利水电工程等级划分及洪水标准》中永久性水工建筑物级别进行填写，采用表 8.5.2－3 代码取值。

表 8.5.2－3　大坝级别代码表

代码	大坝级别	代码	大坝级别
1	1级	4	4级
2	2级	5	5级
3	3级		

　　　10）大坝最大坝高：坝基（不包括局部深槽）的最低点至坝顶的高度。

　　　11）大坝坝顶长度：坝顶两端之间沿坝轴线计算的长度。

　　　12）大坝坝顶宽度：大坝的坝顶宽度。

　　　13）大坝材料类型：填写大坝材料类型代码，采用表 8.5.2－4 代码取值。

表 8.5.2－4　大坝材料类型代码表

代码	大坝材料类型	代码	大坝材料类型
1	混凝土坝	4	土坝
2	碾压混凝土坝	5	堆石坝
3	浆砌石坝	9	其他

14）大坝结构类型：填写大坝结构类型代码，采用表8.5.2－5代码取值。

表8.5.2－5　大坝结构类型代码表

代码	大坝结构类型	代码	大坝结构类型
1	重力坝	5	心墙坝
2	拱坝	6	斜墙坝
3	支墩坝	7	面板坝
4	均质坝	9	其他

15）工程建设情况：同8.4.2节"工程建设情况"字段。

16）运行状况：同8.4.2节"运行状况"字段。

17）开工时间：同8.4.2节"开工时间"字段。

18）建成时间：同8.4.2节"建成时间"字段。

19）备注：同8.1.3节"备注"字段。若"大坝材料类型"和"大坝结构类型"为"其他"，可在此说明。

20）属性采集时间：同8.1.3节"属性采集时间"字段。

21）属性更新时间：同8.1.3节"属性更新时间"字段。

8.5.3　水库大坝特征信息表

a）本表存储水库大坝的特征信息。

b）表标识：FHGC＿DAM。

c）表编号：FHGC＿004＿0001。

d）各字段定义见表8.5.3－1。

表8.5.3－1　水库大坝特征信息表字段定义

序号	字 段 名	标 识 符	类型及长度	计量单位	是否允许空值	主键	外键	索引序号
1	大坝代码	DAM＿CODE	C（17）		N	Y	Y	1
2	大坝名称	ENNM	VC（100）		N	Y		
3	主要挡水建筑物类型	MWRTBDTP	C（1）					
4	地震基本烈度	ERBSIN	VC（2）	度				
5	地震设计烈度	ERDSIN	VC（2）	度				
6	坝长	DMSZLEN	N（7，2）	m				
7	坝顶高程	DMTPEL	N（8，3）	m				
8	坝体防渗形式	DBASBT	VC（50）					
9	防渗体顶面高程	ANBDTPEL	N（8，3）	m				
10	防浪墙顶高程	WVLTPWEL	N（8，3）	m				
11	上游坝坡	UPDMSL	VC（100）					
12	下游坝坡	DWDMSL	VC（100）					
13	坝基地质	DMBSGL	VC（4000）					
14	坝基防渗措施	DMBSSPMS	VC（40）					
15	改建情况	RBIN	VC（4000）					
16	存在问题	EXQS	VC（4000）					
17	属性采集时间	COLL＿DATE	DATE		N	Y		2
18	属性更新时间	UPD＿DATE	DATE					

e）各字段存储内容应符合下列规定：

1）大坝代码：同 8.5.1 节"大坝代码"字段，是引用表 8.5.1-1 的外键。

2）大坝名称：同 8.5.1 节"大坝名称"字段。

3）主要挡水建筑物类型：主要挡水建筑物类型采用表 8.5.3-2 代码取值。

表 8.5.3-2　主要挡水建筑物类型代码表

代码	主要挡水建筑物类型	代码	主要挡水建筑物类型
1	挡水坝	2	挡水闸

4）地震基本烈度：国家规定的或经专门鉴定的工程所在地区场地地震烈度。

5）地震设计烈度：在基本烈度基础上确定的作为工程设防依据的地震烈度。

6）坝长：主坝的坝长。

7）坝顶高程：坝顶的高程。

8）坝体防渗形式：对混凝土坝，无坝体防渗体，填"无"。

9）防渗体顶面高程：防渗体的顶面高程。

10）防浪墙顶高程：防浪墙顶的高程。

11）上游坝坡：填写格式可为"$1:x$"。若有多个不同的上游坡度，应描述清楚，或填"见图×××（工程图名）"。

12）下游坝坡：填写格式可为"$1:x$"。若有多个不同的下游坡度，应描述清楚，或填"见图×××（工程图名）"。

13）坝基地质：坝基所在位置的地质情况。

14）坝基防渗措施：对坝基采取的防渗措施。

15）改建情况：如未改建过，填"未改建"，包括除险加固情况。

16）存在问题：同 8.4.10 节"存在问题"字段。

17）属性采集时间：同 8.1.3 节"属性采集时间"字段。

18）属性更新时间：同 8.1.3 节"属性更新时间"字段。

8.6　测站

8.6.1　测站名录表

a）本表存储测站的对象名录信息，引用《水利对象基础信息数据库表结构与标识符》（暂定）中的"测站名录表"。

b）表标识：OBJ_ST。

c）表编号：OBJ_0005。

d）各字段定义见表 8.6.1-1。

表 8.6.1-1　测站名录表字段定义

序号	字段名	标识符	类型及长度	计量单位	是否允许空值	主键	外键	索引序号
1	测站代码	ST_CODE	C（17）		N	Y		1
2	测站名称	ST_NAME	VC（100）		N			
3	对象建立时间	FROM_DATE	DATE		N			
4	对象终止时间	TO_DATE	DATE					

e）各字段存储内容应符合下列规定：

1）测站代码：唯一标识本数据库的一个测站，测站代码与工程代码同义，见附录 A。

2）测站名称：指测站代码所代表测站的中文名称。

3）对象建立时间：同 8.1.1 节"对象建立时间"字段。

4）对象终止时间：同 8.1.1 节"对象终止时间"字段。

8.6.2 测站基础信息表

a) 本表存储测站的基础信息，引用《水利对象基础信息数据库表结构与标识符》（暂定）中的"测站基础信息表"。

b) 表标识：ATT_ST_BASE。

c) 表编号：ATT_0005。

d) 各字段定义见表 8.6.2-1。

表 8.6.2-1　测站基础信息表字段定义

序号	字段名	标 识 符	类型及长度	计量单位	是否允许空值	主键	外键	索引序号
1	测站代码	ST_CODE	C（17）		N	Y	Y	1
2	测站名称	ST_NAME	VC（100）		N			
3	测站类型	ST_TYPE	VC（5）					
4	测站经度	ST_LONG	N（11，8）	（°）	N			
5	测站纬度	ST_LAT	N（10，8）	（°）	N			
6	站址	ST_SITE	VC（256）					
7	设站年月	ST_YEAR_MON	DATE					
8	始报年月	BEG_REPO_YEAR_MON	DATE					
9	岸别	BANK	C（1）					
10	测站方位	ST_DIR	N（3）					
11	集水面积	CAT_AREA	N（10，2）	km²				
12	监测项目	MONI_ITEM	VC（100）					
13	备注	NOTE	VC（1024）					
14	属性采集时间	COLL_DATE	DATE		N		Y	2
15	属性更新时间	UPD_DATE	DATE					

e) 各字段存储内容应符合下列规定：

1）测站代码：同 8.6.1 节"测站代码"字段，是引用表 8.6.1-1 的外键。

2）测站名称：同 8.6.1 节"测站名称"字段。

3）测站类型：填写测站类型代码，按表 8.6.2-2 规定取值。该表参考了 SL 323—2011《实时雨水情数据库表结构与标识符》标准，增加了"地面沉降量测站""水质站""水土保持站""其他测站"字段，采用表 8.6.2-2 代码取值。

表 8.6.2-2　测站类型代码表

代码	测 站 类 型	代码	测 站 类 型
MM	气象站	ZZ	河道水位站
BB	蒸发站	ZQ	河道水文站
DD	堰闸水文站	RR	水库水文站
TT	潮位站	ZG	地下水站
DP	泵站水文站	ZB	分洪水位站
SS	墒情站	WQ	水质站
DC	地面沉降量测站	WS	水土保持站
PP	雨量站	EL	其他测站

4）测站经度：同8.1.3节"经度"字段。

5）测站纬度：同8.1.3节"纬度"字段。

6）站址：同8.4.17节"站址"字段。

7）设站年月：描述测站建成投入使用的起始时间，采用时间数据类型格式。

8）始报年月：测站建站后开始报汛的时间，采用时间数据类型格式。

9）岸别：填写测站岸别，同8.2.2节"岸别"字段。

10）测站方位：填写测站方位值。

11）集水面积：测站的集水面积。

12）监测项目：描述该测站的监测内容，如水位、流量、水质及监测频次等。

13）备注：同8.1.3节"备注"字段。当"测站类型"为"其他测站"时，可在此说明。

14）属性采集时间：同8.1.3节"属性采集时间"字段。

15）属性更新时间：同8.1.3节"属性更新时间"字段。

8.6.3 测站基本情况表

a）本表存储测站的基本情况。

b）表标识：FHGC _ CNSTCMIN。

c）表编号：FHGC _ 005 _ 0001。

d）各字段定义见表8.6.3－1。

表8.6.3－1 测站基本情况表字段定义

序号	字 段 名	标识符	类型及长度	计量单位	是否允许空值	主键	外键	索引序号
1	测站代码	ST _ CODE	C（17）		N	Y	Y	1
2	所在河流名称代码	ATRVCD	C（17）				Y	
3	控制站（测站）防洪标准	CNSTCFST	N（3）	a				
4	信息管理单位	ADMAUTH	VC（80）					
5	信息交换单位	LOCALITY	VC（100）					
6	水准基面	LVBSLV	C（2）					
7	假定水准基面位置	DLBLP	VC（80）					
8	基面修正值	DTPR	N（7，3）	m				
9	备注	NOTE	VC（1024）					
10	属性采集时间	COLL _ DATE	DATE		N		Y	2
11	属性更新时间	UPD _ DATE	DATE					

e）各字段存储内容应符合下列规定：

1）测站代码：同8.6.1节"测站代码"字段，是引用表8.6.1－1的外键。

2）所在河流名称代码：水文站或水位站所在河流的编码，应与河流中河流编码一致，同8.2.1节"河流代码"字段，是引用表8.2.1－1的外键。

3）控制站（测站）防洪标准：测站本身的设计洪水标准。

4）信息管理单位：测站信息报送质量责任单位，依据水利部水文局下发的文件《全国水情信息报送质量管理规定》（水文情〔2008〕5号），承担信息报送管理责任。

5）信息交换单位：测站信息交换管理单位可根据实际情况填写多项。信息交换单位取值表见表8.6.3－2。

表 8.6.3-2 信息交换单位取值表

序号	单 位	取值	序号	单 位	取值
1	水利部水文局	部水文局	21	福建省水文水资源勘测局	福建水文
2	长江水利委员会水文局	长江委水文	22	江西省水文局	江西水文
3	黄河水利委员会水文局	黄委水文	23	山东省水文水资源勘测局	山东水文
4	淮河水利委员会水文局	淮委水文	24	河南省水文水资源局	河南水文
5	松辽水利委员会水文局	松辽委水文	25	湖北省水文水资源局	湖北水文
6	珠江水利委员会水文局	珠江委水文	26	湖南省水文水资源勘测局	湖南水文
7	海河水利委员会水文局	海委水文	27	广东省水文局	广东水文
8	太湖流域管理局水文局	太湖局水文	28	广西壮族自治区水文水资源局	广西水文
9	北京市水文总站	北京水文	29	海南省水文水资源勘测局	海南水文
10	天津市水文水资源勘测管理中心	天津水文	30	重庆市水文水资源勘测局	重庆水文
11	河北省水文水资源勘测局	河北水文	31	四川省水文水资源勘测局	四川水文
12	山西省水文水资源勘测局	山西水文	32	贵州省水文水资源局	贵州水文
13	内蒙古自治区水文总局	内蒙古水文	33	云南省水文水资源局	云南水文
14	辽宁省水文水资源勘测局	辽宁水文	34	西藏自治区水文水资源勘测局	西藏水文
15	吉林省水文水资源局	吉林水文	35	陕西省水文水资源勘测局	陕西水文
16	黑龙江省水文局	黑龙江水文	36	甘肃省水文水资源局	甘肃水文
17	上海市防汛信息中心	上海水文	37	青海省水文水资源勘测局	青海水文
18	江苏省水文水资源勘测局	江苏水文	38	宁夏回族自治区水文水资源勘测局	宁夏水文
19	浙江省水文局	浙江水文	39	新疆维吾尔自治区水文水资源局	新疆水文
20	安徽省水文局	安徽水文	40	新疆生产建设兵团水利局水文处	兵团水文

6）水准基面：同 8.2.3 节"水准基面"字段。

7）假定水准基面位置：同 8.2.3 节"假定水准基面位置"字段。

8）基面修正值：测站基于基面高程的水位值，遇水位断面沉降等因素影响需要设置基面修正值来修正水位为基面高程。

9）备注：同 8.1.3 节"备注"字段。

10）属性采集时间：同 8.1.3 节"属性采集时间"字段。

11）属性更新时间：同 8.1.3 节"属性更新时间"字段。

8.6.4 测站水文特征表

a）本表存储测站的水文技术特征。

b）表标识：FHGC_CSHCT。

c）表编号：FHGC_005_0002。

d）各字段定义见表 8.6.4-1。

表 8.6.4-1 测站水文特征表字段定义

序号	字 段 名	标识符	类型及长度	计量单位	是否允许空值	主键	外键	索引序号
1	测站代码	ENNMCD	C（17）		N	Y	Y	1
2	设计洪水位	DSFLLV	N（8，3）	m				
3	设计洪水流量	DSFLFL	N（8，2）	m³/s				
4	保证水位	GNWTLV	N（8，3）	m				

表 8.6.4-1 测站水文特征表字段定义（续）

序号	字 段 名	标识符	类型及长度	计量单位	是否允许空值	主键	外键	索引序号
5	保证水位相应流量	GNWTLVFL	N（8，2）	m³/s				
6	警戒水位（潮位）	ALWTLV	N（8，3）	m				
7	河道安全泄量	CHMXSFDS	N（8，2）	m³/s				
8	测点最大流速	SRPNMXVL	N（4，1）	m/s				
9	测点最大流速发生日期	SPMVT	DATE					
10	实测最高水位（潮位）	ASHWL	N（8，3）	m				
11	实测最高水位（潮位）发生日期	ASHWLTM	DATE					
12	实测最大流量	ATSRMXFL	N（10，3）	m³/s				
13	实测最大流量发生日期	ASMFTM	DATE					
14	调查最高水位（潮位）	INHGWTLV	N（8，3）	m				
15	调查最高水位（潮位）发生日期	IHFWLTM	DATE					
16	调查最大流量	INMXFL	N（8，2）	m³/s				
17	调查最大流量发生日期	INMXFLTM	DATE					
18	多年平均年输沙量	ACMXSDQT	N（10，3）	10¹t				
19	最大断面平均含沙量	ATMXSNQN	N（7，2）	kg/m³				
20	多年平均含沙量	AVANSNQN	N（7，2）	kg/m³				
21	备注	NOTE	VC（1024）					
22	属性采集时间	COLL＿DATE	DATE		N	Y		2
23	属性更新时间	UPD＿DATE	DATE					

e）各字段存储内容应符合下列规定：

1）测站代码：同 8.6.1 节"测站代码"字段，是引用表 8.6.1-1 的外键。

2）设计洪水位：同 8.4.7 节"设计洪水位"字段。

3）设计洪水流量：对应设计洪水位时的流量。

4）保证水位：指保证堤防（段）及其附属建筑物在汛期安全运用的上限洪水位。

5）保证水位相应流量：对应保证水位时的流量。

6）警戒水位（潮位）：防汛部门根据河、库、堤、坝具体情况确定的，要求防汛值班人员日夜守护堤防，密切观察险点、险段的特征水位或潮位。

7）河道安全泄量：河道在保证水位时能安全下泄的流量。

8）测点最大流速：测验断面一次测流中，各施测点流速中的最大值。在数据更新时，检查新的数据是否较原有数据大。

9）测点最大流速发生日期：对应测点最大流速的日期。在数据更新时，检查新的日期是否较原有日期晚。

10）实测最高水位（潮位）：在现场测量并经资料整编的时段内，某观测点所出现的最高水（潮）位。在数据更新时，检查新的数据是否较原有数据大。

11）实测最高水位（潮位）发生日期：对应实测最高水位（潮位）的日期。在数据更新时，检查新的日期是否较原有日期晚。

12）实测最大流量：在现场测量并经资料整编时段内获取的某次洪水的最大瞬时流量。在数据更新时，检查新的数据是否较原有数据大。

13）实测最大流量发生日期：对应实测最大流量的日期。在数据更新时，检查新的日期是否较原有日期晚。

14）调查最高水位（潮位）：通过现场调查、勘测、考证等手段获取的某地点过去出现的瞬时最高水位（潮位）。在数据更新时，检查新的数据是否较原有数据大。

15）调查最高水位（潮位）发生日期：对应调查最高水位（潮位）的日期。在数据更新时，检查新的日期是否较原有日期晚。

16）调查最大流量：通过现场调查、勘测、考证等手段获取的某地点过去出现的瞬时最大流量。在数据更新时，检查新的数据是否较原有数据大。

17）调查最大流量发生日期：对应调查最大流量的日期。在数据更新时，检查新的日期是否较原有日期晚。

18）多年平均年输沙量：在一年内，通过河道某一断面逐日平均输沙量之和与该时段内天数之比。本表记录的是"年平均输沙量"的多年平均值。

19）最大断面平均含沙量：断面输沙率与断面流量的比值，本表要求填报历年中的最大值，即"历年最大断面平均含沙量"。

20）多年平均含沙量：同 8.4.3 节"多年平均含沙量"字段。

21）备注：同 8.1.3 节"备注"字段。

22）属性采集时间：同 8.1.3 节"属性采集时间"字段。

23）属性更新时间：同 8.1.3 节"属性更新时间"字段。

8.6.5 水位流量关系表

a）本表存储某过水断面的水位-流量关系。

b）表标识：FHGC_WTFLRL。

c）表编号：FHGC_005_0003。

d）各字段定义见表 8.6.5-1。

表 8.6.5-1 水位流量关系表字段定义

序号	字段名	标识符	类型及长度	计量单位	是否允许空值	主键	外键	索引序号
1	测站代码	ST_CODE	C（17）		N	Y	Y	1
2	水位序号	WTNB	VC（4）		N	Y		3
3	水位	WTLV	N（8，3）	m	N			
4	流量	FL	N（10，3）	m³/s				
5	属性采集时间	COLL_DATE	DATE		N	Y		2
6	属性更新时间	UPD_DATE	DATE					

e）各字段存储内容应符合下列规定：

1）测站代码：同 8.6.1 节"测站代码"字段，是引用表 8.6.1-1 的外键。

2）水位序号：一次测验中，水位出现的先后顺序号。

3）水位：同 8.4.8 节"水位"字段。

4）流量：对应某个水位时的流量。

5）属性采集时间：同 8.1.3 节"属性采集时间"字段。

6）属性更新时间：同 8.1.3 节"属性更新时间"字段。

8.7 堤防

8.7.1 堤防名录表

a）本表存储堤防的对象名录信息，引用《水利对象基础信息数据库表结构与标识符》（暂定）中的"堤防名录表"。

b）表标识：OBJ_DIKE。

c）表编号：OBJ_0011。

d）各字段定义见表8.7.1-1。

表8.7.1-1　堤防名录表字段定义

序号	字 段 名	标 识 符	类型及长度	计量单位	是否允许空值	主键	外键	索引序号
1	堤防代码	DIKE_CODE	C（17）		N	Y		1
2	堤防名称	DIKE_NAME	VC（100）		N			
3	对象建立时间	FROM_DATE	DATE		N			
4	对象终止时间	TO_DATE	DATE					

e）各字段存储内容应符合下列规定：

1）堤防代码：唯一标识本数据库的一个堤防，堤防代码与工程代码同义，见附录A。

2）堤防名称：指堤防代码所代表堤防的中文名称。

3）对象建立时间：同8.1.1节"对象建立时间"字段。

4）对象终止时间：同8.1.1节"对象终止时间"字段。

8.7.2　堤防基础信息表

a）本表存储堤防的基础信息，引用《水利对象基础信息数据库表结构与标识符》（暂定）中的"堤防基础信息表"。

b）表标识：ATT_DIKE_BASE。

c）表编号：ATT_0011。

d）各字段定义见表8.7.2-1。

表8.7.2-1　堤防基础信息表字段定义

序号	字 段 名	标 识 符	类型及长度	计量单位	是否允许空值	主键	外键	索引序号
1	堤防代码	DIKE_CODE	C（17）		N	Y	Y	1
2	堤防名称	DIKE_NAME	VC（100）		N			
3	起点经度	START_LONG	N（11，8）	（°）	N			
4	起点纬度	START_LAT	N（10，8）	（°）	N			
5	终点经度	END_LONG	N（11，8）	（°）	N			
6	终点纬度	END_LAT	N（10，8）	（°）	N			
7	起点所在位置	START_LOC	VC（256）					
8	终点所在位置	END_LOC	VC（256）					
9	堤防级别	DIKE_GRAD	C（1）					
10	堤防类型	DIKE_TYPE	C（1）					
11	堤防形式	DIKE_PATT	C（1）					
12	堤防长度	DIKE_LEN	N（25）	m				
13	堤防起点桩号	DIKE_START_NUM	VC（12）					
14	堤防终点桩号	DIKE_END_NUM	VC（12）					
15	起点堤顶高程	START_DIKE_TOP_EL	N（8，3）	m				
16	终点堤顶高程	END_DIKE_TOP_EL	N（8，3）	m				
17	堤防高度（最小值）	DIKE_HEIG_MIN	N（7，3）	m				

表 8.7.2－1　堤防基础信息表字段定义（续）

序号	字 段 名	标 识 符	类型及长度	计量单位	是否允许空值	主键	外键	索引序号
18	堤防高度（最大值）	DIKE＿HEIG＿MAX	N (7, 3)	m				
19	堤顶宽度（最小值）	DIKE＿TOP＿WID＿MIN	N (7, 3)	m				
20	堤顶宽度（最大值）	DIKE＿TOP＿WID＿MAX	N (7, 3)	m				
21	工程建设情况	ENG＿STAT	C (1)					
22	运行状况	RUN＿STAT	C (1)					
23	工程任务	ENG＿TASK	VC (10)					
24	开工时间	START＿DATE	DATE					
25	建成时间	COMP＿DATE	DATE					
26	归口管理部门	ADM＿DEP	C (1)					
27	备注	NOTE	VC (1024)					
28	属性采集时间	COLL＿DATE	DATE		N	Y		2
29	属性更新时间	UPD＿DATE	DATE					

e）各字段存储内容应符合下列规定：

1）堤防代码：同 8.7.1 节"堤防代码"字段，是引用表 8.7.1－1 的外键。

2）堤防名称：同 8.7.1 节"堤防名称"字段。

3）起点经度：堤防起点断面的堤顶中心位置处地理坐标的经度。若堤防为围（圩、圈）堤且闭合，则填写任意断面堤顶中心坐标，同 8.1.3 节"经度"字段。

4）起点纬度：堤防起点断面的堤顶中心位置处地理坐标的纬度。若堤防为围（圩、圈）堤且闭合，则填写任意断面堤顶中心坐标，同 8.1.3 节"纬度"字段。

5）终点经度：堤防终点断面的堤顶中心位置处地理坐标的经度。若堤防为围（圩、圈）堤且闭合，则填写任意断面堤顶中心坐标，同 8.1.3 节"经度"字段。

6）终点纬度：堤防终点断面的堤顶中心位置处地理坐标的纬度。若堤防为围（圩、圈）堤且闭合，则填写任意断面堤顶中心坐标，同 8.1.3 节"纬度"字段。

7）起点所在位置：堤防起点的详细位置，同 8.3.2 节"起点所在位置"字段。

8）终点所在位置：堤防终点的详细位置，同 8.3.2 节"终点所在位置"字段。

9）堤防级别：按照工程设计文件中规定的级别填写；无法查阅工程设计文件的，根据防护区内防洪标准较高的防护对象的防洪标准确定，按照 GB 50286《堤防工程设计规范》选择，采用表 8.7.2－2 代码取值。

表 8.7.2－2　堤防级别代码表

代码	堤防级别	代码	堤防级别
0	未知	4	4 级
1	1 级	5	5 级
2	2 级	9	5 级以下
3	3 级		

10）堤防类型：填写堤防类型代码，采用表 8.7.2－3 代码取值。

表 8.7.2－3　堤防类型代码表

代码	堤防类型	代码	堤防类型
1	河（江）堤	3	海堤
2	湖堤	4	围（圩、圈）

11）堤防形式：填写堤防形式代码，采用表 8.7.2－4 代码取值。

表 8.7.2－4　堤 防 形 式 代 码 表

代码	堤防形式	代码	堤防形式
1	土堤	4	钢筋混凝土防洪墙
2	砌石堤	9	其他
3	土石混合堤			

12）堤防长度：堤防段起点与终点之间的长度。

13）堤防起点桩号：用"千米数＋米数"表示，如"135＋012.1"。

14）堤防终点桩号：用"千米数＋米数"表示，如"135＋012.1"。

15）起点堤顶高程：堤防起点的堤顶高程。

16）终点堤顶高程：堤防终点的堤顶高程。

17）堤防高度（最小值）：填写"设计文件"中堤防的本属性值。

18）堤防高度（最大值）：填写"设计文件"中堤防的本属性值。

19）堤顶宽度（最小值）：填写"设计文件"中堤防的本属性值。

20）堤顶宽度（最大值）：填写"设计文件"中堤防的本属性值。

21）工程建设情况：同 8.4.2 节"工程建设情况"字段。

22）运行状况：同 8.4.2 节"运行状况"字段。

23）工程任务：填写工程任务代码，当堤防承担多个任务时，填写多个代码，代码之间用","隔开，采用表 8.7.2－5 代码取值。

表 8.7.2－5　工 程 任 务 代 码 表

代码	工程任务	代码	工程任务
1	防洪	2	防潮

24）开工时间：同 8.4.2 节"开工时间"字段。

25）建成时间：同 8.4.2 节"建成时间"字段。

26）归口管理部门：同 8.4.2 节"归口管理部门"字段。

27）备注：同 8.1.3 节"备注"字段。当"堤防形式"为"其他"时，可在此说明。

28）属性采集时间：同 8.1.3 节"属性采集时间"字段。

29）属性更新时间：同 8.1.3 节"属性更新时间"字段。

8.7.3　堤防一般信息表

a）本表存储堤防的一般情况。

b）表标识：FHGC _ DKCMIN。

c）表编号：FHGC _ 006 _ 0001。

d）各字段定义见表 8.7.3－1。

表 8.7.3－1　堤防一般信息表字段定义

序号	字 段 名	标识符	类型及长度	计量单位	是否允许空值	主键	外键	索引序号
1	堤防代码	DIKE _ CODE	C（17）		N	Y	Y	1
2	岸别	BANK	C（1）					
3	地震基本烈度	ERBSIN	VC（2）	度				
4	地震设计烈度	ERDSIN	VC（2）	度				

表 8.7.3－1　堤防一般信息表字段定义（续）

序号	字　段　名	标识符	类型及长度	计量单位	是否允许空值	主键	外键	索引序号
5	水准基面	LVBSLV	VC（6）					
6	假定水准基面位置	DLBLP	VC（80）					
7	堤防所在河流（湖泊）代码	BNSCLCD	C（17）				Y	
8	海堤所在海岸名称	SALCTNM	VC（100）					
9	情况介绍	ININ	VC（4000）					
10	属性采集时间	COLL＿DATE	DATE		N		Y	2
11	属性更新时间	UPD＿DATE	DATE					

　　e）各字段存储内容应符合下列规定：

　　　　1）堤防代码：同 8.7.1 节"堤防代码"字段，是引用表 8.7.1－1 的外键。

　　　　2）岸别：同 8.2.2 节"岸别"字段，若堤防为围（圩、圈）堤，不填写此项。

　　　　3）地震基本烈度：同 8.5.3 节"地震基本烈度"字段。

　　　　4）地震设计烈度：同 8.5.3 节"地震设计烈度"字段。

　　　　5）水准基面：同 8.2.3 节"水准基面"字段。

　　　　6）假定水准基面位置：同 8.2.3 节"假定水准基面位置"字段。

　　　　7）堤防所在河流（湖泊）代码：堤防所在河流或湖泊的代码，同 8.2.1 节"河流代码"字段或同 8.10.1 节"湖泊"字段。

　　　　8）海堤所在海岸名称：海堤所在海岸的名称。

　　　　9）情况介绍：对堤防其他情况进行的简短介绍。

　　　　10）属性采集时间：同 8.1.3 节"属性采集时间"字段。

　　　　11）属性更新时间：同 8.1.3 节"属性更新时间"字段。

8.7.4　堤防基本情况表

　　a）本表存储堤防工程（海堤除外）的基本技术特征。

　　b）表标识：FHGC＿BNBSIN。

　　c）表编号：FHGC＿006＿0002。

　　d）各字段定义见表 8.7.4－1。

表 8.7.4－1　堤防基本情况表字段定义

序号	字　段　名	标识符	类型及长度	计量单位	是否允许空值	主键	外键	索引序号
1	堤防代码	DIKE＿CODE	C（17）		N	Y	Y	1
2	堤防跨界情况	BNSCCSBD	C（1）					
3	平、险堤段	SFDNBNSC	C（1）					
4	达到规划防洪标准的长度	FLCTSDLN	N（8，2）	m				
5	最大堤高所在桩号	MXDMHGCH	VC（12）					
6	最小堤高所在桩号	MNDMHGCH	VC（12）					
7	一般堤高	CRDKHG	VC（10）					
8	最大堤顶宽所在桩号	MDTWCH	VC（50）					
9	最窄堤顶宽所在桩号	LSDTWCH	VC（12）					
10	堤顶平均宽度	BNTPAVWD	N（7，3）	m				
11	堤顶路面形式	BNTPRDTP	VC（50）					

表 8.7.4-1　堤防基本情况表字段定义（续）

序号	字　段　名	标识符	类型及长度	计量单位	是否允许空值	主键	外键	索引序号
12	左右岸最大堤距	LRSMXBDS	N（8，2）	m				
13	左右岸最小堤距	LRSMNBDS	N（8，2）	m				
14	左右岸平均堤距	HSAVBDS	N（8，2）	m				
15	护坡处数	PRSLNB	N（3）	处				
16	护坡总长度	PRSLLN	N（8，2）	m				
17	关联涵闸处数	CNCLGTNB	N（2）	处				
18	泵站数	PPSTNB	N（2）	处				
19	倒虹吸数	IVSPHNB	N（2）	个				
20	存在问题	EXQS	VC（4000）					
21	属性采集时间	COLL _ DATE	DATE		N	Y		2
22	属性更新时间	UPD _ DATE	DATE					

e）各字段存储内容应符合下列规定：

1）堤防代码：同 8.7.1 节"堤防代码"字段，是引用表 8.7.1-1 的外键。

2）堤防跨界情况：堤防跨界情况采用表 8.7.4-2 代码取值。

表 8.7.4-2　堤防跨界情况代码表

代码	堤防跨界情况	代码	堤防跨界情况
1	跨省	3	跨县
2	跨地	4	未跨县

3）平、险堤段：仅用于黄河的堤防，平、险堤段采用表 8.7.4-3 代码取值。

表 8.7.4-3　平、险堤段代码表

代码	平、险堤段	代码	平、险堤段
1	平工	2	险工

4）达到规划防洪标准的长度：达到防洪标准的现状堤防总长度。

5）最大堤高所在桩号：用"千米数＋米数"表示，如"135＋012.1"。

6）最小堤高所在桩号：用"千米数＋米数"表示，如"135＋012.1"。

7）一般堤高：以"××米～××米"表示。

8）最大堤顶宽所在桩号：用"千米数＋米数"表示，如"135＋012.1"。

9）最窄堤顶宽所在桩号：用"千米数＋米数"表示，如"135＋012.1"。

10）堤顶平均宽度：堤顶的平均宽度。

11）堤顶路面形式：填写主要的路面形式。

12）左右岸最大堤距：左右堤顶迎水面外缘之间的最大距离。

13）左右岸最小堤距：左右堤顶迎水面外缘之间的最小距离。

14）左右岸平均堤距：左右堤顶迎水面外缘之间的平均距离。

15）护坡处数：如无护坡，填"0"。

16）护坡总长度：如无护坡，填"0"。

17）关联涵闸处数：填写关联涵闸处数，如无关联涵闸，填"0"，关联涵闸即穿堤闸。

18）泵站数：如无泵站，填"0"。

19）倒虹吸数：如无倒虹吸，填"0"。

20）存在问题：同 8.4.10 节"存在问题"字段。

21）属性采集时间：同 8.1.3 节"属性采集时间"字段。

22）属性更新时间：同 8.1.3 节"属性更新时间"字段。

8.7.5 海堤基本情况表

a）本表存储海堤工程的基本技术特征。

b）表标识：FHGC＿SWACIN。

c）表编号：FHGC＿006＿0003。

d）各字段定义见表 8.7.5－1。

表 8.7.5－1 海堤基本情况表字段定义

序号	字 段 名	标识符	类型及长度	计量单位	是否允许空值	主键	外键	索引序号
1	堤防代码	DIKE＿CODE	C（17）		N	Y	Y	1
2	防线序号	DFLNNM	C（10）		N	Y		
3	代表潮位站代码	STTLCD	C（17）				Y	
4	是否允许漫顶	SABNMD	C（1）					
5	堤防跨界情况	BNSCCSBD	C（1）					
6	最大堤高所在桩号	MXDMHGCH	VC（12）					
7	最小堤高所在桩号	MNDMHGCH	VC（12）					
8	最大堤顶宽所在桩号	MDTWCH	VC（12）					
9	最窄堤顶宽所在桩号	LSDTWCH	VC（12）					
10	堤顶路面形式	BNTPRDTP	VC（50）					
11	水闸数量	GTNUM	N（2）	个				
12	管涵数量	PPCTNM	N（2）	个				
13	泵站数	PPSTNB	N（2）	处				
14	倒虹吸数	IVSPHNB	N（2）	个				
15	达标长度	RCSTLN	N（8，2）	m				
16	存在问题	EXQS	VC（4000）					
17	属性采集时间	COLL＿DATE	DATE		N	Y		2
18	属性更新时间	UPD＿DATE	DATE					

e）各字段存储内容应符合下列规定：

1）堤防代码：同 8.7.1 节"堤防代码"字段，是引用表 8.7.1－1 的外键。

2）防线序号：指从海边深入陆地，修建堤防的数量（道数），由管理单位自行编号。

3）代表潮位站代码：同 8.6.1 节"测站代码"字段，是引用表 8.6.1－1 的外键。

4）是否允许漫顶：是否允许漫顶采用表 8.7.5－2 代码取值。

表 8.7.5－2 是否允许漫顶代码表

代码	是否允许漫顶	代码	是否允许漫顶
1	允许	0	不允许

5）堤防跨界情况：同 8.7.4 节"堤防跨界情况"字段。

6）最大堤高所在桩号：同 8.7.4 节"最大堤高所在桩号"字段。

7）最小堤高所在桩号：同 8.7.4 节"最小堤高所在桩号"字段。

8）最大堤顶宽所在桩号：同 8.7.4 节"最大堤顶宽所在桩号"字段。

9）最窄堤顶宽所在桩号：同8.7.4节"最窄堤顶宽所在桩号"字段。

10）堤顶路面形式：填写主要的路面形式。

11）水闸数量：如无水闸，填"0"。

12）管涵数量：如无管涵，填"0"。

13）泵站数：同8.7.4节"泵站数"字段。

14）倒虹吸数：同8.7.4节"倒虹吸数"字段。

15）达标长度：达到防御标准的长度。

16）存在问题：同8.4.10节"存在问题"字段。

17）属性采集时间：同8.1.3节"属性采集时间"字段。

18）属性更新时间：同8.1.3节"属性更新时间"字段。

8.7.6 堤防横断面特征值表

a）本表存储某堤防的某个横断面的技术特征。

b）表标识：FHGC_DKTR。

c）表编号：FHGC_006_0004。

d）各字段定义见表8.7.6-1。

表8.7.6-1 堤防横断面特征值表字段定义

序号	字 段 名	标识符	类型及长度	计量单位	是否允许空值	主键	外键	索引序号
1	堤防代码	DIKE_CODE	C（17）		N	Y	Y	1
2	堤防横断面代码	BNTRCD	C（10）		N	Y		2
3	断面桩号	TRCH	VC（12）					
4	起始断面位置	INTRPL	VC（256）					
5	起始断面桩号	INTRCH	VC（12）					
6	至起始断面距离	TOINTRDS	N（7，2）	m				
7	起测点位置	JMSRPNPL	VC（256）					
8	起测点高程	JMSRPNEL	N（8，3）	m				
9	堤身土质	BNBDSLCH	VC（20）					
10	堤身防渗形式	BNBDANTP	VC（50）					
11	堤基地质	BNBSGL	VC（50）					
12	堤基防渗形式	BNBSANTP	VC（50）					
13	堤身净高度	BNBDHG	N（5，2）	m				
14	堤顶高程	BNTPEL	N（8，3）	m				
15	堤顶超高	BNTPFR	N（4，2）	m				
16	堤顶宽度	BNTPWD	N（6，2）	m				
17	断面形式	TRTP	C（1）					
18	排水形式	DRTP	VC（20）					
19	消能方式	ENDSTP	C（1）					
20	护岸形式	PRSHTP	VC（50）					
21	迎河面堤脚高程	UPBNTOEL	N（8，3）	m				
22	背河面堤脚高程	DWBNTOEL	N（8，3）	m				
23	迎水坡坡比	UPSLSLRT	VC（6）					

表 8.7.6－1　堤防横断面特征值表字段定义（续）

序号	字　段　名	标识符	类型及长度	计量单位	是否允许空值	主键	外键	索引序号
24	背水坡坡比	DWSLSLRT	VC（6）					
25	迎河坡护坡情况	USPSIN	VC（40）					
26	背河坡护坡情况	DSPSIN	VC（40）					
27	迎河面滩地宽度	UPBTWD	N（7，1）	m				
28	迎河面平台（前戗）顶高程	UFRTEL	N（8，3）	m				
29	迎河面平台（前戗）顶宽	UFRTWD	N（6，2）	m				
30	迎河面平台（前戗）坡度	UPFLRFSL	VC（6）					
31	背河面平台（后戗）顶高程	DFRTEL	N（8，3）	m				
32	背河面平台（后戗）顶宽	DFRTWD	N（6，2）	m				
33	背河面平台（后戗）坡度	DWFLRFSL	VC（6）					
34	实际防御标准	SWACTST	VC（24）					
35	备注	NOTE	VC（1024）					
36	属性采集时间	COLL_DATE	DATE		N	Y		4
37	属性更新时间	UPD_DATE	DATE					

  e）各字段存储内容应符合下列规定：

   1）堤防代码：同 8.7.1 节"堤防代码"字段，是引用表 8.7.1－1 的外键。

   2）堤防横断面代码：可以是横断面的顺序号，由堤防管辖单位自行编制。

   3）断面桩号：用"千米数＋米数"表示，如"135＋012.1"。

   4）起始断面位置：填写起始断面位置。

   5）起始断面桩号：用"千米数＋米数"表示，如"135＋012.1"。

   6）至起始断面距离：指堤防施测横断面到起始横断面的实际距离。

   7）起测点位置：填写测点位置。

   8）起测点高程：断面起测点的高程。

   9）堤身土质：堤身的土质情况。

   10）堤身防渗形式：如没有特别设置堤身防渗体，填"无"。

   11）堤基地质：指堤基所在位置的地质情况。

   12）堤基防渗形式：如没有特别设置堤基防渗体，填"无"。

   13）堤身净高度：指从背河侧地面以上堤身高度。

   14）堤顶高程：指某个堤防断面顶面的高程，如行洪区行洪口门处的堤顶高程，同 8.7.2 节"堤顶高程"字段。

   15）堤顶超高：为了保证安全而增加的堤防高度。

   16）堤顶宽度：堤顶的宽度。

   17）断面形式：断面形式采用表 8.7.6－2 代码取值。

表 8.7.6－2　断面形式代码表

代码	断面形式	代码	断面形式
1	斜坡式	3	混合式
2	陡墙式	9	其他

   18）排水形式：如无排水，填"无"。

   19）消能方式：指消除风浪的方式，同 8.4.11 节"消能方式"字段。如未设消能设施，填

"无"。

20）护岸形式：如无护岸，填"无"。

21）迎河面堤脚高程：迎河面的堤脚高程。

22）背河面堤脚高程：背河面的堤脚高程。

23）迎水坡坡比：以"1：x"形式表示。

24）背水坡坡比：以"1：x"形式表示。

25）迎河坡护坡情况：测量时，无护坡，填"无"。

26）背河坡护坡情况：测量时，无护坡，填"无"。

27）迎河面滩地宽度：测量时，无滩地，填"0"。

28）迎河面平台（前戗）顶高程：迎河面平台（前戗）的顶高程。

29）迎河面平台（前戗）顶宽：迎河面平台（前戗）的顶宽。如无前戗，填"0"。

30）迎河面平台（前戗）坡度：迎河面平台（前戗）坡度，以"1：x"形式表示，如无前戗，坡度与堤身相同。

31）背河面平台（后戗）顶高程：背河面平台（后戗）的顶高程。

32）背河面平台（后戗）顶宽：背河面平台（后戗）的顶宽。如无后戗，填"0"。

33）背河面平台（后戗）坡度：背河面平台（后戗）坡度，以"1：x"形式表示，如无后戗，坡度与堤身相同。

34）实际防御标准：填写格式规范为××××重现期［年］或××级风。

35）备注：同8.1.3节"备注"字段。若"断面形式""消能方式"为"其他"，可在此说明。

36）属性采集时间：同8.1.3节"属性采集时间"字段。

37）属性更新时间：同8.1.3节"属性更新时间"字段。

8.7.7 堤防横断面表

a）本表存储堤防的横断面起点距-高程关系（即堤防的横断面图）。

b）表标识：FHGC_BNBDCRPR。

c）表编号：FHGC_006_0005。

d）各字段定义见表8.7.7-1。

表8.7.7-1 堤防横断面表字段定义

序号	字 段 名	标 识 符	类型及长度	计量单位	是否允许空值	主键	外键	索引序号
1	堤防代码	DIKE_CODE	C（17）		N	Y	Y	1
2	堤防横断面代码	BNTRCD	VC（10）		N	Y	Y	2
3	起点距	JMDS	N（8，2）	m	N	Y		4
4	测点高程	SRPNEL	N（8，3）	m	N			
5	属性采集时间	COLL_DATE	DATE		N	Y	Y	3
6	属性更新时间	UPD_DATE	DATE					

e）各字段存储内容应符合下列规定：

1）堤防代码：同8.7.1节"堤防代码"字段，是引用表8.7.1-1的外键。

2）堤防横断面代码：同8.7.6节"堤防横断面代码"字段，是引用表8.7.6-1的外键。

3）起点距：同8.2.5节"起点距"字段。

4）测点高程：同8.2.5节"测点高程"字段。

5）属性采集时间：同8.1.3节"属性采集时间"字段，是引用表8.7.6-1的外键。

6）属性更新时间：同 8.1.3 节"属性更新时间"字段。

8.7.8 堤防水文特征表

a）本表存储某堤防的防汛设计标准和历史洪水情况。

b）表标识：FHGC_BSFST。

c）表编号：FHGC_006_0006。

d）各字段定义见表 8.7.8-1。

表 8.7.8-1 堤防水文特征表字段定义

序号	字 段 名	标识符	类型及长度	计量单位	是否允许空值	主键	外键	索引序号
1	堤防代码	DIKE_CODE	C（17）		N	Y	Y	1
2	设计洪水标准	DSFLST	N（5）	a				
3	设计洪水位	DSFLLV	N（8，3）	m				
4	保证水位	GNWTLV	N（8，3）	m				
5	警戒水位	ALWTLV	N（8，3）	m				
6	设防水位	FRWL	N（8，3）	m				
7	设计流量	DSFL	N（8，2）	m³/s				
8	警戒流量	ALFL	N（8，2）	m³/s				
9	校核水位	CHWL	N（8，3）	m				
10	校核流量	CHFL	N（8，2）	m³/s				
11	历史最高水位	HSHGWTLV	N（8，3）	m				
12	历史最高水位发生日期	HHWLTM	DATE					
13	历史最大洪峰流量	HMXFPFL	N（8，2）	m³/s				
14	历史最大洪峰流量发生日期	HMXFLTMT	DATE					
15	实测最高水位	ASHWL	N（8，3）	m				
16	实测最高水位发生日期	ASHWLTM	DATE					
17	调查最高水位	INHGWTLV	N（8，3）	m				
18	调查最高水位发生日期	IHFWLTM	DATE					
19	备注	NOTE	VC（1024）					
20	属性采集时间	COLL_DATE	DATE		N		Y	2
21	属性更新时间	UPD_DATE	DATE					

e）各字段存储内容应符合下列规定：

1）堤防代码：同 8.7.1 节"堤防代码"字段，是引用表 8.7.1-1 的外键。

2）设计洪水标准：同 8.4.7 节"设计洪水标准"字段，填写格式规范为××××重现期［年］或××级风。

3）设计洪水位：同 8.4.7 节"设计洪水位"字段。

4）保证水位：同 8.6.4 节"保证水位"字段。

5）警戒水位：同 8.6.4 节"警戒水位（潮位）"字段。

6）设防水位：又称"防汛水位"，指防汛部门根据历史资料和实际情况确定的、堤防进入防汛阶段需要设防的特征水位。

7）设计流量：设计洪水位对应的流量。

8）警戒流量：警戒水位对应的流量。

9）校核水位：工程在非常运用条件下符合校核标准的设计洪水对应的水位，也称非常洪水位。

10）校核流量：校核水位对应的流量。

11）历史最高水位：同 8.4.15 节"历史最高水位"字段。

12）历史最高水位发生日期：同 8.4.15 节"历史最高水位发生日期"字段。

13）历史最大洪峰流量：指堤防代表点曾经发生的最大流量；表内"历史最大洪峰流量"应与表 FHGC_005_0002 中相应控制站的最大值一致，时间应当对应。

14）历史最大洪峰流量发生日期：在数据更新时，检查新的日期是否较原有日期晚。

15）实测最高水位：同 8.6.4 节"实测最高水位（潮位）"字段。

16）实测最高水发生日期：同 8.6.4 节"实测最高水位（潮位）发生日期"字段。

17）调查最高水位：通过现场调查、勘测、考证等手段获取的某地点过去出现的瞬时最高水位。在数据更新时，检查新的数据是否较原有数据大。

18）调查最高水位发生日期：在数据更新时，检查新的日期是否较原有日期晚。

19）备注：同 8.1.3 节"备注"字段。

20）属性采集时间：同 8.1.3 节"属性采集时间"字段。

21）属性更新时间：同 8.1.3 节"属性更新时间"字段。

8.7.9 堤防主要效益指标表

a）本表存储堤防的主要效益指标。

b）表标识：FHGC_DBIABT。

c）表编号：FHGC_006_0007。

d）各字段定义见表 8.7.9-1。

表 8.7.9-1 堤防主要效益指标表字段定义

序号	字 段 名	标 识 符	类型及长度	计量单位	是否允许空值	主键	外键	索引序号
1	堤防代码	DIKE_CODE	C（17）		N	Y	Y	1
2	保护面积	PRAR	N（10，2）	km²				
3	保护耕地面积	PRINAR	N（7）	10⁴ 亩				
4	保护水产养殖面积	PRAQAR	N（9）	10⁴ 亩				
5	保护村屯数	PRVLNM	N（4）	个				
6	保护固定资产	PRFXASNM	N（10，2）	10⁴ 元				
7	保护产值	PRVL	N（9，1）	10⁴ 元				
8	保护人口	PTPP	N（10，4）	10⁴ 人				
9	保护房屋	PRHUNM	N（10，4）	10⁴ 间				
10	保护工矿	PRFCMN	VC（60）					
11	保护城镇	PRCT	VC（80）					
12	保护铁路	PRRL	VC（60）					
13	保护公路	PRHG	VC（60）					
14	保护重点设施	PRSTES	VC（90）					
15	保护其他设施	PROTES	VC（80）					
16	备注	NOTE	VC（1024）					
17	属性采集时间	COLL_DATE	DATE		N	Y		2
18	属性更新时间	UPD_DATE	DATE					

e）各字段存储内容应符合下列规定：

　　1）堤防代码：同8.7.1节"堤防代码"字段，是引用表8.7.1-1的外键。

　　2）保护面积：设计洪水位（潮位）以下保护的面积，当两个以上堤防（段）保护同一地区时，应分别填写。

　　3）保护耕地面积：设计洪水位（潮位）以下保护的耕地面积，当两个以上堤防（段）保护同一地区时，应分别填写。

　　4）保护水产养殖面积：设计洪水位（潮位）以下保护的水产养殖面积，当两个以上堤防（段）保护同一地区时，应分别填写。如无水产养殖，填"0"。

　　5）保护村屯数：设计洪水位（潮位）以下保护的村屯数，当两个以上堤防（段）保护同一地区时，应分别填写。

　　6）保护固定资产：设计洪水位（潮位）以下保护的固定资产，当两个以上堤防（段）保护同一地区时，应分别填写。

　　7）保护产值：设计洪水位（潮位）以下保护的产值，当两个以上堤防（段）保护同一地区时，应分别填写。

　　8）保护人口：设计洪水位（潮位）以下保护的人口，当两个以上堤防（段）保护同一地区时，应分别填写。

　　9）保护房屋：设计洪水位（潮位）以下保护的房屋，当两个以上堤防（段）保护同一地区时，应分别填写。

　　10）保护工矿：设计洪水位（潮位）以下保护的工矿，当两个以上堤防（段）保护同一地区时，应分别填写。

　　11）保护城镇：设计洪水位（潮位）以下保护的城镇，当两个以上堤防（段）保护同一地区时，应分别填写。

　　12）保护铁路：设计洪水位（潮位）以下保护的铁路，当两个以上堤防（段）保护同一地区时，应分别填写。

　　13）保护公路：设计洪水位（潮位）以下保护的公路，当两个以上堤防（段）保护同一地区时，应分别填写。

　　14）保护重点设施：设计洪水位（潮位）以下保护的重点设施，当两个以上堤防（段）保护同一地区时，应分别填写。

　　15）保护其他设施：设计洪水位（潮位）以下保护的其他设施，当两个以上堤防（段）保护同一地区时，应分别填写。

　　16）备注：同8.1.3节"备注"字段。

　　17）属性采集时间：同8.1.3节"属性采集时间"字段。

　　18）属性更新时间：同8.1.3节"属性更新时间"字段。

8.7.10　堤防历史决溢记录表

a）本表存储堤防的历史决溢信息。

b）表标识：FHGC_DKHOSB。

c）表编号：FHGC_006_0008。

d）各字段定义见表8.7.10-1。

e）各字段存储内容应符合下列规定：

　　1）堤防代码：同8.7.1节"堤防代码"字段，是引用表8.7.1-1的外键。

　　2）记录顺序号：在同一堤防内排序。为避免不同决溢的"记录顺序号"相同，在数据集成时，应查重号，发现重号，确认是否合理，否则改号。

表 8.7.10-1　堤防历史决溢记录表字段定义

序号	字段名	标识符	类型及长度	计量单位	是否允许空值	主键	外键	索引序号
1	堤防代码	DIKE_CODE	C（17）		N	Y	Y	1
2	记录顺序号	RCSR	N（6）		N	Y		2
3	决溢时间	BRSPTM	DATE					
4	决溢地点与形式	BRSPPL	VC（4000）					
5	淹没情况	INRN	VC（4000）					
6	决溢损失	BRSPLS	VC（4000）					
7	修复日期	RPTM	DATE					
8	备注	NOTE	VC（1024）					
9	属性采集时间	COLL_DATE	DATE		N		Y	3
10	属性更新时间	UPD_DATE	DATE					

3）决溢时间：堤防发生决溢的时间。

4）决溢地点与形式：决溢发生的地点以及决溢形式。

5）淹没情况：同 8.4.10 节"淹没情况"字段。

6）决溢损失：指本次决溢所造成的直接经济损失。

7）修复日期：本次决溢的修复日期。

8）备注：同 8.1.3 节"备注"字段。

9）属性采集时间：同 8.1.3 节"属性采集时间"字段。

10）属性更新时间：同 8.1.3 节"属性更新时间"字段。

8.8　堤段

8.8.1　堤段名录表

a）本表存储堤段的对象名录信息，引用《水利对象基础信息数据库表结构与标识符》（暂定）中的"堤段名录表"。

b）表标识：OBJ_DISC。

c）表编号：OBJ_0048。

d）各字段定义见表 8.8.1-1。

表 8.8.1-1　堤段名录表字段定义

序号	字段名	标识符	类型及长度	计量单位	是否允许空值	主键	外键	索引序号
1	堤段代码	DISC_CODE	C（17）		N	Y		1
2	堤段名称	DISC_NAME	VC（100）		N			
3	对象建立时间	FROM_DATE	DATE		N			
4	对象终止时间	TO_DATE	DATE					

e）各字段存储内容应符合下列规定：

1）堤段代码：唯一标识本数据库的一个堤段，堤段代码与工程代码同义，见附录 A。

2）堤段名称：指堤段代码所代表堤段的中文名称。

3）对象建立时间：同 8.1.1 节"对象建立时间"字段。

4）对象终止时间：同 8.1.1 节"对象终止时间"字段。

8.8.2 堤段基础信息表

a）本表存储堤段的基础信息，引用《水利对象基础信息数据库表结构与标识符》（暂定）中的"堤段基础信息表"。

b）表标识：ATT_DISC_BASE。

c）表编号：ATT_0048。

d）各字段定义见表8.8.2-1。

表8.8.2-1 堤段基础信息表字段定义

序号	字 段 名	标 识 符	类型及长度	计量单位	是否允许空值	主键	外键	索引序号
1	堤段代码	DISC_CODE	C（17）		N	Y	Y	1
2	堤段名称	DISC_NAME	VC（100）		N			
3	起点经度	START_LONG	N（11，8）	（°）	N			
4	起点纬度	START_LAT	N（10，8）	（°）	N			
5	终点经度	END_LONG	N（11，8）	（°）	N			
6	终点纬度	END_LAT	N（10，8）	（°）	N			
7	起点所在位置	START_LOC	VC（256）					
8	终点所在位置	END_LOC	VC（256）					
9	堤段级别	DISC_GRAD	C（1）					
10	堤段类型	DISC_TYPE	C（1）					
11	堤段形式	DISC_PATT	VC（20）					
12	堤段长度	DISC_LEN	N（8，2）	m				
13	备注	NOTE	VC（1024）					
14	属性采集时间	COLL_DATE	DATE		N	Y		2
15	属性更新时间	UPD_DATE	DATE					

e）各字段存储内容应符合下列规定：

1）堤段代码：同8.8.1节"堤段代码"字段，是引用表8.8.1-1的外键。

2）堤段名称：同8.8.1节"堤段名称"字段。

3）起点经度：同8.1.3节"经度"字段。

4）起点纬度：同8.1.3节"纬度"字段。

5）终点经度：同8.1.3节"经度"字段。

6）终点纬度：同8.1.3节"纬度"字段。

7）起点所在位置：堤段起点所处的详细位置，同8.3.2节"起点所在位置"字段。

8）终点所在位置：堤段终点所处的详细位置，同8.3.2节"终点所在位置"字段。

9）堤段级别：同8.7.2节"堤防级别"字段。

10）堤段类型：同8.7.2节"堤防类型"字段。

11）堤段形式：同8.7.2节"堤防形式"字段。

12）堤段长度：该堤段的长度。

13）备注：同8.1.3节"备注"字段。

14）属性采集时间：同8.1.3节"属性采集时间"字段。

15）属性更新时间：同8.1.3节"属性更新时间"字段。

8.9 蓄滞洪区

8.9.1 蓄滞洪区名录表

a) 本表存储蓄滞洪区的对象名录信息，引用《水利对象基础信息数据库表结构与标识符》（暂定）中的"蓄滞洪区名录表"。

b) 表标识：OBJ_FSDA。

c) 表编号：OBJ_0024。

d) 各字段定义见表8.9.1-1。

表8.9.1-1 蓄滞洪区名录表字段定义

序号	字 段 名	标 识 符	类型及长度	计量单位	是否允许空值	主键	外键	索引序号
1	蓄滞洪区代码	FSDA_CODE	C（17）		N	Y		1
2	蓄滞洪区名称	FSDA_NAME	VC（100）		N			
3	对象建立时间	FROM_DATE	DATE		N			
4	对象终止时间	TO_DATE	DATE					

e) 各字段存储内容应符合下列规定：

1) 蓄滞洪区代码：唯一标识本数据库的一个蓄滞洪区，蓄滞洪区代码与工程代码同义，见附录A。

2) 蓄滞洪区名称：指蓄滞洪区代码所代表蓄滞洪区的中文名称。

3) 对象建立时间：同8.1.1节"对象建立时间"字段。

4) 对象终止时间：同8.1.1节"对象终止时间"字段。

8.9.2 蓄滞洪区基础信息表

a) 本表存储蓄滞洪区的基础信息，引用《水利对象基础信息数据库表结构与标识符》（暂定）中的"蓄滞洪区基础信息表"。

b) 表标识：ATT_FSDA_BASE。

c) 表编号：ATT_0024。

d) 各字段定义见表8.9.2-1。

表8.9.2-1 蓄滞洪区基础信息表字段定义

序号	字 段 名	标 识 符	类型及长度	计量单位	是否允许空值	主键	外键	索引序号
1	蓄滞洪区代码	FSDA_CODE	C（17）		N	Y	Y	1
2	蓄滞洪区名称	FSDA_NAME	VC（100）		N			
3	左下角经度	LOW_LEFT_LONG	N（11，8）	（°）	N			
4	左下角纬度	LOW_LEFT_LAT	N（10，8）	（°）	N			
5	右上角经度	UP_RIGHT_LONG	N（11，8）	（°）	N			
6	右上角纬度	UP_RIGHT_LAT	N（10，8）	（°）	N			
7	蓄滞洪区所在位置	FSDA_LOC	VC（256）					
8	蓄滞洪区类型	FEDA_TYPE	C（1）					
9	设区日期	BUILD_FL_DATE	DATE					
10	蓄滞洪区总面积	FSDA_TOT_AERA	N（7，2）	km²				
11	蓄滞（行）洪区圩堤长度	FSDA_DIKE_LEN	N（8，3）	km				

表 8.9.2－1　蓄滞洪区基础信息表字段定义（续）

序号	字　段　名	标　识　符	类型及长度	计量单位	是否允许空值	主键	外键	索引序号
12	设计行（蓄）洪面积	DES＿FL＿AREA	N（7，2）	km²				
13	设计行（蓄）洪水位	DES＿FL＿STAG	N（8，3）	m				
14	设计蓄洪量	DES＿STOR＿CAP	N（9，2）	$10^4 m^3$				
15	设计行洪流量	DES＿FL＿FLOW	N（8，2）	m³/s				
16	耕地面积	AR＿AREA	N（18）	亩				
17	区内人口	FSDA＿POP	N（12，4）	10^4 人				
18	区内国内生产总值	FSDA＿GDP	N（7，2）	10^8 元				
19	备注	NOTE	VC（1024）					
20	属性采集时间	COLL＿DATE	DATE		N	Y		2
21	属性更新时间	UPD＿DATE	DATE					

　　e）各字段存储内容应符合下列规定：

　　　　1）蓄滞洪区代码：同8.9.1节"蓄滞洪区代码"字段，是引用表8.9.1－1的外键。

　　　　2）蓄滞洪区名称：同8.9.1节"蓄滞洪区名称"字段。

　　　　3）左下角经度：同8.1.3节"经度"字段。

　　　　4）左下角纬度：同8.1.3节"纬度"字段。

　　　　5）右上角经度：同8.1.3节"经度"字段。

　　　　6）右上角纬度：同8.1.3节"纬度"字段。

　　　　7）蓄滞洪区所在位置：本蓄滞洪区所在的详细位置，所在的省（自治区、直辖市）、地（区、市、州、盟）、县（区、市、旗）、乡（镇）以及具体街（村）的名称。

　　　　8）蓄滞洪区类型：填写蓄滞洪区类型，采用表8.9.2－2代码取值。

表 8.9.2－2　蓄滞洪区类型代码表

代码	蓄滞洪区类型	代码	蓄滞洪区类型
1	行洪区	3	蓄洪区
2	分洪区	4	滞洪区

　　　　9）设区日期：上级批准设置本蓄滞洪区的日期。

　　　　10）蓄滞洪区总面积：蓄滞洪区内的总面积。

　　　　11）蓄滞（行）洪区圩堤长度：蓄滞（行）洪区内的圩堤长度。

　　　　12）设计行（蓄）洪面积：对应设计行（蓄）洪水位的面积。

　　　　13）设计行（蓄）洪水位：符合设计标准要求的蓄滞洪区水位。

　　　　14）设计蓄洪量：符合设计标准要求的蓄滞洪区洪水总量。对行洪区，蓄洪量填"0"。

　　　　15）设计行洪流量：对应设计行洪水位的流量。对蓄洪区，行洪流量填"0"。

　　　　16）耕地面积：蓄滞洪区内的耕地面积。

　　　　17）区类人口：蓄滞洪区内的人口数量。

　　　　18）区内国内生产总值：填写蓄滞洪区内的国内生产总值。

　　　　19）备注：同8.1.3节"备注"字段。

　　　　20）属性采集时间：同8.1.3节"属性采集时间"字段。

　　　　21）属性更新时间：同8.1.3节"属性更新时间"字段。

8.9.3　蓄滞洪区基本情况表

　　a）本表存储蓄滞洪区的基本情况。

b）表标识：FHGC_HSGFSBI。

c）表编号：FHGC_008_0001。

d）各字段定义见表8.9.3-1。

表8.9.3-1 蓄滞洪区基本情况表字段定义

序号	字 段 名	标识符	类型及长度	计量单位	是否允许空值	主键	外键	索引序号
1	蓄滞洪区代码	FSDA_CODE	C（17）		N	Y	Y	1
2	蓄滞洪堤防堤顶高程	FLPLBNEL	N（8，3）	m				
3	蓄滞洪堤防堤顶宽	FLPLTPWD	N（6，2）	m				
4	蓄滞洪堤防防洪标准	FLPLFLST	N（5）					
5	平均地面高程	AVGREL	N（8，3）	m				
6	最低地面高程	LWGREL	N（8，3）	m				
7	区内居住人口	SCDWPP	N（9，4）	10^4人				
8	区内生产人口	SCPRPP	N（9，4）	10^4人				
9	总户数	HSHDNB	N（7）	户				
10	区内房屋	SCHS	N（9，4）	10^4间				
11	区内县数	SCCNNB	N（2）	个				
12	区内乡镇数	SCTWNB	N（4）	个				
13	区内村庄数	SCVLNB	N（6）	个				
14	涉及区域人口	PPNB	N（9，4）	10^4人				
15	区内重要设施	SCIMES	VC（400）					
16	区内固定资产总值	SFATVL	N（8，1）	10^4元				
17	社会资产总值	SOOP	N（8，1）	10^4元				
18	农业总产值	AGOP	N（8，1）	10^4元				
19	工业总产值	INOP	N（8，1）	10^4元				
20	迁安总村数	MITVNB	N（6）	个				
21	规划外迁人数	PLOPMPNB	N（9，4）	10^4人				
22	已外迁人数	OPMVPPNB	N（9，4）	10^4人				
23	规划临时转移人数	PTMPPNB	N（9，4）	10^4人				
24	规划就地安置人数	PLRTPPNB	N（9，4）	10^4人				
25	已有避水设施能安置人数	ERWERPNB	N（9，4）	10^4人				
26	实际运用频率	ATUSFR	VC（100）					
27	水准基面	LVBSLV	VC（16）					
28	假定水准基面位置	DLBLP	VC（80）					
29	备注	NOTE	VC（1024）					
30	属性采集时间	COLL_DATE	DATE		N	Y		2
31	属性更新时间	UPD_DATE	DATE					

e）各字段存储内容应符合下列规定：

1）蓄滞洪区代码：同8.9.1节"蓄滞洪区代码"字段，是引用表8.9.1-1的外键。

2) 蓄滞洪堤防堤顶高程：蓄滞洪区的堤防堤顶高程。

3) 蓄滞洪堤防堤顶宽：蓄滞洪区的堤防堤顶宽度。

4) 蓄滞洪堤防防洪标准：蓄滞洪区的堤防防洪标准，填写格式规范为××××重现期［年］/可能最大洪水××××××m³/s；当蓄滞洪区堤防的防洪标准不同时，按照最低标准填写。

5) 平均地面高程：蓄滞洪区内大部分地区的地面高程。

6) 最低地面高程：蓄滞洪区内最低的地面高程。

7) 区内居住人口：居住在蓄滞洪区的总人口。

8) 区内生产人口：居住在蓄滞洪区的人口和居住在蓄滞洪区外但在区内工作的人口之和。

9) 总户数：居住在蓄滞洪区的总户数。

10) 区内房屋：蓄滞洪区内的房屋数量。

11) 区内县数：蓄滞洪区内的县数。

12) 区内乡镇数：蓄滞洪区内的乡镇数。

13) 区内村庄数：区内村庄数量。

14) 涉及区域人口：蓄滞洪区涉及的人口。

15) 区内重要设施：计至"资料截止日期"，若区内没有重要设施，填"无"。

16) 区内固定资产总值：蓄滞洪区内的固定资产总值。

17) 社会资产总值：蓄滞洪区内的社会资产总值。

18) 农业总产值：蓄滞洪区内的农业总产值。

19) 工业总产值：蓄滞洪区内的工业总产值。

20) 迁安总村数：需要外迁的村数量。

21) 规划外迁人数：规划外迁的人数。

22) 已外迁人数：已经外迁的人数。

23) 规划临时转移人数：规划临时转移的人数。

24) 规划就地安置人数：规划就地安置的人数。

25) 已有避水设施能安置人数：蓄滞洪区内已有的避水设施可安置的人数。

26) 实际运用频率：填写格式规范为3年一遇、3～5年一遇、5年一遇、5～10年一遇、10年一遇、其他（可以描述的方式说明实际使用情况）。

27) 水准基面：同8.2.3节"水准基面"字段。

28) 假定水准基面位置：同8.2.3节"假定水准基面位置"字段。

29) 备注：同8.1.3节"备注"字段。

30) 属性采集时间：同8.1.3节"属性采集时间"字段。

31) 属性更新时间：同8.1.3节"属性更新时间"字段。

8.9.4 水位面积、容积、人口、固定资产关系表

a) 本表存储某蓄滞洪区的水位-面积、水位-容积、水位-人口、水位-固定资产的关系。

b) 表标识：FHGC_HSWACPSR。

c) 表编号：FHGC_008_0002。

d) 各字段定义见表8.9.4-1。

e) 各字段存储内容应符合下列规定：

1) 蓄滞洪区代码：同8.9.1节"蓄滞洪区代码"字段，是引用表8.9.1-1的外键。

2) 水位：同8.4.8节"水位"字段。

3) 面积：同8.4.8节"面积"字段。

4) 容积：对应某个水位时的蓄滞洪区的容积。

表 8.9.4-1 水位面积、容积、人口、固定资产关系表字段定义

序号	字 段 名	标 识 符	类型及长度	计量单位	是否允许空值	主键	外键	索引序号
1	蓄滞洪区代码	FSDA_CODE	C (17)		N	Y	Y	1
2	水位	WTLV	N (8, 3)	m	N	Y		3
3	面积	AR	N (8, 2)	km^2				
4	容积	CP	N (9, 2)	$10^4 m^3$				
5	人口	PP	N (9, 4)	10^4 人				
6	固定资产	FXAS	N (8)	10^4 元				
7	属性采集时间	COLL_DATE	DATE		N	Y		2
8	属性更新时间	UPD_DATE	DATE					

5）人口：对应某个水位时的人口数。

6）固定资产：对应某个水位时的蓄滞洪区的固定资产。

7）属性采集时间：同 8.1.3 节"属性采集时间"字段。

8）属性更新时间：同 8.1.3 节"属性更新时间"字段。

8.9.5 蓄滞洪区避水设施分类统计表

a）本表存储蓄滞洪区的各种避水设施统计信息。

b）表标识：FHGC_HSGFSAE。

c）表编号：FHGC_008_0003。

d）各字段定义见表 8.9.5-1。

表 8.9.5-1 蓄滞洪区避水设施分类统计表字段定义

序号	字 段 名	标 识 符	类型及长度	计量单位	是否允许空值	主键	外键	索引序号
1	蓄滞洪区代码	FSDA_CODE	C (17)		N	Y	Y	1
2	避水设施类型名称	PRWTESNM	C (1)		N	Y		2
3	数量	PRWTESNB	N (4)	个				
4	安全面积	SFAR	N (6, 2)	$10^4 m^2$				
5	最低安全高程	SFEL	N (8, 3)	m				
6	安置人口	INPP	N (6)	人				
7	居住人口	RDPP	N (6)	人				
8	备注	NOTE	VC (1024)					
9	属性采集时间	COLL_DATE	DATE		N	Y		3
10	属性更新时间	UPD_DATE	DATE					

e）各字段存储内容应符合下列规定：

1）蓄滞洪区代码：同 8.9.1 节"蓄滞洪区代码"字段，是引用表 8.9.1-1 的外键。

2）避水设施类型名称：一类避水设施的类型名称。避水设施类型名称采用表 8.9.5-2 代码取值。

表 8.9.5-2 避水设施类型名称代码表

代码	避水设施类型名称	代码	避水设施类型名称
1	安全楼	4	围村埝
2	避水台	9	其他
3	庄台		

3）数量：指本类型避水设施的数量。

4）安全面积：指本类型避水设施的总面积，对不同的安全设施有不同的含义，对安全楼是指"安全层面积"，对避水台和庄台是指"台顶面积"，对围村堰是指"围堰保护面积"。

5）最低安全高程：指本类型避水设施中最低处的安全高程，对安全楼是指"安全层一般高程"，对避水台和庄台是指"台顶一般高程"，对围村堰是指"堰顶高程"。

6）安置人口：指某避水设施可以安置的人口数。

7）居住人口：指某避水设施可以居住的人口数。

8）备注：同 8.1.3 节"备注"字段。如避水设施类型为"其他"，则在此说明。

9）属性采集时间：同 8.1.3 节"属性采集时间"字段。

10）属性更新时间：同 8.1.3 节"属性更新时间"字段。

8.9.6 行洪区行洪口门情况表

a）本表存储行洪区的行洪口门情况。

b）表标识：FHGC＿GFSDIT。

c）表编号：FHGC＿008＿0004。

d）各字段定义见表 8.9.6－1。

表 8.9.6－1 行洪区行洪口门情况表字段定义

序号	字 段 名	标 识 符	类型及长度	计量单位	是否允许空值	主键	外键	索引序号
1	蓄滞洪区代码	FSDA＿CODE	C（17）		N	Y	Y	1
2	口门名称	MTDRNM	VC（100）		N	Y		2
3	进洪形式	ENFLTP	C（1）					
4	口门类型	MTDRTP	C（1）					
5	口门位置	MTDRPL	VC（256）					
6	口门宽度	MTDRWD	N（5，1）	m				
7	口门设计水位	MTDSWL	N（8，3）	m				
8	口门运用方案	MTDRUSSH	VC（4000）					
9	设计流量	DSFL	N（8，2）	m³/s				
10	设计口门底板高程	DSMUDREL	N（8，3）	m				
11	堤顶高程	BNTPEL	N（8，3）	m				
12	备注	NOTE	VC（1024）					
13	属性采集时间	COLL＿DATE	DATE		N		Y	3
14	属性更新时间	UPD＿DATE	DATE					

e）各字段存储内容应符合下列规定：

1）蓄滞洪区代码：同 8.9.1 节"蓄滞洪区代码"字段，是引用表 8.9.1－1 的外键。

2）口门名称：同一个蓄滞洪区内口门名称不得相同。

3）进洪形式：进洪形式采用表 8.9.6－2 代码取值。

表 8.9.6－2 进 洪 形 式 代 码 表

代码	进洪形式	代码	进洪形式
1	爆破进洪	4	口门进洪
2	漫堤进洪	9	其他
3	进洪闸进洪		

4）口门类型：口门类型采用表8.9.6-3代码取值。

表 8.9.6-3 口 门 类 型 代 码 表

代码	口门类型	代码	口门类型
1	进水口门	3	进退水合用
2	退水口门	9	其他

5）口门位置：口门的位置，如乡镇、村庄的名称。

6）口门宽度：对于多孔，填写总宽度，孔数与单孔宽度写在备注栏里；如进洪形式为"漫堤进洪"，填"0"。

7）口门设计水位：口门设计时采用的水位。

8）口门运用方案：口门的运用方案。

9）设计流量：同8.7.8节"设计流量"字段。

10）设计口门底板高程：指口门的设计底板高程，如进洪形式为"漫堤进洪"，填"堤顶高程"，即等于下一个字段的值。

11）堤顶高程：同8.7.2节"堤顶高程"字段。

12）备注：同8.1.3节"备注"字段。当"进洪形式"和"口门类型"为"其他"时，在此说明。

13）属性采集时间：同8.1.3节"属性采集时间"字段。

14）属性更新时间：同8.1.3节"属性更新时间"字段。

8.9.7 蓄滞洪区通信预警设施表

a）本表存储蓄滞洪区的通信预警设施情况。

b）表标识：FHGC_HSGFSCAE。

c）表编号：FHGC_008_0005。

d）各字段定义见表8.9.7-1。

表 8.9.7-1 蓄滞洪区通信预警设施表字段定义

序号	字 段 名	标识符	类型及长度	计量单位	是否允许空值	主键	外键	索引序号
1	蓄滞洪区代码	FSDA_CODE	C（17）		N	Y	Y	1
2	无线电台情况	RDSTIN	VC（4000）					
3	有线广播情况	CBSTIN	VC（4000）					
4	微波系统情况	MCSSSTIN	VC（4000）					
5	其他通信预警设施情况	OCAEIN	VC（4000）					
6	预警方式	PLALMN	VC（400）					
7	备注	NOTE	VC（1024）					
8	属性采集时间	COLL_DATE	DATE		N		Y	2
9	属性更新时间	UPD_DATE	DATE					

e）各字段存储内容应符合下列规定：

1）蓄滞洪区代码：同8.9.1节"蓄滞洪区代码"字段，是引用表8.9.1-1的外键。

2）无线电台情况：概要描述无线电台设备数量及其完好情况。如尚未配置，填"无"。

3）有线广播情况：概要描述有线广播设备数量及其完好情况。如尚未配置，填"无"。

4）微波系统情况：概要描述微波系统设备数量及其完好情况。如尚未配置，填"无"。

5）其他通信预警设施情况：概要描述其他通信预警设施设备数量及其完好情况。

6）预警方式：概要描述采取的预警方式。如尚未配置，填"无"。

7）备注：同 8.1.3 节"备注"字段。

8）属性采集时间：同 8.1.3 节"属性采集时间"字段。

9）属性更新时间：同 8.1.3 节"属性更新时间"字段。

8.9.8 陆路撤离道路统计表

a）本表存储陆路撤离道路统计情况。

b）表标识：FHGC_LNWTCHST。

c）表编号：FHGC_008_0006。

d）各字段定义见表 8.9.8-1。

表 8.9.8-1 陆路撤离道路统计表字段定义

序号	字 段 名	标 识 符	类型及长度	计量单位	是否允许空值	主键	外键	索引序号
1	蓄滞洪区代码	FSDA_CODE	C（17）		N	Y	Y	1
2	撤离公路总条数	WTHGTTNB	N（3）	条				
3	撤离公路总长度	WTHGTTLN	N（8，3）	km				
4	桥梁总数	BRTTNB	N（3）	座				
5	船只数量	SHNM	N（6）	只				
6	备注	NOTE	VC（1024）					
7	属性采集时间	COLL_DATE	DATE		N	Y		2
8	属性更新时间	UPD_DATE	DATE					

e）各字段存储内容应符合下列规定：

1）蓄滞洪区代码：同 8.9.1 节"蓄滞洪区代码"字段，是引用表 8.9.1-1 的外键。

2）撤离公路总条数：区内的撤退道路总条数。

3）撤离公路总长度：区内的撤退道路总长度。

4）桥梁总数：区内撤退桥梁总数。

5）船只数量：区内撤退船只数量。

6）备注：同 8.1.3 节"备注"字段。

7）属性采集时间：同 8.1.3 节"属性采集时间"字段。

8）属性更新时间：同 8.1.3 节"属性更新时间"字段。

8.9.9 陆路撤离主要道路表

a）本表存储陆路撤离的主要道路信息。

b）表标识：FHGC_HSLWPC。

c）表编号：FHGC_008_0007。

d）各字段定义见表 8.9.9-1。

表 8.9.9-1 陆路撤离主要道路表字段定义

序号	字 段 名	标 识 符	类型及长度	计量单位	是否允许空值	主键	外键	索引序号
1	蓄滞洪区代码	FSDA_CODE	C（17）		N	Y	Y	1
2	公路名称	HGNM	VC（100）		N	Y		2
3	路段起点位置	ROJMPL	VC（256）					
4	路段终点位置	WTDSPL	VC（256）					

表 8.9.9-1 陆路撤离主要道路表字段定义（续）

序号	字 段 名	标 识 符	类型及长度	计量单位	是否允许空值	主键	外键	索引序号
5	公路等级	RDSRCL	C（1）					
6	路段长度	RDLN	N（7，3）	km				
7	路面宽度	RDSRWD	N（2）	m				
8	路面形式	RDSRTP	C（2）					
9	平均路面高程	AVRDSREL	N（8，3）	m				
10	最低路面高程	LWRDSREL	N（8，3）	m				
11	建成日期	BLDT	DATE					
12	备注	NOTE	VC（1024）					
13	属性采集时间	COLL_DATE	DATE		N	Y		3
14	属性更新时间	UPD_DATE	DATE					

e）各字段存储内容应符合下列规定：

    1）蓄滞洪区代码：同 8.9.1 节"蓄滞洪区代码"字段，是引用表 8.9.1-1 的外键。

    2）公路名称：同一个蓄滞洪区内公路名称不得相同。

    3）路段起点位置：撤离路段起点地址，包括省（自治区、直辖市）、地（市）、县和乡镇名称。

    4）路段终点位置：撤离路段终点地址，包括省（自治区、直辖市）、地（市）、县和乡镇名称。

    5）公路等级：公路等级采用表 8.9.9-2 代码取值。

表 8.9.9-2 公路等级代码表

代码	公路等级	代码	公路等级
1	高速	4	Ⅲ
2	Ⅰ	5	Ⅳ
3	Ⅱ	9	其他

    6）路段长度：路段起点位置与终点位置之间的长度。

    7）路面宽度：路面的宽度。

    8）路面形式：路面形式采用表 8.9.9-3 代码取值。

表 8.9.9-3 路面形式代码表

代码	路 面 形 式	代码	路 面 形 式
01	混凝土路面	07	级配碎石路面
02	沥青混凝土路面	08	石灰炉渣土路面
03	整齐石块路面	09	不整齐石块路面
04	沥青碎石	10	砂土路面
05	半整齐石块路面	99	其他
06	泥结碎石路面		

    9）平均路面高程：路面高程的平均值。

    10）最低路面高程：路面高程的最小值。

    11）建成日期：同 8.4.2 节"建成时间"字段。

    12）备注：同 8.1.3 节"备注"字段。当"公路等级"和"路面形式"为"其他"时，在此备注。

    13）属性采集时间：同 8.1.3 节"属性采集时间"字段。

14）属性更新时间：同 8.1.3 节"属性更新时间"字段。

8.9.10 蓄滞洪区的主要桥梁表

a）本表存储蓄滞洪区的主要桥梁。

b）表标识：FHGC_HSGFSPB。

c）表编号：FHGC_008_0008。

d）各字段定义见表 8.9.10-1。

表 8.9.10-1 蓄滞洪区的主要桥梁表字段定义

序号	字 段 名	标 识 符	类型及长度	计量单位	是否允许空值	主键	外键	索引序号
1	蓄滞洪区代码	FSDA_CODE	C (17)		N	Y	Y	1
2	桥梁名称	BDNM	VC (100)		N	Y		2
3	桥梁位置	BDPL	VC (256)					
4	桥梁类型	BDTP	C (2)					
5	设计洪水标准	DSFLST	N (5)	a				
6	设计洪水位	DSFLLV	N (8, 3)	m				
7	设计流量	DSFL	N (8, 2)	m³/s				
8	桥梁设计荷载	DSCRCP	N (6, 2)	kN				
9	孔数	HLNB	N (2)	孔				
10	单孔净跨	SNHLNTSP	N (5, 1)	m				
11	桥梁长度	BDLN	N (4)	m				
12	桥面宽度	BDWD	N (2)	m				
13	桥面高程	BDSREL	N (8, 3)	m				
14	梁底高程	BDBTEL	N (8, 3)	m				
15	建成日期	BLDT	DATE					
16	备注	NOTE	VC (1024)					
17	属性采集时间	COLL_DATE	DATE		N	Y		3
18	属性更新时间	UPD_DATE	DATE					

e）各字段存储内容应符合下列规定：

1）蓄滞洪区代码：同 8.9.1 节"蓄滞洪区代码"字段，是引用表 8.9.1-1 的外键。

2）桥梁名称：同 8.14.1 节"桥梁名称"字段，同一个蓄滞洪区内桥梁名称不得相同。

3）桥梁位置：桥梁所在位置。

4）桥梁类型：用于描述桥梁的主桥或副桥的类型，桥梁类型代码见表 8.9.10-2。

5）设计洪水标准：同 8.4.7 节"设计洪水标准"字段。

6）设计洪水位：同 8.4.7 节"设计洪水位"字段。

7）设计流量：同 8.7.8 节"设计流量"字段。

8）桥梁设计荷载：应在"备注"字段中进一步说明荷载采用的标准。

9）孔数：桥梁的孔数，同 8.4.11 节"孔数（条数）"字段。

10）单孔净跨：单孔的净跨度。

11）桥梁长度：桥梁的长度。

12）桥面宽度：桥面的宽度。

13）桥面高程：桥面的高程。

14）梁底高程：桥梁底的高程。

表 8.9.10-2 桥梁（主桥/副桥）类型代码表

代码	桥 梁 类 型	代码	桥 梁 类 型	代码	桥 梁 类 型
1	木	22	砖石板梁桥	44	钢筋混凝土悬索桥
2	砖石	23	砖石桁架桥	45	钢筋混凝土斜拉桥
3	混凝土	24	砖石悬索桥	51	预应力混凝土拱桥
4	钢筋混凝土	25	砖石斜拉桥	52	预应力混凝土板梁桥
5	预应力混凝土	31	混凝土拱桥	53	预应力混凝土桁架桥
6	钢	32	混凝土板梁桥	54	预应力混凝土悬索桥
11	木拱桥	33	混凝土桁架桥	55	预应力混凝土斜拉桥
12	木板梁桥	34	混凝土悬索桥	61	钢拱桥
13	木桁架桥	35	混凝土斜拉桥	62	钢板梁桥
14	木悬索桥	41	钢筋混凝土拱桥	63	钢桁架桥
15	木斜拉桥	42	钢筋混凝土板梁桥	64	钢悬索桥
21	砖石拱桥	43	钢筋混凝土桁架桥	65	钢斜拉桥

15）建成日期：同 8.4.2 节"建成时间"字段。

16）备注：同 8.1.3 节"备注"字段。

17）属性采集时间：同 8.1.3 节"属性采集时间"字段。

18）属性更新时间：同 8.1.3 节"属性更新时间"字段。

8.9.11 蓄滞洪区运用方案表

a）本表存储蓄滞洪区的运用方案。

b）表标识：FHGC_HSGFSUS。

c）表编号：FHGC_008_0009。

d）各字段定义见表 8.9.11-1。

表 8.9.11-1 蓄滞洪区运用方案表字段定义

序号	字 段 名	标 识 符	类型及长度	计量单位	是否允许空值	主键	外键	索引序号
1	蓄滞洪区代码	FSDA_CODE	C（17）		N	Y	Y	1
2	运用原则	OPPR	VC（4000）					
3	运用方案描述	OPSH	VC（4000）					
4	调度权限	OPPWLM	VC（4000）					
5	备注	NOTE	VC（1024）					
6	属性采集时间	COLL_DATE	DATE		N		Y	2
7	属性更新时间	UPD_DATE	DATE					

e）各字段存储内容应符合下列规定：

1）蓄滞洪区代码：同 8.9.1 节"蓄滞洪区代码"字段，是引用表 8.9.1-1 的外键。

2）运用原则：描述在不同来水情况下工程的运用原则。

3）运用方案描述：描述遇不同的洪水时蓄滞洪区的运用方案和需要采取的撤退、安全措施等。

4）调度权限：同 8.4.13 节"调度权限"字段。

5）备注：同 8.1.3 节"备注"字段。

6）属性采集时间：同 8.1.3 节"属性采集时间"字段。

7）属性更新时间：同8.1.3节"属性更新时间"字段。

8.9.12 蓄滞洪区历次运用情况表

a）本表存储蓄滞洪区的历次运用情况。

b）表标识：FHGC _ HSGFSAPI。

c）表编号：FHGC _ 008 _ 0010。

d）各字段定义见表8.9.12－1。

表8.9.12－1 蓄滞洪区历次运用情况表字段定义

序号	字 段 名	标识符	类型及长度	计量单位	是否允许空值	主键	外键	索引序号
1	蓄滞洪区代码	FSDA _ CODE	C (17)		N	Y	Y	1
2	蓄滞洪起始日期	HSFBDTM	DATE		N	Y		2
3	底水位	BTWTLV	N (8, 3)	m				
4	底水量	BTWTQN	N (9, 2)	$10^4 m^3$				
5	最大进洪流量	MXENFLFL	N (8, 2)	m^3/s				
6	蓄滞洪最高水位	HRSLFL	N (8, 3)	m				
7	蓄滞洪最高水位出现时间	HRSLFLTM	DATE					
8	拦蓄水量	BLHRWTQN	N (9, 2)	$10^4 m^3$				
9	运用淹没情况	USSBIN	VC (4000)					
10	蓄滞洪终止日期	HSFEDTM	DATE					
11	备注	NOTE	VC (1024)					
12	属性采集时间	COLL _ DATE	DATE		N		Y	3
13	属性更新时间	UPD _ DATE	DATE					

e）各字段存储内容应符合下列规定：

1）蓄滞洪区代码：同8.9.1节"蓄滞洪区代码"字段，是引用表8.9.1－1的外键。

2）蓄滞洪起始日期：本次蓄滞洪的起始日期，计到日。

3）底水位：本次蓄滞洪前蓄滞洪区内的水位。

4）底水量：本次蓄滞洪前蓄滞洪区对应底水位的总蓄水量。

5）最大进洪流量：本次蓄滞洪过程中的最大进洪流量。

6）蓄滞洪最高水位：本次蓄滞洪的最高水位。

7）蓄滞洪最高水位出现时间：本次蓄滞洪的最高水位的出现时间。

8）拦蓄水量：本次蓄滞洪过程的总拦蓄水量（不计底水量）。

9）运用淹没情况：本次蓄滞洪的淹没情况。

10）蓄滞洪终止日期：本次蓄滞洪的终止日期，计到日。

11）备注：同8.1.3节"备注"字段。

12）属性采集时间：同8.1.3节"属性采集时间"字段。

13）属性更新时间：同8.1.3节"属性更新时间"字段。

8.9.13 行洪区历次运用情况表

a）本表存储行洪区历次运用情况。

b）表标识：FHGC _ HGFSAPI。

c）表编号：FHGC _ 008 _ 0011。

d）各字段定义见表8.9.13－1。

表 8.9.13－1　行洪区历次运用情况表字段定义

序号	字　段　名	标识符	类型及长度	计量单位	是否允许空值	主键	外键	索引序号
1	蓄滞洪区代码	FSDA＿CODE	C（17）		N	Y	Y	1
2	行洪开始日期	GOFLBGTM	DATE		N	Y		2
3	运用淹没情况	USSBIN	VC（4000）					
4	行洪最高水位	GOHGWTLV	N（8，3）	m				
5	行洪最高水位出现时间	GOHGWLTM	DATE					
6	最大滞洪量	MXSLFLQN	N（9，2）	$10^4 m^3$				
7	最大行洪流量	MXGOFLFL	N（8，2）	m^3/s				
8	行洪终止日期	GOFLENTM	DATE					
9	备注	NOTE	VC（1024）					
10	属性采集时间	COLL＿DATE	DATE		N		Y	3
11	属性更新时间	UPD＿DATE	DATE					

　　e）各字段存储内容应符合下列规定：

　　　　1）蓄滞洪区代码：同 8.9.1 节"蓄滞洪区代码"字段，是引用表 8.9.1－1 的外键。

　　　　2）行洪开始日期：本次行洪的起始日期，计到日。

　　　　3）运用淹没情况：同 8.9.12 节"运用淹没情况"字段。

　　　　4）行洪最高水位：本次行洪的最高水位。

　　　　5）行洪最高水位出现时间：本次行洪的最高水位的出现时间。

　　　　6）最大滞洪量：本次行洪过程中的最大滞洪量。

　　　　7）最大行洪流量：本次行洪过程中的最大行洪流量。

　　　　8）行洪终止日期：本次行洪的终止日期，计到日。

　　　　9）备注：同 8.1.3 节"备注"字段。

　　　　10）属性采集时间：同 8.1.3 节"属性采集时间"字段。

　　　　11）属性更新时间：同 8.1.3 节"属性更新时间"字段。

8.9.14　进、退水闸登记表

　　a）本表存储与该蓄滞洪区相关的进、退水闸情况。

　　b）表标识：FHGC＿ENWTSLRG。

　　c）表编号：FHGC＿008＿0012。

　　d）各字段定义见表 8.9.14－1。

表 8.9.14－1　进、退水闸登记表字段定义

序号	字　段　名	标识符	类型及长度	计量单位	是否允许空值	主键	外键	索引序号
1	蓄滞洪区代码	FSDA＿CODE	C（17）		N	Y	Y	1
2	进退水闸名称代码	IOENNMCD	C（17）		N	Y	Y	2
3	水闸名称	GTNM	VC（100）					
4	进退水闸分类	ENRSLCL	C（1）					
5	备注	NOTE	VC（1024）					
6	属性采集时间	COLL＿DATE	DATE		N		Y	3
7	属性更新时间	UPD＿DATE	DATE					

e）各字段存储内容应符合下列规定：

　　1）蓄滞洪区代码：同8.9.1节"蓄滞洪区代码"字段，是引用表8.9.1-1的外键。

　　2）进退水闸名称代码：同8.12.1节"水闸代码"字段，见附录A，是引用表8.12.1-1的外键。

　　3）水闸名称：同8.13.1节"水闸名称"字段，对应进退水闸名称代码的水闸名称。

　　4）进退水闸分类：进退水闸分类采用表8.9.14-2代码取值。

表8.9.14-2　进退水闸分类代码表

代码	进退水闸分类	代码	进退水闸分类
1	进水闸	3	进退水闸
2	退（吐）水闸	9	其他

　　5）备注：同8.1.3节"备注"字段。当"进退水闸分类"为"其他"时，可在此说明。

　　6）属性采集时间：同8.1.3节"属性采集时间"字段。

　　7）属性更新时间：同8.1.3节"属性更新时间"字段。

8.10　湖泊

8.10.1　湖泊名录表

a）本表存储湖泊的对象名录信息，引用《水利对象基础信息数据库表结构与标识符》（暂定）中的"湖泊名录表"。

b）表标识：OBJ_LK。

c）表编号：OBJ_0002。

d）各字段定义见表8.10.1-1。

表8.10.1-1　湖泊名录表字段定义

序号	字段名	标识符	类型及长度	计量单位	是否允许空值	主键	外键	索引序号
1	湖泊代码	LK_CODE	C（17）		N	Y		1
2	湖泊名称	LK_NAME	VC（100）		N			
3	对象建立时间	FROM_DATE	DATE		N			
4	对象终止时间	TO_DATE	DATE					

e）各字段存储内容应符合下列规定：

　　1）湖泊代码：唯一标识本数据库的一个湖泊，湖泊代码与工程代码同义，见附录A。

　　2）湖泊名称：指湖泊代码所代表湖泊的中文名称。

　　3）对象建立时间：同8.1.1节"对象建立时间"字段。

　　4）对象终止时间：同8.1.1节"对象终止时间"字段。

8.10.2　湖泊基础信息表

a）本表存储湖泊的基础信息，引用《水利对象基础信息数据库表结构与标识符》（暂定）中的"湖泊基础信息表"。

b）表标识：ATT_LK_BASE。

c）表编号：ATT_0002。

d）各字段定义见表8.10.2-1。

表 8.10.2－1　湖泊基础信息表字段定义

序号	字 段 名	标 识 符	类型及长度	计量单位	是否允许空值	主键	外键	索引序号
1	湖泊代码	LK_CODE	C (17)		N	Y	Y	1
2	湖泊名称	LK_NAME	VC (100)		N			
3	左下角经度	LOW_LEFT_LONG	N (11, 8)	(°)	N			
4	左下角纬度	LOW_LEFT_LAT	N (10, 8)	(°)	N			
5	右上角经度	UP_RIGHT_LONG	N (11, 8)	(°)	N			
6	右上角纬度	UP_RIGHT_LAT	N (10, 8)	(°)	N			
7	跨界类型	CR_OVER_TYPE	C (1)					
8	湖泊所在位置	LK_LOC	VC (256)					
9	多年平均水面面积	MEA_ANN_WAT_AREA	N (6, 2)	km^2				
10	多年平均湖泊容积	MEA_ANN_LK_VOL	N (10, 2)	$10^4 m^3$				
11	咸淡水属性	SAL_FRE_WAT	C (1)					
12	多年平均水深	MEA_ANN_WAT_DEPT	N (6, 2)	m				
13	最大水深	MAX_DEPT	N (6, 2)	m				
14	备注	NOTE	VC (1024)					
15	属性采集时间	COLL_DATE	DATE		N	Y		2
16	属性更新时间	UPD_DATE	DATE					

e）各字段存储内容应符合下列规定：

　1）湖泊代码：同 8.10.1 节"湖泊代码"字段，是引用表 8.10.1－1 的外键。

　2）湖泊名称：同 8.10.1 节"湖泊名称"字段。

　3）左下角经度：同 8.1.3 节"经度"字段。

　4）左下角纬度：同 8.1.3 节"纬度"字段。

　5）右上角经度：同 8.1.3 节"经度"字段。

　6）右上角纬度：同 8.1.3 节"纬度"字段。

　7）跨界类型：同 8.2.2 节"跨界类型"字段。

　8）湖泊所在位置：填写湖泊所在的位置，跨国并跨省和跨国湖泊填外国国名、我国省名和县名，如"××国，××省××县"；跨省湖泊填省名和县名，如"××省××县，××省××县"；跨县湖泊填县名，如"××县，××县"；县界内湖泊填县名，如"××县"。

　9）多年平均水面面积：湖泊的水面面积，大于或等于 $100km^2$，精确至 $1km^2$；$10\sim100km^2$，精确至 $0.1km^2$；小于 $10km^2$，精确至 $0.01km^2$。

　10）多年平均湖泊容积：多年平均的湖泊容积。

　11）咸淡水属性：填写咸淡水属性代码，采用表 8.10.2－2 代码取值。

表 8.10.2－2　咸淡水属性代码表

代码	咸淡水属性	代码	咸淡水属性
0	未知	4	盐湖
1	淡水湖	5	干盐湖
2	微（半）咸水湖	6	砂下湖
3	咸水湖		

　12）多年平均水深：存储湖泊的多年平均水深数值。

　13）最大水深：存储湖泊的最大水深数值。

　14）备注：同 8.1.3 节"备注"字段。

15）属性采集时间：同 8.1.3 节"属性采集时间"字段。

16）属性更新时间：同 8.1.3 节"属性更新时间"字段。

8.10.3 湖泊一般信息表

a）本表存储湖泊的一般情况。

b）表标识：FHGC_LKCMIN。

c）表编号：FHGC_009_0001。

d）各字段定义见表 8.10.3-1。

表 8.10.3-1 湖泊一般信息表字段定义

序号	字 段 名	标 识 符	类型及长度	计量单位	是否允许空值	主键	外键	索引序号
1	湖泊代码	LK_CODE	C（17）		N	Y	Y	1
2	湖泊所在流域	LKLBSNM	VC（20）					
3	湖泊所在水系	LKLRVNM	VC（30）					
4	运用原则	OPPR	VC（4000）					
5	水准基面	LVBSLV	C（2）					
6	假定水准基面位置	DLBLP	VC（80）					
7	备注	NOTE	VC（1024）					
8	属性采集时间	COLL_DATE	DATE		N	Y		2
9	属性更新时间	UPD_DATE	DATE					

e）各字段存储内容应符合下列规定：

1）湖泊代码：同 8.10.1 节"湖泊代码"字段，是引用表 8.10.1-1 的外键。

2）湖泊所在流域：湖泊所在的流域名称。

3）湖泊所在水系：湖泊所在的水系名称。

4）运用原则：同 8.9.11 节"运用原则"字段。

5）水准基面：同 8.2.3 节"水准基面"字段。

6）假定水准基面位置：同 8.2.3 节"假定水准基面位置"字段。

7）备注：同 8.1.3 节"备注"字段。

8）属性采集时间：同 8.1.3 节"属性采集时间"字段。

9）属性更新时间：同 8.1.3 节"属性更新时间"字段。

8.10.4 湖泊基本特征表

a）本表存储湖泊的基本特征。

b）表标识：FHGC_LKBSIN。

c）表编号：FHGC_009_0002。

d）各字段定义见表 8.10.4-1。

表 8.10.4-1 湖泊基本特征表字段定义

序号	字 段 名	标 识 符	类型及长度	计量单位	是否允许空值	主键	外键	索引序号
1	湖泊代码	LK_CODE	C（17）		N	Y	Y	1
2	流域面积	VLAR	N（9，2）	km²				
3	一般湖底高程	CRLKBTEL	N（8，3）	m				

表 8.10.4－1 湖泊基本特征表字段定义（续）

序号	字　段　名	标识符	类型及长度	计量单位	是否允许空值	主键	外键	索引序号
4	最低湖底高程	LWLKBTEL	N（8，3）	m				
5	死水位	DDWTLV	N（8，3）	m				
6	死库容	DDST	N（10，2）	$10^4 m^3$				
7	正常蓄水位	NRWTLV	N（8，3）	m				
8	正常蓄水位相应水面面积	NWLRA	N（6，2）	km^2				
9	正常蓄水位相应容积	NRWRLVST	N（10，2）	$10^4 m^3$				
10	正常调蓄水位	NRSWLV	N（8，3）	m				
11	最低调蓄水位	LRSWLV	N（8，3）	m				
12	调蓄水量	ADSTWTQN	N（10，2）	$10^4 m^3$				
13	设计洪水位	DSFLLV	N（8，3）	m				
14	设计洪水位相应面积	DSFLLVAR	N（6，2）	km^2				
15	设计洪水位相应容积	DSFLLVCP	N（10，2）	$10^4 m^3$				
16	校核洪水位	CHFLLV	N（8，3）	m				
17	校核洪水位相应面积	CFWLAR	N（6，2）	km^2				
18	校核洪水位相应容积	CFWLCP	N（10，2）	$10^4 m^3$				
19	实测最高水位	ASHWL	N（8，3）	m				
20	实测最高水位发生日期	ASHWLTM	DATE					
21	实测最低水位	LASLWLV	N（8，3）	m				
22	实测最低水位发生日期	LASLWLTM	DATE					
23	调查最高水位	INHGWTLV	N（8，3）	m				
24	调查最高水位发生日期	IHFWLTM	DATE					
25	调查最低水位	LILWLV	N（8，3）	m				
26	调查最低水位发生日期	LILWLTM	DATE					
27	水位站	GGST	C（1）					
28	淤积情况描述	LKSLINDS	VC（4000）					
29	备注	NOTE	VC（1024）					
30	属性采集时间	COLL＿DATE	DATE		N	Y		2
31	属性更新时间	UPD＿DATE	DATE					

e）各字段存储内容应符合下列规定：

1）湖泊代码：同 8.10.1 节"湖泊代码"字段，是引用表 8.10.1－1 的外键。

2）流域面积：湖泊上游所有进湖水系流域面积与湖泊面积（最高水位时湖泊的水面面积）之和。

3）一般湖底高程：按现有通用资料填。

4）最低湖底高程：按现有通用资料填。

5）死水位：同 8.4.2 节"死水位"字段。

6）死库容：同 8.4.2 节"死库容"字段。

7）正常蓄水位：同 8.4.2 节"正常蓄水位"字段。

8）正常蓄水位相应水面面积：同 8.4.2 节"正常蓄水位相应水面面积"字段。

9）正常蓄水位相应容积：同 8.4.2 节"正常蓄水位相应容积"字段。

10）正常调蓄水位：湖泊或洼地为满足设计暴雨期的治涝要求而允许达到的水位。

11）最低调蓄水位：湖泊或洼地为满足灌溉、航运、渔业、生态环境等方面的要求而应保持的最低水位。

12）调蓄水量：又称"调蓄容积"，指正常调蓄水位与最低调蓄水位之间的湖泊容积（水量）。

13）设计洪水位：同 8.4.7 节"设计洪水位"字段。

14）设计洪水位相应面积：设计洪水位相应的湖泊水面面积。

15）设计洪水位相应容积：设计洪水位以下的容积。

16）校核洪水位：同 8.4.7 节"校核洪水位"字段。

17）校核洪水位相应面积：校核洪水位相应的湖泊水面面积。

18）校核洪水位相应容积：校核洪水位以下的湖泊容积。

19）实测最高水位：同 8.6.4 节"实测最高水位（潮位）"字段。

20）实测最高水位发生日期：同 8.6.4 节"实测最高水位（潮位）发生日期"字段。

21）实测最低水位：在现场测量并经资料整编的时段内，某观测点所出现的最低水位。

22）实测最低水位发生日期：对应"实测最低水位"的日期。在数据更新时，检查新的日期是否较原有日期晚。

23）调查最高水位：同 8.7.8 节"调查最高水位"字段。

24）调查最高水位发生日期：同 8.7.8 节"调查最高水位发生日期"字段。

25）调查最低水位：通过调查、勘测、考证等方法得到的湖泊水面达到过的最低水位。

26）调查最低水位发生日期：对应"调查最低水位"的日期。在数据更新时，检查新的日期是否较原有日期晚。

27）水位站：描述该湖泊有无水位站的情况，采用表 8.10.4-2 代码取值。

表 8.10.4-2 水位站代码表

代码	水位站	代码	水位站
1	有	0	无

28）淤积情况描述：概要描述湖泊的淤积情况。

29）备注：同 8.1.3 节"备注"字段。如涉及的湖泊没有表中所列的设计洪水位等特征值，在"备注"字段中说明。

30）属性采集时间：同 8.1.3 节"属性采集时间"字段。

31）属性更新时间：同 8.1.3 节"属性更新时间"字段。

8.10.5 进湖水系表

a）本表存储流入某湖泊的河流。

b）表标识：FHGC_ENLKWTSY。

c）表编号：FHGC_009_0003。

d）各字段定义见表 8.10.5-1。

表 8.10.5-1 进湖水系表字段定义

序号	字段名	标识符	类型及长度	计量单位	是否允许空值	主键	外键	索引序号
1	湖泊代码	LK_CODE	C（17）		N	Y	Y	1
2	入湖河流名称代码	ENLKRVCD	C（17）		N	Y	Y	3
3	入湖河流控制站代码	ELRCCD	C（17）				Y	
4	集水面积	CAT_AREA	N（10,2）	km²				
5	设计洪水位	DSFLLV	N（8,3）	m				

表 8.10.5-1 进湖水系表字段定义（续）

序号	字 段 名	标识符	类型及长度	计量单位	是否允许空值	主键	外键	索引序号
6	设计流量	DSFL	N（8，2）	m³/s				
7	入湖水闸名称代码	INGTCD	C（17）				Y	
8	水闸名称	GTNM	VC（100）					
9	备注	NOTE	VC（1024）					
10	属性采集时间	COLL_DATE	DATE		N	Y		2
11	属性更新时间	UPD_DATE	DATE					

e）各字段存储内容应符合下列规定：

1）湖泊代码：同 8.10.1 节"湖泊代码"字段，是引用表 8.10.1-1 的外键。

2）入湖河流名称代码：同 8.2.1 节"河流代码"字段，是引用表 8.2.1-1 的外键。

3）入湖河流控制站代码：测验河流在湖泊入口处水文要素的测站的代码。同 8.6.1 节"测站代码"字段，见附录 A，是引用表 8.6.1-1 的外键。

4）集水面积：同 8.6.2 节"集水面积"字段，入湖河流在入湖控制站以上的分水线所包围的面积（不包括湖泊面积）。

5）设计洪水位：同 8.4.7 节"设计洪水位"字段。

6）设计流量：同 8.7.8 节"设计流量"字段。

7）入湖水闸名称代码：同 8.13.1 节"水闸代码"字段，是引用表 8.13.1-1 的外键。

8）水闸名称：同 8.13.1 节"水闸名称"字段。

9）备注：同 8.1.3 节"备注"字段。

10）属性采集时间：同 8.1.3 节"属性采集时间"字段。

11）属性更新时间：同 8.1.3 节"属性更新时间"字段。

8.10.6 出湖水系表

a）本表存储流出某湖泊的河流。

b）表标识：FHGC_GOLKWTSY。

c）表编号：FHGC_009_0004。

d）各字段定义见表 8.10.6-1。

表 8.10.6-1 出湖水系表字段定义

序号	字 段 名	标识符	类型及长度	计量单位	是否允许空值	主键	外键	索引序号
1	湖泊代码	LK_CODE	C（17）		N	Y	Y	1
2	出湖河流名称代码	EXLKRVCD	C（17）		N	Y	Y	3
3	出湖河流控制站代码	OLRCCD	C（17）				Y	
4	设计洪水位	DSFLLV	N（8，3）	m				
5	设计流量	DSFL	N（7，2）	m³/s				
6	出湖水闸名称代码	OTGTCD	C（17）				Y	
7	水闸名称	GTNM	VC（100）					
8	备注	NOTE	VC（1024）					
9	属性采集时间	COLL_DATE	DATE		N	Y		2
10	属性更新时间	UPD_DATE	DATE					

e）各字段存储内容应符合下列规定：

1）湖泊代码：同 8.10.1 节"湖泊代码"字段，是引用表 8.10.1－1 的外键。

2）出湖河流名称代码：同 8.2.1 节"河流代码"字段，是引用表 8.2.1－1 的外键。

3）出湖河流控制站代码：测验河流在湖泊出口处水文要素的测站的代码。同 8.6.1 节"测站代码"字段，见附录 A，是引用表 8.6.1－1 的外键。

4）设计洪水位：同 8.4.7 节"设计洪水位"字段。

5）设计流量：同 8.7.8 节"设计流量"字段。

6）出湖水闸名称代码：同 8.13.1 节"水闸名称代码"字段，是引用表 8.13.1－1 的外键。

7）水闸名称：同 8.13.1 节"水闸名称"字段。

8）备注：同 8.1.3 节"备注"字段。

9）属性采集时间：同 8.1.3 节"属性采集时间"字段。

10）属性更新时间：同 8.1.3 节"属性更新时间"字段。

8.10.7 湖泊汛限水位表

a）本表存储湖泊的汛限水位。

b）表标识：FHGC_LKFLWT。

c）表编号：FHGC_009_0005。

d）各字段定义见表 8.10.7－1。

表 8.10.7－1 湖泊汛限水位表字段定义

序号	字 段 名	标识符	类型及长度	计量单位	是否允许空值	主键	外键	索引序号
1	湖泊代码	LK_CODE	C（17）		N	Y	Y	1
2	汛期限制水位开始日期	FSLWBDTM	VC（4）		N	Y		3
3	汛期限制水位	FLSSLMWT	N（8，3）	m				
4	汛期限制水位结束日期	FSLWEDTM	VC（4）					
5	备注	NOTE	VC（1024）					
6	属性采集时间	COLL_DATE	DATE		N		Y	2
7	属性更新时间	UPD_DATE	DATE					

e）各字段存储内容应符合下列规定：

1）湖泊代码：同 8.10.1 节"湖泊代码"字段，是引用表 8.10.1－1 的外键。

2）汛期限制水位开始日期：同 8.4.20 节"汛期限制水位开始日期"字段。

3）汛期限制水位：同 8.4.2 节"汛期限制水位"字段。

4）汛期限制水位结束日期：同 8.4.20 节"汛期限制水位结束日期"字段。

5）备注：同 8.1.3 节"备注"字段。

6）属性采集时间：同 8.1.3 节"属性采集时间"字段。

7）属性更新时间：同 8.1.3 节"属性更新时间"字段。

8.10.8 湖泊水位面积、容积关系表

a）本表存储湖泊的水位-面积、水位-容积关系。

b）表标识：FHGC_LKWTCPRL。

c）表编号：FHGC_009_0006。

d）各字段定义见表 8.10.8－1。

表 8.10.8 - 1　湖泊水位面积、容积关系表字段定义

序号	字 段 名	标 识 符	类型及长度	计量单位	是否允许空值	主键	外键	索引序号
1	湖泊代码	LK_CODE	C (17)		N	Y	Y	1
2	水位	WTLV	N (8, 3)	m	N	Y		3
3	面积	AR	N (6, 2)	km²				
4	容积	CP	N (10, 2)	10⁴m³				
5	属性采集时间	COLL_DATE	DATE		N	Y		2
6	属性更新时间	UPD_DATE	DATE					

e）各字段存储内容应符合下列规定：

1）湖泊代码：同 8.10.1 节"湖泊代码"字段，是引用表 8.10.1 - 1 的外键。

2）水位：同 8.4.8 节"水位"字段。

3）面积：同 8.4.8 节"面积"字段。

4）容积：同 8.9.4 节"容积"字段，指对应某水位的湖泊容积。

5）属性采集时间：同 8.1.3 节"属性采集时间"字段。

6）属性更新时间：同 8.1.3 节"属性更新时间"字段。

8.10.9　湖泊社经基本情况表

a）本表存储湖泊的社会经济基本情况。

b）表标识：FHGC_LSEBIN。

c）表编号：FHGC_009_0007。

d）各字段定义见表 8.10.9 - 1。

表 8.10.9 - 1　湖泊社经基本情况表字段定义

序号	字 段 名	标 识 符	类型及长度	计量单位	是否允许空值	主键	外键	索引序号
1	湖泊代码	LK_CODE	C (17)		N	Y	Y	1
2	湖区定居村庄	LKSCDWVL	N (6)	个				
3	湖区定居人口	LKSCDWPP	N (7)	人				
4	湖区耕地面积	LKSCINAR	N (7)	10⁴ 亩				
5	设计灌溉面积	DSIRAR	N (10)	亩				
6	实际灌溉面积	ACIRAR	N (10)	亩				
7	定居最高高程	DWHGEL	N (8, 3)	m				
8	定居最低高程	DWLWEL	N (8, 3)	m				
9	围湖养殖面积	PLBRAQAR	N (8)	亩				
10	备注	NOTE	VC (1024)					
11	属性采集时间	COLL_DATE	DATE		N	Y		2
12	属性更新时间	UPD_DATE	DATE					

e）各字段存储内容应符合下列规定：

1）湖泊代码：同 8.10.1 节"湖泊代码"字段，是引用表 8.10.1 - 1 的外键。

2）湖区定居村庄：湖区定居村庄数量。

3）湖区定居人口：湖区定居人口数量。

4）湖区耕地面积：填写湖区耕地面积。

5）设计灌溉面积：同 8.4.9 节"设计灌溉面积"字段。

6）实际灌溉面积：同 8.4.9 节"实际灌溉面积"字段。

7）定居最高高程：湖区可定居的最高高程。

8）定居最低高程：湖区可定居的最低高程。

9）围湖养殖面积：如未进行围湖养殖，应填"0"。

10）备注：同 8.1.3 节"备注"字段。

11）属性采集时间：同 8.1.3 节"属性采集时间"字段。

12）属性更新时间：同 8.1.3 节"属性更新时间"字段。

8.11 圩垸

8.11.1 圩垸名录表

a）本表存储圩垸的对象名录信息，引用《水利对象基础信息数据库表结构与标识符》（暂定）中的"圩垸名录表"。

b）表标识：OBJ_POLD。

c）表编号：OBJ_0015。

d）各字段定义见表 8.11.1-1。

表 8.11.1-1　圩垸名录表字段定义

序号	字段名	标识符	类型及长度	计量单位	是否允许空值	主键	外键	索引序号
1	圩垸代码	POLD_CODE	C（17）		N	Y		1
2	圩垸名称	POLD_NAME	VC（100）		N			
3	对象建立时间	FROM_DATE	DATE		N			
4	对象终止时间	TO_DATE	DATE					

e）各字段存储内容应符合下列规定：

1）圩垸代码：唯一标识本数据库的一个圩垸，圩垸代码与工程代码同义，见附录 A。

2）圩垸名称：指圩垸代码所代表圩垸的中文名称。

3）对象建立时间：同 8.1.1 节"对象建立时间"字段。

4）对象终止时间：同 8.1.1 节"对象终止时间"字段。

8.11.2 圩垸基础信息表

a）本表存储圩垸的基础信息，引用《水利对象基础信息数据库表结构与标识符》（暂定）中的"圩垸基础信息表"。

b）表标识：ATT_POLD_BASE。

c）表编号：ATT_0015。

d）各字段定义见表 8.11.2-1。

表 8.11.2-1　圩垸基础信息表字段定义

序号	字段名	标识符	类型及长度	计量单位	是否允许空值	主键	外键	索引序号
1	圩垸代码	POLD_CODE	C（17）		N	Y	Y	1
2	圩垸名称	POLD_NAME	VC（100）		N			
3	左下角经度	LOW_LEFT_LONG	N（11，8）	（°）	N			
4	左下角纬度	LOW_LEFT_LAT	N（10，8）	（°）	N			
5	右上角经度	UP_RIGHT_LONG	N（11，8）	（°）	N			

表 8.11.2－1　圩垸基础信息表字段定义（续）

序号	字段名	标 识 符	类型及长度	计量单位	是否允许空值	主键	外键	索引序号
6	右上角纬度	UP_RIGHT_LAT	N（10，8）	（°）	N			
7	圩垸所在位置	POLD_LOC	VC（256）					
8	圩垸分类	POLD_CLAS	C（1）					
9	设计流量	DES_FLOW	N（8，2）	m³/s				
10	运用原则	OP_PR	VC（1024）					
11	工程建设情况	ENG_STAT	C（1）					
12	运行状况	RUN_STAT	C（1）					
13	开工时间	START_DATE	DATE					
14	建成时间	COMP_DATE	DATE					
15	备注	NOTE	VC（1024）					
16	属性采集时间	COLL_DATE	DATE		N	Y		2
17	属性更新时间	UPD_DATE	DATE					

　　e）各字段存储内容应符合下列规定：

　　　1）圩垸代码：同 8.11.1 节"圩垸代码"字段，是引用表 8.11.1－1 的外键。

　　　2）圩垸名称：同 8.11.1 节"圩垸名称"字段。

　　　3）左下角经度：同 8.1.3 节"经度"字段。

　　　4）左下角纬度：同 8.1.3 节"纬度"字段。

　　　5）右上角经度：同 8.1.3 节"经度"字段。

　　　6）右上角纬度：同 8.1.3 节"纬度"字段。

　　　7）圩垸所在位置：本圩垸所在的详细位置，所在的省（自治区、直辖市）、地（区、市、州、盟）、县（区、市、旗）、乡（镇）以及具体街（村）的名称。

　　　8）圩垸分类：填写圩垸分类代码，圩垸分类采用表 8.11.2－2 代码取值。

表 8.11.2－2　圩 垸 分 类 代 码 表

代码	圩垸分类	代码	圩垸分类
1	重点垸	3	一般垸
2	蓄洪垸	9	其他

　　　9）设计流量：蓄洪垸进洪口的设计流量，同 8.7.8 节"设计流量"字段。

　　　10）运用原则：同 8.9.11 节"运用原则"字段。

　　　11）工程建设情况：同 8.4.2 节"工程建设情况"字段。

　　　12）运行状况：同 8.4.2 节"运行状况"字段。

　　　13）开工时间：同 8.4.2 节"开工时间"字段。

　　　14）建成时间：同 8.4.2 节"建成时间"字段。

　　　15）备注：同 8.1.3 节"备注"字段。当"圩垸分类"为"其他"时，可在此说明。

　　　16）属性采集时间：同 8.1.3 节"属性采集时间"字段。

　　　17）属性更新时间：同 8.1.3 节"属性更新时间"字段。

8.11.3　圩垸一般信息表

　　a）本表存储圩垸的一般情况。

　　b）表标识：FHGC_PDCMIN。

c) 表编号：FHGC＿010＿0001。

d) 各字段定义见表8.11.3-1。

表8.11.3-1 圩垸一般信息表字段定义

序号	字 段 名	标 识 符	类型及长度	计量单位	是否允许空值	主键	外键	索引序号
1	圩垸代码	POLD＿CODE	C（17）		N	Y	Y	1
2	简介	BRIN	VC（4000）					
3	水准基面	LVBSLV	C（2）					
4	假定水准基面位置	DLBLP	VC（80）					
5	一般地面高程	CRGREL	N（8，3）	m				
6	主要建筑物	MNCN	VC（4000）					
7	滞洪量	FLDTQN	N（9，2）	$10^4 m^3$				
8	备注	NOTE	VC（1024）					
9	属性采集时间	COLL＿DATE	DATE		N		Y	2
10	属性更新时间	UPD＿DATE	DATE					

e) 各字段存储内容应符合下列规定：

1）圩垸代码：同8.11.1节"圩垸代码"字段，是引用表8.11.1-1的外键。

2）简介：简要描述该圩垸的情况。

3）水准基面：同8.2.3节"水准基面"字段。

4）假定水准基面位置：同8.2.3节"假定水准基面位置"字段。

5）一般地面高程：圩垸范围内的一般地面高程。

6）主要建筑物：描述主要防洪建筑物及其布置情况。

7）滞洪量：运用时该圩垸可滞留的洪量。

8）备注：同8.1.3节"备注"字段。

9）属性采集时间：同8.1.3节"属性采集时间"字段。

10）属性更新时间：同8.1.3节"属性更新时间"字段。

8.11.4 圩垸堤防基本情况表

a) 本表存储圩垸堤防的基本情况。

b) 表标识：FHGC＿PDDKBSIN。

c) 表编号：FHGC＿010＿0002。

d) 各字段定义见表8.11.4-1。

表8.11.4-1 圩垸堤防基本情况表字段定义

序号	字 段 名	标 识 符	类型及长度	计量单位	是否允许空值	主键	外键	索引序号
1	圩垸代码	POLD＿CODE	C（17）		N	Y	Y	1
2	圩堤名称代码	PLNMCD	C（17）		N	Y	Y	2
3	圩堤起点桩号	PLSCJMCH	VC（12）					
4	圩堤终点桩号	PSEPCH	VC（12）					
5	挡水高程	BLWTEL	N（8，3）	m				
6	圩堤顶宽	PLTPWD	N（6，2）	m				
7	圩堤堤顶高程	PLTPEL	N（8，3）	m				
8	圩堤临河面边坡坡比	PLUPSLSLRT	VC（100）					

表 8.11.4－1　圩垸堤防基本情况表字段定义（续）

序号	字段名	标识符	类型及长度	计量单位	是否允许空值	主键	外键	索引序号
9	圩堤背河面边坡坡比	PLDWSLSLRT	VC（100）					
10	备注	NOTE	VC（1024）					
11	属性采集时间	COLL_DATE	DATE		N		Y	3
12	属性更新时间	UPD_DATE	DATE					

e）各字段存储内容应符合下列规定：

1）圩垸代码：同 8.11.1 节"圩垸代码"字段，是引用表 8.11.1－1 的外键。

2）圩堤名称代码：圩堤的代码，同 8.7.1 节"堤防代码"字段，见附录 A，是引用表 8.7.1－1 的外键。

3）圩堤起点桩号：以"千米数＋米数"表示，如"135＋012.1"。

4）圩堤终点桩号：以"千米数＋米数"表示，如"135＋012.1"。

5）挡水高程：圩堤的挡水高程。

6）圩堤顶宽：圩堤的堤顶宽度。

7）圩堤堤顶高程：圩堤的堤顶高程。

8）圩堤临河面边坡坡比：以"$1:x$"表示或以"$1:x$""$1:x'$"（表示有多个坡度）表示。

9）圩堤背河面边坡坡比：以"$1:x$"表示或以"$1:x$""$1:x'$"（表示有多个坡度）表示。

10）备注：同 8.1.3 节"备注"字段。

11）属性采集时间：同 8.1.3 节"属性采集时间"字段。

12）属性更新时间：同 8.1.3 节"属性更新时间"字段。

8.11.5　内湖、内河及建筑物基本情况表

a）本表存储某圩垸的内湖、内河和各种建筑物的情况。

b）表标识：FHGC_IIAXBI。

c）表编号：FHGC_010_0003。

d）各字段定义见表 8.11.5－1。

表 8.11.5－1　内湖、内河及建筑物基本情况表字段定义

序号	字段名	标识符	类型及长度	计量单位	是否允许空值	主键	外键	索引序号
1	圩垸代码	POLD_CODE	C（17）		N	Y	Y	1
2	内湖情况	INLKIN	VC（80）					
3	内河情况	INRVIN	VC（80）					
4	建筑物情况	CNIN	VC（80）					
5	存在问题	EXQS	VC（4000）					
6	属性采集时间	COLL_DATE	DATE		N		Y	2
7	属性更新时间	UPD_DATE	DATE					

e）各字段存储内容应符合下列规定：

1）圩垸代码：同 8.11.1 节"圩垸代码"字段，是引用表 8.11.1－1 的外键。

2）内湖情况：简要概述圩垸内的内湖基本情况。

3）内河情况：简要概述圩垸内的内河基本情况。

4）建筑物情况：简要概述圩垸内的建筑物基本情况。

5）存在问题：同 8.4.10 节"存在问题"字段。

6）属性采集时间：同 8.1.3 节"属性采集时间"字段。

7）属性更新时间：同 8.1.3 节"属性更新时间"字段。

8.11.6 重点险点险段表

a）本表存储圩垸内重点险点险段的信息。

b）表标识：FHGC＿STDNDN。

c）表编号：FHGC＿010＿0004。

d）各字段定义见表 8.11.6－1。

表 8.11.6－1 重点险点险段表字段定义

序号	字 段 名	标 识 符	类型及长度	计量单位	是否允许空值	主键	外键	索引序号
1	圩垸代码	POLD＿CODE	C（17）		N	Y	Y	1
2	险点险段名称	DPDSNM	VC（100）		N	Y		3
3	险点险段位置	DPDSPL	VC（256）					
4	出险地点桩号	DNPLCH	VC（12）					
5	出险部位	DNPR	VC（256）					
6	险情分类代码	DNINCD	C（2）					
7	险情级别	DNINCL	C（1）					
8	出险数量	DANG＿NUM	VC（50）	处				
9	险情描述	DNDS	VC（4000）					
10	除险措施	RMDNMS	VC（4000）					
11	备注	NOTE	VC（1024）					
12	属性采集时间	COLL＿DATE	DATE		N	Y		2
13	属性更新时间	UPD＿DATE	DATE					

e）各字段存储内容应符合下列规定：

1）圩垸代码：同 8.11.1 节"圩垸代码"字段，是引用表 8.11.1－1 的外键。

2）险点险段名称：险点险段的中文名称全称。

3）险点险段位置：主要指险点险段所在的行政区划地点。

4）出险地点桩号：同 8.4.16 节"出险地点桩号"字段。

5）出险部位：同 8.4.16 节"出险部位"字段。

6）险情分类代码：同 8.4.16 节"险情分类代码"字段。

7）险情级别：同 8.4.16 节"险情级别"字段。

8）出险数量：同 8.4.16 节"出险数量"字段。

9）险情描述：同 8.4.16 节"险情描述"字段。

10）除险措施：同 8.4.16 节"除险措施"字段。

11）备注：同 8.1.3 节"备注"字段。

12）属性采集时间：同 8.1.3 节"属性采集时间"字段。

13）属性更新时间：同 8.1.3 节"属性更新时间"字段。

8.11.7 社经基本情况表

a）本表存储圩垸的社会经济基本情况。

b）表标识：FHGC＿SCECBSIN。

c）表编号：FHGC＿010＿0005。

d）各字段定义见表 8.11.7－1。

表 8.11.7－1　社经基本情况表字段定义

序号	字 段 名	标 识 符	类型及长度	计量单位	是否允许空值	主键	外键	索引序号
1	圩垸代码	POLD＿CODE	C（17）		N	Y	Y	1
2	面积	AR	N（8，2）	km²				
3	耕地面积	INAR	N（7）	亩				
4	村庄数	VLNM	N（5）	个				
5	人口	PP	N（9，4）	10⁴人				
6	固定资产	FXAS	N（8）	10⁴元				
7	备注	NOTE	VC（1024）					
8	属性采集时间	COLL＿DATE	DATE		N		Y	2
9	属性更新时间	UPD＿DATE	DATE					

e）各字段存储内容应符合下列规定：

　　1）圩垸代码：同 8.11.1 节"圩垸代码"字段，是引用表 8.11.1－1 的外键。

　　2）面积：同 8.4.8 节"面积"字段。

　　3）耕地面积：圩垸内的耕地面积。

　　4）村庄数：圩垸内的村庄数。

　　5）人口：同 8.9.4 节"人口"字段。

　　6）固定资产：同 8.9.4 节"固定资产"字段。

　　7）备注：同 8.1.3 节"备注"字段。

　　8）属性采集时间：同 8.1.3 节"属性采集时间"字段。

　　9）属性更新时间：同 8.1.3 节"属性更新时间"字段。

8.11.8　蓄水量百万立方米以上内湖哑河表

a）本表存储圩垸内蓄水量百万立方米以上内湖哑河的信息。

b）表标识：FHGC＿SQMMALRT。

c）表编号：FHGC＿010＿0006。

d）各字段定义见表 8.11.8－1。

表 8.11.8－1　蓄水量百万立方米以上内湖哑河表字段定义

序号	字 段 名	标 识 符	类型及长度	计量单位	是否允许空值	主键	外键	索引序号
1	圩垸代码	POLD＿CODE	C（17）		N	Y	Y	1
2	内湖哑河名称代码	INLKNM	C（17）		N	Y	Y	2
3	入湖河流名称	ENLKRVNM	VC（100）					
4	入湖河流名称代码	ENLKRVCD	C（17）				Y	
5	入湖多年平均流量	ELAAFL	N（5，2）	m³/s				
6	历史最大入湖流量	HMXELFL	N（6，2）	m³/s				
7	历史最小入湖流量	HMNELFL	N（6，2）	m³/s				
8	最大蓄水量	MXSL	N（9，4）	10⁶m³				
9	备注	NOTE	VC（1024）					
10	属性采集时间	COLL＿DATE	DATE		N		Y	3
11	属性更新时间	UPD＿DATE	DATE					

e）各字段存储内容应符合下列规定：

    1）圩垸代码：同 8.11.1 节"圩垸代码"字段，是引用表 8.11.1-1 的外键。

    2）内湖哑河名称代码：同 8.10.1 节"湖泊代码"字段，见附录 A，是引用表 8.10.1-1 的外键。

    3）入湖河流名称：同 8.2.1 节"河流名称"字段，见附录 A。

    4）入湖河流名称代码：同 8.2.1 节"河流代码"字段，见附录 A，是引用表 8.2.1-1 的外键。

    5）入湖多年平均流量：入湖多年流量的平均值。

    6）历史最大入湖流量：在数据更新时，检查新的数据是否较原有数据大。

    7）历史最小入湖流量：在数据更新时，检查新的数据是否较原有数据小。

    8）最大蓄水量：该内湖哑河蓄水量的最大值。

    9）备注：同 8.1.3 节"备注"字段。

    10）属性采集时间：同 8.1.3 节"属性采集时间"字段。

    11）属性更新时间：同 8.1.3 节"属性更新时间"字段。

8.11.9 内湖哑河水位面积、容积关系表

a）本表存储内湖哑河的水位-面积、水位-容积关系。

b）表标识：FHGC_IIWACR。

c）表编号：FHGC_010_0007。

d）各字段定义见表 8.11.9-1。

表 8.11.9-1 内湖哑河水位面积、容积关系表字段定义

序号	字 段 名	标 识 符	类型及长度	计量单位	是否允许空值	主键	外键	索引序号
1	圩垸代码	POLD_CODE	C（17）		N	Y	Y	1
2	内湖哑河名称代码	INLKNM	C（17）		N	Y	Y	2
3	水位	WTLV	N（8,3）	m	N	Y		
4	面积	AR	N（8,2）	km^2				
5	容积	CP	N（9,4）	10^4m^3				
6	属性采集时间	COLL_DATE	DATE		N	Y		3
7	属性更新时间	UPD_DATE	DATE					

e）各字段存储内容应符合下列规定：

    1）圩垸代码：同 8.11.1 节"圩垸代码"字段，是引用表 8.11.1-1 的外键。

    2）内湖哑河名称代码：同 8.10.1 节"湖泊代码"字段，见附录 A，是引用表 8.10.1-1 的外键。

    3）水位：同 8.4.8 节"水位"字段。

    4）面积：同 8.4.8 节"面积"字段。

    5）容积：同 8.9.4 节"容积"字段。

    6）属性采集时间：同 8.1.3 节"属性采集时间"字段。

    7）属性更新时间：同 8.1.3 节"属性更新时间"字段。

8.11.10 蓄洪垸水位面积、容积关系表

a）本表存储蓄洪垸的水位-面积、水位-容积关系。

b）表标识：FHGC_SPWAFR。

c）表编号：FHGC_010_0008。

d）各字段定义见表8.11.10－1。

表 8.11.10－1　蓄洪垸水位面积、容积关系表字段定义

序号	字 段 名	标 识 符	类型及长度	计量单位	是否允许空值	主键	外键	索引序号
1	圩垸代码	POLD_CODE	C（17）		N	Y	Y	1
2	水位	WTLV	N（8，3）	m	N	Y		
3	面积	AR	N（8，2）	km²				
4	容积	CP	N（9，2）	10⁴m³				
5	属性采集时间	COLL_DATE	DATE		N	Y		2
6	属性更新时间	UPD_DATE	DATE					

e）各字段存储内容应符合下列规定：

　　1）圩垸代码：同8.11.1节"圩垸代码"字段，是引用表8.11.1－1的外键。

　　2）水位：同8.4.8节"水位"字段。

　　3）面积：同8.4.8节"面积"字段。

　　4）容积：同8.9.4节"容积"字段。

　　5）属性采集时间：同8.1.3节"属性采集时间"字段。

　　6）属性更新时间：同8.1.3节"属性更新时间"字段。

8.11.11　蓄洪垸进洪口表

a）本表存储蓄洪垸进洪口信息。

b）表标识：FHGC_SRPDENDR。

c）表编号：FHGC_010_0009。

d）各字段定义见表8.11.11－1。

表 8.11.11－1　蓄洪垸进洪口表字段定义

序号	字 段 名	标 识 符	类型及长度	计量单位	是否允许空值	主键	外键	索引序号
1	圩垸代码	POLD_CODE	C（17）		N	Y	Y	1
2	进洪口门名称	ENFLNM	VC（100）		N	Y		
3	口门位置	MTDRPL	VC（256）					
4	口门高度	MTDRHG	N（4，1）	m				
5	口门宽度	MTDRWD	N（5，1）	m				
6	设计口门底板高程	DSMUDREL	N（8，3）	m				
7	堤顶高程	BNTPEL	N（8，3）	m				
8	备注	NOTE	VC（1024）					
9	属性采集时间	COLL_DATE	DATE		N	Y		2
10	属性更新时间	UPD_DATE	DATE					

e）各字段存储内容应符合下列规定：

　　1）圩垸代码：同8.11.1节"圩垸代码"字段，是引用表8.11.1－1的外键。

　　2）进洪口门名称：进洪口门的中文名称全称。

　　3）口门位置：同8.9.6节"口门位置"字段。

　　4）口门高度：进洪口门的高度。

　　5）口门宽度：同8.9.6节"口门宽度"字段。

6）设计口门底板高程：同 8.9.6 节"设计口门底板高程"字段。

7）堤顶高程：同 8.7.6 节"堤顶高程"字段。

8）备注：同 8.1.3 节"备注"字段。

9）属性采集时间：同 8.1.3 节"属性采集时间"字段。

10）属性更新时间：同 8.1.3 节"属性更新时间"字段。

8.12 水闸

8.12.1 水闸名录表

a）本表存储水闸的对象名录信息，引用《水利对象基础信息数据库表结构与标识符》（暂定）中的"水闸名录表"。

b）表标识：OBJ_WAGA。

c）表编号：OBJ_0007。

d）各字段定义见表 8.12.1-1。

表 8.12.1-1　水闸名录表字段定义

序号	字段名	标识符	类型及长度	计量单位	是否允许空值	主键	外键	索引序号
1	水闸代码	WAGA_CODE	C（17）		N	Y		1
2	水闸名称	WAGA_NAME	VC（100）		N			
3	对象建立时间	FROM_DATE	DATE		N			
4	对象终止时间	TO_DATE	DATE		N			

e）各字段存储内容应符合下列规定：

1）水闸代码：唯一标识本数据库的一个水闸，水闸代码与工程代码同义，见附录 A。

2）水闸名称：指水闸代码所代表水闸的中文名称。

3）对象建立时间：同 8.1.1 节"对象建立时间"字段。

4）对象终止时间：同 8.1.1 节"对象终止时间"字段。

8.12.2 水闸基础信息表

a）本表存储水闸的基础信息，引用《水利对象基础信息数据库表结构与标识符》（暂定）中的"水闸基础信息表"。

b）表标识：ATT_WAGA_BASE。

c）表编号：ATT_0007。

d）各字段定义见表 8.12.2-1。

表 8.12.2-1　水闸基础信息表字段定义

序号	字段名	标识符	类型及长度	计量单位	是否允许空值	主键	外键	索引序号
1	水闸代码	WAGA_CODE	C（17）		N	Y	Y	1
2	水闸名称	WAGA_NAME	VC（100）		N			
3	起点经度	START_LONG	N（11，8）	（°）	N			
4	起点纬度	START_LAT	N（10，8）	（°）	N			
5	终点经度	END_LONG	N（11，8）	（°）	N			
6	终点纬度	END_LAT	N（10，8）	（°）	N			
7	水闸所在位置	WAGA_LOC	VC（256）					

表 8.12.2－1　水闸基础信息表字段定义（续）

序号	字段名	标 识 符	类型及长度	计量单位	是否允许空值	主键	外键	索引序号
8	水闸类型	WAGA＿TYPE	C（1）					
9	水闸用途	WAGA＿USE	VC（256）					
10	工程等别	ENG＿GRAD	C（1）					
11	工程规模	ENG＿SCAL	C（1）					
12	取水水源类型	WAIN＿WASO＿TYPE	C（1）					
13	最大过闸流量	LOCK＿DISC	N（8，2）	m³/s				
14	闸孔数量	GAOR＿NUM	N（2）	孔				
15	装机功率	INS＿POW	N（8，3）	kW				
16	设计装机总容量	DES＿TOT＿INS＿CAP	N（8，3）	MW				
17	工程建设情况	ENG＿STAT	C（1）					
18	运行状况	RUN＿STAT	C（1）					
19	开工时间	START＿DATE	DATE					
20	建成时间	COMP＿DATE	DATE					
21	归口管理部门	ADM＿DEP	C（1）					
22	备注	NOTE	VC（1024）					
23	属性采集时间	COLL＿DATE	DATE		N	Y		2
24	属性更新时间	UPD＿DATE	DATE					

e）各字段存储内容应符合下列规定：

1）水闸代码：同 8.12.1 节"水闸代码"字段，是引用表 8.12.1－1 的外键。

2）水闸名称：同 8.12.1 节"水闸名称"字段。

3）起点经度：同 8.1.3 节"经度"字段。

4）起点纬度：同 8.1.3 节"纬度"字段。

5）终点经度：同 8.1.3 节"经度"字段。

6）终点纬度：同 8.1.3 节"纬度"字段。

7）水闸所在位置：水闸所在的详细位置，所在的省（自治区、直辖市）、地（区、市、州、盟）、县（区、市、旗）、乡（镇）以及具体街（村）的名称。

8）水闸类型：填写水闸类型代码，采用表 8.12.2－2 代码取值。

表 8.12.2－2　水 闸 类 型 代 码 表

代码	水闸类型	代码	水闸类型
1	分（泄）洪闸	5	挡潮闸
2	节制闸	6	船闸
3	排（退）水闸	9	其他
4	引（进）水闸		

9）水闸用途：填写水闸用途信息。

10）工程等别：同 8.4.2 节"工程等别"字段。无法查阅工程设计文件的，根据最大过闸流量和防护对象的重要性，按照 SL 265—2001《水闸设计规范》取值，见表 8.12.2－3。

11）工程规模：同 8.4.2 节"工程规模"字段。

表 8.12.2-3　平原区水闸枢纽工程分等指标表

工 程 等 别	I	II	III	IV	V
规模	大（1）型	大（2）型	中型	小（1）型	小（2）型
最大过闸流量/（m³/s）	≥5000	5000~1000	1000~100	100~20	<20
防护对象的重要性	特别重要	重要	中等	一般	—

12）取水水源类型：填写水闸取水水源类型代码，采用表 8.12.2-4 代码取值。

表 8.12.2-4　取水水源类型代码表

代码	取水水源类型	代码	取水水源类型
1	水库	3	河流
2	湖泊	4	其他

13）最大过闸流量：填写设计文件中水闸的最大过闸流量，最大过闸流量指能够安全通过水闸的最大流量。对于没有设计资料的水闸工程，其过闸流量可按宽顶堰形式估算。其计算公式为：

$$Q = \sigma_s \sigma_c mnb \sqrt{2g} H_0^{3/2}$$

式中　b——每孔净宽；

n——闸孔孔数；

H_0——包括行近流速水头的堰前水头，即 $H_0 = H + v_0^2/2g$，H 为堰前水头，v_0 为行近流速，山区的行近流速可采用 $v_0 = 2\sim3m/s$，平原区的行近流速可采用 $v_0 = 1m/s$；

m——自由溢流的流量系数，可采用综合水利系数 0.365；

σ_c——侧收缩系数，它反映由于闸墩对堰流的横向收缩，减小有效的过流宽度和增加的局部能量损失对泄流能力的影响，初估可采用 0.8；

σ_s——淹没系数，当下游水位影响堰的泄流能力时，堰流为淹没堰流，其影响用淹没系数表达，当下游水位不影响堰的泄流能力时，为自由堰流，初估均采用 $\sigma_s = 1.0$。

14）闸孔数量：水闸工程的闸孔总数量，同 8.4.11 节"孔数（条数）"字段。

15）装机功率：泵站水源、出水池出口设计水位的差值与水力损失之和。

16）设计装机总容量：所有水泵抽水机组设计额定出力之和。

17）工程建设情况：同 8.4.2 节"工程建设情况"字段。

18）运行状况：同 8.4.2 节"运行状况"字段。

19）开工时间：同 8.4.2 节"开工时间"字段。

20）建成时间：同 8.4.2 节"建成时间"字段。

21）归口管理部门：同 8.4.2 节"归口管理部门"字段。

22）备注：同 8.1.3 节"备注"字段。当"水闸类型"为"其他"时，可在此说明。

23）属性采集时间：同 8.1.3 节"属性采集时间"字段。

24）属性更新时间：同 8.1.3 节"属性更新时间"字段。

8.12.3　水闸一般信息表

a）本表存储水闸的一般情况。

b）表标识：FHGC_SLCMIN。

c）表编号：FHGC_011_0001。

d）各字段定义见表 8.12.3－1。

表 8.12.3－1 水闸一般信息表字段定义

序号	字 段 名	标识符	类型及长度	计量单位	是否允许空值	主键	外键	索引序号
1	水闸代码	WAGA_CODE	C（17）		N	Y	Y	1
2	水闸所在河流（湖、库、堤防）代码	GTLRVCD	C（17）				Y	
3	开始运行日期	OPBGTM	DATE					
4	主要建筑物级别	MNCTRGD	C（1）					
5	水准基面	LVBSLV	C（2）					
6	假定水准基面位置	DLBLP	VC（80）					
7	损坏情况	DSIN	VC（4000）					
8	加固改扩建情况	ASTKBIN	VC（4000）					
9	备注	NOTE	VC（1024）					
10	属性采集时间	COLL_DATE	DATE		N		Y	2
11	属性更新时间	UPD_DATE	DATE					

e）各字段存储内容应符合下列规定：

1）水闸代码：同 8.12.1 节"水闸代码"字段，是引用表 8.12.1－1 的外键。

2）水闸所在河流（湖、库、堤防）代码：水闸所在河流、湖泊、水库、堤防的代码，同 8.2.1 节"河流代码"字段或同 8.4.1 节"水库"字段或同 8.7.1 节"堤防代码"字段。

3）开始运行日期：指水闸建成后正式泄水的日期。

4）主要建筑物级别：同 8.4.11 节"建筑物级别"字段。

5）水准基面：同 8.2.3 节"水准基面"字段。

6）假定水准基面位置：同 8.2.3 节"假定水准基面位置"字段。

7）损坏情况：水闸的损坏情况。

8）加固改扩建情况：概要描述水闸的加固改建情况。

9）备注：同 8.1.3 节"备注"字段。

10）属性采集时间：同 8.1.3 节"属性采集时间"字段。

11）属性更新时间：同 8.1.3 节"属性更新时间"字段。

8.12.4 水闸与控制站表

a）本表存储某水闸与上、下游控制站的关系。

b）表标识：FHGC_SLCNSTRL。

c）表编号：FHGC_011_0002。

d）各字段定义见表 8.12.4－1。

表 8.12.4－1 水闸与控制站表字段定义

序号	字 段 名	标 识 符	类型及长度	计量单位	是否允许空值	主键	外键	索引序号
1	水闸代码	WAGA_CODE	C（17）		N	Y	Y	1
2	闸上控制站代码	GTCNSTCD	C（17）				Y	
3	闸下控制站代码	GDCSCD	C（17）				Y	
4	备注	NOTE	VC（1024）					
5	属性采集时间	COLL_DATE	DATE		N		Y	2
6	属性更新时间	UPD_DATE	DATE					

e）各字段存储内容应符合下列规定：

    1）水闸代码：同8.12.1节"水闸代码"字段，是引用表8.12.1－1的外键。

    2）闸上控制站代码：同8.6.1节"测站代码"字段，是引用表8.6.1－1的外键。

    3）闸下控制站代码：同8.6.1节"测站代码"字段，是引用表8.6.1－1的外键。

    4）备注：同8.1.3节"备注"字段。

    5）属性采集时间：同8.1.3节"属性采集时间"字段。

    6）属性更新时间：同8.1.3节"属性更新时间"字段。

8.12.5　水闸设计参数表

a）本表存储水闸的设计参数。

b）表标识：FHGC＿SLHYPR。

c）表编号：FHGC＿011＿0003。

d）各字段定义见表8.12.5－1。

表8.12.5－1　水闸设计参数表字段定义

序号	字段名	标识符	类型及长度	计量单位	是否允许空值	主键	外键	索引序号
1	水闸代码	WAGA＿CODE	C（17）		N	Y	Y	1
2	设计闸上水位	DGUWLV	N（8，3）	m				
3	设计闸下水位	DGDWLV	N（8，3）	m				
4	设计过闸流量	DSEXGTFL	N（8，2）	m^3/s				
5	设计洪水标准	DSFLST	N（5）	a				
6	设计防洪闸上水位	DCGUWLV	N（8，3）	m				
7	设计防洪闸下水位	DCGDWLV	N（8，3）	m				
8	设计防洪过闸流量	DCEGFL	N（8，2）	m^3/s				
9	校核洪水标准	CHFLST	VC（40）					
10	校核闸上水位	CGUWLV	N（8，3）	m				
11	校核闸下水位	CGDWLV	N（8，3）	m				
12	校核过闸流量	CHEXGTFL	N（8，2）	m^3/s				
13	备注	NOTE	VC（1024）					
14	属性采集时间	COLL＿DATE	DATE		N	Y		2
15	属性更新时间	UPD＿DATE	DATE					

e）各字段存储内容应符合下列规定：

    1）水闸代码：同8.12.1节"水闸代码"字段，是引用表8.12.1－1的外键。

    2）设计闸上水位：正常运用情况下，水闸挡水的最高水位。

    3）设计闸下水位：正常运用情况下，水闸下游水位。

    4）设计过闸流量：正常运用情况下，水闸的过闸流量。

    5）设计洪水标准：同8.4.7节"设计洪水标准"字段。

    6）设计防洪闸上水位：为了抵御洪水，水闸挡水的最高水位。

    7）设计防洪闸下水位：为了抵御洪水，水闸下游水位。

    8）设计防洪过闸流量：为了抵御洪水，水闸的过闸流量。

    9）校核洪水标准：同8.4.7节"校核洪水标准"字段。

    10）校核闸上水位：最不利情况下，水闸挡水的最高水位。

    11）校核闸下水位：最不利情况下，水闸下游水位。

12）校核过闸流量：最不利情况下，水闸的过闸流量。

13）备注：同8.1.3节"备注"字段。

14）属性采集时间：同8.1.3节"属性采集时间"字段。

15）属性更新时间：同8.1.3节"属性更新时间"字段。

8.12.6 泄流能力曲线表

a）本表存储某特定水闸工程的水位-泄量关系。

b）表标识：FHGC _ ESCPP。

c）表编号：FHGC _ 011 _ 0004。

d）各字段定义见表8.12.6－1。

表8.12.6－1 泄流能力曲线表字段定义

序号	字 段 名	标 识 符	类型及长度	计量单位	是否允许空值	主键	外键	索引序号
1	水闸代码	WAGA _ CODE	C（17）		N	Y	Y	1
2	闸上水位	GTUPWTLV	N（8，3）	m	N	Y		
3	闸下水位	GTDWWTLV	N（8，3）	m	N	Y		
4	下泄总流量	DSTTFL	N（9，2）	m^3/s				
5	属性采集时间	COLL _ DATE	DATE		N	Y		2
6	属性更新时间	UPD _ DATE	DATE					

e）各字段存储内容应符合下列规定：

1）水闸代码：同8.12.1节"水闸代码"字段，是引用表8.12.1－1的外键。

2）闸上水位：指某个任意的"闸上水位"。

3）闸下水位：与"闸上水位"对应的"闸下水位"。

4）下泄总流量：对应一组确定的"闸上水位"和"闸下水位"，当所有闸门全开时的下泄总量。

5）属性采集时间：同8.1.3节"属性采集时间"字段。

6）属性更新时间：同8.1.3节"属性更新时间"字段。

8.12.7 水闸工程特性表

a）本表存储水闸的工程特性。

b）表标识：FHGC _ SLPRCH。

c）表编号：FHGC _ 011 _ 0005。

d）各字段定义见表8.12.7－1。

表8.12.7－1 水闸工程特性表字段定义

序号	字 段 名	标 识 符	类型及长度	计量单位	是否允许空值	主键	外键	索引序号
1	水闸代码	WAGA _ CODE	C（17）		N	Y	Y	1
2	枢纽组成简介	HNCM	VC（100）					
3	运用原则	OPPR	VC（4000）					
4	闸基地质	GTBSGL	VC（4000）					
5	地震基本烈度	ERBSIN	VC（2）	度				
6	地震设计烈度	ERDSIN	VC（2）	度				
7	闸上游堤顶高程	GUBTEL	N（8，3）	m				

表 8.12.7-1　水闸工程特性表字段定义（续）

序号	字 段 名	标 识 符	类型及长度	计量单位	是否允许空值	主键	外键	索引序号
8	闸下游堤顶高程	GDBTEL	N（8，3）	m				
9	闸门全开需要时间	GTOPTM	N（5，2）	min				
10	存在问题	EXQS	VC（4000）					
11	属性采集时间	COLL_DATE	DATE		N	Y		2
12	属性更新时间	UPD_DATE	DATE					

　　e）各字段存储内容应符合下列规定：

　　　　1）水闸代码：同 8.12.1 节"水闸代码"字段，是引用表 8.12.1-1 的外键。

　　　　2）枢纽组成简介：概要描述枢纽的组成情况。

　　　　3）运用原则：同 8.9.11 节"运用原则"字段。

　　　　4）闸基地质：指闸基所在位置的地质情况。

　　　　5）地震基本烈度：同 8.5.3 节"地震基本烈度"字段。

　　　　6）地震设计烈度：同 8.5.3 节"地震设计烈度"字段。

　　　　7）闸上游堤顶高程：水闸上游的堤顶高程。

　　　　8）闸下游堤顶高程：水闸下游的堤顶高程。

　　　　9）闸门全开需要时间：同 8.4.11 节"闸门全开需要时间"字段。

　　　　10）存在问题：同 8.4.10 节"存在问题"字段。

　　　　11）属性采集时间：同 8.1.3 节"属性采集时间"字段。

　　　　12）属性更新时间：同 8.1.3 节"属性更新时间"字段。

8.12.8　水闸效益指标表

　　a）本表存储水闸的效益信息。

　　b）表标识：FHGC_SLBSBN。

　　c）表编号：FHGC_011_0006。

　　d）各字段定义见表 8.12.8-1。

表 8.12.8-1　水闸效益指标表字段定义

序号	字 段 名	标 识 符	类型及长度	计量单位	是否允许空值	主键	外键	索引序号
1	水闸代码	WAGA_CODE	C（17）		N	Y	Y	1
2	设计灌溉面积	DSIRAR	N（10）	亩				
3	实际灌溉面积	ACIRAR	N（10）	亩				
4	设计排涝标准	DSRMWTST	N（4）	a				
5	设计排涝面积	DSRMWTAR	N（9）	亩				
6	实际排涝面积	ACRMWTAR	N（9）	亩				
7	防洪保护对象	CNFLOB	VC（4000）					
8	备注	NOTE	VC（1024）					
9	属性采集时间	COLL_DATE	DATE		N	Y		2
10	属性更新时间	UPD_DATE	DATE					

　　e）各字段存储内容应符合下列规定：

　　　　1）水闸代码：同 8.12.1 节"水闸代码"字段，是引用表 8.12.1-1 的外键。

　　　　2）设计灌溉面积：同 8.4.9 节"设计灌溉面积"字段。

3）实际灌溉面积：同 8.4.9 节"实际灌溉面积"字段。

4）设计排涝标准：如无排涝效益，填"0"。

5）设计排涝面积：如无排涝效益，填"0"。

6）实际排涝面积：指通过工程管理目前实际达到的实际排涝面积。

7）防洪保护对象：如无保护对象，填"0"。

8）备注：同 8.1.3 节"备注"字段。

9）属性采集时间：同 8.1.3 节"属性采集时间"字段。

10）属性更新时间：同 8.1.3 节"属性更新时间"字段。

8.12.9 水闸历史运用记录表

a）本表存储水闸的历史运用记录。

b）表标识：FHGC_SLHSUSNT。

c）表编号：FHGC_011_0007。

d）各字段定义见表 8.12.9-1。

表 8.12.9-1 水闸历史运用记录表字段定义

序号	字 段 名	标识符	类型及长度	计量单位	是否允许空值	主键	外键	索引序号
1	水闸代码	WAGA_CODE	C（17）		N	Y	Y	1
2	历史最大洪峰流量	HMXFPFL	N（8,2）	m^3/s				
3	历史最大洪峰流量发生日期	HMXFLTMT	DATE					
4	实际运用最大过闸流量	AOMEGFL	N（8,2）	m^3/s				
5	实际运用最大过闸流量发生日期	AOMEGFDT	DATE					
6	实际运用闸上最高水位	AOGUHWLV	N（8,3）	m				
7	实际运用闸上最高水位发生日期	AOGUHWLD	DATE					
8	闸上下最大水位差	GTDMWLD	N（6,2）	m				
9	备注	NOTE	VC（1024）					
10	属性采集时间	COLL_DATE	DATE		N		Y	2
11	属性更新时间	UPD_DATE	DATE					

e）各字段存储内容应符合下列规定：

1）水闸代码：同 8.12.1 节"水闸代码"字段，是引用表 8.12.1-1 的外键。

2）历史最大洪峰流量：同 8.7.8 节"历史最大洪峰流量"字段。

3）历史最大洪峰流量发生日期：同 8.7.8 节"历史最大洪峰流量发生日期"字段。

4）实际运用最大过闸流量：指整个水闸工程的总流量。

5）实际运用最大过闸流量发生日期：实际运用最大过闸流量的发生日期。

6）实际运用闸上最高水位：指实际运用闸上的最高水位。

7）实际运用闸上最高水位发生日期：实际运用闸上最高水位的发生日期。

8）闸上下最大水位差：闸上下水位差的最大值。

9）备注：同 8.1.3 节"备注"字段。

10）属性采集时间：同 8.1.3 节"属性采集时间"字段。

11）属性更新时间：同 8.1.3 节"属性更新时间"字段。

8.12.10 水闸出险记录表

a）本表存储水闸的出险记录。

b）表标识：FHGC＿SLDNNT。

c）表编号：FHGC＿011＿0008。

d）各字段定义见表8.12.10-1。

表8.12.10-1　水闸出险记录表字段定义

序号	字段名	标识符	类型及长度	计量单位	是否允许空值	主键	外键	索引序号
1	水闸代码	WAGA＿CODE	C（17）		N	Y	Y	1
2	出险时间	DNTM	DATE		N	Y		2
3	险情分类代码	DNINCD	C（2）		N	Y		3
4	险情级别	DNINCL	C（1）					
5	险情名称	DNINNM	C（2）					
6	出险部位	DNPR	VC（256）					
7	险情描述	DNDS	VC（4000）					
8	除险措施	RMDNMS	VC（4000）					
9	属性采集时间	COLL＿DATE	DATE		N	Y		4
10	属性更新时间	UPD＿DATE	DATE					

e）各字段存储内容应符合下列规定：

1）水闸代码：同8.12.1节"水闸代码"字段，是引用表8.12.1-1的外键。

2）出险时间：同8.4.16节"出险时间"字段。

3）险情分类代码：同8.4.16节"险情分类代码"字段。

4）险情级别：同8.4.16节"险情级别"字段。

5）险情名称：同8.4.16节"险情名称"字段。

6）出险部位：同8.4.16节"出险部位"字段。

7）险情描述：同8.4.16节"险情描述"字段。

8）除险措施：同8.4.16节"除险措施"字段。

9）属性采集时间：同8.1.3节"属性采集时间"字段。

10）属性更新时间：同8.1.3节"属性更新时间"字段。

8.12.11　闸孔特征值表

a）本表存储水闸工程的不同类型的闸孔，如表孔、深孔、泄洪孔、排沙孔、取水孔或不同尺寸的孔、底槛高程不同的孔和设有不同形式闸门的孔等。

b）表标识：FHGC＿SLIGVL。

c）表编号：FHGC＿011＿0009。

d）各字段定义见表8.12.11-1。

表8.12.11-1　闸孔特征值表字段定义

序号	字段名	标识符	类型及长度	计量单位	是否允许空值	主键	外键	索引序号
1	水闸代码	WAGA＿CODE	C（17）		N	Y	Y	1
2	闸孔名称	GTORNM	VC（100）		N	Y		2
3	闸孔宽度	GTORSZ	N（5，2）	m				
4	闸孔高度	GTORHG	N（5，2）	m				
5	闸门底槛高程	GTMTEL	N（8，3）	m				
6	闸体结构形式	GTBDSTTP	C（1）					

表 8.12.11－1　闸孔特征值表字段定义（续）

序号	字 段 名	标 识 符	类型及长度	计量单位	是否允许空值	主键	外键	索引序号
7	闸孔数	GTORNB	N（2）	孔				
8	消能方式	ENDSTP	C（1）					
9	闸门顶高程	GTTPEL	N（8，3）	m				
10	闸门形式	GTTP	C（1）					
11	闸门数量	GTNB	N（2）	扇				
12	启闭机形式	HDGRTP	C（1）					
13	启闭机台数	HDGRNB	N（2）	台				
14	单机启闭力	STLFPW	N（5，1）	t				
15	电源配置	PWSPCN	VC（100）					
16	存在问题	EXQS	VC（4000）					
17	属性采集时间	COLL＿DATE	DATE		N	Y		3
18	属性更新时间	UPD＿DATE	DATE					

e）各字段存储内容应符合下列规定：

　　1）水闸代码：同 8.12.1 节"水闸代码"字段，是引用表 8.12.1－1 的外键。

　　2）闸孔名称：指一个水闸工程的不同类型或尺寸的闸孔，例如，表孔、底孔、排沙孔、（灌溉/工业）引水孔、中孔、边孔等，同一用途的孔，但是尺寸不一样，可加编号，如泄洪孔 1、泄洪孔 2 等。同一个水闸工程，不同类型闸孔的名称不得相同。

　　3）闸孔宽度：指闸孔的净宽。

　　4）闸孔高度：指闸孔的净高。

　　5）闸门底槛高程：指堰顶高程。

　　6）闸体结构形式：闸体结构形式采用表 8.12.11－2 代码取值。

表 8.12.11－2　闸体结构形式代码表

代码	闸体结构形式	代码	闸体结构形式
1	开敞式	9	其他
2	胸墙式		

　　7）闸孔数：同一种闸孔的数量，同 8.4.11 节"孔数（条数）"字段。

　　8）消能方式：同 8.4.11 节"消能方式"字段。

　　9）闸门顶高程：主要用于表孔，计入闸门超高后的闸门顶高程。

　　10）闸门形式：同 8.4.11 节"进口闸门形式"字段。

　　11）闸门数量：指工作闸门的数量。

　　12）启闭机形式：同 8.4.11 节"启闭机形式"字段。

　　13）启闭机台数：同 8.4.11 节"启闭机台数"字段。

　　14）单机启闭力：同 8.4.11 节"单机启闭力"字段。

　　15）电源配置：同 8.4.11 节"电源配置"字段。

　　16）存在问题：同 8.4.10 节"存在问题"字段。

　　17）属性采集时间：同 8.1.3 节"属性采集时间"字段。

　　18）属性更新时间：同 8.1.3 节"属性更新时间"字段。

8.13 橡胶坝

8.13.1 橡胶坝名录表

a) 本表存储橡胶坝的对象名录信息，引用《水利对象基础信息数据库表结构与标识符》（暂定）中的"橡胶坝名录表"。

b) 表标识：OBJ_RUDA。

c) 表编号：OBJ_0008。

d) 各字段定义见表 8.13.1-1。

表 8.13.1-1 橡胶坝名录表字段定义

序号	字 段 名	标 识 符	类型及长度	计量单位	是否允许空值	主键	外键	索引序号
1	橡胶坝代码	RUDA_CODE	C (17)		N	Y		1
2	橡胶坝名称	RUDA_NAME	VC (100)		N			
3	对象建立时间	FROM_DATE	DATE		N			
4	对象终止时间	TO_DATE	DATE					

e) 各字段存储内容应符合下列规定：

1) 橡胶坝代码：唯一标识本数据库的一个橡胶坝，橡胶坝代码与工程代码同义，见附录 A。

2) 橡胶坝名称：指橡胶坝代码所代表橡胶坝的中文名称。

3) 对象建立时间：同 8.1.1 节"对象建立时间"字段。

4) 对象终止时间：同 8.1.1 节"对象终止时间"字段。

8.13.2 橡胶坝基础信息表

a) 本表存储橡胶坝的基础信息，引用《水利对象基础信息数据库表结构与标识符》（暂定）中的"橡胶坝基础信息表"。

b) 表标识：ATT_RUDA_BASE。

c) 表编号：ATT_0008。

d) 各字段定义见表 8.13.2-1。

表 8.13.2-1 橡胶坝基础信息表字段定义

序号	字 段 名	标 识 符	类型及长度	计量单位	是否允许空值	主键	外键	索引序号
1	橡胶坝代码	RUDA_CODE	C (17)		N	Y	Y	1
2	橡胶坝名称	RUDA_NAME	VC (100)		N			
3	起点经度	START_LONG	N (11, 8)	(°)	N			
4	起点纬度	START_LAT	N (10, 8)	(°)	N			
5	终点经度	END_LONG	N (11, 8)	(°)	N			
6	终点纬度	END_LAT	N (10, 8)	(°)	N			
7	橡胶坝所在位置	RUDA_LOC	VC (256)					
8	橡胶坝坝高	RUDA_HEIG	N (5, 2)	m				
9	橡胶坝坝长	RUDA_DAM_LEN	N (6, 2)	m				
10	工程等别	ENG_GRAD	C (1)					
11	主要建筑物级别	MAIN_BUILD_GRAD	C (1)					
12	挡水方式	RET_TYPE	C (1)					

表 8.13.2 - 1 橡胶坝基础信息表字段定义（续）

序号	字 段 名	标 识 符	类型及长度	计量单位	是否允许空值	主键	外键	索引序号
13	充排方式	FIL_EM_TYPE	C（1）					
14	充胀介质	INFL_MED	C（1）					
15	工程建设情况	ENG_STAT	C（1）					
16	运行状况	RUN_STAT	C（1）					
17	开工时间	START_DATE	DATE					
18	建成时间	COMP_DATE	DATE					
19	归口管理部门	ADM_DEP	C（1）					
20	备注	NOTE	VC（1024）					
21	属性采集时间	COLL_DATE	DATE		N	Y		2
22	属性更新时间	UPD_DATE	DATE					

e）各字段存储内容应符合下列规定：

1）橡胶坝代码：同 8.13.1 节"橡胶坝代码"字段，是引用表 8.13.1 - 1 的外键。

2）橡胶坝名称：同 8.13.1 节"橡胶坝名称"字段。

3）起点经度：同 8.1.3 节"经度"字段。

4）起点纬度：同 8.1.3 节"纬度"字段。

5）终点经度：同 8.1.3 节"经度"字段。

6）终点纬度：同 8.1.3 节"纬度"字段。

7）橡胶坝所在位置：橡胶坝所在的详细位置，所在的省（自治区、直辖市）、地（区、市、州、盟）、县（区、市、旗）、乡（镇）以及具体街（村）的名称。

8）橡胶坝坝高：坝顶设计高度。

9）橡胶坝坝长：坝顶两端之间沿坝轴线计算的长度。

10）工程等别：同 8.4.2 节"工程等别"字段。

11）主要建筑物级别：同 8.4.11 节"建筑物级别"字段。

12）挡水方式：指双向挡水或单向挡水，挡水方式采用表 8.13.2 - 2 代码取值。

表 8.13.2 - 2 挡水方式代码表

代码	挡水方式	代码	挡水方式
1	双向挡水	2	单向挡水

13）充排方式：充排方式采用表 8.13.2 - 3 代码取值。

表 8.13.2 - 3 充排方式代码表

代码	充排方式	代码	充排方式
1	动力式	2	混合式

14）充胀介质：充胀介质采用表 8.13.2 - 4 代码取值。

表 8.13.2 - 4 充胀介质代码表

代码	充胀介质	代码	充胀介质
1	水	2	气

15）工程建设情况：同 8.4.2 节"工程建设情况"字段。

16）运行状况：同 8.4.2 节"运行状况"字段。

17）开工时间：同 8.4.2 节"开工时间"字段。

18）建成时间：同 8.4.2 节"建成时间"字段。

19）归口管理部门：同 8.4.2 节"归口管理部门"字段。

20）备注：同 8.1.3 节"备注"字段。

21）属性采集时间：同 8.1.3 节"属性采集时间"字段。

22）属性更新时间：同 8.1.3 节"属性更新时间"字段。

8.13.3 橡胶坝综合信息表

a）本表存储橡胶坝的综合信息。

b）表标识：FHGC_RUDM。

c）表编号：FHGC_012_0001。

d）各字段定义见表 8.13.3－1。

表 8.13.3－1 橡胶坝综合信息表字段定义

序号	字 段 名	标 识 符	类型及长度	计量单位	是否允许空值	主键	外键	索引序号
1	橡胶坝代码	RUDA_CODE	C（17）		N	Y	Y	1
2	水准基面	LVBSLV	C（2）					
3	假定水准基面位置	DLBLP	VC（80）					
4	坝上最大溢流水深	MXOFWTDP	N（8，3）	m				
5	坝上最大溢流量	MXOFWTFL	N（9，2）	m^3/s				
6	调节闸门	RGGT	C（1）					
7	最大泄水量	MXWTDS	N（10，2）	m^3/s				
8	充排需要时间	FUEXTM	N（3）	min				
9	塌坝时间	DMCLPTM	N（3）	min				
10	正常蓄水量	WTQN	N（9，2）	$10^4 m^3$				
11	坝体布置	DMDP	C（1）					
12	底板高程	DMBTEL	N（8，3）	m				
13	坝顶高程	DMTPEL	N（8，3）	m				
14	跨数	SPNB	N（2）	跨				
15	单跨最大跨度	SIMASPAN	N（5，1）	m				
16	锚固结构形式	ACSTTP	C（1）					
17	泄洪放淤措施	EXSLMS	VC（40）					
18	消能方式	ENDSTP	C（1）					
19	备注	NOTE	VC（1024）					
20	属性采集时间	COLL_DATE	DATE		N	Y		2
21	属性更新时间	UPD_DATE	DATE					

e）各字段存储内容应符合下列规定：

1）橡胶坝代码：同 8.13.1 节"橡胶坝代码"字段，是引用表 8.13.1－1 的外键。

2）水准基面：同 8.2.3 节"水准基面"字段。

3）假定水准基面位置：同 8.2.3 节"假定水准基面位置"字段。

4）坝上最大溢流水深：橡胶坝上的最大溢流水深。

5）坝上最大溢流量：橡胶坝上的最大溢流量。

6）调节闸门：描述该橡胶坝有无调节闸门，采用表 8.13.3－2 代码取值。

表 8.13.3－2　调节闸门代码表

代码	调节闸门	代码	调节闸门
1	有	0	没有

7）最大泄水量：橡胶坝的最大泄水量。

8）充排需要时间：充水或者充气需要的时间。

9）塌坝时间：橡胶坝坍塌需要的时间。

10）正常蓄水量：橡胶坝的正常蓄水量。

11）坝体布置：坝体布置采用表 8.13.3－3 代码取值。

表 8.13.3－3　坝体布置代码表

代码	坝体布置	代码	坝体布置
1	单跨式	2	多跨式

12）底板高程：橡胶坝底板的高程。

13）坝顶高程：同 8.5.3 节"坝顶高程"字段。

14）跨数：橡胶坝的跨数。

15）单跨最大跨度：单跨跨度的最大值。

16）锚固结构形式：锚固结构形式采用表 8.13.3－4 代码取值。

表 8.13.3－4　锚固结构形式代码表

代码	锚固结构形式	代码	锚固结构形式
1	螺栓压板锚固	3	胶囊充水锚固
2	楔块挤压锚固		

17）泄洪放淤措施：概要描述橡胶坝采取的泄洪放淤措施。

18）消能方式：同 8.4.11 节"消能方式"字段。

19）备注：同 8.1.3 节"备注"字段。

20）属性采集时间：同 8.1.3 节"属性采集时间"字段。

21）属性更新时间：同 8.1.3 节"属性更新时间"字段。

8.14　桥梁

8.14.1　桥梁名录表

a）本表存储桥梁的对象名录信息，引用《水利对象基础信息数据库表结构与标识符》（暂定）中的"桥梁名录表"。

b）表标识：OBJ＿BRID。

c）表编号：OBJ＿0051。

d）各字段定义见表 8.14.1－1。

表 8.14.1－1　桥梁名录表字段定义

序号	字段名	标识符	类型及长度	计量单位	是否允许空值	主键	外键	索引序号
1	桥梁代码	BRID＿CODE	C（17）		N	Y		1
2	桥梁名称	BRID＿NAME	VC（100）		N			
3	对象建立时间	FROM＿DATE	DATE		N			
4	对象终止时间	TO＿DATE	DATE					

e）各字段存储内容应符合下列规定：

　　1）桥梁代码：唯一标识本数据库的一个桥梁，桥梁代码与工程代码同义，见附录A。

　　2）桥梁名称：指桥梁代码所代表桥梁的中文名称。

　　3）对象建立时间：同8.1.1节"对象建立时间"字段。

　　4）对象终止时间：同8.1.1节"对象终止时间"字段。

8.14.2　桥梁基础信息表

a）本表存储桥梁的基础信息，引用《水利对象基础信息数据库表结构与标识符》（暂定）中的"桥梁基础信息表"。

b）表标识：ATT_BRID_BASE。

c）表编号：ATT_0051。

d）各字段定义见表8.14.2-1。

表8.14.2-1　桥梁基础信息表字段定义

序号	字段名	标识符	类型及长度	计量单位	是否允许空值	主键	外键	索引序号
1	桥梁代码	BRID_CODE	C (17)		N	Y	Y	1
2	桥梁名称	BRID_NAME	VC (100)		N			
3	起点经度	START_LONG	N (11, 8)	(°)	N			
4	起点纬度	START_LAT	N (10, 8)	(°)	N			
5	终点经度	END_LONG	N (11, 8)	(°)	N			
6	终点纬度	END_LAT	N (10, 8)	(°)	N			
7	桥梁所在位置	BRID_LOC	VC (256)					
8	主桥类型	MAIN_BRID_YTPE	VC (2)					
9	主桥长	MAIN_BRID_LEN	N (8, 2)	m				
10	主桥面宽	MAIN_BRID_WID	N (6, 3)	m				
11	主桥孔数	MAIN_BRID_HOLE_NUM	N (2)	孔				
12	副桥孔数	DEPU_BRID_HOLE_NUM	N (2)	孔				
13	主桥桥孔净跨度	MAIN_BRID_HOLE_NET_SPAN	N (7, 2)	m				
14	桥梁设计荷载	BRID_DES_LOAD	N (6, 2)	kN				
15	工程建设情况	ENG_STAT	C (1)					
16	运行状况	RUN_STAT	C (1)					
17	开工时间	START_DATE	DATE					
18	建成时间	COMP_DATE	DATE					
19	备注	NOTE	VC (1024)					
20	属性采集时间	COLL_DATE	DATE			N	Y	2
21	属性更新时间	UPD_DATE	DATE					

e）各字段存储内容应符合下列规定：

　　1）桥梁代码：同8.14.1节"桥梁代码"字段，是引用表8.14.1-1的外键。

　　2）桥梁名称：同8.14.1节"桥梁名称"字段。

　　3）起点经度：同8.1.3节"经度"字段。

　　4）起点纬度：同8.1.3节"纬度"字段。

　　5）终点经度：同8.1.3节"经度"字段。

　　6）终点纬度：同8.1.3节"纬度"字段。

7）桥梁所在位置：桥梁的详细位置说明。

8）主桥类型：同 8.9.10 节"桥梁类型"字段。

9）主桥长：主桥的长度。

10）主桥面宽：主桥面的宽度。

11）主桥孔数：主桥的桥孔数量，同 8.4.11 节"孔数（条数）"字段。

12）副桥孔数：副桥的桥孔数量，同 8.4.11 节"孔数（条数）"字段。

13）主桥桥孔净跨度：指通航桥孔或河道主流处桥孔的净跨度。

14）桥梁设计荷载：桥梁的设计荷载，同 8.9.10 节"桥梁设计荷载"字段。

15）工程建设情况：同 8.4.2 节"工程建设情况"字段。

16）运行状况：同 8.4.2 节"运行状况"字段。

17）开工时间：同 8.4.2 节"开工时间"字段。

18）建成时间：同 8.4.2 节"建成时间"字段。

19）备注：同 8.1.3 节"备注"字段。

20）属性采集时间：同 8.1.3 节"属性采集时间"字段。

21）属性更新时间：同 8.1.3 节"属性更新时间"字段。

8.14.3 桥梁基本情况表

a）本表存储桥梁的基本情况。

b）表标识：FHGC＿BRBI。

c）表编号：FHGC＿013＿0001。

d）各字段定义见表 8.14.3－1。

表 8.14.3－1 桥梁基本情况表字段定义

序号	字 段 名	标识符	类型及长度	计量单位	是否允许空值	主键	外键	索引序号
1	桥梁代码	BRID＿CODE	C（17）		N	Y	Y	1
2	所在河流名称代码	ATRVCD	C（17）				Y	
3	跨越河段代码	STRCCD	C（17）				Y	
4	水准基面	LVBSLV	C（2）					
5	假定水准基面位置	DLBLP	VC（80）					
6	左岸桩号	LFBNCH	VC（12）					
7	左岸位置	LFBNPL	VC（256）					
8	左岸堤顶高程	LBBNTPEL	N（8，3）	m				
9	右岸桩号	RGBNCH	VC（12）					
10	右岸位置	RGBNPL	VC（256）					
11	右岸堤顶高程	RSBTEL	N（8，3）	m				
12	两岸堤距	BTSHBNSP	N（7，2）	m				
13	地震基本烈度	ERBSIN	VC（2）	度				
14	地震设计烈度	ERDSIN	VC（2）	度				
15	设计洪水标准	DSFLST	N（5）	a				
16	设计洪水位	DSFLLV	N（8，3）	m				
17	设计洪水流量	DSFLFL	N（8，2）	m^3/s				
18	校核洪水标准	CHFLST	N（5）	a				
19	校核洪水位	CHFLLV	N（8，3）	m				

表8.14.3-1 桥梁基本情况表字段定义（续）

序号	字 段 名	标识符	类型及长度	计量单位	是否允许空值	主键	外键	索引序号
20	校核洪水流量	CHFLFL	N（8，2）	m³/s				
21	通航设计最高水位	NDHELV	N（8，3）	m				
22	历史最高水位	HSHGWTLV	N（8，3）	m				
23	历史最高水位发生日期	HHWLTM	DATE					
24	历史最大洪峰流量	HMXFPFL	N（8，2）	m³/s				
25	历史最大洪峰流量发生日期	HMXFLTMT	DATE					
26	河底一般高程	RVBTEL	N（8，3）	m				
27	河槽宽度	CHWD	N（7，1）	m				
28	桥梁用途	BRIDUS	VC（40）					
29	是否满足防洪要求	YN	C（1）					
30	桥梁地质情况	BRIDGIN	VC（40）					
31	简介	BRIN	VC（4000）					
32	备注	NOTE	VC（1024）					
33	属性采集时间	COLL_DATE	DATE		N	Y		2
34	属性更新时间	UPD_DATE	DATE					

e) 各字段存储内容应符合下列规定：

1) 桥梁代码：同8.14.1节"桥梁代码"字段，是引用表8.14.1-1的外键。

2) 所在河流名称代码：同8.2.1节"河流代码"字段，是引用表8.2.1-1的外键。

3) 跨越河段代码：同8.3.1节"河段代码"字段，是引用8.3.1-1的外键。

4) 水准基面：同8.2.3节"水准基面"字段。

5) 假定水准基面位置：同8.2.3节"假定水准基面位置"字段。

6) 左岸桩号：用"千米数+米数"表示，如"135+012.1"。

7) 左岸位置：对位置进行详细描述。

8) 左岸堤顶高程：左岸的堤顶高程。

9) 右岸桩号：用"千米数+米数"表示，如"135+012.1"。

10) 右岸位置：对位置进行详细描述。

11) 右岸堤顶高程：右岸的堤顶高程。

12) 两岸堤距：两岸堤顶迎河面外缘水平距离。

13) 地震基本烈度：同8.5.3节"地震基本烈度"字段。

14) 地震设计烈度：同8.5.3节"地震设计烈度"字段。

15) 设计洪水标准：同8.4.7节"设计洪水标准"字段。

16) 设计洪水位：同8.4.7节"设计洪水位"字段。

17) 设计洪水流量：同8.6.4节"设计洪水流量"字段。

18) 校核洪水标准：同8.4.7节"校核洪水标准"字段。

19) 校核洪水位：同8.4.7节"校核洪水位"字段。

20) 校核洪水流量：对应校核洪水位的流量。

21) 通航设计最高水位：保证标准载重船舶正常运行所允许的航道最高水位。

22) 历史最高水位：同8.4.15节"历史最高水位"字段。

23) 历史最高水位发生日期：同8.4.15节"历史最高水位发生日期"字段。

24) 历史最大洪峰流量：同8.7.8节"历史最大洪峰流量"字段。

25）历史最大洪峰流量发生日期：同8.7.8节"历史最大洪峰流量发生日期"字段。

26）河底一般高程：河底的一般高程。

27）河槽宽度：同8.2.5节"河槽宽度"字段。

28）桥梁用途：概要描述该桥梁的用途。

29）是否满足防洪要求：是否满足防洪要求采用表8.14.3－2代码取值。

表8.14.3－2　是否满足防洪要求代码表

代码	是否满足防洪要求	代码	是否满足防洪要求
1	是	9	不确定
2	否		

30）桥梁地质情况：指桥梁所在位置的地质情况。

31）简介：同8.11.3节"简介"字段。

32）备注：同8.1.3节"备注"字段。

33）属性采集时间：同8.1.3节"属性采集时间"字段。

34）属性更新时间：同8.1.3节"属性更新时间"字段。

8.14.4　桥梁其他信息表

a）本表存储桥梁的其他信息。

b）表标识：FHGC＿BRIDGE。

c）表编号：FHGC＿013＿0002。

d）各字段定义见表8.14.4－1。

表8.14.4－1　桥梁其他信息表字段定义

序号	字　段　名	标识符	类型及长度	计量单位	是否允许空值	主键	外键	索引序号
1	桥梁代码	ENNMCD	C（17）		N	Y	Y	1
2	副桥类型	ASBRTP	C（2）					
3	副桥长	ASBRLN	N（7，2）	m				
4	副桥面宽	ASBRSRWD	N（5，2）	m				
5	主桥面最高点高程	PRBRSREL	N（8，3）	m				
6	主桥梁底高程	BRBTEL	N（8，3）	m				
7	通航与行洪对桥梁的影响	PBGBEL	VC（4000）					
8	备注	NOTE	VC（1024）					
9	属性采集时间	COLL＿DATE	DATE		N	Y		2
10	属性更新时间	UPD＿DATE	DATE					

e）各字段存储内容应符合下列规定：

1）桥梁代码：同8.14.1节"桥梁代码"字段，是引用表8.14.1－1的外键。

2）副桥类型：同8.9.10节"桥梁类型"字段。

3）副桥长：副桥的长度。

4）副桥面宽：副桥的桥面宽度。

5）主桥面最高点高程：主桥桥面最高点的高程。

6）主桥梁底高程：指通航桥孔或河道主流处桥孔梁底高程。

7）通航与行洪对桥梁的影响：概要描述通航与行洪对桥梁的影响。

8）备注：同8.1.3节"备注"字段。

9）属性采集时间：同 8.1.3 节"属性采集时间"字段。

10）属性更新时间：同 8.1.3 节"属性更新时间"字段。

8.15 管线

8.15.1 管线名录表

a）本表存储管线的对象名录信息，引用《水利对象基础信息数据库表结构与标识符》（暂定）中的"管线名录表"。

b）表标识：OBJ＿PIPE。

c）表编号：OBJ＿0052。

d）各字段定义见表 8.15.1－1。

表 8.15.1－1　管线名录表字段定义

序号	字 段 名	标 识 符	类型及长度	计量单位	是否允许空值	主键	外键	索引序号
1	管线代码	PIPE＿CODE	C（17）		N	Y		1
2	管线名称	PIPE＿NAME	VC（100）		N			
3	对象建立时间	FROM＿DATE	DATE		N			
4	对象终止时间	TO＿DATE	DATE					

e）各字段存储内容应符合下列规定：

1）管线代码：唯一标识本数据库的一个管线，管线代码与工程代码同义，见附录 A。

2）管线名称：指管线代码所代表管线的中文名称。

3）对象建立时间：同 8.1.1 节"对象建立时间"字段。

4）对象终止时间：同 8.1.1 节"对象终止时间"字段。

8.15.2 管线基础信息表

a）本表存储管线的基础信息，引用《水利对象基础信息数据库表结构与标识符》（暂定）中的"管线基础信息表"。

b）表标识：ATT＿PIPE＿BASE。

c）表编号：ATT＿0052。

d）各字段定义见表 8.15.2－1。

表 8.15.2－1　管线基础信息表字段定义

序号	字 段 名	标 识 符	类型及长度	计量单位	是否允许空值	主键	外键	索引序号
1	管线代码	PIPE＿CODE	C（17）		N	Y	Y	1
2	管线名称	PIPE＿NAME	VC（100）		N			
3	起点经度	START＿LONG	N（11，8）	（°）	N			
4	起点纬度	START＿LAT	N（10，8）	（°）	N			
5	终点经度	END＿LONG	N（11，8）	（°）	N			
6	终点纬度	END＿LAT	N（10，8）	（°）	N			
7	管线所在位置	PIPE＿LOC	VC（256）					
8	管线类别	PIPE＿TYPE	C（1）					
9	管线外径	PIPE＿OUDI	N（6，3）	m				
10	管线用途	PIPE＿USE	VC（40）					

表 8.15.2－1 管线基础信息表字段定义（续）

序号	字 段 名	标 识 符	类型及长度	计量单位	是否允许空值	主键	外键	索引序号
11	跨河方式	CR＿RV＿FORM	C（1）					
12	跨河长度	CR＿RV＿LEN	N（7，2）	m				
13	工程建设情况	ENG＿STAT	C（1）					
14	运行状况	RUN＿STAT	C（1）					
15	开工时间	START＿DATE	DATE					
16	建成时间	COMP＿DATE	DATE					
17	备注	NOTE	VC（1024）					
18	属性采集时间	COLL＿DATE	DATE		N	Y		2
19	属性更新时间	UPD＿DATE	DATE					

e）各字段存储内容应符合下列规定：

1）管线代码：同 8.15.1 节"管线代码"字段，是引用表 8.15.1－1 的外键。

2）管线名称：同 8.15.1 节"管线名称"字段。

3）起点经度：同 8.1.3 节"经度"字段。

4）起点纬度：同 8.1.3 节"纬度"字段。

5）终点经度：同 8.1.3 节"经度"字段。

6）终点纬度：同 8.1.3 节"纬度"字段。

7）管线所在位置：管线的详细位置描述，所在的省（自治区、直辖市）、地（区、市、州、盟）、县（区、市、旗）、乡（镇）以及具体街（村）的名称。

8）管线类别：枚举型，采用表 8.15.2－2 代码取值。

表 8.15.2－2 管 线 类 别 代 码 表

代码	管线类别	代码	管线类别
1	隧洞	4	光缆
2	油气水管道	9	其他
3	电缆		

9）管线外径：管线的外径大小。

10）管线用途：管线的用途。

11）跨河方式：填写管线的跨河方式代码，跨河方式采用表 8.15.2－3 代码取值。

表 8.15.2－3 跨 河 方 式 代 码 表

代码	跨河方式	代码	跨河方式
1	架空	9	其他
2	地下埋设		

12）跨河长度：管线跨越的河段长度。

13）工程建设情况：同 8.4.2 节"工程建设情况"字段。

14）运行状况：同 8.4.2 节"运行状况"字段。

15）开工时间：同 8.4.2 节"开工时间"字段。

16）建成时间：同 8.4.2 节"建成时间"字段。

17）备注：同 8.1.3 节"备注"字段。

18）属性采集时间：同 8.1.3 节"属性采集时间"字段。

19）属性更新时间：同8.1.3节"属性更新时间"字段。

8.15.3 管线基本情况表

a）本表存储管线的基本情况。

b）表标识：FHGC_PPBI。

c）表编号：FHGC_014_0001。

d）各字段定义见表8.15.3-1。

表8.15.3-1 管线基本情况表字段定义

序号	字 段 名	标识符	类型及长度	计量单位	是否允许空值	主键	外键	索引序号
1	管线代码	PIPE_CODE	C（17）		N	Y	Y	1
2	所在河流名称代码	ATRVCD	C（17）				Y	
3	跨越河段代码	STRCCD	C（17）				Y	
4	水准基面	LVBSLV	C（2）					
5	假定水准基面位置	DLBLP	VC（80）					
6	左岸桩号	LFBNCH	VC（12）					
7	左岸位置	LFBNPL	VC（256）					
8	左岸堤顶高程	LBBNTPEL	N（8，3）	m				
9	右岸桩号	RGBNCH	VC（12）					
10	右岸位置	RGBNPL	VC（256）					
11	右岸堤顶高程	RSBTEL	N（8，3）	m				
12	两岸堤距	BTSHBNSP	N（7，2）	m				
13	地震基本烈度	ERBSIN	VC（2）	度				
14	地震设计烈度	ERDSIN	VC（2）	度				
15	设计洪水标准	DSFLST	N（5）	a				
16	设计洪水位	DSFLLV	N（8，3）	m				
17	设计洪水流量	DSFLFL	N（8，2）	m³/s				
18	校核洪水标准	CHFLST	N（5）	a				
19	校核洪水位	CHFLLV	N（8，3）	m				
20	校核洪水流量	CHFLFL	N（8，2）	m³/s				
21	通航设计最高水位	NDHELV	N（8，3）	m				
22	历史最高水位	HSHGWTLV	N（8，3）	m				
23	历史最高水位发生日期	HHWLTM	DATE					
24	历史最大洪峰流量	HMXFPFL	N（8，2）	m³/s				
25	历史最大洪峰流量发生日期	HMXFLTMT	DATE					
26	河底一般高程	RVBTEL	N（8，3）	m				
27	河槽宽度	CHWD	N（7，1）	m				
28	是否满足防洪要求	YN	C（1）					
29	管线地质情况	PIPEGIN	VC（40）					
30	简介	BRIN	VC（4000）					
31	备注	NOTE	VC（1024）					
32	属性采集时间	COLL_DATE	DATE		N	Y		2
33	属性更新时间	UPD_DATE	DATE					

e）各字段存储内容应符合下列规定：

    1）管线代码：同 8.15.1 节"管线代码"字段，是引用表 8.15.1-1 的外键。

    2）所在河流名称代码：同 8.2.1 节"河流代码"字段，是引用表 8.2.1-1 的外键。

    3）跨越河段代码：同 8.3.1 节"河段代码"字段，是引用 8.3.1-1 的外键。

    4）水准基面：同 8.2.3 节"水准基面"字段。

    5）假定水准基面位置：同 8.2.3 节"假定水准基面位置"字段。

    6）左岸桩号：同 8.14.3 节"左岸桩号"字段。

    7）左岸位置：同 8.14.3 节"左岸位置"字段。

    8）左岸堤顶高程：同 8.14.3 节"左岸堤顶高程"字段。

    9）右岸桩号：同 8.14.3 节"右岸桩号"字段。

    10）右岸位置：同 8.14.3 节"右岸位置"字段。

    11）右岸堤顶高程：同 8.14.3 节"右岸堤顶高程"字段。

    12）两岸堤距：同 8.14.3 节"两岸堤距"字段。

    13）地震基本烈度：同 8.5.3 节"地震基本烈度"字段。

    14）地震设计烈度：同 8.5.3 节"地震设计烈度"字段。

    15）设计洪水标准：同 8.4.7 节"设计洪水标准"字段。

    16）设计洪水位：同 8.4.7 节"设计洪水位"字段。

    17）设计洪水流量：同 8.6.4 节"设计洪水流量"字段。

    18）校核洪水标准：同 8.4.7 节"校核洪水标准"字段。

    19）校核洪水位：同 8.4.7 节"校核洪水位"字段。

    20）校核洪水流量：同 8.14.3 节"校核洪水流量"字段。

    21）通航设计最高水位：同 8.14.3 节"通航设计最高水位"字段。

    22）历史最高水位：同 8.4.15 节"历史最高水位"字段。

    23）历史最高水位发生日期：同 8.4.15 节"历史最高水位发生日期"字段。

    24）历史最大洪峰流量：同 8.7.8 节"历史最大洪峰流量"字段。

    25）历史最大洪峰流量发生日期：同 8.7.8 节"历史最大洪峰流量发生日期"字段。

    26）河底一般高程：同 8.14.3 节"河底一般高程"字段。

    27）河槽宽度：同 8.2.5 节"河槽宽度"字段。

    28）是否满足防洪要求：同 8.14.3 节"是否满足防洪要求"字段。

    29）管线地质情况：指管线所在位置的地质情况。

    30）简介：同 8.11.3 节"简介"字段。

    31）备注：同 8.1.3 节"备注"字段。

    32）属性采集时间：同 8.1.3 节"属性采集时间"字段。

    33）属性更新时间：同 8.1.3 节"属性更新时间"字段。

8.15.4　管线其他信息表

a）本表存储管线的其他信息。

b）表标识：FHGC_PPLN。

c）表编号：FHGC_014_0002。

d）各字段定义见表 8.15.4-1。

e）各字段存储内容应符合下列规定：

    1）管线代码：同 8.15.1 节"管线代码"字段，是引用表 8.15.1-1 的外键。

    2）设计洪水位以上净高或埋深：管线在设计洪水位以上的净高或埋深。

表 8.15.4－1　管线其他信息表字段定义

序号	字　段　名	标识符	类型及长度	计量单位	是否允许空值	主键	外键	索引序号
1	管线代码	PIPE_CODE	C（17）		N	Y	Y	1
2	设计洪水位以上净高或埋深	PLNHBD	N（5，1）	m				
3	管线跨河部分下缘最低高程	PLSRPDELE	N（8，3）	m				
4	管线支墩净跨度	PLCBSP	N（6，2）	m				
5	河床冲刷深度	RVBDSCDP	N（5，1）	m				
6	通航与行洪对管线的影响	PPLNBTEL	VC（4000）					
7	备注	NOTE	VC（1024）					
8	属性采集时间	COLL_DATE	DATE		N	Y		2
9	属性更新时间	UPD_DATE	DATE					

　　3）管线跨河部分下缘最低高程：管线跨河部分下缘的最低高程。

　　4）管线支墩净跨度：管线支墩的净跨度。

　　5）河床冲刷深度：河床被冲刷的深度。

　　6）通航与行洪对管线的影响：概要描述通航与行洪对管线的影响。

　　7）备注：同 8.1.3 节"备注"字段。

　　8）属性采集时间：同 8.1.3 节"属性采集时间"字段。

　　9）属性更新时间：同 8.1.3 节"属性更新时间"字段。

8.16　倒虹吸

8.16.1　倒虹吸名录表

　　a）本表存储倒虹吸的对象名录信息，引用《水利对象基础信息数据库表结构与标识符》（暂定）中的"倒虹吸名录表"。

　　b）表标识：OBJ_INSI。

　　c）表编号：OBJ_0016。

　　d）各字段定义见表 8.16.1－1。

表 8.16.1－1　倒虹吸名录表字段定义

序号	字　段　名	标　识　符	类型及长度	计量单位	是否允许空值	主键	外键	索引序号
1	倒虹吸代码	INSI_CODE	C（17）		N	Y		1
2	倒虹吸名称	INSI_NAME	VC（100）		N			
3	对象建立时间	FROM_DATE	DATE		N			
4	对象终止时间	TO_DATE	DATE					

　　e）各字段存储内容应符合下列规定：

　　1）倒虹吸代码：唯一标识本数据库的一个倒虹吸，倒虹吸代码与工程代码同义，见附录 A。

　　2）倒虹吸名称：指倒虹吸代码所代表倒虹吸的中文名称。

　　3）对象建立时间：同 8.1.1 节"对象建立时间"字段。

　　4）对象终止时间：同 8.1.1 节"对象终止时间"字段。

8.16.2　倒虹吸基础信息表

　　a）本表存储倒虹吸的基础信息，引用《水利对象基础信息数据库表结构与标识符》（暂定）中的

"倒虹吸基础信息表"。

b）表标识：ATT_INSI_BASE。

c）表编号：ATT_0016。

d）各字段定义见表8.16.2-1。

表8.16.2-1 倒虹吸基础信息表字段定义

序号	字 段 名	标 识 符	类型及长度	计量单位	是否允许空值	主键	外键	索引序号
1	倒虹吸代码	INSI_CODE	C（17）		N	Y	Y	1
2	倒虹吸名称	INSI_NAME	VC（100）		N			
3	起点经度	START_LONG	N（11，8）	（°）	N			
4	起点纬度	START_LAT	N（10，8）	（°）	N			
5	终点经度	END_LONG	N（11，8）	（°）	N			
6	终点纬度	END_LAT	N（10，8）	（°）	N			
7	倒虹吸所在位置	INSI_LOC	VC（256）					
8	倒虹吸类型	INSI_TYPE	C（1）					
9	管道净高	PIPE_NET_HEIG	N（6，3）	m				
10	管道净宽	PIPE_NET_WID	N（6，3）	m				
11	管道内径	PIPE_INDI	N（6，3）	m				
12	孔数	ORIF_NUM	N（2）	孔（条）				
13	基础结构形式	BASE_STR_PATT	VC（40）					
14	工程建设情况	ENG_STAT	C（1）					
15	运行状况	RUN_STAT	C（1）					
16	开工时间	START_DATE	DATE					
17	建成时间	COMP_DATE	DATE					
18	备注	NOTE	VC（1024）					
19	属性采集时间	COLL_DATE	DATE		N	Y		2
20	属性更新时间	UPD_DATE	DATE					

e）各字段存储内容应符合下列规定：

1）倒虹吸代码：同8.16.1节"倒虹吸代码"字段，是引用表8.16.1-1的外键。

2）倒虹吸名称：同8.16.1节"倒虹吸名称"字段。

3）起点经度：同8.1.3节"经度"字段。

4）起点纬度：同8.1.3节"纬度"字段。

5）终点经度：同8.1.3节"经度"字段。

6）终点纬度：同8.1.3节"纬度"字段。

7）倒虹吸所在位置：倒虹吸详细位置的描述，所在的省（自治区、直辖市）、地（区、市、州、盟）、县（区、市、旗）、乡（镇）以及具体街（村）的名称。

8）倒虹吸类型：填写倒虹吸类型代码，采用表8.16.2-2代码取值。

表8.16.2-2 倒虹吸类型代码表

代码	倒虹吸类型	代码	倒虹吸类型
1	穿堤倒虹吸	2	跨河倒虹吸

9）管道净高：指矩形孔（包括方形孔）的高度。

10）管道净宽：指矩形孔（包括方形孔）的宽度。

11) 管道内径：指圆形孔的内径。

12) 孔数：管道的孔数量，同 8.4.11 节"孔数（条数）"字段。

13) 基础结构形式：倒虹吸的基础结构形式描述。

14) 工程建设情况：同 8.4.2 节"工程建设情况"字段。

15) 运行状况：同 8.4.2 节"运行状况"字段。

16) 开工时间：同 8.4.2 节"开工时间"字段。

17) 建成时间：同 8.4.2 节"建成时间"字段。

18) 备注：同 8.1.3 节"备注"字段。

19) 属性采集时间：同 8.1.3 节"属性采集时间"字段。

20) 属性更新时间：同 8.1.3 节"属性更新时间"字段。

8.16.3 倒虹吸基本情况表

a) 本表存储倒虹吸的基本情况。

b) 表标识：FHGC_ISBI。

c) 表编号：FHGC_015_0001。

d) 各字段定义见表 8.16.3-1。

表 8.16.3-1 倒虹吸基本情况表字段定义

序号	字 段 名	标识符	类型及长度	计量单位	是否允许空值	主键	外键	索引序号
1	倒虹吸代码	INSI_CODE	C（17）		N	Y	Y	1
2	所在河流名称代码	ATRVCD	C（17）				Y	
3	跨越河段代码	STRCCD	C（17）				Y	
4	水准基面	LVBSLV	C（2）					
5	假定水准基面位置	DLBLP	VC（80）					
6	左岸桩号	LFBNCH	VC（12）					
7	左岸位置	LFBNPL	VC（256）					
8	左岸堤顶高程	LBBNTPEL	N（8,3）	m				
9	右岸桩号	RGBNCH	VC（12）					
10	右岸位置	RGBNPL	VC（256）					
11	右岸堤顶高程	RSBTEL	N（8,3）	m				
12	两岸堤距	BTSHBNSP	N（7,2）	m				
13	地震基本烈度	ERBSIN	VC（2）	度				
14	地震设计烈度	ERDSIN	VC（2）	度				
15	设计洪水标准	DSFLST	N（5）	a				
16	设计洪水位	DSFLLV	N（8,3）	m				
17	设计洪水流量	DSFLFL	N（8,2）	m³/s				
18	校核洪水标准	CHFLST	N（5）	a				
19	校核洪水位	CHFLLV	N（8,3）	m				
20	校核洪水流量	CHFLFL	N（8,2）	m³/s				
21	通航设计最高水位	NDHELV	N（8,3）	m				
22	历史最高水位	HSHGWTLV	N（8,3）	m				
23	历史最高水位发生日期	HHWLTM	DATE					
24	历史最大洪峰流量	HMXFPFL	N（8,2）	m³/s				

表 8.16.3-1　倒虹吸基本情况表字段定义（续）

序号	字　段　名	标识符	类型及长度	计量单位	是否允许空值	主键	外键	索引序号
25	历史最大洪峰流量发生日期	HMXFLTMT	DATE					
26	河底一般高程	RVBTEL	N（8，3）	m				
27	河槽宽度	CHWD	N（7，1）	m				
28	倒虹吸用途	INSIUS	VC（40）					
29	是否满足防洪要求	YN	C（1）					
30	倒虹吸地质情况	INSIGIN	VC（40）					
31	简介	BRIN	VC（4000）					
32	备注	NOTE	VC（1024）					
33	属性采集时间	COLL_DATE	DATE		N	Y		2
34	属性更新时间	UPD_DATE	DATE					

e）各字段存储内容应符合下列规定：

1）倒虹吸代码：同 8.16.1 节"倒虹吸代码"字段，是引用表 8.16.1-1 的外键。

2）所在河流名称代码：同 8.2.1 节"河流代码"字段，是引用表 8.2.1-1 的外键。

3）跨越河段代码：同 8.3.1 节"河段代码"字段，是引用 8.3.1-1 的外键。

4）水准基面：同 8.2.3 节"水准基面"字段。

5）假定水准基面位置：同 8.2.3 节"假定水准基面位置"字段。

6）左岸桩号：同 8.14.3 节"左岸桩号"字段。

7）左岸位置：同 8.14.3 节"左岸位置"字段。

8）左岸堤顶高程：同 8.14.3 节"左岸堤顶高程"字段。

9）右岸桩号：同 8.14.3 节"右岸桩号"字段。

10）右岸位置：同 8.14.3 节"右岸位置"字段。

11）右岸堤顶高程：同 8.14.3 节"右岸堤顶高程"字段。

12）两岸堤距：同 8.14.3 节"两岸堤距"字段。

13）地震基本烈度：同 8.5.3 节"地震基本烈度"字段。

14）地震设计烈度：同 8.5.3 节"地震设计烈度"字段。

15）设计洪水标准：同 8.4.7 节"设计洪水标准"字段。

16）设计洪水位：同 8.4.7 节"设计洪水位"字段。

17）设计洪水流量：同 8.6.4 节"设计洪水流量"字段。

18）校核洪水标准：同 8.4.7 节"校核洪水标准"字段。

19）校核洪水位：同 8.4.7 节"校核洪水位"字段。

20）校核洪水流量：同 8.14.3 节"校核洪水流量"字段。

21）通航设计最高水位：同 8.14.3 节"通航设计最高水位"字段。

22）历史最高水位：同 8.4.15 节"历史最高水位"字段。

23）历史最高水位发生日期：同 8.4.15 节"历史最高水位发生日期"字段。

24）历史最大洪峰流量：同 8.7.8 节"历史最大洪峰流量"字段。

25）历史最大洪峰流量发生日期：同 8.7.8 节"历史最大洪峰流量发生日期"字段。

26）河底一般高程：同 8.14.3 节"河底一般高程"字段。

27）河槽宽度：同 8.2.5 节"河槽宽度"字段。

28）倒虹吸用途：概要描述该倒虹吸的用途。

29）是否满足防洪要求：同 8.14.3 节"是否满足防洪要求"字段。

30）倒虹吸地质情况：指倒虹吸所在位置的地质情况。

31）简介：同 8.11.3 节"简介"字段。

32）备注：同 8.1.3 节"备注"字段。

33）属性采集时间：同 8.1.3 节"属性采集时间"字段。

34）属性更新时间：同 8.1.3 节"属性更新时间"字段。

8.16.4　倒虹吸其他信息表

a）本表存储倒虹吸的其他信息。

b）表标识：FHGC＿INEN1。

c）表编号：FHGC＿015＿0002。

d）各字段定义见表 8.16.4－1。

表 8.16.4－1　倒虹吸其他信息表字段定义

序号	字 段 名	标 识 符	类型及长度	计量单位	是否允许空值	主键	外键	索引序号
1	倒虹吸代码	INSI＿CODE	C（17）		N	Y	Y	1
2	倒虹吸进口顶高程	ISITEL	N（8，3）	m				
3	倒虹吸进口底高程	ISIMEL	N（8，3）	m				
4	倒虹吸出口顶高程	ISOTEL	N（8，3）	m				
5	倒虹吸出口底高程	ISOIEL	N（8，3）	m				
6	过河部分管顶高程	INSPTPEL	N（8，3）	m				
7	过河部分管底高程	INSPMTEL	N（8，3）	m				
8	备注	NOTE	VC（4000）					
9	属性采集时间	COLL＿DATE	DATE		N		Y	2
10	属性更新时间	UPD＿DATE	DATE					

e）各字段存储内容应符合下列规定：

1）倒虹吸代码：同 8.16.1 节"倒虹吸代码"字段，是引用表 8.16.1－1 的外键。

2）倒虹吸进口顶高程：倒虹吸进口的顶高程。

3）倒虹吸进口底高程：倒虹吸进口的底高程。

4）倒虹吸出口顶高程：倒虹吸出口的顶高程。

5）倒虹吸出口底高程：倒虹吸出口的底高程。

6）过河部分管顶高程：倒虹吸管顶外缘最高处的高程。

7）过河部分管底高程：倒虹吸管底外缘最高处底部的高程。

8）备注：同 8.1.3 节"备注"字段。

9）属性采集时间：同 8.1.3 节"属性采集时间"字段。

10）属性更新时间：同 8.1.3 节"属性更新时间"字段。

8.17　渡槽

8.17.1　渡槽名录表

a）本表存储渡槽的对象名录信息，引用《水利对象基础信息数据库表结构与标识符》（暂定）中的"渡槽名录表"。

b）表标识：OBJ＿FLUM。

c）表编号：OBJ＿0017。

d）各字段定义见表 8.17.1-1。

表 8.17.1-1 渡槽名录表字段定义

序号	字 段 名	标 识 符	类型及长度	计量单位	是否允许空值	主键	外键	索引序号
1	渡槽代码	FLUM_CODE	C（17）		N	Y		1
2	渡槽名称	FLUM_NAME	VC（100）		N			
3	对象建立时间	FROM_DATE	DATE		N			
4	对象终止时间	TO_DATE	DATE					

e）各字段存储内容应符合下列规定：

1）渡槽代码：唯一标识本数据库的一个渡槽，渡槽代码与工程代码同义，见附录 A。

2）渡槽名称：指渡槽代码所代表渡槽的中文名称。

3）对象建立时间：同 8.1.1 节"对象建立时间"字段。

4）对象终止时间：同 8.1.1 节"对象终止时间"字段。

8.17.2 渡槽基础信息表

a）本表存储渡槽的基础信息，引用《水利对象基础信息数据库表结构与标识符》（暂定）中的"渡槽基础信息表"。

b）表标识：ATT_FLUM_BASE。

c）表编号：ATT_0017。

d）各字段定义见表 8.17.2-1。

表 8.17.2-1 渡槽基础信息表字段定义

序号	字 段 名	标 识 符	类型及长度	计量单位	是否允许空值	主键	外键	索引序号
1	渡槽代码	FLUM_CODE	C（17）		N	Y	Y	1
2	渡槽名称	FLUM_NAME	VC（100）		N			
3	起点经度	START_LONG	N（11，8）	（°）	N			
4	起点纬度	START_LAT	N（10，8）	（°）	N			
5	终点经度	END_LONG	N（11，8）	（°）	N			
6	终点纬度	END_LAT	N（10，8）	（°）	N			
7	渡槽所在位置	FLUM_LOC	VC（256）					
8	渡槽过水能力	FLUM_WAT_PROP	N（8，2）	m³/s				
9	渡槽形式	FLUM_PATT	C（1）					
10	渡槽断面形式	FLUM_SEC_PATT	C（1）					
11	跨河长度	CR_RV_LEN	N（7，2）	m				
12	支承形式	SUPP_TYPE	C（1）					
13	支承孔数	SUPP_ORIF_NUM	N（2）	孔				
14	工程建设情况	ENG_STAT	C（1）					
15	运行状况	RUN_STAT	C（1）					
16	开工时间	START_DATE	DATE					
17	建成时间	COMP_DATE	DATE					
18	备注	NOTE	VC（1024）					
19	属性采集时间	COLL_DATE	DATE		N		Y	2
20	属性更新时间	UPD_DATE	DATE					

e) 各字段存储内容应符合下列规定：

1）渡槽代码：同 8.17.1 节"渡槽代码"字段，是引用表 8.17.1－1 的外键。

2）渡槽名称：同 8.17.1 节"渡槽名称"字段。

3）起点经度：同 8.1.3 节"经度"字段。

4）起点纬度：同 8.1.3 节"纬度"字段。

5）终点经度：同 8.1.3 节"经度"字段。

6）终点纬度：同 8.1.3 节"纬度"字段。

7）渡槽所在位置：渡槽详细位置的描述，所在的省（自治区、直辖市）、地（区、市、州、盟）、县（区、市、旗）、乡（镇）以及具体街（村）的名称。

8）渡槽过水能力：渡槽的过水流量。

9）渡槽形式：填写渡槽形式代码，采用表 8.17.2－2 代码取值。

表 8.17.2－2　渡槽形式代码表

代码	渡槽形式	代码	渡槽形式
1	梁式渡槽	5	肋拱渡槽
2	拱式渡槽	6	板拱渡槽
3	双曲拱渡槽	7	斜拉渡槽
4	桁架拱式渡槽	9	其他

10）渡槽断面形式：填写渡槽断面形式代码，采用表 8.17.2－3 代码取值。

表 8.17.2－3　渡槽断面形式代码表

代码	渡槽断面形式	代码	渡槽断面形式
1	矩形	9	其他
2	U 形		

11）跨河长度：同 8.17.2 节"跨河长度"字段。

12）支承形式：支承形式采用表 8.17.2－4 代码取值。

表 8.17.2－4　支承形式代码表

代码	支承形式	代码	支承形式
1	墩式	4	悬吊式
2	排架式	5	斜拉式
3	拱式	9	其他

13）支承孔数：渡槽支承的孔数，同 8.4.11 节"孔数（条数）"字段。

14）工程建设情况：同 8.4.2 节"工程建设情况"字段。

15）运行状况：同 8.4.2 节"运行状况"字段。

16）开工时间：同 8.4.2 节"开工时间"字段。

17）建成时间：同 8.4.2 节"建成时间"字段。

18）备注：同 8.1.3 节"备注"字段。

19）属性采集时间：同 8.1.3 节"属性采集时间"字段。

20）属性更新时间：同 8.1.3 节"属性更新时间"字段。

8.17.3　渡槽基本情况表

a）本表存储渡槽的基本情况。

b）表标识：FHGC_FLBI。

c）表编号：FHGC_016_0001。

d）各字段定义见表 8.17.3－1。

表 8.17.3－1　渡槽基本情况表字段定义

序号	字　段　名	标识符	类型及长度	计量单位	是否允许空值	主键	外键	索引序号
1	渡槽代码	FLUM_CODE	C（17）		N	Y	Y	1
2	所在河流名称代码	ATRVCD	C（17）				Y	
3	跨越河段代码	STRCCD	C（17）				Y	
4	水准基面	LVBSLV	C（2）					
5	假定水准基面位置	DLBLP	VC（80）					
6	左岸桩号	LFBNCH	VC（12）					
7	左岸位置	LFBNPL	VC（256）					
8	左岸堤顶高程	LBBNTPEL	N（8，3）	m				
9	右岸桩号	RGBNCH	VC（12）					
10	右岸位置	RGBNPL	VC（256）					
11	右岸堤顶高程	RSBTEL	N（8，3）	m				
12	两岸堤距	BTSHBNSP	N（7，2）	m				
13	地震基本烈度	ERBSIN	VC（2）	度				
14	地震设计烈度	ERDSIN	VC（2）	度				
15	设计洪水标准	DSFLST	N（5）	a				
16	设计洪水位	DSFLLV	N（8，3）	m				
17	设计洪水流量	DSFLFL	N（8，2）	m^3/s				
18	校核洪水标准	CHFLST	N（5）	a				
19	校核洪水位	CHFLLV	N（8，3）	m				
20	校核洪水流量	CHFLFL	N（8，2）	m^3/s				
21	通航设计最高水位	NDHELV	N（8，3）	m				
22	历史最高水位	HSHGWTLV	N（8，3）	m				
23	历史最高水位发生日期	HHWLTM	DATE					
24	历史最大洪峰流量	HMXFPFL	N（8，2）	m^3/s				
25	历史最大洪峰流量发生日期	HMXFLTMT	DATE					
26	河底一般高程	RVBTEL	N（8，3）	m				
27	河槽宽度	CHWD	N（7，1）	m				
28	渡槽用途	FLUMUS	VC（40）					
29	是否满足防洪要求	YN	C（1）					
30	渡槽地质情况	FLUMGIN	VC（40）					
31	简介	BRIN	VC（4000）					
32	备注	NOTE	VC（1024）					
33	属性采集时间	COLL_DATE	DATE		N		Y	2
34	属性更新时间	UPD_DATE	DATE					

e）各字段存储内容应符合下列规定：

  1）渡槽代码：同 8.17.1 节"渡槽代码"字段，是引用表 8.17.1-1 的外键。

  2）所在河流名称代码：同 8.2.1 节"河流代码"字段，是引用表 8.2.1-1 的外键。

  3）跨越河段代码：同 8.3.1 节"河段代码"字段，是引用 8.3.1-1 的外键。

  4）水准基面：同 8.2.3 节"水准基面"字段。

  5）假定水准基面位置：同 8.2.3 节"假定水准基面位置"字段。

  6）左岸桩号：同 8.14.3 节"左岸桩号"字段。

  7）左岸位置：同 8.14.3 节"左岸位置"字段。

  8）左岸堤顶高程：同 8.14.3 节"左岸堤顶高程"字段。

  9）右岸桩号：同 8.14.3 节"右岸桩号"字段。

  10）右岸位置：同 8.14.3 节"右岸位置"字段。

  11）右岸堤顶高程：同 8.14.3 节"右岸堤顶高程"字段。

  12）两岸堤距：同 8.14.3 节"两岸堤距"字段。

  13）地震基本烈度：同 8.5.3 节"地震基本烈度"字段。

  14）地震设计烈度：同 8.5.3 节"地震设计烈度"字段。

  15）设计洪水标准：同 8.4.7 节"设计洪水标准"字段。

  16）设计洪水位：同 8.4.7 节"设计洪水位"字段。

  17）设计洪水流量：同 8.6.4 节"设计洪水流量"字段。

  18）校核洪水标准：同 8.4.7 节"校核洪水标准"字段。

  19）校核洪水位：同 8.4.7 节"校核洪水位"字段。

  20）校核洪水流量：同 8.14.3 节"校核洪水流量"字段。

  21）通航设计最高水位：同 8.14.3 节"通航设计最高水位"字段。

  22）历史最高水位：同 8.4.15 节"历史最高水位"字段。

  23）历史最高水位发生日期：同 8.4.15 节"历史最高水位发生日期"字段。

  24）历史最大洪峰流量：同 8.7.8 节"历史最大洪峰流量"字段。

  25）历史最大洪峰流量发生日期：同 8.7.8 节"历史最大洪峰流量发生日期"字段。

  26）河底一般高程：同 8.14.3 节"河底一般高程"字段。

  27）河槽宽度：同 8.2.5 节"河槽宽度"字段。

  28）渡槽用途：概要描述该渡槽的用途。

  29）是否满足防洪要求：同 8.14.3 节"是否满足防洪要求"字段。

  30）渡槽地质情况：指渡槽所在位置的地质情况。

  31）简介：同 8.11.3 节"简介"字段。

  32）备注：同 8.1.3 节"备注"字段。

  33）属性采集时间：同 8.1.3 节"属性采集时间"字段。

  34）属性更新时间：同 8.1.3 节"属性更新时间"字段。

8.17.4　渡槽其他信息表

a）本表存储渡槽的其他信息。

b）表标识：FHGC_FLUME。

c）表编号：FHGC_016_0002。

d）各字段定义见表 8.17.4-1。

e）各字段存储内容应符合下列规定：

  1）渡槽代码：同 8.17.1 节"渡槽代码"字段，是引用表 8.17.1-1 的外键。

表 8.17.4－1　渡槽其他信息表字段定义

序号	字　段　名	标　识　符	类型及长度	计量单位	是否允许空值	主键	外键	索引序号
1	渡槽代码	FLUM＿CODE	C（17）		N	Y	Y	1
2	河槽内支承最大净跨度	BRNTSP	N（4,2）	m				
3	过河槽体底部高程	GRFLBDEL	N（8,3）	m				
4	通航与行洪对渡槽的影响	FNGFIN	VC（4000）					
5	备注	NOTE	VC（1024）					
6	属性采集时间	COLL＿DATE	DATE		N	Y		2
7	属性更新时间	UPD＿DATE	DATE					

  2）河槽内支承最大净跨度：河槽内支承的最大净跨度。

  3）过河槽体底部高程：过河槽体的底部高程。

  4）通航与行洪对渡槽的影响：概要描述通航与行洪对渡槽的影响。

  5）备注：同 8.1.3 节"备注"字段。

  6）属性采集时间：同 8.1.3 节"属性采集时间"字段。

  7）属性更新时间：同 8.1.3 节"属性更新时间"字段。

8.18　治河工程

8.18.1　治河工程名录表

  a）本表存储治河工程的对象名录信息，引用《水利对象基础信息数据库表结构与标识符》（暂定）中的"治河工程名录表"。

  b）表标识：OBJ＿GRPJ。

  c）表编号：OBJ＿0019。

  d）各字段定义见表 8.18.1－1。

表 8.18.1－1　治河工程名录表字段定义

序号	字　段　名	标　识　符	类型及长度	计量单位	是否允许空值	主键	外键	索引序号
1	治河工程代码	GRPJ＿CODE	C（17）		N	Y		1
2	治河工程名称	GRPJ＿NAME	VC（100）		N			
3	对象建立时间	FROM＿DATE	DATE		N			
4	对象终止时间	TO＿DATE	DATE					

  e）各字段存储内容应符合下列规定：

  1）治河工程代码：唯一标识本数据库的一个治河工程，治河工程代码与工程代码同义，见附录 A。

  2）治河工程名称：指治河工程代码所代表治河工程的中文名称。

  3）对象建立时间：同 8.1.1 节"对象建立时间"字段。

  4）对象终止时间：同 8.1.1 节"对象终止时间"字段。

8.18.2　治河工程基础信息表

  a）本表存储治河工程的基础信息，引用《水利对象基础信息数据库表结构与标识符》（暂定）中的"治河工程基础信息表"。

  b）表标识：ATT＿GRPJ＿BASE。

  c）表编号：ATT＿0019。

d）各字段定义见表8.18.2－1。

表8.18.2－1　治河工程基础信息表字段定义

序号	字 段 名	标 识 符	类型及长度	计量单位	是否允许空值	主键	外键	索引序号
1	治河工程代码	GRPJ＿CODE	C（17）		N	Y	Y	1
2	治河工程名称	GRPJ＿NAME	VC（100）		N			
3	治河工程几何中心点经度	GRPJ＿LONG	N（11，8）	（°）	N			
4	治河工程几何中心点纬度	GRPJ＿LAT	N（10，8）	（°）	N			
5	治河工程所在位置	GRPJ＿LOC	VC（256）					
6	工程数量	ENG＿NUM	N（3）	处				
7	工程总长度	ENG＿LEN	N（8，2）	m				
8	被整治河段长度	MANG＿REA＿LEN	N（8，2）	m				
9	岸别	BANK	C（1）					
10	治河工程简介	GRPJ＿BRIN	VC（1024）					
11	备注	NOTE	VC（1024）					
12	属性采集时间	COLL＿DATE	DATE		N		Y	2
13	属性更新时间	UPD＿DATE	DATE					

e）各字段存储内容应符合下列规定：

　　1）治河工程代码：同8.18.1节"治河工程代码"字段，是引用表8.18.1－1的外键。

　　2）治河工程名称：同8.18.1节"治河工程名称"字段。

　　3）治河工程几何中心点经度：同8.1.3节"经度"字段。

　　4）治河工程几何中心点纬度：同8.1.3节"纬度"字段。

　　5）治河工程所在位置：治河工程所处的详细位置，所在的省（自治区、直辖市）、地（区、市、州、盟）、县（区、市、旗）、乡（镇）以及具体街（村）的名称。

　　6）工程数量：治河工程的具体数量。

　　7）工程总长度：工程所涉及的总长度。

　　8）被整治河段长度：被整治河段的长度。

　　9）岸别：同8.2.2节"岸别"字段。

　　10）治河工程简介：填写治河工程简要介绍。

　　11）备注：同8.1.3节"备注"字段。

　　12）属性采集时间：同8.1.3节"属性采集时间"字段。

　　13）属性更新时间：同8.1.3节"属性更新时间"字段。

8.18.3　治河工程基本情况表

a）本表描述治河工程的基本情况。

b）表标识：FHGC＿CNRPBI。

c）表编号：FHGC＿017＿0001。

d）各字段定义见表8.18.3－1。

e）各字段存储内容应符合下列规定：

　　1）治河工程代码：同8.18.1节"治河工程代码"字段，是引用表8.18.1－1的外键。

　　2）水准基面：同8.2.3节"水准基面"字段。

　　3）假定水准基面位置：同8.2.3节"假定水准基面位置"字段。

表 8.18.3－1　治河工程基本情况表字段定义

序号	字 段 名	标 识 符	类型及长度	计量单位	是否允许空值	主键	外键	索引序号
1	治河工程代码	GRPJ_CODE	C（17）		N	Y	Y	1
2	水准基面	LVBSLV	C（2）					
3	假定水准基面位置	DLBLP	VC（80）					
4	所在河流名称代码	ATRVCD	C（17）				Y	
5	所在河段代码	ATRCCD	C（17）				Y	
6	所在堤防名称代码	ATBNCD	C（17）				Y	
7	被整治河段起点桩号	RPRCJMCH	VC（50）					
8	工程起点堤段桩号	ATBNSCCD	VC（12）					
9	设计洪水标准	DSFLST	N（5）	a				
10	设计洪水位	DSFLLV	N（8，3）	m				
11	设计洪水流量	DSFLFL	N（8，2）	m³/s				
12	存在问题	EXQS	VC（4000）					
13	属性采集时间	COLL_DATE	DATE		N		Y	3
14	属性更新时间	UPD_DATE	DATE					

4）所在河流名称代码：同 8.2.1 节"河流代码"字段，是引用表 8.2.1－1 的外键。

5）所在河段代码：同 8.3.1 节"河段代码"字段，是引用表 8.3.1－1 的外键。

6）所在堤防名称代码：同 8.7.1 节"堤防代码"字段，是引用表 8.7.1－1 的外键。

7）被整治河段起点桩号：以"千米数＋米数"表示，如"135＋012.1"。

8）工程起点堤段桩号：以"千米数＋米数"表示，如"135＋012.1"。

9）设计洪水标准：同 8.4.7 节"设计洪水标准"字段。

10）设计洪水位：同 8.4.7 节"设计洪水位"字段。

11）设计洪水流量：同 8.6.4 节"设计洪水流量"字段。

12）存在问题：同 8.4.10 节"存在问题"字段。

13）属性采集时间：同 8.1.3 节"属性采集时间"字段。

14）属性更新时间：同 8.1.3 节"属性更新时间"字段。

8.18.4　治河工程出险登记表

a）本表存储治河工程的出险信息。

b）表标识：FHGC_CNRST。

c）表编号：FHGC_017_0002。

d）各字段定义见表 8.18.4－1。

表 8.18.4－1　治河工程出险登记表字段定义

序号	字 段 名	标 识 符	类型及长度	计量单位	是否允许空值	主键	外键	索引序号
1	治河工程代码	GRPJ_CODE	C（17）		N	Y	Y	1
2	出险时间	DNTM	DATE		N		Y	2
3	险情描述	DNDS	VC（4000）					
4	除险措施	RMDNMS	VC（4000）					
5	备注	NOTE	VC（1024）					
6	属性采集时间	COLL_DATE	DATE		N		Y	3
7	属性更新时间	UPD_DATE	DATE					

e）各字段存储内容应符合下列规定：

　　1）治河工程代码：同 8.18.1 节"治河工程代码"字段，是引用表 8.18.1－1 的外键。

　　2）出险时间：同 8.4.16 节"出险时间"字段。

　　3）险情描述：同 8.4.16 节"险情描述"字段。

　　4）除险措施：同 8.4.16 节"除险措施"字段，包括抢险措施。

　　5）备注：同 8.1.3 节"备注"字段。

　　6）属性采集时间：同 8.1.3 节"属性采集时间"字段。

　　7）属性更新时间：同 8.1.3 节"属性更新时间"字段。

8.19　险工险段

8.19.1　险工险段名录表

a）本表存储险工险段的对象名录信息，引用《水利对象基础信息数据库表结构与标识符》（暂定）中的"险工险段名录表"。

b）表标识：OBJ＿DPDS。

c）表编号：OBJ＿0049。

d）各字段定义见表 8.19.1－1。

表 8.19.1－1　险工险段名录表字段定义

序号	字　段　名	标　识　符	类型及长度	计量单位	是否允许空值	主键	外键	索引序号
1	险工险段代码	DPDS＿CODE	C（17）		N	Y		1
2	险工险段名称	DPDS＿NAME	VC（100）		N			
3	对象建立时间	FROM＿DATE	DATE		N			
4	对象终止时间	TO＿DATE	DATE					

e）各字段存储内容应符合下列规定：

　　1）险工险段代码：唯一标识本数据库的一个险工险段，险工险段代码与工程代码同义，见附录 A。

　　2）险工险段名称：指险工险段代码所代表险工险段的中文名称。

　　3）对象建立时间：同 8.1.1 节"对象建立时间"字段。

　　4）对象终止时间：同 8.1.1 节"对象终止时间"字段。

8.19.2　险工险段基础信息表

a）本表存储险工险段的基础信息，引用《水利对象基础信息数据库表结构与标识符》（暂定）中的"险工险段基础信息表"。

b）表标识：ATT＿DPDS＿BASE。

c）表编号：ATT＿0049。

d）各字段定义见表 8.19.2－1。

e）各字段存储内容应符合下列规定：

　　1）险工险段代码：同 8.19.1 节"险工险段代码"字段，是引用表 8.19.1－1 的外键。

　　2）险工险段名称：同 8.19.1 节"险工险段名称"字段。

　　3）险工险段几何中心点经度：同 8.1.3 节"经度"字段。

　　4）险工险段几何中心点纬度：同 8.1.3 节"纬度"字段。

　　5）险工险段位置：险工险段所处的详细位置，所在的省（自治区、直辖市）、地（区、市、

表 8.19.2－1　险工险段基础信息表字段定义

序号	字段名	标识符	类型及长度	计量单位	是否允许空值	主键	外键	索引序号
1	险工险段代码	DPDS_CODE	C (17)		N	Y	Y	1
2	险工险段名称	DPDS_NAME	VC (100)		N			
3	险工险段几何中心点经度	DPDS_LONG	N (11, 8)	(°)	N			
4	险工险段几何中心点纬度	DPDS_LAT	N (10, 8)	(°)	N			
5	险工险段位置	DPDS_LOC	VC (256)					
6	出险数量	DANG_NUM	N (3)	处				
7	桩号	DPDS_NUM	VC (100)					
8	长度	DPDS_LEN	N (7, 2)	m				
9	备注	NOTE	VC (1024)					
10	属性采集时间	COLL_DATE	DATE		N		Y	2
11	属性更新时间	UPD_DATE	DATE					

州、盟）、县（区、市、旗）、乡（镇）以及具体街（村）的名称。

6）出险数量：同 8.4.16 节"出险数量"字段。

7）桩号：险工险段所在桩号。

8）长度：险工险段所涉及的长度。

9）备注：同 8.1.3 节"备注"字段。

10）属性采集时间：同 8.1.3 节"属性采集时间"字段。

11）属性更新时间：同 8.1.3 节"属性更新时间"字段。

8.19.3　险工险段表

a）本表存储河段或堤防的岸坡、河滩或堤岸出现坍塌等危险情况。

b）表标识：FHGC_DNPNDNSC。

c）表编号：FHGC_018_0001。

d）各字段定义见表 8.19.3－1。

表 8.19.3－1　险工险段表字段定义

序号	字段名	标识符	类型及长度	计量单位	是否允许空值	主键	外键	索引序号
1	险工险段代码	DPDS_CODE	C (17)		N	Y	Y	1
2	出险时间	DNTM	DATE		N	Y		2
3	所在河流名称代码	ATRVCD	C (17)				Y	
4	所在河段代码	ATRCCD	C (17)				Y	
5	所在堤防名称代码	ATBNCD	C (17)				Y	
6	河流险段类型	CHDNSCCL	C (1)					
7	堤防险情分类代码	BNDNCLCD	VC (4)					
8	险情名称	DNINNM	VC (50)					
9	险情级别	DNINCL	VC (10)					
10	险情描述	DNDS	VC (4000)					
11	除险措施	RMDNMS	VC (4000)					
12	除险效果	RMDNEF	VC (4000)					
13	备注	NOTE	VC (1024)					
14	属性采集时间	COLL_DATE	DATE		N		Y	3
15	属性更新时间	UPD_DATE	DATE					

e）各字段存储内容应符合下列规定：

1）险工险段代码：同8.19.1节"险工险段代码"字段，是引用表8.19.1-1的外键。

2）出险时间：同8.4.16节"出险时间"字段。

3）所在河流名称代码：同8.2.1节"河流代码"字段，是引用表8.2.1-1的外键。

4）所在河段代码：同8.3.1节"河段代码"字段，是引用表8.3.1-1的外键。

5）所在堤防名称代码：同8.7.1节"堤防代码"字段，是引用表8.7.1-1的外键。

6）河流险段类型：河流险段类型采用表8.19.3-2代码取值。

表 8.19.3-2　河流险段类型代码表

代码	河流险段类型	代码	河流险段类型
1	崩塌河段	4	险滩
2	浅滩	5	潮汐河口
3	急滩	9	其他

7）堤防险情分类代码：同8.4.16节"险情分类代码"字段。

8）险情名称：同8.4.16节"险情名称"字段。

9）险情级别：同8.4.16节"险情级别"字段。

10）险情描述：同8.4.16节"险情描述"字段。

11）除险措施：同8.4.16节"除险措施"字段。

12）除险效果：采用除险措施后的效果。

13）备注：同8.1.3节"备注"字段。当"河流险段类型"和"险情名称"为"其他"时，可在此说明。

14）属性采集时间：同8.1.3节"属性采集时间"字段。

15）属性更新时间：同8.1.3节"属性更新时间"字段。

8.20　泵站

8.20.1　泵站名录表

a）本表存储泵站的对象名录信息，引用《水利对象基础信息数据库表结构与标识符》（暂定）中的"泵站名录表"。

b）表标识：OBJ_PUST。

c）表编号：OBJ_0010。

d）各字段定义见表8.20.1-1。

表 8.20.1-1　泵站名录表字段定义

序号	字 段 名	标 识 符	类型及长度	计量单位	是否允许空值	主键	外键	索引序号
1	泵站代码	PUST_CODE	C（17）		N	Y		1
2	泵站名称	PUST_NAME	VC（100）		N			
3	对象建立时间	FROM_DATE	DATE		N			
4	对象终止时间	TO_DATE	DATE					

e）各字段存储内容应符合下列规定：

1）泵站代码：唯一标识本数据库的一个泵站，泵站代码与工程代码同义，见附录A。

2）泵站名称：指泵站代码所代表泵站的中文名称。

3）对象建立时间：同8.1.1节"对象建立时间"字段。

4）对象终止时间：同 8.1.1 节"对象终止时间"字段。

8.20.2 泵站基础信息表

a）本表存储泵站的基础信息，引用《水利对象基础信息数据库表结构与标识符》（暂定）中的"泵站基础信息表"。

b）表标识：ATT_PUST_BASE。

c）表编号：ATT_0010。

d）各字段定义见表 8.20.2-1。

表 8.20.2-1 泵站基础信息表字段定义

序号	字 段 名	标 识 符	类型及长度	计量单位	是否允许空值	主键	外键	索引序号
1	泵站代码	PUST_CODE	C (17)		N	Y	Y	1
2	泵站名称	PUST_NAME	VC (100)		N			
3	泵站经度	PUST_LONG	N (11, 8)	(°)	N			
4	泵站纬度	PUST_LAT	N (10, 8)	(°)	N			
5	泵站所在位置	PUST_LOC	VC (256)					
6	泵站类型	PUST_TYPE	C (1)					
7	装机流量	INS_FLOW	N (8, 2)	m^3/s				
8	装机功率	INS_POW	N (8, 3)	kW				
9	水泵数量	PUMP_NUM	N (6)	台				
10	机组台数	PUMP_SET_NUM	N (3)	台				
11	设计装机总容量	DES_TOT_INS_CAP	N (8, 3)	MW				
12	设计扬程	DES_HEAD	N (7, 2)	m				
13	工程任务	ENG_TASK	VC (10)					
14	供水范围	WASU_RANG	VC (512)					
15	工程等别	ENG_GRAD	C (1)					
16	工程规模	ENG_SCAL	C (1)					
17	取水水源类型	WAIN_WASO_TYPE	C (1)					
18	主要建筑物级别	MAIN_BUILD_GRAD	C (1)					
19	工程建设情况	ENG_STAT	C (1)					
20	开工时间	START_DATE	DATE					
21	建成时间	COMP_DATE	DATE					
22	开始运行时间	START_RUN_DATE	DATE					
23	归口管理部门	ADM_DEP	C (1)					
24	备注	NOTE	VC (1024)					
25	属性采集时间	COLL_DATE	DATE		N	Y		2
26	属性更新时间	UPD_DATE	DATE					

e）各字段存储内容应符合下列规定：

1）泵站代码：同 8.20.1 节"泵站代码"字段，是引用表 8.20.1-1 的外键。

2）泵站名称：同 8.20.1 节"泵站名称"字段。

3）泵站经度：同 8.1.3 节"经度"字段。

4）泵站纬度：同 8.1.3 节"纬度"字段。

5）泵站所在位置：泵站所在的详细位置，所在的省（自治区、直辖市）、地（区、市、州、盟）、县（区、市、旗）、乡（镇）以及具体街（村）的名称。

6）泵站类型：泵站工程按其作用可分为排水泵站、供水泵站和供排结合泵站 3 类。泵站类型采用表 8.20.2-2 代码取值。

表 8.20.2-2 泵站类型代码表

代码	泵站类型	代码	泵站类型
1	排水泵站	3	供排结合泵站
2	供水泵站		

7）装机流量：全部机组装机流量之和（包括备用机组）。

8）装机功率：全部机组装机功率之和（包括备用机组），同 8.12.2 节"装机功率"字段。

9）水泵数量：泵站拥有的水泵总数。

10）机组台数：包括备用水泵在内的水泵的台数。

11）设计装机总容量：同 8.13.2 节"设计装机总容量"字段。

12）设计扬程：泵站水源、出水池出口设计水位的差值与水力损失之和。

13）工程任务：填写工程任务代码，工程任务指泵站工程的开发任务，包括灌溉、排水、生活供水、工业供水几类，当泵站承担多个任务时，填写多个代码，代码之间用","隔开。工程任务采用表 8.20.2-3 代码取值。

表 8.20.2-3 工程任务代码表

代码	工程任务	代码	工程任务
1	灌溉	3	生活供水
2	排水	4	工业供水

14）供水范围：供水的区域范围，可采用区域所包括的行政区或实际信息等方式描述。

15）工程等别：按照工程设计文件中规定的等别进行填写，同 8.4.2 节"工程等别"字段。无法查阅工程设计文件的，根据装机流量和装机功率，按照 GB/T 50265《泵站设计规范》的规定填写。由多级或多座泵站联合组成的泵站工程的等别，按整个系统的分等指标确定。当泵站工程按分等指标分属两个不同等别时，填写其中的高等别。灌溉、排水泵站分等指标见表 8.20.2-4。

表 8.20.2-4 灌溉、排水泵站分等指标表

工程等别	泵站规模	分 等 指 标	
		装机流量/(m³/s)	装机功率/(10⁴kW)
Ⅰ	大（1）型	≥200	≥3
Ⅱ	大（2）型	200~50	3~1
Ⅲ	中型	50~10	1~0.1
Ⅳ	小（1）型	10~2	0.1~0.01
Ⅴ	小（2）型	<2	<0.01

注 1. 装机流量、装机功率指单站指标，且包括备用机组在内。

2. 由多级或多座泵站联合组成的泵站工程的等别，可按其整个系统的分等指标确定。

3. 当泵站按分等指标分属两个不同等别时，应以其中的高等别为准。

16）工程规模：同 8.4.2 节"工程规模"字段。

17）取水水源类型：同 8.12.2 节"取水水源类型"字段。

18）主要建筑物级别：同 8.4.11 节"建筑物级别"字段。

19）工程建设情况：同 8.4.2 节"工程建设情况"字段。

20）开工时间：同 8.4.2 节"开工时间"字段。

21）建成时间：同 8.4.2 节"建成时间"字段。

22）开始运行时间：工程建成后实际开始使用的日期。

23）归口管理部门：同 8.4.2 节"归口管理部门"字段。

24）备注：同 8.1.3 节"备注"字段。

25）属性采集时间：同 8.1.3 节"属性采集时间"字段。

26）属性更新时间：同 8.1.3 节"属性更新时间"字段。

8.20.3 泵站基本情况表

a）本表存储泵站的基本情况。

b）表标识：FHGC _ MEIDSBI。

c）表编号：FHGC _ 019 _ 0001。

d）各字段定义见表 8.20.3－1。

表 8.20.3－1 泵站基本情况表字段定义

序号	字 段 名	标识符	类型及长度	计量单位	是否允许空值	主键	外键	索引序号
1	泵站代码	PUST _ CODE	C（17）		N	Y	Y	1
2	运用原则	OPPR	VC（4000）					
3	水准基面	LVBSLV	C（2）					
4	假定水准基面位置	DLBLP	VC（80）					
5	实际装机总容量	ACINCP	N（8，3）	MW				
6	泵型	PMTP	C（1）					
7	排水设计前池水位	DDFWLV	N（8，3）	m				
8	排水设计后池水位	DDPWLV	N（8，3）	m				
9	泵池底板高程	PMPNMTEL	N（8，3）	m				
10	设计排水流量	DSDRFL	N（6，2）	m³/s				
11	实际排水流量	AVDRFL	N（6，2）	m³/s				
12	实际排水面积	ACDRAR	N（9）	亩				
13	灌溉（引水）设计前池水位	IDDFWLV	N（8，3）	m				
14	灌溉（引水）设计后池水位	IDDPWLV	N（8，3）	m				
15	设计灌溉引水流量	DSIRDRFL	N（7，2）	m³/s				
16	实际灌溉引水流量	AXIRDRFL	N（7，2）	m³/s				
17	设计灌溉面积	DSIRAR	N（10）	亩				
18	实际灌溉面积	ACIRAR	N（10）	亩				
19	备注	NOTE	VC（1024）					
20	属性采集时间	COLL _ DATE	DATE		N	Y		2
21	属性更新时间	UPD _ DATE	DATE					

e）各字段存储内容应符合下列规定：

1）泵站代码：同 8.20.1 节"泵站代码"字段，是引用表 8.20.1－1 的外键。

2）运用原则：同 8.9.11 节"运用原则"字段。

3）水准基面：同 8.2.3 节"水准基面"字段。

4）假定水准基面位置：同 8.2.3 节"假定水准基面位置"字段。

5）实际装机总容量：所有水泵抽水机组实际出力之和。

6）泵型：泵型采用表8.20.3-2代码取值。

表 8. 20. 3 - 2　泵　型　代　码　表

代码	泵 型	代码	泵 型
1	离心泵	4	斜轴泵
2	轴流泵	5	贯流泵
3	混流泵	9	其他

7）排水设计前池水位：排水设计的前池水位。

8）排水设计后池水位：排水设计的后池水位。

9）泵池底板高程：泵池的底板高程。

10）设计排水流量：水泵的设计排水流量，如无排涝效益，填"0"。

11）实际排水流量：水泵的实际排水流量，如无排涝效益，填"0"。

12）实际排水面积：水泵的实际排水面积，如无排涝效益，填"0"。

13）灌溉（引水）设计前池水位：灌溉（引水）设计的前池水位。

14）灌溉（引水）设计后池水位：灌溉（引水）设计的后池水位。

15）设计灌溉引水流量：如无灌溉效益，填"0"。

16）实际灌溉引水流量：如无灌溉效益，填"0"。

17）设计灌溉面积：同8.4.9节"设计灌溉面积"字段。

18）实际灌溉面积：同8.4.9节"实际灌溉面积"字段。

19）备注：同8.1.3节"备注"字段。

20）属性采集时间：同8.1.3节"属性采集时间"字段。

21）属性更新时间：同8.1.3节"属性更新时间"字段。

8.21　灌区

8.21.1　灌区名录表

a）本表存储灌区的对象名录信息，引用《水利对象基础信息数据库表结构与标识符》（暂定）中的"灌区名录表"。

b）表标识：OBJ_IRR。

c）表编号：OBJ_0021。

d）各字段定义见表8.21.1-1。

表 8. 21. 1 - 1　灌区名录表字段定义

序号	字 段 名	标 识 符	类型及长度	计量单位	是否允许空值	主键	外键	索引序号
1	灌区代码	IRR_CODE	C（17）		N	Y		1
2	灌区名称	IRR_NAME	VC（100）		N			
3	对象建立时间	FROM_DATE	DATE		N			
4	对象终止时间	TO_DATE	DATE					

e）各字段存储内容应符合下列规定：

1）灌区代码：唯一标识本数据库的一个灌区，灌区代码与工程代码同义，见附录A。

2）灌区名称：指灌区代码所代表灌区的中文名称。

3）对象建立时间：同8.1.1节"对象建立时间"字段。

4）对象终止时间：同8.1.1节"对象终止时间"字段。

8.21.2 灌区基础信息表

a）本表存储灌区的基础信息，引用《水利对象基础信息数据库表结构与标识符》（暂定）中的"灌区基础信息表"。

b）表标识：ATT_IRR_BASE。

c）表编号：ATT_0021。

d）各字段定义见表8.21.2-1。

表8.21.2-1 灌区基础信息表字段定义

序号	字 段 名	标 识 符	类型及长度	计量单位	是否允许空值	主键	外键	索引序号
1	灌区代码	IRR_CODE	C（17）		N	Y	Y	1
2	灌区名称	IRR_NAME	VC（100）		N			
3	左下角经度	LOW_LEFT_LONG	N（11，8）	（°）	N			
4	左下角纬度	LOW_LEFT_LAT	N（10，8）	（°）	N			
5	右上角经度	UP_RIGHT_LONG	N（11，8）	（°）	N			
6	右上角纬度	UP_RIGHT_LAT	N（10，8）	（°）	N			
7	灌区范围	IRR_RANG	VC（512）					
8	用水类型	WAUS_TYPE	C（1）					
9	水源类型	WASO_TYPE	C（1）					
10	工程规模	ENG_SCAL	C（1）					
11	总灌溉面积	TOT_IRR_AREA	N（10）	亩				
12	有效灌溉面积	EFF_IRR_AREA	N（10）	亩				
13	设计灌溉面积	DES_IRR_AREA	N（10）	亩				
14	工程建设情况	ENG_STAT	C（1）					
15	运行状况	RUN_STAT	C（1）					
16	开工时间	START_DATE	DATE					
17	建成时间	COMP_DATE	DATE					
18	备注	NOTE	VC（1024）					
19	属性采集时间	COLL_DATE	DATE		N		Y	2
20	属性更新时间	UPD_DATE	DATE					

e）各字段存储内容应符合下列规定：

1）灌区代码：同8.21.1节"灌区代码"字段，是引用表8.21.1-1的外键。

2）灌区名称：同8.21.1节"灌区名称"字段。

3）左下角经度：同8.1.3节"经度"字段。

4）左下角纬度：同8.1.3节"纬度"字段。

5）右上角经度：同8.1.3节"经度"字段。

6）右上角纬度：同8.1.3节"纬度"字段。

7）灌区范围：填写灌区的范围信息。

8）用水类型：填写用水类型代码，采用表8.21.2-2代码取值。

表8.21.2-2 用水类型代码表

代码	用 水 类 型	代码	用 水 类 型
1	耕地灌溉	3	非农业用水（包括工业用水、生活用水、生态环境用水）
2	非耕地灌溉（包括林果、牧草、鱼塘用水）		

9）水源类型：填写水源类型代码，采用表 8.21.2-3 代码取值。

表 8.21.2-3　水源类型代码表

代码	水源类型	代码	水源类型
1	地表水	2	地下水

10）工程规模：填写工程规模代码，采用表 8.21.2-4 代码取值。

表 8.21.2-4　灌区工程规模代码表

代码	灌区工程规模	代码	灌区工程规模
1	大型	3	小型
2	中型	9	其他

注　大型—灌溉面积30万亩以上；中型—灌溉面积1万～30万亩；小型—灌溉面积1万亩以下。

11）总灌溉面积：指在现有水源、工程等条件下，在一般年份能够进行灌溉的包括耕地、园地、林地、草地等的面积。

12）有效灌溉面积：灌区现有水源、工程等条件下，一般年份可进行正常灌溉的面积，包括耕地灌溉面积和非耕地灌溉面积。

13）设计灌溉面积：按照灌区上级主管部门最新批准的规划设计文件数据填写，同 8.4.9 节"设计灌溉面积"字段。

14）工程建设情况：同 8.4.2 节"工程建设情况"字段。

15）运行状况：同 8.4.2 节"运行状况"字段。

16）开工时间：同 8.4.2 节"开工时间"字段。

17）建成时间：同 8.4.2 节"建成时间"字段。

18）备注：同 8.1.3 节"备注"字段。

19）属性采集时间：同 8.1.3 节"属性采集时间"字段。

20）属性更新时间：同 8.1.3 节"属性更新时间"字段。

8.21.3　灌区基本情况表

a）本表存储灌区的基本情况。

b）表标识：FHGC_IRSCIN。

c）表编号：FHGC_020_0001。

d）各字段定义见表 8.21.3-1。

表 8.21.3-1　灌区基本情况表字段定义

序号	字段名	标识符	类型及长度	计量单位	是否允许空值	主键	外键	索引序号
1	灌区代码	IRR_CODE	C (17)		N	Y	Y	1
2	灌溉设计保证率	IRPL	N (4, 1)	%				
3	排水标准	DTST	VC (40)					
4	设计年总引水量	DSYFL	N (6, 3)	$10^8 m^3$				
5	正常年总引水量	INGYFL	N (6, 3)	$10^8 m^3$				
6	水源名称	WTPLNM	VC (100)					
7	引水方式	QUWTP	VC (18)					
8	引水地点	QUWTPL	VC (40)					
9	取水建筑物位置	CHTWPL	VC (256)					

表 8.21.3－1　灌区基本情况表字段定义（续）

序号	字 段 名	标 识 符	类型及长度	计量单位	是否允许空值	主键	外键	索引序号
10	渠首建筑物名称	CNTWNM	VC（100）					
11	渠首设计引水流量	CNHDDSFL	N（8，3）	m³/s				
12	渠首正常年引水流量	CNINGYFL	N（8，3）	m³/s				
13	灌溉总干渠条数	ITMCNB	N（2）	条				
14	灌溉总干渠总长度	ITMCLN	N（7，3）	km				
15	排水总干渠（沟）条数	DTMCNB	N（2）	条				
16	排水总干渠（沟）总长度	DTMCLN	N（7，3）	km				
17	年降水情况	ANPP	C（1）					
18	备注	NOTE	VC（1024）					
19	属性采集时间	COLL_DATE	DATE		N	Y		2
20	属性更新时间	UPD_DATE	DATE					

　　e）各字段存储内容应符合下列规定：

　　　1）灌区代码：同 8.21.1 节"灌区代码"字段，是引用表 8.21.1－1 的外键。

　　　2）灌溉设计保证率：预期灌溉用水量在多年灌溉中能够得到充分满足年数的出现概率。

　　　3）排水标准：一般取××年一遇。

　　　4）设计年总引水量：年总引水量的最大值。

　　　5）正常年总引水量：正常年的总引水量。

　　　6）水源名称：灌区水源的名称。

　　　7）引水方式：采用的引水方式。

　　　8）引水地点：引水的位置。

　　　9）取水建筑物位置：取水建筑物的位置。

　　　10）渠首建筑物名称：渠首建筑物的中文名称全称。

　　　11）渠首设计引水流量：渠首引水流量的最大值。

　　　12）渠首正常年引水流量：渠首正常年的引水流量。

　　　13）灌溉总干渠条数：灌溉总干渠的条数。

　　　14）灌溉总干渠总长度：灌溉总干渠的总长度。

　　　15）排水总干渠（沟）条数：排水总干渠（沟）的条数。

　　　16）排水总干渠（沟）总长度：排水总干渠（沟）的总长度。

　　　17）年降水情况：年降水情况采用表 8.21.3－2 代码取值。

表 8.21.3－2　年降水情况代码表

代码	年降水情况	代码	年降水情况
1	偏丰	3	偏枯
2	正常年份		

　　　18）备注：同 8.1.3 节"备注"字段。

　　　19）属性采集时间：同 8.1.3 节"属性采集时间"字段。

　　　20）属性更新时间：同 8.1.3 节"属性更新时间"字段。

8.21.4　灌区效益信息表

　　a）本表存储灌区的效益信息。

　　b）表标识：FHGC＿IRABT。

　　c）表编号：FHGC＿020＿0002。

　　d）各字段定义见表8.21.4－1。

表8.21.4－1　灌区效益信息表字段定义

序号	字 段 名	标 识 符	类型及长度	计量单位	是否允许空值	主键	外键	索引序号
1	灌区代码	IRR＿CODE	C（17）		N	Y	Y	1
2	实际灌溉面积	ACIRAR	N（10）	亩				
3	旱涝保收面积	ENAR	N（10）	亩				
4	配套齐全面积	PTAR	N（10）	亩				
5	园田化面积	TYAR	N（10）	亩				
6	备注	NOTE	VC（1024）					
7	属性采集时间	COLL＿DATE	DATE		N	Y		2
8	属性更新时间	UPD＿DATE	DATE					

　　e）各字段存储内容应符合下列规定：

　　1）灌区代码：同8.21.1节"灌区代码"字段，是引用表8.21.1－1的外键。

　　2）实际灌溉面积：同8.4.9节"实际灌溉面积"字段。

　　3）旱涝保收面积：指在现有水源、工程等条件下，在一般年份能够进行灌溉的旱涝保收面积。

　　4）配套齐全面积：指在现有水源、工程等条件下，在一般年份能够进行灌溉的配套齐全面积。

　　5）园田化面积：指在现有水源、工程等条件下，在一般年份能够进行灌溉的园田化面积。

　　6）备注：同8.1.3节"备注"字段。

　　7）属性采集时间：同8.1.3节"属性采集时间"字段。

　　8）属性更新时间：同8.1.3节"属性更新时间"字段。

附 录 A 同 义 词 清 单

A.1 "工程名称代码"同义词

表 A.1 "工程名称代码"同义词表

序号	代码名称	在防洪工程数据库中使用的同义词	标 识 符	引 用 表 号
1	工程名称代码（ennm/ennmcd）	河流名称（代码）	RV_NAME/RV_CODE	OBJ_0003、ATT_0003、FHGC_001_0001～FHGC_001_0004
		入库河流名称（代码）	ENRSRVNM/ENRSRVCD	FHGC_003_0003
		出库河流名称（代码）	GORSRVNM/GORSRVCD	FHGC_003_0004
		入湖河流名称代码	ENLKRVNM/ENLKRVCD	FHGC_009_0003、FHGC_010_0006
		出湖河流名称代码	EXLKRVCD	FHGC_009_0004
		所在河流名称代码	ATRVCD	FHGC_005_0001、FHGC_013_0001、FHGC_014_0001、FHGC_015_0001、FHGC_016_0001、FHGC_017_0001、FHGC_018_0001
		水闸所在河流（湖、库、堤防）代码	GTLRVCD	FHGC_011_0001
2		河段名称（代码）	REA_NAME/REA_CODE	OBJ_0047、ATT_0047、FHGC_002_0001～FHGC_002_0002
		跨越河段代码	STRCCD	FHGC_013_0001、FHGC_014_0001、FHGC_015_0001、FHGC_016_0001
		所在河段代码	ATRCCD	FHGC_017_0001、FHGC_018_0001
3		水库名称（代码）	RES_NAME/RES_CODE	OBJ_0020、ATT_0020、FHGC_003_0001～FHGC_003_0018
		水闸所在河流（湖、库、堤防）代码	GTLRVCD	FHGC_011_0001
4		大坝名称（代码）	DAM_NAME/DAM_CODE	OBJ_0006、ATT_0006、FHGC_004_0001
5		测站名称（代码）	ST_NAME/ST_CODE	OBJ_0005、ATT_0005、FHGC_005_0001～FHGC_005_0003
		断面控制站代码	TRENNMCD	FHGC_001_0002
		行障控制站代码	GOENNMCD	FHGC_002_0002
		上游报汛站代码	UPCDCD	FHGC_001_0004
		下游报汛站代码	STCDCD	FHGC_001_0004
		上界控制站代码	UPCNCD	FHGC_002_0001
		下界控制站代码	DWCNCD	FHGC_002_0001
		入库河流控制站代码	ELRSCCD	FHGC_003_0003
		出库河流控制站代码	GLRSCCD	FHGC_003_0003
		遥测站名称（代码）	RMSRSTNM/RMSTNM	FHGC_003_0017
		代表潮位站代码	STTLCD	FHGC_006_0003
		入湖河流控制站代码	ELRCCD	FHGC_009_0003
		出湖河流控制站代码	OLRCCD	FHGC_009_0004
		闸上控制站代码	GTCNSTCD	FHGC_011_0002
		闸下控制站代码	GDCSCD	FHGC_011_0002

表 A.1 "工程名称代码"同义词表（续）

序号	代码名称	在防洪工程数据库中使用的同义词	标识符	引用表号
6		堤防名称（代码）	DIKE_NAME/DIKE_CODE	OBJ_0011、ATT_0011、FHGC_006_0001～FHGC_004_0008
		圩堤名称代码	PLNMCD	FHGC_010_0002
		水闸所在河流（湖、库、堤防）代码	GTLRVCD	FHGC_011_0001
		所在堤防名称代码	ATBNCD	FHGC_017_0001、FHGC_018_0001
7		堤段名称（代码）	DISC_NAME/DISC_CODE	OBJ_0048、ATT_0048
8		蓄滞洪区名称（代码）	FSDA_NAME/FSDA_CODE	OBJ_0024、ATT_0024、FHGC_008_0001～FHGC_006_0012
9		湖泊名称（代码）	LK_NAME/LK_CODE	OBJ_0002、ATT_0002、FHGC_009_0001～FHGC_009_0007
		水闸所在河流（湖、库、堤防）代码	GTLRVCD	FHGC_011_0001
		内湖哑河名称代码	INLKNM	FHGC_010_0006、FHGC_010_0007
10	工程名称代码（ennm/ennmcd）	圩垸名称（代码）	POLD_NAME/POLD_CODE	OBJ_0015、ATT_0015、FHGC_010_0001～FHGC_010_0009
11		水闸名称（代码）	WAGA_NAME/WAGA_CODE	OBJ_0007、ATT_0007、FHGC_011_0001～FHGC_011_0009
		进退水闸名称代码	IOENNMCD	FHGC_008_0012
		水闸名称	GTNM	FHGC_008_0012、FHGC_009_0003、FHGC_009_0004
		出湖水闸名称代码	OTGTCD	FHGC_009_0004
		入湖水闸名称代码	INGTCD	FHGC_009_0003
12		橡胶坝名称（代码）	RUDA_NAME/RUDA_CODE	OBJ_0008、ATT_0008、FHGC_012_0001
13		桥梁名称（代码）	BRID_NAME/BRID_CODE	OBJ_0051、ATT_0051、FHGC_013_0001～FHGC_013_0002
		桥梁名称	BDNM	FHGC_008_0008
14		管线名称（代码）	PIPE_NAME/PIPE_CODE	OBJ_0052、ATT_0052、FHGC_014_0001～FHGC_014_0002
15		倒虹吸名称（代码）	INSI_NAME/INSI_CODE	OBJ_0016、ATT_0016、FHGC_015_0001～FHGC_015_0002
16		渡槽名称（代码）	FLUM_NAME/FLUM_CODE	OBJ_0017、ATT_0017、FHGC_016_0001～FHGC_016_0002
17		治河工程名称（代码）	GRPJ_NAME/GRPJ_CODE	OBJ_0019、ATT_0019、FHGC_017_0001～FHGC_017_0002
18		险工险段名称（代码）	DPDS_NAME/DPDS_CODE	OBJ_0049、ATT_0049、FHGC_018_0001
19		泵站（名称）代码	PUST_NAME/PUST_CODE	OBJ_0010、ATT_0010、FHGC_019_0001
20		灌区名称（代码）	IRR_NAME/IRR_CODE	OBJ_0021、ATT_0021、FHGC_020_0001～FHGC_020_0002
		灌区名称	irrnm	FHGC_003_0007

A.2 其他同义词

表 A.2 其他同义词表

序号	代码名称	引用表号	同 义 词	引 用 表 号
1	图号（FGMR）	FHGC_000_0004	多媒体文件代码（SNPCCD）	FHGC_000_0002、 FHGC_000_0003
2	河道横断面代码 （CHTRCD）	FHGC_001_0002、 FHGC_001_0003	起始断面代码（INTRCD）	FHGC_001_0002
3	建筑物名称（CNNM）	FHGC_003_0009、 FHGC_003_0010、 FHGC_003_0012	出险建筑物名称（DNCNNM）	FHGC_003_0014
4	闸门形式（GTTP）	FHGC_011_0009	进口闸门形式（INGTTP）	FHGC_003_0009
5	桥梁类型（BDTP）	FHGC_008_0008	主桥类型（MAIN_BRID_YTPE）	ATT_0051
			副桥类型（ASBRTP）	FHGC_013_0002
6	险情分类代码（DNINCD）	FHGC_003_0014、 FHGC_010_0004、 FHGC_011_0008	堤防险情分类代码（BNDNCLCD）	FHGC_018_0001
7	孔数（条数）（HLNB）	FHGC_003_0009	孔数（HLNB）	FHGC_008_0008
			闸孔数量（GAOR_NUM）	ATT_0007
			孔数（ORIF_NUM）	ATT_0016
			闸孔数（GTORNB）	FHGC_011_0009
			主桥孔数 （MAIN_BRID_HOLE_NUM）	ATT_0051
			副桥孔数 （DEPU_BRID_HOLE_NUM）	ATT_0051
			支承孔数（BRORNB）	FHGC_016_0002
8	警戒水位（潮位） （ALWTLV）	FHGC_005_0002	警戒水位（ALWTLV）	FHGC_006_0006
9	实测最高水位（潮位） （ASHWL）	FHGC_005_0002	实测最高水位（ASHWL）	FHGC_006_0006、 FHGC_009_0002
10	调查最高水位（潮位） （INHGWTLV）	FHGC_005_0002	调查最高水位（INHGWTLV）	FHGC_006_0006、 FHGC_009_0002
11	实测最高水位（潮位） 发生日期（ASHWLTM）	FHGC_005_0002	实测最高水位发生日期 （ASHWLTM）	FHGC_006_0006、 FHGC_009_0002
12	调查最高水位（潮位） 发生日期（IHFWLTM）	FHGC_005_0002	调查最高水位发生日期 （IHFWLTM）	FHGC_006_0006、 FHGC_009_0002

附录 B 对 象 关 系 表

B.1 河流与流域分区关系表

a）本表存储河流与流域分区关系信息，引用《水利对象基础信息数据库表结构与标识符》（暂定）中的"河流与流域分区关系表"。

b）表标识：REL_RV_BAS。

c）表编号：REL_0009。

d）各字段定义见表 B.1。

表 B.1 河流与流域分区关系表字段定义

序号	字 段 名	标 识 符	类型及长度	计量单位	是否允许空值	主键	外键	索引序号
1	河流代码	RV_CODE	C（17）		N	Y	Y	1
2	流域分区代码	BAS_CODE	C（17）		N	Y	Y	2
3	关系建立时间	FROM_DATE	DATE		N			
4	关系终止时间	TO_DATE	DATE					

e）各字段存储内容应符合下列规定：

1）河流代码：同 8.2.1 节"河流代码"字段，是引用表 8.2.1-1 的外键。

2）流域分区代码：同 8.1.7 节"流域分区代码"字段，是引用表 8.1.7-1 的外键。

3）关系建立时间：同 8.1.4 节"关系建立时间"字段。

4）关系终止时间：同 8.1.4 节"关系终止时间"字段。

B.2 河流与上级河流关系表

a）本表存储河流与上级河流关系信息，引用《水利对象基础信息数据库表结构与标识符》（暂定）中的"河流与上级河流关系表"。

b）表标识：REL_RV_RV。

c）表编号：REL_0010。

d）各字段定义见表 B.2。

表 B.2 河流与上级河流关系表字段定义

序号	字 段 名	标 识 符	类型及长度	计量单位	是否允许空值	主键	外键	索引序号
1	河流代码	RV_CODE	C（17）		N	Y	Y	1
2	上级河流代码	UP_RV_CODE	C（17）		N	Y	Y	2
3	关系建立时间	FROM_DATE	DATE		N			
4	关系终止时间	TO_DATE	DATE					

e）各字段存储内容应符合下列规定：

1）河流代码：同 8.2.1 节"河流代码"字段，是引用表 8.2.1-1 的外键。

2）上级河流代码：本级河流的上级河流的代码，同 8.2.1 节"河流代码"字段，是引用表 8.2.1-1 的外键。

3）关系建立时间：同 8.1.4 节"关系建立时间"字段。

4）关系终止时间：同 8.1.4 节"关系终止时间"字段。

B.3 河流与行政区划关系表

a）本表存储河流与行政区划关系信息，引用《水利对象基础信息数据库表结构与标识符》（暂定）中的"河流与行政区划关系表"。

b）表标识：REL_RV_AD。

c）表编号：REL_0011。

d）各字段定义见表 B.3。

表 B.3　河流与行政区划关系表字段定义

序号	字　段　名	标　识　符	类型及长度	计量单位	是否允许空值	主键	外键	索引序号
1	河流代码	RV_CODE	C（17）		N	Y	Y	1
2	行政区划代码	AD_CODE	C（15）		N	Y	Y	2
3	关系建立时间	FROM_DATE	DATE		N			
4	关系终止时间	TO_DATE	DATE					

e）各字段存储内容应符合下列规定：

　　1）河流代码：同 8.2.1 节"河流代码"字段，是引用表 8.2.1-1 的外键。

　　2）行政区划代码：河流流经的行政区划的代码，同 8.1.2 节"行政区划代码"字段，是引用表 8.1.2-1 的外键。

　　3）关系建立时间：同 8.1.4 节"关系建立时间"字段。

　　4）关系终止时间：同 8.1.4 节"关系终止时间"字段。

B.4　河段与流域分区关系表

a）本表存储河段与流域分区关系信息，引用《水利对象基础信息数据库表结构与标识符》（暂定）中的"河段与流域分区关系表"。

b）表标识：REL_REA_BAS。

c）表编号：REL_0234。

d）各字段定义见表 B.4。

表 B.4　河段与流域分区关系表字段定义

序号	字　段　名	标　识　符	类型及长度	计量单位	是否允许空值	主键	外键	索引序号
1	河段代码	REA_CODE	C（17）		N	Y	Y	1
2	流域分区代码	BAS_CODE	C（17）		N	Y	Y	2
3	关系建立时间	FROM_DATE	DATE		N			
4	关系终止时间	TO_DATE	DATE					

e）各字段存储内容应符合下列规定：

　　1）河段代码：同 8.3.1 节"河段代码"字段，是引用表 8.3.1-1 的外键。

　　2）流域分区代码：同 8.1.7 节"流域分区代码"字段，是引用表 8.1.7-1 的外键。

　　3）关系建立时间：同 8.1.4 节"关系建立时间"字段。

　　4）关系终止时间：同 8.1.4 节"关系终止时间"字段。

B.5　河段与河流关系表

a）本表存储河段与河流关系信息，引用《水利对象基础信息数据库表结构与标识符》（暂定）中的"河段与河流关系表"。

b）表标识：REL_REA_RV。

c）表编号：REL_0235。

d）各字段定义见表 B.5。

表 B.5　河段与河流关系表字段定义

序号	字 段 名	标 识 符	类型及长度	计量单位	是否允许空值	主键	外键	索引序号
1	河段代码	REA_CODE	C（17）		N	Y	Y	1
2	河流代码	RV_CODE	C（17）		N	Y	Y	2
3	关系建立时间	FROM_DATE	DATE		N			
4	关系终止时间	TO_DATE	DATE					

　　e）各字段存储内容应符合下列规定：

　　　　1）河段代码：同 8.3.1 节"河段代码"字段，是引用表 8.3.1-1 的外键。

　　　　2）河流代码：同 8.2.1 节"河流代码"字段，是引用表 8.2.1-1 的外键。

　　　　3）关系建立时间：同 8.1.4 节"关系建立时间"字段。

　　　　4）关系终止时间：同 8.1.4 节"关系终止时间"字段。

B.6　河段与行政区划关系表

　　a）本表存储河段与行政区划关系信息，引用《水利对象基础信息数据库表结构与标识符》（暂定）中的"河段与行政区划关系表"。

　　b）表标识：REL_REA_AD。

　　c）表编号：REL_0238。

　　d）各字段定义见表 B.6。

表 B.6　河段与行政区划关系表字段定义

序号	字 段 名	标 识 符	类型及长度	计量单位	是否允许空值	主键	外键	索引序号
1	河段代码	REA_CODE	C（17）		N	Y	Y	1
2	行政区划代码	AD_CODE	C（15）		N	Y	Y	2
3	关系建立时间	FROM_DATE	DATE		N			
4	关系终止时间	TO_DATE	DATE					

　　e）各字段存储内容应符合下列规定：

　　　　1）河段代码：同 8.3.1 节"河段代码"字段，是引用表 8.3.1-1 的外键。

　　　　2）行政区划代码：同 8.1.2 节"行政区划代码"字段，是引用表 8.1.2-1 的外键。

　　　　3）关系建立时间：同 8.1.4 节"关系建立时间"字段。

　　　　4）关系终止时间：同 8.1.4 节"关系终止时间"字段。

B.7　河段与水利行业单位关系表

　　a）本表存储河段与水利行业单位关系信息，引用《水利对象基础信息数据库表结构与标识符》（暂定）中的"河段与水利行业单位关系表"。

　　b）表标识：REL_REA_WIUN。

　　c）表编号：REL_0236。

　　d）各字段定义见表 B.7。

　　e）各字段存储内容应符合下列规定：

　　　　1）河段代码：同 8.3.1 节"河段代码"字段，是引用表 8.3.1-1 的外键。

　　　　2）水利行业单位代码：河段的管理单位的代码，同 8.1.6 节"水利行业单位代码"字段，是引用表 8.1.6-1 的外键。

　　　　3）关系建立时间：同 8.1.4 节"关系建立时间"字段。

表 B.7　河段与水利行业单位关系表字段定义

序号	字 段 名	标 识 符	类型及长度	计量单位	是否允许空值	主键	外键	索引序号
1	河段代码	REA_CODE	C (17)		N	Y	Y	1
2	水利行业单位代码	WIUN_CODE	C (18)		N	Y	Y	2
3	关系建立时间	FROM_DATE	DATE		N			
4	关系终止时间	TO_DATE	DATE					

  4）关系终止时间：同 8.1.4 节"关系终止时间"字段。

B.8　水库与流域分区关系表

  a）本表存储水库与流域分区关系信息，引用《水利对象基础信息数据库表结构与标识符》（暂定）中的"水库与流域分区关系表"。

  b）表标识：REL_RES_BAS。

  c）表编号：REL_0117。

  d）各字段定义见表 B.8。

表 B.8　水库与流域分区关系表字段定义

序号	字 段 名	标 识 符	类型及长度	计量单位	是否允许空值	主键	外键	索引序号
1	水库代码	RES_CODE	C (17)		N	Y	Y	1
2	流域分区代码	BAS_CODE	C (17)		N	Y	Y	2
3	关系建立时间	FROM_DATE	DATE		N			
4	关系终止时间	TO_DATE	DATE					

  e）各字段存储内容应符合下列规定：

    1）水库代码：同 8.4.1 节"水库代码"字段，是引用表 8.4.1-1 的外键。

    2）流域分区代码：同 8.1.7 节"流域分区代码"字段，是引用表 8.1.7-1 的外键。

    3）关系建立时间：同 8.1.4 节"关系建立时间"字段。

    4）关系终止时间：同 8.1.4 节"关系终止时间"字段。

B.9　水库与河流关系表

  a）本表存储水库与河流关系信息，引用《水利对象基础信息数据库表结构与标识符》（暂定）中的"水库与河流关系表"。

  b）表标识：REL_RES_RV。

  c）表编号：REL_0118。

  d）各字段定义见表 B.9。

表 B.9　水库与河流关系表字段定义

序号	字 段 名	标 识 符	类型及长度	计量单位	是否允许空值	主键	外键	索引序号
1	水库代码	RES_CODE	C (17)		N	Y	Y	1
2	河流代码	RV_CODE	C (17)		N	Y	Y	2
3	关系建立时间	FROM_DATE	DATE		N			
4	关系终止时间	TO_DATE	DATE					

  e）各字段存储内容应符合下列规定：

    1）水库代码：同 8.4.1 节"水库代码"字段，是引用表 8.4.1-1 的外键。

2）河流代码：同 8.2.1 节"河流代码"字段，是引用表 8.2.1-1 的外键。

3）关系建立时间：同 8.1.4 节"关系建立时间"字段。

4）关系终止时间：同 8.1.4 节"关系终止时间"字段。

B.10　水库与行政区划关系表

a）本表存储水库与行政区划关系信息，引用《水利对象基础信息数据库表结构与标识符》（暂定）中的"水库与行政区划关系表"。

b）表标识：REL_RES_AD。

c）表编号：REL_0121。

d）各字段定义见表 B.10。

表 B.10　水库与行政区划关系表字段定义

序号	字 段 名	标 识 符	类型及长度	计量单位	是否允许空值	主键	外键	索引序号
1	水库代码	RES_CODE	C（17）		N	Y	Y	1
2	行政区划代码	AD_CODE	C（15）		N	Y	Y	2
3	关系建立时间	FROM_DATE	DATE		N			
4	关系终止时间	TO_DATE	DATE					

e）各字段存储内容应符合下列规定：

1）水库代码：同 8.4.1 节"水库代码"字段，是引用表 8.4.1-1 的外键。

2）行政区划代码：同 8.1.2 节"行政区划代码"字段，是引用表 8.1.2-1 的外键。

3）关系建立时间：同 8.1.4 节"关系建立时间"字段。

4）关系终止时间：同 8.1.4 节"关系终止时间"字段。

B.11　水库与水利行业单位关系表

a）本表存储水库与水利行业单位关系信息，引用《水利对象基础信息数据库表结构与标识符》（暂定）中的"水库与水利行业单位关系表"。

b）表标识：REL_RES_WIUN。

c）表编号：REL_0120。

d）各字段定义见表 B.11。

表 B.11　水库与水利行业单位关系表字段定义

序号	字 段 名	标 识 符	类型及长度	计量单位	是否允许空值	主键	外键	索引序号
1	水库代码	RES_CODE	C（17）		N	Y	Y	1
2	水利行业单位代码	WIUN_CODE	C（18）		N	Y	Y	2
3	关系建立时间	FROM_DATE	DATE		N			
4	关系终止时间	TO_DATE	DATE					

e）各字段存储内容应符合下列规定：

1）水库代码：同 8.4.1 节"水库代码"字段，是引用表 8.4.1-1 的外键。

2）水利行业单位代码：水库管理单位的代码，同 8.1.6 节"水利行业单位代码"字段，是引用表 8.1.6-1 的外键。

3）关系建立时间：同 8.1.4 节"关系建立时间"字段。

4）关系终止时间：同 8.1.4 节"关系终止时间"字段。

B. 12　大坝与水库关系表

　　a）本表存储大坝与水库关系信息，引用《水利对象基础信息数据库表结构与标识符》（暂定）中的"大坝与水库关系表"。

　　b）表标识：REL＿DAM＿RES。

　　c）表编号：REL＿0029。

　　d）各字段定义见表 B. 12。

表 B. 12　大坝与水库关系表字段定义

序号	字段名	标识符	类型及长度	计量单位	是否允许空值	主键	外键	索引序号
1	大坝代码	DAM＿CODE	C（17）		N	Y	Y	1
2	水库代码	RES＿CODE	C（17）		N	Y	Y	2
3	关系建立时间	FROM＿DATE	DATE		N			
4	关系终止时间	TO＿DATE	DATE					

　　e）各字段存储内容应符合下列规定：

　　　　1）大坝代码：同 8.5.1 节"大坝代码"字段，是引用表 8.5.1－1 的外键。

　　　　2）水库代码：同 8.4.1 节"水库代码"字段，是引用表 8.4.1－1 的外键。

　　　　3）关系建立时间：同 8.1.4 节"关系建立时间"字段。

　　　　4）关系终止时间：同 8.1.4 节"关系终止时间"字段。

B. 13　大坝与行政区划关系表

　　a）本表存储大坝与行政区划关系信息，引用《水利对象基础信息数据库表结构与标识符》（暂定）中的"大坝与行政区划关系表"。

　　b）表标识：REL＿DAM＿AD。

　　c）表编号：REL＿0031。

　　d）各字段定义见表 B. 13。

表 B. 13　大坝与行政区划关系表字段定义

序号	字段名	标识符	类型及长度	计量单位	是否允许空值	主键	外键	索引序号
1	大坝代码	DAM＿CODE	C（17）		N	Y	Y	1
2	行政区划代码	AD＿CODE	C（15）		N	Y	Y	2
3	关系建立时间	FROM＿DATE	DATE		N			
4	关系终止时间	TO＿DATE	DATE					

　　e）各字段存储内容应符合下列规定：

　　　　1）大坝代码：同 8.5.1 节"大坝代码"字段，是引用表 8.5.1－1 的外键。

　　　　2）行政区划代码：同 8.1.2 节"行政区划代码"字段，是引用表 8.1.2－1 的外键。

　　　　3）关系建立时间：同 8.1.4 节"关系建立时间"字段。

　　　　4）关系终止时间：同 8.1.4 节"关系终止时间"字段。

B. 14　大坝与水利行业单位关系表

　　a）本表存储大坝与水利行业单位关系信息，引用《水利对象基础信息数据库表结构与标识符》（暂定）中的"大坝与水利行业单位关系表"。

　　b）表标识：REL＿DAM＿WIUN。

c）表编号：REL＿0030。

d）各字段定义见表 B.14。

表 B.14　大坝与水利行业单位关系表字段定义

序号	字 段 名	标 识 符	类型及长度	计量单位	是否允许空值	主键	外键	索引序号
1	大坝代码	DAM＿CODE	C（17）		N	Y	Y	1
2	水利行业单位代码	WIUN＿CODE	C（18）		N	Y	Y	2
3	关系建立时间	FROM＿DATE	DATE		N			
4	关系终止时间	TO＿DATE	DATE					

e）各字段存储内容应符合下列规定：

　　1）大坝代码：同 8.5.1 节"大坝代码"字段，是引用表 8.5.1－1 的外键。

　　2）水利行业单位代码：大坝管理单位的代码，同 8.1.6 节"水利行业单位代码"字段，是引用表 8.1.6－1 的外键。

　　3）关系建立时间：同 8.1.4 节"关系建立时间"字段。

　　4）关系终止时间：同 8.1.4 节"关系终止时间"字段。

B.15　测站与流域分区关系表

a）本表存储测站与流域分区关系信息，引用《水利对象基础信息数据库表结构与标识符》（暂定）中的"测站与流域分区关系表"。

b）表标识：REL＿ST＿BAS。

c）表编号：REL＿0014。

d）各字段定义见表 B.15。

表 B.15　测站与流域分区关系表字段定义

序号	字 段 名	标 识 符	类型及长度	计量单位	是否允许空值	主键	外键	索引序号
1	测站代码	ST＿CODE	C（17）		N	Y	Y	1
2	流域分区代码	BAS＿CODE	C（17）		N	Y	Y	2
3	关系建立时间	FROM＿DATE	DATE		N			
4	关系终止时间	TO＿DATE	DATE					

e）各字段存储内容应符合下列规定：

　　1）测站代码：同 8.6.1 节"测站代码"字段，是引用表 8.6.1－1 的外键。

　　2）流域分区代码：同 8.1.7 节"流域分区代码"字段，是引用表 8.1.7－1 的外键。

　　3）关系建立时间：同 8.1.4 节"关系建立时间"字段。

　　4）关系终止时间：同 8.1.4 节"关系终止时间"字段。

B.16　测站与河流关系表

a）本表存储测站与河流关系信息，引用《水利对象基础信息数据库表结构与标识符》（暂定）中的"测站与河流关系表"。

b）表标识：REL＿ST＿RV。

c）表编号：REL＿0016。

d）各字段定义见表 B.16。

表 B.16 测站与河流关系表字段定义

序号	字 段 名	标 识 符	类型及长度	计量单位	是否允许空值	主键	外键	索引序号
1	测站代码	ST_CODE	C（17）		N	Y	Y	1
2	河流代码	RV_CODE	C（17）		N	Y	Y	2
3	关系建立时间	FROM_DATE	DATE		N			
4	关系终止时间	TO_DATE	DATE					

　　e）各字段存储内容应符合下列规定：

　　　　1）测站代码：同8.6.1节"测站代码"字段，是引用表8.6.1-1的外键。

　　　　2）河流代码：同8.2.1节"河流代码"字段，是引用表8.2.1-1的外键。

　　　　3）关系建立时间：同8.1.4节"关系建立时间"字段。

　　　　4）关系终止时间：同8.1.4节"关系终止时间"字段。

B.17 测站与河段关系表

　　a）本表存储测站与河段关系信息，引用《水利对象基础信息数据库表结构与标识符》（暂定）中的"测站与河段关系表"。

　　b）表标识：REL_ST_REA。

　　c）表编号：REL_0025。

　　d）各字段定义见表B.17。

表 B.17 测站与河段关系表字段定义

序号	字 段 名	标 识 符	类型及长度	计量单位	是否允许空值	主键	外键	索引序号
1	测站代码	ST_CODE	C（17）		N	Y	Y	1
2	河段代码	REA_CODE	C（17）		N	Y	Y	2
3	关系建立时间	FROM_DATE	DATE		N			
4	关系终止时间	TO_DATE	DATE					

　　e）各字段存储内容应符合下列规定：

　　　　1）测站代码：同8.6.1节"测站代码"字段，是引用表8.6.1-1的外键。

　　　　2）河段代码：同8.3.1节"河段代码"字段，是引用表8.3.1-1的外键。

　　　　3）关系建立时间：同8.1.4节"关系建立时间"字段。

　　　　4）关系终止时间：同8.1.4节"关系终止时间"字段。

B.18 测站与水库关系表

　　a）本表存储测站与水库关系信息，引用《水利对象基础信息数据库表结构与标识符》（暂定）中的"测站与水库关系表"。

　　b）表标识：REL_ST_RES。

　　c）表编号：REL_0020。

　　d）各字段定义见表B.18。

　　e）各字段存储内容应符合下列规定：

　　　　1）测站代码：同8.6.1节"测站代码"字段，是引用表8.6.1-1的外键。

　　　　2）水库代码：同8.4.1节"水库代码"字段，是引用表8.4.1-1的外键。

　　　　3）关系建立时间：同8.1.4节"关系建立时间"字段。

　　　　4）关系终止时间：同8.1.4节"关系终止时间"字段。

表 B.18　测站与水库关系表字段定义

序号	字 段 名	标 识 符	类型及长度	计量单位	是否允许空值	主键	外键	索引序号
1	测站代码	ST_CODE	C (17)		N	Y	Y	1
2	水库代码	RES_CODE	C (17)		N	Y	Y	2
3	关系建立时间	FROM_DATE	DATE		N			
4	关系终止时间	TO_DATE	DATE					

B.19　测站与堤防关系表

a) 本表存储测站与堤防关系信息，引用《水利对象基础信息数据库表结构与标识符》（暂定）中的"测站与堤防关系表"。

b) 表标识：REL_ST_DIKE。

c) 表编号：REL_0019。

d) 各字段定义见表 B.19。

表 B.19　测站与堤防关系表字段定义

序号	字 段 名	标 识 符	类型及长度	计量单位	是否允许空值	主键	外键	索引序号
1	测站代码	ST_CODE	C (17)		N	Y	Y	1
2	堤防代码	DIKE_CODE	C (17)		N	Y	Y	2
3	关系建立时间	FROM_DATE	DATE		N			
4	关系终止时间	TO_DATE	DATE					

e) 各字段存储内容应符合下列规定：

　　1) 测站代码：同 8.6.1 节"测站代码"字段，是引用表 8.6.1-1 的外键。

　　2) 堤防代码：同 8.7.1 节"堤防代码"字段，是引用表 8.7.1-1 的外键。

　　3) 关系建立时间：同 8.1.4 节"关系建立时间"字段。

　　4) 关系终止时间：同 8.1.4 节"关系终止时间"字段。

B.20　测站与堤段关系表

a) 本表存储测站与堤段关系信息，引用《水利对象基础信息数据库表结构与标识符》（暂定）中的"测站与堤段关系表"。

b) 表标识：REL_ST_DISC。

c) 表编号：REL_0026。

d) 各字段定义见表 B.20。

表 B.20　测站与堤段关系表字段定义

序号	字 段 名	标 识 符	类型及长度	计量单位	是否允许空值	主键	外键	索引序号
1	测站代码	ST_CODE	C (17)		N	Y	Y	1
2	堤段代码	DISC_CODE	C (17)		N	Y	Y	2
3	关系建立时间	FROM_DATE	DATE		N			
4	关系终止时间	TO_DATE	DATE					

e) 各字段存储内容应符合下列规定：

　　1) 测站代码：同 8.6.1 节"测站代码"字段，是引用表 8.6.1-1 的外键。

　　2) 堤段代码：同 8.8.1 节"堤段代码"字段，是引用表 8.8.1-1 的外键。

3）关系建立时间：同 8.1.4 节"关系建立时间"字段。

4）关系终止时间：同 8.1.4 节"关系终止时间"字段。

B.21　测站与湖泊关系表

a）本表存储测站与湖泊关系信息，引用《水利对象基础信息数据库表结构与标识符》（暂定）中的"测站与湖泊关系表"。

b）表标识：REL_ST_LK。

c）表编号：REL_0015。

d）各字段定义见表 B.21。

表 B.21　测站与湖泊关系表字段定义

序号	字 段 名	标 识 符	类型及长度	计量单位	是否允许空值	主键	外键	索引序号
1	测站代码	ST_CODE	C（17）		N	Y	Y	1
2	湖泊代码	LK_CODE	C（17）		N	Y	Y	2
3	关系建立时间	FROM_DATE	DATE		N			
4	关系终止时间	TO_DATE	DATE					

e）各字段存储内容应符合下列规定：

1）测站代码：同 8.6.1 节"测站代码"字段，是引用表 8.6.1-1 的外键。

2）湖泊代码：同 8.10.1 节"湖泊代码"字段，是引用表 8.10.1-1 的外键。

3）关系建立时间：同 8.1.4 节"关系建立时间"字段。

4）关系终止时间：同 8.1.4 节"关系终止时间"字段。

B.22　测站与水闸关系表

a）本表存储测站与水闸关系信息，引用《水利对象基础信息数据库表结构与标识符》（暂定）中的"测站与水闸关系表"。

b）表标识：REL_ST_WAGA。

c）表编号：REL_0017。

d）各字段定义见表 B.22。

表 B.22　测站与水闸关系表字段定义

序号	字 段 名	标 识 符	类型及长度	计量单位	是否允许空值	主键	外键	索引序号
1	测站代码	ST_CODE	C（17）		N	Y	Y	1
2	水闸代码	WAGA_CODE	C（17）		N	Y	Y	2
3	关系建立时间	FROM_DATE	DATE		N			
4	关系终止时间	TO_DATE	DATE					

e）各字段存储内容应符合下列规定：

1）测站代码：同 8.6.1 节"测站代码"字段，是引用表 8.6.1-1 的外键。

2）水闸代码：同 8.12.1 节"水闸代码"字段，是引用表 8.12.1-1 的外键。

3）关系建立时间：同 8.1.4 节"关系建立时间"字段。

4）关系终止时间：同 8.1.4 节"关系终止时间"字段。

B.23　测站与泵站关系表

a）本表存储测站与泵站关系信息，引用《水利对象基础信息数据库表结构与标识符》（暂定）中的"测站与泵站关系表"。

b）表标识：REL＿ST＿PUST。

c）表编号：REL＿0018。

d）各字段定义见表B.23。

表 B.23　测站与泵站关系表字段定义

序号	字 段 名	标 识 符	类型及长度	计量单位	是否允许空值	主键	外键	索引序号
1	测站代码	ST＿CODE	C（17）		N	Y	Y	1
2	泵站代码	PUST＿CODE	C（17）		N	Y	Y	2
3	关系建立时间	FROM＿DATE	DATE		N			
4	关系终止时间	TO＿DATE	DATE					

e）各字段存储内容应符合下列规定：

1）测站代码：同8.6.1节"测站代码"字段，是引用表8.6.1-1的外键。

2）泵站代码：同8.20.1节"泵站代码"字段，是引用表8.20.1-1的外键。

3）关系建立时间：同8.1.4节"关系建立时间"字段。

4）关系终止时间：同8.1.4节"关系终止时间"字段。

B.24　测站与行政区划关系表

a）本表存储测站与行政区划关系信息，引用《水利对象基础信息数据库表结构与标识符》（暂定）中的"测站与行政区划关系表"。

b）表标识：REL＿ST＿AD。

c）表编号：REL＿0027。

d）各字段定义见表B.24。

表 B.24　测站与行政区划关系表字段定义

序号	字 段 名	标 识 符	类型及长度	计量单位	是否允许空值	主键	外键	索引序号
1	测站代码	ST＿CODE	C（17）		N	Y	Y	1
2	行政区划代码	AD＿CODE	C（15）		N	Y	Y	2
3	关系建立时间	FROM＿DATE	DATE		N			
4	关系终止时间	TO＿DATE	DATE					

e）各字段存储内容应符合下列规定：

1）测站代码：同8.6.1节"测站代码"字段，是引用表8.6.1-1的外键。

2）行政区划代码：同8.1.2节"行政区划代码"字段，是引用表8.1.2-1的外键。

3）关系建立时间：同8.1.4节"关系建立时间"字段。

4）关系终止时间：同8.1.4节"关系终止时间"字段。

B.25　测站与水利行业单位关系表

a）本表存储测站与水利行业单位关系信息，引用《水利对象基础信息数据库表结构与标识符》（暂定）中的"测站与水利行业单位关系表"。

b）表标识：REL＿ST＿WIUN。

c）表编号：REL＿0021。

d）各字段定义见表B.25。

表 B.25   测站与水利行业单位关系表字段定义

序号	字 段 名	标 识 符	类型及长度	计量单位	是否允许空值	主键	外键	索引序号
1	测站代码	ST_CODE	C (17)		N	Y	Y	1
2	水利行业单位代码	WIUN_CODE	C (18)		N	Y	Y	2
3	关系建立时间	FROM_DATE	DATE		N			
4	关系终止时间	TO_DATE	DATE					

　　e）各字段存储内容应符合下列规定：

　　　　1）测站代码：同8.6.1节"测站代码"字段，是引用表8.6.1-1的外键。

　　　　2）水利行业单位代码：测站管理单位的代码，同8.1.6节"水利行业单位代码"字段，是引用表8.1.6-1的外键。

　　　　3）关系建立时间：同8.1.4节"关系建立时间"字段。

　　　　4）关系终止时间：同8.1.4节"关系终止时间"字段。

B.26　堤防与流域分区关系表

　　a）本表存储堤防与流域分区关系信息，引用《水利对象基础信息数据库表结构与标识符》（暂定）中的"堤防与流域分区关系表"。

　　b）表标识：REL_DIKE_BAS。

　　c）表编号：REL_0067。

　　d）各字段定义见表 B.26。

表 B.26   堤防与流域分区关系表字段定义

序号	字 段 名	标 识 符	类型及长度	计量单位	是否允许空值	主键	外键	索引序号
1	堤防代码	DIKE_CODE	C (17)		N	Y	Y	1
2	流域分区代码	BAS_CODE	C (17)		N	Y	Y	2
3	关系建立时间	FROM_DATE	DATE		N			
4	关系终止时间	TO_DATE	DATE					

　　e）各字段存储内容应符合下列规定：

　　　　1）堤防代码：同8.7.1节"堤防代码"字段，是引用表8.7.1-1的外键。

　　　　2）流域分区代码：同8.1.7节"流域分区代码"字段，是引用表8.1.7-1的外键。

　　　　3）关系建立时间：同8.1.4节"关系建立时间"字段。

　　　　4）关系终止时间：同8.1.4节"关系终止时间"字段。

B.27　堤防与河流关系表

　　a）本表存储堤防与河流关系信息，引用《水利对象基础信息数据库表结构与标识符》（暂定）中的"堤防与河流关系表"。

　　b）表标识：REL_DIKE_RV。

　　c）表编号：REL_0069。

　　d）各字段定义见表 B.27。

　　e）各字段存储内容应符合下列规定：

　　　　1）堤防代码：同8.7.1节"堤防代码"字段，是引用表8.7.1-1的外键。

　　　　2）河流代码：同8.2.1节"河流代码"字段，是引用表8.2.1-1的外键。

　　　　3）关系建立时间：同8.1.4节"关系建立时间"字段。

表 B.27 堤防与河流关系表字段定义

序号	字 段 名	标 识 符	类型及长度	计量单位	是否允许空值	主键	外键	索引序号
1	堤防代码	DIKE_CODE	C (17)		N	Y	Y	1
2	河流代码	RV_CODE	C (17)		N	Y	Y	2
3	关系建立时间	FROM_DATE	DATE		N			
4	关系终止时间	TO_DATE	DATE					

　　4）关系终止时间：同 8.1.4 节"关系终止时间"字段。

B.28　堤防与蓄滞洪区关系表

　　a）本表存储堤防与蓄滞洪区关系信息，引用《水利对象基础信息数据库表结构与标识符》（暂定）中的"堤防与蓄滞洪区关系表"。

　　b）表标识：REL_DIKE_FSDA。

　　c）表编号：REL_0071。

　　d）各字段定义见表 B.28。

表 B.28　堤防与蓄滞洪区关系表字段定义

序号	字 段 名	标 识 符	类型及长度	计量单位	是否允许空值	主键	外键	索引序号
1	堤防代码	DIKE_CODE	C (17)		N	Y	Y	1
2	蓄滞洪区代码	FSDA_CODE	C (17)		N	Y	Y	2
3	关系建立时间	FROM_DATE	DATE		N			
4	关系终止时间	TO_DATE	DATE					

　　e）各字段存储内容应符合下列规定：

　　　　1）堤防代码：同 8.7.1 节"堤防代码"字段，是引用表 8.7.1-1 的外键。

　　　　2）蓄滞洪区代码：同 8.9.1 节"蓄滞洪区代码"字段，是引用表 8.9.1-1 的外键。

　　　　3）关系建立时间：同 8.1.4 节"关系建立时间"字段。

　　　　4）关系终止时间：同 8.1.4 节"关系终止时间"字段。

B.29　堤防与湖泊关系表

　　a）本表存储堤防与湖泊关系信息，引用《水利对象基础信息数据库表结构与标识符》（暂定）中的"堤防与湖泊关系表"。

　　b）表标识：REL_DIKE_LK。

　　c）表编号：REL_0068。

　　d）各字段定义见表 B.29。

表 B.29　堤防与湖泊关系表字段定义

序号	字 段 名	标 识 符	类型及长度	计量单位	是否允许空值	主键	外键	索引序号
1	堤防代码	DIKE_CODE	C (17)		N	Y	Y	1
2	湖泊代码	LK_CODE	C (17)		N	Y	Y	2
3	关系建立时间	FROM_DATE	DATE		N			
4	关系终止时间	TO_DATE	DATE					

　　e）各字段存储内容应符合下列规定：

　　　　1）堤防代码：同 8.7.1 节"堤防代码"字段，是引用表 8.7.1-1 的外键。

2）湖泊代码：同 8.10.1 节"湖泊代码"字段，是引用表 8.10.1-1 的外键。

3）关系建立时间：同 8.1.4 节"关系建立时间"字段。

4）关系终止时间：同 8.1.4 节"关系终止时间"字段。

B.30 堤防与圩垸关系表

a）本表存储堤防与圩垸关系信息，引用《水利对象基础信息数据库表结构与标识符》（暂定）中的"堤防与圩垸关系表"。

b）表标识：REL_DIKE_POLD。

c）表编号：REL_0070。

d）各字段定义见表 B.30。

表 B.30 堤防与圩垸关系表字段定义

序号	字 段 名	标 识 符	类型及长度	计量单位	是否允许空值	主键	外键	索引序号
1	堤防代码	DIKE_CODE	C（17）		N	Y	Y	1
2	圩垸代码	POLD_CODE	C（17）		N	Y	Y	2
3	关系建立时间	FROM_DATE	DATE		N			
4	关系终止时间	TO_DATE	DATE					

e）各字段存储内容应符合下列规定：

1）堤防代码：同 8.7.1 节"堤防代码"字段，是引用表 8.7.1-1 的外键。

2）圩垸代码：同 8.11.1 节"圩垸代码"字段，是引用表 8.11.1-1 的外键。

3）关系建立时间：同 8.1.4 节"关系建立时间"字段。

4）关系终止时间：同 8.1.4 节"关系终止时间"字段。

B.31 堤防与行政区划关系表

a）本表存储堤防与行政区划关系信息，引用《水利对象基础信息数据库表结构与标识符》（暂定）中的"堤防与行政区划关系表"。

b）表标识：REL_DIKE_AD。

c）表编号：REL_0074。

d）各字段定义见表 B.31。

表 B.31 堤防与行政区划关系表字段定义

序号	字 段 名	标 识 符	类型及长度	计量单位	是否允许空值	主键	外键	索引序号
1	堤防代码	DIKE_CODE	C（17）		N	Y	Y	1
2	行政区划代码	AD_CODE	C（15）		N	Y	Y	2
3	关系建立时间	FROM_DATE	DATE		N			
4	关系终止时间	TO_DATE	DATE					

e）各字段存储内容应符合下列规定：

1）堤防代码：同 8.7.1 节"堤防代码"字段，是引用表 8.7.1-1 的外键。

2）行政区划代码：同 8.1.2 节"行政区划代码"字段，是引用表 8.1.2-1 的外键。

3）关系建立时间：同 8.1.4 节"关系建立时间"字段。

4）关系终止时间：同 8.1.4 节"关系终止时间"字段。

B.32 堤防与水利行业单位关系表

a）本表存储堤防与水利行业单位关系信息，引用《水利对象基础信息数据库表结构与标识符》

（暂定）中的"堤防与水利行业单位关系表"。

b）表标识：REL_DIKE_WIUN。

c）表编号：REL_0072。

d）各字段定义见表 B.32。

表 B.32　堤防与水利行业单位关系表字段定义

序号	字　段　名	标　识　符	类型及长度	计量单位	是否允许空值	主键	外键	索引序号
1	堤防代码	DIKE_CODE	C（17）		N	Y	Y	1
2	水利行业单位代码	WIUN_CODE	C（18）		N	Y	Y	2
3	关系建立时间	FROM_DATE	DATE		N			
4	关系终止时间	TO_DATE	DATE					

e）各字段存储内容应符合下列规定：

1）堤防代码：同 8.7.1 节"堤防代码"字段，是引用表 8.7.1-1 的外键。

2）水利行业单位代码：堤防管理单位的代码，同 8.1.6 节"水利行业单位代码"字段，是引用表 8.1.6-1 的外键。

3）关系建立时间：同 8.1.4 节"关系建立时间"字段。

4）关系终止时间：同 8.1.4 节"关系终止时间"字段。

B.33　堤段与流域分区关系表

a）本表存储堤段与流域分区关系信息，引用《水利对象基础信息数据库表结构与标识符》（暂定）中的"堤段与流域分区关系表"。

b）表标识：REL_DISC_BAS。

c）表编号：REL_0239。

d）各字段定义见表 B.33。

表 B.33　堤段与流域分区关系表字段定义

序号	字　段　名	标　识　符	类型及长度	计量单位	是否允许空值	主键	外键	索引序号
1	堤段代码	DISC_CODE	C（17）		N	Y	Y	1
2	流域分区代码	BAS_CODE	C（17）		N	Y	Y	2
3	关系建立时间	FROM_DATE	DATE		N			
4	关系终止时间	TO_DATE	DATE					

e）各字段存储内容应符合下列规定：

1）堤段代码：同 8.8.1 节"堤段代码"字段，是引用表 8.8.1-1 的外键。

2）流域分区代码：同 8.1.7 节"流域分区代码"字段，是引用表 8.1.7-1 的外键。

3）关系建立时间：同 8.1.4 节"关系建立时间"字段。

4）关系终止时间：同 8.1.4 节"关系终止时间"字段。

B.34　堤段与堤防关系表

a）本表存储堤段与堤防关系信息，引用《水利对象基础信息数据库表结构与标识符》（暂定）中的"堤段与堤防关系表"。

b）表标识：REL_DISC_DIKE。

c）表编号：REL_0240。

d）各字段定义见表 B.34。

表 B.34 堤段与堤防关系表字段定义

序号	字 段 名	标 识 符	类型及长度	计量单位	是否允许空值	主键	外键	索引序号
1	堤段代码	DISC_CODE	C(17)		N	Y	Y	1
2	堤防代码	DIKE_CODE	C(17)		N	Y	Y	2
3	关系建立时间	FROM_DATE	DATE		N			
4	关系终止时间	TO_DATE	DATE					

e) 各字段存储内容应符合下列规定：

1) 堤段代码：同 8.8.1 节"堤段代码"字段，是引用表 8.8.1-1 的外键。

2) 堤防代码：同 8.7.1 节"堤防代码"字段，是引用表 8.7.1-1 的外键。

3) 关系建立时间：同 8.1.4 节"关系建立时间"字段。

4) 关系终止时间：同 8.1.4 节"关系终止时间"字段。

B.35 堤段与行政区划关系表

a) 本表存储堤段与行政区划关系信息，引用《水利对象基础信息数据库表结构与标识符》（暂定）中的"堤段与行政区划关系表"。

b) 表标识：REL_DISC_AD。

c) 表编号：REL_0243。

d) 各字段定义见表 B.35。

表 B.35 堤段与行政区划关系表字段定义

序号	字 段 名	标 识 符	类型及长度	计量单位	是否允许空值	主键	外键	索引序号
1	堤段代码	DISC_CODE	C(17)		N	Y	Y	1
2	行政区划代码	AD_CODE	C(15)		N	Y	Y	2
3	关系建立时间	FROM_DATE	DATE		N			
4	关系终止时间	TO_DATE	DATE					

e) 各字段存储内容应符合下列规定：

1) 堤段代码：同 8.8.1 节"堤段代码"字段，是引用表 8.8.1-1 的外键。

2) 行政区划代码：同 8.1.2 节"行政区划代码"字段，是引用表 8.1.2-1 的外键。

3) 关系建立时间：同 8.1.4 节"关系建立时间"字段。

4) 关系终止时间：同 8.1.4 节"关系终止时间"字段。

B.36 堤段与水利行业单位关系表

a) 本表存储堤段与水利行业单位关系信息，引用《水利对象基础信息数据库表结构与标识符》（暂定）中的"堤段与水利行业单位关系表"。

b) 表标识：REL_DISC_WIUN。

c) 表编号：REL_0241。

d) 各字段定义见表 B.36。

e) 各字段存储内容应符合下列规定：

1) 堤段代码：同 8.8.1 节"堤段代码"字段，是引用表 8.8.1-1 的外键。

2) 水利行业单位代码：堤段管理单位的代码，同 8.1.6 节"水利行业单位代码"字段，是引用表 8.1.6-1 的外键。

3) 关系建立时间：同 8.1.4 节"关系建立时间"字段。

表 B.36　堤段与水利行业单位关系表字段定义

序号	字段名	标识符	类型及长度	计量单位	是否允许空值	主键	外键	索引序号
1	堤段代码	DISC_CODE	C（17）		N	Y	Y	1
2	水利行业单位代码	WIUN_CODE	C（18）		N	Y	Y	2
3	关系建立时间	FROM_DATE	DATE		N			
4	关系终止时间	TO_DATE	DATE					

　　4）关系终止时间：同8.1.4节"关系终止时间"字段。

B.37　蓄滞洪区与流域分区关系表

　　a）本表存储蓄滞洪区与流域分区关系信息，引用《水利对象基础信息数据库表结构与标识符》（暂定）中的"蓄滞洪区与流域分区关系表"。

　　b）表标识：REL_FSDA_BAS。

　　c）表编号：REL_0137。

　　d）各字段定义见表B.37。

表 B.37　蓄滞洪区与流域分区关系表字段定义

序号	字段名	标识符	类型及长度	计量单位	是否允许空值	主键	外键	索引序号
1	蓄滞洪区代码	FSDA_CODE	C（17）		N	Y	Y	1
2	流域分区代码	BAS_CODE	C（17）		N	Y	Y	2
3	关系建立时间	FROM_DATE	DATE		N			
4	关系终止时间	TO_DATE	DATE					

　　e）各字段存储内容应符合下列规定：

　　　1）蓄滞洪区代码：同8.9.1节"蓄滞洪区代码"字段，是引用表8.9.1-1的外键。

　　　2）流域分区代码：同8.1.7节"流域分区代码"字段，是引用表8.1.7-1的外键。

　　　3）关系建立时间：同8.1.4节"关系建立时间"字段。

　　　4）关系终止时间：同8.1.4节"关系终止时间"字段。

B.38　蓄滞洪区与行政区划关系表

　　a）本表存储蓄滞洪区与行政区划关系信息，引用《水利对象基础信息数据库表结构与标识符》（暂定）中的"蓄滞洪区与行政区划关系表"。

　　b）表标识：REL_FSDA_AD。

　　c）表编号：REL_0139。

　　d）各字段定义见表B.38。

表 B.38　蓄滞洪区与行政区划关系表字段定义

序号	字段名	标识符	类型及长度	计量单位	是否允许空值	主键	外键	索引序号
1	蓄滞洪区代码	FSDA_CODE	C（17）		N	Y	Y	1
2	行政区划代码	AD_CODE	C（15）		N	Y	Y	2
3	关系建立时间	FROM_DATE	DATE		N			
4	关系终止时间	TO_DATE	DATE					

　　e）各字段存储内容应符合下列规定：

　　　1）蓄滞洪区代码：同8.9.1节"蓄滞洪区代码"字段，是引用表8.9.1-1的外键。

2）行政区划代码：同8.1.2节"行政区划代码"字段，是引用表8.1.2-1的外键。

3）关系建立时间：同8.1.4节"关系建立时间"字段。

4）关系终止时间：同8.1.4节"关系终止时间"字段。

B.39 蓄滞洪区与水利行业单位关系表

a）本表存储蓄滞洪区与水利行业单位关系信息，引用《水利对象基础信息数据库表结构与标识符》（暂定）中的"蓄滞洪区与水利行业单位关系表"。

b）表标识：REL＿FSDA＿WIUN。

c）表编号：REL＿0138。

d）各字段定义见表B.39。

表B.39 蓄滞洪区与水利行业单位关系表字段定义

序号	字 段 名	标 识 符	类型及长度	计量单位	是否允许空值	主键	外键	索引序号
1	蓄滞洪区代码	FSDA＿CODE	C（17）		N	Y	Y	1
2	水利行业单位代码	WIUN＿CODE	C（18）		N	Y	Y	2
3	关系建立时间	FROM＿DATE	DATE		N			
4	关系终止时间	TO＿DATE	DATE					

e）各字段存储内容应符合下列规定：

1）蓄滞洪区代码：同8.9.1节"蓄滞洪区代码"字段，是引用表8.9.1-1的外键。

2）水利行业单位代码：蓄滞洪区管理单位的代码，同8.1.6节"水利行业单位代码"字段，是引用表8.1.6-1的外键。

3）关系建立时间：同8.1.4节"关系建立时间"字段。

4）关系终止时间：同8.1.4节"关系终止时间"字段。

B.40 湖泊与流域分区关系表

a）本表存储湖泊与流域分区关系信息，引用《水利对象基础信息数据库表结构与标识符》（暂定）中的"湖泊与流域分区关系表"。

b）表标识：REL＿LK＿BAS。

c）表编号：REL＿0004。

d）各字段定义见表B.40。

表B.40 湖泊与流域分区关系表字段定义

序号	字 段 名	标 识 符	类型及长度	计量单位	是否允许空值	主键	外键	索引序号
1	湖泊代码	LK＿CODE	C（17）		N	Y	Y	1
2	流域分区代码	BAS＿CODE	C（17）		N	Y	Y	2
3	关系建立时间	FROM＿DATE	DATE		N			
4	关系终止时间	TO＿DATE	DATE					

e）各字段存储内容应符合下列规定：

1）湖泊代码：同8.10.1节"湖泊代码"字段，是引用表8.10.1-1的外键。

2）流域分区代码：同8.1.7节"流域分区代码"字段，是引用表8.1.7-1的外键。

3）关系建立时间：同8.1.4节"关系建立时间"字段。

4）关系终止时间：同8.1.4节"关系终止时间"字段。

B.41 湖泊与河流关系表

　　a）本表存储湖泊与河流关系信息，引用《水利对象基础信息数据库表结构与标识符》（暂定）中的"湖泊与河流关系表"。

　　b）表标识：REL_LK_RV。

　　c）表编号：REL_0005。

　　d）各字段定义见表 B.41。

表 B.41　湖泊与河流关系表字段定义

序号	字　段　名	标　识　符	类型及长度	计量单位	是否允许空值	主键	外键	索引序号
1	湖泊代码	LK_CODE	C (17)		N	Y	Y	1
2	河流代码	RV_CODE	C (17)		N	Y	Y	2
3	关系建立时间	FROM_DATE	DATE		N			
4	关系终止时间	TO_DATE	DATE					

　　e）各字段存储内容应符合下列规定：

　　　　1）湖泊代码：同 8.10.1 节"湖泊代码"字段，是引用表 8.10.1-1 的外键。

　　　　2）河流代码：同 8.2.1 节"河流代码"字段，是引用表 8.2.1-1 的外键。

　　　　3）关系建立时间：同 8.1.4 节"关系建立时间"字段。

　　　　4）关系终止时间：同 8.1.4 节"关系终止时间"字段。

B.42 湖泊与行政区划关系表

　　a）本表存储湖泊与行政区划关系信息，引用《水利对象基础信息数据库表结构与标识符》（暂定）中的"湖泊与行政区划关系表"。

　　b）表标识：REL_LK_AD。

　　c）表编号：REL_0008。

　　d）各字段定义见表 B.42。

表 B.42　湖泊与行政区划关系表字段定义

序号	字　段　名	标　识　符	类型及长度	计量单位	是否允许空值	主键	外键	索引序号
1	湖泊代码	LK_CODE	C (17)		N	Y	Y	1
2	行政区划代码	AD_CODE	C (15)		N	Y	Y	2
3	关系建立时间	FROM_DATE	DATE		N			
4	关系终止时间	TO_DATE	DATE					

　　e）各字段存储内容应符合下列规定：

　　　　1）湖泊代码：同 8.10.1 节"湖泊代码"字段，是引用表 8.10.1-1 的外键。

　　　　2）行政区划代码：同 8.1.2 节"行政区划代码"字段，是引用表 8.1.2-1 的外键。

　　　　3）关系建立时间：同 8.1.4 节"关系建立时间"字段。

　　　　4）关系终止时间：同 8.1.4 节"关系终止时间"字段。

B.43 湖泊与水利行业单位关系表

　　a）本表存储湖泊与水利行业单位关系信息，引用《水利对象基础信息数据库表结构与标识符》（暂定）中的"湖泊与水利行业单位关系表"。

　　b）表标识：REL_LK_WIUN。

c）表编号：REL＿0006。

d）各字段定义见表 B.43。

表 B.43 湖泊与水利行业单位关系表字段定义

序号	字 段 名	标 识 符	类型及长度	计量单位	是否允许空值	主键	外键	索引序号
1	湖泊代码	LK＿CODE	C（17）		N	Y	Y	1
2	水利行业单位代码	WIUN＿CODE	C（18）		N	Y	Y	2
3	关系建立时间	FROM＿DATE	DATE		N			
4	关系终止时间	TO＿DATE	DATE					

e）各字段存储内容应符合下列规定：

1）湖泊代码：同 8.10.1 节"湖泊代码"字段，是引用表 8.10.1-1 的外键。

2）水利行业单位代码：湖泊管理单位的代码，同 8.1.6 节"水利行业单位代码"字段，是引用表 8.1.6-1 的外键。

3）关系建立时间：同 8.1.4 节"关系建立时间"字段。

4）关系终止时间：同 8.1.4 节"关系终止时间"字段。

B.44 圩垸与流域分区关系表

a）本表存储圩垸与流域分区关系信息，引用《水利对象基础信息数据库表结构与标识符》（暂定）中的"圩垸与流域分区关系表"。

b）表标识：REL＿POLD＿BAS。

c）表编号：REL＿0089。

d）各字段定义见表 B.44。

表 B.44 圩垸与流域分区关系表字段定义

序号	字 段 名	标 识 符	类型及长度	计量单位	是否允许空值	主键	外键	索引序号
1	圩垸代码	POLD＿CODE	C（17）		N	Y	Y	1
2	流域分区代码	BAS＿CODE	C（17）		N	Y	Y	2
3	关系建立时间	FROM＿DATE	DATE		N			
4	关系终止时间	TO＿DATE	DATE					

e）各字段存储内容应符合下列规定：

1）圩垸代码：同 8.11.1 节"圩垸代码"字段，是引用表 8.11.1-1 的外键。

2）流域分区代码：同 8.1.7 节"流域分区代码"字段，是引用表 8.1.7-1 的外键。

3）关系建立时间：同 8.1.4 节"关系建立时间"字段。

4）关系终止时间：同 8.1.4 节"关系终止时间"字段。

B.45 圩垸与河流关系表

a）本表存储圩垸与河流关系信息，引用《水利对象基础信息数据库表结构与标识符》（暂定）中的"圩垸与河流关系表"。

b）表标识：REL＿POLD＿RV。

c）表编号：REL＿0091。

d）各字段定义见表 B.45。

表 B.45　圩垸与河流关系表字段定义

序号	字 段 名	标 识 符	类型及长度	计量单位	是否允许空值	主键	外键	索引序号
1	圩垸代码	POLD_CODE	C (17)		N	Y	Y	1
2	河流代码	RV_CODE	C (17)		N	Y	Y	2
3	关系建立时间	FROM_DATE	DATE		N			
4	关系终止时间	TO_DATE	DATE					

　　e) 各字段存储内容应符合下列规定：

　　　　1) 圩垸代码：同 8.11.1 节 "圩垸代码" 字段，是引用表 8.11.1-1 的外键。

　　　　2) 河流代码：同 8.2.1 节 "河流代码" 字段，是引用表 8.2.1-1 的外键。

　　　　3) 关系建立时间：同 8.1.4 节 "关系建立时间" 字段。

　　　　4) 关系终止时间：同 8.1.4 节 "关系终止时间" 字段。

B.46　圩垸与湖泊关系表

　　a) 本表存储圩垸与湖泊关系信息，引用《水利对象基础信息数据库表结构与标识符》（暂定）中的 "圩垸与湖泊关系表"。

　　b) 表标识：REL_POLD_LK。

　　c) 表编号：REL_0090。

　　d) 各字段定义见表 B.46。

表 B.46　圩垸与湖泊关系表字段定义

序号	字 段 名	标 识 符	类型及长度	计量单位	是否允许空值	主键	外键	索引序号
1	圩垸代码	POLD_CODE	C (17)		N	Y	Y	1
2	湖泊代码	LK_CODE	C (17)		N	Y	Y	2
3	关系建立时间	FROM_DATE	DATE		N			
4	关系终止时间	TO_DATE	DATE					

　　e) 各字段存储内容应符合下列规定：

　　　　1) 圩垸代码：同 8.11.1 节 "圩垸代码" 字段，是引用表 8.11.1-1 的外键。

　　　　2) 湖泊代码：同 8.10.1 节 "湖泊代码" 字段，是引用表 8.10.1-1 的外键。

　　　　3) 关系建立时间：同 8.1.4 节 "关系建立时间" 字段。

　　　　4) 关系终止时间：同 8.1.4 节 "关系终止时间" 字段。

B.47　圩垸与行政区划关系表

　　a) 本表存储圩垸与行政区划关系信息，引用《水利对象基础信息数据库表结构与标识符》（暂定）中的 "圩垸与行政区划关系表"。

　　b) 表标识：REL_POLD_AD。

　　c) 表编号：REL_0093。

　　d) 各字段定义见表 B.47。

　　e) 各字段存储内容应符合下列规定：

　　　　1) 圩垸代码：同 8.11.1 节 "圩垸代码" 字段，是引用表 8.11.1-1 的外键。

　　　　2) 行政区划代码：同 8.1.2 节 "行政区划代码" 字段，是引用表 8.1.2-1 的外键。

　　　　3) 关系建立时间：同 8.1.4 节 "关系建立时间" 字段。

　　　　4) 关系终止时间：同 8.1.4 节 "关系终止时间" 字段。

表 B.47　圩垸与行政区划关系表字段定义

序号	字 段 名	标 识 符	类型及长度	计量单位	是否允许空值	主键	外键	索引序号
1	圩垸代码	POLD_CODE	C（17）		N	Y	Y	1
2	行政区划代码	AD_CODE	C（15）		N	Y	Y	2
3	关系建立时间	FROM_DATE	DATE		N			
4	关系终止时间	TO_DATE	DATE					

B.48　圩垸与水利行业单位关系表

a）本表存储圩垸与水利行业单位关系信息，引用《水利对象基础信息数据库表结构与标识符》（暂定）中的"圩垸与水利行业单位关系表"。

b）表标识：REL_POLD_WIUN。

c）表编号：REL_0092。

d）各字段定义见表 B.48。

表 B.48　圩垸与水利行业单位关系表字段定义

序号	字 段 名	标 识 符	类型及长度	计量单位	是否允许空值	主键	外键	索引序号
1	圩垸代码	POLD_CODE	C（17）		N	Y	Y	1
2	水利行业单位代码	WIUN_CODE	C（18）		N	Y	Y	2
3	关系建立时间	FROM_DATE	DATE		N			
4	关系终止时间	TO_DATE	DATE					

e）各字段存储内容应符合下列规定：

1）圩垸代码：同 8.11.1 节"圩垸代码"字段，是引用表 8.11.1-1 的外键。

2）水利行业单位代码：圩垸管理单位的代码，同 8.1.6 节"水利行业单位代码"字段，是引用表 8.1.6-1 的外键。

3）关系建立时间：同 8.1.4 节"关系建立时间"字段。

4）关系终止时间：同 8.1.4 节"关系终止时间"字段。

B.49　水闸与流域分区关系表

a）本表存储水闸与流域分区关系信息，引用《水利对象基础信息数据库表结构与标识符》（暂定）中的"水闸与流域分区关系表"。

b）表标识：REL_WAGA_BAS。

c）表编号：REL_0032。

d）各字段定义见表 B.49。

表 B.49　水闸与流域分区关系表字段定义

序号	字 段 名	标 识 符	类型及长度	计量单位	是否允许空值	主键	外键	索引序号
1	水闸代码	WAGA_CODE	C（17）		N	Y	Y	1
2	流域分区代码	BAS_CODE	C（17）		N	Y	Y	2
3	关系建立时间	FROM_DATE	DATE		N			
4	关系终止时间	TO_DATE	DATE					

e）各字段存储内容应符合下列规定：

1）水闸代码：同 8.12.1 节"水闸代码"字段，是引用表 8.12.1-1 的外键。

2）流域分区代码：同 8.1.7 节"流域分区代码"字段，是引用表 8.1.7－1 的外键。

3）关系建立时间：同 8.1.4 节"关系建立时间"字段。

4）关系终止时间：同 8.1.4 节"关系终止时间"字段。

B.50 水闸与河流关系表

a）本表存储水闸与河流关系信息，引用《水利对象基础信息数据库表结构与标识符》（暂定）中的"水闸与河流关系表"。

b）表标识：REL＿WAGA＿RV。

c）表编号：REL＿0034。

d）各字段定义见表 B.50。

表 B.50 水闸与河流关系表字段定义

序号	字 段 名	标 识 符	类型及长度	计量单位	是否允许空值	主键	外键	索引序号
1	水闸代码	WAGA＿CODE	C（17）		N	Y	Y	1
2	河流代码	RV＿CODE	C（17）		N	Y	Y	2
3	关系建立时间	FROM＿DATE	DATE		N			
4	关系终止时间	TO＿DATE	DATE					

e）各字段存储内容应符合下列规定：

1）水闸代码：同 8.12.1 节"水闸代码"字段，是引用表 8.12.1－1 的外键。

2）河流代码：同 8.2.1 节"河流代码"字段，是引用表 8.2.1－1 的外键。

3）关系建立时间：同 8.1.4 节"关系建立时间"字段。

4）关系终止时间：同 8.1.4 节"关系终止时间"字段。

B.51 水闸与堤防关系表

a）本表存储水闸与堤防关系信息，引用《水利对象基础信息数据库表结构与标识符》（暂定）中的"水闸与堤防关系表"。

b）表标识：REL＿WAGA＿DIKE。

c）表编号：REL＿0035。

d）各字段定义见表 B.51。

表 B.51 水闸与堤防关系表字段定义

序号	字 段 名	标 识 符	类型及长度	计量单位	是否允许空值	主键	外键	索引序号
1	水闸代码	WAGA＿CODE	C（17）		N	Y	Y	1
2	堤防代码	DIKE＿CODE	C（17）		N	Y	Y	2
3	关系建立时间	FROM＿DATE	DATE		N			
4	关系终止时间	TO＿DATE	DATE					

e）各字段存储内容应符合下列规定：

1）水闸代码：同 8.12.1 节"水闸代码"字段，是引用表 8.12.1－1 的外键。

2）堤防代码：同 8.7.1 节"堤防代码"字段，是引用表 8.7.1－1 的外键。

3）关系建立时间：同 8.1.4 节"关系建立时间"字段。

4）关系终止时间：同 8.1.4 节"关系终止时间"字段。

B.52 水闸与蓄滞洪区关系表

a）本表存储水闸与蓄滞洪区关系信息，引用《水利对象基础信息数据库表结构与标识符》（暂定）中的"水闸与蓄滞洪区关系表"。

　　b）表标识：REL _ WAGA _ FSDA。

　　c）表编号：REL _ 0040。

　　d）各字段定义见表 B.52。

表 B.52　水闸与蓄滞洪区关系表字段定义

序号	字 段 名	标 识 符	类型及长度	计量单位	是否允许空值	主键	外键	索引序号
1	水闸代码	WAGA _ CODE	C（17）		N	Y	Y	1
2	蓄滞洪区代码	FSDA _ CODE	C（17）		N	Y	Y	2
3	关系建立时间	FROM _ DATE	DATE		N			
4	关系终止时间	TO _ DATE	DATE					

　　e）各字段存储内容应符合下列规定：

　　　　1）水闸代码：同 8.12.1 节"水闸代码"字段，是引用表 8.12.1-1 的外键。

　　　　2）蓄滞洪区代码：同 8.9.1 节"蓄滞洪区代码"字段，是引用表 8.9.1-1 的外键。

　　　　3）关系建立时间：同 8.1.4 节"关系建立时间"字段。

　　　　4）关系终止时间：同 8.1.4 节"关系终止时间"字段。

B.53　水闸与湖泊关系表

　　a）本表存储水闸与湖泊关系信息，引用《水利对象基础信息数据库表结构与标识符》（暂定）中的"水闸与湖泊关系表"。

　　b）表标识：REL _ WAGA _ LK。

　　c）表编号：REL _ 0033。

　　d）各字段定义见表 B.53。

表 B.53　水闸与湖泊关系表字段定义

序号	字 段 名	标 识 符	类型及长度	计量单位	是否允许空值	主键	外键	索引序号
1	水闸代码	WAGA _ CODE	C（17）		N	Y	Y	1
2	湖泊代码	LK _ CODE	C（17）		N	Y	Y	2
3	关系建立时间	FROM _ DATE	DATE		N			
4	关系终止时间	TO _ DATE	DATE					

　　e）各字段存储内容应符合下列规定：

　　　　1）水闸代码：同 8.12.1 节"水闸代码"字段，是引用表 8.12.1-1 的外键。

　　　　2）湖泊代码：同 8.10.1 节"湖泊代码"字段，是引用表 8.10.1-1 的外键。

　　　　3）关系建立时间：同 8.1.4 节"关系建立时间"字段。

　　　　4）关系终止时间：同 8.1.4 节"关系终止时间"字段。

B.54　水闸与圩垸关系表

　　a）本表存储水闸与圩垸关系信息，引用《水利对象基础信息数据库表结构与标识符》（暂定）中的"水闸与圩垸关系表"。

　　b）表标识：REL _ WAGA _ POLD。

　　c）表编号：REL _ 0037。

　　d）各字段定义见表 B.54。

表 B.54　水闸与圩垸关系表字段定义

序号	字段名	标识符	类型及长度	计量单位	是否允许空值	主键	外键	索引序号
1	水闸代码	WAGA_CODE	C（17）		N	Y	Y	1
2	圩垸代码	POLD_CODE	C（17）		N	Y	Y	2
3	关系建立时间	FROM_DATE	DATE		N			
4	关系终止时间	TO_DATE	DATE					

e）各字段存储内容应符合下列规定：

1）水闸代码：同 8.12.1 节"水闸代码"字段，是引用表 8.12.1-1 的外键。

2）圩垸代码：同 8.11.1 节"圩垸代码"字段，是引用表 8.11.1-1 的外键。

3）关系建立时间：同 8.1.4 节"关系建立时间"字段。

4）关系终止时间：同 8.1.4 节"关系终止时间"字段。

B.55　水闸与灌区关系表

a）本表存储水闸与灌区关系信息，引用《水利对象基础信息数据库表结构与标识符》（暂定）中的"水闸与灌区关系表"。

b）表标识：REL_WAGA_IRR。

c）表编号：REL_0038。

d）各字段定义见表 B.55。

表 B.55　水闸与灌区关系表字段定义

序号	字段名	标识符	类型及长度	计量单位	是否允许空值	主键	外键	索引序号
1	水闸代码	WAGA_CODE	C（17）		N	Y	Y	1
2	灌区代码	IRR_CODE	C（17）		N	Y	Y	2
3	关系建立时间	FROM_DATE	DATE		N			
4	关系终止时间	TO_DATE	DATE					

e）各字段存储内容应符合下列规定：

1）水闸代码：同 8.12.1 节"水闸代码"字段，是引用表 8.12.1-1 的外键。

2）灌区代码：同 8.21.1 节"灌区代码"字段，是引用表 8.21.1-1 的外键。

3）关系建立时间：同 8.1.4 节"关系建立时间"字段。

4）关系终止时间：同 8.1.4 节"关系终止时间"字段。

B.56　水闸与行政区划关系表

a）本表存储水闸与行政区划关系信息，引用《水利对象基础信息数据库表结构与标识符》（暂定）中的"水闸与行政区划关系表"。

b）表标识：REL_WAGA_AD。

c）表编号：REL_0043。

d）各字段定义见表 B.56。

e）各字段存储内容应符合下列规定：

1）水闸代码：同 8.12.1 节"水闸代码"字段，是引用表 8.12.1-1 的外键。

2）行政区划代码：同 8.1.2 节"行政区划代码"字段，是引用表 8.1.2-1 的外键。

3）关系建立时间：同 8.1.4 节"关系建立时间"字段。

4）关系终止时间：同 8.1.4 节"关系终止时间"字段。

表 B.56　水闸与行政区划关系表字段定义

序号	字 段 名	标 识 符	类型及长度	计量单位	是否允许空值	主键	外键	索引序号
1	水闸代码	WAGA_CODE	C (17)		N	Y	Y	1
2	行政区划代码	AD_CODE	C (15)		N	Y	Y	2
3	关系建立时间	FROM_DATE	DATE		N			
4	关系终止时间	TO_DATE	DATE					

B.57　水闸与水利行业单位关系表

a）本表存储水闸与水利行业单位关系信息，引用《水利对象基础信息数据库表结构与标识符》（暂定）中的"水闸与水利行业单位关系表"。

b）表标识：REL_WAGA_WIUN。

c）表编号：REL_0041。

d）各字段定义见表 B.57。

表 B.57　水闸与水利行业单位关系表字段定义

序号	字 段 名	标 识 符	类型及长度	计量单位	是否允许空值	主键	外键	索引序号
1	水闸代码	WAGA_CODE	C (17)		N	Y	Y	1
2	水利行业单位代码	WIUN_CODE	C (18)		N	Y	Y	2
3	关系建立时间	FROM_DATE	DATE		N			
4	关系终止时间	TO_DATE	DATE					

e）各字段存储内容应符合下列规定：

　　1）水闸代码：同 8.12.1 节"水闸代码"字段，是引用表 8.12.1-1 的外键。

　　2）水利行业单位代码：水闸管理单位的代码，同 8.1.6 节"水利行业单位代码"字段，是引用表 8.1.6-1 的外键。

　　3）关系建立时间：同 8.1.4 节"关系建立时间"字段。

　　4）关系终止时间：同 8.1.4 节"关系终止时间"字段。

B.58　橡胶坝与流域分区关系表

a）本表存储橡胶坝与流域分区关系信息，引用《水利对象基础信息数据库表结构与标识符》（暂定）中的"橡胶坝与流域分区关系表"。

b）表标识：REL_RUDA_BAS。

c）表编号：REL_0044。

d）各字段定义见表 B.58。

表 B.58　橡胶坝与流域分区关系表字段定义

序号	字 段 名	标 识 符	类型及长度	计量单位	是否允许空值	主键	外键	索引序号
1	橡胶坝代码	RUDA_CODE	C (17)		N	Y	Y	1
2	流域分区代码	BAS_CODE	C (17)		N	Y	Y	2
3	关系建立时间	FROM_DATE	DATE		N			
4	关系终止时间	TO_DATE	DATE					

e）各字段存储内容应符合下列规定：

　　1）橡胶坝代码：同 8.13.1 节"橡胶坝代码"字段，是引用表 8.13.1-1 的外键。

2）流域分区代码：同 8.1.7 节"流域分区代码"字段，是引用表 8.1.7-1 的外键。

3）关系建立时间：同 8.1.4 节"关系建立时间"字段。

4）关系终止时间：同 8.1.4 节"关系终止时间"字段。

B.59　橡胶坝与河流关系表

a）本表存储橡胶坝与河流关系信息，引用《水利对象基础信息数据库表结构与标识符》（暂定）中的"橡胶坝与河流关系表"。

b）表标识：REL_RUDA_RV。

c）表编号：REL_0045。

d）各字段定义见表 B.59。

表 B.59　橡胶坝与河流关系表字段定义

序号	字 段 名	标 识 符	类型及长度	计量单位	是否允许空值	主键	外键	索引序号
1	橡胶坝代码	RUDA_CODE	C (17)		N	Y	Y	1
2	河流代码	RV_CODE	C (17)		N	Y	Y	2
3	关系建立时间	FROM_DATE	DATE		N			
4	关系终止时间	TO_DATE	DATE					

e）各字段存储内容应符合下列规定：

1）橡胶坝代码：同 8.13.1 节"橡胶坝代码"字段，是引用表 8.13.1-1 的外键。

2）河流代码：同 8.2.1 节"河流代码"字段，是引用表 8.2.1-1 的外键。

3）关系建立时间：同 8.1.4 节"关系建立时间"字段。

4）关系终止时间：同 8.1.4 节"关系终止时间"字段。

B.60　橡胶坝与行政区划关系表

a）本表存储橡胶坝与行政区划关系信息，引用《水利对象基础信息数据库表结构与标识符》（暂定）中的"橡胶坝与行政区划关系表"。

b）表标识：REL_RUDA_AD。

c）表编号：REL_0048。

d）各字段定义见表 B.60。

表 B.60　橡胶坝与行政区划关系表字段定义

序号	字 段 名	标 识 符	类型及长度	计量单位	是否允许空值	主键	外键	索引序号
1	橡胶坝代码	RUDA_CODE	C (17)		N	Y	Y	1
2	行政区划代码	AD_CODE	C (15)		N	Y	Y	2
3	关系建立时间	FROM_DATE	DATE		N			
4	关系终止时间	TO_DATE	DATE					

e）各字段存储内容应符合下列规定：

1）橡胶坝代码：同 8.13.1 节"橡胶坝代码"字段，是引用表 8.13.1-1 的外键。

2）行政区划代码：同 8.1.2 节"行政区划代码"字段，是引用表 8.1.2-1 的外键。

3）关系建立时间：同 8.1.4 节"关系建立时间"字段。

4）关系终止时间：同 8.1.4 节"关系终止时间"字段。

B.61　橡胶坝与水利行业单位关系表

a）本表存储橡胶坝与水利行业单位关系信息，引用《水利对象基础信息数据库表结构与标识符》

（暂定）中的"橡胶坝与水利行业单位关系表"。

b）表标识：REL_RUDA_WIUN。

c）表编号：REL_0046。

d）各字段定义见表 B.61。

表 B.61　橡胶坝与水利行业单位关系表字段定义

序号	字 段 名	标 识 符	类型及长度	计量单位	是否允许空值	主键	外键	索引序号
1	橡胶坝代码	RUDA_CODE	C（17）		N	Y	Y	1
2	水利行业单位代码	WIUN_CODE	C（18）		N	Y	Y	2
3	关系建立时间	FROM_DATE	DATE		N			
4	关系终止时间	TO_DATE	DATE					

e）各字段存储内容应符合下列规定：

    1）橡胶坝代码：同 8.13.1 节"橡胶坝代码"字段，是引用表 8.13.1-1 的外键。

    2）水利行业单位代码：橡胶坝管理单位的代码，同 8.1.6 节"水利行业单位代码"字段，是引用表 8.1.6-1 的外键。

    3）关系建立时间：同 8.1.4 节"关系建立时间"字段。

    4）关系终止时间：同 8.1.4 节"关系终止时间"字段。

B.62　桥梁与河流关系表

a）本表存储桥梁与河流关系信息，引用《水利对象基础信息数据库表结构与标识符》（暂定）中的"桥梁与河流关系表"。

b）表标识：REL_BRID_RV。

c）表编号：REL_0254。

d）各字段定义见表 B.62。

表 B.62　桥梁与河流关系表字段定义

序号	字 段 名	标 识 符	类型及长度	计量单位	是否允许空值	主键	外键	索引序号
1	桥梁代码	BRID_CODE	C（17）		N	Y	Y	1
2	河流代码	RV_CODE	C（17）		N	Y	Y	2
3	关系建立时间	FROM_DATE	DATE		N			
4	关系终止时间	TO_DATE	DATE					

e）各字段存储内容应符合下列规定：

    1）桥梁代码：同 8.14.1 节"桥梁代码"字段，是引用表 8.14.1-1 的外键。

    2）河流代码：同 8.2.1 节"河流代码"字段，是引用表 8.2.1-1 的外键。

    3）关系建立时间：同 8.1.4 节"关系建立时间"字段。

    4）关系终止时间：同 8.1.4 节"关系终止时间"字段。

B.63　桥梁与河段关系表

a）本表存储桥梁与河段关系信息，引用《水利对象基础信息数据库表结构与标识符》（暂定）中的"桥梁与河段关系表"。

b）表标识：REL_BRID_REA。

c）表编号：REL_0257。

d）各字段定义见表 B.63。

表 B.63　桥梁与河段关系表字段定义

序号	字 段 名	标 识 符	类型及长度	计量单位	是否允许空值	主键	外键	索引序号
1	桥梁代码	BRID_CODE	C (17)		N	Y	Y	1
2	河段代码	REA_CODE	C (17)		N	Y	Y	2
3	关系建立时间	FROM_DATE	DATE		N			
4	关系终止时间	TO_DATE	DATE					

　　e) 各字段存储内容应符合下列规定：

　　　1) 桥梁代码：同 8.14.1 节"桥梁代码"字段，是引用表 8.14.1－1 的外键。

　　　2) 河段代码：同 8.3.1 节"河段代码"字段，是引用表 8.3.1－1 的外键。

　　　3) 关系建立时间：同 8.1.4 节"关系建立时间"字段。

　　　4) 关系终止时间：同 8.1.4 节"关系终止时间"字段。

B.64　桥梁与蓄滞洪区关系表

　　a) 本表存储桥梁与蓄滞洪区关系信息，引用《水利对象基础信息数据库表结构与标识符》（暂定）中的"桥梁与蓄滞洪区关系表"。

　　b) 表标识：REL_BRID_FSDA。

　　c) 表编号：REL_0255。

　　d) 各字段定义见表 B.64。

表 B.64　桥梁与蓄滞洪区关系表字段定义

序号	字 段 名	标 识 符	类型及长度	计量单位	是否允许空值	主键	外键	索引序号
1	桥梁代码	BRID_CODE	C (17)		N	Y	Y	1
2	蓄滞洪区代码	FSDA_CODE	C (17)		N	Y	Y	2
3	关系建立时间	FROM_DATE	DATE		N			
4	关系终止时间	TO_DATE	DATE					

　　e) 各字段存储内容应符合下列规定：

　　　1) 桥梁代码：同 8.14.1 节"桥梁代码"字段，是引用表 8.14.1－1 的外键。

　　　2) 蓄滞洪区代码：同 8.9.1 节"蓄滞洪区代码"字段，是引用表 8.9.1－1 的外键。

　　　3) 关系建立时间：同 8.1.4 节"关系建立时间"字段。

　　　4) 关系终止时间：同 8.1.4 节"关系终止时间"字段。

B.65　桥梁与湖泊关系表

　　a) 本表存储桥梁与湖泊关系信息，引用《水利对象基础信息数据库表结构与标识符》（暂定）中的"桥梁与湖泊关系表"。

　　b) 表标识：REL_BRID_LK。

　　c) 表编号：REL_0253。

　　d) 各字段定义见表 B.65。

　　e) 各字段存储内容应符合下列规定：

　　　1) 桥梁代码：同 8.14.1 节"桥梁代码"字段，是引用表 8.14.1－1 的外键。

　　　2) 湖泊代码：同 8.10.1 节"湖泊代码"字段，是引用表 8.10.1－1 的外键。

　　　3) 关系建立时间：同 8.1.4 节"关系建立时间"字段。

　　　4) 关系终止时间：同 8.1.4 节"关系终止时间"字段。

表 B.65 桥梁与湖泊关系表字段定义

序号	字 段 名	标 识 符	类型及长度	计量单位	是否允许空值	主键	外键	索引序号
1	桥梁代码	BRID_CODE	C（17）		N	Y	Y	1
2	湖泊代码	LK_CODE	C（17）		N	Y	Y	2
3	关系建立时间	FROM_DATE	DATE		N			
4	关系终止时间	TO_DATE	DATE					

B.66 桥梁与行政区划关系表

a) 本表存储桥梁与行政区划关系信息，引用《水利对象基础信息数据库表结构与标识符》（暂定）中的"桥梁与行政区划关系表"。

b) 表标识：REL_BRID_AD。

c) 表编号：REL_0258。

d) 各字段定义见表 B.66。

表 B.66 桥梁与行政区划关系表字段定义

序号	字 段 名	标 识 符	类型及长度	计量单位	是否允许空值	主键	外键	索引序号
1	桥梁代码	BRID_CODE	C（17）		N	Y	Y	1
2	行政区划代码	AD_CODE	C（15）		N	Y	Y	2
3	关系建立时间	FROM_DATE	DATE		N			
4	关系终止时间	TO_DATE	DATE					

e) 各字段存储内容应符合下列规定：

1) 桥梁代码：同 8.14.1 节"桥梁代码"字段，是引用表 8.14.1-1 的外键。

2) 行政区划代码：同 8.1.2 节"行政区划代码"字段，是引用表 8.1.2-1 的外键。

3) 关系建立时间：同 8.1.4 节"关系建立时间"字段。

4) 关系终止时间：同 8.1.4 节"关系终止时间"字段。

B.67 桥梁与水利行业单位关系表

a) 本表存储桥梁与水利行业单位关系信息，引用《水利对象基础信息数据库表结构与标识符》（暂定）中的"桥梁与水利行业单位关系表"。

b) 表标识：REL_BRID_WIUN。

c) 表编号：REL_0256。

d) 各字段定义见表 B.67。

表 B.67 桥梁与水利行业单位关系表字段定义

序号	字 段 名	标 识 符	类型及长度	计量单位	是否允许空值	主键	外键	索引序号
1	桥梁代码	BRID_CODE	C（17）		N	Y	Y	1
2	水利行业单位代码	WIUN_CODE	C（18）		N	Y	Y	2
3	关系建立时间	FROM_DATE	DATE		N			
4	关系终止时间	TO_DATE	DATE					

e) 各字段存储内容应符合下列规定：

1) 桥梁代码：同 8.14.1 节"桥梁代码"字段，是引用表 8.14.1-1 的外键。

2) 水利行业单位代码：桥梁管理单位的代码，同 8.1.6 节"水利行业单位代码"字段，是引用表 8.1.6 - 1 的外键。

    3）关系建立时间：同 8.1.4 节"关系建立时间"字段。

    4）关系终止时间：同 8.1.4 节"关系终止时间"字段。

B.68 管线与河流关系表

    a）本表存储管线与河流关系信息，引用《水利对象基础信息数据库表结构与标识符》（暂定）中的"管线与河流关系表"。

    b）表标识：REL_PIPE_RV。

    c）表编号：REL_0260。

    d）各字段定义见表 B.68。

表 B.68 管线与河流关系表字段定义

序号	字 段 名	标 识 符	类型及长度	计量单位	是否允许空值	主键	外键	索引序号
1	管线代码	PIPE_CODE	C (17)		N	Y	Y	1
2	河流代码	RV_CODE	C (17)		N	Y	Y	2
3	关系建立时间	FROM_DATE	DATE		N			
4	关系终止时间	TO_DATE	DATE					

    e）各字段存储内容应符合下列规定：

    1）管线代码：同 8.15.1 节"管线代码"字段，是引用表 8.15.1 - 1 的外键。

    2）河流代码：同 8.2.1 节"河流代码"字段，是引用表 8.2.1 - 1 的外键。

    3）关系建立时间：同 8.1.4 节"关系建立时间"字段。

    4）关系终止时间：同 8.1.4 节"关系终止时间"字段。

B.69 管线与河段关系表

    a）本表存储管线与河段关系信息，引用《水利对象基础信息数据库表结构与标识符》（暂定）中的"管线与河段关系表"。

    b）表标识：REL_PIPE_REA。

    c）表编号：REL_0262。

    d）各字段定义见表 B.69。

表 B.69 管线与河段关系表字段定义

序号	字 段 名	标 识 符	类型及长度	计量单位	是否允许空值	主键	外键	索引序号
1	管线代码	PIPE_CODE	C (17)		N	Y	Y	1
2	河段代码	REA_CODE	C (17)		N	Y	Y	2
3	关系建立时间	FROM_DATE	DATE		N			
4	关系终止时间	TO_DATE	DATE					

    e）各字段存储内容应符合下列规定：

    1）管线代码：同 8.15.1 节"管线代码"字段，是引用表 8.15.1 - 1 的外键。

    2）河段代码：同 8.3.1 节"河段代码"字段，是引用表 8.3.1 - 1 的外键。

    3）关系建立时间：同 8.1.4 节"关系建立时间"字段。

    4）关系终止时间：同 8.1.4 节"关系终止时间"字段。

B.70 管线与湖泊关系表

    a）本表存储管线与湖泊关系信息，引用《水利对象基础信息数据库表结构与标识符》（暂定）中的"管线与湖泊关系表"。

b）表标识：REL＿PIPE＿LK。

c）表编号：REL＿0259。

d）各字段定义见表 B.70。

表 B.70 管线与湖泊关系表字段定义

序号	字 段 名	标 识 符	类型及长度	计量单位	是否允许空值	主键	外键	索引序号
1	管线代码	PIPE＿CODE	C（17）		N	Y	Y	1
2	湖泊代码	LK＿CODE	C（17）		N	Y	Y	2
3	关系建立时间	FROM＿DATE	DATE		N			
4	关系终止时间	TO＿DATE	DATE					

e）各字段存储内容应符合下列规定：

1）管线代码：同 8.15.1 节"管线代码"字段，是引用表 8.15.1－1 的外键。

2）湖泊代码：同 8.10.1 节"湖泊代码"字段，是引用表 8.10.1－1 的外键。

3）关系建立时间：同 8.1.4 节"关系建立时间"字段。

4）关系终止时间：同 8.1.4 节"关系终止时间"字段。

B.71 管线与行政区划关系表

a）本表存储管线与行政区划关系信息，引用《水利对象基础信息数据库表结构与标识符》（暂定）中的"管线与行政区划关系表"。

b）表标识：REL＿PIPE＿AD。

c）表编号：REL＿0263。

d）各字段定义见表 B.71。

表 B.71 管线与行政区划关系表字段定义

序号	字 段 名	标 识 符	类型及长度	计量单位	是否允许空值	主键	外键	索引序号
1	管线代码	PIPE＿CODE	C（17）		N	Y	Y	1
2	行政区划代码	AD＿CODE	C（15）		N	Y	Y	2
3	关系建立时间	FROM＿DATE	DATE		N			
4	关系终止时间	TO＿DATE	DATE					

e）各字段存储内容应符合下列规定：

1）管线代码：同 8.15.1 节"管线代码"字段，是引用表 8.15.1－1 的外键。

2）行政区划代码：同 8.1.2 节"行政区划代码"字段，是引用表 8.1.2－1 的外键。

3）关系建立时间：同 8.1.4 节"关系建立时间"字段。

4）关系终止时间：同 8.1.4 节"关系终止时间"字段。

B.72 管线与水利行业单位关系表

a）本表存储管线与水利行业单位关系信息，引用《水利对象基础信息数据库表结构与标识符》（暂定）中的"管线与水利行业单位关系表"。

b）表标识：REL＿PIPE＿WIUN。

c）表编号：REL＿0261。

d）各字段定义见表 B.72。

表 B.72 管线与水利行业单位关系表字段定义

序号	字 段 名	标 识 符	类型及长度	计量单位	是否允许空值	主键	外键	索引序号
1	管线代码	PIPE_CODE	C (17)		N	Y	Y	1
2	水利行业单位代码	WIUN_CODE	C (18)		N	Y	Y	2
3	关系建立时间	FROM_DATE	DATE		N			
4	关系终止时间	TO_DATE	DATE					

e）各字段存储内容应符合下列规定：

1）管线代码：同 8.15.1 节"管线代码"字段，是引用表 8.15.1-1 的外键。

2）水利行业单位代码：管线管理单位的代码，同 8.1.6 节"水利行业单位代码"字段，是引用表 8.1.6-1 的外键。

3）关系建立时间：同 8.1.4 节"关系建立时间"字段。

4）关系终止时间：同 8.1.4 节"关系终止时间"字段。

B.73 倒虹吸与流域分区关系表

a）本表存储倒虹吸与流域分区关系信息，引用《水利对象基础信息数据库表结构与标识符》（暂定）中的"倒虹吸与流域分区关系表"。

b）表标识：REL_INSI_BAS。

c）表编号：REL_0094。

d）各字段定义见表 B.73。

表 B.73 倒虹吸与流域分区关系表字段定义

序号	字 段 名	标 识 符	类型及长度	计量单位	是否允许空值	主键	外键	索引序号
1	倒虹吸代码	INSI_CODE	C (17)		N	Y	Y	1
2	流域分区代码	BAS_CODE	C (17)		N	Y	Y	2
3	关系建立时间	FROM_DATE	DATE		N			
4	关系终止时间	TO_DATE	DATE					

e）各字段存储内容应符合下列规定：

1）倒虹吸代码：同 8.16.1 节"倒虹吸代码"字段，是引用表 8.16.1-1 的外键。

2）流域分区代码：同 8.1.7 节"流域分区代码"字段，是引用表 8.1.7-1 的外键。

3）关系建立时间：同 8.1.4 节"关系建立时间"字段。

4）关系终止时间：同 8.1.4 节"关系终止时间"字段。

B.74 倒虹吸与河段关系表

a）本表存储倒虹吸与河段关系信息，引用《水利对象基础信息数据库表结构与标识符》（暂定）中的"倒虹吸与河段关系表"。

b）表标识：REL_INSI_REA。

c）表编号：REL_0096。

d）各字段定义见表 B.74。

e）各字段存储内容应符合下列规定：

1）倒虹吸代码：同 8.16.1 节"倒虹吸代码"字段，是引用表 8.16.1-1 的外键。

2）河段代码：同 8.3.1 节"河段代码"字段，是引用表 8.3.1-1 的外键。

3）关系建立时间：同 8.1.4 节"关系建立时间"字段。

表 B.74　倒虹吸与河段关系表字段定义

序号	字 段 名	标 识 符	类型及长度	计量单位	是否允许空值	主键	外键	索引序号
1	倒虹吸代码	INSI_CODE	C（17）		N	Y	Y	1
2	河段代码	REA_CODE	C（17）		N	Y	Y	2
3	关系建立时间	FROM_DATE	DATE		N			
4	关系终止时间	TO_DATE	DATE					

　　4）关系终止时间：同 8.1.4 节"关系终止时间"字段。

B.75　倒虹吸与堤段关系表

　　a）本表存储倒虹吸与堤段关系信息，引用《水利对象基础信息数据库表结构与标识符》（暂定）中的"倒虹吸与堤段关系表"。

　　b）表标识：REL_INSI_DISC。

　　c）表编号：REL_0097。

　　d）各字段定义见表 B.75。

表 B.75　倒虹吸与堤段关系表字段定义

序号	字 段 名	标 识 符	类型及长度	计量单位	是否允许空值	主键	外键	索引序号
1	倒虹吸代码	INSI_CODE	C（17）		N	Y	Y	1
2	堤段代码	DISC_CODE	C（17）		N	Y	Y	2
3	关系建立时间	FROM_DATE	DATE		N			
4	关系终止时间	TO_DATE	DATE					

　　e）各字段存储内容应符合下列规定：

　　　　1）倒虹吸代码：同 8.16.1 节"倒虹吸代码"字段，是引用表 8.16.1-1 的外键。

　　　　2）堤段代码：同 8.8.1 节"堤段代码"字段，是引用表 8.8.1-1 的外键。

　　　　3）关系建立时间：同 8.1.4 节"关系建立时间"字段。

　　　　4）关系终止时间：同 8.1.4 节"关系终止时间"字段。

B.76　倒虹吸与行政区划关系表

　　a）本表存储倒虹吸与行政区划关系信息，引用《水利对象基础信息数据库表结构与标识符》（暂定）中的"倒虹吸与行政区划关系表"。

　　b）表标识：REL_INSI_AD。

　　c）表编号：REL_0098。

　　d）各字段定义见表 B.76。

表 B.76　倒虹吸与行政区划关系表字段定义

序号	字 段 名	标 识 符	类型及长度	计量单位	是否允许空值	主键	外键	索引序号
1	倒虹吸代码	INSI_CODE	C（17）		N	Y	Y	1
2	行政区划代码	AD_CODE	C（15）		N	Y	Y	2
3	关系建立时间	FROM_DATE	DATE		N			
4	关系终止时间	TO_DATE	DATE					

　　e）各字段存储内容应符合下列规定：

　　　　1）倒虹吸代码：同 8.16.1 节"倒虹吸代码"字段，是引用表 8.16.1-1 的外键。

2）行政区划代码：同 8.1.2 节"行政区划代码"字段，是引用表 8.1.2-1 的外键。

3）关系建立时间：同 8.1.4 节"关系建立时间"字段。

4）关系终止时间：同 8.1.4 节"关系终止时间"字段。

B.77 倒虹吸与水利行业单位关系表

a）本表存储倒虹吸与水利行业单位关系信息，引用《水利对象基础信息数据库表结构与标识符》（暂定）中的"倒虹吸与水利行业单位关系表"。

b）表标识：REL_INSI_WIUN。

c）表编号：REL_0095。

d）各字段定义见表 B.77。

表 B.77　倒虹吸与水利行业单位关系表字段定义

序号	字段名	标识符	类型及长度	计量单位	是否允许空值	主键	外键	索引序号
1	倒虹吸代码	INSI_CODE	C（17）		N	Y	Y	1
2	水利行业单位代码	WIUN_CODE	C（18）		N	Y	Y	2
3	关系建立时间	FROM_DATE	DATE		N			
4	关系终止时间	TO_DATE	DATE					

e）各字段存储内容应符合下列规定：

1）倒虹吸代码：同 8.16.1 节"倒虹吸代码"字段，是引用表 8.16.1-1 的外键。

2）水利行业单位代码：倒虹吸管理单位的代码，同 8.1.6 节"水利行业单位代码"字段，是引用表 8.1.6-1 的外键。

3）关系建立时间：同 8.1.4 节"关系建立时间"字段。

4）关系终止时间：同 8.1.4 节"关系终止时间"字段。

B.78 渡槽与流域分区关系表

a）本表存储渡槽与流域分区关系信息，引用《水利对象基础信息数据库表结构与标识符》（暂定）中的"渡槽与流域分区关系表"。

b）表标识：REL_FLUM_BAS。

c）表编号：REL_0099。

d）各字段定义见表 B.78。

表 B.78　渡槽与流域分区关系表字段定义

序号	字段名	标识符	类型及长度	计量单位	是否允许空值	主键	外键	索引序号
1	渡槽代码	FLUM_CODE	C（17）		N	Y	Y	1
2	流域分区代码	BAS_CODE	C（17）		N	Y	Y	2
3	关系建立时间	FROM_DATE	DATE		N			
4	关系终止时间	TO_DATE	DATE					

e）各字段存储内容应符合下列规定：

1）渡槽代码：同 8.17.1 节"渡槽代码"字段，是引用表 8.17.1-1 的外键。

2）流域分区代码：同 8.1.7 节"流域分区代码"字段，是引用表 8.1.7-1 的外键。

3）关系建立时间：同 8.1.4 节"关系建立时间"字段。

4）关系终止时间：同 8.1.4 节"关系终止时间"字段。

B. 79 渡槽与河段关系表

a）本表存储渡槽与河段关系信息，引用《水利对象基础信息数据库表结构与标识符》（暂定）中的"渡槽与河段关系表"。

b）表标识：REL_FLUM_REA。

c）表编号：REL_0103。

d）各字段定义见表 B.79。

表 B. 79　渡槽与河段关系表字段定义

序号	字 段 名	标 识 符	类型及长度	计量单位	是否允许空值	主键	外键	索引序号
1	渡槽代码	FLUM_CODE	C（17）		N	Y	Y	1
2	河段代码	REA_CODE	C（17）		N	Y	Y	2
3	关系建立时间	FROM_DATE	DATE		N			
4	关系终止时间	TO_DATE	DATE					

e）各字段存储内容应符合下列规定：

1）渡槽代码：同 8.17.1 节"渡槽代码"字段，是引用表 8.17.1-1 的外键。

2）河段代码：同 8.3.1 节"河段代码"字段，是引用表 8.3.1-1 的外键。

3）关系建立时间：同 8.1.4 节"关系建立时间"字段。

4）关系终止时间：同 8.1.4 节"关系终止时间"字段。

B. 80　渡槽与灌区关系表

a）本表存储渡槽与灌区关系信息，引用《水利对象基础信息数据库表结构与标识符》（暂定）中的"渡槽与灌区关系表"。

b）表标识：REL_FLUM_IRR。

c）表编号：REL_0100。

d）各字段定义见表 B.80。

表 B. 80　渡槽与灌区关系表字段定义

序号	字 段 名	标 识 符	类型及长度	计量单位	是否允许空值	主键	外键	索引序号
1	渡槽代码	FLUM_CODE	C（17）		N	Y	Y	1
2	灌区代码	IRR_CODE	C（17）		N	Y	Y	2
3	关系建立时间	FROM_DATE	DATE		N			
4	关系终止时间	TO_DATE	DATE					

e）各字段存储内容应符合下列规定：

1）渡槽代码：同 8.17.1 节"渡槽代码"字段，是引用表 8.17.1-1 的外键。

2）灌区代码：同 8.21.1 节"灌区代码"字段，是引用表 8.21.1-1 的外键。

3）关系建立时间：同 8.1.4 节"关系建立时间"字段。

4）关系终止时间：同 8.1.4 节"关系终止时间"字段。

B. 81　渡槽与行政区划关系表

a）本表存储渡槽与行政区划关系信息，引用《水利对象基础信息数据库表结构与标识符》（暂定）中的"渡槽与行政区划关系表"。

b）表标识：REL_FLUM_AD。

c）表编号：REL＿0104。

d）各字段定义见表 B.81。

表 B.81　渡槽与行政区划关系表字段定义

序号	字　段　名	标　识　符	类型及长度	计量单位	是否允许空值	主键	外键	索引序号
1	渡槽代码	FLUM＿CODE	C（17）		N	Y	Y	1
2	行政区划代码	AD＿CODE	C（15）		N	Y	Y	2
3	关系建立时间	FROM＿DATE	DATE		N			
4	关系终止时间	TO＿DATE	DATE					

e）各字段存储内容应符合下列规定：

1）渡槽代码：同 8.17.1 节"渡槽代码"字段，是引用表 8.17.1-1 的外键。

2）行政区划代码：同 8.1.2 节"行政区划代码"字段，是引用表 8.1.2-1 的外键。

3）关系建立时间：同 8.1.4 节"关系建立时间"字段。

4）关系终止时间：同 8.1.4 节"关系终止时间"字段。

B.82　渡槽与水利行业单位关系表

a）本表存储渡槽与水利行业单位关系信息，引用《水利对象基础信息数据库表结构与标识符》（暂定）中的"渡槽与水利行业单位关系表"。

b）表标识：REL＿FLUM＿WIUN。

c）表编号：REL＿0102。

d）各字段定义见表 B.82。

表 B.82　渡槽与水利行业单位关系表字段定义

序号	字　段　名	标　识　符	类型及长度	计量单位	是否允许空值	主键	外键	索引序号
1	渡槽代码	FLUM＿CODE	C（17）		N	Y	Y	1
2	水利行业单位代码	WIUN＿CODE	C（18）		N	Y	Y	2
3	关系建立时间	FROM＿DATE	DATE		N			
4	关系终止时间	TO＿DATE	DATE					

e）各字段存储内容应符合下列规定：

1）渡槽代码：同 8.17.1 节"渡槽代码"字段，是引用表 8.17.1-1 的外键。

2）水利行业单位代码：渡槽管理单位的代码，同 8.1.6 节"水利行业单位代码"字段，是引用表 8.1.6-1 的外键。

3）关系建立时间：同 8.1.4 节"关系建立时间"字段。

4）关系终止时间：同 8.1.4 节"关系终止时间"字段。

B.83　治河工程与流域分区关系表

a）本表存储治河工程与流域分区关系信息，引用《水利对象基础信息数据库表结构与标识符》（暂定）中的"治河工程与流域分区关系表"。

b）表标识：REL＿GRPJ＿BAS。

c）表编号：REL＿0110。

d）各字段定义见表 B.83。

表 B.83　治河工程与流域分区关系表字段定义

序号	字 段 名	标 识 符	类型及长度	计量单位	是否允许空值	主键	外键	索引序号
1	治河工程代码	GRPJ_CODE	C（17）		N	Y	Y	1
2	流域分区代码	BAS_CODE	C（17）		N	Y	Y	2
3	关系建立时间	FROM_DATE	DATE		N			
4	关系终止时间	TO_DATE	DATE					

e）各字段存储内容应符合下列规定：

　　1）治河工程代码：同 8.18.1 节"治河工程代码"字段，是引用表 8.18.1-1 的外键。

　　2）流域分区代码：同 8.1.7 节"流域分区代码"字段，是引用表 8.1.7-1 的外键。

　　3）关系建立时间：同 8.1.4 节"关系建立时间"字段。

　　4）关系终止时间：同 8.1.4 节"关系终止时间"字段。

B.84　治河工程与河段关系表

a）本表存储治河工程与河段关系信息，引用《水利对象基础信息数据库表结构与标识符》（暂定）中的"治河工程与河段关系表"。

b）表标识：REL_GRPJ_REA。

c）表编号：REL_0113。

d）各字段定义见表 B.84。

表 B.84　治河工程与河段关系表字段定义

序号	字 段 名	标 识 符	类型及长度	计量单位	是否允许空值	主键	外键	索引序号
1	治河工程代码	GRPJ_CODE	C（17）		N	Y	Y	1
2	河段代码	REA_CODE	C（17）		N	Y	Y	2
3	关系建立时间	FROM_DATE	DATE		N			
4	关系终止时间	TO_DATE	DATE					

e）各字段存储内容应符合下列规定：

　　1）治河工程代码：同 8.18.1 节"治河工程代码"字段，是引用表 8.18.1-1 的外键。

　　2）河段代码：同 8.3.1 节"河段代码"字段，是引用表 8.3.1-1 的外键。

　　3）关系建立时间：同 8.1.4 节"关系建立时间"字段。

　　4）关系终止时间：同 8.1.4 节"关系终止时间"字段。

B.85　治河工程与堤防关系表

a）本表存储治河工程与堤防关系信息，引用《水利对象基础信息数据库表结构与标识符》（暂定）中的"治河工程与堤防关系表"。

b）表标识：REL_GRPJ_DIKE。

c）表编号：REL_0111。

d）各字段定义见表 B.85。

e）各字段存储内容应符合下列规定：

　　1）治河工程代码：同 8.18.1 节"治河工程代码"字段，是引用表 8.18.1-1 的外键。

　　2）堤防代码：同 8.7.1 节"堤防代码"字段，是引用表 8.7.1-1 的外键。

　　3）关系建立时间：同 8.1.4 节"关系建立时间"字段。

　　4）关系终止时间：同 8.1.4 节"关系终止时间"字段。

表 B.85 治河工程与堤防关系表字段定义

序号	字 段 名	标 识 符	类型及长度	计量单位	是否允许空值	主键	外键	索引序号
1	治河工程代码	GRPJ_CODE	C (17)		N	Y	Y	1
2	堤防代码	DIKE_CODE	C (17)		N	Y	Y	2
3	关系建立时间	FROM_DATE	DATE		N			
4	关系终止时间	TO_DATE	DATE					

B.86 治河工程与堤段关系表

a) 本表存储治河工程与堤段关系信息，引用《水利对象基础信息数据库表结构与标识符》（暂定）中的"治河工程与堤段关系表"。

b) 表标识：REL_GRPJ_DISC。

c) 表编号：REL_0114。

d) 各字段定义见表 B.86。

表 B.86 治河工程与堤段关系表字段定义

序号	字 段 名	标 识 符	类型及长度	计量单位	是否允许空值	主键	外键	索引序号
1	治河工程代码	GRPJ_CODE	C (17)		N	Y	Y	1
2	堤段代码	DISC_CODE	C (17)		N	Y	Y	2
3	关系建立时间	FROM_DATE	DATE		N			
4	关系终止时间	TO_DATE	DATE					

e) 各字段存储内容应符合下列规定：

1）治河工程代码：同 8.18.1 节"治河工程代码"字段，是引用表 8.18.1-1 的外键。

2）堤段代码：同 8.8.1 节"堤段代码"字段，是引用表 8.8.1-1 的外键。

3）关系建立时间：同 8.1.4 节"关系建立时间"字段。

4）关系终止时间：同 8.1.4 节"关系终止时间"字段。

B.87 治河工程与险工险段关系表

a) 本表存储治河工程与险工险段关系信息，引用《水利对象基础信息数据库表结构与标识符》（暂定）中的"治河工程与险工险段关系表"。

b) 表标识：REL_GRPJ_DPDS。

c) 表编号：REL_0115。

d) 各字段定义见表 B.87。

表 B.87 治河工程与险工险段关系表字段定义

序号	字 段 名	标 识 符	类型及长度	计量单位	是否允许空值	主键	外键	索引序号
1	治河工程代码	GRPJ_CODE	C (17)		N	Y	Y	1
2	险工险段代码	DPDS_CODE	C (17)		N	Y	Y	2
3	关系建立时间	FROM_DATE	DATE		N			
4	关系终止时间	TO_DATE	DATE					

e) 各字段存储内容应符合下列规定：

1）治河工程代码：同 8.18.1 节"治河工程代码"字段，是引用表 8.18.1-1 的外键。

2）险工险段代码：同 8.19.1 节"险工险段代码"字段，是引用表 8.19.1-1 的外键。

3）关系建立时间：同 8.1.4 节"关系建立时间"字段。

4）关系终止时间：同 8.1.4 节"关系终止时间"字段。

B.88 治河工程与行政区划关系表

a）本表存储治河工程与行政区划关系信息，引用《水利对象基础信息数据库表结构与标识符》（暂定）中的"治河工程与行政区划关系表"。

b）表标识：REL _ GRPJ _ AD。

c）表编号：REL _ 0116。

d）各字段定义见表 B.88。

表 B.88 治河工程与行政区划关系表字段定义

序号	字 段 名	标 识 符	类型及长度	计量单位	是否允许空值	主键	外键	索引序号
1	治河工程代码	GRPJ _ CODE	C（17）		N	Y	Y	1
2	行政区划代码	AD _ CODE	C（15）		N	Y	Y	2
3	关系建立时间	FROM _ DATE	DATE		N			
4	关系终止时间	TO _ DATE	DATE					

e）各字段存储内容应符合下列规定：

1）治河工程代码：同 8.18.1 节"治河工程代码"字段，是引用表 8.18.1-1 的外键。

2）行政区划代码：同 8.1.2 节"行政区划代码"字段，是引用表 8.1.2-1 的外键。

3）关系建立时间：同 8.1.4 节"关系建立时间"字段。

4）关系终止时间：同 8.1.4 节"关系终止时间"字段。

B.89 治河工程与水利行业单位关系表

a）本表存储治河工程与水利行业单位关系信息，引用《水利对象基础信息数据库表结构与标识符》（暂定）中的"治河工程与水利行业单位关系表"。

b）表标识：REL _ GRPJ _ WIUN。

c）表编号：REL _ 0112。

d）各字段定义见表 B.89。

表 B.89 治河工程与水利行业单位关系表字段定义

序号	字 段 名	标 识 符	类型及长度	计量单位	是否允许空值	主键	外键	索引序号
1	治河工程代码	GRPJ _ CODE	C（17）		N	Y	Y	1
2	水利行业单位代码	WIUN _ CODE	C（18）		N	Y	Y	2
3	关系建立时间	FROM _ DATE	DATE		N			
4	关系终止时间	TO _ DATE	DATE					

e）各字段存储内容应符合下列规定：

1）治河工程代码：同 8.18.1 节"治河工程代码"字段，是引用表 8.18.1-1 的外键。

2）水利行业单位代码：治河工程管理单位的代码，同 8.1.6 节"水利行业单位代码"字段，是引用表 8.1.6-1 的外键。

3）关系建立时间：同 8.1.4 节"关系建立时间"字段。

4）关系终止时间：同 8.1.4 节"关系终止时间"字段。

B.90 险工险段与流域分区关系表

a）本表存储险工险段与流域分区关系信息，引用《水利对象基础信息数据库表结构与标识符》

（暂定）中的"险工险段与流域分区关系表"。

b）表标识：REL_DPDS_BAS。

c）表编号：REL_0244。

d）各字段定义见表B.90。

表 B.90　险工险段与流域分区关系表字段定义

序号	字　段　名	标　识　符	类型及长度	计量单位	是否允许空值	主键	外键	索引序号
1	险工险段代码	DPDS_CODE	C（17）		N	Y	Y	1
2	流域分区代码	BAS_CODE	C（17）		N	Y	Y	2
3	关系建立时间	FROM_DATE	DATE		N			
4	关系终止时间	TO_DATE	DATE					

e）各字段存储内容应符合下列规定：

1）险工险段代码：同8.19.1节"险工险段代码"字段，是引用表8.19.1-1的外键。

2）流域分区代码：同8.1.7节"流域分区代码"字段，是引用表8.1.7-1的外键。

3）关系建立时间：同8.1.4节"关系建立时间"字段。

4）关系终止时间：同8.1.4节"关系终止时间"字段。

B.91　险工险段与河流关系表

a）本表存储险工险段与河流关系信息，引用《水利对象基础信息数据库表结构与标识符》（暂定）中的"险工险段与河流关系表"。

b）表标识：REL_DPDS_RV。

c）表编号：REL_0245。

d）各字段定义见表B.91。

表 B.91　险工险段与河流关系表字段定义

序号	字　段　名	标　识　符	类型及长度	计量单位	是否允许空值	主键	外键	索引序号
1	险工险段代码	DPDS_CODE	C（17）		N	Y	Y	1
2	河流代码	RV_CODE	C（17）		N	Y	Y	2
3	关系建立时间	FROM_DATE	DATE		N			
4	关系终止时间	TO_DATE	DATE					

e）各字段存储内容应符合下列规定：

1）险工险段代码：同8.19.1节"险工险段代码"字段，是引用表8.19.1-1的外键。

2）河流代码：同8.2.1节"河流代码"字段，是引用表8.2.1-1的外键。

3）关系建立时间：同8.1.4节"关系建立时间"字段。

4）关系终止时间：同8.1.4节"关系终止时间"字段。

B.92　险工险段与河段关系表

a）本表存储险工险段与河段关系信息，引用《水利对象基础信息数据库表结构与标识符》（暂定）中的"险工险段与河段关系表"。

b）表标识：REL_DPDS_REA。

c）表编号：REL_0249。

d）各字段定义见表B.92。

表 B.92 险工险段与河段关系表字段定义

序号	字 段 名	标 识 符	类型及长度	计量单位	是否允许空值	主键	外键	索引序号
1	险工险段代码	DPDS_CODE	C (17)		N	Y	Y	1
2	河段代码	REA_CODE	C (17)		N	Y	Y	2
3	关系建立时间	FROM_DATE	DATE		N			
4	关系终止时间	TO_DATE	DATE					

e) 各字段存储内容应符合下列规定：

1）险工险段代码：同 8.19.1 节"险工险段代码"字段，是引用表 8.19.1-1 的外键。

2）河段代码：同 8.3.1 节"河段代码"字段，是引用表 8.3.1-1 的外键。

3）关系建立时间：同 8.1.4 节"关系建立时间"字段。

4）关系终止时间：同 8.1.4 节"关系终止时间"字段。

B.93 险工险段与堤防关系表

a) 本表存储险工险段与堤防关系信息，引用《水利对象基础信息数据库表结构与标识符》（暂定）中的"险工险段与堤防关系表"。

b) 表标识：REL_DPDS_DIKE。

c) 表编号：REL_0246。

d) 各字段定义见表 B.93。

表 B.93 险工险段与堤防关系表字段定义

序号	字 段 名	标 识 符	类型及长度	计量单位	是否允许空值	主键	外键	索引序号
1	险工险段代码	DPDS_CODE	C (17)		N	Y	Y	1
2	堤防代码	DIKE_CODE	C (17)		N	Y	Y	2
3	关系建立时间	FROM_DATE	DATE		N			
4	关系终止时间	TO_DATE	DATE					

e) 各字段存储内容应符合下列规定：

1）险工险段代码：同 8.19.1 节"险工险段代码"字段，是引用表 8.19.1-1 的外键。

2）堤防代码：同 8.7.1 节"堤防代码"字段，是引用表 8.7.1-1 的外键。

3）关系建立时间：同 8.1.4 节"关系建立时间"字段。

4）关系终止时间：同 8.1.4 节"关系终止时间"字段。

B.94 险工险段与堤段关系表

a) 本表存储险工险段与堤段关系信息，引用《水利对象基础信息数据库表结构与标识符》（暂定）中的"险工险段与堤段关系表"。

b) 表标识：REL_DPDS_DISC。

c) 表编号：REL_0250。

d) 各字段定义见表 B.94。

e) 各字段存储内容应符合下列规定：

1）险工险段代码：同 8.19.1 节"险工险段代码"字段，是引用表 8.19.1-1 的外键。

2）堤段代码：同 8.8.1 节"堤段代码"字段，是引用表 8.8.1-1 的外键。

3）关系建立时间：同 8.1.4 节"关系建立时间"字段。

4）关系终止时间：同 8.1.4 节"关系终止时间"字段。

表 B.94　险工险段与堤段关系表字段定义

序号	字 段 名	标 识 符	类型及长度	计量单位	是否允许空值	主键	外键	索引序号
1	险工险段代码	DPDS_CODE	C（17）		N	Y	Y	1
2	堤段代码	DISC_CODE	C（17）		N	Y	Y	2
3	关系建立时间	FROM_DATE	DATE		N			
4	关系终止时间	TO_DATE	DATE					

B.95　险工险段与行政区划关系表

a）本表存储险工险段与行政区划关系信息，引用《水利对象基础信息数据库表结构与标识符》（暂定）中的"险工险段与行政区划关系表"。

b）表标识：REL_DPDS_AD。

c）表编号：REL_0251。

d）各字段定义见表 B.95。

表 B.95　险工险段与行政区划关系表字段定义

序号	字 段 名	标 识 符	类型及长度	计量单位	是否允许空值	主键	外键	索引序号
1	险工险段代码	DPDS_CODE	C（17）		N	Y	Y	1
2	行政区划代码	AD_CODE	C（15）		N	Y	Y	2
3	关系建立时间	FROM_DATE	DATE		N			
4	关系终止时间	TO_DATE	DATE					

e）各字段存储内容应符合下列规定：

1）险工险段代码：同 8.19.1 节"险工险段代码"字段，是引用表 8.19.1-1 的外键。

2）行政区划代码：同 8.1.2 节"行政区划代码"字段，是引用表 8.1.2-1 的外键。

3）关系建立时间：同 8.1.4 节"关系建立时间"字段。

4）关系终止时间：同 8.1.4 节"关系终止时间"字段。

B.96　险工险段与水利行业单位关系表

a）本表存储险工险段与水利行业单位关系信息，引用《水利对象基础信息数据库表结构与标识符》（暂定）中的"险工险段与水利行业单位关系表"。

b）表标识：REL_DPDS_WIUN。

c）表编号：REL_0247。

d）各字段定义见表 B.96。

表 B.96　险工险段与水利行业单位关系表字段定义

序号	字 段 名	标 识 符	类型及长度	计量单位	是否允许空值	主键	外键	索引序号
1	险工险段代码	DPDS_CODE	C（17）		N	Y	Y	1
2	水利行业单位代码	WIUN_CODE	C（18）		N	Y	Y	2
3	关系建立时间	FROM_DATE	DATE		N			
4	关系终止时间	TO_DATE	DATE					

e）各字段存储内容应符合下列规定：

1）险工险段代码：同 8.19.1 节"险工险段代码"字段，是引用表 8.19.1-1 的外键。

2）水利行业单位代码：险工险段管理单位的代码，同 8.1.6 节"水利行业单位代码"字段，是引用表 8.1.6-1 的外键。

  3）关系建立时间：同 8.1.4 节"关系建立时间"字段。

  4）关系终止时间：同 8.1.4 节"关系终止时间"字段。

B.97　泵站与流域分区关系表

a）本表存储泵站与流域分区关系信息，引用《水利对象基础信息数据库表结构与标识符》（暂定）中的"泵站与流域分区关系表"。

b）表标识：REL_PUST_BAS。

c）表编号：REL_0055。

d）各字段定义见表 B.97。

表 B.97　泵站与流域分区关系表字段定义

序号	字段名	标识符	类型及长度	计量单位	是否允许空值	主键	外键	索引序号
1	泵站代码	PUST_CODE	C(17)		N	Y	Y	1
2	流域分区代码	BAS_CODE	C(17)		N	Y	Y	2
3	关系建立时间	FROM_DATE	DATE		N			
4	关系终止时间	TO_DATE	DATE					

e）各字段存储内容应符合下列规定：

  1）泵站代码：同 8.20.1 节"泵站代码"字段，是引用表 8.20.1-1 的外键。

  2）流域分区代码：同 8.1.7 节"流域分区代码"字段，是引用表 8.1.7-1 的外键。

  3）关系建立时间：同 8.1.4 节"关系建立时间"字段。

  4）关系终止时间：同 8.1.4 节"关系终止时间"字段。

B.98　泵站与河流关系表

a）本表存储泵站与河流关系信息，引用《水利对象基础信息数据库表结构与标识符》（暂定）中的"泵站与河流关系表"。

b）表标识：REL_PUST_RV。

c）表编号：REL_0057。

d）各字段定义见表 B.98。

表 B.98　泵站与河流关系表字段定义

序号	字段名	标识符	类型及长度	计量单位	是否允许空值	主键	外键	索引序号
1	泵站代码	PUST_CODE	C(17)		N	Y	Y	1
2	河流代码	RV_CODE	C(17)		N	Y	Y	2
3	关系建立时间	FROM_DATE	DATE		N			
4	关系终止时间	TO_DATE	DATE					

e）各字段存储内容应符合下列规定：

  1）泵站代码：同 8.20.1 节"泵站代码"字段，是引用表 8.20.1-1 的外键。

  2）河流代码：同 8.2.1 节"河流代码"字段，是引用表 8.2.1-1 的外键。

  3）关系建立时间：同 8.1.4 节"关系建立时间"字段。

  4）关系终止时间：同 8.1.4 节"关系终止时间"字段。

B.99　泵站与水库关系表

a）本表存储泵站与水库关系信息，引用《水利对象基础信息数据库表结构与标识符》（暂定）中的"泵站与水库关系表"。

b）表标识：REL ＿ PUST ＿ RES。

c）表编号：REL ＿ 0061。

d）各字段定义见表 B. 99。

表 B. 99　泵站与水库关系表字段定义

序号	字 段 名	标 识 符	类型及长度	计量单位	是否允许空值	主键	外键	索引序号
1	泵站代码	PUST ＿ CODE	C（17）		N	Y	Y	1
2	水库代码	RES ＿ CODE	C（17）		N	Y	Y	2
3	关系建立时间	FROM ＿ DATE	DATE		N			
4	关系终止时间	TO ＿ DATE	DATE					

e）各字段存储内容应符合下列规定：

1）泵站代码：同 8. 20. 1 节"泵站代码"字段，是引用表 8. 20. 1 - 1 的外键。

2）水库代码：同 8. 4. 1 节"水库代码"字段，是引用表 8. 4. 1 - 1 的外键。

3）关系建立时间：同 8. 1. 4 节"关系建立时间"字段。

4）关系终止时间：同 8. 1. 4 节"关系终止时间"字段。

B. 100　泵站与堤防关系表

a）本表存储泵站与堤防关系信息，引用《水利对象基础信息数据库表结构与标识符》（暂定）中的"泵站与堤防关系表"。

b）表标识：REL ＿ PUST ＿ DIKE。

c）表编号：REL ＿ 0059。

d）各字段定义见表 B. 100。

表 B. 100　泵站与堤防关系表字段定义

序号	字 段 名	标 识 符	类型及长度	计量单位	是否允许空值	主键	外键	索引序号
1	泵站代码	PUST ＿ CODE	C（17）		N	Y	Y	1
2	堤防代码	DIKE ＿ CODE	C（17）		N	Y	Y	2
3	关系建立时间	FROM ＿ DATE	DATE		N			
4	关系终止时间	TO ＿ DATE	DATE					

e）各字段存储内容应符合下列规定：

1）泵站代码：同 8. 20. 1 节"泵站代码"字段，是引用表 8. 20. 1 - 1 的外键。

2）堤防代码：同 8. 7. 1 节"堤防代码"字段，是引用表 8. 7. 1 - 1 的外键。

3）关系建立时间：同 8. 1. 4 节"关系建立时间"字段。

4）关系终止时间：同 8. 1. 4 节"关系终止时间"字段。

B. 101　泵站与湖泊关系表

a）本表存储泵站与湖泊关系信息，引用《水利对象基础信息数据库表结构与标识符》（暂定）中的"泵站与湖泊关系表"。

b）表标识：REL ＿ PUST ＿ LK。

c）表编号：REL ＿ 0056。

d）各字段定义见表 B. 101。

表 B.101 泵站与湖泊关系表字段定义

序号	字 段 名	标 识 符	类型及长度	计量单位	是否允许空值	主键	外键	索引序号
1	泵站代码	PUST_CODE	C（17）		N	Y	Y	1
2	湖泊代码	LK_CODE	C（17）		N	Y	Y	2
3	关系建立时间	FROM_DATE	DATE		N			
4	关系终止时间	TO_DATE	DATE					

e）各字段存储内容应符合下列规定：

1）泵站代码：同8.20.1节"泵站代码"字段，是引用表8.20.1-1的外键。

2）湖泊代码：同8.10.1节"湖泊代码"字段，是引用表8.10.1-1的外键。

3）关系建立时间：同8.1.4节"关系建立时间"字段。

4）关系终止时间：同8.1.4节"关系终止时间"字段。

B.102 泵站与水闸关系表

a）本表存储泵站与水闸关系信息，引用《水利对象基础信息数据库表结构与标识符》（暂定）中的"泵站与水闸关系表"。

b）表标识：REL_PUST_WAGA。

c）表编号：REL_0058。

d）各字段定义见表 B.102。

表 B.102 泵站与水闸关系表字段定义

序号	字 段 名	标 识 符	类型及长度	计量单位	是否允许空值	主键	外键	索引序号
1	泵站代码	PUST_CODE	C（17）		N	Y	Y	1
2	水闸代码	WAGA_CODE	C（17）		N	Y	Y	2
3	关系建立时间	FROM_DATE	DATE		N			
4	关系终止时间	TO_DATE	DATE					

e）各字段存储内容应符合下列规定：

1）泵站代码：同8.20.1节"泵站代码"字段，是引用表8.20.1-1的外键。

2）水闸代码：同8.12.1节"水闸代码"字段，是引用表8.12.1-1的外键。

3）关系建立时间：同8.1.4节"关系建立时间"字段。

4）关系终止时间：同8.1.4节"关系终止时间"字段。

B.103 泵站与灌区关系表

a）本表存储泵站与灌区关系信息，引用《水利对象基础信息数据库表结构与标识符》（暂定）中的"泵站与灌区关系表"。

b）表标识：REL_PUST_IRR。

c）表编号：REL_0062。

d）各字段定义见表 B.103。

e）各字段存储内容应符合下列规定：

1）泵站代码：同8.20.1节"泵站代码"字段，是引用表8.20.1-1的外键。

2）灌区代码：同8.21.1节"灌区代码"字段，是引用表8.21.1-1的外键。

3）关系建立时间：同8.1.4节"关系建立时间"字段。

4）关系终止时间：同8.1.4节"关系终止时间"字段。

表 B.103　泵站与灌区关系表字段定义

序号	字 段 名	标 识 符	类型及长度	计量单位	是否允许空值	主键	外键	索引序号
1	泵站代码	PUST_CODE	C（17）		N	Y	Y	1
2	灌区代码	IRR_CODE	C（17）		N	Y	Y	2
3	关系建立时间	FROM_DATE	DATE		N			
4	关系终止时间	TO_DATE	DATE					

B.104　泵站与行政区划关系表

a）本表存储泵站与行政区划关系信息，引用《水利对象基础信息数据库表结构与标识符》（暂定）中的"泵站与行政区划关系表"。

b）表标识：REL_PUST_AD。

c）表编号：REL_0066。

d）各字段定义见表 B.104。

表 B.104　泵站与行政区划关系表字段定义

序号	字 段 名	标 识 符	类型及长度	计量单位	是否允许空值	主键	外键	索引序号
1	泵站代码	PUST_CODE	C（17）		N	Y	Y	1
2	行政区划代码	AD_CODE	C（15）		N	Y	Y	2
3	关系建立时间	FROM_DATE	DATE		N			
4	关系终止时间	TO_DATE	DATE					

e）各字段存储内容应符合下列规定：

1）泵站代码：同 8.20.1 节"泵站代码"字段，是引用表 8.20.1-1 的外键。

2）行政区划代码：同 8.1.2 节"行政区划代码"字段，是引用表 8.1.2-1 的外键。

3）关系建立时间：同 8.1.4 节"关系建立时间"字段。

4）关系终止时间：同 8.1.4 节"关系终止时间"字段。

B.105　泵站与水利行业单位关系表

a）本表存储泵站与水利行业单位关系信息，引用《水利对象基础信息数据库表结构与标识符》（暂定）中的"泵站与水利行业单位关系表"。

b）表标识：REL_PUST_WIUN。

c）表编号：REL_0064。

d）各字段定义见表 B.105。

表 B.105　泵站与水利行业单位关系表字段定义

序号	字 段 名	标 识 符	类型及长度	计量单位	是否允许空值	主键	外键	索引序号
1	泵站代码	PUST_CODE	C（17）		N	Y	Y	1
2	水利行业单位代码	WIUN_CODE	C（18）		N	Y	Y	2
3	关系建立时间	FROM_DATE	DATE		N			
4	关系终止时间	TO_DATE	DATE					

e）各字段存储内容应符合下列规定：

1）泵站代码：同 8.20.1 节"泵站代码"字段，是引用表 8.20.1-1 的外键。

2）水利行业单位代码：泵站管理单位的代码，同 8.1.6 节"水利行业单位代码"字段，是引用表 8.1.6-1 的外键。

    3）关系建立时间：同 8.1.4 节"关系建立时间"字段。

    4）关系终止时间：同 8.1.4 节"关系终止时间"字段。

B.106　灌区与流域分区关系表

a）本表存储灌区与流域分区关系信息，引用《水利对象基础信息数据库表结构与标识符》（暂定）中的"灌区与流域分区关系表"。

b）表标识：REL_IRR_BAS。

c）表编号：REL_0122。

d）各字段定义见表 B.106。

表 B.106　灌区与流域分区关系表字段定义

序号	字 段 名	标 识 符	类型及长度	计量单位	是否允许空值	主键	外键	索引序号
1	灌区代码	IRR_CODE	C（17）		N	Y	Y	1
2	流域分区代码	BAS_CODE	C（17）		N	Y	Y	2
3	关系建立时间	FROM_DATE	DATE		N			
4	关系终止时间	TO_DATE	DATE					

e）各字段存储内容应符合下列规定：

    1）灌区代码：同 8.21.1 节"灌区代码"字段，是引用表 8.21.1-1 的外键。

    2）流域分区代码：同 8.1.7 节"流域分区代码"字段，是引用表 8.1.7-1 的外键。

    3）关系建立时间：同 8.1.4 节"关系建立时间"字段。

    4）关系终止时间：同 8.1.4 节"关系终止时间"字段。

B.107　灌区与河流关系表

a）本表存储灌区与河流关系信息，引用《水利对象基础信息数据库表结构与标识符》（暂定）中的"灌区与河流关系表"。

b）表标识：REL_IRR_RV。

c）表编号：REL_0123。

d）各字段定义见表 B.107。

表 B.107　灌区与河流关系表字段定义

序号	字 段 名	标 识 符	类型及长度	计量单位	是否允许空值	主键	外键	索引序号
1	灌区代码	IRR_CODE	C（17）		N	Y	Y	1
2	河流代码	RV_CODE	C（17）		N	Y	Y	2
3	关系建立时间	FROM_DATE	DATE		N			
4	关系终止时间	TO_DATE	DATE					

e）各字段存储内容应符合下列规定：

    1）灌区代码：同 8.21.1 节"灌区代码"字段，是引用表 8.21.1-1 的外键。

    2）河流代码：同 8.2.1 节"河流代码"字段，是引用表 8.2.1-1 的外键。

    3）关系建立时间：同 8.1.4 节"关系建立时间"字段。

    4）关系终止时间：同 8.1.4 节"关系终止时间"字段。

B.108　灌区与行政区划关系表

a）本表存储灌区与行政区划关系信息，引用《水利对象基础信息数据库表结构与标识符》（暂定）中的"灌区与行政区划关系表"。

b）表标识：REL_IRR_AD。

c）表编号：REL_0126。

d）各字段定义见表 B.108。

表 B.108　灌区与行政区划关系表字段定义

序号	字 段 名	标 识 符	类型及长度	计量单位	是否允许空值	主键	外键	索引序号
1	灌区代码	IRR_CODE	C（17）		N	Y	Y	1
2	行政区划代码	AD_CODE	C（15）		N	Y	Y	2
3	关系建立时间	FROM_DATE	DATE		N			
4	关系终止时间	TO_DATE	DATE					

e）各字段存储内容应符合下列规定：

1）灌区代码：同 8.21.1 节"灌区代码"字段，是引用表 8.21.1-1 的外键。

2）行政区划代码：同 8.1.2 节"行政区划代码"字段，是引用表 8.1.2-1 的外键。

3）关系建立时间：同 8.1.4 节"关系建立时间"字段。

4）关系终止时间：同 8.1.4 节"关系终止时间"字段。

B.109　灌区与水利行业单位关系表

a）本表存储灌区与水利行业单位关系信息，引用《水利对象基础信息数据库表结构与标识符》（暂定）中的"灌区与水利行业单位关系表"。

b）表标识：REL_IRR_WIUN。

c）表编号：REL_0124。

d）各字段定义见表 B.109。

表 B.109　灌区与水利行业单位关系表字段定义

序号	字 段 名	标 识 符	类型及长度	计量单位	是否允许空值	主键	外键	索引序号
1	灌区代码	IRR_CODE	C（17）		N	Y	Y	1
2	水利行业单位代码	WIUN_CODE	C（18）		N	Y	Y	2
3	关系建立时间	FROM_DATE	DATE		N			
4	关系终止时间	TO_DATE	DATE					

e）各字段存储内容应符合下列规定：

1）灌区代码：同 8.21.1 节"灌区代码"字段，是引用表 8.21.1-1 的外键。

2）水利行业单位代码：灌区管理单位的代码，同 8.1.6 节"水利行业单位代码"字段，是引用表 8.1.6-1 的外键。

3）关系建立时间：同 8.1.4 节"关系建立时间"字段。

4）关系终止时间：同 8.1.4 节"关系终止时间"字段。

B.110　流域分区与行政区划关系表

a）本表存储流域分区与行政区划关系信息，引用《水利对象基础信息数据库表结构与标识符》（暂定）中的"流域分区与行政区划关系表"。

b）表标识：REL_BAS_AD。

c）表编号：REL_0003。

d）各字段定义见表 B.110。

表 B.110　流域分区与行政区划关系表字段定义

序号	字 段 名	标 识 符	类型及长度	计量单位	是否允许空值	主键	外键	索引序号
1	流域分区代码	BAS_CODE	C（17）		N	Y	Y	1
2	行政区划代码	AD_CODE	C（15）		N	Y	Y	2
3	关系建立时间	FROM_DATE	DATE		N			
4	关系终止时间	TO_DATE	DATE					

e）各字段存储内容应符合下列规定：

　　1）流域分区代码：同 8.1.7 节"流域分区代码"字段，是引用表 8.1.7-1 的外键。

　　2）行政区划代码：同 8.1.2 节"行政区划代码"字段，是引用表 8.1.2-1 的外键。

　　3）关系建立时间：同 8.1.4 节"关系建立时间"字段。

　　4）关系终止时间：同 8.1.4 节"关系终止时间"字段。

B.111　水利行业单位与行政区划关系表

a）本表存储水利行业单位与行政区划关系信息，引用《水利对象基础信息数据库表结构与标识符》（暂定）中的"水利行业单位与行政区划关系表"。

b）表标识：REL_WIUN_AD。

c）表编号：REL_0143。

d）各字段定义见表 B.111。

表 B.111　水利行业单位与行政区划关系表字段定义

序号	字 段 名	标 识 符	类型及长度	计量单位	是否允许空值	主键	外键	索引序号
1	水利行业单位代码	WIUN_CODE	C（18）		N	Y	Y	1
2	行政区划代码	AD_CODE	C（15）		N	Y	Y	2
3	关系建立时间	FROM_DATE	DATE		N			
4	关系终止时间	TO_DATE	DATE					

e）各字段存储内容应符合下列规定：

　　1）水利行业单位代码：同 8.1.6 节"水利行业单位代码"字段，是引用表 8.1.6-1 的外键。

　　2）行政区划代码：同 8.1.2 节"行政区划代码"字段，是引用表 8.1.2-1 的外键。

　　3）关系建立时间：同 8.1.4 节"关系建立时间"字段。

　　4）关系终止时间：同 8.1.4 节"关系终止时间"字段。

附录 C 表标识符索引

编号	中 文 表 名	表 标 识	表索引
	通 用 基 础 信 息 表		
1	工程名称与代码表	FHGC _ PRNMSR	8.1.1-1
2	行政区划名录表	OBJ _ AD	8.1.2-1
3	多媒体资料库表	FHGC _ SNIMDT	8.1.3-1
4	工程与多媒体资料关系表	FHGC _ ENSPIN	8.1.4-1
5	工程与工程图关系表	FHGC _ PRGL	8.1.5-1
6	水利行业单位名录表	OBJ _ WIUN	8.1.6-1
7	流域分区名录表	OBJ _ BAS	8.1.7-1
	河 流		
1	河流名录表	OBJ _ RV	8.2.1-1
2	河流基础信息表	ATT _ RV _ BASE	8.2.2-1
3	流域（水系）基本情况表	FHGC _ DRARBSIN	8.2.3-1
4	河道横断面基本特征表	FHGC _ RCTRBSCH	8.2.4-1
5	河道横断面表	FHGC _ RCTR	8.2.5-1
6	洪水传播时间表	FHGC _ FLSPTM	8.2.6-1
	河 段		
1	河段名录表	OBJ _ REA	8.3.1-1
2	河段基础信息表	ATT _ REA _ BASE	8.3.2-1
3	河段基本情况表	FHGC _ RVRCDS	8.3.3-1
4	河段行洪障碍登记表	FHGC _ RCGOOBPR	8.3.4-1
	水 库		
1	水库名录表	OBJ _ RES	8.4.1-1
2	水库基础信息表	ATT _ RES _ BASE	8.4.2-1
3	水库水文特征值表	FHGC _ RSHYPR	8.4.3-1
4	洪水计算成果表	FHGC _ DSFLCLPR	8.4.4-1
5	入库河流表	FHGC _ ENRSRV	8.4.5-1
6	出库河流表	FHGC _ GORSRV	8.4.6-1
7	水库特征值表	FHGC _ RSPP	8.4.7-1
8	水库水位面积、库容、泄量关系表	FHGC _ RWACDR	8.4.8-1
9	水库主要效益指标表	FHGC _ RPBIT	8.4.9-1
10	淹没损失及工程永久占地表	FHGC _ SBLSEPOL	8.4.10-1
11	泄水建筑物表	FHGC _ DSCN	8.4.11-1
12	单孔水位泄量关系表	FHGC _ SHWLDRL	8.4.12-1
13	水库防洪调度表	FHGC _ RSATPR	8.4.13-1
14	建筑物观测表	FHGC _ CNOBINTB	8.4.14-1
15	水库运行历史记录表	FHGC _ RRHNT	8.4.15-1
16	水库出险年度记录表	FHGC _ RSDNYRNT	8.4.16-1
17	自动测报系统表	FHGC _ ATSRROSS	8.4.17-1
18	中继站表	FHGC _ RLST	8.4.18-1
19	遥测站表	FHGC _ RMSRST	8.4.19-1

附录 C 表 标 识 符 索 引（续）

编号	中 文 表 名	表 标 识	表索引
20	水库汛期运用主要特征值表	FHGC_RFKWLV	8.4.20-1
水 库 大 坝			
1	水库大坝名录表	OBJ_DAM	8.5.1-1
2	水库大坝基础信息表	ATT_DAM_BASE	8.5.2-1
3	水库大坝特征信息表	FHGC_DAM	8.5.3-1
测 站			
1	测站名录表	OBJ_ST	8.6.1-1
2	测站基础信息表	ATT_ST_BASE	8.6.2-1
3	测站基本情况表	FHGC_CNSTCMIN	8.6.3-1
4	测站水文特征表	FHGC_CSHCT	8.6.4-1
5	水位流量关系表	FHGC_WTFLRL	8.6.5-1
堤 防			
1	堤防名录表	OBJ_DIKE	8.7.1-1
2	堤防基础信息表	ATT_DIKE_BASE	8.7.2-1
3	堤防一般信息表	FHGC_DKCMIN	8.7.3-1
4	堤防基本情况表	FHGC_BNBSIN	8.7.4-1
5	海堤基本情况表	FHGC_SWACIN	8.7.5-1
6	堤防横断面特征值表	FHGC_DKTR	8.7.6-1
7	堤防横断面表	FHGC_BNBDCRPR	8.7.7-1
8	堤防水文特征表	FHGC_BSFST	8.7.8-1
9	堤防主要效益指标表	FHGC_DBIABT	8.7.9-1
10	堤防历史决溢记录表	FHGC_DKHOSB	8.7.10-1
堤 段			
1	堤段名录表	OBJ_DISC	8.8.1-1
2	堤段基础信息表	ATT_DISC_BASE	8.8.2-1
蓄 滞 洪 区			
1	蓄滞洪区名录表	OBJ_FSDA	8.9.1-1
2	蓄滞洪区基础信息表	ATT_FSDA_BASE	8.9.2-1
3	蓄滞洪区基本情况表	FHGC_HSGFSBI	8.9.3-1
4	水位面积、容积、人口、固定资产关系表	FHGC_HSWACPSR	8.9.4-1
5	蓄滞洪区避水设施分类统计表	FHGC_HSGFSAE	8.9.5-1
6	行洪区行洪口门情况表	FHGC_GFSDIT	8.9.6-1
7	蓄滞洪区通信预警设施表	FHGC_HSGFSCAE	8.9.7-1
8	陆路撤离道路统计表	FHGC_LNWTCHST	8.9.8-1
9	陆路撤离主要道路表	FHGC_HSLWPC	8.9.9-1
10	蓄滞洪区的主要桥梁表	FHGC_HSGFSPB	8.9.10-1
11	蓄滞洪区运用方案表	FHGC_HSGFSUS	8.9.11-1
12	蓄滞洪区历次运用情况表	FHGC_HSGFSAPI	8.9.12-1
13	行洪区历次运用情况表	FHGC_HGFSAPI	8.9.13-1
14	进、退水闸登记表	FHGC_ENWTSLRG	8.9.14-1

附录 C 表标识符索引（续）

编号	中文表名	表标识	表索引
湖 泊			
1	湖泊名录表	OBJ_LK	8.10.1-1
2	湖泊基础信息表	ATT_LK_BASE	8.10.2-1
3	湖泊一般信息表	FHGC_LKCMIN	8.10.3-1
4	湖泊基本特征表	FHGC_LKBSIN	8.10.4-1
5	进湖水系表	FHGC_ENLKWTSY	8.10.5-1
6	出湖水系表	FHGC_GOLKWTSY	8.10.6-1
7	湖泊汛限水位表	FHGC_LKFLWT	8.10.7-1
8	湖泊水位面积、容积关系表	FHGC_LKWTCPRL	8.10.8-1
9	湖泊社经基本情况表	FHGC_LSEBIN	8.10.9-1
圩 垸			
1	圩垸名录表	OBJ_POLD	8.11.1-1
2	圩垸基础信息表	ATT_POLD_BASE	8.11.2-1
3	圩垸一般信息表	FHGC_PDCMIN	8.11.3-1
4	圩垸堤防基本情况表	FHGC_PDDKBSIN	8.11.4-1
5	内湖、内河及建筑物基本情况表	FHGC_IIAXBI	8.11.5-1
6	重点险点险段表	FHGC_STDNDN	8.11.6-1
7	社经基本情况表	FHGC_SCECBSIN	8.11.7-1
8	蓄水量百万立方米以上内湖哑河表	FHGC_SQMMALRT	8.11.8-1
9	内湖哑河水位面积、容积关系表	FHGC_IIWACR	8.11.9-1
10	蓄洪垸水位面积、容积关系表	FHGC_SPWAFR	8.11.10-1
11	蓄洪垸进洪口表	FHGC_SRPDENDR	8.11.11-1
水 闸			
1	水闸名录表	OBJ_WAGA	8.12.1-1
2	水闸基础信息表	ATT_WAGA_BASE	8.12.2-1
3	水闸一般信息表	FHGC_SLCMIN	8.12.3-1
4	水闸与控制站表	FHGC_SLCNSTRL	8.12.4-1
5	水闸设计参数表	FHGC_SLHYPR	8.12.5-1
6	泄流能力曲线表	FHGC_ESCPP	8.12.6-1
7	水闸工程特性表	FHGC_SLPRCH	8.12.7-1
8	水闸效益指标表	FHGC_SLBSBN	8.12.8-1
9	水闸历史运用记录表	FHGC_SLHSUSNT	8.12.9-1
10	水闸出险记录表	FHGC_SLDNNT	8.12.10-1
11	闸孔特征值表	FHGC_SLIGVL	8.12.11-1
橡 胶 坝			
1	橡胶坝名录表	OBJ_RUDA	8.13.1-1
2	橡胶坝基础信息表	ATT_RUDA_BASE	8.13.2-1
3	橡胶坝综合信息表	FHGC_RUDM	8.13.3-1
桥 梁			
1	桥梁名录表	OBJ_BRID	8.14.1-1

附录 C 表 标 识 符 索 引 (续)

编号	中 文 表 名	表 标 识	表索引
2	桥梁基础信息表	ATT _ BRID _ BASE	8.14.2 - 1
3	桥梁基本情况表	FHGC _ BRBI	8.14.3 - 1
4	桥梁其他信息表	FHGC _ BRIDGE	8.14.4 - 1
管 线			
1	管线名录表	OBJ _ PIPE	8.15.1 - 1
2	管线基础信息表	ATT _ PIPE _ BASE	8.15.2 - 1
3	管线基本情况表	FHGC _ PPBI	8.15.3 - 1
4	管线其他信息表	FHGC _ PPLN	8.15.4 - 1
倒 虹 吸			
1	倒虹吸名录表	OBJ _ INSI	8.16.1 - 1
2	倒虹吸基础信息表	ATT _ INSI _ BASE	8.16.2 - 1
3	倒虹吸基本情况表	FHGC _ ISBI	8.16.3 - 1
4	倒虹吸其他信息表	FHGC _ INEN1	8.16.4 - 1
渡 槽			
1	渡槽名录表	OBJ _ FLUM	8.17.1 - 1
2	渡槽基础信息表	ATT _ FLUM _ BASE	8.17.2 - 1
3	渡槽基本情况表	FHGC _ FLBI	8.17.3 - 1
4	渡槽其他信息表	FHGC _ FLUME	8.17.4 - 1
治 河 工 程			
1	治河工程名录表	OBJ _ GRPJ	8.18.1 - 1
2	治河工程基础信息表	ATT _ GRPJ _ BASE	8.18.2 - 1
3	治河工程基本情况表	FHGC _ CNRPBI	8.18.3 - 1
4	治河工程出险登记表	FHGC _ CNRST	8.18.4 - 1
险 工 险 段			
1	险工险段名录表	OBJ _ DPDS	8.19.1 - 1
2	险工险段基础信息表	ATT _ DPDS _ BASE	8.19.2 - 1
3	险工险段表	FHGC _ DNPNDNSC	8.19.3 - 1
泵 站			
1	泵站名录表	OBJ _ PUST	8.20.1 - 1
2	泵站基础信息表	ATT _ PUST _ BASE	8.20.2 - 1
3	泵站基本情况表	FHGC _ MEIDSBI	8.20.3 - 1
灌 区			
1	灌区名录表	OBJ _ IRR	8.21.1 - 1
2	灌区基础信息表	ATT _ IRR _ BASE	8.21.2 - 1
3	灌区基本情况表	FHGC _ IRSCIN	8.21.3 - 1
4	灌区效益信息表	FHGC _ IRABT	8.21.4 - 1

附录 D 字段标识符索引

编号	中文字段名	字段标识	类型及长度	单位	字 段 英 文 名	首次出现表
1	工程代码	ENNMCD	C (17)		Engineering code	8.1.1-1
2	工程名称	ENNM	VC (100)		Engineering name	8.1.1-1
3	工程类型	TYPE	C (2)		Engineering type	8.1.1-1
4	对象建立时间	FROM_DATE	DATE		Object creation time	8.1.1-1
5	对象终止时间	TO_DATE	DATE		Object termination time	8.1.1-1
6	行政区划代码	AD_CODE	C (15)		Administrative region code	8.1.2-1
7	行政区划名称	AD_NAME	VC (100)		Administrative region name	8.1.2-1
8	多媒体文件代码	SNPCCD	C (17)		Multimedia file code	8.1.3-1
9	经度	LN	N (11, 8)	(°)	Longitude	8.1.3-1
10	纬度	LT	N (10, 8)	(°)	Latitude	8.1.3-1
11	文件标题	FLTT	VC (60)		File title	8.1.3-1
12	关键词	KWD	VC (60)		Key word	8.1.3-1
13	编制单位名称	ESTORGNM	VC (250)		Establishment organizational name	8.1.3-1
14	编制单位代码	ESTORGCD	C (17)		Establishment organizational code	8.1.3-1
15	编制人员	ESTPERS	VC (100)		Establishment personnel	8.1.3-1
16	编制完成日期	ESTFINDT	Date		Establishment finish date	8.1.3-1
17	发布单位名称	PUBORGNM	VC (250)		Public organizational name	8.1.3-1
18	发布单位代码	PUBORGCD	C (17)		Public organizational code	8.1.3-1
19	发布日期	PUBDT	Date		Public date	8.1.3-1
20	摘要信息	ABS	VC (4000)		Abstract	8.1.3-1
21	多媒体文件类型	MULFLTP	C (1)		Multimedia file type	8.1.3-1
22	文件路径	FLPA	VC (256)		File path	8.1.3-1
23	文件名	FLNM	VC (128)		File name	8.1.3-1
24	文件大小	FLSZ	N (12, 2)	kB	File size	8.1.3-1
25	文件扩展名	FLEXT	VC (10)		Filename extension	8.1.3-1
26	备注	NOTE	VC (1024)		Remark	8.1.3-1
27	属性采集时间	COLL_DATE	DATE		Property collection time	8.1.3-1
28	属性更新时间	UPD_DATE	DATE		Property update time	8.1.3-1
29	关系建立时间	FROM_DATE	DATE		Relation creation time	8.1.4-1
30	关系终止时间	TO_DATE	DATE		Relation termination time	8.1.4-1
31	图号	FGMR	C (17)		Figure number	8.1.5-1
32	原图号	FRFGMR	VC (40)		Primary figure number	8.1.5-1
33	主图名	MNFGNM	VC (80)		Main figure name	8.1.5-1
34	副图名	AXFGNM	VC (40)		Auxiliary figure name	8.1.5-1
35	图纸张数	DRQN	VC (5)		Drawing number	8.1.5-1
36	图纸类型	FGSR	C (1)		Figure type	8.1.5-1
37	水利行业单位代码	WIUN_CODE	C (18)		Water industry unit code	8.1.6-1
38	水利行业单位名称	WIUN_NAME	VC (250)		Water industry unit name	8.1.6-1
39	流域分区代码	BAS_CODE	C (17)		Administrative basin code	8.1.7-1

附录 D 字段标识符索引（续）

编号	中文字段名	字段标识	类型及长度	单位	字段英文名	首次出现表
40	流域分区名称	BAS_NAME	VC（100）		Administrative basin name	8.1.7-1
41	河流代码	RV_CODE	C（17）		River code	8.2.1-1
42	河流名称	RV_NAME	VC（100）		River name	8.2.1-1
43	河源所在位置	RV_SOUR_LOC	VC（256）		Location of river source	8.2.2-1
44	河口所在位置	RV_MOU_LOC	VC（256）		Location of river mouth	8.2.2-1
45	跨界类型	CR_OVER_TYPE	C（1）		Crossover type	8.2.2-1
46	流经地区	FLOW_AREA	VC（1024）		Area with river flowing over	8.2.2-1
47	河流类型	RV_TYPE	C（1）		River type	8.2.2-1
48	河流级别	RV_GRAD	VC（2）		River grade	8.2.2-1
49	岸别	BANK	C（1）		Bank	8.2.2-1
50	河流长度	RV_LEN	N（9，3）	km	Length of river	8.2.2-1
51	河流流域面积	RV_BAS_AREA	N（10，2）	km²	River basin area	8.2.2-1
52	多年平均流量	LON_AVER_ANN_FLOW	N（8，2）	m³/s	Long-term average annual flow	8.2.2-1
53	多年平均年径流量	MEA_ANN_RUOF	N（8，2）	m³/s	Mean annual runoff	8.2.2-1
54	平均比降	AVER_SLOP	VC（10）		Average slope	8.2.2-1
55	河源高程	RVSREL	N（8，3）	m	River source elevation	8.2.3-1
56	中游起点位置	MDJMPL	VC（256）		Middle starting location	8.2.3-1
57	下游起点位置	DWJMPL	VC（256）		Downstream starting location	8.2.3-1
58	多年平均年降水深	AVPDP	N（6，2）	mm	Average pre depth	8.2.3-1
59	多年平均年径流深	AVRFDP	N（6，2）	mm	Average runoff depth	8.2.3-1
60	有无水文站和水位站	HYSTOGG	C（1）		If presence of hydrological station and gage	8.2.3-1
61	上游河长	UPLN	N（8，3）	km	Upstream river length	8.2.3-1
62	中游河长	MDLN	N（8，3）	km	Middle river length	8.2.3-1
63	下游河长	DWLN	N（8，3）	km	Downstream river length	8.2.3-1
64	全河汇入一级支流数	TREBNB	N（6）	条	Tributary number of entering river	8.2.3-1
65	全河汇入一级支流名称	TREBNM	VC（4000）		Tributary name of entering river	8.2.3-1
66	上游流域面积	UPDRBSA	N（9，2）	km²	Upstream basin area	8.2.3-1
67	中游流域面积	MDDRBSAR	N（9，2）	km²	Middle basin area	8.2.3-1
68	下游流域面积	DWDRBSAR	N（9，2）	km²	Downstream basin area	8.2.3-1
69	流域山区面积	DRBSCTAR	N（9，2）	km²	Basin mountainous area	8.2.3-1
70	流域丘陵面积	DRBSHLAR	N（9，2）	km²	Basin hilly area	8.2.3-1
71	流域平原面积	DRBSPLAR	N（9，2）	km²	Basin plain area	8.2.3-1
72	流域湖泊面积	DRBSLKAR	N（8，2）	km²	Basin lake area	8.2.3-1
73	流域耕地面积	DRBSINAR	N（7）	10⁴亩	Basin cultivate area	8.2.3-1
74	流域内人口	DRBSPP	N（10，4）	10⁴人	Population in the basin	8.2.3-1
75	流域内社经情况	DBISEIN	VC（4000）		Socio-economic condition in the basin	8.2.3-1
76	洪水威胁范围	FLTHRG	VC（4000）		Flood threat range	8.2.3-1
77	水准基面	LVBSLV	C（2）		Level base surface	8.2.3-1

附录 D 字段标识符索引（续）

编号	中文字段名	字段标识	类型及长度	单位	字 段 英 文 名	首次出现表
78	假定水准基面位置	DLBLP	VC（80）		Assumed level base surface position	8.2.3-1
79	河道横断面代码	CHTRCD	C（17）		River cross-section code	8.2.4-1
80	断面名称	TRNM	VC（100）		Cross-section name	8.2.4-1
81	断面所在位置	TRATPL	VC（256）		Location of river cross-section	8.2.4-1
82	至起始断面距离	TOINTRDS	N（8，3）	km	Distance to initial section	8.2.4-1
83	断面起测点坐标 x	TRSRPCRX	VC（13）	(°)	Coordinate x of measured points	8.2.4-1
84	断面起测点坐标 y	TRSRPCRY	VC（13）	(°)	Coordinate y of measured points	8.2.4-1
85	断面起测点高程	TRSRPNEL	N（8，3）	m	Elevation of measured points	8.2.4-1
86	滩地宽度	BTWD	N（7，1）	m	Beach width	8.2.4-1
87	河槽宽度	CHWD	N（7，1）	m	Channel width	8.2.4-1
88	滩地平均高程	BCAVEL	N（8，3）	m	Beach average elevation	8.2.4-1
89	滩地冲淤厚度	BECLSLTH	N（6，2）	m	Thick of scouring and silting of beach	8.2.4-1
90	河槽平均高程	CHAVEL	N（8，3）	m	Channel average elevation	8.2.4-1
91	河槽冲淤厚度	CHCLSLTH	N（6，2）	m	Thick of scouring and silting of channel	8.2.4-1
92	主河槽（河床最深点）底部高程	MNCHEL	N（8，3）	m	Main channel bottom elevation	8.2.4-1
93	起点距	JMDS	N（8，2）	m	Distance to starting point	8.2.5-1
94	测点高程	SRPNEL	N（8，3）	m	Elevation of measured points	8.2.5-1
95	河道长	RCLEN	N（7，3）	km	Length of river course	8.2.6-1
96	最大安全泄量	MXSFDS	VC（40）	m³/s	Maximum safe discharge	8.2.6-1
97	最小传播时间	MNTM	N（5，1）	h	Minimum propagation time	8.2.6-1
98	最大传播时间	MXTM	N（5，1）	h	Maximum propagation time	8.2.6-1
99	平均传播时间	AVTM	N（5，1）	h	Average propagation time	8.2.6-1
100	实测和调查最大洪水	MXFL	C（1）		Measured and investigated for maximum floods	8.2.6-1
101	河段代码	REA_CODE	C（17）		Reach code	8.3.1-1
102	河段名称	REA_NAME	VC（100）		Reach name	8.3.1-1
103	起点所在位置	START_LOC	VC（256）		Location of starting point	8.3.2-1
104	终点所在位置	END_LOC	VC（256）		Location of end point	8.3.2-1
105	河型	RV_CHAN_PATT	C（1）		River channel pattern	8.3.2-1
106	河段长度	REA_LEN	N（8，3）	km	Length of reach	8.3.2-1
107	汇流面积	VLAR	N（9，2）	km²	Catchment area	8.3.3-1
108	汇入一级支流数	ENBRNB	N（2）	条	Tributary number of entering river reach	8.3.3-1
109	河槽平均宽度	CHAVWD	N（7，1）	m	Channel average width	8.3.3-1
110	滩地平均宽度	BTAVWD	N（7，1）	m	Beach average width	8.3.3-1
111	河槽面积	RCHAR	N（7，2）	km²	Channel area	8.3.3-1
112	滩地面积	BTAR	N（7，2）	km²	Beach area	8.3.3-1
113	河道平滩流量	CHFLDS	N（7，2）	m³/s	Channel bankfull discharge	8.3.3-1
114	河床比降	RVAVSL	N（8，3）	‰	River bed slope	8.3.3-1

附录 D 字段标识符索引（续）

编号	中文字段名	字段标识	类型及长度	单位	字 段 英 文 名	首次出现表
115	弯曲率	CV	N（3）		Rate of curving	8.3.3－1
116	糙率	RG	N（5，3）		Roughness	8.3.3－1
117	最大河宽	MXRVWD	N（7，1）	m	Maximum river width	8.3.3－1
118	最小河宽	MNRVWD	N（7，1）	m	Minimum river width	8.3.3－1
119	障碍物名称	BRNM	VC（100）		Bar name	8.3.4－1
120	位置	BNPL	VC（256）		Position of reach	8.3.4－1
121	水位壅高情况	WTLVBKIN	VC（40）		Indicate of water level beyond bank	8.3.4－1
122	障碍物平面面积	BRAR	N（7，1）	m²	Bar plane area	8.3.4－1
123	障碍物最大外形尺寸	BRDM	VC（40）		Maximum dimension of bar	8.3.4－1
124	障碍物侵占河道宽度	BRINCHWD	N（6，1）	m	Bar in channel width	8.3.4－1
125	障碍物侵占过水面积	BRIGWTAR	N（7，1）	m²	Bar in water area	8.3.4－1
126	清障计划	RVBRPL	VC（4000）		Plan of clearing bar	8.3.4－1
127	清障情况	RVBRIN	VC（4000）		Indicate of clearing bar	8.3.4－1
128	水库代码	RES_CODE	C（17）		Reservoir code	8.4.1－1
129	水库名称	RES_NAME	VC（100）		Reservoir name	8.4.1－1
130	水库所在位置	RES_LOC	VC（256）		Location of reservoir	8.4.2－1
131	水库类型	RES_TYPE	C（1）		Type of reservoir	8.4.2－1
132	工程等别	ENG_GRAD	C（1）		Engineering grade	8.4.2－1
133	工程规模	ENG_SCAL	C（1）		Engineering scale	8.4.2－1
134	集雨面积	WAT_SHED_AREA	N（9，2）	km²	Water shed area	8.4.2－1
135	坝址多年平均年径流量	DAAD_MUL_AVER_RUOF	N（21，4）	10⁴m³	Dam address mean annual runoff	8.4.2－1
136	防洪高水位	UPP_LEV_FLCO	N（8，3）	m	Upper water level for flood control	8.4.2－1
137	正常蓄水位	NORM_WAT_LEV	N（8，3）	m	Normal water level	8.4.2－1
138	正常蓄水位相应水面面积	NORM_POOL_STAG_AREA	N（6，2）	km²	Normal pool storage area	8.4.2－1
139	正常蓄水位相应库容	NORM_POOL_STAG_CAP	N（9，2）	10⁴m³	Normal pool storage capacity	8.4.2－1
140	防洪限制水位	FL_LOW_LIM_LEV	N（8，3）	m	Lower limit water level for flood control	8.4.2－1
141	防洪限制水位库容	FL_LOW_LIM_LEV_CAP	N（9，2）	10⁴m³	Reservoir capacity of lower limit water level for flood control	8.4.2－1
142	死水位	DEAD_LEV	N（8，3）	m	Dead water level	8.4.2－1
143	总库容	TOT_CAP	N（9，2）	10⁴m³	Total reservoir capacity	8.4.2－1
144	调洪库容	STOR_FL_CAP	N（9，2）	10⁴m³	Flood storage capacity	8.4.2－1
145	防洪库容	FLCO_CAP	N（9，2）	10⁴m³	Flood control capacity	8.4.2－1
146	兴利库容	BEN_RES_CAP	N（9，2）	10⁴m³	Benifical reservoir capacity	8.4.2－1
147	死库容	DEAD_CAP	N（9，2）	10⁴m³	Dead reservoir capacity	8.4.2－1
148	工程建设情况	ENG_STAT	C（1）		Construction situation	8.4.2－1
149	运行状况	RUN_STAT	C（1）		Running state	8.4.2－1
150	开工时间	START_DATE	DATE		Start date	8.4.2－1

附 录 D 字 段 标 识 符 索 引 （续）

编号	中文字段名	字段标识	类型及长度	单位	字 段 英 文 名	首次出现表
151	建成时间	COMP＿DATE	DATE		Complete date	8.4.2－1
152	归口管理部门	ADM＿DEP	C（1）		Administrative department	8.4.2－1
153	多年平均年降水量	AVANPR	N（6，2）	mm	Mean annual precipitation	8.4.3－1
154	多年平均年蒸发量	AVANEV	N（4）	mm	Mean annual evaporation	8.4.3－1
155	多年平均含沙量	AVANSNQN	N（7，2）	kg/m³	Mean annual sediment concentration	8.4.3－1
156	多年平均年输沙量	AVANSDLD	N（9，3）	10^4 t	Mean annual sediment discharge	8.4.3－1
157	发电引用总流量	GNQUTTFL	N（8，2）	m³/s	Total flow of electricity reference	8.4.3－1
158	设计洪水位时最大泄量	DFLMD	N（9，2）	m³/s	Maximum discharge of design flood water level	8.4.3－1
159	校核洪水位时最大泄量	CFLMD	N（9，2）	m³/s	Maximum discharge of check flood water level	8.4.3－1
160	最小下泄流量	MNDS	N（7，2）	m³/s	Minimum discharge	8.4.3－1
161	最小泄量相应下游水位	MDDWL	N（8，3）	m	Downstream water level of minimum discharge	8.4.3－1
162	计算日期	CLDT	DATE		Calculation date	8.4.4－1
163	洪水频率	FLQN	VC（16）		Flood frequency	8.4.4－1
164	时段长	TMPRLN	VC（10）		Period length	8.4.4－1
165	时段洪量	DTPFQ	N（9，2）	10^4 m³	Period flood volume	8.4.4－1
166	洪峰流量	DSFLPKFL	N（8，2）	m³/s	Peak flow	8.4.4－1
167	水库调节特性	RSADCH	C（1）		Reservoir regulation characteristics	8.4.7－1
168	设计洪水标准	DSFLST	N（5）		Design flood standard	8.4.7－1
169	设计洪水位	DSFLLV	N（8，3）	m	Design flood water level	8.4.7－1
170	校核洪水标准	CHFLST	VC（40）		Check flood standard	8.4.7－1
171	校核洪水位	CHFLLV	N（8，3）	m	Check flood water level	8.4.7－1
172	水位	WTLV	N（8，3）	m	Water level	8.4.8－1
173	面积	AR	N（8，2）	km²	Area	8.4.8－1
174	库容	RSCP	N（9，2）	10^4 m³	Capacity	8.4.8－1
175	正常溢洪道总泄量	NRSOTTDS	N（8，2）	m³/s	Total discharge of normal spillway	8.4.8－1
176	非常溢洪道总泄量	EXSOTTDS	N（8，2）	m³/s	Total discharge of emergency spillway	8.4.8－1
177	洞（管）总泄量	HLPPTTDS	N（8，2）	m³/s	Total discharge of hole or pipe	8.4.8－1
178	发电引用流量	GNQUFL	N（8，2）	m³/s	Flow of electricity reference	8.4.8－1
179	工程任务	ENGTS	VC（6）		Engineering task	8.4.9－1
180	供水对象	WSUPOBJ	VC（6）		Water supply object	8.4.9－1
181	防洪保护面积	CNFLPRAR	N（10，2）	km²	Flood control protection area	8.4.9－1
182	防洪保护城镇、工矿、企业	ATPRCTNM	VC（4000）		Flood control protection town, mine, enterprise	8.4.9－1
183	总装机容量	INCP	N（8，2）	MW	Total installed capacity	8.4.9－1
184	多年平均年发电量	AVANENOT	N（10，4）	10^8 kWh	Mean annual generating capacity	8.4.9－1
185	设计灌溉面积	DSIRAR	N（10）	亩	Design irrigated area	8.4.9－1

附录 D 字段标识符索引（续）

编号	中文字段名	字段标识	类型及长度	单位	字 段 英 文 名	首次出现表
186	实际灌溉面积	ACIRAR	N（10）	亩	Actual irrigated area	8.4.9-1
187	灌区名称	IRRNM	VC（200）		Lrrigation names	8.4.9-1
188	实际最大灌溉引水流量	AMIWQN	N（5，2）	m³/s	Actual maximum irrigation diversion flow	8.4.9-1
189	城市、工业引水流量	CINQWFL	N（5，2）	m³/s	Urban，industrial water diversion flow	8.4.9-1
190	治涝面积	ATPRHGA	N（9）	亩	Waterlogging area	8.4.9-1
191	改善航道	IMCH	N（6，3）	km	Improved channel	8.4.9-1
192	淹没土地（洪水）标准	SBSLST	N（5）	a	Flood standard of submerged land	8.4.10-1
193	淹没土地面积	SBIN	N（7）	亩	Submerged land area	8.4.10-1
194	迁移人口（洪水）标准	MVPPFLST	N（5）	a	Flood standard of migration population	8.4.10-1
195	计划迁移人口	PLMVPPQN	N（7）	人	Planned migration population	8.4.10-1
196	已迁移人口	MVPPQN	N（7）	人	Migrated population	8.4.10-1
197	生产安置人口	PRODPOP	N（7）	人	Resettled persons for production	8.4.10-1
198	设计征地高程	DSWLEL	N（8，3）	m	Design expropriation elevation	8.4.10-1
199	设计移民高程	DSEMEL	N（8，3）	m	Design immigration elevation	8.4.10-1
200	淹没情况	INRN	VC（4000）		Submerged condition	8.4.10-1
201	工程永久占地	PRFRDM	N（6）	亩	Engineering permanent covered area	8.4.10-1
202	存在问题	EXQS	VC（4000）		Existing question	8.4.10-1
203	建筑物名称	CNNM	VC（100）		Construction name	8.4.11-1
204	建筑物级别	CNCL	C（1）		Construction level	8.4.11-1
205	正常/非常溢洪道	FNCL	C（1）		Normal/emergency spillway	8.4.11-1
206	泄水建筑物类型	DSCNCLTP	C（3）		Discharge construction type	8.4.11-1
207	最大泄洪流量	MXDISFL	N（9，2）	m³/s	Maximum flood discharge	8.4.11-1
208	建筑物位置	CNPLCD	C（1）		Construction location	8.4.11-1
209	孔数（条数）	HLNB	N（2）	孔（条）	Number of hole	8.4.11-1
210	溢流前沿总长度	OFBTLN	N（6，2）	m	Total length of overflow front	8.4.11-1
211	地基地质	GRGL	VC（4000）		Ground geology	8.4.11-1
212	孔口断面形式	ORTRTP	C（1）		Orifice cross-section type	8.4.11-1
213	孔口净高	CRNTHG	N（5，2）	m	Orifice net height	8.4.11-1
214	孔口净宽	CRNTWD	N（5，2）	m	Orifice net width	8.4.11-1
215	孔口内径	ORINDM	N（5，2）	m	Orifice internal diameter	8.4.11-1
216	进口底槛高程	INBTCGEL	N（8，3）	m	Inlet sill elevation	8.4.11-1
217	出口底槛高程	OTBTCGEL	N（8，3）	m	Exit sill elevation	8.4.11-1
218	消能方式	ENDSTP	C（1）		Energy dissipation type	8.4.11-1
219	进口闸门形式	INGTTP	C（1）		Inlet gate type	8.4.11-1
220	进口闸门数量	INGTNB	N（2）	扇	Inlet gate number	8.4.11-1
221	启闭机形式	HDGRTP	C（1）		Hoist type	8.4.11-1
222	启闭机台数	HDGRNB	N（2）	台	Hoist number	8.4.11-1

附录 D 字段标识符索引（续）

编号	中文字段名	字段标识	类型及长度	单位	字 段 英 文 名	首次出现表
223	单机启闭力	STLFPW	N（5，1）	t	Stand – alone hoisting capacity	8.4.11－1
224	闸门全开需要时间	GTOPTM	N（5，2）	min	Gate opening time	8.4.11－1
225	电源配置	PWSPCN	VC（100）		Power configuration	8.4.11－1
226	泄量	DS	N（7，2）	m^3/s	Discharge	8.4.12－1
227	调度原则	OPRPR	VC（4000）		Dispatcher principle	8.4.13－1
228	调度权限	OPPWLM	VC（4000）		Dispatcher authority	8.4.13－1
229	下游河道安全泄量	DWCHSFDS	N（8，2）	m^3/s	Safe discharge of downstream channel	8.4.13－1
230	调度方式	CNFLTP	VC（4000）		Regulation mode	8.4.13－1
231	超标准洪水对策措施	EXSTFLMS	VC（4000）		Super standard flood countermeasures	8.4.13－1
232	调度设计文件	OPDSFL	VC（4000）		Dispatcher design file	8.4.13－1
233	运用期间批复文件	USPRBCFL	VC（4000）		Approved file of using period	8.4.13－1
234	水库枢纽建筑物组成	RSCCI	VC（4000）		Control project of reservoir	8.4.13－1
235	观测开始年号	OBBGYR	VC（4）		Start year of observation	8.4.14－1
236	观测项目	OBIT	VC（200）		Observation item	8.4.14－1
237	观测系列长	OBSRLN	VC（10）		Observation series length	8.4.14－1
238	历史最高水位	HSHGWTLV	N（8，3）	m	Historical highest water level	8.4.15－1
239	历史最高水位发生日期	HHWLTM	DATE		Date of historical highest water level	8.4.15－1
240	历史最大入库流量	HMERFL	N（8，2）	m^3/s	Historical maximum inflow	8.4.15－1
241	历史最大入库流量发生日期	HMERFLT	DATE		Date of historical maximum inflow	8.4.15－1
242	水库多年平均水位	RAAWL	N（8，3）	m	Annual average water level of reservoir	8.4.15－1
243	历史最大出库流量	MXEXRSFL	N（8，2）	m^3/s	Historical maximum outflow	8.4.15－1
244	历史最大出库流量发生日期	MERFTM	DATE		Date of historical maximum outflow	8.4.15－1
245	历史防凌最高运用水位	HCIFHUWL	N（8，3）	m	Historical highest water level of ice prevention	8.4.15－1
246	历史防凌最高运用水位发生日期	HCIFHUWT	DATE		Date of historical highest water level of ice prevention	8.4.15－1
247	已淤积库容	SDST	N（9，2）	$10^4 m^3$	Sedimentation capacity	8.4.15－1
248	水库历次损毁情况	RSETDSIN	VC（4000）		Previous damage of reservoir	8.4.15－1
249	水库除险加固情况	RRDIIN	VC（4000）		Danger – elimination and reinforcement of reservoir	8.4.15－1
250	险情分类代码	DNINCD	C（2）		Danger classification code	8.4.16－1
251	出险时间	DNTM	DATE		Time of in danger	8.4.16－1
252	险情名称	DNINNM	C（4）		Risk name	8.4.16－1
253	出险部位	DNPR	VC（256）		Part of in danger	8.4.16－1
254	出险地点桩号	DNPLCH	VC（50）		Number of danger place	8.4.16－1

附录 D 字段标识符索引（续）

编号	中文字段名	字段标识	类型及长度	单位	字 段 英 文 名	首次出现表
255	险情级别	DNINCL	C（1）		Risk level	8.4.16-1
256	出险数量	DANG_NUM	N（3）	处	Dangerous number	8.4.16-1
257	险情描述	DNDS	VC（4000）		Risk description	8.4.16-1
258	除险措施	RMDNMS	VC（4000）		Risk-removal measure	8.4.16-1
259	中心站名称	CNSTNM	VC（100）		Central station name	8.4.17-1
260	站址	STAD	VC（256）		Station address	8.4.17-1
261	预报模型	FRMD	VC（4000）		Forecasting model	8.4.17-1
262	组网方案	BDNTSH	VC（4000）		Network scheme	8.4.17-1
263	连接中继站数目	CNRLSTNB	N（2）	个	Number of connected relay stations	8.4.17-1
264	连接遥测站数目	CRSSNB	N（2）	个	Number of connected telemeter stations	8.4.17-1
265	工作体制	WRSS	C（1）		Work system	8.4.17-1
266	通信方式	CMMNR	VC（12）		Communication mode	8.4.17-1
267	采用电源	USPW	VC（4）		Using power	8.4.17-1
268	中继站名称	RLSTNM	VC（100）		Relay station name	8.4.18-1
269	中继级数	RLCLNB	C（1）		Relay series	8.4.18-1
270	遥测站代码	RMSRSTCD	C（17）		Telemeter station code	8.4.19-1
271	遥测站名称	RMSTNM	VC（100）		Telemeter station name	8.4.19-1
272	连接对象名称	JNOBNM	VC（100）		Join object name	8.4.19-1
273	测验项目	SRIT	VC（20）		Test item	8.4.19-1
274	汛期限制水位开始日期	FSLWBDTM	VC（4）		Start date of lower limit water level for flood control	8.4.20-1
275	汛期限制水位结束日期	FSLWEDTM	VC（4）		End date of lower limit water level for flood control	8.4.20-1
276	防洪高水位相应洪水标准	CFHWLFST	VC（40）		Flood standard of upper water level for flood control	8.4.20-1
277	大坝代码	DAM_CODE	C（17）		Dam code	8.5.1-1
278	大坝名称	DAM_NAME	VC（100）		Dam name	8.5.1-1
279	大坝所在位置	DAM_LOC	VC（256）		Dam location	8.5.2-1
280	是否主坝	IF_MAIN_DAM	C（1）		If main dam	8.5.2-1
281	大坝级别	DAM_GRAD	C（1）		Dam grade	8.5.2-1
282	大坝最大坝高	DAM_MAX_HEIG	N（5，2）	m	Maximum dam height	8.5.2-1
283	大坝坝顶长度	DAM_TOP_LEN	N（7，2）	m	Length of dam top	8.5.2-1
284	大坝坝顶宽度	DAM_TOP_WID	N（4，2）	m	Width of dam top	8.5.2-1
285	大坝材料类型	DAM_TYPE_MAT	C（1）		Dam material type	8.5.2-1
286	大坝结构类型	DAM_TYPE_STR	C（1）		Dam structure type	8.5.2-1
287	主要挡水建筑物类型	MWRTBDTP	C（1）		Main water retaining structure type	8.5.3-1
288	地震基本烈度	ERBSIN	VC（2）	度	Basic earthquake intensity	8.5.3-1
289	地震设计烈度	ERDSIN	VC（2）	度	Design earthquake intensity	8.5.3-1
290	坝长	DMSZLEN	N（7，2）	m	Dam length	8.5.3-1
291	坝顶高程	DMTPEL	N（8，3）	m	Dam top elevation	8.5.3-1

附录 D 字段标识符索引（续）

编号	中文字段名	字段标识	类型及长度	单位	字 段 英 文 名	首次出现表
292	坝体防渗形式	DBASBT	VC（50）		Dam body seepage prevention form	8.5.3-1
293	防渗体顶面高程	ANBDTPEL	N（8，3）	m	Top elevation of anti-seepage body	8.5.3-1
294	防浪墙顶高程	WVLTPWEL	N（8，3）	m	Top elevation of wave wall	8.5.3-1
295	上游坝坡	UPDMSL	VC（100）		Upstream dam slope	8.5.3-1
296	下游坝坡	DWDMSL	VC（100）		Downstream dam slope	8.5.3-1
297	坝基地质	DMBSGL	VC（4000）		Dam foundation geology	8.5.3-1
298	坝基防渗措施	DMBSSPMS	VC（40）		Anti-seepage measure of dam foundation	8.5.3-1
299	改建情况	RBIN	VC（4000）		Conversion situation	8.5.3-1
300	测站代码	ST_CODE	C（17）		Station code	8.6.1-1
301	测站名称	ST_NAME	VC（100）		Station name	8.6.1-1
302	测站类型	ST_TYPE	VC（5）		Station type	8.6.2-1
303	设站年月	ST_YEAR_MON	DATE		Stationing year and month	8.6.2-1
304	始报年月	BEG_REPO_YEAR_MON	DATE		Beginning year and month of report	8.6.2-1
305	测站方位	ST_DIR	N（3）		Station direction	8.6.2-1
306	集水面积	CAT_AREA	N（10，2）	km²	Catchment area	8.6.2-1
307	监测项目	MONI_ITEM	VC（100）		Monitoring item	8.6.2-1
308	控制站（测站）防洪标准	CNSTCFST	N（3）	a	Flood control standard of station	8.6.3-1
309	信息管理单位	ADMAUTH	VC（80）		Information management unit	8.6.3-1
310	信息交换单位	LOCALITY	VC（100）		Information exchange unit	8.6.3-1
311	基面修正值	DTPR	N（7，3）	m	Level base surface corrected value	8.6.3-1
312	设计洪水流量	DSFLFL	N（8，2）	m³/s	Design flood flow	8.6.4-1
313	保证水位	GNWTLV	N（8，3）	m	Safety water level	8.6.4-1
314	保证水位相应流量	GNWTLVFL	N（8，2）	m³/s	Flow of safety water level	8.6.4-1
315	警戒水位（潮位）	ALWTLV	N（8，3）	m	Warning water level	8.6.4-1
316	河道安全泄量	CHMXSFDS	N（8，2）	m³/s	Channel maximum safety discharge	8.6.4-1
317	测点最大流速	SRPNMXVL	N（4，1）	m/s	Maximum velocity of measuring point	8.6.4-1
318	测点最大流速发生日期	SPMVT	DATE		Date of maximum velocity of measuring point	8.6.4-1
319	实测最高水位（潮位）	ASHWL	N（8，3）	m	Measured maximum water level	8.6.4-1
320	实测最高水位（潮位）发生日期	ASHWLTM	DATE		Date of measured maximum water level	8.6.4-1
321	实测最大流量	ATSRMXFL	N（10，3）	m³/s	Measured maximum flow	8.6.4-1
322	实测最大流量发生日期	ASMFTM	DATE		Date of measured maximum flow	8.6.4-1
323	调查最高水位（潮位）	INHGWTLV	N（8，3）	m	Investigate highest water level	8.6.4-1
324	调查最高水位（潮位）发生日期	IHFWLTM	DATE		Date of investigate highest water level	8.6.4-1
325	调查最大流量	INMXFL	N（8，2）	m³/s	Investigate maximum flow	8.6.4-1
326	调查最大流量发生日期	INMXFLTM	DATE		Date of investigate maximum flow	8.6.4-1

附录 D 字段标识符索引（续）

编号	中文字段名	字段标识	类型及长度	单位	字 段 英 文 名	首次出现表
327	多年平均年平均输沙量	ACMXSDQT	N（10，3）	10^4 t	Average annual sediment discharge	8.6.4－1
328	最大断面平均含沙量	ATMXSNQN	N（7，2）	kg/m³	Average sediment concentration of maximum section	8.6.4－1
329	水位序号	WTNB	VC（4）		Water number	8.6.5－1
330	流量	FL	N（10，3）	m³/s	Flow	8.6.5－1
331	堤防代码	DIKE_CODE	C（17）		Dike code	8.7.1－1
332	堤防名称	DIKE_NAME	VC（100）		Dike name	8.7.1－1
333	堤防级别	DIKE_GRAD	C（1）		Dike grade	8.7.2－1
334	堤防类型	DIKE_TYPE	C（1）		Dike type	8.7.2－1
335	堤防形式	DIKE_PATT	C（1）		Dike pattern	8.7.2－1
336	堤防长度	DIKE_LEN	N（25）	m	Length of dike	8.7.2－1
337	堤防起点桩号	DIKE_START_NUM	VC（12）		Dike start number	8.7.2－1
338	堤防终点桩号	DIKE_END_NUM	VC（12）		Dike end number	8.7.2－1
339	起点堤顶高程	START_DIKE_TOP_EL	N（8，3）	m	Start dike top elevation	8.7.2－1
340	终点堤顶高程	END_DIKE_TOP_EL	N（8，3）	m	End dike top elevation	8.7.2－1
341	堤防高度（最小值）	DIKE_HEIG_MIN	N（7，3）	m	Minimum height of dike	8.7.2－1
342	堤防高度（最大值）	DIKE_HEIG_MAX	N（7，3）	m	Maximum height of dike	8.7.2－1
343	堤顶宽度（最小值）	DIKE_TOP_WID_MIN	N（7，3）	m	Minimum width of dike top	8.7.2－1
344	堤顶宽度（最大值）	DIKE_TOP_WID_MAX	N（7，3）	m	Maximum width of dike top	8.7.2－1
345	堤防所在河流（湖泊）代码	BNSCLCD	C（17）		River or lake code of dike	8.7.3－1
346	海堤所在海岸名称	SALCTNM	VC（100）		Coast name of sea wall	8.7.3－1
347	情况介绍	ININ	VC（4000）		Situation introduction	8.7.3－1
348	堤防跨界情况	BNSCCSBD	C（1）		Crossover type of dike	8.7.4－1
349	平、险堤段	SFDNBNSC	C（1）		Safe or dangerous dike section	8.7.4－1
350	达到规划防洪标准的长度	FLCTSDLN	N（8，2）	m	Length of reaching planned flood control standard	8.7.4－1
351	最大堤高所在桩号	MXDMHGCH	VC（12）		Number of maximum height of dike	8.7.4－1
352	最小堤高所在桩号	MNDMHGCH	VC（12）		Number of minimum height of dike	8.7.4－1
353	一般堤高	CRDKHG	VC（10）		General height of dike	8.7.4－1
354	最大堤顶宽所在桩号	MDTWCH	VC（50）		Number of maximum width of dike top	8.7.4－1
355	最窄堤顶宽所在桩号	LSDTWCH	VC（12）		Number of minimum width of dike top	8.7.4－1
356	堤顶平均宽度	BNTPAVWD	N（7，3）	m	Average width of dike top	8.7.4－1
357	堤顶路面形式	BNTPRDTP	VC（50）		Pavement type of dike top	8.7.4－1
358	左右岸最大堤距	LRSMXBDS	N（8，2）	m	Maximum distance of left and right bank	8.7.4－1

附录 D 字段标识符索引（续）

编号	中文字段名	字段标识	类型及长度	单位	字 段 英 文 名	首次出现表
359	左右岸最小堤距	LRSMNBDS	N（8，2）	m	Minimum distance of left and right bank	8.7.4-1
360	左右岸平均堤距	HSAVBDS	N（8，2）	m	Average distance of left and right bank	8.7.4-1
361	护坡处数	PRSLNB	N（3）	处	Number of protection slope	8.7.4-1
362	护坡总长度	PRSLLN	N（8，2）	m	Total length of protection slope	8.7.4-1
363	关联涵闸处数	CNCLGTNB	N（2）	处	Number of association of culvert and gate	8.7.4-1
364	泵站数	PPSTNB	N（2）	处	Pumping station number	8.7.4-1
365	倒虹吸数	IVSPHNB	N（2）	个	Inverted siphon number	8.7.4-1
366	防线序号	DFLNNM	C（10）		Defense number	8.7.5-1
367	是否允许漫顶	SABNMD	C（1）		If allowing overtopping	8.7.5-1
368	水闸数量	GTNUM	N（2）	个	Watergate number	8.7.5-1
369	管涵数量	PPCTNM	N（2）	个	Pipe and culvert number	8.7.5-1
370	达标长度	RCSTLN	N（8，2）	m	Length of reaching the standard	8.7.5-1
371	堤防横断面代码	BNTRCD	C（10）		Dike cross section code	8.7.6-1
372	断面桩号	TRCH	VC（12）		Section stake number	8.7.6-1
373	起始断面位置	INTRPL	VC（256）		Initial section position	8.7.6-1
374	起始断面桩号	INTRCH	VC（12）		Initial section stake number	8.7.6-1
375	至起始断面距离	TOINTRDS	N（7，2）	m	Distance to initial section	8.7.6-1
376	起测点位置	JMSRPNPL	VC（256）		Initial point position	8.7.6-1
377	起测点高程	JMSRPNEL	N（8，3）	m	Initial point elevation	8.7.6-1
378	堤身土质	BNBDSLCH	VC（20）		Dike body soil property	8.7.6-1
379	堤身防渗形式	BNBDANTP	VC（50）		Anti-seepage type of dike body	8.7.6-1
380	堤基地质	BNBSGL	VC（50）		Geology of dike foundation	8.7.6-1
381	堤基防渗形式	BNBSANTP	VC（50）		Anti-seepage type of dike foundation	8.7.6-1
382	堤身净高度	BNBDHG	N（5，2）	m	Net height of dike body	8.7.6-1
383	堤顶超高	BNTPFR	N（4，2）	m	Super elevation of dike top	8.7.6-1
384	堤顶宽度	BNTPWD	N（6，2）	m	Width of dike top	8.7.6-1
385	断面形式	TRTP	C（1）		Type of section	8.7.6-1
386	排水形式	DRTP	VC（20）		Drainage type	8.7.6-1
387	护岸形式	PRSHTP	VC（50）		Bank protecting type	8.7.6-1
388	迎河面堤脚高程	UPBNTOEL	N（8，3）	m	Dike toe elevation of facing river	8.7.6-1
389	背河面堤脚高程	DWBNTOEL	N（8，3）	m	Dike toe elevation of back river	8.7.6-1
390	迎水坡坡比	UPSLSLRT	VC（6）		Slope ratio of facing slope	8.7.6-1
391	背水坡坡比	DWSLSLRT	VC（6）		Slope ratio of back slope	8.7.6-1
392	迎河坡护坡情况	USPSIN	VC（40）		Slope protection situation of facing river	8.7.6-1
393	背河坡护坡情况	DSPSIN	VC（40）		Slope protection situation of back river	8.7.6-1
394	迎河面滩地宽度	UPBTWD	N（7，1）	m	Beach width of facing river	8.7.6-1

附录 D 字段标识符索引（续）

编号	中文字段名	字段标识	类型及长度	单位	字 段 英 文 名	首次出现表
395	迎河面平台（前戗）顶高程	UFRTEL	N（8，3）	m	Platform（before the closure）top elevation of facing river	8.7.6-1
396	迎河面平台（前戗）顶宽	UFRTWD	N（6，2）	m	Platform（before the closure）top width of facing river	8.7.6-1
397	迎河面平台（前戗）坡度	UPFLRFSL	VC（6）		Platform（before the closure）slope of facing river	8.7.6-1
398	背河面平台（后戗）顶高程	DFRTEL	N（8，3）	m	Platform（before the closure）top elevation of back river	8.7.6-1
399	背河面平台（后戗）顶宽	DFRTWD	N（6，2）	m	Platform（before the closure）top width of back river	8.7.6-1
400	背河面平台（后戗）坡度	DWFLRFSL	VC（6）		Platform（before the closure）slope of back river	8.7.6-1
401	实际防御标准	SWACTST	VC（24）		Actual defense standard	8.7.6-1
402	设防水位	FRWL	N（8，3）	m	Designed flood water level	8.7.8-1
403	设计流量	DSFL	N（8，2）	m^3/s	Design flow	8.7.8-1
404	警戒流量	ALFL	N（8，2）	m^3/s	Warning flow	8.7.8-1
405	校核水位	CHWL	N（8，3）	m	Check water level	8.7.8-1
406	校核流量	CHFL	N（8，2）	m^3/s	Check flow	8.7.8-1
407	历史最大洪峰流量	HMXFPFL	N（8，2）	m^3/s	Historical maximum peak discharge	8.7.8-1
408	历史最大洪峰流量发生日期	HMXFLTMT	DATE		Date of historical maximum peak discharge	8.7.8-1
409	调查最高水位	INHGWTLV	N（8，3）	m	Investigate highest water level	8.7.8-1
410	调查最高水位发生日期	IHFWLTM	DATE		Date of investigate highest water level	8.7.8-1
411	保护面积	PRAR	N（10，2）	km^2	Protection area	8.7.9-1
412	保护耕地面积	PRINAR	N（7）	10^4 亩	Protection Agricultural area	8.7.9-1
413	保护水产养殖面积	PRAQAR	N（9）	10^4 亩	Protection aquaculture area	8.7.9-1
414	保护村屯数	PRVLNM	N（4）	个	Protection villages number	8.7.9-1
415	保护固定资产	PRFXASNM	N（10，2）	10^4 元	Protection fixed assets	8.7.9-1
416	保护产值	PRVL	N（9，1）	10^4 元	Protection value	8.7.9-1
417	保护人口	PTPP	N（10，4）	10^4 人	Protection population	8.7.9-1
418	保护房屋	PRHUNM	N（10，4）	10^4 间	Protection house number	8.7.9-1
419	保护工矿	PRFCMN	VC（60）		Protection industry and mining	8.7.9-1
420	保护城镇	PRCT	VC（80）		Protecting city and town	8.7.9-1
421	保护铁路	PRRL	VC（60）		Protection railway	8.7.9-1
422	保护公路	PRHG	VC（60）		Protection road	8.7.9-1
423	保护重点设施	PRSTES	VC（90）		Protection key establishment	8.7.9-1
424	保护其他设施	PROTES	VC（80）		Protection other establishment	8.7.9-1
425	记录顺序号	RCSR	N（6）		Record sequence number	8.7.10-1
426	决溢时间	BRSPTM	DATE		Dike breach time	8.7.10-1
427	决溢地点与形式	BRSPPL	VC（4000）		Dike breach place and form	8.7.10-1
428	决溢损失	BRSPLS	VC（4000）		Dike breach loss	8.7.10-1

附录 D 字 段 标 识 符 索 引（续）

编号	中文字段名	字段标识	类型及长度	单位	字 段 英 文 名	首次出现表
429	修复日期	RPTM	DATE		Repair date	8.7.10-1
430	堤段代码	DISC_CODE	C（17）		Dike section code	8.8.1-1
431	堤段名称	DISC_NAME	VC（100）		Dike section name	8.8.1-1
432	堤段级别	DISC_GRAD	C（1）		Dike section grade	8.8.2-1
433	堤段类型	DISC_TYPE	C（1）		Dike section type	8.8.2-1
434	堤段形式	DISC_PATT	VC（20）		Dike section pattern	8.8.2-1
435	堤段长度	DISC_LEN	N（8，2）	m	Length of dike section	8.8.2-1
436	蓄滞洪区代码	FSDA_CODE	C（17）		Flood storage and detention area code	8.9.1-1
437	蓄滞洪区名称	FSDA_NAME	VC（100）		Flood storage and detention area name	8.9.1-1
438	蓄滞洪区所在位置	FSDA_LOC	VC（256）		The location of flood storage and detention area	8.9.2-1
439	蓄滞洪区类型	FEDA_TYPE	C（1）		The type of flood storage and detention area	8.9.2-1
440	设区日期	BUILD_FL_DATE	DATE		Date of building flood storage and detention area	8.9.2-1
441	蓄滞洪区总面积	FSDA_TOT_AERA	N（7，2）	km^2	Total area of flood storage and detention zone	8.9.2-1
442	蓄滞（行）洪区圩堤长度	FSDA_DIKE_LEN	N（8，3）	km	Dike length of flood storage and detention zone	8.9.2-1
443	设计行（蓄）洪面积	DES_FL_AREA	N（7，2）	km^2	Design flooding（storage）area	8.9.2-1
444	设计行（蓄）洪水位	DES_FL_STAG	N（8，3）	m	Design flood water level	8.9.2-1
445	设计蓄洪量	DES_STOR_CAP	N（9，2）	$10^4 m^3$	Design flood storage capacity	8.9.2-1
446	设计行洪流量	DES_FL_FLOW	N（8，2）	m^3/s	Design flooding flow	8.9.2-1
447	耕地面积	AR_AREA	N（18）	亩	Agricultural area	8.9.2-1
448	区内人口	FSDA_POP	N（12，4）	10^4人	The population of flood storage and detention area	8.9.2-1
449	区内国内生产总值	FSDA_GDP	N（7，2）	10^8元	The GDP of flood storage and detention area	8.9.2-1
450	蓄滞洪堤防堤顶高程	FLPLBNEL	N（8，3）	m	Dike top elevation of flood storage and detention area	8.9.3-1
451	蓄滞洪堤防堤顶宽	FLPLTPWD	N（6，2）	m	Dike top width of flood storage and detention area	8.9.3-1
452	蓄滞洪堤防防洪标准	FLPLFLST	N（5）		Dike flood control standard of flood storage and detention area	8.9.3-1
453	平均地面高程	AVGREL	N（8，3）	m	Average ground elevation	8.9.3-1
454	最低地面高程	LWGREL	N（8，3）	m	Lowest ground elevation	8.9.3-1
455	区内居住人口	SCDWPP	N（9，4）	10^4人	Resident population of flood storage and detention area	8.9.3-1
456	区内生产人口	SCPRPP	N（9，4）	10^4人	Productive population of flood storage and detention area	8.9.3-1
457	总户数	HSHDNB	N（7）	户	Household number	8.9.3-1

附录 D 字段标识符索引（续）

编号	中文字段名	字段标识	类型及长度	单位	字 段 英 文 名	首次出现表
458	区内房屋	SCHS	N（9，4）	10^4 间	House number of flood storage and detention area	8.9.3-1
459	区内县数	SCCNNB	N（2）	个	County number of flood storage and detention area	8.9.3-1
460	区内乡镇数	SCTWNB	N（4）	个	Town number of flood storage and detention area	8.9.3-1
461	区内村庄数	SCVLNB	N（6）	个	Village number of flood storage and detention area	8.9.3-1
462	涉及区域人口	PPNB	N（9，4）	10^4 人	Involved regional population	8.9.3-1
463	区内重要设施	SCIMES	VC（400）		Important facilities of flood storage and detention area	8.9.3-1
464	区内固定资产总值	SFATVL	N（8，1）	10^4 元	Total fixed assets of flood storage and detention area	8.9.3-1
465	社会资产总值	SOOP	N（8，1）	10^4 元	Total social assets	8.9.3-1
466	农业总产值	AGOP	N（8，1）	10^4 元	Gross agriculture output value	8.9.3-1
467	工业总产值	INOP	N（8，1）	10^4 元	Gross industrial output value	8.9.3-1
468	迁安总村数	MITVNB	N（6）	个	Total village number of migration	8.9.3-1
469	规划外迁人数	PLOPMPNB	N（9，4）	10^4 人	Planned relocation population	8.9.3-1
470	已外迁人数	OPMVPPNB	N（9，4）	10^4 人	Relocated population	8.9.3-1
471	规划临时转移人数	PTMPPNB	N（9，4）	10^4 人	Planned temporary transfer population	8.9.3-1
472	规划就地安置人数	PLRTPPNB	N（9，4）	10^4 人	Planned resettlement population	8.9.3-1
473	已有避水设施能安置人数	ERWERPNB	N（9，4）	10^4 人	Resettlement population of existing water conservation facilities	8.9.3-1
474	实际运用频率	ATUSFR	VC（100）		Actual operational frequency	8.9.3-1
475	容积	CP	N（9，2）	$10^4 m^3$	Volume	8.9.4-1
476	人口	PP	N（9，4）	10^4 人	Population	8.9.4-1
477	固定资产	FXAS	N（8）	10^4 元	Fixed assets	8.9.4-1
478	避水设施类型名称	PRWTESNM	C（1）		Water conservation facility name	8.9.5-1
479	数量	PRWTESNB	N（4）	个	Water conservation facility number	8.9.5-1
480	安全面积	SFAR	N（6，2）	$10^4 m^2$	Safe area	8.9.5-1
481	最低安全高程	SFEL	N（8，3）	m	Lowest safe elevation	8.9.5-1
482	安置人口	INPP	N（6）	人	Resettlement population	8.9.5-1
483	居住人口	RDPP	N（6）	人	Resident population	8.9.5-1
484	口门名称	MTDRNM	VC（100）		Entrance door name	8.9.6-1
485	进洪形式	ENFLTP	C（1）		Entrancing flood type	8.9.6-1
486	口门类型	MTDRTP	C（1）		Entrance door type	8.9.6-1
487	口门位置	MTDRPL	VC（256）		Entrance door location	8.9.6-1
488	口门宽度	MTDRWD	N（5，1）	m	Entrance door width	8.9.6-1
489	口门设计水位	MTDSWL	N（8，3）	m	Design water level of entrance door	8.9.6-1
490	口门运用方案	MTDRUSSH	VC（4000）		Application scheme of entrance door	8.9.6-1
491	设计口门底板高程	DSMUDREL	N（8，3）	m	Bottom elevation of designing entrance door	8.9.6-1

附录 D 字段标识符索引（续）

编号	中文字段名	字段标识	类型及长度	单位	字 段 英 文 名	首次出现表
492	无线电台情况	RDSTIN	VC（4000）		Radio condition	8.9.7－1
493	有线广播情况	CBSTIN	VC（4000）		Cable broadcasting condition	8.9.7－1
494	微波系统情况	MCSSSTIN	VC（4000）		Microwave system condition	8.9.7－1
495	其他通信预警设施情况	OCAEIN	VC（4000）		Other communications early warning facilities	8.9.7－1
496	预警方式	PLALMN	VC（400）		Early warning mode	8.9.7－1
497	撤离公路总条数	WTHGTTNB	N（3）	条	Evacuated highway total number	8.9.8－1
498	撤离公路总长度	WTHGTTLN	N（8，3）	km	Evacuated highway total length	8.9.8－1
499	桥梁总数	BRTTNB	N（3）	座	Bridge total number	8.9.8－1
500	船只数量	SHNM	N（6）	只	Ship number	8.9.8－1
501	公路名称	HGNM	VC（100）		Highway name	8.9.9－1
502	路段起点位置	ROJMPL	VC（256）		Road reach start position	8.9.9－1
503	路段终点位置	WTDSPL	VC（256）		Road reach end position	8.9.9－1
504	公路等级	RDSRCL	C（1）		Highway grade	8.9.9－1
505	路段长度	RDLN	N（7，3）	km	Road section length	8.9.9－1
506	路面宽度	RDSRWD	N（2）	m	Road surface width	8.9.9－1
507	路面形式	RDSRTP	C（2）		Road surface type	8.9.9－1
508	平均路面高程	AVRDSREL	N（8，3）	m	Average road surface elevation	8.9.9－1
509	最低路面高程	LWRDSREL	N（8，3）	m	Lowest road surface elevation	8.9.9－1
510	桥梁位置	BDPL	VC（256）		Bridge position	8.9.10－1
511	桥梁类型	BDTP	C（2）		Bridge type	8.9.10－1
512	桥梁设计荷载	DSCRCP	N（6，2）	kN	Design load of bridge	8.9.10－1
513	单孔净跨	SNHLNTSP	N（5，1）	m	Net span of single hole	8.9.10－1
514	桥梁长度	BDLN	N（4）	m	Bridge length	8.9.10－1
515	桥面宽度	BDWD	N（2）	m	Bridge surface width	8.9.10－1
516	桥面高程	BDSREL	N（8，3）	m	Bridge surface elevation	8.9.10－1
517	梁底高程	BDBTEL	N（8，3）	m	Bridge bottom elevation	8.9.10－1
518	运用原则	OPPR	VC（4000）		Application principle	8.9.11－1
519	运用方案描述	OPSH	VC（4000）		Application scheme description	8.9.11－1
520	蓄滞洪起始日期	HSFBDTM	DATE		Start date of flood detention	8.9.12－1
521	底水位	BTWTLV	N（8，3）	m	Bottom water level	8.9.12－1
522	底水量	BTWTQN	N（9，2）	$10^4 m^3$	Bottom water volume	8.9.12－1
523	最大进洪流量	MXENFLFL	N（8，2）	m^3/s	Maximum entering flood discharge	8.9.12－1
524	蓄滞洪最高水位	HRSLFL	N（8，3）	m	Highest water level of flood detention	8.9.12－1
525	蓄滞洪最高水位出现时间	HRSLFLTM	DATE		Date of highest water level of flood detention	8.9.12－1
526	拦蓄水量	BLHRWTQN	N（9，2）	$10^4 m^3$	Retaining water volume	8.9.12－1
527	运用淹没情况	USSBIN	VC（4000）		Using submerged condition	8.9.12－1
528	蓄滞洪终止日期	HSFEDTM	DATE		End date of flood detention	8.9.12－1
529	行洪开始日期	GOFLBGTM	DATE		Start date of flooding	8.9.13－1

附录 D 字 段 标 识 符 索 引 （续）

编号	中文字段名	字段标识	类型及长度	单位	字 段 英 文 名	首次出现表
530	行洪最高水位	GOHGWTLV	N（8，3）	m	Highest water level of flooding	8.9.13-1
531	行洪最高水位出现时间	GOHGWLTM	DATE		Start date of highest water level of flooding	8.9.13-1
532	最大滞洪量	MXSLFLQN	N（9，2）	$10^4\,m^3$	Maximum flooding storage volume	8.9.13-1
533	最大行洪流量	MXGOFLFL	N（8，2）	m^3/s	Maximum flooding volume	8.9.13-1
534	行洪终止日期	GOFLENTM	DATE		End date of flooding	8.9.13-1
535	进退水闸分类	ENRSLCL	C（1）		Classification of intaking and escaping watergate	8.9.14-1
536	湖泊代码	LK_CODE	C（17）		Lake code	8.10.1-1
537	湖泊名称	LK_NAME	VC（100）		Lake name	8.10.1-1
538	湖泊所在位置	LK_LOC	VC（256）		Location of lake	8.10.2-1
539	多年平均水面面积	MEA_ANN_WAT_AREA	N（6，2）	km^2	Mean annual water surface area	8.10.2-1
540	多年平均湖泊容积	MEA_ANN_LK_VOL	N（10，2）	$10^4\,m^3$	Mean annual lake volume	8.10.2-1
541	咸淡水属性	SAL_FRE_WAT	C（1）		Salt and fresh water	8.10.2-1
542	多年平均水深	MEA_ANN_WAT_DEPT	N（6，2）	m	Mean annual water depth	8.10.2-1
543	最大水深	MAX_DEPT	N（6，2）	m	Maximum depth	8.10.2-1
544	湖泊所在流域	LKLBSNM	VC（20）		The given basin of lake	8.10.3-1
545	湖泊所在水系	LKLRVNM	VC（30）		The given water system of lake	8.10.3-1
546	流域面积	VLAR	N（9，2）	km^2	Basin area	8.10.4-1
547	一般湖底高程	CRLKBTEL	N（8，3）	m	General elevation of lake bottom	8.10.4-1
548	最低湖底高程	LWLKBTEL	N（8，3）	m	Minimum elevation of lake bottom	8.10.4-1
549	正常调蓄水位	NRSWLV	N（8，3）	m	Normal storing and regulating water level	8.10.4-1
550	最低调蓄水位	LRSWLV	N（8，3）	m	Minimum storing and regulating water level	8.10.4-1
551	调蓄水量	ADSTWTQN	N（10，2）	$10^4\,m^3$	Regulation and storage water volume	8.10.4-1
552	设计洪水位相应面积	DSFLLVAR	N（6，2）	km^2	Area of design water level	8.10.4-1
553	设计洪水位相应容积	DSFLLVCP	N（10，2）	$10^4\,m^3$	Volume of design water level	8.10.4-1
554	校核洪水位相应面积	CFWLAR	N（6，2）	km^2	Area of check water level	8.10.4-1
555	校核洪水位相应容积	CFWLCP	N（10，2）	$10^4\,m^3$	Volume of check water level	8.10.4-1
556	实测最低水位	LASLWLV	N（8，3）	m	Measured minimum water level	8.10.4-1
557	实测最低水位发生日期	LASLWLTM	DATE		Date of measured minimum water level	8.10.4-1
558	调查最低水位	LILWLV	N（8，3）	m	Investigated minimum water level	8.10.4-1
559	调查最低水位发生日期	LILWLTM	DATE		Date of minimum maximum water level	8.10.4-1
560	水位站	GGST	C（1）		If water station	8.10.4-1
561	淤积情况描述	LKSLINDS	VC（4000）		Sedimentation description	8.10.4-1

附录 D 字段标识符索引（续）

编号	中文字段名	字段标识	类型及长度	单位	字 段 英 文 名	首次出现表
562	湖区定居村庄	LKSCDWVL	N (6)	个	Settled village of lake region	8.10.9-1
563	湖区定居人口	LKSCDWPP	N (7)	人	Settled population of lake region	8.10.9-1
564	湖区耕地面积	LKSCINAR	N (7)	10⁴亩	Cultivated area of lake region	8.10.9-1
565	定居最高高程	DWHGEL	N (8, 3)	m	Highest elevation of settlement	8.10.9-1
566	定居最低高程	DWLWEL	N (8, 3)	m	Lowest elevation of settlement	8.10.9-1
567	围湖养殖面积	PLBRAQAR	N (8)	亩	Cultivated area of lake region	8.10.9-1
568	圩垸代码	POLD_CODE	C (17)		Polder code	8.11.1-1
569	圩垸名称	POLD_NAME	VC (100)		Polder name	8.11.1-1
570	圩垸所在位置	POLD_LOC	VC (256)		Polder location	8.11.2-1
571	圩垸分类	POLD_CLAS	C (1)		Polder classification	8.11.2-1
572	简介	BRIN	VC (4000)		Brief introduction	8.11.3-1
573	一般地面高程	CRGREL	N (8, 3)	m	General ground elevation	8.11.3-1
574	主要建筑物	MNCN	VC (4000)		Main construction	8.11.3-1
575	滞洪量	FLDTQN	N (9, 2)	10⁴m³	Flood detention quantity	8.11.3-1
576	圩堤起点桩号	PLSCJMCH	VC (12)		Start number of polder dike	8.11.4-1
577	圩堤终点桩号	PSEPCH	VC (12)		End number of polder dike	8.11.4-1
578	挡水高程	BLWTEL	N (8, 3)	m	Water retaining height	8.11.4-1
579	圩堤顶宽	PLTPWD	N (6, 2)	m	Polder dike top width	8.11.4-1
580	圩堤堤顶高程	PLTPEL	N (8, 3)	m	Polder dike top height	8.11.4-1
581	圩堤临河面边坡坡比	PLUPSLSLRT	VC (100)		Slope ratio of facing river of polder dike	8.11.4-1
582	圩堤背河面边坡坡比	PLDWSLSLRT	VC (100)		Slope ratio of back river of polder dike	8.11.4-1
583	内湖情况	INLKIN	VC (80)		Internal lake situation	8.11.5-1
584	内河情况	INRVIN	VC (80)		Internal river situation	8.11.5-1
585	建筑物情况	CNIN	VC (80)		Construction situation	8.11.5-1
586	险点险段名称	DPDSNM	VC (100)		Dangerous point and dangerous section name	8.11.6-1
587	险点险段位置	DPDSPL	VC (256)		Dangerous point and dangerous section position	8.11.6-1
588	村庄数	VLNM	N (5)	个	Village number	8.11.7-1
589	入湖多年平均流量	ELAAFL	N (5, 2)	m³/s	Average annual flow into the lake	8.11.8-1
590	历史最大入湖流量	HMXELFL	N (6, 2)	m³/s	Historical maximum flow into the lake	8.11.8-1
591	历史最小入湖流量	HMNELFL	N (6, 2)	m³/s	Historical minimum flow into the lake	8.11.8-1
592	最大蓄水量	MXSL	N (9, 4)	10⁶m³	Maximum storage capacity	8.11.8-1
593	进洪口门名称	ENFLNM	VC (100)		Entrance flood door name	8.11.11-1
594	口门高度	MTDRHG	N (4, 1)	m	Entrance door height	8.11.11-1
595	水闸代码	WAGA_CODE	C (17)		Watergate code	8.12.1-1
596	水闸名称	WAGA_NAME	VC (100)		Watergate name	8.12.1-1

附录 D 字段标识符索引（续）

编号	中文字段名	字段标识	类型及长度	单位	字 段 英 文 名	首次出现表
597	水闸所在位置	WAGA _ LOC	VC（256）		Location of watergate	8.12.2-1
598	水闸类型	WAGA _ TYPE	C（1）		Watergate type	8.12.2-1
599	水闸用途	WAGA _ USE	VC（256）		Watergate usage	8.12.2-1
600	取水水源类型	WAIN _ WASO _ TYPE	C（1）		Water source type of water intake	8.12.2-1
601	最大过闸流量	LOCK _ DISC	N（8，2）	m^3/s	Lockage discharge	8.12.2-1
602	装机功率	INS _ POW	N（8，3）	kW	Installed power	8.12.2-1
603	设计装机总容量	DES _ TOT _ INS _ CAP	N（8，3）	MW	Design total installed capacity	8.12.2-1
604	开始运行日期	OPBGTM	DATE		Begin operation date	8.12.3-1
605	损坏情况	DSIN	VC（4000）		Destroyed condition	8.12.3-1
606	加固改扩建情况	ASTKBIN	VC（4000）		Reinforcing and rebuilding condition	8.12.3-1
607	设计闸上水位	DGUWLV	N（8，3）	m	Design upper gate water level	8.12.5-1
608	设计闸下水位	DGDWLV	N（8，3）	m	Design lower gate water level	8.12.5-1
609	设计过闸流量	DSEXGTFL	N（8，2）	m^3/s	Design lockage flow	8.12.5-1
610	设计防洪闸上水位	DCGUWLV	N（8，3）	m	Design anti-flood upper gate water level	8.12.5-1
611	设计防洪闸下水位	DCGDWLV	N（8，3）	m	Design anti-flood lower gate water level	8.12.5-1
612	设计防洪过闸流量	DCEGFL	N（8，2）	m^3/s	Design anti-flood lockage flow	8.12.5-1
613	校核闸上水位	CGUWLV	N（8，3）	m	Check upper gate water level	8.12.5-1
614	校核闸下水位	CGDWLV	N（8，3）	m	Check lower gate water level	8.12.5-1
615	校核过闸流量	CHEXGTFL	N（8，2）	m^3/s	Check lockage flow	8.12.5-1
616	闸上水位	GTUPWTLV	N（8，3）	m	Upper gate water level	8.12.6-1
617	闸下水位	GTDWWTLV	N（8，3）	m	Lower gate water level	8.12.6-1
618	下泄总流量	DSTTFL	N（9，2）	m^3/s	Discharge total flow	8.12.6-1
619	枢纽组成简介	HNCM	VC（100）		Brief introduction of hub component	8.12.7-1
620	闸基地质	GTBSGL	VC（4000）		Gate foundation geology	8.12.7-1
621	闸上游堤顶高程	GUBTEL	N（8，3）	m	Dike top elevation of the upstream of the gate	8.12.7-1
622	闸下游堤顶高程	GDBTEL	N（8，3）	m	Dike top elevation of the downstream of the gate	8.12.7-1
623	设计排涝标准	DSRMWTST	N（4）	a	Design drainage standard	8.12.8-1
624	设计排涝面积	DSRMWTAR	N（9）	亩	Design drainage area	8.12.8-1
625	实际排涝面积	ACRMWTAR	N（9）	亩	Actual drainage area	8.12.8-1
626	防洪保护对象	CNFLOB	VC（4000）		Flood control protection object	8.12.8-1
627	实际运用最大过闸流量	AOMEGFL	N（8，2）	m^3/s	Maximum lockage flow of actual usage	8.12.9-1
628	实际运用最大过闸流量发生日期	AOMEGFDT	DATE		Date of maximum lockage flow of actual usage	8.12.9-1
629	实际运用闸上最高水位	AOGUHWLV	N（8，3）	m	Upper gate highest water level of actual usage	8.12.9-1

附录 D 字段标识符索引（续）

编号	中文字段名	字段标识	类型及长度	单位	字 段 英 文 名	首次出现表
630	实际运用闸上最高水位发生日期	AOGUHWLD	DATE		Date of upper gate highest water level of actual usage	8.12.9-1
631	闸上下最大水位差	GTDMWLD	N（6，2）	m	Maximum water level difference of up and down of gate	8.12.9-1
632	闸孔名称	GTORNM	VC（100）		Gate pore name	8.12.11-1
633	闸孔宽度	GTORSZ	N（5，2）	m	Gate pore width	8.12.11-1
634	闸孔高度	GTORHG	N（5，2）	m	Gate pore height	8.12.11-1
635	闸门底槛高程	GTMTEL	N（8，3）	m	Sill elevation of gate	8.12.11-1
636	闸体结构形式	GTBDSTTP	C（1）		Structure type of gate body	8.12.11-1
637	闸门顶高程	GTTPEL	N（8，3）	m	Gate top elevation	8.12.11-1
638	闸门数量	GTNB	N（2）	扇	Gate number	8.12.11-1
639	橡胶坝代码	RUDA_CODE	C（17）		Rubber dam code	8.13.1-1
640	橡胶坝名称	RUDA_NAME	VC（100）		Rubber dam name	8.13.1-1
641	橡胶坝所在位置	RUDA_LOC	VC（256）		Location of rubber dam	8.13.2-1
642	橡胶坝坝高	RUDA_HEIG	N（5，2）	m	Rubber dam height	8.13.2-1
643	橡胶坝坝长	RUDA_DAM_LEN	N（6，2）	m	Rubber dam length	8.13.2-1
644	挡水方式	RET_TYPE	C（1）		Retain type	8.13.2-1
645	充排方式	FIL_EM_TYPE	C（1）		Fill and emission type	8.13.2-1
646	充胀介质	INFL_MED	C（1）		Inflation medium	8.13.2-1
647	坝上最大溢流水深	MXOFWTDP	N（8，3）	m	Maximum overflow depth of rubber	8.13.3-1
648	坝上最大溢流量	MXOFWTFL	N（9，2）	m³/s	Maximum discharge of rubber	8.13.3-1
649	调节闸门	RGGT	C（1）		Regulating gate	8.13.3-1
650	最大泄水量	MXWTDS	N（10，2）	m³/s	Maximum discharge	8.13.3-1
651	充排需要时间	FUEXTM	N（3）	min	Fill and emission time	8.13.3-1
652	塌坝时间	DMCLPTM	N（3）	min	Dam collapsed time	8.13.3-1
653	正常蓄水量	WTQN	N（9，2）	10⁴m³	Normal storage capacity	8.13.3-1
654	坝体布置	DMDP	C（1）		Rubber layout	8.13.3-1
655	底板高程	DMBTEL	N（8，3）	m	Floor elevation	8.13.3-1
656	跨数	SPNB	N（2）	跨	Span number	8.13.3-1
657	单跨最大跨度	SIMASPAN	N（5，1）	m	Maximum span of single span	8.13.3-1
658	锚固结构型式	ACSTTP	C（1）		Anchorage structural style	8.13.3-1
659	泄洪放淤措施	EXSLMS	VC（40）		Flood desilting measure	8.13.3-1
660	桥梁代码	BRID_CODE	C（17）		Bridge code	8.14.1-1
661	桥梁名称	BRID_NAME	VC（100）		Bridge name	8.14.1-1
662	桥梁所在位置	BRID_LOC	VC（256）		Location of bridge	8.14.2-1
663	主桥长	MAIN_BRID_LEN	N（8，2）	m	Length of main bridge length	8.14.2-1
664	主桥面宽	MAIN_BRID_WID	N（6，3）	m	Width of main bridge width	8.14.2-1
665	主桥桥孔净跨度	MAIN_BRID_HOLE_NET_SPAN	N（7，2）	m	Net span of main bridge hole	8.14.2-1
666	左岸桩号	LFBNCH	VC（12）		Left bank stake number	8.14.3-1
667	左岸位置	LFBNPL	VC（256）		Left bank position	8.14.3-1

附录 D 字段标识符索引（续）

编号	中文字段名	字段标识	类型及长度	单位	字 段 英 文 名	首次出现表
668	左岸堤顶高程	LBBNTPEL	N (8, 3)	m	Dike top elevation of left bank	8.14.3-1
669	右岸桩号	RGBNCH	VC (12)		Right bank stake number	8.14.3-1
670	右岸位置	RGBNPL	VC (256)		Right bank position	8.14.3-1
671	右岸堤顶高程	RSBTEL	N (8, 3)	m	Dike top elevation of right bank	8.14.3-1
672	两岸堤距	BTSHBNSP	N (7, 2)	m	Dike distance of left and right bank	8.14.3-1
673	校核洪水流量	CHFLFL	N (8, 2)	m³/s	Check flood flow	8.14.3-1
674	通航设计最高水位	NDHELV	N (8, 3)	m	The highest water level of navigable design	8.14.3-1
675	河底一般高程	RVBTEL	N (8, 3)	m	General elevation of river bottom	8.14.3-1
676	桥梁用途	BRIDUS	VC (40)		Bridge usage	8.14.3-1
677	是否满足防洪要求	YN	C (1)		If meeting the flood control requirement	8.14.3-1
678	桥梁地质情况	BRIDGIN	VC (40)		Bridge geological condition	8.14.3-1
679	副桥长	ASBRLN	N (7, 2)	m	Length of assistant bridge length	8.14.4-1
680	副桥面宽	ASBRSRWD	N (5, 2)	m	Width of assistant bridge width	8.14.4-1
681	主桥面最高点高程	PRBRSREL	N (8, 3)	m	The highest elevation of main bridge deck	8.14.4-1
682	主桥梁底高程	BRBTEL	N (8, 3)	m	Main bridge beam bottom elevation	8.14.4-1
683	通航与行洪对桥梁的影响	PBGBEL	VC (4000)		Influence of navigation and flood to bridge	8.14.4-1
684	管线代码	PIPE_CODE	C (17)		Pipeline code	8.15.1-1
685	管线名称	PIPE_NAME	VC (100)		Pipeline name	8.15.1-1
686	管线所在位置	PIPE_LOC	VC (256)		Location of pipeline	8.15.2-1
687	管线类别	PIPE_TYPE	C (1)		Pipeline type	8.15.2-1
688	管线外径	PIPE_OUDI	N (6, 3)	m	Outer diameter of pipe	8.15.2-1
689	管线用途	PIPE_USE	VC (40)		Pipeline usage	8.15.2-1
690	跨河方式	CR_RV_FORM	C (1)		Cross river form	8.15.2-1
691	跨河长度	CR_RV_LEN	N (7, 2)	m	Cross river length	8.15.2-1
692	管线地质情况	PIPEGIN	VC (40)		Pipeline geological condition	8.15.3-1
693	设计洪水位以上净高或埋深	PLNHBD	N (5, 1)	m	Net height or depth above design flood level	8.15.4-1
694	管线跨河部分下缘最低高程	PLSRPDELE	N (8, 3)	m	The lowest elevation of lower edge of pipeline cross river	8.15.4-1
695	管线支墩净跨度	PLCBSP	N (6, 2)	m	Net span of pipeline pier	8.15.4-1
696	河床冲刷深度	RVBDSCDP	N (5, 1)	m	Depth of river bed erosion	8.15.4-1
697	通航与行洪对管线的影响	PPLNBTEL	VC (4000)		Influence of navigation and flood to pipeline	8.15.4-1
698	倒虹吸代码	INSI_CODE	C (17)		Inverted siphon code	8.16.1-1
699	倒虹吸名称	INSI_NAME	VC (100)		Inverted siphon name	8.16.1-1
700	倒虹吸所在位置	INSI_LOC	VC (256)		Location of inverted siphon	8.16.2-1
701	倒虹吸类型	INSI_TYPE	C (1)		Inverted siphon type	8.16.2-1
702	管道净高	PIPE_NET_HEIG	N (6, 3)	m	Net height of pipe	8.16.2-1

附录 D 字 段 标 识 符 索 引（续）

编号	中文字段名	字段标识	类型及长度	单位	字 段 英 文 名	首次出现表
703	管道净宽	PIPE _ NET _ WID	N（6，3）	m	Net width of pine	8.16.2-1
704	管道内径	PIPE _ INDI	N（6，3）	m	Inner diameter of pipe	8.16.2-1
705	基础结构形式	BASE _ STR _ PATT	VC（40）		Type of foundation structure	8.16.2-1
706	倒虹吸用途	INSIUS	VC（40）		Inverted siphon usage	8.16.3-1
707	倒虹吸地质情况	INSIGIN	VC（40）		Inverted siphon geological condition	8.16.3-1
708	倒虹吸进口顶高程	ISITEL	N（8，3）	m	Import top elevation of inverted siphon	8.16.4-1
709	倒虹吸进口底高程	ISIMEL	N（8，3）	m	Import bottom elevation of inverted siphon	8.16.4-1
710	倒虹吸出口顶高程	ISOTEL	N（8，3）	m	Export top elevation of inverted siphon	8.16.4-1
711	倒虹吸出口底高程	ISOIEL	N（8，3）	m	Export bottom elevation of inverted siphon	8.16.4-1
712	过河部分管顶高程	INSPTPEL	N（8，3）	m	Pipe top elevation of over the river part	8.16.4-1
713	过河部分管底高程	INSPMTEL	N（8，3）	m	Pipe bottom elevation of over the river part	8.16.4-1
714	渡槽代码	FLUM _ CODE	C（17）		Flume code	8.17.1-1
715	渡槽名称	FLUM _ NAME	VC（100）		Flume name	8.17.1-1
716	渡槽所在位置	FLUM _ LOC	VC（256）		Location of flume	8.17.2-1
717	渡槽过水能力	FLUM _ WAT _ PROP	N（8，2）	m³/s	Flume water property	8.17.2-1
718	渡槽形式	FLUM _ PATT	C（1）		Flume pattern	8.17.2-1
719	渡槽断面形式	FLUM _ SEC _ PATT	C（1）		Flume section pattern	8.17.2-1
720	支承形式	SUPP _ TYPE	C（1）		Support type	8.17.2-1
721	渡槽用途	FLUMUS	VC（40）		Flume usage	8.17.3-1
722	渡槽地质情况	FLUMGIN	VC（40）		Flume geological condition	8.17.3-1
723	河槽内支承最大净跨度	BRNTSP	N（4，2）	m	Supporting maximum net span in channel	8.17.4-1
724	过河槽体底部高程	GRFLBDEL	N（8，3）	m	Bottom elevation of flume body cross river	8.17.4-1
725	通航与行洪对渡槽的影响	FNGFIN	VC（4000）		Influence of navigation and flood to flume	8.17.4-1
726	治河工程代码	GRPJ _ CODE	C（17）		Government river project code	8.18.1-1
727	治河工程名称	GRPJ _ NAME	VC（100）		Government river project name	8.18.1-1
728	治河工程几何中心点经度	GRPJ _ LONG	N（11，8）	（°）	Longitude of government river project	8.18.2-1
729	治河工程几何中心点纬度	GRPJ _ LAT	N（10，8）	（°）	Latitude of government river project	8.18.2-1
730	治河工程所在位置	GRPJ _ LOC	VC（256）		Government river project location	8.18.2-1
731	工程数量	ENG _ NUM	N（3）	处	Engineering number	8.18.2-1
732	工程总长度	ENG _ LEN	N（8，2）	m	Length of engineering	8.18.2-1
733	被整治河段长度	MANG _ REA _ LEN	N（8，2）	m	Length of managed reach	8.18.2-1

附录 D 字段标识符索引（续）

编号	中文字段名	字段标识	类型及长度	单位	字 段 英 文 名	首次出现表
734	治河工程简介	GRPJ_BRIN	VC（1024）		Government river project brief	8.18.2-1
735	被整治河段起点桩号	RPRCJMCH	VC（50）		Start number of managed reach	8.18.3-1
736	工程起点堤段桩号	ATBNSCCD	VC（12）		Start dike reach number of government river project	8.18.3-1
737	险工险段代码	DPDS_CODE	C（17）		Dangerous point and dangerous section code	8.19.1-1
738	险工险段名称	DPDS_NAME	VC（100）		Dangerous point and dangerous section name	8.19.1-1
739	险工险段位置	DPDS_LOC	VC（256）		Dangerous point and dangerous section location	8.19.2-1
740	桩号	DPDS_NUM	VC（100）		Dangerous point and dangerous section number	8.19.2-1
741	长度	DPDS_LEN	N（7，2）	m	Length of dangerous point and dangerous section	8.19.2-1
742	河流险段类型	CHDNSCCL	C（1）		Dangerous section type of river	8.19.3-1
743	除险效果	RMDNEF	VC（4000）		Danger-elimination effect	8.19.3-1
744	泵站代码	PUST_CODE	C（17）		Pumping station code	8.20.1-1
745	泵站名称	PUST_NAME	VC（100）		Pumping station name	8.20.1-1
746	泵站所在位置	PUST_LOC	VC（256）		Location of pumping station	8.20.2-1
747	泵站类型	PUST_TYPE	C（1）		Type of pumping station	8.20.2-1
748	装机流量	INS_FLOW	N（8，2）	m³/s	Installed flow	8.20.2-1
749	水泵数量	PUMP_NUM	N（6）	台	Pump number	8.20.2-1
750	机组台数	PUMP_SET_NUM	N（3）	台	Pump set number	8.20.2-1
751	设计扬程	DES_HEAD	N（7，2）	m	Design head	8.20.2-1
752	工程任务	ENG_TASK	VC（10）		Engineering task	8.20.2-1
753	供水范围	WASU_RANG	VC（512）		Water supply range	8.20.2-1
754	实际装机总容量	ACINCP	N（8，3）	MW	Actual total installed capacity	8.20.3-1
755	泵型	PMTP	C（1）		Pump type	8.20.3-1
756	排水设计前池水位	DDFWLV	N（8，3）	m	Upper pool water level of drainage design	8.20.3-1
757	排水设计后池水位	DDPWLV	N（8，3）	m	Back pool water level of drainage design	8.20.3-1
758	泵池底板高程	PMPNMTEL	N（8，3）	m	Floor elevation of pump sump	8.20.3-1
759	设计排水流量	DSDRFL	N（6，2）	m³/s	Design drainage flow	8.20.3-1
760	实际排水流量	AVDRFL	N（6，2）	m³/s	Actual drainage flow	8.20.3-1
761	实际排水面积	ACDRAR	N（9）	亩	Actual drainage area	8.20.3-1
762	灌溉（引水）设计前池水位	IDDFWLV	N（8，3）	m	Upper pool water level of irrigation（diversion）design	8.20.3-1
763	灌溉（引水）设计后池水位	IDDPWLV	N（8，3）	m	Back pool water level of irrigation（diversion）design	8.20.3-1
764	设计灌溉引水流量	DSIRDRFL	N（7，2）	m³/s	Design irrigation diversion flow	8.20.3-1
765	实际灌溉引水流量	AXIRDRFL	N（7，2）	m³/s	Actual irrigation diversion flow	8.20.3-1

附录 D 字段标识符索引（续）

编号	中文字段名	字段标识	类型及长度	单位	字段英文名	首次出现表
766	灌区代码	IRR_CODE	C（17）		Irrigation code	8.21.1-1
767	灌区名称	IRR_NAME	VC（100）		Irrigation name	8.21.1-1
768	灌区范围	IRR_RANG	VC（512）		Range of irrigation district	8.21.2-1
769	用水类型	WAUS_TYPE	C（1）		Water use type	8.21.2-1
770	水源类型	WASO_TYPE	C（1）		Water source type	8.21.2-1
771	总灌溉面积	TOT_IRR_AREA	N（10）	亩	Total irrigated area	8.21.2-1
772	有效灌溉面积	EFF_IRR_AREA	N（10）	亩	Effective irrigated area	8.21.2-1
773	灌溉设计保证率	IRPL	N（4，1）	%	Dependability of irrigation designing	8.21.3-1
774	排水标准	DTST	VC（40）		Standard of drainage	8.21.3-1
775	设计年总引水量	DSYFL	N（6，3）	$10^8\,m^3$	Total water diversion volume of designed year	8.21.3-1
776	正常年总引水量	INGYFL	N（6，3）	$10^8\,m^3$	Total water diversion volume of normal year	8.21.3-1
777	水源名称	WTPLNM	VC（100）		Headwater name	8.21.3-1
778	引水方式	QUWTP	VC（18）		Diversion type	8.21.3-1
779	引水地点	QUWTPL	VC（40）		Diversion site	8.21.3-1
780	取水建筑物位置	CHTWPL	VC（256）		Intake structure location	8.21.3-1
781	渠首建筑物名称	CNTWNM	VC（100）		Canal structure name	8.21.3-1
782	渠首设计引水流量	CNHDDSFL	N（8，3）	m^3/s	Designed water diversion flow of headwork	8.21.3-1
783	渠首正常年引水流量	CNINGYFL	N（8，3）	m^3/s	Normal year water diversion flow of headwork	8.21.3-1
784	灌溉总干渠条数	ITMCNB	N（2）	条	Number of irrigation main canal	8.21.3-1
785	灌溉总干渠总长度	ITMCLN	N（7，3）	km	Length of irrigation main canal	8.21.3-1
786	排水总干渠（沟）条数	DTMCNB	N（2）	条	Number of drainage main canal	8.21.3-1
787	排水总干渠（沟）总长度	DTMCLN	N（7，3）	km	Length of drainage main canal	8.21.3-1
788	年降水情况	ANPP	C（1）		Annual precipitation condition	8.21.3-1
789	旱涝保收面积	ENAR	N（10）	亩	Drought and waterlogging area	8.21.4-1
790	配套齐全面积	PTAR	N（10）	亩	Comprehensive area	8.21.4-1
791	园田化面积	TYAR	N（10）	亩	Garden area	8.21.4-1

附 录 E 修 订 内 容 索 引

序号	章节号	修 订 内 容
1	8.1.3	多媒体资料库表"文件名"类型与长度改为VC（128）
2	8.1.3	多媒体资料库表"文件路径"类型与长度改为VC（256）
3	8.2.3	流域（水系）基本情况表"有无水文站和水位站"类型与长度改为C（1）
4	8.2.6	洪水传播时间表"实测和调查最大洪水"类型与长度改为C（1）
5	8.2.6	洪水传播时间表"下游报汛站代码"字段解释增加"下"字
6	8.4.3	水库水文特征指表"多年平均流量"标识符改为"LON＿AVER＿ANN＿FLOW"，类型及长度改为N（8，2）
7	8.4.9	水库主要效益指标表"工程任务"类型与长度改为VC（6）
8	8.4.9	水库主要效益指标表"供水对象"类型与长度改为VC（6）
9	8.4.16	水库出险年度记录表"出险数量"标识符改为"DANG＿NUM"，类型及长度改为N（3）
10	8.4.18	中继站表"中继站名称"取消作为外键
11	8.4.19	遥测站表"水库代码"字段解释添加"引用表8.4.17－1的外键"
12	8.4.19	遥测站表"遥测站代码"字段解释删除"同8.6.1节'测站代码'字段，见附录A；是引用表8.6.1－1的外键"
13	8.6.2	测站基础信息表"备注"类型与长度改为VC（1024）
14	8.7.3	堤防一般信息表表标识改为"DKCMIN"
15	8.7.3	堤防一般信息表增加"堤防所在河流（湖泊）代码"指标
16	8.7.5	海堤基本情况表"是否允许漫顶"类型与长度改为C（1）
17	8.7.7	堤防横断面表"属性采集时间"定义为主键
18	8.7.7	堤防横断面表"属性采集时间"字段解释添加"是引用表8.7.6－1的外键"
19	8.10.2	湖泊基础信息表"跨界类型"和"湖泊所在位置"字段解释交换位置
20	8.10.4	湖泊基本特征表"水位站"类型与长度改为C（1）
21	8.10.5	进湖水系表"集水面积"标识符改为"CAT＿AREA"，类型及长度改为N（10，2）
22	8.11.6	重点险点险段表"出险数量"标识符改为"DANG＿NUM"，类型及长度改为N（3）
23	8.11.11	蓄洪垸进洪口表"圩垸名称代码"改为"圩垸代码"
24	8.13.3	橡胶坝综合信息表"调节闸门"类型与长度改为C（1）
25	8.14.3	桥梁基本情况表表标识改为"FHGC＿BRBI"
26	8.15.3	管线基本情况表表标识改为"FHGC＿PPBI"
27	8.16.3	倒虹吸基本情况表表标识改为"FHGC＿ISBI"
28	8.17.2	渡槽基础信息表"跨河长度"类型及长度改为N（7，2）
29	8.17.3	渡槽基本情况表表标识改为"FHGC＿FLBI"
30	B.100	泵站与堤防关系表"河流代码"改为"堤防代码"
31		20类工程代码类型与长度改为C（17）
32		行政区划代码类型与长度改为C（15）
33		流域分区代码类型与长度改为C（18）

国家防汛抗旱指挥系统工程建设标准

NFCS 02—2017

地理空间数据库表结构及标识符
Structure and identifier for geographical space database

2017－02－17 发布

2017－02－17 实施

水利部国家防汛抗旱指挥系统工程项目建设办公室　发布

前　言

　　本标准是国家防汛抗旱指挥系统二期工程的项目标准之一，用于规范地理空间数据库的表结构及标识符。依据《国家防汛抗旱指挥系统二期工程地理空间数据库建设实施方案》防洪工程数据库建设需求，参考《国家防汛抗旱指挥系统地理空间数据库设计报告》，按照 GB/T 1.1—2009《标准化工作导则　第 1 部分：标准的结构和编写》，制定本标准。

　　本标准包括 9 个章节和附录，主要内容包括范围、规范性引用文件、术语和定义、数据范围、数据格式与存储管理方式、表结构设计、标识符命名、字段类型及长度、地理空间库表结构、附录。

　　本标准批准部门：水利部国家防汛抗旱指挥系统工程项目建设办公室

　　本标准主持机构：水利部国家防汛抗旱指挥系统工程项目建设办公室

　　本标准解释单位：水利部国家防汛抗旱指挥系统工程项目建设办公室

　　本标准主编单位：水利部国家防汛抗旱指挥系统工程项目建设办公室

　　本标准发布单位：水利部国家防汛抗旱指挥系统工程项目建设办公室

　　本标准主要起草人：张立立、黄宁觉、何俊荣、陈琅、王荣

2017 年 2 月 17 日

目　　录

1　范围

为规范国家防汛抗旱指挥系统二期工程的设计、实施和管理，统一国家防汛抗旱指挥系统二期工程数据库中地理空间数据的库表结构、数据表示及标识制定本标准。

本标准适用于国家防汛抗旱指挥系统二期工程地理空间数据库建设，以及与其相关的数据查询、信息发布和应用服务软件开发。

2　规范性引用文件

下列文件中的条款通过本标准的引用而成为本标准的条款。凡是注日期的引用文件，仅注日期的版本适用于本标准。凡是不注日期的引用文件，其最新版本（包括所有的修改单）适用于本标准。

QX/T 111—2010《水利信息化标准指南》

GB/T 13989—2012《国家基本比例尺地形图分幅和编号》

CH/Z 9011—2011《地理信息公共服务平台电子地图数据规范》

GB 24354《公共地理信息通用地图符号》

SL 73.7—2013《防汛抗旱用图图式》

GB/T 13923—2006《基础地理信息要素分类与代码》

SL 473—2010《水利信息核心元数据》

SL 420—2007《水利地理空间信息元数据标准》

SZY 402—2013《空间信息图式》

SL 730—2015《水利空间要素图式与表达规范》

3　术语和定义

3.1　河流　river

陆地表面宣泄水流的通道，是江、河、川、溪的总称。

3.2　河段　reach

根据管理的需要或河流河床演变特点对河流进行的划分，包括自然河段和管理河段。

3.3　水库　reservoir

在河道山谷、低洼地及地下含水层修建拦水坝（闸）、溢堰或隔水墙所形成拦蓄水量调节径流的蓄水区。

3.4　水库大坝　dam

包括水库永久性挡水建筑物，以及与其配合运用的泄洪、输水和过船建筑物等。

3.5　测站　hydrological station

为经常收集水文数据而在河、渠、湖、库上或流域内设立的各种水文观测场所的总称；本标准主要指水文站、水位站和墒情站。

3.6　堤防　dike

沿河、渠、湖或行洪区、分洪区、围垦区的边缘修筑的挡水建筑物。

3.7 堤段 dike section

根据管理的需要，对堤防进行的管理区间划分。

3.8 蓄滞洪区 flood detention area

为防御异常洪水，利用沿河湖泊、洼地或特别划定的地区，修筑围堤及附属建筑物，分蓄河道超额洪水的区域。蓄滞洪区是蓄洪区、滞洪区、分洪区的统称；行洪区是指天然河道及其两侧或两岸大堤之间不设工程控制，在洪水位超过设计分洪水位时，自然进水用以宣泄洪水的区域。

3.9 湖泊 lake

湖盆及其承纳的水体。

3.10 圩垸 protective embankment

在河、湖、洲滩及海滨边滩近水地带修建堤防所构成的封闭的生产和生活区域。

3.11 水闸 sluice

修建在河道和渠道上利用闸门控制流量和调节水位的低水头建筑物。

3.12 橡胶坝 rubber dam

锚固于地板上的、用合成纤维织物做成的袋囊状的、利用充、排水（气）控制其升降的活动溢流堰。

3.13 桥梁 bridge

跨越河道或从河床内穿过的桥梁。

3.14 管线 pipeline

跨越河道或从河床内穿过的管线。

3.15 倒虹吸 inverted siphon

以倒虹吸管形式敷设于地面或地下用以输送渠道水流穿过其他水道、洼地、道路的压力管道式交叉建筑物。

3.16 渡槽 flume

渡槽渠道跨越其他水道、洼地、道路及铁路时修建的桥式立交输水建筑物。

3.17 治河工程 river‑training project

为稳定河槽或控制主槽游荡范围，改善河流边界条件及水流流态的工程。

3.18 险工险段 dangerous section

河道堤防上存在着不利于堤防防洪安全的隐患所在的工程和堤段，简称"险工险段"。堤防上的主要险工有：滑坡；崩岸、裂缝；漏洞；浪坎；管涌；散浸；跌窝；迎流顶冲；堤脚陡坎；穿堤建筑物接触渗漏；建筑物老化损坏；闸门锈蚀、漏水、变形等。

3.19 泵站 pumping station

机电提水设备及配套建筑物组成的排灌设施。

3.20 灌区 irrigation area

具有灌溉水源及灌溉排水设施，能对农田进行适时适量灌溉的区域。

3.21 表结构 table sturcture

用于组织管理数据资源而构建的数据表的结构体系。

3.22 标识符 identifier

数据库中用于唯一标识数据要素的名称或数字，标识符分为表标识符和字段标识符。

3.23 字段 field

数据库中表示与对象或类关联的变量，由字段名、字段标识和字段类型等数据要素组成。

3.24 数据类型 data type

字段中定义变量性质、长度、有效值域及对该值域内的值进行有效操作的规定的总和。

4 数据范围

4.1 空间对象内容

4.1.1 基础地理信息

4.1.1.1 基础地理空间矢量数据（SJXUFX－SJKJSNR03）

基础矢量地图使用由"天地图"提供的矢量底图服务，包括居民地、铁路、公路、行政区划等要素的组合图层。

4.1.1.2 遥感影像数据（SJXUFX－SJKJSNR04）

国家防汛抗旱指挥系统二期工程中遥感影像数据只在水利部建设，包括多时相、多分辨率遥感影像数据。通过整合已有项目成果方式，在水利部节点建立防汛抗旱遥感影像数据库，实现遥感影像数据库的调用接口，实现对水利部节点遥感影像数据的授权访问，供各业务系统调用。

整合的数据主要包括以下几个方面：

a）"天地图"影像地图：地市级以上基本为 0.6m 分辨率卫星遥感影像，其他范围为 15m 分辨率卫星遥感影像以及 2.5m 分辨率卫星遥感影像。

b）高分 1 号影像：采自 2013 年到 2014 年 16m 分辨率高分 1 号卫星遥感影像，影像按春、夏、秋、冬四季来处理和发布服务。

c）其他影像：包括高分 2 号影像和其他部分准实时影像数据。

4.1.2 防汛抗旱专题信息（SJXUFX－SJKJSNR01－02）

防洪工程地理信息类，包括整合第一次全国水利普查中对应的空间成果数据（河流、湖泊、水库、堤防、海堤、水闸、泵站、灌区、控制站 9 类），以及在一期工程成果的基础上，新建和补充完善第一次全国水利普查以外的 6 个专题图层［蓄滞（行）洪区、圩垸、跨河工程、治河工程、险工险段、墒情监测站 6 类］。地理空间数据库二期工程建设范围见表 4.1.2－1。

表 4.1.2 - 1　地理空间数据库二期工程建设范围

序号	数据类别	建 设 内 容
1	河流	整合水利普查成果中的流域面积 50km² 以上河流的数据内容，共计约 45000 条，完成信息的核对和完善修改
2	水库	整合水利普查成果，完成共约 98000 座小型水库基础数据整合；完成 2011 年以后的大中型工程变化信息的更新
3	控制站	完成水文站、水位站共计约 4340 个的位置标绘和数据核查
4	堤防	整合水利普查成果中的 5 级以上堤防的基本信息数据，共计约 49600 段；完成 2011 年以后的 3 级以上工程变化信息的更新和数据核查
5	海堤	整合水利普查成果中的其他海堤，工作内容同堤防，统计数量包含在堤防要素类内
6	蓄滞洪区	整合全国蓄滞洪区基础信息测量与复核项目成果，补充完善一期入库的蓄滞洪区数据
7	湖泊	整合水利普查成果中的面积 1km² 以上 2865 个湖泊的基本信息数据；完成 2011 年以后的变化信息的更新和数据核查
8	水闸	整合水利普查成果，补充完成过闸流量 100m³/s 以上的大中型水闸工程的基本信息，共计约 7192 个；完成 2011 年以后的大中型工程变化信息的更新和数据核查
9	圩垸	防洪工程数据库建设范围需要整编面积大于 10km² 或人口数超过 100 人的洲滩民垸
10	跨河工程	七大江河干流及主要支流防洪重要河段上的主要跨河工程
11	治河工程	大江大河干流及主要一级、二级支流上的重要治河工程
12	险点险段	七大江河干流及主要支流防洪重要河段及其堤防上的险点险段
13	机电排灌站	整合水利普查成果中的全国装机流量 10m³/s 以上的大中型泵站，共计约 4013 个；完成 2011 年以后的大中型工程变化信息的更新和数据核查
14	墒情监测站	全国重点干旱地区和主要大型灌区的墒情监测站
15	灌区	整合水利普查成果中的万亩以上灌区的基本信息数据，共计约 7772 个

4.2　空间对象命名

空间数据采用统一的标识符命名规则，包括对空间对象类、空间信息表以及空间关系表的标识命名，具体规则见第 7 章。

4.3　空间对象表结构

防汛抗旱专题信息类的空间信息表的表结构包括字段名、标识符、类型及长度、有无空值、主键和外键的设置 6 个方面，详见第 9 章。

此外，空间信息表的表结构和内容不随数据源比例尺的变化而变化。

4.4　空间对象比例尺

在不同比例尺下空间对象的表达有所不同，结合对象在空间表达上的显示情况，将各对象的数据源按比例尺分成了 5 个级别，分别是 1:10000、1:50000、1:250000、1:1000000 和 1:4000000。其中，基础地理信息类的数据源划分参考了 GB/T 13923—2006《基础地理信息要素分类与代码》中的规定。各级别比例尺的数据源中包含的对象类及其空间类型详见附录 A。

4.5　对象关系

对象空间关系表达了某一对象类内部两个对象间或者两个不同对象类之间的空间拓扑关系，每个空间关系都在空间数据库中对应一张空间关系表。

4.5.1　空间关系类型

本项目设计的空间关系，主要包括 7 种类型，见表 4.5.1 - 1。

表 4.5.1－1 空间关系类型表

类型编号	关系名称	说　明
1	流向关系	指河流的汇流关系，特指河流对象
2	包含关系	在空间上，一个对象包含另一个对象，具体包括两种情况：①同类对象间包含，如父级流域包含子流域；②不同类对象间包含，如地下水水源地包含地下水取水井（包括面状对象的部分包含关系，即一面状对象包含另一个面状对象的一部分）
3	压盖关系	不同对象在空间上相互压盖：点在线上、点在面的边界上、线在线上、线在面的边界上，如河道断面落在水系轴线上
4	衔接关系	在空间上，一个对象的一端与另一个对象一端相互衔接，如水系轴线之间衔接
5	相交关系	指线状对象与线状对象之间、线状对象与面状对象之间存在交点（非完全重合），如道路和道路之间的相交关系、水系轴线与湖泊的相交关系
6	跨越关系	一个对象从另一个对象的上方或下方穿过，两者无交点，如输水渠道的渡槽与河流的跨越关系
7	依附关系	一个对象依附于另一个对象而存在。具体包括两种情况：①两个对象在空间上是同一实体，如地表水取水口与水闸，当水闸移动时，取水口会随之移动，当水闸废除时，取水口也会废除；②两个对象在空间上不是同一实体，但依附存在，如大坝与水库的关系，当大坝不存在时，水库也就不存在了

4.5.2 空间关系表结构

空间数据库中各空间关系表遵循相同的表结构设计，包括字段名、标识符、类型及长度、主键、外键、有无空值等的设置，详见第 9 章。

5　数据格式与存储管理方式

5.1　数据格式

　　a）矢量数据：通过记录坐标的方式来表现地理实体的空间位置。
　　b）栅格数据：以规则的阵列来表示空间地物或现象分布的数据组织方式，组织中的每个栅格单元表示地物或现象的非几何属性特征。

5.2　存储管理方式

　　存储：采用基于企业级大型数据库存储数据的方式，包括空间数据实体集和元数据及实体关系。
　　管理：通过构建统一的空间数据模型管理空间数据，空间数据通过空间数据引擎来调用。

6　表结构设计

6.1　一般规定

6.1.1　空间数据库表结构的设计应遵循科学、实用、简洁和可扩展性的原则。
6.1.2　空间数据库表结构设计的命名原则应与基础数据库表结构、监测数据库表结构、多媒体数据库表结构和业务数据库表结构设计一致。

6.2　表设计与定义

6.2.1　每个表结构描述的内容应包括中文表名、表主题、表标识、表编号、表体和字段存储内容规定 6 个部分。
6.2.2　中文表名应使用简明扼要的文字表达该表所描述的内容。
6.2.3　表主题应进一步描述该表存储的内容、目的和意义等。
6.2.4　表标识应为中文表名英译的缩写，在进行数据库建设时，作为数据库的表名。
6.2.5　表编号为表的编码，反映表的分类和在表结构描述中的逻辑顺序，由 12 位字符组成，其中包括两个下划线。表编号格式为：

$$GEO\_SAA\_BBBB$$

其中　GEO——空间数据库分类码，固定字符；

　　　SAA——表编号的一级分类码，3 位字符，分类编码应按表 6.2.5 - 1 确定；

　　　BBBB——表编号的顺序码，4 位数字，每类表从 0001 开始编号，依次递增。

表 6.2.5 - 1　表编号一级分类编码

SAA	表　分　类	所在章节
000	地理空间库同步表结构	8
001	地理空间库空间表结构	8
002	地理空间库空间历史表结构	8

6.2.6　表体以表格的形式按字段在表中的次序列出表中每个字段的字段名、标识符、字段类型及长度、有无空值、主键等，并应符合下列规定：

　　a）字段名采用中文字符，表征表字段的名称。

　　b）标识符为数据库中该字段的唯一标识。命名规则见第 7 章。

　　c）字段类型及长度描述该字段的数据类型和数据最大位数。字段类型及长度的规定见第 8 章。

　　d）是否为空值描述该字段是否允许填入空值，用"N"表示该字段不允许为空值，保留为空表示该字段可以取空值。

　　e）主键描述该字段是否作为主键，用"Y"表示该字段是表的主键或联合主键之一，保留为空表示该字段不是主键。

6.2.7　相同字段名的解释，以第一次解释为准。

7　标识符命名

7.1　一般规定

7.1.1　标识符主要分为表标识和字段标识两类，遵循唯一性。

7.1.2　标识符由英文字母、下划线、数字构成，首字符应为英文字母。

7.1.3　标识符是关键词的英文翻译，关键词长度不超过 4 个字符时，可直接取其全拼，关键词长度超过 4 个字符时，可采用英文译名的缩写命名。

7.1.4　按照中文名称提取的关键词顺序排列关键词的英文翻译，关键词之间用下划线分隔；缩写关键词一般不超过 4 个，多于 4 个关键词时后续关键词只取首字母。

7.1.5　对象类和关系类实体标识符的长度不超过 30 个字符。

7.1.6　标识符采用英文译名缩写命名时，单词缩写主要遵循以下规则：

　　a）英文关键词有标准缩写的应直接采用，例如，POLYGON 缩写为 POL、CHINA 缩写为 CHN。

　　b）没有标准缩写的，取单词的第一个音节，并自辅音之后省略，例如，INTAKE 缩写为 INT。

　　c）当英文译名缩写相同时，参考压缩字母法等常见缩写方法以区分不同关键词。

7.1.7　相同的实体和实体特征在对象类表、关系类表中应采用一致的标识。

7.2　表标识

7.2.1　表标识与表名应一一对应。

7.2.2　空间信息类表标识由前缀"GEO＿"、主体标识、分类后缀三部分组成。其编写格式为：

$$GEO\_\alpha\_XT$$

其中　GEO——表标识分类，固定字符，代表空间数据库；

　　　　α——表标识的主体标识；

　　　　XT——表标识分类后缀，固定字符，代表数据比例尺，如 1∶1 万数据比例尺表示为 1，1∶5
万数据比例尺表示为 5，1∶25 万数据比例尺表示为 25，1∶100 万数据比例尺表示
为 100，1∶400 万数据比例尺表示为 400。

7.3　字段标识

字段命名为关键词的英文方式。具体规则如下：

a）先从中文字段名称中取出关键词。

b）采用一般规定，将关键词翻译成英文，关键词之间用下划线分隔。如"流域名称"字段命名
为"BAS_NM"。

8　字段类型及长度

基础数据库表字段类型主要有字符、数值和日期。其类型长度应按以下格式描述：

a）字符型。其长度的描述格式为：

$$C(D) 或 VC(D)$$

其中　C——定长字符串型的数据类型标识；

　　　VC——变长字符串型的数据类型标识；

　　　（　）——固定不变；

　　　D——十进制数，用以定义字符串长度，或最大可能的字符串长度。

b）数值型。其长度的描述格式为：

$$NUMBER(D[,d])$$

其中　NUMBER——数值型的数据类型标识；

　　　　　（　）——固定不变；

　　　　　[　]——表示小数位描述，可选；

　　　　　D——描述数值型数据的总位数（不包括小数点位）；

　　　　　,——固定不变，分隔符；

　　　　　d——描述数值型数据的小数位数。

c）空间数据型。其描述格式为：

$$GEOMETRY——空间信息存储类型标识$$

d）日期型。采用公元纪年的北京时间。其描述格式为：

$$DATE$$

即 YYYY-MM-DD（年-月-日）。不能填写至月或日的，月和日分别填写 01。

e）字段的取值范围。

1）可采用抽象的连续数字描述，在字段描述中应给出其取值范围。

2）取值为特定的若干选项，在字段描述中应采用枚举的方法描述取值范围。

9　地理空间库表结构

9.1　同步配置信息表

a）本表存储数据同步配置的相关信息。

b）表标识：SYNC_CONFIG_TABLE。

c）表编号：FXKH_000_0001。

d）各字段定义见表 9.1-1。

表 9.1-1　同步配置信息表字段定义

序号	字 段 名	标 识 符	类型及长度	有无空值	主键	外键
1	区域编码	REGION _ CODE	VC（12）	N	1	
2	区域类型	REGION _ TYPE	C（2）			
3	区域名称	REGION _ NAME	VC（69）			
4	部文件夹	CENTER _ PATH	VC（100）			
5	地方文件夹	LOCAL _ PATH	VC（100）			
6	数据库链接	DB _ URL	VC（69）			
7	数据库用户名	DB _ USERID	VC（50）			
8	数据库密码	DB _ PASSWORD	VC（50）			
9	更新频率	UPDATE _ RATE	VC（10）			

e）各字段存储内容应符合下列规定：

　　1）区域编码：识别区域的唯一标识。

　　2）区域类型：区域所属类型。

　　3）区域名称：区域的名称。

　　4）部文件夹：水利部同步文件路径。

　　5）地方文件夹：地方同步文件路径。

　　6）数据库链接：数据库地址。

　　7）数据库用户名：数据库的用户名。

　　8）数据库密码：对应用户的数据库密码。

　　9）更新频率：数据同步更新的频率。

9.2　同步历史信息表

a）本表存储数据同步的历史信息。

b）表标识：SYNC _ HISTORY _ TABLE。

c）表编号：FXKH _ 000 _ 0002。

d）各字段定义见表 9.2-1。

表 9.2-1　同步历史信息表字段定义

序号	字 段 名	标 识 符	类型及长度	有无空值	主键	外键
1	区域编码	REGION _ CODE	VC（12）	N	1	
2	同步时间	SYNC _ TIME	DATE			
3	同步用户 ID	SYNC _ USER _ ID	VC（50）			
4	同步类型	TYPE	C（2）			

e）各字段存储内容应符合下列规定：

　　1）区域编码：同 9.1 节"区域编码"字段。

　　2）同步时间：同步更新的具体时间。

　　3）同步用户 ID：同步用户的 ID，作为识别同步用户的标识。

　　4）同步类型：同步类型代码见表 9.2-2。

表 9.2-2 同步类型代码表

代码	同步类型	代码	同步类型
0	手动	1	自动

9.3 空间信息表

9.3.1 河流空间信息表

a）本表存储河流要素空间属性信息。

b）表标识：GEO_WB_LINE_5。

c）表编号：FXKH_001_0003。

d）各字段定义见表 9.3.1-1。

表 9.3.1-1 河流空间信息表字段定义

序号	字段名	标识符	类型及长度	有无空值	主键	外键
1	编码	OBJ_CODE	VC（17）	N	1	
2	名称	OBJ_NAME	VC（100）			
3	空间对象	SMGEOMETRY	GEOMETRY			
4	普查编码	PCCODE	VC（12）			
5	行政编码	AD_CODE	VC（15）			
6	流域编码	BAS_CODE	VC（17）			
7	水资源编码	WRZ_CODE	VC（17）			
8	创建用户 ID	CREATE_USER_ID	NC（50）			
9	创建时间	CREATE_TIME	DATE			
10	删除标识	DELETE_FLAG	C（1）			
11	更新用户 ID	UPDATE_USER_ID	NC（50）			
12	更新时间	UPDATE_TIME	DATE			
13	审核状态	CHECK_STATUS	C（1）			
14	审核意见	CHECK_OPINION	VC（1024）			
15	数据源	DATA_SOURCE	C（1）			
16	备注	RMK	VC（1024）			
17	中心点经度	CENTER_LONG	N（11，8）			
18	中心点纬度	CENTER_LAT	N（10，8）			

e）各字段存储内容应符合下列规定：

1）编码：要素的编码，唯一标识本数据库 20 类防洪工程中的某一个工程，按《水利对象分类编码方案》（暂行）的规定执行。

2）名称：要素中文名称全称。

3）空间对象：要素的空间信息。

4）普查编码：要素水利普查的编码。

5）行政编码：要素所在区域的行政编码，以《水利对象基础信息数据库表结构与标识符》（暂定）中"行政区划名录表"中的"行政区划代码"为标准。

6）流域编码：要素所在流域的编码，以《水利对象基础信息数据库表结构与标识符》（暂定）中"流域分区名录表"中的"流域分区代码"为标准。

7）水资源编码：要素所在水资源分区的编码，以《水利对象基础信息数据库表结构与标识符》（暂定）中"水资源分区名录表"中的"水资源分区代码"为标准。

8）创建用户 ID：要素入库的用户 ID，识别入库人员的标识。

9）创建时间：要素入库的时间。

10）删除标识：删除标识代码见表 9.3.1-2。

表 9.3.1-2　删 除 标 识 代 码 表

代码	删除标识类型	代码	删除标识类型
0	未删除	1	已删除

11）更新用户 ID：要素更新的用户 ID，识别更新人员的标识。

12）更新时间：要素更新的时间。

13）审核状态：要素审核的状态。

14）审核意见：要素审核的意见。

15）数据源：要素入库时的数据形式。数据源代码见表 9.3.1-3。

表 9.3.1-3　数 据 源 代 码 表

代码	数据源类型	代码	数据源类型
1	标绘	3	Wfs
2	Shp	4	原始数据库

16）备注：要素入库时存储备注信息。

17）中心点经度：要素的中心点坐标经度。

18）中心点纬度：要素的中心点坐标纬度。

9.3.2　河段空间信息表

a）本表存储河段要素空间属性信息。

b）表标识：GEO_WB_RV_5。

c）表编号：FXKH_001_0004。

d）各字段定义见表 9.3.2-1。

表 9.3.2-1　河段空间信息表字段定义

序号	字 段 名	标 识 符	类型及长度	有无空值	主键	外键
1	编码	OBJ_CODE	VC（17）	N	1	
2	名称	OBJ_NAME	VC（100）			
3	空间对象	SMGEOMETRY	GEOMETRY			
4	普查编码	PCCODE	VC（12）			
5	行政编码	AD_CODE	VC（15）			
6	流域编码	BAS_CODE	VC（17）			
7	水资源编码	WRZ_CODE	VC（17）			
8	创建用户 ID	CREATE_USER_ID	NC（50）			
9	创建时间	CREATE_TIME	DATE			
10	删除标识	DELETE_FLAG	C（1）			
11	更新用户 ID	UPDATE_USER_ID	NC（50）			
12	更新时间	UPDATE_TIME	DATE			

表 9.3.2－1 河段空间信息表字段定义（续）

序号	字 段 名	标 识 符	类型及长度	有无空值	主键	外键
13	审核状态	CHECK＿STATUS	C（1）			
14	审核意见	CHECK＿OPINION	VC（1024）			
15	数据源	DATA＿SOURCE	C（1）			
16	备注	RMK	VC（1024）			
17	中心点经度	CENTER＿LONG	N（11，8）			
18	中心点纬度	CENTER＿LAT	N（10，8）			

 e）各字段存储内容应符合下列规定：

  1）编码：同 9.3.1 节"编码"字段。

  2）名称：同 9.3.1 节"名称"字段。

  3）空间对象：同 9.3.1 节"空间对象"字段。

  4）普查编码：同 9.3.1 节"普查编码"字段。

  5）行政编码：同 9.3.1 节"行政编码"字段。

  6）流域编码：同 9.3.1 节"流域编码"字段。

  7）水资源编码：同 9.3.1 节"水资源编码"字段。

  8）创建用户 ID：同 9.3.1 节"创建用户 ID"字段。

  9）创建时间：同 9.3.1 节"创建时间"字段。

  10）删除标识：同 9.3.1 节"删除标识"字段。

  11）更新用户 ID：同 9.3.1 节"更新用户 ID"字段。

  12）更新时间：同 9.3.1 节"更新时间"字段。

  13）审核状态：同 9.3.1 节"审核状态"字段。

  14）审核意见：同 9.3.1 节"审核意见"字段。

  15）数据源：同 9.3.1 节"数据源"字段。

  16）备注：同 9.3.1 节"备注"字段。

  17）中心点经度：同 9.3.1 节"中心点经度"字段。

  18）中心点纬度：同 9.3.1 节"中心点纬度"字段。

9.3.3 湖泊空间信息表

 a）本表存储湖泊要素空间属性信息。

 b）表标识：GEO＿WB＿LAKE＿5。

 c）表编号：FXKH＿001＿0005。

 d）各字段定义见表 9.3.3－1。

表 9.3.3－1 湖泊空间信息表字段定义

序号	字段名	标 识 符	类型及长度	有无空值	主键	外键
1	编码	OBJ＿CODE	VC（17）	N	1	
2	名称	OBJ＿NAME	VC（100）			
3	空间对象	SMGEOMETRY	GEOMETRY			
4	普查编码	PCCODE	VC（12）			
5	行政编码	AD＿CODE	VC（15）			
6	流域编码	BAS＿CODE	VC（17）			

表 9.3.3−1 湖泊空间信息表字段定义（续）

序号	字 段 名	标 识 符	类型及长度	有无空值	主键	外键
7	水资源编码	WRZ_CODE	VC（17）			
8	创建用户 ID	CREATE_USER_ID	NC（50）			
9	创建时间	CREATE_TIME	DATE			
10	删除标识	DELETE_FLAG	C（1）			
11	更新用户 ID	UPDATE_USER_ID	NC（50）			
12	更新时间	UPDATE_TIME	DATE			
13	审核状态	CHECK_STATUS	C（1）			
14	审核意见	CHECK_OPINION	VC（1024）			
15	数据源	DATA_SOURCE	C（1）			
16	备注	RMK	VC（1024）			
17	中心点经度	CENTER_LONG	N（11，8）			
18	中心点纬度	CENTER_LAT	N（10，8）			

  e）各字段存储内容应符合下列规定：

    1）编码：同 9.3.1 节"编码"字段。

    2）名称：同 9.3.1 节"名称"字段。

    3）空间对象：同 9.3.1 节"空间对象"字段。

    4）普查编码：同 9.3.1 节"普查编码"字段。

    5）行政编码：同 9.3.1 节"行政编码"字段。

    6）流域编码：同 9.3.1 节"流域编码"字段。

    7）水资源编码：同 9.3.1 节"水资源编码"字段。

    8）创建用户 ID：同 9.3.1 节"创建用户 ID"字段。

    9）创建时间：同 9.3.1 节"创建时间"字段。

    10）删除标识：同 9.3.1 节"删除标识"字段。

    11）更新用户 ID：同 9.3.1 节"更新用户 ID"字段。

    12）更新时间：同 9.3.1 节"更新时间"字段。

    13）审核状态：同 9.3.1 节"审核状态"字段。

    14）审核意见：同 9.3.1 节"审核意见"字段。

    15）数据源：同 9.3.1 节"数据源"字段。

    16）备注：同 9.3.1 节"备注"字段。

    17）中心点经度：同 9.3.1 节"中心点经度"字段。

    18）中心点纬度：同 9.3.1 节"中心点纬度"字段。

9.3.4 水库工程空间信息表

  a）本表存储水库要素空间属性信息。

  b）表标识：GEO_IND_RSWB_5。

  c）表编号：FXKH_001_0006。

  d）各字段定义见表 9.3.4−1。

  e）各字段存储内容应符合下列规定：

    1）编码：同 9.3.1 节"编码"字段。

    2）名称：同 9.3.1 节"名称"字段。

表 9.3.4－1　水库工程空间信息表字段定义

序号	字 段 名	标 识 符	类型及长度	有无空值	主键	外键
1	编码	OBJ＿CODE	VC（17）	N	1	
2	名称	OBJ＿NAME	VC（100）			
3	空间对象	SMGEOMETRY	GEOMETRY			
4	普查编码	PCCODE	VC（12）			
5	行政编码	AD＿CODE	VC（15）			
6	流域编码	BAS＿CODE	VC（17）			
7	水资源编码	WRZ＿CODE	VC（17）			
8	创建用户ID	CREATE＿USER＿ID	NC（50）			
9	创建时间	CREATE＿TIME	DATE			
10	删除标识	DELETE＿FLAG	C（1）			
11	更新用户ID	UPDATE＿USER＿ID	NC（50）			
12	更新时间	UPDATE＿TIME	DATE			
13	审核状态	CHECK＿STATUS	C（1）			
14	审核意见	CHECK＿OPINION	VC（1024）			
15	数据源	DATA＿SOURCE	C（1）			
16	备注	RMK	VC（1024）			
17	中心点经度	CENTER＿LONG	N（11，8）			
18	中心点纬度	CENTER＿LAT	N（10，8）			

3）空间对象：同9.3.1节"空间对象"字段。

4）普查编码：同9.3.1节"普查编码"字段。

5）行政编码：同9.3.1节"行政编码"字段。

6）流域编码：同9.3.1节"流域编码"字段。

7）水资源编码：同9.3.1节"水资源编码"字段。

8）创建用户ID：同9.3.1节"创建用户ID"字段。

9）创建时间：同9.3.1节"创建时间"字段。

10）删除标识：同9.3.1节"删除标识"字段。

11）更新用户ID：同9.3.1节"更新用户ID"字段。

12）更新时间：同9.3.1节"更新时间"字段。

13）审核状态：同9.3.1节"审核状态"字段。

14）审核意见：同9.3.1节"审核意见"字段。

15）数据源：同9.3.1节"数据源"字段。

16）备注：同9.3.1节"备注"字段。

17）中心点经度：同9.3.1节"中心点经度"字段。

18）中心点纬度：同9.3.1节"中心点纬度"字段。

9.3.5　水库大坝空间信息表

a）本表存储水库大坝要素空间属性信息。

b）表标识：GEO＿IND＿DAM＿5。

c）表编号：FXKH＿001＿0007。

d）各字段定义见表9.3.5－1。

表 9.3.5－1　水库大坝空间信息表字段定义

序号	字 段 名	标 识 符	类型及长度	有无空值	主键	外键
1	编码	OBJ_CODE	VC（17）	N	1	
2	名称	OBJ_NAME	VC（100）			
3	空间对象	SMGEOMETRY	GEOMETRY			
4	普查编码	PCCODE	VC（12）			
5	行政编码	AD_CODE	VC（15）			
6	流域编码	BAS_CODE	VC（17）			
7	水资源编码	WRZ_CODE	VC（17）			
8	创建用户ID	CREATE_USER_ID	NC（50）			
9	创建时间	CREATE_TIME	DATE			
10	删除标识	DELETE_FLAG	C（1）			
11	更新用户ID	UPDATE_USER_ID	NC（50）			
12	更新时间	UPDATE_TIME	DATE			
13	审核状态	CHECK_STATUS	C（1）			
14	审核意见	CHECK_OPINION	VC（1024）			
15	数据源	DATA_SOURCE	C（1）			
16	备注	RMK	VC（1024）			
17	中心点经度	CENTER_LONG	N（11，8）			
18	中心点纬度	CENTER_LAT	N（10，8）			

　　e）各字段存储内容应符合下列规定：

　　　　1）编码：同9.3.1节"编码"字段。

　　　　2）名称：同9.3.1节"名称"字段。

　　　　3）空间对象：同9.3.1节"空间对象"字段。

　　　　4）普查编码：同9.3.1节"普查编码"字段。

　　　　5）行政编码：同9.3.1节"行政编码"字段。

　　　　6）流域编码：同9.3.1节"流域编码"字段。

　　　　7）水资源编码：同9.3.1节"水资源编码"字段。

　　　　8）创建用户ID：同9.3.1节"创建用户ID"字段。

　　　　9）创建时间：同9.3.1节"创建时间"字段。

　　　　10）删除标识：同9.3.1节"删除标识"字段。

　　　　11）更新用户ID：同9.3.1节"更新用户ID"字段。

　　　　12）更新时间：同9.3.1节"更新时间"字段。

　　　　13）审核状态：同9.3.1节"审核状态"字段。

　　　　14）审核意见：同9.3.1节"审核意见"字段。

　　　　15）数据源：同9.3.1节"数据源"字段。

　　　　16）备注：同9.3.1节"备注"字段。

　　　　17）中心点经度：同9.3.1节"中心点经度"字段。

　　　　18）中心点纬度：同9.3.1节"中心点纬度"字段。

9.3.6　水闸工程空间信息表

　　a）本表存储水闸要素空间属性信息。

b）表标识：GEO＿IND＿GATE＿5。

c）表编号：FXKH＿001＿0008。

d）各字段定义见表9.3.6-1。

表9.3.6-1 水闸工程空间信息表字段定义

序号	字 段 名	标 识 符	类型及长度	有无空值	主键	外键
1	编码	OBJ＿CODE	VC（17）	N	1	
2	名称	OBJ＿NAME	VC（100）			
3	空间对象	SMGEOMETRY	GEOMETRY			
4	普查编码	PCCODE	VC（12）			
5	行政编码	AD＿CODE	VC（15）			
6	流域编码	BAS＿CODE	VC（17）			
7	水资源编码	WRZ＿CODE	VC（17）			
8	创建用户ID	CREATE＿USER＿ID	NC（50）			
9	创建时间	CREATE＿TIME	DATE			
10	删除标识	DELETE＿FLAG	C（1）			
11	更新用户ID	UPDATE＿USER＿ID	NC（50）			
12	更新时间	UPDATE＿TIME	DATE			
13	审核状态	CHECK＿STATUS	C（1）			
14	审核意见	CHECK＿OPINION	VC（1024）			
15	数据源	DATA＿SOURCE	C（1）			
16	备注	RMK	VC（1024）			
17	中心点经度	CENTER＿LONG	N（11，8）			
18	中心点纬度	CENTER＿LAT	N（10，8）			

e）各字段存储内容应符合下列规定：

1）编码：同9.3.1节"编码"字段。

2）名称：同9.3.1节"名称"字段。

3）空间对象：同9.3.1节"空间对象"字段。

4）普查编码：同9.3.1节"普查编码"字段。

5）行政编码：同9.3.1节"行政编码"字段。

6）流域编码：同9.3.1节"流域编码"字段。

7）水资源编码：同9.3.1节"水资源编码"字段。

8）创建用户ID：同9.3.1节"创建用户ID"字段。

9）创建时间：同9.3.1节"创建时间"字段。

10）删除标识：同9.3.1节"删除标识"字段。

11）更新用户ID：同9.3.1节"更新用户ID"字段。

12）更新时间：同9.3.1节"更新时间"字段。

13）审核状态：同9.3.1节"审核状态"字段。

14）审核意见：同9.3.1节"审核意见"字段。

15）数据源：同9.3.1节"数据源"字段。

16）备注：同9.3.1节"备注"字段。

17）中心点经度：同9.3.1节"中心点经度"字段。

18）中心点纬度：同9.3.1节"中心点纬度"字段。

9.3.7 橡胶坝工程空间信息表

a）本表存储橡胶坝要素空间属性信息。

b）表标识：GEO_IND_RUDA_5。

c）表编号：FXKH_001_0009。

d）各字段定义见表 9.3.7-1。

表 9.3.7-1 橡胶坝工程空间信息表字段定义

序号	字 段 名	标 识 符	类型及长度	有无空值	主键	外键
1	编码	OBJ_CODE	VC（17）	N	1	
2	名称	OBJ_NAME	VC（100）			
3	空间对象	SMGEOMETRY	GEOMETRY			
4	普查编码	PCCODE	VC（12）			
5	行政编码	AD_CODE	VC（15）			
6	流域编码	BAS_CODE	VC（17）			
7	水资源编码	WRZ_CODE	VC（17）			
8	创建用户ID	CREATE_USER_ID	NC（50）			
9	创建时间	CREATE_TIME	DATE			
10	删除标识	DELETE_FLAG	C（1）			
11	更新用户ID	UPDATE_USER_ID	NC（50）			
12	更新时间	UPDATE_TIME	DATE			
13	审核状态	CHECK_STATUS	C（1）			
14	审核意见	CHECK_OPINION	VC（1024）			
15	数据源	DATA_SOURCE	C（1）			
16	备注	RMK	VC（1024）			
17	中心点经度	CENTER_LONG	N（11，8）			
18	中心点纬度	CENTER_LAT	N（10，8）			

e）各字段存储内容应符合下列规定：

1）编码：同 9.3.1 节"编码"字段。

2）名称：同 9.3.1 节"名称"字段。

3）空间对象：同 9.3.1 节"空间对象"字段。

4）普查编码：同 9.3.1 节"普查编码"字段。

5）行政编码：同 9.3.1 节"行政编码"字段。

6）流域编码：同 9.3.1 节"流域编码"字段。

7）水资源编码：同 9.3.1 节"水资源编码"字段。

8）创建用户 ID：同 9.3.1 节"创建用户 ID"字段。

9）创建时间：同 9.3.1 节"创建时间"字段。

10）删除标识：同 9.3.1 节"删除标识"字段。

11）更新用户 ID：同 9.3.1 节"更新用户 ID"字段。

12）更新时间：同 9.3.1 节"更新时间"字段。

13）审核状态：同 9.3.1 节"审核状态"字段。

14）审核意见：同 9.3.1 节"审核意见"字段。

15）数据源：同 9.3.1 节"数据源"字段。

16）备注：同 9.3.1 节"备注"字段。

17）中心点经度：同 9.3.1 节"中心点经度"字段。

18）中心点纬度：同 9.3.1 节"中心点纬度"字段。

9.3.8 堤防工程空间信息表

a）本表存储堤防要素空间属性信息。

b）表标识：GEO _ IND _ DIKE _ 5。

c）表编号：FXKH _ 001 _ 0010。

d）各字段定义见表 9.3.8－1。

表 9.3.8－1 堤防工程空间信息表字段定义

序号	字 段 名	标 识 符	类型及长度	有无空值	主键	外键
1	编码	OBJ _ CODE	VC（17）	N	1	
2	名称	OBJ _ NAME	VC（100）			
3	空间对象	SMGEOMETRY	GEOMETRY			
4	普查编码	PCCODE	VC（12）			
5	行政编码	AD _ CODE	VC（15）			
6	流域编码	BAS _ CODE	VC（17）			
7	水资源编码	WRZ _ CODE	VC（17）			
8	创建用户 ID	CREATE _ USER _ ID	NC（50）			
9	创建时间	CREATE _ TIME	DATE			
10	删除标识	DELETE _ FLAG	C（1）			
11	更新用户 ID	UPDATE _ USER _ ID	NC（50）			
12	更新时间	UPDATE _ TIME	DATE			
13	审核状态	CHECK _ STATUS	C（1）			
14	审核意见	CHECK _ OPINION	VC（1024）			
15	数据源	DATA _ SOURCE	C（1）			
16	备注	RMK	VC（1024）			
17	中心点经度	CENTER _ LONG	N（11，8）			
18	中心点纬度	CENTER _ LAT	N（10，8）			

e）各字段存储内容应符合下列规定：

1）编码：同 9.3.1 节"编码"字段。

2）名称：同 9.3.1 节"名称"字段。

3）空间对象：同 9.3.1 节"空间对象"字段。

4）普查编码：同 9.3.1 节"普查编码"字段。

5）行政编码：同 9.3.1 节"行政编码"字段。

6）流域编码：同 9.3.1 节"流域编码"字段。

7）水资源编码：同 9.3.1 节"水资源编码"字段。

8）创建用户 ID：同 9.3.1 节"创建用户 ID"字段。

9）创建时间：同 9.3.1 节"创建时间"字段。

10）删除标识：同 9.3.1 节"删除标识"字段。

11）更新用户 ID：同 9.3.1 节"更新用户 ID"字段。

12）更新时间：同 9.3.1 节"更新时间"字段。

13）审核状态：同 9.3.1 节 "审核状态" 字段。

14）审核意见：同 9.3.1 节 "审核意见" 字段。

15）数据源：同 9.3.1 节 "数据源" 字段。

16）备注：同 9.3.1 节 "备注" 字段。

17）中心点经度：同 9.3.1 节 "中心点经度" 字段。

18）中心点纬度：同 9.3.1 节 "中心点纬度" 字段。

9.3.9 堤段空间信息表

a）本表存储堤段要素空间属性信息。

b）表标识：GEO_IND_DISC_5。

c）表编号：FXKH_001_0011。

d）各字段定义见表 9.3.9-1。

表 9.3.9-1 堤段空间信息表字段定义

序号	字段名	标识符	类型及长度	有无空值	主键	外键
1	编码	OBJ_CODE	VC（17）	N	1	
2	名称	OBJ_NAME	VC（100）			
3	空间对象	SMGEOMETRY	GEOMETRY			
4	普查编码	PCCODE	VC（12）			
5	行政编码	AD_CODE	VC（15）			
6	流域编码	BAS_CODE	VC（17）			
7	水资源编码	WRZ_CODE	VC（17）			
8	创建用户ID	CREATE_USER_ID	NC（50）			
9	创建时间	CREATE_TIME	DATE			
10	删除标识	DELETE_FLAG	C（1）			
11	更新用户ID	UPDATE_USER_ID	NC（50）			
12	更新时间	UPDATE_TIME	DATE			
13	审核状态	CHECK_STATUS	C（1）			
14	审核意见	CHECK_OPINION	VC（1024）			
15	数据源	DATA_SOURCE	C（1）			
16	备注	RMK	VC（1024）			
17	中心点经度	CENTER_LONG	N（11,8）			
18	中心点纬度	CENTER_LAT	N（10,8）			

e）各字段存储内容应符合下列规定：

1）编码：同 9.3.1 节 "编码" 字段。

2）名称：同 9.3.1 节 "名称" 字段。

3）空间对象：同 9.3.1 节 "空间对象" 字段。

4）普查编码：同 9.3.1 节 "普查编码" 字段。

5）行政编码：同 9.3.1 节 "行政编码" 字段。

6）流域编码：同 9.3.1 节 "流域编码" 字段。

7）水资源编码：同 9.3.1 节 "水资源编码" 字段。

8）创建用户ID：同 9.3.1 节 "创建用户ID" 字段。

9）创建时间：同 9.3.1 节 "创建时间" 字段。

10）删除标识：同 9.3.1 节"删除标识"字段。

11）更新用户 ID：同 9.3.1 节"更新用户 ID"字段。

12）更新时间：同 9.3.1 节"更新时间"字段。

13）审核状态：同 9.3.1 节"审核状态"字段。

14）审核意见：同 9.3.1 节"审核意见"字段。

15）数据源：同 9.3.1 节"数据源"字段。

16）备注：同 9.3.1 节"备注"字段。

17）中心点经度：同 9.3.1 节"中心点经度"字段。

18）中心点纬度：同 9.3.1 节"中心点纬度"字段。

9.3.10 灌区工程空间信息表

a）本表存储灌区要素空间属性信息。

b）表标识：GEO_SYST_IRR_5。

c）表编号：FXKH_001_0012。

d）各字段定义见表 9.3.10-1。

表 9.3.10-1 灌区工程空间信息表字段定义

序号	字 段 名	标 识 符	类型及长度	有无空值	主键	外键
1	编码	OBJ_CODE	VC（17）	N	1	
2	名称	OBJ_NAME	VC（100）			
3	空间对象	SMGEOMETRY	GEOMETRY			
4	普查编码	PCCODE	VC（12）			
5	行政编码	AD_CODE	VC（15）			
6	流域编码	BAS_CODE	VC（17）			
7	水资源编码	WRZ_CODE	VC（17）			
8	创建用户 ID	CREATE_USER_ID	NC（50）			
9	创建时间	CREATE_TIME	DATE			
10	删除标识	DELETE_FLAG	C（1）			
11	更新用户 ID	UPDATE_USER_ID	NC（50）			
12	更新时间	UPDATE_TIME	DATE			
13	审核状态	CHECK_STATUS	C（1）			
14	审核意见	CHECK_OPINION	VC（1024）			
15	数据源	DATA_SOURCE	C（1）			
16	备注	RMK	VC（1024）			
17	中心点经度	CENTER_LONG	N（11，8）			
18	中心点纬度	CENTER_LAT	N（10，8）			

e）各字段存储内容应符合下列规定：

1）编码：同 9.3.1 节"编码"字段。

2）名称：同 9.3.1 节"名称"字段。

3）空间对象：同 9.3.1 节"空间对象"字段。

4）普查编码：同 9.3.1 节"普查编码"字段。

5）行政编码：同 9.3.1 节"行政编码"字段。

6）流域编码：同 9.3.1 节"流域编码"字段。

7）水资源编码：同 9.3.1 节"水资源编码"字段。

8）创建用户 ID：同 9.3.1 节"创建用户 ID"字段。

9）创建时间：同 9.3.1 节"创建时间"字段。

10）删除标识：同 9.3.1 节"删除标识"字段。

11）更新用户 ID：同 9.3.1 节"更新用户 ID"字段。

12）更新时间：同 9.3.1 节"更新时间"字段。

13）审核状态：同 9.3.1 节"审核状态"字段。

14）审核意见：同 9.3.1 节"审核意见"字段。

15）数据源：同 9.3.1 节"数据源"字段。

16）备注：同 9.3.1 节"备注"字段。

17）中心点经度：同 9.3.1 节"中心点经度"字段。

18）中心点纬度：同 9.3.1 节"中心点纬度"字段。

9.3.11 泵站工程空间信息表

a）本表存储泵站要素空间属性信息。

b）表标识：GEO _ IND _ PUMP _ 5。

c）表编号：FXKH _ 001 _ 0013。

d）各字段定义见表 9.3.11－1。

表 9.3.11－1 泵站工程空间信息表字段定义

序号	字 段 名	标 识 符	类型及长度	有无空值	主键	外键
1	编码	OBJ _ CODE	VC（17）	N	1	
2	名称	OBJ _ NAME	VC（100）			
3	空间对象	SMGEOMETRY	GEOMETRY			
4	普查编码	PCCODE	VC（12）			
5	行政编码	AD _ CODE	VC（15）			
6	流域编码	BAS _ CODE	VC（17）			
7	水资源编码	WRZ _ CODE	VC（17）			
8	创建用户 ID	CREATE _ USER _ ID	NC（50）			
9	创建时间	CREATE _ TIME	DATE			
10	删除标识	DELETE _ FLAG	C（1）			
11	更新用户 ID	UPDATE _ USER _ ID	NC（50）			
12	更新时间	UPDATE _ TIME	DATE			
13	审核状态	CHECK _ STATUS	C（1）			
14	审核意见	CHECK _ OPINION	VC（1024）			
15	数据源	DATA _ SOURCE	C（1）			
16	备注	RMK	VC（1024）			
17	中心点经度	CENTER _ LONG	N（11，8）			
18	中心点纬度	CENTER _ LAT	N（10，8）			

e）各字段存储内容应符合下列规定：

1）编码：同 9.3.1 节"编码"字段。

2）名称：同 9.3.1 节"名称"字段。

3）空间对象：同 9.3.1 节"空间对象"字段。

4）普查编码：同 9.3.1 节"普查编码"字段。

5）行政编码：同 9.3.1 节"行政编码"字段。

6）流域编码：同 9.3.1 节"流域编码"字段。

7）水资源编码：同 9.3.1 节"水资源编码"字段。

8）创建用户 ID：同 9.3.1 节"创建用户 ID"字段。

9）创建时间：同 9.3.1 节"创建时间"字段。

10）删除标识：同 9.3.1 节"删除标识"字段。

11）更新用户 ID：同 9.3.1 节"更新用户 ID"字段。

12）更新时间：同 9.3.1 节"更新时间"字段。

13）审核状态：同 9.3.1 节"审核状态"字段。

14）审核意见：同 9.3.1 节"审核意见"字段。

15）数据源：同 9.3.1 节"数据源"字段。

16）备注：同 9.3.1 节"备注"字段。

17）中心点经度：同 9.3.1 节"中心点经度"字段。

18）中心点纬度：同 9.3.1 节"中心点纬度"字段。

9.3.12 测站空间信息表

a）本表存储测站要素空间属性信息。

b）表标识：GEO_OBS_ST_5。

c）表编号：FXKH_001_0014。

d）各字段定义见表 9.3.12-1。

表 9.3.12-1 测站空间信息表字段定义

序号	字 段 名	标 识 符	类型及长度	有无空值	主键	外键
1	编码	OBJ_CODE	VC（17）	N	1	
2	名称	OBJ_NAME	VC（100）			
3	空间对象	SMGEOMETRY	GEOMETRY			
4	普查编码	PCCODE	VC（12）			
5	行政编码	AD_CODE	VC（15）			
6	流域编码	BAS_CODE	VC（17）			
7	水资源编码	WRZ_CODE	VC（17）			
8	创建用户 ID	CREATE_USER_ID	NC（50）			
9	创建时间	CREATE_TIME	DATE			
10	删除标识	DELETE_FLAG	C（1）			
11	更新用户 ID	UPDATE_USER_ID	NC（50）			
12	更新时间	UPDATE_TIME	DATE			
13	审核状态	CHECK_STATUS	C（1）			
14	审核意见	CHECK_OPINION	VC（1024）			
15	数据源	DATA_SOURCE	C（1）			
16	备注	RMK	VC（1024）			
17	中心点经度	CENTER_LONG	N（11，8）			
18	中心点纬度	CENTER_LAT	N（10，8）			

e）各字段存储内容应符合下列规定：

1）编码：同 9.3.1 节"编码"字段。

2）名称：同 9.3.1 节"名称"字段。

3）空间对象：同 9.3.1 节"空间对象"字段。

4）普查编码：同 9.3.1 节"普查编码"字段。

5）行政编码：同 9.3.1 节"行政编码"字段。

6）流域编码：同 9.3.1 节"流域编码"字段。

7）水资源编码：同 9.3.1 节"水资源编码"字段。

8）创建用户 ID：同 9.3.1 节"创建用户 ID"字段。

9）创建时间：同 9.3.1 节"创建时间"字段。

10）删除标识：同 9.3.1 节"删除标识"字段。

11）更新用户 ID：同 9.3.1 节"更新用户 ID"字段。

12）更新时间：同 9.3.1 节"更新时间"字段。

13）审核状态：同 9.3.1 节"审核状态"字段。

14）审核意见：同 9.3.1 节"审核意见"字段。

15）数据源：同 9.3.1 节"数据源"字段。

16）备注：同 9.3.1 节"备注"字段。

17）中心点经度：同 9.3.1 节"中心点经度"字段。

18）中心点纬度：同 9.3.1 节"中心点纬度"字段。

9.3.13　桥梁空间信息表

a）本表存储桥梁要素空间属性信息。

b）表标识：GEO_BRID_5。

c）表编号：FXKH_001_0015。

d）各字段定义见表 9.3.13－1。

表 9.3.13－1　桥梁空间信息表字段定义

序号	字 段 名	标 识 符	类型及长度	有无空值	主键	外键
1	编码	OBJ_CODE	VC（17）	N	1	
2	名称	OBJ_NAME	VC（100）			
3	空间对象	SMGEOMETRY	GEOMETRY			
4	普查编码	PCCODE	VC（12）			
5	行政编码	AD_CODE	VC（15）			
6	流域编码	BAS_CODE	VC（17）			
7	水资源编码	WRZ_CODE	VC（17）			
8	创建用户 ID	CREATE_USER_ID	NC（50）			
9	创建时间	CREATE_TIME	DATE			
10	删除标识	DELETE_FLAG	C（1）			
11	更新用户 ID	UPDATE_USER_ID	NC（50）			
12	更新时间	UPDATE_TIME	DATE			
13	审核状态	CHECK_STATUS	C（1）			
14	审核意见	CHECK_OPINION	VC（1024）			
15	数据源	DATA_SOURCE	C（1）			
16	备注	RMK	VC（1024）			
17	中心点经度	CENTER_LONG	N（11，8）			
18	中心点纬度	CENTER_LAT	N（10，8）			

e）各字段存储内容应符合下列规定：

　1）编码：同9.3.1节"编码"字段。

　2）名称：同9.3.1节"名称"字段。

　3）空间对象：同9.3.1节"空间对象"字段。

　4）普查编码：同9.3.1节"普查编码"字段。

　5）行政编码：同9.3.1节"行政编码"字段。

　6）流域编码：同9.3.1节"流域编码"字段。

　7）水资源编码：同9.3.1节"水资源编码"字段。

　8）创建用户ID：同9.3.1节"创建用户ID"字段。

　9）创建时间：同9.3.1节"创建时间"字段。

　10）删除标识：同9.3.1节"删除标识"字段。

　11）更新用户ID：同9.3.1节"更新用户ID"字段。

　12）更新时间：同9.3.1节"更新时间"字段。

　13）审核状态：同9.3.1节"审核状态"字段。

　14）审核意见：同9.3.1节"审核意见"字段。

　15）数据源：同9.3.1节"数据源"字段。

　16）备注：同9.3.1节"备注"字段。

　17）中心点经度：同9.3.1节"中心点经度"字段。

　18）中心点纬度：同9.3.1节"中心点纬度"字段。

9.3.14 管线空间信息表

a）本表存储管线要素空间属性信息。

b）表标识：GEO_PIPE_5。

c）表编号：FXKH_001_0016。

d）各字段定义见表9.3.14-1。

表9.3.14-1 管线空间信息表字段定义

序号	字段名	标识符	类型及长度	有无空值	主键	外键
1	编码	OBJ_CODE	VC（17）	N	1	
2	名称	OBJ_NAME	VC（100）			
3	空间对象	SMGEOMETRY	GEOMETRY			
4	普查编码	PCCODE	VC（12）			
5	行政编码	AD_CODE	VC（15）			
6	流域编码	BAS_CODE	VC（17）			
7	水资源编码	WRZ_CODE	VC（17）			
8	创建用户ID	CREATE_USER_ID	NC（50）			
9	创建时间	CREATE_TIME	DATE			
10	删除标识	DELETE_FLAG	C（1）			
11	更新用户ID	UPDATE_USER_ID	NC（50）			
12	更新时间	UPDATE_TIME	DATE			
13	审核状态	CHECK_STATUS	C（1）			
14	审核意见	CHECK_OPINION	VC（1024）			

表 9.3.14－1　管线空间信息表字段定义（续）

序号	字 段 名	标 识 符	类型及长度	有无空值	主键	外键
15	数据源	DATA_SOURCE	C（1）			
16	备注	RMK	VC（1024）			
17	中心点经度	CENTER_LONG	N（11，8）			
18	中心点纬度	CENTER_LAT	N（10，8）			

　　e）各字段存储内容应符合下列规定：

　　　1）编码：同9.3.1节"编码"字段。

　　　2）名称：同9.3.1节"名称"字段。

　　　3）空间对象：同9.3.1节"空间对象"字段。

　　　4）普查编码：同9.3.1节"普查编码"字段。

　　　5）行政编码：同9.3.1节"行政编码"字段。

　　　6）流域编码：同9.3.1节"流域编码"字段。

　　　7）水资源编码：同9.3.1节"水资源编码"字段。

　　　8）创建用户ID：同9.3.1节"创建用户ID"字段。

　　　9）创建时间：同9.3.1节"创建时间"字段。

　　　10）删除标识：同9.3.1节"删除标识"字段。

　　　11）更新用户ID：同9.3.1节"更新用户ID"字段。

　　　12）更新时间：同9.3.1节"更新时间"字段。

　　　13）审核状态：同9.3.1节"审核状态"字段。

　　　14）审核意见：同9.3.1节"审核意见"字段。

　　　15）数据源：同9.3.1节"数据源"字段。

　　　16）备注：同9.3.1节"备注"字段。

　　　17）中心点经度：同9.3.1节"中心点经度"字段。

　　　18）中心点纬度：同9.3.1节"中心点纬度"字段。

9.3.15　倒虹吸空间信息表

　　a）本表存储倒虹吸要素空间属性信息。

　　b）表标识：GEO_INSI_5。

　　c）表编号：FXKH_001_0017。

　　d）各字段定义见表9.3.15－1。

表 9.3.15－1　倒虹吸空间信息表字段定义

序号	字 段 名	标 识 符	类型及长度	有无空值	主键	外键
1	编码	OBJ_CODE	VC（17）	N	1	
2	名称	OBJ_NAME	VC（100）			
3	空间对象	SMGEOMETRY	GEOMETRY			
4	普查编码	PCCODE	VC（12）			
5	行政编码	AD_CODE	VC（15）			
6	流域编码	BAS_CODE	VC（17）			
7	水资源编码	WRZ_CODE	VC（17）			
8	创建用户ID	CREATE_USER_ID	NC（50）			

表 9.3.15－1　倒虹吸空间信息表字段定义（续）

序号	字 段 名	标 识 符	类型及长度	有无空值	主键	外键
9	创建时间	CREATE_TIME	DATE			
10	删除标识	DELETE_FLAG	C（1）			
11	更新用户 ID	UPDATE_USER_ID	NC（50）			
12	更新时间	UPDATE_TIME	DATE			
13	审核状态	CHECK_STATUS	C（1）			
14	审核意见	CHECK_OPINION	VC（1024）			
15	数据源	DATA_SOURCE	C（1）			
16	备注	RMK	VC（1024）			
17	中心点经度	CENTER_LONG	N（11，8）			
18	中心点纬度	CENTER_LAT	N（10，8）			

　　e）各字段存储内容应符合下列规定：

　　　1）编码：同 9.3.1 节"编码"字段。

　　　2）名称：同 9.3.1 节"名称"字段。

　　　3）空间对象：同 9.3.1 节"空间对象"字段。

　　　4）普查编码：同 9.3.1 节"普查编码"字段。

　　　5）行政编码：同 9.3.1 节"行政编码"字段。

　　　6）流域编码：同 9.3.1 节"流域编码"字段。

　　　7）水资源编码：同 9.3.1 节"水资源编码"字段。

　　　8）创建用户 ID：同 9.3.1 节"创建用户 ID"字段。

　　　9）创建时间：同 9.3.1 节"创建时间"字段。

　　　10）删除标识：同 9.3.1 节"删除标识"字段。

　　　11）更新用户 ID：同 9.3.1 节"更新用户 ID"字段。

　　　12）更新时间：同 9.3.1 节"更新时间"字段。

　　　13）审核状态：同 9.3.1 节"审核状态"字段。

　　　14）审核意见：同 9.3.1 节"审核意见"字段。

　　　15）数据源：同 9.3.1 节"数据源"字段。

　　　16）备注：同 9.3.1 节"备注"字段。

　　　17）中心点经度：同 9.3.1 节"中心点经度"字段。

　　　18）中心点纬度：同 9.3.1 节"中心点纬度"字段。

9.3.16　渡槽空间信息表

　　a）本表存储渡槽要素空间属性信息。

　　b）表标识：GEO_FLUM_5。

　　c）表编号：FXKH_001_0018。

　　d）各字段定义见表 9.3.16－1。

　　e）各字段存储内容应符合下列规定：

　　　1）编码：同 9.3.1 节"编码"字段。

　　　2）名称：同 9.3.1 节"名称"字段。

　　　3）空间对象：同 9.3.1 节"空间对象"字段。

　　　4）普查编码：同 9.3.1 节"普查编码"字段。

表 9.3.16－1　渡槽空间信息表字段定义

序号	字段名	标识符	类型及长度	有无空值	主键	外键
1	编码	OBJ_CODE	VC（17）	N	1	
2	名称	OBJ_NAME	VC（100）			
3	空间对象	SMGEOMETRY	GEOMETRY			
4	普查编码	PCCODE	VC（12）			
5	行政编码	AD_CODE	VC（15）			
6	流域编码	BAS_CODE	VC（17）			
7	水资源编码	WRZ_CODE	VC（17）			
8	创建用户ID	CREATE_USER_ID	NC（50）			
9	创建时间	CREATE_TIME	DATE			
10	删除标识	DELETE_FLAG	C（1）			
11	更新用户ID	UPDATE_USER_ID	NC（50）			
12	更新时间	UPDATE_TIME	DATE			
13	审核状态	CHECK_STATUS	C（1）			
14	审核意见	CHECK_OPINION	VC（1024）			
15	数据源	DATA_SOURCE	C（1）			
16	备注	RMK	VC（1024）			
17	中心点经度	CENTER_LONG	N（11，8）			
18	中心点纬度	CENTER_LAT	N（10，8）			

5）行政编码：同 9.3.1 节"行政编码"字段。

6）流域编码：同 9.3.1 节"流域编码"字段。

7）水资源编码：同 9.3.1 节"水资源编码"字段。

8）创建用户 ID：同 9.3.1 节"创建用户 ID"字段。

9）创建时间：同 9.3.1 节"创建时间"字段。

10）删除标识：同 9.3.1 节"删除标识"字段。

11）更新用户 ID：同 9.3.1 节"更新用户 ID"字段。

12）更新时间：同 9.3.1 节"更新时间"字段。

13）审核状态：同 9.3.1 节"审核状态"字段。

14）审核意见：同 9.3.1 节"审核意见"字段。

15）数据源：同 9.3.1 节"数据源"字段。

16）备注：同 9.3.1 节"备注"字段。

17）中心点经度：同 9.3.1 节"中心点经度"字段。

18）中心点纬度：同 9.3.1 节"中心点纬度"字段。

9.3.17 治河工程空间信息表

a）本表存储治河工程要素空间属性信息。

b）表标识：GEO_CNRVPR_5。

c）表编号：FXKH_001_0019。

d）各字段定义见表 9.3.17－1。

e）各字段存储内容应符合下列规定：

　　1）编码：同 9.3.1 节"编码"字段。

表 9.3.17-1 治河工程空间信息表字段定义

序号	字 段 名	标 识 符	类型及长度	有无空值	主键	外键
1	编码	OBJ_CODE	VC（17）	N	1	
2	名称	OBJ_NAME	VC（100）			
3	空间对象	SMGEOMETRY	GEOMETRY			
4	普查编码	PCCODE	VC（12）			
5	行政编码	AD_CODE	VC（15）			
6	流域编码	BAS_CODE	VC（17）			
7	水资源编码	WRZ_CODE	VC（17）			
8	创建用户ID	CREATE_USER_ID	NC（50）			
9	创建时间	CREATE_TIME	DATE			
10	删除标识	DELETE_FLAG	C（1）			
11	更新用户ID	UPDATE_USER_ID	NC（50）			
12	更新时间	UPDATE_TIME	DATE			
13	审核状态	CHECK_STATUS	C（1）			
14	审核意见	CHECK_OPINION	VC（1024）			
15	数据源	DATA_SOURCE	C（1）			
16	备注	RMK	VC（1024）			
17	中心点经度	CENTER_LONG	N（11，8）			
18	中心点纬度	CENTER_LAT	N（10，8）			

2）名称：同 9.3.1 节"名称"字段。

3）空间对象：同 9.3.1 节"空间对象"字段。

4）普查编码：同 9.3.1 节"普查编码"字段。

5）行政编码：同 9.3.1 节"行政编码"字段。

6）流域编码：同 9.3.1 节"流域编码"字段。

7）水资源编码：同 9.3.1 节"水资源编码"字段。

8）创建用户ID：同 9.3.1 节"创建用户ID"字段。

9）创建时间：同 9.3.1 节"创建时间"字段。

10）删除标识：同 9.3.1 节"删除标识"字段。

11）更新用户ID：同 9.3.1 节"更新用户ID"字段。

12）更新时间：同 9.3.1 节"更新时间"字段。

13）审核状态：同 9.3.1 节"审核状态"字段。

14）审核意见：同 9.3.1 节"审核意见"字段。

15）数据源：同 9.3.1 节"数据源"字段。

16）备注：同 9.3.1 节"备注"字段。

17）中心点经度：同 9.3.1 节"中心点经度"字段。

18）中心点纬度：同 9.3.1 节"中心点纬度"字段。

9.3.18 险工险点（险工险段）空间信息表

a）本表存储险工险点（险工险段）要素空间属性信息。

b）表标识：GEO_DNPNDNSC_5。

c）表编号：FXKH_001_0020。

d）各字段定义见表 9.3.18-1。

表 9.3.18-1 险工险点（险工险段）空间信息表字段定义

序号	字 段 名	标 识 符	类型及长度	有无空值	主键	外键
1	编码	OBJ_CODE	VC（17）	N	1	
2	名称	OBJ_NAME	VC（100）			
3	空间对象	SMGEOMETRY	GEOMETRY			
4	普查编码	PCCODE	VC（12）			
5	行政编码	AD_CODE	VC（15）			
6	流域编码	BAS_CODE	VC（17）			
7	水资源编码	WRZ_CODE	VC（17）			
8	创建用户 ID	CREATE_USER_ID	NC（50）			
9	创建时间	CREATE_TIME	DATE			
10	删除标识	DELETE_FLAG	C（1）			
11	更新用户 ID	UPDATE_USER_ID	NC（50）			
12	更新时间	UPDATE_TIME	DATE			
13	审核状态	CHECK_STATUS	C（1）			
14	审核意见	CHECK_OPINION	VC（1024）			
15	数据源	DATA_SOURCE	C（1）			
16	备注	RMK	VC（1024）			
17	中心点经度	CENTER_LONG	N（11，8）			
18	中心点纬度	CENTER_LAT	N（10，8）			

e）各字段存储内容应符合下列规定：

1）编码：同 9.3.1 节"编码"字段。

2）名称：同 9.3.1 节"名称"字段。

3）空间对象：同 9.3.1 节"空间对象"字段。

4）普查编码：同 9.3.1 节"普查编码"字段。

5）行政编码：同 9.3.1 节"行政编码"字段。

6）流域编码：同 9.3.1 节"流域编码"字段。

7）水资源编码：同 9.3.1 节"水资源编码"字段。

8）创建用户 ID：同 9.3.1 节"创建用户 ID"字段。

9）创建时间：同 9.3.1 节"创建时间"字段。

10）删除标识：同 9.3.1 节"删除标识"字段。

11）更新用户 ID：同 9.3.1 节"更新用户 ID"字段。

12）更新时间：同 9.3.1 节"更新时间"字段。

13）审核状态：同 9.3.1 节"审核状态"字段。

14）审核意见：同 9.3.1 节"审核意见"字段。

15）数据源：同 9.3.1 节"数据源"字段。

16）备注：同 9.3.1 节"备注"字段。

17）中心点经度：同 9.3.1 节"中心点经度"字段。

18）中心点纬度：同 9.3.1 节"中心点纬度"字段。

9.3.19 蓄滞（行）洪区空间信息表

a）本表存储蓄滞（行）洪区要素空间属性信息。

b）表标识：GEO＿HSGFS＿25。

c）表编号：FXKH＿001＿0021。

d）各字段定义见表9.3.19-1。

表9.3.19-1 蓄滞（行）洪区空间信息表字段定义

序号	字 段 名	标 识 符	类型及长度	有无空值	主键	外键
1	编码	OBJ＿CODE	VC（17）	N	1	
2	名称	OBJ＿NAME	VC（100）			
3	空间对象	SMGEOMETRY	GEOMETRY			
4	普查编码	PCCODE	VC（12）			
5	行政编码	AD＿CODE	VC（15）			
6	流域编码	BAS＿CODE	VC（17）			
7	水资源编码	WRZ＿CODE	VC（17）			
8	创建用户ID	CREATE＿USER＿ID	NC（50）			
9	创建时间	CREATE＿TIME	DATE			
10	删除标识	DELETE＿FLAG	C（1）			
11	更新用户ID	UPDATE＿USER＿ID	NC（50）			
12	更新时间	UPDATE＿TIME	DATE			
13	审核状态	CHECK＿STATUS	C（1）			
14	审核意见	CHECK＿OPINION	VC（1024）			
15	数据源	DATA＿SOURCE	C（1）			
16	备注	RMK	VC（1024）			
17	中心点经度	CENTER＿LONG	N（11，8）			
18	中心点纬度	CENTER＿LAT	N（10，8）			

e）各字段存储内容应符合下列规定：

1）编码：同9.3.1节"编码"字段。

2）名称：同9.3.1节"名称"字段。

3）空间对象：同9.3.1节"空间对象"字段。

4）普查编码：同9.3.1节"普查编码"字段。

5）行政编码：同9.3.1节"行政编码"字段。

6）流域编码：同9.3.1节"流域编码"字段。

7）水资源编码：同9.3.1节"水资源编码"字段。

8）创建用户ID：同9.3.1节"创建用户ID"字段。

9）创建时间：同9.3.1节"创建时间"字段。

10）删除标识：同9.3.1节"删除标识"字段。

11）更新用户ID：同9.3.1节"更新用户ID"字段。

12）更新时间：同9.3.1节"更新时间"字段。

13）审核状态：同9.3.1节"审核状态"字段。

14）审核意见：同9.3.1节"审核意见"字段。

15）数据源：同9.3.1节"数据源"字段。

16）备注：同 9.3.1 节"备注"字段。

17）中心点经度：同 9.3.1 节"中心点经度"字段。

18）中心点纬度：同 9.3.1 节"中心点纬度"字段。

9.3.20　圩垸空间信息表

a）本表存储圩垸要素空间属性信息。

b）表标识：GEO＿POLDER＿5。

c）表编号：FXKH＿001＿0022。

d）各字段定义见表 9.3.20－1。

表 9.3.20－1　圩垸空间信息表字段定义

序号	字 段 名	标 识 符	类型及长度	有无空值	主键	外键
1	编码	OBJ＿CODE	VC（17）	N	1	
2	名称	OBJ＿NAME	VC（100）			
3	空间对象	SMGEOMETRY	GEOMETRY			
4	普查编码	PCCODE	VC（12）			
5	行政编码	AD＿CODE	VC（15）			
6	流域编码	BAS＿CODE	VC（17）			
7	水资源编码	WRZ＿CODE	VC（17）			
8	创建用户 ID	CREATE＿USER＿ID	NC（50）			
9	创建时间	CREATE＿TIME	DATE			
10	删除标识	DELETE＿FLAG	C（1）			
11	更新用户 ID	UPDATE＿USER＿ID	NC（50）			
12	更新时间	UPDATE＿TIME	DATE			
13	审核状态	CHECK＿STATUS	C（1）			
14	审核意见	CHECK＿OPINION	VC（1024）			
15	数据源	DATA＿SOURCE	C（1）			
16	备注	RMK	VC（1024）			
17	中心点经度	CENTER＿LONG	N（11，8）			
18	中心点纬度	CENTER＿LAT	N（10，8）			

e）各字段存储内容应符合下列规定：

1）编码：同 9.3.1 节"编码"字段。

2）名称：同 9.3.1 节"名称"字段。

3）空间对象：同 9.3.1 节"空间对象"字段。

4）普查编码：同 9.3.1 节"普查编码"字段。

5）行政编码：同 9.3.1 节"行政编码"字段。

6）流域编码：同 9.3.1 节"流域编码"字段。

7）水资源编码：同 9.3.1 节"水资源编码"字段。

8）创建用户 ID：同 9.3.1 节"创建用户 ID"字段。

9）创建时间：同 9.3.1 节"创建时间"字段。

10）删除标识：同 9.3.1 节"删除标识"字段。

11）更新用户 ID：同 9.3.1 节"更新用户 ID"字段。

12）更新时间：同 9.3.1 节"更新时间"字段。

13）审核状态：同 9.3.1 节"审核状态"字段。

14）审核意见：同 9.3.1 节"审核意见"字段。

15）数据源：同 9.3.1 节"数据源"字段。

16）备注：同 9.3.1 节"备注"字段。

17）中心点经度：同 9.3.1 节"中心点经度"字段。

18）中心点纬度：同 9.3.1 节"中心点纬度"字段。

9.4 空间历史信息表

9.4.1 河流空间历史信息表

a）本表存储河流要素空间属性历史信息。

b）表标识：GEO _ WB _ LINE _ 5 _ H。

c）表编号：FXKH _ 002 _ 0023。

d）各字段定义见表 9.4.1 - 1。

表 9.4.1 - 1 河流空间历史信息表字段定义

序号	字 段 名	标 识 符	类型及长度	有无空值	主键	外键
1	编码	OBJ _ CODE	VC（17）	N	1	
2	版本号	VERSION	NUMBER（10）	N	2	
3	名称	OBJ _ NAME	VC（100）			
4	空间对象	SMGEOMETRY	GEOMETRY			
5	普查编码	PCCODE	VC（12）			
6	行政编码	AD _ CODE	VC（15）			
7	流域编码	BAS _ CODE	VC（17）			
8	水资源编码	WRZ _ CODE	VC（17）			
9	创建用户 ID	CREATE _ USER _ ID	NC（50）			
10	创建时间	CREATE _ TIME	DATE			
11	删除标识	DELETE _ FLAG	C（1）			
12	更新用户 ID	UPDATE _ USER _ ID	NC（50）			
13	更新时间	UPDATE _ TIME	DATE			
14	审核状态	CHECK _ STATUS	C（1）			
15	审核意见	CHECK _ OPINION	VC（1024）			
16	数据源	DATA _ SOURCE	C（1）			
17	备注	RMK	VC（1024）			
18	中心点经度	CENTER _ LONG	N（11，8）			
19	中心点纬度	CENTER _ LAT	N（10，8）			

e）各字段存储内容应符合下列规定：

1）编码：同 9.3.1 节"编码"字段。

2）版本号：要素更新次数。

3）名称：同 9.3.1 节"名称"字段。

4）空间对象：同 9.3.1 节"空间对象"字段。

5）普查编码：同 9.3.1 节"普查编码"字段。

6）行政编码：同 9.3.1 节"行政编码"字段。

7）流域编码：同9.3.1节"流域编码"字段。

8）水资源编码：同9.3.1节"水资源编码"字段。

9）创建用户ID：同9.3.1节"创建用户ID"字段。

10）创建时间：同9.3.1节"创建时间"字段。

11）删除标识：同9.3.1节"删除标识"字段。

12）更新用户ID：同9.3.1节"更新用户ID"字段。

13）更新时间：同9.3.1节"更新时间"字段。

14）审核状态：同9.3.1节"审核状态"字段。

15）审核意见：同9.3.1节"审核意见"字段。

16）数据源：同9.3.1节"数据源"字段。

17）备注：同9.3.1节"备注"字段。

18）中心点经度：同9.3.1节"中心点经度"字段。

19）中心点纬度：同9.3.1节"中心点纬度"字段。

9.4.2 河段空间历史信息表

a）本表存储河段要素空间属性历史信息。

b）表标识：GEO＿WB＿RV＿5＿H。

c）表编号：FXKH＿002＿0024。

d）各字段定义见表9.4.2-1。

表9.4.2-1 河段空间历史信息表字段定义

序号	字 段 名	标 识 符	类型及长度	有无空值	主键	外键
1	编码	OBJ＿CODE	VC（17）	N	1	
2	版本号	VERSION	NUMBER（5）	N	2	
3	名称	OBJ＿NAME	VC（100）			
4	空间对象	SMGEOMETRY	GEOMETRY			
5	普查编码	PCCODE	VC（12）			
6	行政编码	AD＿CODE	VC（15）			
7	流域编码	BAS＿CODE	VC（17）			
8	水资源编码	WRZ＿CODE	VC（17）			
9	创建用户ID	CREATE＿USER＿ID	NC（50）			
10	创建时间	CREATE＿TIME	DATE			
11	删除标识	DELETE＿FLAG	C（1）			
12	更新用户ID	UPDATE＿USER＿ID	NC（50）			
13	更新时间	UPDATE＿TIME	DATE			
14	审核状态	CHECK＿STATUS	C（1）			
15	审核意见	CHECK＿OPINION	VC（1024）			
16	数据源	DATA＿SOURCE	C（1）			
17	备注	RMK	VC（1024）			
18	中心点经度	CENTER＿LONG	N（11，8）			
19	中心点纬度	CENTER＿LAT	N（10，8）			

e）各字段存储内容应符合下列规定：

  1）编码：同 9.3.1 节"编码"字段。

  2）版本号：同 9.4.1 节"版本号"字段。

  3）名称：同 9.3.1 节"名称"字段。

  4）空间对象：同 9.3.1 节"空间对象"字段。

  5）普查编码：同 9.3.1 节"普查编码"字段。

  6）行政编码：同 9.3.1 节"行政编码"字段。

  7）流域编码：同 9.3.1 节"流域编码"字段。

  8）水资源编码：同 9.3.1 节"水资源编码"字段。

  9）创建用户 ID：同 9.3.1 节"创建用户 ID"字段。

  10）创建时间：同 9.3.1 节"创建时间"字段。

  11）删除标识：同 9.3.1 节"删除标识"字段。

  12）更新用户 ID：同 9.3.1 节"更新用户 ID"字段。

  13）更新时间：同 9.3.1 节"更新时间"字段。

  14）审核状态：同 9.3.1 节"审核状态"字段。

  15）审核意见：同 9.3.1 节"审核意见"字段。

  16）数据源：同 9.3.1 节"数据源"字段。

  17）备注：同 9.3.1 节"备注"字段。

  18）中心点经度：同 9.3.1 节"中心点经度"字段。

  19）中心点纬度：同 9.3.1 节"中心点纬度"字段。

9.4.3 湖泊空间历史信息表

a）本表存储湖泊要素空间属性历史信息。

b）表标识：GEO_WB_LAKE_5_H。

c）表编号：FXKH_002_0025。

d）各字段定义见表 9.4.3-1。

表 9.4.3-1 湖泊空间历史信息表字段定义

序号	字 段 名	标 识 符	类 型 及 长 度	有 无 空 值	主 键	外 键
1	编码	OBJ_CODE	VC（17）	N	1	
2	版本号	VERSION	NUMBER（5）	N	2	
3	名称	OBJ_NAME	VC（100）			
4	空间对象	SMGEOMETRY	GEOMETRY			
5	普查编码	PCCODE	VC（12）			
6	行政编码	AD_CODE	VC（15）			
7	流域编码	BAS_CODE	VC（17）			
8	水资源编码	WRZ_CODE	VC（17）			
9	创建用户 ID	CREATE_USER_ID	NC（50）			
10	创建时间	CREATE_TIME	DATE			
11	删除标识	DELETE_FLAG	C（1）			
12	更新用户 ID	UPDATE_USER_ID	NC（50）			
13	更新时间	UPDATE_TIME	DATE			
14	审核状态	CHECK_STATUS	C（1）			

表 9.4.3-1　湖泊空间历史信息表字段定义（续）

序号	字 段 名	标 识 符	类型及长度	有无空值	主键	外键
15	审核意见	CHECK_OPINION	VC（1024）			
16	数据源	DATA_SOURCE	C（1）			
17	备注	RMK	VC（1024）			
18	中心点经度	CENTER_LONG	N（11，8）			
19	中心点纬度	CENTER_LAT	N（10，8）			

e）各字段存储内容应符合下列规定：

1）编码：同9.3.1节"编码"字段。

2）版本号：同9.4.1节"版本号"字段。

3）名称：同9.3.1节"名称"字段。

4）空间对象：同9.3.1节"空间对象"字段。

5）普查编码：同9.3.1节"普查编码"字段。

6）行政编码：同9.3.1节"行政编码"字段。

7）流域编码：同9.3.1节"流域编码"字段。

8）水资源编码：同9.3.1节"水资源编码"字段。

9）创建用户ID：同9.3.1节"创建用户ID"字段。

10）创建时间：同9.3.1节"创建时间"字段。

11）删除标识：同9.3.1节"删除标识"字段。

12）更新用户ID：同9.3.1节"更新用户ID"字段。

13）更新时间：同9.3.1节"更新时间"字段。

14）审核状态：同9.3.1节"审核状态"字段。

15）审核意见：同9.3.1节"审核意见"字段。

16）数据源：同9.3.1节"数据源"字段。

17）备注：同9.3.1节"备注"字段。

18）中心点经度：同9.3.1节"中心点经度"字段。

19）中心点纬度：同9.3.1节"中心点纬度"字段。

9.4.4　水库工程空间历史信息表

a）本表存储水库要素空间属性历史信息。

b）表标识：GEO_IND_RSWB_5_H。

c）表编号：FXKH_002_0026。

d）各字段定义见表9.4.4-1。

表 9.4.4-1　水库工程空间历史信息表字段定义

序号	字 段 名	标 识 符	类型及长度	有无空值	主键	外键
1	编码	OBJ_CODE	VC（17）	N	1	
2	版本号	VERSION	NUMBER（5）	N	2	
3	名称	OBJ_NAME	VC（100）			
4	空间对象	SMGEOMETRY	GEOMETRY			
5	普查编码	PCCODE	VC（12）			
6	行政编码	AD_CODE	VC（15）			

表 9.4.4-1　水库工程空间历史信息表字段定义（续）

序号	字 段 名	标 识 符	类型及长度	有无空值	主键	外键
7	流域编码	BAS_CODE	VC（17）			
8	水资源编码	WRZ_CODE	VC（17）			
9	创建用户ID	CREATE_USER_ID	NC（50）			
10	创建时间	CREATE_TIME	DATE			
11	删除标识	DELETE_FLAG	C（1）			
12	更新用户ID	UPDATE_USER_ID	NC（50）			
13	更新时间	UPDATE_TIME	DATE			
14	审核状态	CHECK_STATUS	C（1）			
15	审核意见	CHECK_OPINION	VC（1024）			
16	数据源	DATA_SOURCE	C（1）			
17	备注	RMK	VC（1024）			
18	中心点经度	CENTER_LONG	N（11,8）			
19	中心点纬度	CENTER_LAT	N（10,8）			

e）各字段存储内容应符合下列规定：

1）编码：同9.3.1节"编码"字段。

2）版本号：同9.4.1节"版本号"字段。

3）名称：同9.3.1节"名称"字段。

4）空间对象：同9.3.1节"空间对象"字段。

5）普查编码：同9.3.1节"普查编码"字段。

6）行政编码：同9.3.1节"行政编码"字段。

7）流域编码：同9.3.1节"流域编码"字段。

8）水资源编码：同9.3.1节"水资源编码"字段。

9）创建用户ID：同9.3.1节"创建用户ID"字段。

10）创建时间：同9.3.1节"创建时间"字段。

11）删除标识：同9.3.1节"删除标识"字段。

12）更新用户ID：同9.3.1节"更新用户ID"字段。

13）更新时间：同9.3.1节"更新时间"字段。

14）审核状态：同9.3.1节"审核状态"字段。

15）审核意见：同9.3.1节"审核意见"字段。

16）数据源：同9.3.1节"数据源"字段。

17）备注：同9.3.1节"备注"字段。

18）中心点经度：同9.3.1节"中心点经度"字段。

19）中心点纬度：同9.3.1节"中心点纬度"字段。

9.4.5　水库大坝空间历史信息表

a）本表存储水库大坝要素空间属性历史信息。

b）表标识：GEO_IND_DAM_5_H。

c）表编号：FXKH_002_0027。

d）各字段定义见表9.4.5-1。

表 9.4.5-1　水库大坝空间历史信息表字段定义

序号	字 段 名	标 识 符	类型及长度	有无空值	主键	外键
1	编码	OBJ_CODE	VC（17）	N	1	
2	版本号	VERSION	NUMBER（5）	N	2	
3	名称	OBJ_NAME	VC（100）			
4	空间对象	SMGEOMETRY	GEOMETRY			
5	普查编码	PCCODE	VC（12）			
6	行政编码	AD_CODE	VC（15）			
7	流域编码	BAS_CODE	VC（17）			
8	水资源编码	WRZ_CODE	VC（17）			
9	创建用户ID	CREATE_USER_ID	NC（50）			
10	创建时间	CREATE_TIME	DATE			
11	删除标识	DELETE_FLAG	C（1）			
12	更新用户ID	UPDATE_USER_ID	NC（50）			
13	更新时间	UPDATE_TIME	DATE			
14	审核状态	CHECK_STATUS	C（1）			
15	审核意见	CHECK_OPINION	VC（1024）			
16	数据源	DATA_SOURCE	C（1）			
17	备注	RMK	VC（1024）			
18	中心点经度	CENTER_LONG	N（11，8）			
19	中心点纬度	CENTER_LAT	N（10，8）			

　　e）各字段存储内容应符合下列规定：

　　1）编码：同9.3.1节"编码"字段。

　　2）版本号：同9.4.1节"版本号"字段。

　　3）名称：同9.3.1节"名称"字段。

　　4）空间对象：同9.3.1节"空间对象"字段。

　　5）普查编码：同9.3.1节"普查编码"字段。

　　6）行政编码：同9.3.1节"行政编码"字段。

　　7）流域编码：同9.3.1节"流域编码"字段。

　　8）水资源编码：同9.3.1节"水资源编码"字段。

　　9）创建用户ID：同9.3.1节"创建用户ID"字段。

　　10）创建时间：同9.3.1节"创建时间"字段。

　　11）删除标识：同9.3.1节"删除标识"字段。

　　12）更新用户ID：同9.3.1节"更新用户ID"字段。

　　13）更新时间：同9.3.1节"更新时间"字段。

　　14）审核状态：同9.3.1节"审核状态"字段。

　　15）审核意见：同9.3.1节"审核意见"字段。

　　16）数据源：同9.3.1节"数据源"字段。

　　17）备注：同9.3.1节"备注"字段。

　　18）中心点经度：同9.3.1节"中心点经度"字段。

　　19）中心点纬度：同9.3.1节"中心点纬度"字段。

9.4.6 水闸工程空间历史信息表

a）本表存储水闸要素空间属性历史信息。

b）表标识：GEO_IND_GATE_5_H。

c）表编号：FXKH_002_0028。

d）各字段定义见表9.4.6-1。

表9.4.6-1 水闸工程空间历史信息表字段定义

序号	字 段 名	标 识 符	类型及长度	有无空值	主键	外键
1	编码	OBJ_CODE	VC（17）	N	1	
2	版本号	VERSION	NUMBER（5）	N	2	
3	名称	OBJ_NAME	VC（100）			
4	空间对象	SMGEOMETRY	GEOMETRY			
5	普查编码	PCCODE	VC（12）			
6	行政编码	AD_CODE	VC（15）			
7	流域编码	BAS_CODE	VC（17）			
8	水资源编码	WRZ_CODE	VC（17）			
9	创建用户ID	CREATE_USER_ID	NC（50）			
10	创建时间	CREATE_TIME	DATE			
11	删除标识	DELETE_FLAG	C（1）			
12	更新用户ID	UPDATE_USER_ID	NC（50）			
13	更新时间	UPDATE_TIME	DATE			
14	审核状态	CHECK_STATUS	C（1）			
15	审核意见	CHECK_OPINION	VC（1024）			
16	数据源	DATA_SOURCE	C（1）			
17	备注	RMK	VC（1024）			
18	中心点经度	CENTER_LONG	N（11，8）			
19	中心点纬度	CENTER_LAT	N（10，8）			

e）各字段存储内容应符合下列规定：

1）编码：同9.3.1节"编码"字段。

2）版本号：同9.4.1节"版本号"字段。

3）名称：同9.3.1节"名称"字段。

4）空间对象：同9.3.1节"空间对象"字段。

5）普查编码：同9.3.1节"普查编码"字段。

6）行政编码：同9.3.1节"行政编码"字段。

7）流域编码：同9.3.1节"流域编码"字段。

8）水资源编码：同9.3.1节"水资源编码"字段。

9）创建用户ID：同9.3.1节"创建用户ID"字段。

10）创建时间：同9.3.1节"创建时间"字段。

11）删除标识：同9.3.1节"删除标识"字段。

12）更新用户ID：同9.3.1节"更新用户ID"字段。

13）更新时间：同9.3.1节"更新时间"字段。

14）审核状态：同9.3.1节"审核状态"字段。

15）审核意见：同 9.3.1 节"审核意见"字段。

16）数据源：同 9.3.1 节"数据源"字段。

17）备注：同 9.3.1 节"备注"字段。

18）中心点经度：同 9.3.1 节"中心点经度"字段。

19）中心点纬度：同 9.3.1 节"中心点纬度"字段。

9.4.7 橡胶坝工程空间历史信息表

a）本表存储橡胶坝要素空间属性历史信息。

b）表标识：GEO_IND_RUDA_5_H。

c）表编号：FXKH_002_0029。

d）各字段定义见表 9.4.7-1。

表 9.4.7-1 橡胶坝工程空间历史信息表字段定义

序号	字 段 名	标 识 符	类型及长度	有无空值	主键	外键
1	编码	OBJ_CODE	VC（17）	N	1	
2	版本号	VERSION	NUMBER（5）	N	2	
3	名称	OBJ_NAME	VC（100）			
4	空间对象	SMGEOMETRY	GEOMETRY			
5	普查编码	PCCODE	VC（12）			
6	行政编码	AD_CODE	VC（15）			
7	流域编码	BAS_CODE	VC（17）			
8	水资源编码	WRZ_CODE	VC（17）			
9	创建用户 ID	CREATE_USER_ID	NC（50）			
10	创建时间	CREATE_TIME	DATE			
11	删除标识	DELETE_FLAG	C（1）			
12	更新用户 ID	UPDATE_USER_ID	NC（50）			
13	更新时间	UPDATE_TIME	DATE			
14	审核状态	CHECK_STATUS	C（1）			
15	审核意见	CHECK_OPINION	VC（1024）			
16	数据源	DATA_SOURCE	C（1）			
17	备注	RMK	VC（1024）			
18	中心点经度	CENTER_LONG	N（11，8）			
19	中心点纬度	CENTER_LAT	N（10，8）			

e）各字段存储内容应符合下列规定：

1）编码：同 9.3.1 节"编码"字段。

2）版本号：同 9.4.1 节"版本号"字段。

3）名称：同 9.3.1 节"名称"字段。

4）空间对象：同 9.3.1 节"空间对象"字段。

5）普查编码：同 9.3.1 节"普查编码"字段。

6）行政编码：同 9.3.1 节"行政编码"字段。

7）流域编码：同 9.3.1 节"流域编码"字段。

8）水资源编码：同 9.3.1 节"水资源编码"字段。

9）创建用户 ID：同 9.3.1 节"创建用户 ID"字段。

10）创建时间：同 9.3.1 节"创建时间"字段。

11）删除标识：同 9.3.1 节"删除标识"字段。

12）更新用户 ID：同 9.3.1 节"更新用户 ID"字段。

13）更新时间：同 9.3.1 节"更新时间"字段。

14）审核状态：同 9.3.1 节"审核状态"字段。

15）审核意见：同 9.3.1 节"审核意见"字段。

16）数据源：同 9.3.1 节"数据源"字段。

17）备注：同 9.3.1 节"备注"字段。

18）中心点经度：同 9.3.1 节"中心点经度"字段。

19）中心点纬度：同 9.3.1 节"中心点纬度"字段。

9.4.8 堤防工程空间历史信息表

a）本表存储堤防要素空间属性历史信息。

b）表标识：GEO _ IND _ DIKE _ 5 _ H。

c）表编号：FXKH _ 002 _ 0030。

d）各字段定义见表 9.4.8-1。

表 9.4.8-1 堤防工程空间历史信息表字段定义

序号	字 段 名	标 识 符	类型及长度	有无空值	主键	外键
1	编码	OBJ _ CODE	VC（17）	N	1	
2	版本号	VERSION	NUMBER（5）	N	2	
3	名称	OBJ _ NAME	VC（100）			
4	空间对象	SMGEOMETRY	GEOMETRY			
5	普查编码	PCCODE	VC（12）			
6	行政编码	AD _ CODE	VC（15）			
7	流域编码	BAS _ CODE	VC（17）			
8	水资源编码	WRZ _ CODE	VC（17）			
9	创建用户 ID	CREATE _ USER _ ID	NC（50）			
10	创建时间	CREATE _ TIME	DATE			
11	删除标识	DELETE _ FLAG	C（1）			
12	更新用户 ID	UPDATE _ USER _ ID	NC（50）			
13	更新时间	UPDATE _ TIME	DATE			
14	审核状态	CHECK _ STATUS	C（1）			
15	审核意见	CHECK _ OPINION	VC（1024）			
16	数据源	DATA _ SOURCE	C（1）			
17	备注	RMK	VC（1024）			
18	中心点经度	CENTER _ LONG	N（11，8）			
19	中心点纬度	CENTER _ LAT	N（10，8）			

e）各字段存储内容应符合下列规定：

1）编码：同 9.3.1 节"编码"字段。

2）版本号：同 9.4.1 节"版本号"字段。

3）名称：同 9.3.1 节"名称"字段。

4）空间对象：同 9.3.1 节"空间对象"字段。

5）普查编码：同 9.3.1 节"普查编码"字段。

6）行政编码：同 9.3.1 节"行政编码"字段。

7）流域编码：同 9.3.1 节"流域编码"字段。

8）水资源编码：同 9.3.1 节"水资源编码"字段。

9）创建用户 ID：同 9.3.1 节"创建用户 ID"字段。

10）创建时间：同 9.3.1 节"创建时间"字段。

11）删除标识：同 9.3.1 节"删除标识"字段。

12）更新用户 ID：同 9.3.1 节"更新用户 ID"字段。

13）更新时间：同 9.3.1 节"更新时间"字段。

14）审核状态：同 9.3.1 节"审核状态"字段。

15）审核意见：同 9.3.1 节"审核意见"字段。

16）数据源：同 9.3.1 节"数据源"字段。

17）备注：同 9.3.1 节"备注"字段。

18）中心点经度：同 9.3.1 节"中心点经度"字段。

19）中心点纬度：同 9.3.1 节"中心点纬度"字段。

9.4.9 堤段空间历史信息表

a）本表存储堤段要素空间属性历史信息。

b）表标识：GEO_IND_DISC_5_H。

c）表编号：FXKH_002_0031。

d）各字段定义见表 9.4.9-1。

表 9.4.9-1 堤段空间历史信息表字段定义

序号	字 段 名	标 识 符	类型及长度	有无空值	主键	外键
1	编码	OBJ_CODE	VC（17）	N	1	
2	版本号	VERSION	NUMBER（5）	N	2	
3	名称	OBJ_NAME	VC（100）			
4	空间对象	SMGEOMETRY	GEOMETRY			
5	普查编码	PCCODE	VC（12）			
6	行政编码	AD_CODE	VC（15）			
7	流域编码	BAS_CODE	VC（17）			
8	水资源编码	WRZ_CODE	VC（17）			
9	创建用户 ID	CREATE_USER_ID	NC（50）			
10	创建时间	CREATE_TIME	DATE			
11	删除标识	DELETE_FLAG	C（1）			
12	更新用户 ID	UPDATE_USER_ID	NC（50）			
13	更新时间	UPDATE_TIME	DATE			
14	审核状态	CHECK_STATUS	C（1）			
15	审核意见	CHECK_OPINION	VC（1024）			
16	数据源	DATA_SOURCE	C（1）			
17	备注	RMK	VC（1024）			
18	中心点经度	CENTER_LONG	N（11，8）			
19	中心点纬度	CENTER_LAT	N（10，8）			

e）各字段存储内容应符合下列规定：

    1）编码：同 9.3.1 节"编码"字段。

    2）版本号：同 9.4.1 节"版本号"字段。

    3）名称：同 9.3.1 节"名称"字段。

    4）空间对象：同 9.3.1 节"空间对象"字段。

    5）普查编码：同 9.3.1 节"普查编码"字段。

    6）行政编码：同 9.3.1 节"行政编码"字段。

    7）流域编码：同 9.3.1 节"流域编码"字段。

    8）水资源编码：同 9.3.1 节"水资源编码"字段。

    9）创建用户 ID：同 9.3.1 节"创建用户 ID"字段。

    10）创建时间：同 9.3.1 节"创建时间"字段。

    11）删除标识：同 9.3.1 节"删除标识"字段。

    12）更新用户 ID：同 9.3.1 节"更新用户 ID"字段。

    13）更新时间：同 9.3.1 节"更新时间"字段。

    14）审核状态：同 9.3.1 节"审核状态"字段。

    15）审核意见：同 9.3.1 节"审核意见"字段。

    16）数据源：同 9.3.1 节"数据源"字段。

    17）备注：同 9.3.1 节"备注"字段。

    18）中心点经度：同 9.3.1 节"中心点经度"字段。

    19）中心点纬度：同 9.3.1 节"中心点纬度"字段。

9.4.10　灌区工程空间历史信息表

a）本表存储灌区要素空间属性历史信息。

b）表标识：GEO _ SYST _ IRR _ 5 _ H。

c）表编号：FXKH _ 002 _ 0032。

d）各字段定义见表 9.4.10 - 1。

表 9.4.10 - 1　灌区工程空间历史信息表字段定义

序号	字 段 名	标 识 符	类型及长度	有无空值	主键	外键
1	编码	OBJ _ CODE	VC（17）	N	1	
2	版本号	VERSION	NUMBER（5）	N	2	
3	名称	OBJ _ NAME	VC（100）			
4	空间对象	SMGEOMETRY	GEOMETRY			
5	普查编码	PCCODE	VC（12）			
6	行政编码	AD _ CODE	VC（15）			
7	流域编码	BAS _ CODE	VC（17）			
8	水资源编码	WRZ _ CODE	VC（17）			
9	创建用户 ID	CREATE _ USER _ ID	NC（50）			
10	创建时间	CREATE _ TIME	DATE			
11	删除标识	DELETE _ FLAG	C（1）			
12	更新用户 ID	UPDATE _ USER _ ID	NC（50）			
13	更新时间	UPDATE _ TIME	DATE			
14	审核状态	CHECK _ STATUS	C（1）			

表 9.4.10-1 灌区工程空间历史信息表字段定义（续）

序号	字 段 名	标 识 符	类型及长度	有无空值	主键	外键
15	审核意见	CHECK_OPINION	VC（1024）			
16	数据源	DATA_SOURCE	C（1）			
17	备注	RMK	VC（1024）			
18	中心点经度	CENTER_LONG	N（11，8）			
19	中心点纬度	CENTER_LAT	N（10，8）			

e）各字段存储内容应符合下列规定：

1）编码：同 9.3.1 节"编码"字段。

2）版本号：同 9.4.1 节"版本号"字段。

3）名称：同 9.3.1 节"名称"字段。

4）空间对象：同 9.3.1 节"空间对象"字段。

5）普查编码：同 9.3.1 节"普查编码"字段。

6）行政编码：同 9.3.1 节"行政编码"字段。

7）流域编码：同 9.3.1 节"流域编码"字段。

8）水资源编码：同 9.3.1 节"水资源编码"字段。

9）创建用户 ID：同 9.3.1 节"创建用户 ID"字段。

10）创建时间：同 9.3.1 节"创建时间"字段。

11）删除标识：同 9.3.1 节"删除标识"字段。

12）更新用户 ID：同 9.3.1 节"更新用户 ID"字段。

13）更新时间：同 9.3.1 节"更新时间"字段。

14）审核状态：同 9.3.1 节"审核状态"字段。

15）审核意见：同 9.3.1 节"审核意见"字段。

16）数据源：同 9.3.1 节"数据源"字段。

17）备注：同 9.3.1 节"备注"字段。

18）中心点经度：同 9.3.1 节"中心点经度"字段。

19）中心点纬度：同 9.3.1 节"中心点纬度"字段。

9.4.11 泵站工程空间历史信息表

a）本表存储泵站要素空间属性历史信息。

b）表标识：GEO_IND_PUMP_5_H。

c）表编号：FXKH_002_0033。

d）各字段定义见表 9.4.11-1。

表 9.4.11-1 泵站工程空间历史信息表字段定义

序号	字 段 名	标 识 符	类型及长度	有无空值	主键	外键
1	编码	OBJ_CODE	VC（17）	N	1	
2	版本号	VERSION	NUMBER（5）	N	2	
3	名称	OBJ_NAME	VC（100）			
4	空间对象	SMGEOMETRY	GEOMETRY			
5	普查编码	PCCODE	VC（12）			
6	行政编码	AD_CODE	VC（15）			

表 9.4.11－1 泵站工程空间历史信息表字段定义（续）

序号	字 段 名	标 识 符	类型及长度	有无空值	主键	外键
7	流域编码	BAS_CODE	VC（17）			
8	水资源编码	WRZ_CODE	VC（17）			
9	创建用户 ID	CREATE_USER_ID	NC（50）			
10	创建时间	CREATE_TIME	DATE			
11	删除标识	DELETE_FLAG	C（1）			
12	更新用户 ID	UPDATE_USER_ID	NC（50）			
13	更新时间	UPDATE_TIME	DATE			
14	审核状态	CHECK_STATUS	C（1）			
15	审核意见	CHECK_OPINION	VC（1024）			
16	数据源	DATA_SOURCE	C（1）			
17	备注	RMK	VC（1024）			
18	中心点经度	CENTER_LONG	N（11，8）			
19	中心点纬度	CENTER_LAT	N（10，8）			

e）各字段存储内容应符合下列规定：

1）编码：同 9.3.1 节"编码"字段。

2）版本号：同 9.4.1 节"版本号"字段。

3）名称：同 9.3.1 节"名称"字段。

4）空间对象：同 9.3.1 节"空间对象"字段。

5）普查编码：同 9.3.1 节"普查编码"字段。

6）行政编码：同 9.3.1 节"行政编码"字段。

7）流域编码：同 9.3.1 节"流域编码"字段。

8）水资源编码：同 9.3.1 节"水资源编码"字段。

9）创建用户 ID：同 9.3.1 节"创建用户 ID"字段。

10）创建时间：同 9.3.1 节"创建时间"字段。

11）删除标识：同 9.3.1 节"删除标识"字段。

12）更新用户 ID：同 9.3.1 节"更新用户 ID"字段。

13）更新时间：同 9.3.1 节"更新时间"字段。

14）审核状态：同 9.3.1 节"审核状态"字段。

15）审核意见：同 9.3.1 节"审核意见"字段。

16）数据源：同 9.3.1 节"数据源"字段。

17）备注：同 9.3.1 节"备注"字段。

18）中心点经度：同 9.3.1 节"中心点经度"字段。

19）中心点纬度：同 9.3.1 节"中心点纬度"字段。

9.4.12 测站空间历史信息表

a）本表存储测站要素空间属性历史信息。

b）表标识：GEO_OBS_ST_5_H。

c）表编号：FXKH_002_0034。

d）各字段定义见表 9.4.12－1。

表 9.4.12-1 测站空间历史信息表字段定义

序号	字段名	标识符	类型及长度	有无空值	主键	外键
1	编码	OBJ_CODE	VC (17)	N	1	
2	版本号	VERSION	NUMBER (5)	N	2	
3	名称	OBJ_NAME	VC (100)			
4	空间对象	SMGEOMETRY	GEOMETRY			
5	普查编码	PCCODE	VC (12)			
6	行政编码	AD_CODE	VC (15)			
7	流域编码	BAS_CODE	VC (17)			
8	水资源编码	WRZ_CODE	VC (17)			
9	创建用户 ID	CREATE_USER_ID	NC (50)			
10	创建时间	CREATE_TIME	DATE			
11	删除标识	DELETE_FLAG	C (1)			
12	更新用户 ID	UPDATE_USER_ID	NC (50)			
13	更新时间	UPDATE_TIME	DATE			
14	审核状态	CHECK_STATUS	C (1)			
15	审核意见	CHECK_OPINION	VC (1024)			
16	数据源	DATA_SOURCE	C (1)			
17	备注	RMK	VC (1024)			
18	中心点经度	CENTER_LONG	N (11, 8)			
19	中心点纬度	CENTER_LAT	N (10, 8)			

e）各字段存储内容应符合下列规定：

1）编码：同 9.3.1 节"编码"字段。

2）版本号：同 9.4.1 节"版本号"字段。

3）名称：同 9.3.1 节"名称"字段。

4）空间对象：同 9.3.1 节"空间对象"字段。

5）普查编码：同 9.3.1 节"普查编码"字段。

6）行政编码：同 9.3.1 节"行政编码"字段。

7）流域编码：同 9.3.1 节"流域编码"字段。

8）水资源编码：同 9.3.1 节"水资源编码"字段。

9）创建用户 ID：同 9.3.1 节"创建用户 ID"字段。

10）创建时间：同 9.3.1 节"创建时间"字段。

11）删除标识：同 9.3.1 节"删除标识"字段。

12）更新用户 ID：同 9.3.1 节"更新用户 ID"字段。

13）更新时间：同 9.3.1 节"更新时间"字段。

14）审核状态：同 9.3.1 节"审核状态"字段。

15）审核意见：同 9.3.1 节"审核意见"字段。

16）数据源：同 9.3.1 节"数据源"字段。

17）备注：同 9.3.1 节"备注"字段。

18）中心点经度：同 9.3.1 节"中心点经度"字段。

19）中心点纬度：同 9.3.1 节"中心点纬度"字段。

9.4.13 桥梁空间历史信息表

a) 本表存储桥梁要素空间属性历史信息。

b) 表标识：GEO_BRID_5_H。

c) 表编号：FXKH_002_0035。

d) 各字段定义见表 9.4.13-1。

表 9.4.13-1 桥梁空间历史信息表字段定义

序号	字 段 名	标 识 符	类型及长度	有无空值	主键	外键
1	编码	OBJ_CODE	VC (17)	N	1	
2	版本号	VERSION	NUMBER (5)	N	2	
3	名称	OBJ_NAME	VC (100)			
4	空间对象	SMGEOMETRY	GEOMETRY			
5	普查编码	PCCODE	VC (12)			
6	行政编码	AD_CODE	VC (15)			
7	流域编码	BAS_CODE	VC (17)			
8	水资源编码	WRZ_CODE	VC (17)			
9	创建用户 ID	CREATE_USER_ID	NC (50)			
10	创建时间	CREATE_TIME	DATE			
11	删除标识	DELETE_FLAG	C (1)			
12	更新用户 ID	UPDATE_USER_ID	NC (50)			
13	更新时间	UPDATE_TIME	DATE			
14	审核状态	CHECK_STATUS	C (1)			
15	审核意见	CHECK_OPINION	VC (1024)			
16	数据源	DATA_SOURCE	C (1)			
17	备注	RMK	VC (1024)			
18	中心点经度	CENTER_LONG	N (11, 8)			
19	中心点纬度	CENTER_LAT	N (10, 8)			

e) 各字段存储内容应符合下列规定：

  1) 编码：同 9.3.1 节"编码"字段。

  2) 版本号：同 9.4.1 节"版本号"字段。

  3) 名称：同 9.3.1 节"名称"字段。

  4) 空间对象：同 9.3.1 节"空间对象"字段。

  5) 普查编码：同 9.3.1 节"普查编码"字段。

  6) 行政编码：同 9.3.1 节"行政编码"字段。

  7) 流域编码：同 9.3.1 节"流域编码"字段。

  8) 水资源编码：同 9.3.1 节"水资源编码"字段。

  9) 创建用户 ID：同 9.3.1 节"创建用户 ID"字段。

  10) 创建时间：同 9.3.1 节"创建时间"字段。

  11) 删除标识：同 9.3.1 节"删除标识"字段。

  12) 更新用户 ID：同 9.3.1 节"更新用户 ID"字段。

  13) 更新时间：同 9.3.1 节"更新时间"字段。

  14) 审核状态：同 9.3.1 节"审核状态"字段。

15）审核意见：同9.3.1节"审核意见"字段。

16）数据源：同9.3.1节"数据源"字段。

17）备注：同9.3.1节"备注"字段。

18）中心点经度：同9.3.1节"中心点经度"字段。

19）中心点纬度：同9.3.1节"中心点纬度"字段。

9.4.14 管线空间历史信息表

a）本表存储管线要素空间属性历史信息。

b）表标识：GEO_PIPE_5_H。

c）表编号：FXKH_002_0036。

d）各字段定义见表9.4.14-1。

表9.4.14-1 管线空间历史信息表字段定义

序号	字段名	标识符	类型及长度	有无空值	主键	外键
1	编码	OBJ_CODE	VC（17）	N	1	
2	版本号	VERSION	NUMBER（5）	N	2	
3	名称	OBJ_NAME	VC（100）			
4	空间对象	SMGEOMETRY	GEOMETRY			
5	普查编码	PCCODE	VC（12）			
6	行政编码	AD_CODE	VC（15）			
7	流域编码	BAS_CODE	VC（17）			
8	水资源编码	WRZ_CODE	VC（17）			
9	创建用户ID	CREATE_USER_ID	NC（50）			
10	创建时间	CREATE_TIME	DATE			
11	删除标识	DELETE_FLAG	C（1）			
12	更新用户ID	UPDATE_USER_ID	NC（50）			
13	更新时间	UPDATE_TIME	DATE			
14	审核状态	CHECK_STATUS	C（1）			
15	审核意见	CHECK_OPINION	VC（1024）			
16	数据源	DATA_SOURCE	C（1）			
17	备注	RMK	VC（1024）			
18	中心点经度	CENTER_LONG	N（11，8）			
19	中心点纬度	CENTER_LAT	N（10，8）			

e）各字段存储内容应符合下列规定：

1）编码：同9.3.1节"编码"字段。

2）版本号：同9.4.1节"版本号"字段。

3）名称：同9.3.1节"名称"字段。

4）空间对象：同9.3.1节"空间对象"字段。

5）普查编码：同9.3.1节"普查编码"字段。

6）行政编码：同9.3.1节"行政编码"字段。

7）流域编码：同9.3.1节"流域编码"字段。

8）水资源编码：同9.3.1节"水资源编码"字段。

9）创建用户ID：同9.3.1节"创建用户ID"字段。

10）创建时间：同 9.3.1 节"创建时间"字段。

11）删除标识：同 9.3.1 节"删除标识"字段。

12）更新用户 ID：同 9.3.1 节"更新用户 ID"字段。

13）更新时间：同 9.3.1 节"更新时间"字段。

14）审核状态：同 9.3.1 节"审核状态"字段。

15）审核意见：同 9.3.1 节"审核意见"字段。

16）数据源：同 9.3.1 节"数据源"字段。

17）备注：同 9.3.1 节"备注"字段。

18）中心点经度：同 9.3.1 节"中心点经度"字段。

19）中心点纬度：同 9.3.1 节"中心点纬度"字段。

9.4.15 倒虹吸空间历史信息表

a）本表存储倒虹吸要素空间属性历史信息。

b）表标识：GEO _ INSI _ 5 _ H。

c）表编号：FXKH _ 002 _ 0037。

d）各字段定义见表 9.4.15－1。

表 9.4.15－1 倒虹吸空间历史信息表字段定义

序号	字 段 名	标 识 符	类型及长度	有无空值	主键	外键
1	编码	OBJ _ CODE	VC (17)	N	1	
2	版本号	VERSION	NUMBER（5）	N	2	
3	名称	OBJ _ NAME	VC (100)			
4	空间对象	SMGEOMETRY	GEOMETRY			
5	普查编码	PCCODE	VC (12)			
6	行政编码	AD _ CODE	VC (15)			
7	流域编码	BAS _ CODE	VC (17)			
8	水资源编码	WRZ _ CODE	VC (17)			
9	创建用户 ID	CREATE _ USER _ ID	NC (50)			
10	创建时间	CREATE _ TIME	DATE			
11	删除标识	DELETE _ FLAG	C (1)			
12	更新用户 ID	UPDATE _ USER _ ID	NC (50)			
13	更新时间	UPDATE _ TIME	DATE			
14	审核状态	CHECK _ STATUS	C (1)			
15	审核意见	CHECK _ OPINION	VC (1024)			
16	数据源	DATA _ SOURCE	C (1)			
17	备注	RMK	VC (1024)			
18	中心点经度	CENTER _ LONG	N (11, 8)			
19	中心点纬度	CENTER _ LAT	N (10, 8)			

e）各字段存储内容应符合下列规定：

1）编码：同 9.3.1 节"编码"字段。

2）版本号：同 9.4.1 节"版本号"字段。

3）名称：同 9.3.1 节"名称"字段。

4）空间对象：同 9.3.1 节"空间对象"字段。

5）普查编码：同 9.3.1 节"普查编码"字段。

6）行政编码：同 9.3.1 节"行政编码"字段。

7）流域编码：同 9.3.1 节"流域编码"字段。

8）水资源编码：同 9.3.1 节"水资源编码"字段。

9）创建用户 ID：同 9.3.1 节"创建用户 ID"字段。

10）创建时间：同 9.3.1 节"创建时间"字段。

11）删除标识：同 9.3.1 节"删除标识"字段。

12）更新用户 ID：同 9.3.1 节"更新用户 ID"字段。

13）更新时间：同 9.3.1 节"更新时间"字段。

14）审核状态：同 9.3.1 节"审核状态"字段。

15）审核意见：同 9.3.1 节"审核意见"字段。

16）数据源：同 9.3.1 节"数据源"字段。

17）备注：同 9.3.1 节"备注"字段。

18）中心点经度：同 9.3.1 节"中心点经度"字段。

19）中心点纬度：同 9.3.1 节"中心点纬度"字段。

9.4.16 渡槽空间历史信息表

a）本表存储渡槽要素空间属性历史信息。

b）表标识：GEO_FLUM_5_H。

c）表编号：FXKH_002_0038。

d）各字段定义见表 9.4.16-1。

表 9.4.16-1 渡槽空间历史信息表字段定义

序号	字 段 名	标 识 符	类型及长度	有无空值	主键	外键
1	编码	OBJ_CODE	VC（17）	N	1	
2	版本号	VERSION	NUMBER（5）	N	2	
3	名称	OBJ_NAME	VC（100）			
4	空间对象	SMGEOMETRY	GEOMETRY			
5	普查编码	PCCODE	VC（12）			
6	行政编码	AD_CODE	VC（15）			
7	流域编码	BAS_CODE	VC（17）			
8	水资源编码	WRZ_CODE	VC（17）			
9	创建用户 ID	CREATE_USER_ID	NC（50）			
10	创建时间	CREATE_TIME	DATE			
11	删除标识	DELETE_FLAG	C（1）			
12	更新用户 ID	UPDATE_USER_ID	NC（50）			
13	更新时间	UPDATE_TIME	DATE			
14	审核状态	CHECK_STATUS	C（1）			
15	审核意见	CHECK_OPINION	VC（1024）			
16	数据源	DATA_SOURCE	C（1）			
17	备注	RMK	VC（1024）			
18	中心点经度	CENTER_LONG	N（11，8）			
19	中心点纬度	CENTER_LAT	N（10，8）			

e）各字段存储内容应符合下列规定：

   1）编码：同9.3.1节"编码"字段。

   2）版本号：同9.4.1节"版本号"字段。

   3）名称：同9.3.1节"名称"字段。

   4）空间对象：同9.3.1节"空间对象"字段。

   5）普查编码：同9.3.1节"普查编码"字段。

   6）行政编码：同9.3.1节"行政编码"字段。

   7）流域编码：同9.3.1节"流域编码"字段。

   8）水资源编码：同9.3.1节"水资源编码"字段。

   9）创建用户ID：同9.3.1节"创建用户ID"字段。

   10）创建时间：同9.3.1节"创建时间"字段。

   11）删除标识：同9.3.1节"删除标识"字段。

   12）更新用户ID：同9.3.1节"更新用户ID"字段。

   13）更新时间：同9.3.1节"更新时间"字段。

   14）审核状态：同9.3.1节"审核状态"字段。

   15）审核意见：同9.3.1节"审核意见"字段。

   16）数据源：同9.3.1节"数据源"字段。

   17）备注：同9.3.1节"备注"字段。

   18）中心点经度：同9.3.1节"中心点经度"字段。

   19）中心点纬度：同9.3.1节"中心点纬度"字段。

9.4.17 治河工程空间历史信息表

a）本表存储治河工程要素空间属性历史信息。

b）表标识：GEO_CNRVPR_5_H。

c）表编号：FXKH_002_0039。

d）各字段定义见表9.4.17-1。

表9.4.17-1 治河工程空间历史信息表字段定义

序号	字段名	标识符	类型及长度	有无空值	主键	外键
1	编码	OBJ_CODE	VC（17）	N	1	
2	版本号	VERSION	NUMBER（5）	N	2	
3	名称	OBJ_NAME	VC（100）			
4	空间对象	SMGEOMETRY	GEOMETRY			
5	普查编码	PCCODE	VC（12）			
6	行政编码	AD_CODE	VC（15）			
7	流域编码	BAS_CODE	VC（17）			
8	水资源编码	WRZ_CODE	VC（17）			
9	创建用户ID	CREATE_USER_ID	NC（50）			
10	创建时间	CREATE_TIME	DATE			
11	删除标识	DELETE_FLAG	C（1）			
12	更新用户ID	UPDATE_USER_ID	NC（50）			
13	更新时间	UPDATE_TIME	DATE			
14	审核状态	CHECK_STATUS	C（1）			

表 9.4.17-1 治河工程空间历史信息表字段定义（续）

序号	字 段 名	标 识 符	类型及长度	有无空值	主键	外键
15	审核意见	CHECK_OPINION	VC (1024)			
16	数据源	DATA_SOURCE	C (1)			
17	备注	RMK	VC (1024)			
18	中心点经度	CENTER_LONG	N (11, 8)			
19	中心点纬度	CENTER_LAT	N (10, 8)			

 e）各字段存储内容应符合下列规定：

  1）编码：同 9.3.1 节"编码"字段。

  2）版本号：同 9.4.1 节"版本号"字段。

  3）名称：同 9.3.1 节"名称"字段。

  4）空间对象：同 9.3.1 节"空间对象"字段。

  5）普查编码：同 9.3.1 节"普查编码"字段。

  6）行政编码：同 9.3.1 节"行政编码"字段。

  7）流域编码：同 9.3.1 节"流域编码"字段。

  8）水资源编码：同 9.3.1 节"水资源编码"字段。

  9）创建用户 ID：同 9.3.1 节"创建用户 ID"字段。

  10）创建时间：同 9.3.1 节"创建时间"字段。

  11）删除标识：同 9.3.1 节"删除标识"字段。

  12）更新用户 ID：同 9.3.1 节"更新用户 ID"字段。

  13）更新时间：同 9.3.1 节"更新时间"字段。

  14）审核状态：同 9.3.1 节"审核状态"字段。

  15）审核意见：同 9.3.1 节"审核意见"字段。

  16）数据源：同 9.3.1 节"数据源"字段。

  17）备注：同 9.3.1 节"备注"字段。

  18）中心点经度：同 9.3.1 节"中心点经度"字段。

  19）中心点纬度：同 9.3.1 节"中心点纬度"字段。

9.4.18 险工险点（险工险段）空间历史信息表

 a）本表存储险工险点（险工险段）要素空间属性历史信息。

 b）表标识：GEO_DNPNDNSC_5_H。

 c）表编号：FXKH_002_0040。

 d）各字段定义见表 9.4.18-1。

表 9.4.18-1 险工险点（险工险段）空间历史信息表字段定义

序号	字 段 名	标 识 符	类型及长度	有无空值	主键	外键
1	编码	OBJ_CODE	VC (17)	N	1	
2	版本号	VERSION	NUMBER (5)	N	2	
3	名称	OBJ_NAME	VC (100)			
4	空间对象	SMGEOMETRY	GEOMETRY			
5	普查编码	PCCODE	VC (12)			
6	行政编码	AD_CODE	VC (15)			

表 9.4.18 - 1　险工险点（险工险段）空间历史信息表字段定义（续）

序号	字 段 名	标 识 符	类型及长度	有无空值	主键	外键
7	流域编码	BAS _ CODE	VC（17）			
8	水资源编码	WRZ _ CODE	VC（17）			
9	创建用户 ID	CREATE _ USER _ ID	NC（50）			
10	创建时间	CREATE _ TIME	DATE			
11	删除标识	DELETE _ FLAG	C（1）			
12	更新用户 ID	UPDATE _ USER _ ID	NC（50）			
13	更新时间	UPDATE _ TIME	DATE			
14	审核状态	CHECK _ STATUS	C（1）			
15	审核意见	CHECK _ OPINION	VC（1024）			
16	数据源	DATA _ SOURCE	C（1）			
17	备注	RMK	VC（1024）			
18	中心点经度	CENTER _ LONG	N（11，8）			
19	中心点纬度	CENTER _ LAT	N（10，8）			

e）各字段存储内容应符合下列规定：

　　1）编码：同 9.3.1 节"编码"字段。

　　2）版本号：同 9.4.1 节"版本号"字段。

　　3）名称：同 9.3.1 节"名称"字段。

　　4）空间对象：同 9.3.1 节"空间对象"字段。

　　5）普查编码：同 9.3.1 节"普查编码"字段。

　　6）行政编码：同 9.3.1 节"行政编码"字段。

　　7）流域编码：同 9.3.1 节"流域编码"字段。

　　8）水资源编码：同 9.3.1 节"水资源编码"字段。

　　9）创建用户 ID：同 9.3.1 节"创建用户 ID"字段。

　　10）创建时间：同 9.3.1 节"创建时间"字段。

　　11）删除标识：同 9.3.1 节"删除标识"字段。

　　12）更新用户 ID：同 9.3.1 节"更新用户 ID"字段。

　　13）更新时间：同 9.3.1 节"更新时间"字段。

　　14）审核状态：同 9.3.1 节"审核状态"字段。

　　15）审核意见：同 9.3.1 节"审核意见"字段。

　　16）数据源：同 9.3.1 节"数据源"字段。

　　17）备注：同 9.3.1 节"备注"字段。

　　18）中心点经度：同 9.3.1 节"中心点经度"字段。

　　19）中心点纬度：同 9.3.1 节"中心点纬度"字段。

9.4.19　蓄滞（行）洪区空间历史信息表

　　a）本表存储蓄滞（行）洪区要素空间属性历史信息。

　　b）表标识：GEO _ HSGFS _ 25 _ H。

　　c）表编号：FXKH _ 002 _ 0041。

　　d）各字段定义见表 9.4.19 - 1。

表 9.4.19-1 蓄滞（行）洪区空间历史信息表字段定义

序号	字 段 名	标 识 符	类型及长度	有无空值	主键	外键
1	编码	OBJ_CODE	VC (17)	N	1	
2	版本号	VERSION	NUMBER (5)	N	2	
3	名称	OBJ_NAME	VC (100)			
4	空间对象	SMGEOMETRY	GEOMETRY			
5	普查编码	PCCODE	VC (12)			
6	行政编码	AD_CODE	VC (15)			
7	流域编码	BAS_CODE	VC (17)			
8	水资源编码	WRZ_CODE	VC (17)			
9	创建用户 ID	CREATE_USER_ID	NC (50)			
10	创建时间	CREATE_TIME	DATE			
11	删除标识	DELETE_FLAG	C (1)			
12	更新用户 ID	UPDATE_USER_ID	NC (50)			
13	更新时间	UPDATE_TIME	DATE			
14	审核状态	CHECK_STATUS	C (1)			
15	审核意见	CHECK_OPINION	VC (1024)			
16	数据源	DATA_SOURCE	C (1)			
17	备注	RMK	VC (1024)			
18	中心点经度	CENTER_LONG	N (11, 8)			
19	中心点纬度	CENTER_LAT	N (10, 8)			

e）各字段存储内容应符合下列规定：

1）编码：同 9.3.1 节"编码"字段。

2）版本号：同 9.4.1 节"版本号"字段。

3）名称：同 9.3.1 节"名称"字段。

4）空间对象：同 9.3.1 节"空间对象"字段。

5）普查编码：同 9.3.1 节"普查编码"字段。

6）行政编码：同 9.3.1 节"行政编码"字段。

7）流域编码：同 9.3.1 节"流域编码"字段。

8）水资源编码：同 9.3.1 节"水资源编码"字段。

9）创建用户 ID：同 9.3.1 节"创建用户 ID"字段。

10）创建时间：同 9.3.1 节"创建时间"字段。

11）删除标识：同 9.3.1 节"删除标识"字段。

12）更新用户 ID：同 9.3.1 节"更新用户 ID"字段。

13）更新时间：同 9.3.1 节"更新时间"字段。

14）审核状态：同 9.3.1 节"审核状态"字段。

15）审核意见：同 9.3.1 节"审核意见"字段。

16）数据源：同 9.3.1 节"数据源"字段。

17）备注：同 9.3.1 节"备注"字段。

18）中心点经度：同 9.3.1 节"中心点经度"字段。

19）中心点纬度：同 9.3.1 节"中心点纬度"字段。

9.4.20 圩垸空间历史信息表

a）本表存储圩垸要素空间属性历史信息。

b）表标识：GEO＿POLDER＿5＿H。

c）表编号：FXKH＿002＿0042。

d）各字段定义见表9.4.20－1。

表9.4.20－1　圩垸空间历史信息表字段定义

序号	字 段 名	标 识 符	类型及长度	有无空值	主键	外键
1	编码	OBJ＿CODE	VC（17）	N	1	
2	版本号	VERSION	NUMBER（5）	N	2	
3	名称	OBJ＿NAME	VC（100）			
4	空间对象	SMGEOMETRY	GEOMETRY			
5	普查编码	PCCODE	VC（12）			
6	行政编码	AD＿CODE	VC（15）			
7	流域编码	BAS＿CODE	VC（17）			
8	水资源编码	WRZ＿CODE	VC（17）			
9	创建用户ID	CREATE＿USER＿ID	NC（50）			
10	创建时间	CREATE＿TIME	DATE			
11	删除标识	DELETE＿FLAG	C（1）			
12	更新用户ID	UPDATE＿USER＿ID	NC（50）			
13	更新时间	UPDATE＿TIME	DATE			
14	审核状态	CHECK＿STATUS	C（1）			
15	审核意见	CHECK＿OPINION	VC（1024）			
16	数据源	DATA＿SOURCE	C（1）			
17	备注	RMK	VC（1024）			
18	中心点经度	CENTER＿LONG	N（11，8）			
19	中心点纬度	CENTER＿LAT	N（10，8）			

e）各字段存储内容应符合下列规定：

1）编码：同9.3.1节"编码"字段。

2）版本号：同9.4.1节"版本号"字段。

3）名称：同9.3.1节"名称"字段。

4）空间对象：同9.3.1节"空间对象"字段。

5）普查编码：同9.3.1节"普查编码"字段。

6）行政编码：同9.3.1节"行政编码"字段。

7）流域编码：同9.3.1节"流域编码"字段。

8）水资源编码：同9.3.1节"水资源编码"字段。

9）创建用户ID：同9.3.1节"创建用户ID"字段。

10）创建时间：同9.3.1节"创建时间"字段。

11）删除标识：同9.3.1节"删除标识"字段。

12）更新用户ID：同9.3.1节"更新用户ID"字段。

13）更新时间：同9.3.1节"更新时间"字段。

14）审核状态：同9.3.1节"审核状态"字段。

15）审核意见：同 9.3.1 节"审核意见"字段。

16）数据源：同 9.3.1 节"数据源"字段。

17）备注：同 9.3.1 节"备注"字段。

18）中心点经度：同 9.3.1 节"中心点经度"字段。

19）中心点纬度：同 9.3.1 节"中心点纬度"字段。

附录 A 防汛抗旱各对象空间类型及比例尺要求（√代表存在该对象）

\ 水 利 基 础 信 息 类							
编号	图层名称	空间类型	1万	5万	25万	100万	400万
1	河流	Line		√			
2	河段	Line		√			
3	湖泊	Polygon		√			
4	水库	Polygon		√			
5	大坝	Line		√			
6	水闸	Point		√			
7	橡胶坝	Point		√			
8	堤防	Line		√			
9	堤段	Line		√			
10	灌区	Polygon		√			
11	泵站	Point		√			
12	测站	Point		√			
13	桥梁	Line		√			
14	管线	Line		√			
15	倒虹吸	Line		√			
16	渡槽	Line		√			
17	治河工程	Line		√			
18	险工险点（险工险段）	Point		√			
19	蓄滞（行）洪区	Polygon			√		
20	圩垸	Polygon		√			

附 录 B 空 间 对 象 索 引

编号	对象类名称	数据源对象标识
1	河流	GEO_WB_LINE_5
2	河段	GEO_WB_RV_5
3	湖泊	GEO_WB_LAKE_5
4	水库	GEO_IND_RSWB_5
5	大坝	GEO_IND_DAM_5
6	水闸	GEO_IND_GATE_5
7	橡胶坝	GEO_IND_RUDA_5
8	堤防	GEO_IND_DIKE_5
9	堤段	GEO_IND_DISC_5
10	灌区	GEO_SYST_IRR_5
11	泵站	GEO_IND_PUMP_5
12	测站	GEO_OBS_ST_5
13	桥梁	GEO_BRID_5
14	管线	GEO_PIPE_5
15	倒虹吸	GEO_INSI_5
16	渡槽	GEO_FLUM_5
17	治河工程	GEO_CNRVPR_5
18	险工险点（险工险段）	GEO_DNPNDNSC_5
19	蓄滞（行）洪区	GEO_HSGFS_25
20	圩垸	GEO_POLDER_5

附录 C 表标识符索引

编号	中文表名	表标识	表索引
		同步信息表	
1	同步配置信息表	SYNC_CONFIG_TABLE	9.1-1
2	同步历史信息表	SYNC_HISTORY_TABLE	9.2-1
		空间信息表	
1	河流空间信息表	GEO_WB_LINE_5	9.3.1-1
2	河段空间信息表	GEO_WB_RV_5	9.3.2-1
3	湖泊空间信息表	GEO_WB_LAKE_5	9.3.3-1
4	水库工程空间信息表	GEO_IND_RSWB_5	9.3.4-1
5	水库大坝空间信息表	GEO_IND_DAM_5	9.3.5-1
6	水闸工程空间信息表	GEO_IND_GATE_5	9.3.6-1
7	橡胶坝工程空间信息表	GEO_IND_RUDA_5	9.3.7-1
8	堤防工程空间信息表	GEO_IND_DIKE_5	9.3.8-1
9	堤段空间信息表	GEO_IND_DISC_5	9.3.9-1
10	灌区工程空间信息表	GEO_SYST_IRR_5	9.3.10-1
11	泵站工程空间信息表	GEO_IND_PUMP_5	9.3.11-1
12	测站空间信息表	GEO_OBS_ST_5	9.3.12-1
13	桥梁空间信息表	GEO_BRID_5	9.3.13-1
14	管线空间信息表	GEO_PIPE_5	9.3.14-1
15	倒虹吸空间信息表	GEO_INSI_5	9.3.15-1
16	渡槽空间信息表	GEO_FLUM_5	9.3.16-1
17	治河工程空间信息表	GEO_CNRVPR_5	9.3.17-1
18	险工险点（险工险段）空间信息表	GEO_DNPNDNSC_5	9.3.18-1
19	蓄滞（行）洪区空间信息表	GEO_HSGFS_25	9.3.19-1
20	圩垸空间信息表	GEO_POLDER_5	9.3.20-1
		空间历史信息表	
1	河流空间历史信息表	GEO_WB_LINE_5_H	9.4.1-1
2	河段空间历史信息表	GEO_WB_RV_5_H	9.4.2-1
3	湖泊空间历史信息表	GEO_WB_LAKE_5_H	9.4.3-1
4	水库工程空间历史信息表	GEO_IND_RSWB_5_H	9.4.4-1
5	水库大坝空间历史信息表	GEO_IND_DAM_5_H	9.4.5-1
6	水闸工程空间历史信息表	GEO_IND_GATE_5_H	9.4.6-1
7	橡胶坝工程空间历史信息表	GEO_IND_RUDA_5_H	9.4.7-1
8	堤防工程空间历史信息表	GEO_IND_DIKE_5_H	9.4.8-1
9	堤段空间历史信息表	GEO_IND_DISC_5_H	9.4.9-1
10	灌区工程空间历史信息表	GEO_SYST_IRR_5_H	9.4.10-1
11	泵站工程空间历史信息表	GEO_IND_PUMP_5_H	9.4.11-1
12	测站空间历史信息表	GEO_OBS_ST_5_H	9.4.12-1
13	桥梁空间历史信息表	GEO_BRID_5_H	9.4.13-1
14	管线空间历史信息表	GEO_PIPE_5_H	9.4.14-1
15	倒虹吸空间历史信息表	GEO_INSI_5_H	9.4.15-1
16	渡槽空间历史信息表	GEO_FLUM_5_H	9.4.16-1
17	治河工程空间历史信息表	GEO_CNRVPR_5_H	9.4.17-1
18	险工险点（险工险段）空间历史信息表	GEO_DNPNDNSC_5_H	9.4.18-1
19	蓄滞（行）洪区空间历史信息表	GEO_HSGFS_25_H	9.4.19-1
20	圩垸空间历史信息表	GEO_POLDER_5_H	9.4.20-1

附录 D 字段标识符索引

编号	中文字段名	字段标识	类型及长度	计量单位	字段英文名	首次出现表
1	区域编码	REGION_CODE	VC (12)		Region code	9.1-1
2	区域类型	REGION_TYPE	C (2)		Region type	9.1-1
3	区域名称	REGION_NAME	VC (69)		Region name	9.1-1
4	部文件夹	CENTER_PATH	VC (100)		Center path	9.1-1
5	地方文件夹	LOCAL_PATH	VC (100)		Local path	9.1-1
6	数据库链接	DB_URL	VC (69)		DB url	9.1-1
7	数据库用户名	DB_USERID	VC (50)		DB user id	9.1-1
8	数据库密码	DB_PASSWORD	VC (50)		DB password	9.1-1
9	更新频率	UPDATE_RATE	VC (10)		Update rate	9.1-1
10	同步时间	SYNC_TIME	DATE		Synchronous time	9.2-1
11	同步用户ID	SYNC_USER_ID	VC (50)		Synchronous user id	9.2-1
12	同步类型	TYPE	C (2)		Synchronous type	9.2-1
13	编码	OBJ_CODE	VC (17)		Object code	9.3.1-1
14	名称	OBJ_NAME	VC (200)		Object name	9.3.1-1
15	空间对象	SMGEOMETRY	GEOMETRY		Smgeometry	9.3.1-1
16	普查编码	PCCODE	VC (12)		Census code	9.3.1-1
17	行政编码	AD_CODE	VC (15)		Administrative region	9.3.1-1
18	流域编码	BAS_CODE	VC (17)		Basin code	9.3.1-1
19	水资源编码	WRZ_CODE	VC (17)		water resources zone code	9.3.1-1
20	创建用户ID	CREATE_USER_ID	NC (50)		Creat user id	9.3.1-1
21	创建时间	CREATE_TIME	DATE		Creation time	9.3.1-1
22	删除标识	DELETE_FLAG	C (1)		Delete flag	9.3.1-1
23	更新用户ID	UPDATE_USER_ID	NC (50)		Update user id	9.3.1-1
24	更新时间	UPDATE_TIME	DATE		Update time	9.3.1-1
25	审核状态	CHECK_STATUS	C (1)		Check status	9.3.1-1
26	审核意见	CHECK_OPINION	VC (1024)		Check opinion	9.3.1-1
27	数据源	DATA_SOURCE	C (1)		Data source	9.3.1-1
28	备注	RMK	VC (1024)		Remark	9.3.1-1
29	中心点经度	CENTER_LONG	N (11, 8)		Center point long	9.3.1-1
30	中心点纬度	CENTER_LAT	N (10, 8)		Center point lat	9.3.1-1
31	版本号	VERSION	NUMBER (5)		Version	9.4.1-1

国家防汛抗旱指挥系统二期工程综合数据库工程标准（下册）

水利部国家防汛抗旱指挥系统工程项目建设办公室　编

中国水利水电出版社
www.waterpub.com.cn
·北京·

内 容 提 要

本书汇编了防洪工程数据库、地理空间数据库、实时工情数据库、洪涝灾情统计数据库、旱情数据库、社会经济数据库、元数据库共计 7 个数据库的表结构及标识符标准，是国家防汛抗旱指挥系统二期工程项目标准的一部分，用于规范国家防汛抗旱指挥系统二期工程数据库的表结构及标识符。

本书可作为国家防汛抗旱指挥系统数据库建设人员的指导用书，也可作为防汛抗旱指挥人员、管理人员的参考资料。

图书在版编目（ＣＩＰ）数据

国家防汛抗旱指挥系统二期工程综合数据库工程标准/
水利部国家防汛抗旱指挥系统工程项目建设办公室编. --
北京：中国水利水电出版社，2018.5
ISBN 978-7-5170-6507-4

Ⅰ．①国… Ⅱ．①水… Ⅲ．①防洪－指挥系统－系统
工程－标准－中国②抗旱－指挥系统－系统工程－标准－
中国 Ⅳ．①TV87-65②S423-65

中国版本图书馆CIP数据核字(2018)第119333号

书　名	国家防汛抗旱指挥系统二期工程综合数据库工程标准（下册） GUOJIA FANGXUN KANGHAN ZHIHUI XITONG ERQI GONGCHENG ZONGHE SHUJUKU GONGCHENG BIAOZHUN	
作　者	水利部国家防汛抗旱指挥系统工程项目建设办公室　编	
出版发行	中国水利水电出版社 （北京市海淀区玉渊潭南路 1 号 D 座　100038） 网址：www.waterpub.com.cn E-mail：sales@waterpub.com.cn 电话：(010) 68367658（营销中心）	
经　售	北京科水图书销售中心（零售） 电话：(010) 88383994、63202643、68545874 全国各地新华书店和相关出版物销售网点	
排　版	中国水利水电出版社微机排版中心	
印　刷	北京瑞斯通印务发展有限公司	
规　格	210mm×297mm　16 开本　35 印张（总）　1060 千字（总）	
版　次	2018 年 5 月第 1 版　2018 年 5 月第 1 次印刷	
印　数	001—500 册	
总 定 价	**300.00 元（上、下册/含光盘）**	

凡购买我社图书，如有缺页、倒页、脱页的，本社营销中心负责调换

版权所有·侵权必究

《国家防汛抗旱指挥系统二期工程综合数据库工程标准》
编 委 会

主 编　杨名亮

副主编　郝春明　王向军

编 委（按姓氏笔画排序）

邓玉梅　朱　锐　向卓然　刘　阳　刘汉宇

刘明升　孙洪林　苏爽爽　李　栋　李双平

张立立　陈德清　武　芳　赵　琛　赵志强

高　宁　雷玉峰　褚文君

前　　言

国家防汛抗旱指挥系统二期工程（以下简称"二期工程"）建设的总体目标是在一期工程建设的基础上，建成覆盖全国中央报汛站的水情信息采集系统；初步建成覆盖全国重点工程的工情信息采集体系，增强重点工程的视频监视能力；初步建成覆盖全国地县的旱情信息采集体系；提高防汛抗旱移动应急指挥能力；整合信息资源和应用系统功能，扩大江河预报断面范围和调度区域，增强业务应用系统的信息处理能力，提升主要江河洪水预报有效预见期，补充防洪调度方案，优化防洪调度系统，强化旱情信息分析处理能力；扩展水利信息网络，提高网络承载能力，强化系统安全等级，提升信息安全保障水平。构建科学、高效、安全的国家级防汛抗旱决策支撑体系。

二期工程建设内容主要包括信息采集系统、通信与计算机网络系统、数据汇集与应用支撑平台、防汛抗旱综合数据库、业务应用系统和系统集成与应用整合 6 个部分。

防汛抗旱综合数据库部分包括一期工程部分数据库的补充完善和二期工程新建的数据库，分别为防洪工程数据库、地理空间数据库、实时工情数据库、洪涝灾情统计数据库、旱情数据库、社会经济数据库、元数据库，共计 7 个。

本书汇编的标准是在第一次全国水利普查调查指标的基础上，按照《水利信息化资源整合共享顶层设计》（水信息〔2015〕169 号）的要求，与水利部水信息基础平台项目编制的《水利对象基础信息数据库表结构与标识符》（暂定）等标准进行整合；依据 GB/T 1.1—2009《标准化工作导则　第 1 部分：标准的结构和编写》和 SL 478—2010《水利信息数据库表结构及标识符编制规范》等国家和行业标准编制要求进行规范化、标准化处理。

本书汇编了共计 7 个数据库的表结构及标识符标准，是二期工程项目标准的一部分，用于规范二期工程数据库的表结构及标识符，可用于指导各地国家防汛抗旱指挥系统的数据库建设。

本书编委会

2017 年 11 月 29 日

总　目　录

实时工情数据库表结构及标识符
Structure and identifier for real – time
engineering database

2017－03－02 发布

2017－03－02 实施

水利部国家防汛抗旱指挥系统工程项目建设办公室　发布

前　言

　　本标准是国家防汛抗旱指挥系统二期工程的项目标准之一，用于规范实时工情数据库的表结构及标识符。本标准在国家防汛抗旱指挥系统一期工程实时工情数据库设计成果基础上，按照《水利信息化资源整合共享顶层设计》（水信息〔2015〕169 号）的要求，与水利部水信息基础平台项目编制的《水利对象基础信息数据库表结构与标识符》（暂定）等标准充分整合；依据 GB/T 1.1—2009《标准化工作导则　第 1 部分：标准的结构和编写》和 SL 478—2010《水利信息数据库表结构及标识符编制规范》等国家和行业标准编制要求进行规范化、标准化处理。

　　本标准包括 7 个章节和附录，主要内容包括范围、规范性引用文件、术语和定义、对象分类、表结构设计、标识符命名规范、字段类型及长度、附录。

　　本标准批准部门：水利部国家防汛抗旱指挥系统工程项目建设办公室

　　本标准主持机构：水利部国家防汛抗旱指挥系统工程项目建设办公室

　　本标准解释单位：水利部国家防汛抗旱指挥系统工程项目建设办公室

　　本标准主编单位：水利部国家防汛抗旱指挥系统工程项目建设办公室

　　本标准发布单位：水利部国家防汛抗旱指挥系统工程项目建设办公室

　　本标准主要起草人：芦江涛、朱锐、黄岚岚、张洋、毛军、郑子明

2017 年 3 月 2 日

目　　录

1 范围

为规范国家防汛抗旱指挥系统二期工程的设计、实施和管理，统一国家防汛抗旱指挥系统二期工程数据库中实时工情数据的库表结构、数据表示及标识制定本标准。

本标准适用于国家防汛抗旱指挥系统二期工程实时工情数据库建设，以及与其相关的数据查询、信息发布和应用服务软件开发。

2 规范性引用文件

下列文件中的条款通过本标准的引用而成为本标准的条款。凡是注日期的引用文件，仅注日期的版本适用于本标准。凡是不注日期的引用文件，其最新版本（包括所有的修改单）适用于本标准。

GB/T 10113—2003《分类与编码通用术语》

GB/T 50095《水文基本术语和符号标准》

SL 26—92《水利水电工程技术术语标准》

SL/Z 376—2007《水利信息化常用术语》

SL 478—2010《水利信息数据库表结构及标识符编制规范》

SL 252—2000《水利水电工程等级划分及洪水标准》

SL 213—2012《水利工程代码编制规范》

SZY 102—2013《信息分类及编码规定》

SL 729—2016《水利空间信息数据字典》

《水利对象分类编码方案（暂定）》

《水利对象基础信息数据库表结构与标识符》（暂定）

3 术语和定义

3.1 实时工情信息 real‑time engineering information

反映水利工程运行状态、险情及防汛动态等方面的信息。

3.2 工程运行状况 project operation status

描述水利工程运行状况的指标，本标准中主要指堤防（段）、水库、蓄滞洪区、水闸、治河工程等的运行状况。

3.3 险情 emergency events

水利工程在运行过程中出现的决口、漫溢、管涌、陷坑、滑坡、裂缝、崩岸、滑动、闸门损毁、渗水、淘刷、溃坝、倾覆、坍塌、控导工程冲毁以及河流堰塞湖等现象。

3.4 防汛动态信息 flood control brief news

区域或流域内工程调度、险情、灾情等防汛相关信息。

3.5 决口 dike（levee）breach

堤防被洪水或其他因素破坏，形成口门过流的现象。

3.6 漫溢 overflow

江河、湖泊等洪水暴涨，水位、波浪上升漫过堤坝溢流的现象。

3.7　管涌　piping

在渗流作用下，土体中的细小颗粒通过粗大颗粒骨架的孔隙发生移动或被带出，致使土层中形成孔道而产生集中涌水的现象。

3.8　陷坑　pitfall

在高水位作用下，堤坝体身或坡脚附近等发生的局部凹陷现象。

3.9　滑坡　landslide（landslip）

堤防、坝斜坡上的部分土体在重力作用下，沿一定的软弱面（带）产生剪切破坏，向下整体滑移的现象。

3.10　渗水　seepage

水从堤、坝等挡水建筑物及其地基渗出的现象。

3.11　倾覆　overturn

水工建筑物失去稳定性，发生倾斜或倒塌的现象。

3.12　崩岸　bank collapse

堤防、土石坝等临水面滩岸土体崩落的现象。

3.13　滑动　slide

水工建筑物因抗滑阻力不平衡而产生的滑移现象。

3.14　淘刷　scouring

堤（坝）脚或基础被水流侵蚀、淘空以至危及堤或大坝安全的现象。

3.15　溃坝　dam‐break

坝体等建筑物发生溃决的现象。

3.16　坍塌　collapse

堤防工程的护脚材料冲失及护坡、土体崩塌等现象。

3.17　堰塞湖　barrier lake（quake lake）

滑坡体堵截山区河谷或河床后贮水而形成的湖泊。

4　对象分类

从既满足国家防汛指挥系统的需要，又尽可能减少数据冗余、保证数据质量的角度出发，限定本数据库收集对象为实时工情信息，包括：

——基本信息；

——工程运行状况信息；

——工程险情信息；

——防汛抗旱动态信息。

5 表结构设计

5.1 一般规定

5.1.1 实时工情数据库表结构设计应遵循科学、实用、简洁和可扩展性的原则。

5.1.2 实时工情数据库表结构设计的命名原则及格式应尽量满足 SL 478—2010《水利信息数据库表结构及标识符编制规范》的要求。

5.1.3 为避免库表的重复设计，保证一数一源，对于《水利对象基础信息数据库表结构与标识符》（暂行）等基础数据库中已进行规范化设计的表和字段，本数据库对其进行直接引用。

5.2 表设计与定义

5.2.1 本标准包括基本信息、工程运行状况信息、工程险情信息和防汛抗旱动态信息四大类信息的存储结构，共 29 张表。

5.2.2 每个表结构描述的内容应包括中文表名、表主题、表标识、表编号、表体和字段描述 6 个部分。

5.2.3 中文表名应适用简明扼要的文字表达该表所描述的内容。

5.2.4 表主题应进一步描述该表存储的内容、目的及意义。

5.2.5 表标识用以识别表的分类及命名，应为中文表名的英文的缩写，在进行数据库建设时，应作为数据库的表名。

5.2.6 表编号为表的数字化识别代码，反映表的分类和在表结构描述中的逻辑顺序，由 10 位字符组成。表编号格式为：

REI_AAA_BBBB

其中　REI——专业分类码，固定字符，表示实时工情数据库；

　　　AAA——表编号的一级分类码，3 位字符，其中 000 表示基本信息，001 表示工程运行状况信息，002 表示工程险情信息，004 表示防汛抗旱动态信息；

　　　BBBB——表编号的二级分类码，4 位字符，每类表从 0001 开始编号，依次递增。

5.2.7 表体以表格的形式列出表中每个字段的字段名称、字段标识、类型及长度、计量单位、有无空值、主键和索引序号等，在引用了其他表主键作为外键时，应添加外键说明，各内容应符合下列规定：

a）字段名称采用中文描述，表征字段的名称。

b）字段标识为数据库中该字段的唯一标识。标识符命名规范见第 6 章。

c）类型及长度描述该字段的数据类型和数据最大位数。字段类型及长度的规定见第 7 章。

d）计量单位描述该字段填入数据的计量单位，关系表无此项。

e）有无空值描述该字段是否允许填入空值，用"N"表示该字段不允许为空值，否则表示该字段可以取空值。

f）主键描述该字段是否作为主键，用"Y"表示该字段是表的主键或联合主键之一，否则表示该字段不是主键。

g）索引序号用于描述该字段在实际建表时索引的优先顺序，分别用阿拉伯数字"1""2""3"等描述。"1"表示该字段在表中为第一索引字段，"2"表示该字段在表中为第二索引字段，依次类推。

h）外键指向所引用的前置表主键，当前置表存在该外键值时为有效值，确保数据一致性。

5.2.8 字段描述用于对表体中各字段的意义、填写说明及示例等给出说明。

5.2.9 相同字段名或同义字段名的解释，以第一次解释为准。

6 标识符命名规范

6.1 一般规定

6.1.1 标识符分为表标识和字段标识两类，遵循唯一性。

6.1.2 标识符由英文字母、下划线、数字构成，首字符应为大写英文字母。

6.1.3 标识符是中文名称关键词的英文翻译，可采用英文译名的缩写命名。

6.1.4 按照中文名称提取的关键词顺序排列关键词的英文翻译，关键词之间用下划线分隔；缩写关键词一般不超过 4 个，后续关键词应取首字母。

6.1.5 当英文单词长度不超过 6 个字母时，可直接取其全拼。

6.1.6 当标识符采用英文译名缩写命名时，单词缩写主要遵循以下规则：

    a）英文关键词有标准缩写的应直接采用，例如，POLYGON 缩写为 POL、CHINA 缩写为 CHN。

    b）没有标准缩写的，取单词的第一个音节，并自辅音之后省略，例如，INTAKE 缩写为 INT。

    c）如果英文译名缩写相同时，参考压缩字母法等常见缩写方法以区分不同关键词。

6.1.7 相同的实体和实体特征在要素类表、关系类表、属性类表中应采用一致的标识。

6.2 表标识命名规范

6.2.1 表标识与表名应一一对应。

6.2.2 表标识由前缀、主体标识及下划线组成。其编写格式为：

$$REI\_\alpha$$

其中 REI——含义见 5.2.6 节；

    α——表标识的主体标识。

实时工情数据库表类别、表标识符及表编号见表 6.2.2－1。

表 6.2.2－1 实时工情数据库表类别、表标识符及表编号

表 类 别	表 名	表标识符	表 编 号
基本信息类表	工程险情分类表	REI_PRJDCLS	REI_000_0001
	工程险情基本信息表	REI_PRJDBINF	REI_000_0002
	多媒体信息表	REI_MTMINF	REI_000_0003
	实时工情与多媒体对照表	REI_RTENIMTR	REI_000_0004
	填报单位信息表	REI_RPDPINF	REI_000_0005
工程运行状况类表	堤防（段）运行状况表	REI_DKRS	REI_001_0001
	水库运行状况表	REI_RSVRS	REI_001_0002
	蓄滞行洪区运行状况表	REI_DTBRS	REI_001_0003
	水闸运行状况表	REI_SLCRS	REI_001_0004
	治河工程运行状况表	REI_RTWRS	REI_001_0005
工程险情信息类表	决口险情信息表	REI_BRCHINF	REI_002_0001
	漫溢险情信息表	REI_OVFINF	REI_002_0002
	管涌险情信息表	REI_PPINF	REI_002_0003
	陷坑险情信息表	REI_PFINF	REI_002_0004
	滑坡险情信息表	REI_LSLINF	REI_002_0005
	裂缝险情信息表	REI_CCKINF	REI_002_0006
	崩岸险情信息表	REI_BANKCINF	REI_002_0007

表 6.2.2-1 实时工情数据库表类别、表标识符及表编号（续）

表 类 别	表 名	表标识符	表 编 号
工程险情信息类表	滑动险情信息表	REI _ SLDINF	REI _ 002 _ 0008
	闸门损毁险情信息表	REI _ GATEDMINF	REI _ 002 _ 0009
	渗水险情信息表	REI _ SPGINF	REI _ 002 _ 0010
	淘刷险情信息表	REI _ SCRINF	REI _ 002 _ 0011
	溃坝险情信息表	REI _ DAMBRKINF	REJ _ 002 _ 0012
	倾覆险情信息表	REI _ OVTINF	REI _ 002 _ 0013
	坍塌险情信息表	REI _ CLLPINF	REI _ 002 _ 0014
	控导工程冲毁险情信息表	REI _ CTRWDMINF	REI _ 002 _ 0015
	堰塞湖险情信息表	REI _ BRRIKDINF	REI _ 002 _ 0016
	其他险情信息表	REI _ OTHDINF	REI _ 002 _ 0017
动态信息类表	抢险动态信息表	REI _ FLFTTR	REI _ 003 _ 0001
	防汛动态信息表	REI _ FLCNTN	REI _ 003 _ 0002

7 字段类型及长度

本标准涉及的字段类型主要有字符、数值、日期时间和布尔型。其类型长度应按以下格式描述：

a）字符型。其长度的描述格式为：

$$C(D) 或 VC(D)$$

其中　C——定长字符串型的数据类型标识；

VC——变长字符串型的数据类型标识；

（）——固定不变；

D——十进制数，用以定义字符串长度，或最大可能的字符串长度。

b）数值型。其长度的描述格式为：

$$N(D[,d])$$

其中　N——数值型的数据类型标识；

（）——固定不变；

［］——表示小数位描述，可选；

D——描述数值型数据的总位数（不包括小数点位）；

，——固定不变，分隔符；

d——描述数值型数据的小数位数。

c）日期时间型。采用公元纪年的北京时间。

1）日期型：Date。表示日期型数据，即 YYYY - MM - DD（年-月-日）。不能填写至月或日的，月和日分别填写 01。

2）时间型：Time。表示时间型数据，即 YYYY - MM - DD hh：mm：ss（年-月-日 时：分：秒）。

d）布尔型。其描述格式为：

$$Bool$$

布尔型字段用于存储逻辑判断字符，取值为 1 或 0，1 表示是，0 表示否；若为空值，其表达意义同 0。

e）字段的取值范围。

1）可采用抽象的连续数字描述，在字段描述中应给出其取值范围。

2）取值为特定的若干选项，在字段描述中应采用枚举的方法描述取值范围。

附录 A 基本信息类表结构

A.1 工程险情分类表

a）工程险情分类表用于对可能发生的险情进行分类并编码。

b）表标识：REI_PRJDCLS。

c）表编号：REI_000_0001。

d）工程险情分类表结构见表 A.1-1。

表 A.1-1 工程险情分类表

序号	字段名称	字段标识	类型及长度	计量单位	主键	外键	有无空值	索引序号
1	险情分类代码	DCLSCD	C（4）		Y		N	1
2	险情名称	DNGNM	C（12）				N	

e）各字段存储内容应符合下列规定：

1）险情分类代码：唯一标识某一险情类别的编号，编码格式为 DNNN，险情分类按表 A.1-2 的规定执行。

2）险情名称：描述某类险情的名称，与表 A.1-2 一致。

表 A.1-2 险情分类代码

险情名称	险情分类代码	险情名称	险情分类代码	险情名称	险情分类代码
决口	D001	崩岸	D007	倾覆	D013
漫溢	D002	滑动	D008	坍塌	D014
管涌	D003	闸门损毁	D009	控导工程冲毁	D015
陷坑	D004	渗水	D010	堰塞湖	D016
滑坡	D005	淘刷	D011	其他	D999
裂缝	D006	溃坝	D012		

A.2 工程险情基本信息表

a）工程险情基本信息表用于描述防洪工程险情的共性信息和辅助建立数据库表之间联系的相关信息。

b）表标识：REI_PRJDBINF。

c）表编号：REI_000_0002。

d）工程险情基本信息表结构见表 A.2-1。

表 A.2-1 工程险情基本信息表

序号	字段名称	字段标识	类型及长度	计量单位	主键	外键	有无空值	索引序号
1	险情代码	DNGCD	VC（18）		Y		N	1
2	工程名称代码	PRJNMCD	C（12）					
3	工程名称	ENNM	VC（200）					
4	险情分类代码	DCLSCD	C（4）				N	
5	出险时间	DNTM	DATE				N	
6	出险部位	DNGPST	VC（512）				N	
7	险情等级	DNGSVT	N（1）					
8	采集点经度坐标	LGTD	C（16）					

表 A.2-1 工程险情基本信息表（续）

序号	字段名称	字段标识	类型及长度	计量单位	主键	外键	有无空值	索引序号
9	采集点纬度坐标	LTTD	C（16）					
10	险情原因分析	DNGRSAN	VC（1024）					
11	抢护措施	TRMM	VC（1024）					
12	险情预测	DNGPRDT	VC（512）					
13	填报单位编码	RPDPCD	C（32）				N	
14	填报人	REPORTER	VC（100）				N	
15	填报人联系方式	RPTTLNMB	VC（50）					
16	备注	RMK	VC（1024）					
17	是否续报	ISCONTINUE	VC（4）		Y			

e）各字段存储内容应符合下列规定：

1）险情代码：唯一标识每次险情的顺序编码，编码方式为填报地区行政区划代码（6位）/流域代码（9位）＋年代（4位）＋顺序码（5位）。

2）工程名称代码：唯一标识某一工程的信息编码，按《水利对象分类编码方案》（暂行）的规定执行。对于没有工程名称代码的水利工程，按 SL 213《水利工程代码编制规范》的规定进行编码。

3）工程名称：发生险情的工程名称。

4）险情分类代码：同 A.1 "险情分类代码"。

5）出险时间：险情发生的时间。如不能获取准确的险情发生时间，则填报最早检查出该险情的时间。原则上精确至分钟。

6）出险部位：表示险情出现在水利工程上的具体位置，如堤防的桩号、迎水坡、堤顶、背水坡、水库大坝的坝段编号等位置描述性信息。

7）险情等级：反映险情的严重程度，取值及其含义见表 A.2-2。

表 A.2-2 险情等级代码表

险情等级	含义	险情等级	含义
1	重大险情	3	一般险情
2	较大险情		

8）采集点经度坐标：实际险情发生地点的经度坐标。

9）采集点纬度坐标：实际险情发生地点的纬度坐标。

10）险情原因分析：导致防洪工程出现险情的主要原因。

11）抢护措施：针对险情所采取的抢护措施。

12）险情预测：结合未来短期水文气象预测、工程的实际情况、目前的抢险状态，对险情的进一步发展趋势做出的判断。

13）填报单位代码：唯一标识填报单位的编码。

14）填报人：险情信息的初始填报人。

15）填报人联系方式：填报人的移动电话、办公电话等。

16）备注：工程险情可能造成的社会经济影响。

17）是否续报：区分险情首报和续报，1代表首报，2及以上代表续报。

A.3 多媒体信息表

a）多媒体信息表用于记录实时工情信息中的图片、视频等非结构化信息。

b）表标识：REI＿MTMINF。

c）表编号：REI＿000＿0003。

d）多媒体信息表结构见表 A.3-1。

表 A.3-1 多媒体信息表

序号	字段名称	字段标识	类型及长度	计量单位	主键	外键	有无空值	索引序号
1	多媒体编码	MTMCD	C（32）		Y		N	1
2	采集时间	CLLTM	TIMESTAMP				N	
3	多媒体类型	MTTP	N（1）					
4	文件标题	FTITLE	VC（60）				N	
5	文件类型	FLEXT	VC（6）					
6	文件采集人	CLLCTR	VC（100）					
7	内容说明	DSCRPTN	VC（1024）					
8	文件存储路径	FSFP	VC（256）				N	
9	备注	RMK	VC（1024）					
10	用户名	UNAME	VC（32）					
11	密码	PWOED	VC（32）					
12	存储地址	FSA	VC（256）					

e）各字段存储内容应符合下列规定：

1）多媒体编码：采用组合码的方式进行存储，编码方式为填报单位行政区划代码（6 位）＋年代（4 位）＋顺序码（5 位）。

说明：顺序码——3 位数字和字母组成的顺序号，I，O，Z 舍去不用。

2）采集时间：工程巡视检查的时间或特定险情信息获得的时间。

3）多媒体类型：指多媒体的数据类型，取值及其含义见表 A.3-2。

表 A.3-2 多媒体类型代码表

多媒体类型	含义	多媒体类型	含义
1	图片	3	音频
2	视频	4	其他

4）文件标题：对多媒体内容的描述性信息。

5）文件类型：用于描述数据存储格式的文件扩展名。

6）文件采集人：多媒体采集者的姓名，如多媒体信息为自动采集，则该项填"自动采集"。

7）内容说明：针对多媒体内容的说明性文字。

8）文件存储路径：多媒体文件数据存储文件服务器的路径。

9）备注：对多媒体文件的其他说明性信息。

10）用户名：文件服务器登录用户名。

11）密码：文件服务器登录密码。

12）存储地址：文件服务器的 IP 地。

A.4 实时工情与多媒体对照表

a）实时工情与多媒体对照表用于建立工程运行状况、险情信息和动态信息类表与多媒体信息表之间的对应关系。

b）表标识：REI＿RTENIMTR。

c）表编号：REI＿000＿0004。

d）实时工情与多媒体对照表结构见表 A.4－1。

表 A.4－1　实时工情与多媒体对照表

序号	字段名称	字段标识	类型及长度	计量单位	主键	外键	有无空值	索引序号
1	信息分类码	INFCICO	N（1）		1		N	1
2	关联代码	RLJTCD	VC（32）		2		N	2
3	多媒体编码	MJMCD	C（32）		3		N	3
4	是否续报	ISCONTINUE	VC（4）					

e）各字段存储内容应符合下列规定：

　　1）信息分类码：指实时工情的信息类型，取值及其含义见表 A.4－2。

表 A.4－2　实时工情分类码表

实时工情分类	含　义	实时工情分类	含　义
1	工程运行状况信息	3	动态信息
2	工程险情信息		

　　2）关联代码：对于工程运行状况信息，填写工程名称代码；对于工程险情信息，填写险情代码；对于动态信息，填写动态信息编号。

　　3）多媒体编码：同 A.3 "多媒体编码"。

　　4）是否续报：同 A.2 "是否续报"。

A.5　填报单位信息表

a）填报单位信息表用于描述实时工情信息的采集单位。

b）表标识：REI＿RPDPINF。

c）表编号：REI＿000＿0005。

d）填报单位信息表结构见表 A.5－1。

表 A.5－1　填报单位信息表

序号	字段名称	字段标识	类型及长度	计量单位	主键	外键	有无空值	索引序号
1	填报单位编码	RPDPCD	C（32）		Y		N	1
2	填报单位名称	RPDPNM	VC（256）				N	
3	填报单位负责人	PCHRPDP	C（50）					

e）各字段存储内容应符合下列规定：

　　1）填报单位编码：同 A.2 "填报单位编码"。

　　2）填报单位名称：填报单位的名称，按 SL/T 200.04—1997《部属和省（自治区、直辖市）水利（水电）厅（局）单位名称代码》的规定执行。

　　3）填报单位负责人：单位负责信息采集、传输等业务的领导或单位主要领导。

附录 B 工程运行状况类表结构

B.1 堤防（段）运行状况表

a）堤防（段）运行状况表用于记录河堤、湖堤、海堤等工程实时运行情况的信息。

b）表标识：REI_DKRS。

c）表编号：REI_001_0001。

d）堤防（段）运行状况表结构见表 B.1-1。

表 B.1-1 堤防（段）运行状况表

序号	字段名称	字段标识	类型及长度	计量单位	主键	外键	有无空值	索引序号
1	工程名称代码	PRJNMCD	C（12）		Y		N	1
2	采集时间	CLLTM	Time		Y		N	2
3	水文控制站代码	HDRSTCD	C（8）					
4	采集点经度坐标	LGTD	C（16）					
5	采集点纬度坐标	LTTD	C（16）					
6	采集点地名	CLPSADDR	C（20）					
7	采集点桩号	CLPSDRN	C（20）					
8	水位	WTLV	N（8，3）	m				
9	流量	FL	N（10，3）	m³/s				
10	水面距堤顶高差	WSDCH	N（4，2）	m				
11	填报单位代码	RPDPCD	C（10）				N	
12	填报人	REPORTER	C（100）				N	
13	填报人联系方式	RPTTLNMB	C（50）					
14	备注	RMK	VC（1024）					

e）各字段存储内容应符合下列规定：

1）工程名称代码：同 A.2"工程名称代码"。

2）采集时间：同 A.3"采集时间"。

3）水文控制站代码：控制该段堤防水位、流量的水文站（参证站）代码。

4）采集点经度坐标：同 A.2"采集点经度坐标"。

5）采集点纬度坐标：同 A.2"采集点纬度坐标"。

6）采集点地名：当地政府或防汛等部门对采集点选用的名称。

7）采集点桩号：观测点位于整个堤防的起始里程数，用千米数＋米数（如 5＋750）或桩号（如＋850）表示。

8）水位：堤防水体的自由水面离固定基面的高程。

9）流量：单位时间内流经封闭管道或明渠有效截面的流体量。

10）水面距堤顶高差：观测点堤顶高程与水位的差值。

11）填报单位代码：同 A.2"填报单位代码"。

12）填报人：同 A.2"填报人"。

13）填报人联系方式：同 A.2"填报人联系方式"。

14）备注：对堤防的穿堤建筑物、护坡、护岸等运行状况进行说明，特别对出险状况进行说明；对河道、湖泊、海堤的水位，以及水位的状态和持续时间进行说明；其他需要说明的信息。

B. 2 水库运行状况表

a）水库运行状况表用于记录大坝、泄水建筑物等的运行状况。

b）表标识：REI＿RSVRS。

c）表编号：REI＿001＿0002。

d）水库运行状况表结构见表B.2－1。

表 B. 2－1　水 库 运 行 状 况 表

序号	字段名称	字段标识	类型及长度	计量单位	主键	外键	有无空值	索引序号
1	工程名称代码	PRJNMCD	C（20）		Y		N	1
2	采集时间	CLLTM	Time		Y		N	2
3	大坝安全等级	RSDSCLS	N（1）					
4	水位	WTLV	N（6，3）	m	·		N	
5	库容	RSCP	N（10，2）	$10^4 m^3$			N	
6	入库流量	INQ	N（10，2）	m^3/s			N	
7	出库流量	OTQ	N（10，2）	m^3/s			N	
8	填报单位代码	RPDPCD	C（10）				N	
9	填报人	REPORTER	C（100）				N	
10	填报人联系方式	RPTTLNMB	C（50）					
11	备注	RMK	VC（1024）					

e）各字段存储内容应符合下列规定：

1）工程名称代码：同 A.2"工程名称代码"。

2）采集时间：同 A.3"采集时间"。

3）大坝安全等级：大坝的安全状态，执行水建管〔2003〕271 号文，取值及其含义见表B.2－2。

表 B. 2－2　大坝安全等级代码表

大坝安全等级	含　义	大坝安全等级	含　义
1	一类坝	3	三类坝
2	二类坝	4	未确定等级

4）水位：堤防水体的自由水面离固定基面的高程。

5）库容：当前的库内水量。

6）入库流量：实时测量的入库洪水流量，一般指水库上游控制性水文站的洪水流量数据。

7）出库流量：指水库总下泄流量。

8）填报单位代码：同 A.2"填报单位代码"。

9）填报人：同 A.2"填报人"。

10）填报人联系方式：同 A.2"填报人联系方式"。

11）备注：对大坝、泄洪道、发电等工程或设施的运行状况进行说明，特别对出险状况进行说明；对大坝安全监测的安全状况进行说明；其他需要说明的信息。

B. 3 蓄滞洪区运行状况表

a）蓄滞洪区运行状况表用于记录蓄滞洪区的当前行蓄洪情况。

b）表标识：REI＿DTBRS。

c）表编号：REI_001_0003。

d）蓄滞洪区运行状况表结构见表 B.3-1。

表 B.3-1 蓄滞洪区运行状况表

序号	字段名称	字段标识	类型及长度	计量单位	主键	外键	有无空值	索引序号
1	工程名称代码	PRJNMCD	C（12）		Y		N	1
2	采集时间	CLLTM	Time		Y		N	2
3	分蓄洪控制站水位	DBCHSNMZ	N	m				
4	进洪流量	DTINQ	N（10，2）	m³/s				
5	蓄洪水位	DBZ	N（6，2）	m			N	
6	蓄洪水量	DBV	N（10，2）	10⁴ m³			N	
7	转移人口	RLCPP	N（8）	人				
8	退洪流量	DTOUTQ	N（10.2）	m³/s				
9	填报单位代码	RPDPCD	C（10）				N	
10	填报人	REPORTER	C（100）				N	
11	填报人联系方式	RPTTLNMB	C（50）					
12	备注	RMK	VC（1024）					

e）各字段存储内容应符合下列规定：

　　1）工程名称代码：同 A.2"工程名称代码"。

　　2）采集时间：同 A.3"采集时间"。

　　3）分蓄洪控制站水位：实时测量的分蓄洪区控制站的水位。

　　4）进洪流量：单位时间内进入蓄滞洪区有效截面的流体量。

　　5）蓄洪水位：蓄滞洪区内的当前蓄洪水位。

　　6）蓄洪水量：至观测时的运行状态下，蓄滞洪区内的当前蓄水量或过水量。

　　7）转移人口：蓄滞洪区当前转移人口的总数。

　　8）退洪流量：单位时间内流出蓄滞洪区有效截面的流体量。

　　9）填报单位代码：同 A.2"填报单位代码"。

　　10）填报人：同 A.2"填报人"。

　　11）填报人联系方式：同 A.2"填报人联系方式"。

　　12）备注：对蓄滞洪区的交通、圩堤、通信设施和避水设施等运行状况进行说明，特别对工程出险状况进行说明；对人员转移和救灾物资的配备情况进行说明；其他需要说明的信息。

B.4 水闸运行状况表

a）水闸运行状况表用于记录闸门及其附属设施的运行情况。

b）表标识：REI_SLCRS。

c）表编号：REI_001_0004。

d）水闸运行状况表结构见表 B.4-1。

表 B.4-1 水闸运行状况表

序号	字段名称	字段标识	类型及长度	计量单位	主键	外键	有无空值	索引序号
1	工程名称代码	PRJNMCD	C（12）		Y		N	1
2	采集时间	CLLTM	Time		Y		N	2
3	闸上水位	GTUPWTLV	N（8，3）	m			N	
4	闸下水位	GTDWWTLV	N（8，3）	m				

表 B.4-1 水闸运行状况表（续）

序号	字段名称	字段标识	类型及长度	计量单位	主键	外键	有无空值	索引序号
5	过闸流量	THRSLQ	N（10，2）	m³/s			N	
6	开启孔数	GTOPN	N（2）				N	
7	闸上水势	UPSWTP	N（1）					
8	闸下水势	DSWTP	N（1）					
9	填报单位代码	RPDPCD	C（10）				N	
10	填报人	REPORTER	C（100）				N	
11	填报人联系方式	RPTTI口NMB	C（50）					
12	备注	RMK	VC（1024）					

　　e）各字段存储内容应符合下列规定：

　　　　1）工程名称代码：同 A.2 "工程名称代码"。

　　　　2）采集时间：同 A.3 "采集时间"。

　　　　3）闸上水位：指水闸上游的水位。

　　　　4）闸下水位：指水闸下游的水位。

　　　　5）过闸流量：指实时测量、估测或计算的通过闸门的洪水流量。

　　　　6）开启孔数：闸门开启泄流的闸门孔的数目。

　　　　7）闸上、闸下水势：指水势的涨、落、平，取值及其含义见表 B.4-2。

表 B.4-2 闸上、闸下水势代码表

闸上、闸下水势	含义	闸上、闸下水势	含义
1	涨	3	平
2	落		

　　　　8）填报单位代码：同 A.2 "填报单位代码"。

　　　　9）填报人：同 A.2 "填报人"。

　　　　10）填报人联系方式：同 A.2 "填报人联系方式"。

　　　　11）备注：对水闸的闸基、消能工、电气设备运行状况进行说明，特别对工程的出险状况进行说明；其他需要说明的信息。

B.5 治河工程运行状况表

　　a）治河工程运行状况表用于记录控导工程、护岸工程等的运行情况信息。

　　b）表标识：REI_RTWRS。

　　c）表编号：REI_001_0005。

　　d）治河工程运行状况表结构见表 B.5-1。

表 B.5-1 治河工程运行状况表

序号	字段名称	字段标识	类型及长度	计量单位	主键	外键	有无空值	索引序号
1	工程名称代码	PRJNMCD	C（12）		Y		N	1
2	采集时间	CLLTM	Time		Y		N	2
3	所在岸别	RVBK	C（10）				N	
4	水流状况	WTFILS	VC（1024）				N	
5	河势状况	RVCHS	VC（1024）					

表 B. 5‑1 治河工程运行状况表（续）

序号	字段名称	字段标识	类型及长度	计量单位	主键	外键	有无空值	索引序号
6	填报单位代码	RPDPCD	C (10)				N	
7	填报人	REPORTER	C (100)				N	
8	填报人联系方式	RPTTLNMB	C (50)					
9	备注	RMK	VC (1024)					

　e）各字段存储内容应符合下列规定：

　　1）工程名称代码：同 A.2 "工程名称代码"。

　　2）采集时间：同 A.3 "采集时间"。

　　3）所在岸别：工程位于河流的左、右岸或河道中间等位置信息。

　　4）水流状况：观测范围内河道的水流状况，从水位、流量、流速、含沙量、主流位置、水流形态等多方面进行描述。

　　5）河势状况：河道水流的平面形势及其发展趋势。

　　6）填报单位代码：同 A.2 "填报单位代码"。

　　7）填报人：同 A.2 "填报人"。

　　8）填报人联系方式：同 A.2 "填报人联系方式"。

　　9）备注：对各类工程的运行状况进行说明，特别对工程的出险状况进行说明；其他需要说明的信息。

附录 C 工程险情信息类表结构

C. 1 决口险情信息表

a）决口险情信息表用于描述堤防等发生决口时的特征、规模以及造成的灾害损失。

b）表标识：REI＿BRCHINF。

c）表编号：REI＿002＿0001。

d）决口险情信息表结构见表 C. 1－1。

表 C. 1－1 决 口 险 情 信 息 表

序号	字段名称	字段标识	类型及长度	计量单位	主键	外键	有无空值	索引序号
1	险情代码	DNGCD	C（18）		Y		N	1
2	采集时间	CLIJTM	Time		Y		N	2
3	决口宽度	BRCHWD	N（6，2）	m			N	
4	决口处流速	BRCHVLC	N（5，2）	m/s				
5	决口流量	BOUTQ	N（10，2）	m³/s				
6	决口处内外水头差	BUPSDSWH	N（4，2）	m			N	
7	地形地质条件	TRGLCD	VC（1024）					
8	影响范围	AFFAR	VC（1024）					
9	其他	OTHER	VC（1024）					

e）各字段存储内容应符合下列规定：

1）险情代码：同 A. 2 "险情代码"。

2）采集时间：同 A. 3 "采集时间"。

3）决口宽度：口门两边的水平距离。

4）决口处流速：口门处的当前流速。

5）决口流量：当前决口流量。

6）决口处内外水头差：口门内外的水位差。

7）地形地质条件：决口出现部位地形和地质的描述性文字，特别需要描述对险情的发展或救灾有重大影响的信息。

8）影响范围：决口影响的主要范围、面积、人数和重要设施等灾情信息。

9）其他：其他情况说明。

C. 2 漫溢险情信息表

a）漫溢险情信息表用于描述堤防（坝）发生的漫溢的特征、规模。

b）表标识：REI＿OVFINF。

c）表编号：REI＿002＿0002。

d）漫溢险情信息表结构见表 C. 2－1。

表 C. 2－1 漫 溢 险 情 信 息 表

序号	字段名称	字段标识	类型及长度	计量单位	主键	外键	有无空值	索引序号
1	险情代码	DNGCD	C（18）		Y		N	1
2	采集时间	CLLTM	Time		Y		N	2
3	漫溢长度	OVFLNG	N（6，2）	m			N	
4	漫顶高度	OVFH	N（4，2）	m			N	
5	其他	OTHER	VC（1024）					

e）各字段存储内容应符合下列规定：

　　1）险情代码：同 A.2"险情代码"。

　　2）采集时间：同 A.3"采集时间"。

　　3）漫溢长度：堤顶、坝顶水流漫溢范围的长度。

　　4）漫顶高度：漫溢处水位超过堤顶或坝顶的高度。

　　5）其他：同 C.1"其他"。

C.3　管涌险情信息表

a）管涌险情信息表用于描述管涌的险情特征、发生位置和规模。

b）表标识：REI_PPINF。

c）表编号：REI_002_0003。

d）管涌险情信息表结构见表 C.3-1。

表 C.3-1　管 涌 险 情 信 息 表

序号	字段名称	字段标识	类型及长度	计量单位	主键	外键	有无空值	索引序号
1	险情代码	DNGCD	C（18）		Y		N	1
2	采集时间	CLLTM	Time		Y		N	2
3	出口特征	PPPSDSC	C（100）				N	
4	管涌口直径	PPDM	N（3，2）	m			N	
5	涌水流量	PPQ	N（6，1）	$10^{-3} \mathrm{m}^3/\mathrm{s}$				
6	涌水水柱高	PPFLH	N（4，1）	cm				
7	涌水浑浊度	PPFLTB	C（100）				N	
8	管涌数目	PPNMB	N（2）				N	
9	管涌群的面积	PPDAREA	N（8，2）	m^2				
10	其他	OTHER	VC（1024）					

e）各字段存储内容应符合下列规定：

　　1）险情代码：同 A.2"险情代码"。

　　2）采集时间：同 A.3"采集时间"。

　　3）出口特征：描述管涌发生在工程上的位置、距堤脚的距离、出口的地物特征等。

　　4）管涌口直径：反映出沙口的大小，取管涌群的最大直径。

　　5）涌水流量：涌水口出水量的多少，取管涌群的总流量。

　　6）涌水水柱高：涌水出口处水柱的高度，取管涌群的最大水柱高。

　　7）涌水浑浊度：描述涌水的浑浊程度，涌水中包含的是粗沙还是细沙。

　　8）管涌数目：管涌群中管涌的个数。

　　9）管涌群的面积：管涌群区域的分布面积。

　　10）其他：同 C.1"其他"。

C.4　陷坑险情信息表

a）陷坑险情信息表用于描述陷坑的险情特征、发生位置和规模。

b）表标识：REI_PFINF。

c）表编号：REI_002_0004。

d）陷坑险情信息表结构见表 C.4-1。

表 C.4－1　陷 坑 险 情 信 息 表

序号	字段名称	字段标识	类型及长度	计量单位	主键	外键	有无空值	索引序号
1	险情代码	DNGCD	C（18）		Y		N	1
2	采集时间	CLLTM	Time		Y		N	2
3	陷坑深度	PFDP	N（3，2）	m			N	
4	陷坑面积	PFAREA	N（4，2）	m²			N	
5	其他	OTHER	VC（1024）					

e）各字段存储内容应符合下列规定：

　　1）险情代码：同 A.2"险情代码"。

　　2）采集时间：同 A.3"采集时间"。

　　3）陷坑深度：发生陷坑处建筑物表面至陷坑底部的垂直距离。

　　4）陷坑面积：陷坑表面的大小。

　　5）其他：同 C.1"其他"。

C.5　滑坡险情信息表

　　a）滑坡险情信息表用于描述滑坡的险情特征和规模。

　　b）表标识：REI _ LSLINF。

　　c）表编号：REI _ 002 _ 0005。

　　d）滑坡险情信息表结构见表 C.5－1。

表 C.5－1　滑 坡 险 情 信 息 表

序号	字段名称	字段标识	类型及长度	计量单位	主键	外键	有无空值	索引序号
1	险情代码	DNGCD	C（18）		Y		N	1
2	采集时间	CLLTM	Time		Y		N	2
3	滑坡体挫高	LSMSLWH	N（3，2）	m			N	
4	滑坡长度	LSLLNG	N（4，2）	m				
5	滑坡体积	LSLVLM	N（10，2）	m³				
6	滑坡面角度	LSLANG	N（4，2）	（°）				
7	其他	OTHER	VC（1024）					

e）各字段存储内容应符合下列规定：

　　1）险情代码：同 A.2"险情代码"。

　　2）采集时间：同 A.3"采集时间"。

　　3）滑坡体挫高：滑坡体原位置与现位置的最大高差。

　　4）滑坡长度：滑坡面沿堤防方向的长度。

　　5）滑坡体积：滑坡体的体积。

　　6）滑坡面角度：滑坡面与水平方向的夹角。

　　7）其他：同 C.1"其他"。

C.6　裂缝险情信息表

　　a）裂缝险情信息表用于描述裂缝险情的特征、发生位置和规模。

　　b）表标识：REI _ CCKINF。

　　c）表编号：REI _ 002 _ 0006。

d) 裂缝险情信息表结构见表 C.6-1。

表 C.6-1 裂缝险情信息表

序号	字段名称	字段标识	类型及长度	计量单位	主键	外键	有无空值	索引序号
1	险情代码	DNGCD	C (18)		Y		N	1
2	采集时间	CLLTM	Time		Y		N	2
3	裂缝类型	CCKTP	C (100)				N	
4	裂缝长度	MXCCKLNG	N (5, 2)	m			N	
5	裂缝宽度	MXCCKWD	N (5, 2)	cm			N	
6	裂缝深度	MXCCKDP	N (5, 2)	cm			N	
7	裂缝条数	CCKNMB	N (3)				N	
8	其他	OTHER	VC (1024)					

e) 各字段存储内容应符合下列规定：

1) 险情代码：同 A.2 "险情代码"。

2) 采集时间：同 A.3 "采集时间"。

3) 裂缝类型：裂缝的类型（如纵缝、横缝、局部龟裂和贯穿性裂缝等）。

4) 裂缝长度：最长裂缝的长度。

5) 裂缝宽度：裂缝最宽部位的宽度。

6) 裂缝深度：裂缝延伸至堤防（坝）及建筑物内部的最大深度。

7) 裂缝条数：观测范围内的所有裂缝条数。

8) 其他：同 C.1 "其他"。

C.7 崩岸险情信息表

a) 崩岸险情信息表用于描述崩岸险情的特征、发生位置和规模。

b) 表标识：REI_BANKCINF。

c) 表编号：REI_002_0007。

d) 崩岸险情信息表结构见表 C.7-1。

表 C.7-1 崩岸险情信息表

序号	字段名称	字段标识	类型及长度	计量单位	主键	外键	有无空值	索引序号
1	险情代码	DNGCD	C (18)		Y		N	1
2	采集时间	CLLTM	Time		Y		N	2
3	距堤脚的距离	DSCKDKFT	N (6, 2)	m				
4	崩塌长度	CLLPLNG	N (6, 2)	m			N	
5	崩塌宽度	CLLPWD	N (4, 2)	m			N	
6	崩塌体积	CLLPVLM	N (10, 2)	m³				
7	其他	OTHER	VC (1024)					

e) 各字段存储内容应符合下列规定：

1) 险情代码：同 A.2 "险情代码"。

2) 采集时间：同 A.3 "采集时间"。

3) 距堤脚的距离：距离堤脚的距离。

4) 崩塌长度：沿堤防或河流方向的长度。

5) 崩塌宽度：崩塌体垂直水流方向的最大距离。

6）崩塌体积：崩塌体的体积。

7）其他：同 C.1 "其他"。

C.8 滑动险情信息表

a）滑动险情信息表用于描述滑动险情的特征、发生位置、规模，以及滑动面处的地质情况等。

b）表标识：REI_SLDINF。

c）表编号：REI_002_0008。

d）滑动险情信息表结构见表 C.8-1。

表 C.8-1 滑动险情信息表结构

序号	字段名称	字段标识	类型及长度	计量单位	主键	外键	有无空值	索引序号
1	险情代码	DNGCD	C (18)		Y		N	1
2	采集时间	CLLTM	Time		Y		N	2
3	滑动类型	SLDTP	C (100)				N	
4	滑动面角度	SLDANG	N (4, 2)	(°)				
5	滑动位移	SLDDSP	N (6, 2)	cm				
6	地形地质条件	TRGLCD	VC (1024)					
7	其他	OTHER	VC (1024)					

e）各字段存储内容应符合下列规定：

1）险情代码：同 A.2 "险情代码"。

2）采集时间：同 A.3 "采集时间"。

3）滑动类型：滑动的种类。

4）滑动面角度：滑动面与水平方向的夹角。

5）滑动位移：建筑物沿滑动面的移动距离。

6）地形地质条件：滑动出现部位地形和地质的描述性文字，特别需要描述对险情的发展或救灾有重大影响的信息。

7）其他：同 C.1 "其他"。

C.9 闸门损毁险情信息表

a）闸门损毁险情信息表用于描述闸门损毁险情的特征信息。

b）表标识：REI_GATEDMINF。

c）表编号：REI_002_0009。

d）闸门损毁险情信息表结构见表 C.9-1。

表 C.9-1 闸门损毁险情信息表

序号	字段名称	字段标识	类型及长度	计量单位	主键	外键	有无空值	索引序号
1	险情代码	DNGCD	C (18)		Y		N	1
2	采集时间	CLLTM	Time		Y		N	2
3	损毁状况	SLDMDSC	VC (512)			•	N	
4	闸门损毁时的开启状态	GTOPCWD	C (100)					
5	过闸流量	THRSLQ	N (8, 2)	m³/s				
6	其他	OTHER	VC (1024)					

e）各字段存储内容应符合下列规定：

1）险情代码：同 A.2"险情代码"。

2）采集时间：同 A.3"采集时间"。

3）损毁状况：描述闸门的损毁状况、位置、特点和严重性，如闸门能否开启或关闭。

4）闸门损毁时的开启状态：描述闸门损毁时的开启状态。

5）过闸流量：闸门失事时水的过闸流量。

6）其他：同 C.1"其他"。

C.10 渗水险情信息表

a）渗水险情信息表用于描述渗水险情的特征、发生位置和规模等。

b）表标识：REI_SPGINF。

c）表编号：REI_002_0010。

d）渗水险情信息表结构见表 C.10-1。

表 C.10-1 渗 水 险 情 信 息 表

序号	字段名称	字段标识	类型及长度	计量单位	主键	外键	有无空值	索引序号
1	险情代码	DNGCD	C (18)		Y		N	1
2	采集时间	CLLTM	Time		Y		N	2
3	渗水面积	SPAREA	N (8，2)	m^2			N	
4	渗水量	SPQ	N (6，4)	m^3				
5	其他	OTHER	VC (1024)					

e）各字段存储内容应符合下列规定：

1）险情代码：同 A.2"险情代码"。

2）采集时间：同 A.3"采集时间"。

3）渗水面积：渗水区域的大小。

4）渗水量：渗水流量的大小。

5）其他：同 C.1"其他"。

C.11 淘刷险情信息表

a）淘刷险情信息表用于描述淘刷险情的特性、发生位置和规模等。

b）表标识 REI_SCRINF。

c）表编号：REI_002_0011。

d）淘刷险情信息表结构见表 C.11-1。

表 C.11-1 淘 刷 险 情 信 息 表

序号	字段名称	字段标识	类型及长度	计量单位	主键	外键	有无空值	索引序号
1	险情代码	DNGCD	C (18)		Y		N	1
2	采集时间	CLLTM	Time		Y		N	2
3	距堤（坝）顶距离	DCCKDKCR	N (5，2)	m				
4	淘刷面积	SCRAREA	N (8，2)	m^2				
5	淘刷深度	SCRDP	N (4，2)	m				
6	淘刷长度	SCRLNG	N (6，2)	m			N	
7	其他	OTHER	VC (1024)					

e）各字段存储内容应符合下列规定：

1）险情代码：同 A.2"险情代码"。

2）采集时间：同 A.3"采集时间"。

3）距堤（坝）顶距离：淘刷部位沿堤（坝）面距堤（坝）顶的距离。

4）淘刷面积：淘刷部位的面积。

5）淘刷深度：堤防（坝）的表面至被淘刷处的距离。

6）淘刷长度：淘刷险情沿堤防（坝）方向的长度。

7）其他：同 C.1"其他"。

C.12 溃坝险情信息表

a）溃坝险情信息表用于描述溃坝险情的特征、规模以及造成的损失等信息。

b）表标识：REI_DAMBRKINF。

c）表编号：REI_002_0012。

d）溃坝险情信息表结构见表 C.12-1。

表 C.12-1 溃坝险情信息表

序号	字段名称	字段标识	类型及长度	计量单位	主键	外键	有无空值	索引序号
1	险情代码	DNGCD	C（18）		Y		N	1
2	采集时间	CLLTM	Time		Y		N	2
3	溃口宽度	DBWD	N（6，2）	m			N	
4	溃口深度	DBDP	N（5，2）	m				
5	工程现状	PJCRRTS	VC（512）				N	
6	溃坝库水位	RSVZDB	N（6，2）	m				
7	溃坝时蓄量	RSSTRMDB	N（12，2）	$10^4 m^3$				
8	溃口流量	BRCHQ	N（12，2）	m^3/s				
9	地形地质条件	TRGLCD	VC（1024）					
10	影响范围	AFFAR	VC（1024）					
11	其他	OTHER	VC（1024）					

e）各字段存储内容应符合下列规定：

1）险情代码：同 A.2"险情代码"。

2）采集时间：同 A.3"采集时间"。

3）溃口宽度：溃坝口门的宽度。

4）溃口深度：坝顶至溃口底部的最大距离。

5）工程现状：描述溃口处的工程破坏和遗存情况。

6）溃坝库水位：溃坝发生时，水库的坝前水位。

7）溃坝时蓄量：溃坝发生时，水库的蓄水量。

8）溃口流量：实测或估测的溃口最大瞬时流量。

9）地形地质条件：溃坝出现部位地形和地质的描述性文字，特别需要描述对险情的发展或救灾有重大影响的信息。

10）影响范围：溃坝影响的主要范围、面积、人数和重要设施等灾情信息。

11）其他：同 C.1"其他"。

C.13 倾覆险情信息表

a）倾覆险情信息表用于描述倾覆险情的特征信息。

b）表标识：REI_OVTINF

c）表编号：REI_002_0013。

d）倾覆险情信息表结构见表 C.13-1。

表 C.13-1 倾 覆 险 情 信 息 表

序号	字段名称	字段标识	类型及长度	计量单位	主键	外键	有无空值	索引序号
1	险情代码	DNGCD	C (18)		Y		N	1
2	采集时间	CLLTM	Time		Y		N	2
3	倾覆方向	OVTDRC	C (50)				N	
4	倾覆角度	OVTANG	N (4, 2)	(°)			N	
5	其他	OTHER	VC (1024)					

e）各字段存储内容应符合下列规定：

　　1）险情代码：同 A.2 "险情代码"。

　　2）采集时间：同 A.3 "采集时间"。

　　3）倾覆方向：工程或建筑物偏离原位置向上游或下游转动的方向。

　　4）倾覆角度：工程或建筑物偏离原位置旋转的角度。

　　5）其他：同 C.1 "其他"。

C.14 坍塌险情信息表

a）坍塌险情信息表用于描述坍塌险情的特征、发生位置和规模。

b）表标识：REI_CLLPINFQ。

c）表编号：REI_002_0014。

d）坍塌险情信息表结构见表 C.14-1。

表 C.14-1 坍 塌 险 情 信 息 表

序号	字段名称	字段标识	类型及长度	计量单位	主键	外键	有无空值	索引序号
1	险情代码	DNGCD	C (18)		Y		N	1
2	采集时间	CLLTM	Time		Y		N	2
3	坍塌长度	CLLPLNG	N (6, 2)	m			N	
4	坍塌面积	CLLPAREA	N (8, 2)	m²			N	
5	坍塌体积	CLLPVLM	N (10, 2)	m³				
6	其他	OTHER	VC (1024)					

e）各字段存储内容应符合下列规定：

　　1）险情代码：同 A.2 "险情代码"。

　　2）采集时间：同 A.3 "采集时间"。

　　3）坍塌长度：坍塌沿其发展方向的长度。

　　4）坍塌面积：发生坍塌的表面面积。

　　5）坍塌体积：坍塌块体的大小。

　　6）其他：同 C.1 "其他"。

C.15 控导工程冲毁险情信息表

a）控导工程冲毁险情信息表用于描述控导工程冲毁险情的特征和规模。

b）表标识：REI_CTRWDMINF。

c）表编号：REI _ 002 _ 0015。

d）控导工程冲毁险情信息表结构见表 C.15 - 1。

表 C.15 - 1　控导工程冲毁险情信息表

序号	字段名称	字段标识	类型及长度	计量单位	主键	外键	有无空值	索引序号
1	险情代码	DNGCD	C（18）		Y		N	1
2	采集时间	CLLTM	Time		Y		N	2
3	冲毁体积	DSTRVLM	N（10，2）	m³				
4	冲毁长度	DSTRLNG	N（6，2）	m			N	
5	冲毁深度	DSTRDP	N（4，2）	m				
6	其他	OTHER	VC（1024）					

e）各字段存储内容应符合下列规定：

　　1）险情代码：同 A.2 "险情代码"。

　　2）采集时间：同 A.3 "采集时间"。

　　3）冲毁体积：控导工程冲毁处的大小。

　　4）冲毁长度：被冲毁的控导工程的长度。

　　5）冲毁深度：控导工程最大冲毁深度。

　　6）其他：同 C.1 "其他"。

C.16　堰塞湖险情信息表

a）堰塞湖险情信息表用于描述堰塞湖险情的特征、发生位置和规模。

b）表标识：REI _ BRRLKDINF。

c）表编号：REI _ 002 _ 0016。

d）堰塞湖险情信息表结构见表 C.16 - 1。

表 C.16 - 1　堰 塞 湖 险 情 信 息 表

序号	字段名称	字段标识	类型及长度	计量单位	主键	外键	有无空值	索引序号
1	险情代码	DNGCD	C（18）		Y		N	1
2	采集时间	CLLTM	Time		Y		N	2
3	堰塞体位置	BRRPS	VC（100）				N	3
4	堰塞体构成	BRRCMP	VC（1024）					
5	堰塞体高度	BRRHGHT	N（5，2）	m				
6	顺河方向长度	BRRWD	N（6，2）	m			N	
7	横河方向长度	BRRLNG	N（8，2）	m			N	
8	堰塞体体积	BRRVLM	N（12，2）	10⁴m³				
9	堰塞湖最大库容	BRRLMCP	N（12，2）	10⁴m³				
10	蓄水量	CRRTWTVLM	N（12，2）	10⁴m³				
11	水面距堰塞体顶的距离	WTSFBRRCH	N（5，2）	m				
12	上游来水流量	QINBRRL	N（10，2）	m³/s				
13	堰塞体过水流量	QOUTBRL	N（10，2）	m³/s				
14	影响范围	AFFAR	VC（1024）					
15	其他	OTHER	VC（1024）					

e）各字段存储内容应符合下列规定：

1) 险情代码：同 A.2 "险情代码"。

2) 采集时间：同 A.3 "采集时间"。

3) 堰塞体位置：指发生的河流、行政区和地点等描述性文字。

4) 堰塞体构成：堰塞体的组成和粒径构成等描述信息。

5) 堰塞体高度：从河床最低点起算，至堰塞体顶部的最大距离。

6) 顺河方向长度：堰塞体顶沿水流方向的最大长度。

7) 横河方向长度：堰塞体顶横跨河床两端的最大距离。

8) 堰塞体体积：堰塞体的体积。

9) 堰塞湖最大库容：堰塞湖的最大库容量。

10) 蓄水量：堰塞湖的当前蓄水容量。

11) 水面距堰塞体顶的距离：水面距堰塞体顶的最小距离。

12) 上游来水流量：上游各河流汇入堰塞湖的流量总和。

13) 堰塞体过水流量：堰塞湖下泄的流量。

14) 影响范围：堰塞体影响的主要范围、面积、人数和重要设施等灾情信息。

15) 其他：泄流道、过水通道和堰塞体的稳定性评价等情况描述。

C.17 其他险情信息表

a) 其他险情信息表用于描述以上险情之外的其他险情特征、发生位置和规模等信息。

b) 表标识：REI_OTHDINF。

c) 表编号：REI_002_0017。

d) 其他险情信息表结构见表 C.17-1。

表 C.17-1 其他险情信息表

序号	字段名称	字段标识	类型及长度	计量单位	主键	外键	有无空值	索引序号
1	险情代码	DNGCD	C (18)		Y		N	1
2	采集时间	CLLTM	Time		Y		N	2
3	险情名称	DNGNM	C (20)				N	
4	险情描述	DNDS	VC (4000)				N	

e) 各字段存储内容应符合下列规定：

1) 险情代码：同 A.2 "险情代码"。

2) 采集时间：同 A.3 "采集时间"。

3) 险情名称：同 A.1 "险情名称"。

4) 险情描述：对险情特征、位置、规模和影响程度等的描述。

附录 D 动态信息类表结构

D.1 抢险动态信息表

a）抢险动态信息表用于描述某一险情的抢险投入和抢险进展情况。

b）表标识：REI_FLFTTR。

c）表编号：REI_003_0001。

d）抢险动态信息表结构见表 D.1-1。

表 D.1-1 抢险动态信息表

序号	字段名称	字段标识	类型及长度	计量单位	主键	外键	有无空值	索引序号
1	险情代码	DNGCD	C（18）		Y		N	1
2	采集时间	CLLTM	Time				N	
3	抢险开始时间	FLFGHST	Time				N	
4	抢险方案	FLFRHPL	VC（1024）				N	
5	人员投入	PTCPSDSC	VC（1024）					
6	动用设备	EQPM	VC（1024）					
7	消耗物资	SPPLY	VC（1024）					
8	折合资金	EQLFND	N（12，2）	10^4 元				
9	进展情况及结果	CNCLSN	VC（1024）				N	
10	其他	OTHER	VC（1024）					

e）各字段存储内容应符合下列规定：

　　1）险情代码：同 A.2 "险情代码"。

　　2）采集时间：同 A.3 "采集时间"。

　　3）抢险开始时间：抢险方案开始实施的时间。

　　4）抢险方案：为抢险当前采取的措施或方案。

　　5）人员投入：参与抢险的人员、主要组织单位和参加单位。

　　6）动用设备：投入抢险的大中型设备。

　　7）消耗物资：抢险物资的消耗情况。

　　8）折合资金：包括直接的资金投入和各类救灾物资、设备的折合资金总和。

　　9）进展情况及结果：对险情发展和险情控制情况的描述。

　　10）其他：同 C.1 "其他"。

D.2 防汛动态信息表

a）防汛动态信息表用于描述针对某一区域开展的防汛工作状态以及区域内现有险情和抢险状态、进展的统计情况。

b）表标识：REI_FLCNTN。

c）表编号：RE_003_0002。

d）防汛动态信息表结构见表 D.2-1。

e）各字段存储内容应符合下列规定：

　　1）动态信息编号：编码方式为 N（固定前缀）＋填报单位代码（10 位）＋年代（4 位）＋期号（3 位）。

　　2）动态信息标题：动态信息的标题。

表 D.2－1　防汛动态信息表

序号	字段名称	字段标识	类型及长度	计量单位	主键	外键	有无空值	索引序号
1	动态信息编号	NYVSNO	C（18）		Y		N	1
2	动态信息标题	NTITLE	C（60）				N	
3	日期	DATE	Date				N	
4	工程调度情况	FLDRGL	VC（512）				N	
5	防守情况	FLDDFNC	VC（512）				N	
6	转移人口	RLCPP	N（8）	人			N	
7	险情综述	DNGOVV	VC（512）				N	
8	灾情	DSSDMG	VC（512）				N	
9	折合资金	EQLFND	N（10，2）	10⁴元				
10	其他	OTHER	VC（1024）					

3）日期：动态信息的日期。

4）工程调度情况：开展防汛工作而实施的重大水利工程调度行动。

5）防守情况：截至填报日期主要区域内参加防汛的领导干部、部队和群众数量。

6）转移人口：此次灾情转移人口的总数。

7）险情综述：截至填报日期在防汛过程中出现的险情。

8）灾情：描述灾情情况。

9）折合资金：同 D.1 "折合资金"。

10）其他：同 C.1 "其他"。

附录E 表标识符索引

编号	中文表名	表标识	表索引
基本信息类表			
1	工程险情分类表	REI_PRJDCLS	A.1－1
2	工程险情基本信息表	REI_PRJDBINF	A.2－1
3	多媒体信息表	REI_MTMINF	A.3－1
4	实时工情与多媒体对照表	REI_RTENIMTR	A.4－1
5	填报单位信息表	REI_RPDPINF	A.5－1
工程运行状况类表			
1	堤防（段）运行状况表	REI_DKRS	B.1－1
2	水库运行状况表	REI_RSVRS	B.2－1
3	蓄滞洪区运行状况表	REI_DTBRS	B.3－1
4	水闸运行状况表	REI_SLCRS	B.4－1
5	治河工程运行状况表	REI_RTWRS	B.5－1
工程险情信息类表			
1	决口险情信息表	REI_BRCHINF	C.1－1
2	漫溢险情信息表	REI_OVFINF	C.2－1
3	管涌险情信息表	REI_PPINF	C.3－1
4	陷坑险情信息表	REI_PFINF	C.4－1
5	滑坡险情信息表	REI_LSLINF	C.5－1
6	裂缝险情信息表	REI_CCKINF	C.6－1
7	崩岸险情信息表	REI_BANKCINF	C.7－1
8	滑动险情信息表	REI_SLDINF	C.8－1
9	闸门损毁险情信息表	REI_GATEDMINF	C.9－1
10	渗水险情信息表	REI_SPGINF	C.10－1
11	淘刷险情信息表	REI_SCRINF	C.11－1
12	溃坝险情信息表	REI_DAMBRKINF	C.12－1
13	倾覆险情信息表	REI_OVTINF	C.13－1
14	坍塌险情信息表	REI_CLLPINF	C.14－1
15	控导工程冲毁险情信息表	REI_CTRWDMINF	C.15－1
16	堰塞湖险情信息表	REI_BRRLKDINF	C.16－1
17	其他险情信息表	REI_OTHDINF	C.17－1
动态信息类表			
1	抢险动态信息表	REI_FLFTTR	D.1－1
2	防汛动态信息表	REI_FLCNTN	D.2－1

附录 F 字段标识符索引

编号	中文字段名	字段标识	类型及长度	计量单位	字 段 英 文 名	首次出现表
1	险情分类代码	DCLSCD	C (4)		Emergency event classification code	A. 1－1
2	险情名称	DNGNM	C (12)		Emergency event name	A. 1－1
3	险情代码	DNGCD	C (18)		Emergency event code	A. 2－1
4	工程名称代码	PRJNMCD	C (12)		Engineering code	A. 2－1
5	工程名称	ENNM	VC (200)		Engineering name	A. 2－1
6	出险时间	DNTM	DATE		Time of in danger	A. 2－1
7	出险部位	DNGPST	VC (512)		Location of event	A. 2－1
8	险情等级	DNGSVT	N (1)		Emergency event level	A. 2－1
9	采集点经度坐标	LGTD	C (16)	(°)、(′)、(″)	Longitude of collection point	A. 2－1
10	采集点纬度坐标	LTTD	C (16)	(°)、(′)、(″)	Latitude of collection point	A. 2－1
11	险情原因分析	DNGRSAN	VC (1024)		Reason of Emergency event	A. 2－1
12	抢护措施	TRMM	VC (1024)		Rescue measurement	A. 2－1
13	险情预测	DNGPRDT	VC (512)		Prediction of emergency event	A. 2－1
14	填报单位代码	RPDPCD	C (32)		Report institution code	A. 2－1
15	填报人	REPORTER	C (100)		Report user	A. 2－1
16	填报人联系方式	RPTTLNB	C (50)		Contact information of report user	A. 2－1
17	备注	RMK	VC (1024)		Remark	A. 2－1
18	是否续报	ISCONTINUE	VC (4)		Continue report code	A. 2－1
19	多媒体编码	MTMCD	C (18)		Multimedia code	A. 3－1
20	采集点行政区代码	AD _ CODE	VC (20)		Administrative region code of collection point	A. 3－1
21	采集时间	CLLTM	Time		Collect time	A. 3－1
22	多媒体类型	MTTP	N (1)		Multimedia type	A. 3－1
23	文件标题	FTITIE	C (60)		File Title	A. 3－1
24	文件类型	FLEXT	C (6)		Document type	A. 3－1
25	文件采集人	CLLCTR	C (100)		Report user of document	A. 3－1
26	内容说明	DSCRPTN	C (1024)		Content note	A. 3－1
27	文件存储路径	FSFP	VC (256)		Storage path	A. 3－1
28	用户名	UNAME	VC (32)		User name	A. 3－1
29	密码	PWOED	VC (32)		Password	A. 3－1
30	存储地址	FSA	VC (256)		FTP IP	A. 3－1
31	信息分类码	INFCICO	N (1)		Information classification code	A. 4－1
32	关联代码	RLJTCD	C (18)		Association code	A. 4－1
33	填报单位名称	RPDPNM	VC (256)		Report institution name	A. 5－1
34	填报单位负责人	PCHRPDP	C (50)		Director of report institution	A. 5－1
35	水文控制站代码	HDRSTCD	C (8)		Hydrological control station code	B. 1－1
36	采集点地名	CLPSADDR	C (20)		Address of collection point	B. 1－1
37	采集点桩号	CLPSDRN	C (20)		Landmark of collection point	B. 1－1
38	水位	WTLV	N (8, 3)	m	Water level	B. 1－1
39	流量	FL	N (10, 3)	m³/s	Flow	B. 1－1

附录 F 字 段 标 识 符 索 引 （续）

编号	中文字段名	字段标识	类型及长度	计量单位	字 段 英 文 名	首次出现表
40	水面距堤顶高差	WSDCH	N（4，2）	m	Water from the crest level	B.1-1
41	大坝安全等级	RSDSCLS	N（1）		Dam safe level	B.2-1
42	库容	RSCP	N（10，2）	$10^4 m^3$	Reservoir capacity	B.2-1
43	入库流量	INQ	N（10，2）	m^3/s	Reservoir inflow	B.2-1
44	出库流量	OTQ	N（10，2）	m^3/s	Reservoir outflow	B.2-1
45	分蓄洪控制站水位	DBCHSNMZ	N	m	Water level of flood storage and control station	B.3-1
46	进洪流量	DTINQ	N（10，2）	m^3/s	Discharge	B.3-1
47	蓄洪水位	DBZ	N（6，2）	m	Water level of flood storage	B.3-1
48	蓄洪水量	DBV	N（10，2）	$10^4 m^3$	Water volume of flood storage	B.3-1
49	转移人口	RLCPP	N（8）	人	Transferring population	B.3-1
50	退洪流量	DTOUTQ	N（10，2）	m^3/s	Retreating flood flow	B.3-1
51	闸上水位	GTUPWTLV	N（8，3）	m	Stage in Sluice Upstream	B.4-1
52	闸下水位	GTDWWTLV	N（8，3）	m	Downsluice stage	B.4-1
53	过闸流量	THRSLQ	N（10，2）	m^3/s	Water discharge through sluice	B.4-1
54	开启孔数	GTOPN	N（2）		Operation gate opening number	B.4-1
55	闸上水势	UPSWTP	N（1）		Water potential of Sluice Upstream	B.4-1
56	闸下水势	DSWTP	N（1）		Water potential of Downsluice	B.4-1
57	所在岸别	RVBK	C（10）		Locating bank	B.5-1
58	水流状况	WTFILS	VC（1024）		Current situation	B.5-1
59	河势状况	RVCHS	VC（1024）		River regime	B.5-1
60	决口宽度	BRCHWD	N（6，2）	m	Dike breach width	C.1-1
61	决口处流速	BRCHVLC	N（5，2）	m/s	Dike breach velocity	C.1-1
62	决口流量	BOUTQ	N（10，2）	m^3/s	Dike breach flow	C.1-1
63	决口处内外水头差	BUPSDSWH	N（4，2）	m	Inside and outside water level difference of dike breach	C.1-1
64	地形地质条件	TRGLCD	VC（1024）		Terrain geological conditions	C.1-1
65	影响范围	AFFAR	VC（1024）		Scope of influence	C.1-1
66	其他	OTHER	VC（1024）		Other description	C.1-1
67	漫溢长度	OVFLNG	N（6，2）	m	Overflow length	C.2-1
68	漫顶高度	OVFH	N（4，2）	m	Height of the overflow top	C.2-1
69	出口特征	PPPSDSC	C（100）		Exhaust characteristic	C.3-1
70	管涌口直径	PPDM	N（3，2）	m	Piping diameter	C.3-1
71	涌水流量	PPQ	N（6，1）	$10^{-3} m^3/s$	Water burst flow	C.3-1
72	涌水水柱高	PPFLH	N（4，1）	cm	Water burst height	C.3-1
73	涌水浑浊度	PPFLTB	C（100）		Water burst turbidity	C.3-1
74	管涌数目	PPNMB	N（2）		Piping number	C.3-1
75	管涌群的面积	PPDAREA	N（8，2）	m^2	Piping area	C.3-1
76	陷坑深度	PFDP	N（3，2）	m	Pitfall depth	C.4-1
77	陷坑面积	PFAREA	N（4，2）	m^2	Pitfall area	C.4-1
78	滑坡体挫高	LSMSLWH	N（3，2）	m	Landslide height	C.5-1

附录 F 字段标识符索引（续）

编号	中文字段名	字段标识	类型及长度	计量单位	字段英文名	首次出现表
79	滑坡长度	LSLLNG	N（4，2）	m	Landslide length	C.5-1
80	滑坡体积	LSLVLM	N（10，2）	m³	Landslide volume	C.5-1
81	滑坡面角度	LSLANG	N（4，2）	（°）	Landslide plane angle	C.5-1
82	裂缝类型	CCKTP	C（100）		Fracture type	C.6-1
83	裂缝长度	MXCCKLNG	N（5，2）	m	Fracture length	C.6-1
84	裂缝宽度	MXCCKWD	N（5，2）	cm	Fracture width	C.6-1
85	裂缝深度	MXCCKDP	N（5，2）	cm	Fracture depth	C.6-1
86	裂缝条数	CCKNMB	N（3）		Fracture number	C.6-1
87	距堤脚的距离	DSCKDKFT	N（6，2）	m	Distance from dyke foot	C.7-1
88	崩塌长度	CLLPLNG	N（6，2）	m	Collapse length	C.7-1
89	崩塌宽度	CLLPWD	N（4，2）	m	Collapse width	C.7-1
90	崩塌体积	CLLPVLM	N（10，2）	m³	Collapse volume	C.7-1
91	滑动类型	SLDTP	C（100）		Slide type	C.8-1
92	滑动面角度	SLDANG	N（4，2）	（°）	Slide plane angle	C.8-1
93	滑动位移	SLDDSP	N（6，2）	cm	Slide displacement	C.8-1
94	损毁状况	SLDMDSC	VC（512）		Damaged condition	C.9-1
95	闸门损毁时的开启状态	GTOPCWD	C（100）		On-State at the gate damaged	C.9-1
96	渗水面积	SPAREA	N（8，2）	m²	Seepage area	C.10-1
97	渗水量	SPQ	N（6，4）	m³	Seepage volume	C.10-1
98	距堤（坝）顶距离	DCCKDKCR	N（5，2）	m	Distance from dyke top	C.11-1
99	淘刷面积	SCRAREA	N（8，2）	m²	Scouring area	C.11-1
100	淘刷深度	SCRDP	N（4，2）	m	Scouring depth	C.11-1
101	淘刷长度	SCRLNG	N（6，2）	m	Scouring length	C.11-1
102	溃口宽度	DBWD	N（6，2）	m	Dam-break width	C.12-1
103	溃口深度	DBDP	N（5，2）	m	Dam-break depth	C.12-1
104	工程现状	PJCRRTS	VC（512）		Project status	C.12-1
105	溃坝库水位	RSVZDB	N（6，2）	m	Water level at dam-break	C.12-1
106	溃坝时蓄量	RSSTRMDB	N（12，2）	10⁴m³	Water storage at dam-break	C.12-1
107	溃口流量	BRCHQ	N（12，2）	m³/s	Flow of dam-break	C.12-1
108	倾覆方向	OVTDRC	C（50）		Overturn direction	C.13-1
109	倾覆角度	OVTANG	N（4，2）	（°）	Overturn angle	C.13-1
110	坍塌长度	CLLPLNG	N（6，2）	m	Collapse length	C.14-1
111	坍塌面积	CLLPAREA	N（8，2）	m²	Collapse area	C.14-1
112	坍塌体积	CLLPVLM	N（10，2）	m³	Collapse volume	C.14-1
113	冲毁体积	DSTRVLM	N（10，2）	m³	Washout volume	C.15-1
114	冲毁长度	DSTRLNG	N（6，2）	m	Washout length	C.15-1
115	冲毁深度	DSTRDP	N（4，2）	m	Washout depth	C.15-1
116	堰塞体位置	BRRPS	VC（100）		Barrier lake location	C.16-1
117	堰塞体构成	BRRCMP	VC（1024）		Barrier lake structure	C.16-1

附录 F 字段标识符索引（续）

编号	中文字段名	字段标识	类型及长度	计量单位	字段英文名	首次出现表
118	堰塞体高度	BRRHGHT	N（5，2）	m	Barrier lake height	C. 16 - 1
119	顺河方向长度	BRRWD	N（6，2）	m	Length along the direction of the river	C. 16 - 1
120	横河方向长度	BRRLNG	N（8，2）	m	Length against the direction of the river	C. 16 - 1
121	堰塞体体积	BRRVLM	N（12，2）	10⁴ m³	Barrier lake volume	C. 16 - 1
122	堰塞湖最大库容	BRRLMCP	N（12，2）	10⁴ m³	Maximum storage capacity of barrier lake	C. 16 - 1
123	蓄水量	CRRTWTVLM	N（12，2）	10⁴ m³	Water storage	C. 16 - 1
124	水面距堰塞体顶的距离	WTSFBRRCH	N（5，2）	m	Distance from water level to barrier lake top	C. 16 - 1
125	上游来水流量	QINBRRL	N（10，2）	m³/s	Upstream water flow	C. 16 - 1
126	堰塞体过水流量	QOUTBRL	N（10，2）	m³/s	Water flow of barrier lake	C. 16 - 1
127	险情描述	DNDS	VC（4000）		Emergency event description	C. 17 - 1
128	抢险开始时间	FLFGHST	Time		Emergency start time	D. 1 - 1
129	抢险方案	FLFRHPL	VC（1024）		Emergency rescue plan	D. 1 - 1
130	人员投入	PTCPSDSC	VC（1024）		Personnel investment	D. 1 - 1
131	动用设备	EQPM	VC（1024）		Equipment investment	D. 1 - 1
132	消耗物资	SPPLY	VC（1024）		Material investment	D. 1 - 1
133	折合资金	EQLFND	N（12，2）	10⁴ 元	Reduced fund	D. 1 - 1
134	进展情况及结果	CNCLSN	VC（1024）		Progress and results	D. 1 - 1
135	动态信息编号	NYVSNO	C（18）		Dynamic information code	D. 2 - 1
136	动态信息标题	NTITLE	C（60）		Dynamic information Title	D. 2 - 1
137	日期	DATE	Date		Date	D. 2 - 1
138	工程调度情况	FLDRGL	VC（512）		Operational behavior of project	D. 2 - 1
139	防守情况	FLDDFNC	VC（512）		Defense situation	D. 2 - 1
140	转移人口	RLCPP	N（8）	人	Transferring population	D. 2 - 1
141	险情综述	DNGOVV	VC（512）		Emergency event overview	D. 2 - 1
142	灾情	DSSDMG	VC（512）		Disaster situation	D. 2 - 1

国家防汛抗旱指挥系统工程建设标准

NFCS 04—2017

洪涝灾情统计数据库表结构及标识符
Structure and identifier for flood disaster statistics database

2017－03－02 发布

2017－03－02 实施

水利部国家防汛抗旱指挥系统工程项目建设办公室　发布

前　言

　　本标准是国家防汛抗旱指挥系统二期工程的项目标准之一，用于规范洪涝灾情统计数据库的表结构及标识符。本标准在国家防汛抗旱指挥系统一期工程洪涝灾情统计数据库设计成果基础上，按照《水利信息化资源整合共享顶层设计》（水信息〔2015〕169号）的要求，与水利部水信息基础平台项目编制的《水利对象基础信息数据库表结构与标识符》（暂定）等标准充分整合；依据GB/T 1.1—2009《标准化工作导则　第1部分：标准的结构和编写》和SL 478—2010《水利信息数据库表结构及标识符编制规范》等国家和行业标准编制要求进行规范化、标准化处理。

　　本标准包括7个章节和附录，主要内容包括范围、规范性引用文件、术语和定义、对象分类、表结构设计、标识符命名规范、字段类型及长度、附录。

　　本标准批准部门：水利部国家防汛抗旱指挥系统工程项目建设办公室

　　本标准主持机构：水利部国家防汛抗旱指挥系统工程项目建设办公室

　　本标准解释单位：水利部国家防汛抗旱指挥系统工程项目建设办公室

　　本标准主编单位：水利部国家防汛抗旱指挥系统工程项目建设办公室

　　本标准发布单位：水利部国家防汛抗旱指挥系统工程项目建设办公室

　　本标准主要起草人：张洋、朱锐、芦江涛、黄岚岚、毛军

2017年3月2日

目　录

1 范围

为规范国家防汛抗旱指挥系统二期工程的设计、实施和管理，统一国家防汛抗旱指挥系统二期工程数据库中洪涝灾情统计数据的库表结构、数据表示及标识制定本标准。

本标准适用于国家防汛抗旱指挥系统二期工程洪涝灾情统计数据库建设，以及与其相关的数据查询、信息发布和应用服务软件开发。

2 规范性引用文件

下列文件中的条款通过本标准的引用而成为本标准的条款。凡是注日期的引用文件，仅注日期的版本适用于本标准。凡是不注日期的引用文件，其最新版本（包括所有的修改单）适用于本标准。

GB/T 2260《中华人民共和国行政区划代码》

GB/T 10113—2003《分类与编码通用术语》

GB/T 50095《水文基本术语和符号标准》

SL 26—92《水利水电工程技术术语标准》

SL/Z 376—2007《水利信息化常用术语》

SL 478—2010《水利信息数据库表结构及标识符编制规范》

SL 252—2000《水利水电工程等级划分及洪水标准》

SL 213—2012《水利工程代码编制规范》

SZY 102—2013《信息分类及编码规定》

SL 729—2016《水利空间信息数据字典》

SL/T 200.03—1997《水利系统单位隶属关系代码》

SL/T 200.04—1997《部属和省（自治区、直辖市）水利（水电）厅（局）单位名称代码》

《水利对象分类编码方案》（暂定）

《水利对象基础信息数据库表结构与标识符》（暂定）

3 术语和定义

3.1 洪涝灾害

因降雨、融雪、冰凌、溃坝（堤）、风暴潮、热带气旋等造成的江河洪水、渍涝、山洪、滑坡和泥石流等，以及由其引发的次生灾害。

3.2 城市

经国家批准的建制市，分为直辖市、地级市和县级市，统计范围限定在城区范围内。

4 对象分类

从既满足国家防汛指挥系统的需要，又尽可能减少数据冗余、保证数据质量的角度出发，限定本数据库收集对象为洪涝灾情统计类信息，包括：

——洪涝灾害基本情况统计信息；

——农林牧渔业洪涝灾害统计信息；

——工业交通运输业洪涝灾害统计信息；

——水利设施洪涝灾害统计信息；

——死亡人员基本情况统计信息；

——城市受淹情况统计信息；

——抗洪抢险综合情况统计信息；

——洪涝灾害实时统计信息。

5 表结构设计

5.1 一般规定

5.1.1 洪涝灾情统计数据库表结构设计应遵循科学、实用、简洁和可扩展性的原则。

5.1.2 洪涝灾情统计数据库表结构设计的命名原则及格式应尽量满足 SL 478—2010《水利信息数据库表结构及标识符编制规范》的要求。

5.1.3 为避免库表的重复设计，保证一数一源，对于《水利对象基础信息数据库表结构与标识符》（暂行）等基础数据库中已进行规范化设计的表和字段，本数据库对其进行直接引用。

5.2 表设计与定义

5.2.1 本标准包括洪涝灾害基本情况统计信息、农林牧渔业洪涝灾害统计信息、工业交通运输业洪涝灾害统计信息、水利设施洪涝灾害统计信息、死亡人员基本情况统计信息、城市受淹情况统计信息、抗洪抢险综合情况统计信息、洪涝灾害实时统计信息八大类信息的存储结构，共 10 张表。

5.2.2 每个表结构描述的内容应包括中文表名、表主题、表标识、表编号、表体和字段描述 6 个部分。

5.2.3 中文表名应使用简明扼要的文字表达该表所描述的内容。

5.2.4 表主题应进一步描述该表存储的内容、目的及意义。

5.2.5 表标识用以识别表的分类及命名，应为中文表名的英文缩写，在进行数据库建设时，应作为数据库的表名。

5.2.6 表编号为表的数字化识别代码，反映表的分类和在表结构描述中的逻辑顺序，由 11 位字符组成。表编号格式为：

$$HLZQ\_AAA\_BBBB$$

其中　HLZQ——3 位专业分类码，固定字符，表示洪涝灾情统计数据库；

AAA——表编号的一级分类码，3 位字符，本标准针对洪涝灾情统计表数据，统一使用 000；

BBBB——表编号的二级分类码，4 位字符，每类表从 0001 开始编号，依次递增。

5.2.7 表体以表格的形式列出表中每个字段的字段名称、字段标识、类型及长度、计量单位、有无空值、主键和索引序号等，在引用了其他表主键作为外键时，应添加外键说明，各内容应符合下列规定：

　　a）字段名称采用中文描述，表征字段的名称。

　　b）字段标识为数据库中该字段的唯一标识。标识符命名规范见第 6 章。

　　c）类型及长度描述该字段的数据类型和数据最大位数。字段类型及长度的规定见第 7 章。

　　d）计量单位描述该字段填入数据的计量单位，关系表无此项。

　　e）有无空值描述该字段是否允许填入空值，用"N"表示该字段不允许为空值，否则表示该字段可以取空值。

　　f）主键描述该字段是否作为主键，用"Y"表示该字段是表的主键或联合主键之一，否则表示该字段不是主键。

　　g）索引序号用于描述该字段在实际建表时索引的优先顺序，分别用阿拉伯数字"1""2""3"等描述。"1"表示该字段在表中为第一索引字段，"2"表示该字段在表中为第二索引字段，依次类推。

　　h）外键指向所引用的前置表主键，当前置表存在该外键值时为有效值，确保数据一致性。

5.2.8 字段描述用于对表体中各字段的意义、填写说明及示例等给出说明。

5.2.9 相同字段名或同义字段名的解释，以第一次解释为准。

6 标识符命名规范

6.1 一般规定

6.1.1 标识符分为表标识和字段标识两类，遵循唯一性。

6.1.2 标识符由英文字母、下划线、数字构成，首字符应为大写英文字母。

6.1.3 标识符是中文名称关键词的英文翻译，可采用英文译名的缩写命名。

6.1.4 按照中文名称提取的关键词顺序排列关键词的英文翻译，关键词之间用下划线分隔；缩写关键词一般不超过 4 个，后续关键词应取首字母。

6.1.5 当英文单词长度不超过 6 个字母时，可直接取其全拼。

6.1.6 当标识符采用英文译名缩写命名时，单词缩写主要遵循以下规则：

    a) 英文关键词有标准缩写的应直接采用，例如，POLYGON 缩写为 POL、CHINA 缩写为 CHN。

    b) 没有标准缩写的，取单词的第一个音节，并自辅音之后省略，例如，INTAKE 缩写为 INT。

    c) 如果英文译名缩写相同时，参考压缩字母法等常见缩写方法以区分不同关键词。

6.1.7 相同的实体和实体特征在要素类表、关系类表、属性类表中应采用一致的标识。

6.2 表标识命名规范

6.2.1 表标识与表名应一一对应。

6.2.2 表标识由前缀、主体标识及下划线组成。其编写格式为：

$$HLZQ\_\alpha$$

其中   HLZQ——含义见 5.2.6 节；

             α——表标识的主体标识。

本标准所纳入的数据库表标识符及编号，按表 6.2.2-1 的规定执行。

表 6.2.2-1 洪涝灾情统计数据库表标识符及编号

表 名	表 标 识 符	表 编 号
洪涝灾害报送情况表	HLZQ_DETAIL	HLZQ_000_0001
洪涝灾害基本情况统计表	HLZQ_BASIC	HLZQ_000_0002
农林牧渔业洪涝灾害统计表	HLZQ_AFAF	HLZQ_000_0003
工业交通运输业洪涝灾害统计表	HLZQ_INTR	HLZQ_000_0004
水利设施洪涝灾害统计表	HLZQ_WCFA	HLZQ_000_0005
死亡人员基本情况统计表	HLZQ_DEBA	HLZQ_000_0006
城市受淹情况统计表	HLZQ_CITYFL	HLZQ_000_0007
抗洪抢险综合情况统计表一	HLZQ_COFLRE1	HLZQ_000_0008
抗洪抢险综合情况统计表二	HLZQ_COFLRE2	HLZQ_000_0009
洪涝灾害实时统计表	HLZQ_RETM	HLZQ_000_0010

6.3 字段标识

字段命名为关键词的英文方式。具体规则如下：

    a) 先从中文字段名称中取出关键词。

b）采用一般规定，将关键词翻译成英文，关键词之间按顺序排列。

c）字段标识长度尽量不超过 10 个字符。

7 字段类型及长度

本标准涉及的字段类型主要有字符、数值、日期时间和布尔型。其类型长度应按以下格式描述：

a）字符型。其长度的描述格式为：

$$C(D) \text{或} VC(D)$$

其中　C——定长字符串型的数据类型标识；

VC——变长字符串型的数据类型标识；

（）——固定不变；

D——十进制数，用以定义字符串长度，或最大可能的字符串长度。

b）数值型。其长度的描述格式为：

$$N(D[,d])$$

其中　N——数值型的数据类型标识；

（）——固定不变；

[ ]——表示小数位描述，可选；

D——描述数值型数据的总位数（不包括小数点位）；

，——固定不变，分隔符；

d——描述数值型数据的小数位数。

c）日期时间型。采用公元纪年的北京时间。

　　1）日期型：Date。表示日期型数据，即 YYYY‐MM‐DD（年‐月‐日）。不能填写至月或日的，月和日分别填写 01。

　　2）时间型：Time。表示时间型数据，即 YYYY‐MM‐DD hh：mm：ss（年‐月‐日 时：分：秒）。

d）布尔型。其描述格式为：

$$Bool$$

布尔型字段用于存储逻辑判断字符，取值为 1 或 0，1 表示是，0 表示否；若为空值，其表达意义同 0。

e）字段的取值范围。

　　1）可采用抽象的连续数字描述，在字段描述中应给出其取值范围。

　　2）取值为特定的若干选项，在字段描述中应采用枚举的方法描述取值范围。

附录 A 洪涝灾情统计数据库表结构

A.1 洪涝灾害报送情况表

a）本表存储洪涝灾害报送情况表的数据，表中数据随报表数量而增加。

b）表标识：HLZQ＿DETAIL。

c）表编号：HLZQ＿000＿0001。

d）洪涝灾害报送情况表结构见表 A.1-1。

表 A.1-1 洪涝灾害报送情况表

序号	字段名称	字段标识	类型及长度	计量单位	主键	外键	有无空值	索引序号
1	主键	ID	C（32）		Y		N	1
2	报送机构编码	ORGANID	C（32）					
3	报送机构名称	ORGANNAME	VC（50）					
4	接收单位编码	ORGANPARENTID	C（32）					
5	创建时间	CREATE＿TIME	TIMESTAMP（6）					
6	创建用户名称	CREATEUSERNAME	VC（50）					
7	开始时间	STDT	DATE					
8	结束时间	EDDT	DATE					
9	上报时间	COMMITTIME	TIMESTAMP（6）					
10	上报人员名称	COMMITUSERNAME	VC（50）					
11	报表详情编码	PROID	C（32）					

e）各字段存储内容应符合下列规定：

1）报送机构编码：唯一标识填报单位的编码，执行 SL/T 200.04—1997《部属和省（自治区、直辖市）水利（水电）厅（局）单位名称代码》的规定；顺序码——数字和字母组成的顺序码，I、O、Z 舍去不用。

2）报送机构名称：报送机构对应的机构名称。

3）接收单位编码：唯一标识接收单位的编码，执行 SL/T 200.04—1997《部属和省（自治区、直辖市）水利（水电）厅（局）单位名称代码》的规定；顺序码——数字和字母组成的顺序码，I、O、Z 舍去不用。

4）创建时间：填写报表的创建时间。

5）创建用户名称：填写报表创建用户的名称。

6）开始时间：灾害发生的时间。

7）结束时间：灾害结束的时间。

8）上报时间：洪涝灾害报表上报的时间。

9）上报人员名称：洪涝灾害报表上报人员的名称。

10）报表详情编码：报表详细内容的编码，为统计表的外键。

A.2 洪涝灾害基本情况统计表

a）本表存储洪涝灾害基本情况统计表的数据，表中数据随报表数量而增加。

b）表标识：HLZQ＿BASIC。

c）表编号：HLZQ＿000＿0002。

d）洪涝灾害基本情况统计表结构见表 A.2-1。

表 A.2-1 洪涝灾害基本情况统计表

序号	字 段 名 称	字段标识	类型及长度	计量单位	主键	外键	有无空值	索引序号
1	主键	ID	C（32）		Y		N	1
2	报送表外键	PROID	C（32）				N	2
3	行政区划代码	AD_CODE	C（15）					
4	受灾县（市、区）数量	DICON	N（4）	个				
5	受灾乡（镇）数量	DITOWN	N（5）	个				
6	受灾人口	DIPOP	N（12,4）	10⁴ 人				
7	受淹城市	FLCITY	N（4）	个				
8	倒塌房屋	COHOU	N（12,4）	10⁴ 间				
9	死亡人口	DEPOP	N（8）	人				
10	失踪人口	MIPOP	N（8）	人				
11	转移人口	RLCPP	N（12,4）	10⁴ 人				
12	直接经济总损失	ECLOSS	N（12,4）	10⁸ 元				
13	开始时间	STDT	DATE					
14	结束时间	EDDT	DATE					
15	报送类型	RETP	VC（10）					
16	填报单位名称	RPDPNM	VC（256）					
17	报告期	RPT_DATE	VC（30）					
18	版本号	VERSION	N（10）					
19	排序	ROW_INDEX	N（16）					
20	填报单位代码	ORGANID	C（32）					
21	流域代码	BAS_CODE	C（32）					
22	流域名称	BAS_NAME	VC（50）					
23	父流域代码	PAR_BAS_CODE	C（32）					
24	父流域名称	PAR_BAS_NAME	VC（50）					
25	地区代码	DISTRICTCODE	C（32）					
26	地区名称	DISTRICTNAME	VC（50）					

e）各字段存储内容应符合下列规定：

1）报送表外键：对应洪涝灾害报送情况表中报表详情编码字段。

2）行政区划代码：填报单位所在行政区划代码，按《水利对象基础信息数据库表结构与标识符》（暂行）的规定执行。

3）受灾县（市、区）数量：因洪涝灾害导致人民生命财产损失和对生产生活造成危害的县（市、区）。

4）受灾乡（镇）数量：统计受灾的乡（镇）总数量。

5）受灾人口：洪涝灾害中生产生活遭受损失的人数。

6）受淹城市：江河洪水进入城区或降雨产生严重内涝造成经济损失或人员伤亡的县及县级以上城市个数。

7）倒塌房屋：因洪涝灾害导致房屋整体结构或承重构件多数损毁，必须进行拆除重建的房屋数量。以自然间为计算单位，独立的牲畜棚等辅助用房、活动房、工棚、简易房和临时房屋不在统计之列。

8）死亡人口：直接因洪涝灾害死亡的人数。

9）失踪人口：因洪涝灾害导致下落不明，暂时无法确定死亡的人口数量。

10）转移人口：因生命财产受到洪涝灾害威胁而暂时转移到安全地区的人口。

11）直接经济总损失：洪涝灾害造成的农林牧渔业、工业交通运输业、水利设施和其他直接经济损失的总和。

12）开始时间：同 A.1"开始时间"。

13）结束时间：同 A.1"结束时间"。

14）报送类型：存储报送的报表类型编码，编码具体见表 A.2-2。

表 A.2-2　报表类型及编码

报表类型	报表编号	报表类型	报表编号
实时报	RT	过程报	PR
月报	MM	年报初报	BY
累计报	CR	年报终报	EY

15）填报单位名称：填报单位的名称，按 SL/T 200.04—1997《部属和省（自治区、直辖市）水利（水电）厅（局）单位名称代码》的规定执行。

16）报告期：数据的报告期。

17）版本号：数据的版本号。

18）排序：排序编号。

19）填报单位代码：填报单位的代码，按 SL/T 200.04—1997《部属和省（自治区、直辖市）水利（水电）厅（局）单位名称代码》的规定执行。

20）流域代码：流域分区代码，按《水利对象基础信息数据库表结构与标识符》（暂行）的规定执行。

21）流域名称：指流域分区代码所代表流域分区的中文名称，按《水利对象基础信息数据库表结构与标识符》（暂行）的规定执行。

22）父流域代码：父级流域分区代码，按《水利对象基础信息数据库表结构与标识符》（暂行）的规定执行。

23）父流域名称：父级流域名称，按《水利对象基础信息数据库表结构与标识符》（暂行）的规定执行。

24）地区代码：填报单位所在行政区划代码，按《水利对象基础信息数据库表结构与标识符》（暂行）的规定执行。

25）地区名称：填报单位所在行政区划名称，按《水利对象基础信息数据库表结构与标识符》（暂行）的规定执行。

A.3　农林牧渔业洪涝灾害统计表

a）本表存储农林牧渔业洪涝灾害统计表的数据，表中数据随报表数量而增加。

b）表标识：HLZQ_AFAF。

c）表编号：HLZQ_000_0003。

d）农林牧渔业洪涝灾害统计表结构见表 A.3-1。

表 A.3-1　农林牧渔业洪涝灾害统计表

序号	字段名称	字段标识	类型及长度	计量单位	主键	外键	有无空值	索引序号
1	主键	ID	C（32）		Y		N	1
2	报送表外键	PROID	C（32）				N	2
3	行政区划代码	AD_CODE	C（15）					

表 A.3－1 农林牧渔业洪涝灾害统计表（续）

序号	字 段 名 称	字段标识	类型及长度	计量单位	主键	外键	有无空值	索引序号
4	农作物受灾面积-小计	CRDIASUM	N（12，4）	$10^3\,hm^2$				
5	农作物受灾面积-其中粮食作物	GCRDIA	N（12，4）	$10^3\,hm^2$				
6	农作物成灾面积-小计	CRDNASUM	N（12，4）	$10^3\,hm^2$				
7	农作物成灾面积-其中粮食作物	GCRDNA	N（12，4）	$10^3\,hm^2$				
8	农作物绝收面积-小计	CRTDASUM	N（12，4）	$10^3\,hm^2$				
9	农作物绝收面积-其中粮食作物	GCRTDA	N（12，4）	$10^3\,hm^2$				
10	因灾减产粮食	REFD	N（12，4）	$10^4\,t$				
11	经济作物损失	ECLOSS	N（16，4）	$10^4\,元$				
12	死亡大牲畜	DELA	N（12，4）	$10^4\,头$				
13	水产养殖损失-面积	AQLOA	N（12，4）	$10^3\,hm^2$				
14	水产养殖损失-数量	AQLON	N（12，4）	$10^4\,t$				
15	农林牧渔业直接经济损失	AFAFECLO	N（12，4）	$10^8\,元$				
16	开始时间	STDT	DATE					
17	结束时间	EDDT	DATE					
18	报送类型	RETP	VC（10）					
19	填报单位名称	RPDPNM	VC（256）					
20	报告期	RPT_DATE	VC（30）					
21	版本号	VERSION	N（10）					
22	排序	ROW_INDEX	N（16）					
23	填报单位代码	ORGANID	C（32）					
24	流域代码	BAS_CODE	C（32）					
25	流域名称	BAS_NAME	VC（50）					
26	父流域代码	PAR_BAS_CODE	C（32）					
27	父流域名称	PAR_BAS_NAME	VC（50）					
28	地区代码	DISTRICTCODE	C（32）					
29	地区名称	DISTRICTNAME	VC（50）					

e）各字段存储内容应符合下列规定：

1）报送表外键：同 A.2 "报送表外键"。

2）行政区划代码：同 A.2 "行政区划代码"。

3）农作物受灾面积-小计：因洪涝灾害造成在田农作物产量损失一成（含一成）以上的播种面积（含成灾面积、绝收面积）。同一地块的当季农作物遭受一次以上洪涝灾害时，只统计其中最重的一次，不得重复计灾。小计指所有在田农作物受灾面积的总和。

4）农作物受灾面积-其中粮食作物：所有在田农作物中，属于粮食作物的受灾面积的总和。

5）农作物成灾面积-小计：因洪涝灾害造成在田农作物受灾面积中，产量损失三成（含三成）以上的播种面积（含绝收面积）。同一地块的当季农作物遭受一次以上洪涝灾害时，只统计其中最重的一次，不得重复计灾。小计指所有在田农作物成灾面积的总和。

6）农作物成灾面积-其中粮食作物：所有在田农作物中，属于粮食作物的成灾面积的总和。

7）农作物绝收面积-小计：因洪涝灾害造成在田农作物成灾面积中，产量损失八成（含八成）以上的播种面积。同一地块的当季农作物遭受一次以上洪涝灾害时，只统计其中最重的一次，不得重复计灾。小计指所有在田农作物的绝收面积的总和。

8）农作物绝收面积-其中粮食作物：所有在田农作物中，属于粮食作物的绝收面积的总和。

9）因灾减产粮食：因洪涝灾害造成在田粮食作物损失的产量。

10）经济作物损失：洪涝灾害对经济作物造成的直接经济损失。

11）死亡大牲畜：因洪涝灾害直接死亡的牛、马、驴、骡、骆驼（5只猪或5只羊算1头大牲畜）的数量，不含其他畜类及鸡鸭等家禽。

12）水产养殖损失-面积：因洪涝灾害毁坏的水产养殖面积。

13）水产养殖损失-数量：因洪涝灾害毁坏的水产品数量。

14）农林牧渔业直接经济损失：洪涝灾害对农林牧渔业造成的直接经济损失。

15）开始时间：同A.1"开始时间"。

16）结束时间：同A.1"结束时间"。

17）报送类型：同A.2"报送类型"。

18）填报单位名称：同A.2"填报单位名称"。

19）报告期：同A.2"报告期"。

20）版本号：同A.2"版本号"。

21）排序：同A.2"排序"。

22）填报单位代码：同A.2"填报单位代码"。

23）流域代码：同A.2"流域代码"。

24）流域名称：同A.2"流域名称"。

25）父流域代码：同A.2"父流域代码"。

26）父流域名称：同A.2"父流域名称"。

27）地区代码：同A.2"地区代码"。

28）地区名称：同A.2"地区名称"。

A.4 工业交通运输业洪涝灾害统计表

a）本表存储工业交通运输业洪涝灾害统计表的数据，表中数据随报表数量而增加。

b）表标识：HLZQ_INTR。

c）表编号：HLZQ_000_0004。

d）工业交通运输业洪涝灾害统计表结构见表A.4-1。

表 A.4-1 工业交通运输业洪涝灾害统计表

序号	字段名称	字段标识	类型及长度	计量单位	主键	外键	有无空值	索引序号
1	主键	ID	C（32）		Y		N	1
2	报送表外键	PROID	C（32）				N	2
3	行政区划代码	AD_CODE	C（15）					
4	停产工矿企业	SPIM	N（8）	个				
5	铁路中断	INRA	N（8）	条次				
6	公路中断	INHW	N（8）	条次				
7	机场、港口关停	SDAP	N（8）	个次				
8	供电中断	INPS	N（8）	条次				
9	通信中断	INCO	N（8）	条次				
10	工业交通运输业直接经济损失	INTRECLO	N（12，4）	10^8元				
11	开始时间	STDT	DATE					
12	结束时间	EDDT	DATE					

表 A.4-1 工业交通运输业洪涝灾害统计表（续）

序号	字 段 名 称	字段标识	类型及长度	计量单位	主键	外键	有无空值	索引序号
13	报送类型	RETP	VC（10）					
14	填报单位名称	RPDPNM	VC（256）					
15	报告期	RPT_DATE	VC（30）					
16	版本号	VERSION	N（10）					
17	排序	ROW_INDEX	N（16）					
18	填报单位代码	ORGANID	C（32）					
19	流域代码	BAS_CODE	C（32）					
20	流域名称	BAS_NAME	VC（50）					
21	父流域代码	PAR_BAS_CODE	C（32）					
22	父流域名称	PAR_BAS_NAME	VC（50）					
23	地区代码	DISTRICTCODE	C（32）					
24	地区名称	DISTRICTNAME	VC（50）					

　e）各字段存储内容应符合下列规定：

　　1）报送表外键：同 A.2"报送表外键"。

　　2）行政区划代码：同 A.2"行政区划代码"。

　　3）停产工矿企业：因洪涝受淹而停产的工矿生产企业（不含商贸、服务等第三产业的停产企业）个数。

　　4）铁路中断：因洪涝灾害造成铁路干线停运的条次数（铁路干线指跨省的铁路干线和省内重要铁路干线）。

　　5）公路中断：因洪涝灾害造成公路停运的条次。

　　6）机场、港口关停：因洪涝灾害造成机场、港口关闭或者暂时停运的个次。

　　7）供电中断：因洪涝灾害造成乡（镇）以上主要输电线路停电的条次。

　　8）通信中断：因洪涝灾害造成通信线路中断的条次。

　　9）工业交通运输业直接经济损失：洪涝灾害对工业、交通运输业造成的直接经济损失。

　　10）开始时间：同 A.1"开始时间"。

　　11）结束时间：同 A.1"结束时间"。

　　12）报送类型：同 A.2"报送类型"。

　　13）填报单位名称：同 A.2"填报单位名称"。

　　14）报告期：同 A.2"报告期"。

　　15）版本号：同 A.2"版本号"。

　　16）排序：同 A.2"排序"。

　　17）填报单位代码：同 A.2"填报单位代码"。

　　18）流域代码：同 A.2"流域代码"。

　　19）流域名称：同 A.2"流域名称"。

　　20）父流域代码：同 A.2"父流域代码"。

　　21）父流域名称：同 A.2"父流域名称"。

　　22）地区代码：同 A.2"地区代码"。

　　23）地区名称：同 A.2"地区名称"。

A.5 水利设施洪涝灾害统计表

　a）本表存储水利设施洪涝灾害统计表的数据，表中数据随报表数量而增加。

b）表标识：HLZQ＿WCFA。

c）表编号：HLZQ＿000＿0005。

d）水利设施洪涝灾害统计表结构见表 A.5－1。

表 A.5－1　水利设施洪涝灾害统计表

序号	字段名称	字段标识	类型及长度	计量单位	主键	外键	有无空值	索引序号
1	主键	ID	C（32）		Y		N	1
2	报送表外键	PROID	C（32）				N	2
3	行政区划代码	AD＿CODE	C（15）					
4	损坏水库-大中型	DARELE	N（8）	座				
5	损坏水库-小型	DARESM	N（8）	座				
6	水库垮坝-大中型	REDALE	N（8）	座				
7	水库垮坝-小一	REDASO	N（8）	座				
8	水库垮坝-小二	REDAST	N（8）	座				
9	损坏堤防-处数	DADIN	N（8）	处				
10	损坏堤防-长度	DADIL	N（10，3）	km				
11	堤防决口-处数	LEBRN	N（8）	处				
12	堤防决口-长度	LEBRL	N（10，3）	km				
13	损坏护岸	DABARE	N（8）	处				
14	损坏水闸	DASL	N（8）	座				
15	冲毁塘坝	FLDAM	N（8）	座				
16	损坏灌溉设施	DAIRFA	N（8）	处				
17	损坏水文测站	DAHMST	N（8）	个				
18	损坏机电井	DAELWE	N（8）	眼				
19	损坏机电泵站	DAEMPST	N（8）	座				
20	损坏水电站	DAHPST	N（8）	座				
21	水利设施直接经济损失	WCFAECLO	N（12，4）	10^8 元				
22	开始时间	STDT	DATE					
23	结束时间	EDDT	DATE					
24	报送类型	RETP	VC（10）					
25	填报单位名称	RPDPNM	VC（256）					
26	报告期	RPT＿DATE	VC（30）					
27	版本号	VERSION	N（10）					
28	排序	ROW＿INDEX	N（16）					
29	填报单位代码	ORGANID	C（32）					
30	流域代码	BAS＿CODE	C（32）					
31	流域名称	BAS＿NAME	VC（50）					
32	父流域代码	PAR＿BAS＿CODE	C（32）					
33	父流域名称	PAR＿BAS＿NAME	VC（50）					
34	地区代码	DISTRICTCODE	C（32）					
35	地区名称	DISTRICTNAME	VC（50）					

e）各字段存储内容应符合下列规定：

1）报送表外键：同 A.2"报送表外键"。

2）行政区划代码：同 A.2"行政区划代码"。

3）损坏水库-大中型：大坝、溢洪道、输水涵洞、闸门等部位水毁，影响正常运行的大中型水库座数。

4）损坏水库-小型：大坝、溢洪道、输水涵洞、闸门等部位水毁，影响正常运行的小型水库座数。

5）水库垮坝-大中型：因洪水造成垮坝的大中型水库座数。

6）水库垮坝-小一：因洪水造成垮坝的小（1）型水库座数。

7）水库垮坝-小二：因洪水造成垮坝的小（2）型水库座数。

8）损坏堤防-处数：洪水造成渗水、滑坡、裂缝、坍塌、管涌、漫溢等影响防洪安全的堤防的处数。

9）损坏堤防-长度：洪水造成渗水、滑坡、裂缝、坍塌、管涌、漫溢等影响防洪安全的堤防的长度。

10）堤防决口-处数：防洪堤防决口的处数。

11）堤防决口-长度：防洪堤防决口的长度。

12）损坏护岸：被洪水冲坏的保护防洪堤防的护岸工程的处数。

13）损坏水闸：被洪水损坏，不能正常运行的防洪（潮）闸的座数。

14）冲毁塘坝：被洪水损毁的塘坝（含拦泥坝、淤地坝）的座数。

15）损坏灌溉设施：灌区被洪水损坏而不能正常运行的渠首建筑、干渠及干渠上的渠系建筑物（渡槽、倒虹、闸门、涵洞等）的处数。

16）损坏水文测站：站房、缆道、测船、测井及报汛设备等设施被洪水损坏的水文测站个数。

17）损坏机电井：被洪水损坏严重影响运行的机电井个数。

18）损坏机电泵站：被洪水损坏严重影响运行的机电泵站数。

19）损坏水电站：被洪水损坏严重影响运行的水电站座数。

20）水利设施直接经济损失：洪涝灾害对水利工程造成的直接经济损失。

21）开始时间：同 A.1"开始时间"。

22）结束时间：同 A.1"结束时间"。

23）报送类型：同 A.2"报送类型"。

24）填报单位名称：同 A.2"填报单位名称"。

25）报告期：同 A.2"报告期"。

26）版本号：同 A.2"版本号"。

27）排序：同 A.2"排序"。

28）填报单位代码：同 A.2"填报单位代码"。

29）流域代码：同 A.2"流域代码"。

30）流域名称：同 A.2"流域名称"。

31）父流域代码：同 A.2"父流域代码"。

32）父流域名称：同 A.2"父流域名称"。

33）地区代码：同 A.2"地区代码"。

34）地区名称：同 A.2"地区名称"。

A.6 死亡人员基本情况统计表

a）本表存储死亡人员基本情况统计表的数据，表中数据随报表数量而增加。

b）表标识：HLZQ_DEBA。

c）表编号：HLZQ _ 000 _ 0006。

d）死亡人员基本情况统计表结构见表 A.6-1。

表 A.6-1 死亡人员基本情况统计表

序号	字段名称	字段标识	类型及长度	计量单位	主键	外键	有无空值	索引序号
1	主键	ID	C（32）		Y		N	1
2	报送表外键	PROID	C（32）				N	2
3	行政区划代码	AD _ CODE	C（15）					
4	死亡人员-姓名	DENM	VC（40）					
5	死亡人员-性别	DESEX	C（2）					
6	死亡人员-年龄	DEAGE	N（3）					
7	死亡人员-户籍所在地	DEDOM	VC（100）					
8	死亡人员-死亡时间	DETM	VC（40）					
9	死亡人员-死亡地点	DEPLA	VC（100）					
10	死亡原因	DECA	VC（100）					
11	备注	RMK	VC（1024）					
12	开始时间	STDT	DATE					
13	结束时间	EDDT	DATE					
14	报送类型	RETP	VC（10）					
15	填报单位名称	RPDPNM	VC（256）					
16	报告期	RPT _ DATE	VC（30）					
17	版本号	VERSION	N（10）					
18	排序	ROW _ INDEX	N（16）					
19	填报单位代码	ORGANID	C（32）					
20	流域代码	BAS _ CODE	C（32）					
21	流域名称	BAS _ NAME	VC（50）					
22	父流域代码	PAR _ BAS _ CODE	C（32）					
23	父流域名称	PAR _ BAS _ NAME	VC（50）					
24	地区代码	DISTRICTCODE	C（32）					
25	地区名称	DISTRICTNAME	VC（50）					

e）各字段存储内容应符合下列规定：

1）报送表外键：同 A.2 "报送表外键"。

2）行政区划代码：同 A.2 "行政区划代码"。

3）死亡人员-姓名：死亡人员的姓名。

4）死亡人员-性别：死亡人员的性别。

5）死亡人员-年龄：死亡人员的年龄。

6）死亡人员-户籍所在地：死亡人员的户籍所在地。

7）死亡人员-死亡时间：死亡人员的死亡时间。

8）死亡人员-死亡地点：死亡人员的死亡地点。

9）死亡原因：洪涝灾害过程中造成人员死亡的直接原因。

"死亡原因"是多项选择，按照人员实际死亡情况在对应的原因栏内填 "1"，以便计算。其中，"台风灾害"指由台风引发的洪水、滑坡、泥石流、房屋倒塌和高空坠物等直接造成死亡；"江河洪水冲淹"指因江河洪水直接造成死亡；"山洪冲淹"指因山丘区洪水直接冲淹及其引发的房屋倒塌等造成死亡；"滑坡"指因强降雨引发的山体滑坡直接埋压及其引发的房屋倒塌等造成死亡；"泥石流"指因强降雨引发的泥石流直接埋压及其引发的房屋倒塌等造成死亡；"房屋倒塌"指因洪涝灾害引发的房屋倒塌造成死亡；"落水"指在洪涝灾害过程中直接落水溺死；"高空坠物"指在强降雨、台风灾害等洪涝灾害过程中因高空坠物造成死亡；"其他"指除上述原因外，因洪涝灾害造成死亡，填报时须在"备注"栏内注明具体原因。

    10）备注：备注信息。

    11）开始时间：同 A.1 "开始时间"。

    12）结束时间：同 A.1 "结束时间"。

    13）报送类型：同 A.2 "报送类型"。

    14）填报单位名称：同 A.2 "填报单位名称"。

    15）报告期：同 A.2 "报告期"。

    16）版本号：同 A.2 "版本号"。

    17）排序：同 A.2 "排序"。

    18）填报单位代码：同 A.2 "填报单位代码"。

    19）流域代码：同 A.2 "流域代码"。

    20）流域名称：同 A.2 "流域名称"。

    21）父流域代码：同 A.2 "父流域代码"。

    22）父流域名称：同 A.2 "父流域名称"。

    23）地区代码：同 A.2 "地区代码"。

    24）地区名称：同 A.2 "地区名称"。

A.7 城市受淹情况统计表

a）本表存储城市受淹情况统计表的数据，表中数据随报表数量而增加。

b）表标识：HLZQ_CITYFL。

c）表编号：HLZQ_000_0007。

d）城市受淹情况统计表结构见表 A.7-1。

表 A.7-1 城市受淹情况统计表

序号	字 段 名 称	字段标识	类型及长度	计量单位	主键	外键	有无空值	索引序号
1	主键	ID	C（32）		Y		N	1
2	报送表外键	PROID	C（32）				N	2
3	城市名称	CITYNM	VC（100）					
4	淹没范围-面积	FLREAR	N（6,1）	km²				
5	淹没范围-比例	FLREPRO	N（10,4）	%				
6	受灾人口	DIPOP	N（12,4）	10^4 人				
7	死亡人口	DEPOP	N（8）	人				
8	受淹过程-进水时间	FLPRFET	VC（40）	月-日 时				
9	受淹过程-淹没历时	FLPRFLD	N（6,1）	h				
10	受淹过程-累积降水量	FLPRCUP	N（6,1）	mm				
11	受淹过程-洪水围困人口	FLPRFLP	N（12,4）	10^4 人				
12	受淹过程-紧急转移人口	FLPRETP	N（12,4）	10^4 人				
13	主要街道最大水深	MSTRMAXD	N（8,1）	m				
14	生命线工程中断历时-供水	INWASU	N（6,1）	h				

表 A.7-1 城市受淹情况统计表（续）

序号	字段名称	字段标识	类型及长度	计量单位	主键	外键	有无空值	索引序号
15	生命线工程中断历时-供电	INPOSU	N（6,1）	h				
16	生命线工程中断历时-供气	INGASU	N（6,1）	h				
17	生命线工程中断历时-交通	INTRA	N（6,1）	h				
18	建筑物受淹-房屋	FLHOU	N（12,4）	10^4 户				
19	建筑物受淹-地下设施	FLFAC	N（8,1）	m^2				
20	城区直接经济损失	CITYECLO	N（12,4）	10^8 元				
21	开始时间	STDT	DATE					
22	结束时间	EDDT	DATE					
23	报送类型	RETP	VC（10）					
24	填报单位名称	RPDPNM	VC（256）					
25	报告期	RPT_DATE	VC（30）					
26	版本号	VERSION	N（10）					
27	排序	ROW_INDEX	N（16）					
28	填报单位代码	ORGANID	C（32）					
29	流域代码	BAS_CODE	C（32）					
30	流域名称	BAS_NAME	VC（50）					
31	父流域代码	PAR_BAS_CODE	C（32）					
32	父流域名称	PAR_BAS_NAME	VC（50）					
33	地区代码	DISTRICTCODE	C（32）					
34	地区名称	DISTRICTNAME	VC（50）					

e）各字段存储内容应符合下列规定：

1）报送表外键：同 A.2"报送表外键"。

2）城市名称：受淹城市的名称，按《水利对象基础信息数据库表结构与标识符》（暂行）的规定执行。

3）淹没范围-面积：江河洪水进入城区或降雨产生内涝的面积。

4）淹没范围-比例：江河洪水进入城区或降雨产生内涝的面积占城区总面积的比例。

5）受灾人口：城区进水受淹或积水内涝时生产生活遭受损失的人数。

6）死亡人口：城区进水受淹或积水内涝过程中因洪涝灾害造成死亡的人数。

7）受淹过程-进水时间：江河洪水进入城区的时间。

8）受淹过程-淹没历时：江河洪水淹没城区历时。

9）受淹过程-累积降水量：引起城区受淹或内涝的降水量。

10）受淹过程-洪水围困人口：被洪水围困人口的数量。

11）受淹过程-紧急转移人口：被紧急转移人口的数量。

12）主要街道最大水深：城区进水受淹时城区主干道及重要街道、居民区积水深度最大值。

13）生命线工程中断历时-供水：城区的供水工程中断或瘫痪的时间。

14）生命线工程中断历时-供电：城区的供电工程中断或瘫痪的时间。

15）生命线工程中断历时-供气：城区的供气工程中断或瘫痪的时间。

16）生命线工程中断历时-交通：城区的交通工程中断或瘫痪的时间。

17）建筑物受淹-房屋：城区进水受淹或积水内涝过程中房屋进水的间数。

18）建筑物受淹-地下设施：城区进水受淹或积水内涝过程中地下设施受淹的面积。

19）城区直接经济损失：城区进水受淹或严重内涝造成的直接经济损失。

20）开始时间：同 A.1"开始时间"。

21）结束时间：同 A.1"结束时间"。

22）报送类型：同 A.2"报送类型"。

23）填报单位名称：同 A.2"填报单位名称"。

24）报告期：同 A.2"报告期"。

25）版本号：同 A.2"版本号"。

26）排序：同 A.2"排序"。

27）填报单位代码：同 A.2"填报单位代码"。

28）流域代码：同 A.2"流域代码"。

29）流域名称：同 A.2"流域名称"。

30）父流域代码：同 A.2"父流域代码"。

31）父流域名称：同 A.2"父流域名称"。

32）地区代码：同 A.2"地区代码"。

33）地区名称：同 A.2"地区名称"。

A.8 抗洪抢险综合情况统计表一

a）本表存储抗洪抢险综合情况统计表一的数据，表中数据随报表数量而增加。

b）表标识：HLZQ＿COFLRE1。

c）表编号：HLZQ＿000＿0008。

d）抗洪抢险综合情况统计表一结构见表 A.8－1。

表 A.8－1 抗洪抢险综合情况统计表一

序号	字 段 名 称	字段标识	类型及长度	计量单位	主键	外键	有无空值	索引序号
1	主键	ID	C（32）		Y		N	1
2	报送表外键	PROID	C（32）				N	2
3	行政区划代码	AD＿CODE	C（15）					
4	防汛物资消耗-编织袋	CONWB	N（12，4）	10^4 条				
5	防汛物资消耗-编织布	CONWC	N（12，4）	10^4 m²				
6	防汛物资消耗-挡水设施	CONWRF	N（9，2）	延米				
7	防汛物资消耗-砂石料	CONST	N（12，4）	10^4 m³				
8	防汛物资消耗-木材	CONWO	N（12，4）	10^4 m³				
9	防汛物资消耗-钢材	CONSP	N（16，3）	t				
10	防汛物资消耗-救生衣	CONLJ	N（7）	件				
11	防汛物资消耗-抗灾用油	CONOIL	N（16，3）	t				
12	防汛物资消耗-抗灾用电	CONEL	N（12，3）	10^4 kWh				
13	防汛物资消耗-其他物资消耗折算资金	CONOTH	N（16，4）	10^4 元				
14	防汛物资消耗-总物资消耗折算资金	CONSUM	N（16，4）	10^4 元				
15	出动情况-投入抢险人数-合计	ENSUM	N（8）	人次				
16	出动情况-投入抢险人数-部队官兵	ENTRO	N（8）	人次				
17	出动情况-投入抢险人数-地方人员	ENLOC	N（8）	人次				
18	出动情况-投入抢险人数-防汛机动抢险人员	ENCON	N（8）	人次				
19	出动情况-抢险设备情况-抢险舟（船）	REBOAT	N（8）	舟次				

表 A.8-1 抗洪抢险综合情况统计表一（续）

序号	字 段 名 称	字段标识	类型及长度	计量单位	主键	外键	有无空值	索引序号
20	出动情况-抢险设备情况-运输设备	RETRA	N（8）	班次				
21	出动情况-抢险设备情况-机器设备	REMAC	N（8）	台班				
22	开始时间	STDT	DATE					
23	结束时间	EDDT	DATE					
24	报送类型	RETP	VC（10）					
25	填报单位名称	RPDPNM	VC（256）					
26	报告期	RPT_DATE	VC（30）					
27	版本号	VERSION	N（10）					
28	排序	ROW_INDEX	N（16）					
29	填报单位代码	ORGANID	C（32）					
30	流域代码	BAS_CODE	C（32）					
31	流域名称	BAS_NAME	VC（50）					
32	父流域代码	PAR_BAS_CODE	C（32）					
33	父流域名称	PAR_BAS_NAME	VC（50）					
34	地区代码	DISTRICTCODE	C（32）					
35	地区名称	DISTRICTNAME	VC（50）					

e) 各字段存储内容应符合下列规定：

1) 报送表外键：同 A.2 "报送表外键"。

2) 行政区划代码：同 A.2 "行政区划代码"。

3) 防汛物资消耗-编织袋：防汛抢险过程中动用的编织袋（草袋、麻袋）数量。

4) 防汛物资消耗-编织布：防汛抢险过程中动用的编织布（土工布）数量。

5) 防汛物资消耗-挡水设施：防汛抢险过程中动用的挡水设施（挡水子堤、膨胀袋等）数量。

6) 防汛物资消耗-砂石料：防汛抢险过程中动用的砂石料（砂卵石、块石等）数量。

7) 防汛物资消耗-木材：防汛抢险过程中动用的木材数量。

8) 防汛物资消耗-钢材：防汛抢险过程中动用的钢材数量。

9) 防汛物资消耗-救生衣：防汛抢险过程中动用的救生衣数量。

10) 防汛物资消耗-抗灾用油：防汛抢险过程中动用的抗灾用油数量。

11) 防汛物资消耗-抗灾用电：防汛抢险过程中动用的抗灾用电数量。

12) 防汛物资消耗-其他物资消耗折算资金：防汛抢险过程中动用的其他物资消耗折算资金。

13) 防汛物资消耗-总物资消耗折算资金：防汛抢险过程中动用的总物资消耗折算资金。

14) 出动情况-投入抢险人数-合计：防汛抢险过程中各个抢险机构投入的抗洪抢险总人次。

15) 出动情况-投入抢险人数-部队官兵：防汛抢险过程中各个抢险机构投入的抗洪抢险部队官兵人次。

16) 出动情况-投入抢险人数-地方人员：防汛抢险过程中各个抢险机构投入的抗洪抢险地方人员人次。

17) 出动情况-投入抢险人数-防汛机动抢险人员：防汛抢险过程中各个抢险机构投入的抗洪抢险防汛机动抢险人员人次。

18) 出动情况-抢险设备情况-抢险舟（船）：防汛抢险过程中各个抢险机构投入的抢险舟（船）舟次。

19) 出动情况-抢险设备情况-运输设备：防汛抢险过程中各个抢险机构投入的运输设备班次。

20）出动情况-抢险设备情况-机器设备：防汛抢险过程中各个抢险机构投入的机械设备台班。

21）开始时间：同 A.1 "开始时间"。

22）结束时间：同 A.1 "结束时间"。

23）报送类型：同 A.2 "报送类型"。

24）填报单位名称：同 A.2 "填报单位名称"。

25）报告期：同 A.2 "报告期"。

26）版本号：同 A.2 "版本号"。

27）排序：同 A.2 "排序"。

28）填报单位代码：同 A.2 "填报单位代码"。

29）流域代码：同 A.2 "流域代码"。

30）流域名称：同 A.2 "流域名称"。

31）父流域代码：同 A.2 "父流域代码"。

32）父流域名称：同 A.2 "父流域名称"。

33）地区代码：同 A.2 "地区代码"。

34）地区名称：同 A.2 "地区名称"。

A.9 抗洪抢险综合情况统计表二

a）本表存储抗洪抢险综合情况统计表二的数据，表中数据随报表数量而增加。

b）表标识：HLZQ＿COFLRE2。

c）表编号：HLZQ＿000＿0009。

d）抗洪抢险综合情况统计表二结构见表 A.9-1。

表 A.9-1　抗洪抢险综合情况统计表二

序号	字 段 名 称	字段标识	类型及长度	计量单位	主键	外键	空值	索引序号
1	主键	ID	C（32）		Y		N	1
2	报送表外键	PROID	C（32）				N	2
3	行政区划代码	AD＿CODE	C（15）					
4	资金投入-小计	CAINSUM	N（16，4）	10^4 元				
5	资金投入-中央	CAINCEN	N（16，4）	10^4 元				
6	资金投入-省级	CAINPRO	N（16，4）	10^4 元				
7	资金投入-省级以下	CAINBEPRO	N（16，4）	10^4 元				
8	资金投入-群众投劳折资	CAINCLF	N（16，4）	10^4 元				
9	防洪减灾效益-减淹耕地	FADRRSC	N（12，4）	10^3 hm^2				
10	防洪减灾效益-避免粮食减收	FADRAFR	N（12，4）	10^4 t				
11	防洪减灾效益-减少受灾人口	FADRRDP	N（12，4）	10^4 人				
12	防洪减灾效益-解救洪水围困群众	FADRSFP	N（12，4）	10^4 人				
13	防洪减灾效益-避免人员伤亡-次数	FADRACT	N（8）	起				
14	防洪减灾效益-避免人员伤亡-人数	FADRACN	N（8）	人				
15	防洪减灾效益-转移人员-山洪	FADRTPMT	N（12，4）	10^4 人				
16	防洪减灾效益-转移人员-台风	FADRTPTY	N（12，4）	10^4 人				
17	防洪减灾效益-转移人员-其他	FADRTPOT	N（12，4）	10^4 人				
18	防洪减灾效益-避免县级以上城市受淹	FADRAACF	N（8）	座				
19	防洪减灾效益-减灾经济效益	FADRDREB	N（12，4）	10^8 元				

表 A.9-1 抗洪抢险综合情况统计表二（续）

序号	字 段 名 称	字段标识	类型及长度	计量单位	主键	外键	空值	索引序号
20	开始时间	STDT	DATE					
21	结束时间	EDDT	DATE					
22	报送类型	RETP	VC（10）					
23	填报单位名称	RPDPNM	VC（256）					
24	报告期	RPT_DATE	VC（30）					
25	版本号	VERSION	N（10）					
26	排序	ROW_INDEX	N（16）					
27	填报单位代码	ORGANID	C（32）					
28	流域代码	BAS_CODE	C（32）					
29	流域名称	BAS_NAME	VC（50）					
30	父流域代码	PAR_BAS_CODE	C（32）					
31	父流域名称	PAR_BAS_NAME	VC（50）					
32	地区代码	DISTRICTCODE	C（32）					
33	地区名称	DISTRICTNAME	VC（50）					

　　e）各字段存储内容应符合下列规定：

　　1）报送表外键：同 A.2 "报送表外键"。

　　2）行政区划代码：同 A.2 "行政区划代码"。

　　3）资金投入-小计：抢险救灾及水毁修复过程中各级财政部门投入资金额度合计。

　　4）资金投入-中央：抢险救灾及水毁修复过程中中央财政部门投入资金额度。

　　5）资金投入-省级：抢险救灾及水毁修复过程中省级财政部门投入资金额度。

　　6）资金投入-省级以下：抢险救灾及水毁修复过程中省级以下财政部门投入资金额度。

　　7）资金投入-群众投劳折资：抢险救灾及水毁修复过程中群众投劳折算资金。

　　8）防洪减灾效益-减淹耕地：由防洪减灾产生的减免受淹耕地面积。

　　9）防洪减灾效益-避免粮食减收：由防洪减灾产生的避免粮食减收数量。

　　10）防洪减灾效益-减少受灾人口：由防洪减灾产生的减少受灾人口数量。

　　11）防洪减灾效益-解救洪水围困群众：由防洪减灾产生的解救被洪水围困的群众人数。

　　12）防洪减灾效益-避免人员伤亡-次数：由防洪减灾产生的避免人员伤亡的次数。

　　13）防洪减灾效益-避免人员伤亡-人数：由防洪减灾产生的避免人员伤亡的人数。

　　14）防洪减灾效益-转移人员-山洪：由防洪减灾产生的因山洪转移的人员数量。

　　15）防洪减灾效益-转移人员-台风：由防洪减灾产生的因台风转移的人员数量。

　　16）防洪减灾效益-转移人员-其他：由防洪减灾产生的因其他因素转移的人员数量。

　　17）防洪减灾效益-避免县级以上城市受淹：由防洪减灾产生的避免县级以上城市受淹的数量。

　　18）防洪减灾效益-减灾经济效益：由防洪减灾产生的直接经济效益，根据《防洪减灾经济效益计算办法》（试行）折算资金。

　　19）开始时间：同 A.1 "开始时间"。

　　20）结束时间：同 A.1 "结束时间"。

　　21）报送类型：同 A.2 "报送类型"。

　　22）填报单位名称：同 A.2 "填报单位名称"。

　　23）报告期：同 A.2 "报告期"。

24）版本号：同 A.2"版本号"。

25）排序：同 A.2"排序"。

26）填报单位代码：同 A.2"填报单位代码"。

27）流域代码：同 A.2"流域代码"。

28）流域名称：同 A.2"流域名称"。

29）父流域代码：同 A.2"父流域代码"。

30）父流域名称：同 A.2"父流域名称"。

31）地区代码：同 A.2"地区代码"。

32）地区名称：同 A.2"地区名称"。

A.10 洪涝灾害实时统计表

a）本表存储洪涝灾害实时统计表的数据，表中数据随报表数量而增加。

b）表标识：HLZQ_RETM。

c）表编号：HLZQ_000_0010。

d）洪涝灾害实时统计表结构见表 A.10-1。

表 A.10-1 洪涝灾害实时统计表

序号	字 段 名 称	字段标识	类型及长度	计量单位	主键	外键	有无空值	索引序号
1	主键	ID	C（32）		Y		N	1
2	报送表外键	PROID	VC（32）				N	2
3	行政区划代码	AD_CODE	C（15）					
4	受灾县（市、区）数量	DICON	N（4）	个				
5	受灾乡（镇）数量	DITOWN	N（5）	个				
6	农作物受灾面积	CRDIA	N（12，4）	$10^3\,hm^2$				
7	受灾人口	DIPOP	N（12，4）	10^4 人				
8	倒塌房屋	COHOU	N（12，4）	10^4 间				
9	死亡人口	DEPOP	N（8）	人				
10	失踪人口	MIPOP	N（8）	人				
11	转移人口	RLCPP	N（12，4）	10^4 人				
12	直接经济总损失	ECLOSS	N（12，4）	10^8 元				
13	水利设施直接经济损失	WCFAECLO	N（12，4）	10^8 元				
14	开始时间	STDT	DATE					
15	结束时间	EDDT	DATE					
16	报送类型	RETP	VC（10）					
17	填报单位名称	RPDPNM	VC（256）					
18	报告期	RPT_DATE	VC（30）					
19	版本号	VERSION	N（10）					
20	排序	ROW_INDEX	N（16）					
21	填报单位代码	ORGANID	C（32）					
22	流域代码	BAS_CODE	C（32）					
23	流域名称	BAS_NAME	VC（50）					
24	父流域代码	PAR_BAS_CODE	C（32）					
25	父流域名称	PAR_BAS_NAME	VC（50）					
26	地区代码	DISTRICTCODE	C（32）					
27	地区名称	DISTRICTNAME	VC（50）					

e）各字段存储内容应符合下列规定：

　　1）报送表外键：同 A.2 "报送表外键"。

　　2）行政区划代码：同 A.2 "行政区划代码"。

　　3）受灾县（市、区）数量：同 A.2 "受灾县（市、区）数量"。

　　4）受灾乡（镇）数量：同 A.2 "受灾乡（镇）数量"。

　　5）农作物受灾面积：同 A.3 "农作物受灾面积-小计"。

　　6）受灾人口：同 A.2 "受灾人口"。

　　7）倒塌房屋：同 A.2 "倒塌房屋"。

　　8）死亡人口：同 A.2 "死亡人口"。

　　9）失踪人口：同 A.2 "失踪人口"。

　　10）转移人口：同 A.2 "转移人口"。

　　11）直接经济总损失：同 A.2 "直接经济总损失"。

　　12）水利设施直接经济损失：同 A.5 "水利设施直接经济损失"。

　　13）开始时间：同 A.1 "开始时间"。

　　14）结束时间：同 A.1 "结束时间"。

　　15）报送类型：同 A.2 "报送类型"。

　　16）填报单位名称：同 A.2 "填报单位名称"。

　　17）报告期：同 A.2 "报告期"。

　　18）版本号：同 A.2 "版本号"。

　　19）排序：同 A.2 "排序"。

　　20）填报单位代码：同 A.2 "填报单位代码"。

　　21）流域代码：同 A.2 "流域代码"。

　　22）流域名称：同 A.2 "流域名称"。

　　23）父流域代码：同 A.2 "父流域代码"。

　　24）父流域名称：同 A.2 "父流域名称"。

　　25）地区代码：同 A.2 "地区代码"。

　　26）地区名称：同 A.2 "地区名称"。

附录 B 表 标 识 符 索 引

编号	中 文 表 名	表 标 识	表索引
1	洪涝灾害报送情况表	HLZQ_DETAIL	A.1-1
2	洪涝灾害基本情况统计表	HLZQ_BASIC	A.2-1
3	农林牧渔业洪涝灾害统计表	HLZQ_AFAF	A.3-1
4	工业交通运输业洪涝灾害统计表	HLZQ_INTR	A.4-1
5	水利设施洪涝灾害统计表	HLZQ_WCFA	A.5-1
6	死亡人员基本情况统计表	HLZQ_DEBA	A.6-1
7	城市受淹情况统计表	HLZQ_CITYFL	A.7-1
8	抗洪抢险综合情况统计表一	HLZQ_COFLRE1	A.8-1
9	抗洪抢险综合情况统计表二	HLZQ_COFLRE2	A.9-1
10	洪涝灾害实时统计表	HLZQ_RETM	A.10-1

附录 C 字段标识符索引

编号	中文字段名	字段标识	类型及长度	计量单位	字 段 英 文 名	首次出现表
1	主键	ID	C（32）		Primary key	A.1－1
2	报送机构编码	ORGANID	C（32）		Commit institution code	A.1－1
3	报送机构名称	ORGANNAME	VC（50）		Commit institution name	A.1－1
4	接收单位编码	ORGANPARENTID	C（32）		Receive institution code	A.1－1
5	创建时间	CREATE_TIME	TIMESTAMP（6）		Creation time	A.1－1
6	创建用户名称	CREATEUSERNAME	VC（50）		Create user name	A.1－1
7	开始时间	STARTTIME	DATE		Start time	A.1－1
8	结束时间	ENDTIME	DATE		End time	A.1－1
9	上报时间	COMMITTIME	TIMESTAMP（6）		Commit time	A.1－1
10	上报人员名称	COMMITUSERNAME	VC（50）		Commit user name	A.1－1
11	报表详情编码	PROID	C（32）		Commit data code	A.1－1
12	报送表外键	PROID	C（32）		Foreign key	A.1－1
13	行政区划代码	AD_CODE	C（15）		Administrative region code	A.2－1
14	受灾县（市、区）数量	DICON	N（4）	个	Affected county（city，district）number	A.2－1
15	受灾乡（镇）数量	DITOWN	N（5）	个	Affected villages（towns）number	A.2－1
16	受灾人口	DIPOP	N（12，4）	10^4 人	Affected population	A.2－1
17	受淹城市	FLCITY	N（4）	个	Submerged city	A.2－1
18	倒塌房屋	COHOU	N（12，4）	10^4 间	Collapsed houses	A.2－1
19	死亡人口	DEPOP	N（8）	人	Dead population	A.2－1
20	失踪人口	MIPOP	N（8）	人	Missing population	A.2－1
21	转移人口	RLCPP	N（12，4）	10^4 人	Immigrating population	A.2－1
22	直接经济总损失	ECLOSS	N（12，4）	10^8 元	Direct economic losses	A.2－1
23	报送类型	RETP	VC（10）		Commit type	A.2－1
24	填报单位名称	RPDPNM	VC（256）		Report institution name	A.2－1
25	报告期	RPT_DATE	VC（30）		Report period	A.2－1
26	版本号	VERSION	N（10）		Version number	A.2－1
27	排序	ROW_INDEX	N（16）		Order	A.2－1
28	填报单位代码	ORGANID	C（32）		Report institution code	A.2－1
29	流域代码	BAS_CODE	C（32）		River code	A.2－1
30	流域名称	BAS_NAME	VC（50）		River name	A.2－1
31	父流域代码	PAR_BAS_CODE	C（32）		Parent river code	A.2－1
32	父流域名称	PAR_BAS_NAME	VC（50）		Parent river name	A.2－1
33	地区代码	DISTRICTCODE	C（32）		District code	A.2－1
34	地区名称	DISTRICTNAME	VC（50）		District name	A.2－1
35	农作物受灾面积-小计	CRDIASUM	N（12，4）	$10^3\,hm^2$	Total affected crop area	A.3－1
36	农作物受灾面积-其中粮食作物	GCRDIA	N（12，4）	$10^3\,hm^2$	Grain crop affected area	A.3－1
37	农作物成灾面积-小计	CRDNASUM	N（12，4）	$10^3\,hm^2$	Total crop disaster area	A.3－1

附录 C 字段标识符索引（续）

编号	中文字段名	字段标识	类型及长度	计量单位	字 段 英 文 名	首次出现表
38	农作物成灾面积-其中粮食作物	GCRDNA	N (12, 4)	$10^3 hm^2$	Grain crop disaster area	A.3-1
39	农作物绝收面积-小计	CRTDASUM	N (12, 4)	$10^3 hm^2$	Total crop demolished area	A.3-1
40	农作物绝收面积-其中粮食作物	GCRTDA	N (12, 4)	$10^3 hm^2$	Grain crop demolished area	A.3-1
41	因灾减产粮食	REFD	N (12, 4)	$10^4 t$	Reduced grain yield from disaster	A.3-1
42	经济作物损失	ECLOSS	N (16, 4)	10^4 元	Economic crop loss	A.3-1
43	死亡大牲畜	DELA	N (12, 4)	10^4 头	Death draught animals	A.3-1
44	水产养殖损失-面积	AQLOA	N (12, 4)	$10^3 hm^2$	Aquaculture loss - area	A.3-1
45	水产养殖损失-数量	AQLON	N (12, 4)	$10^4 t$	Aquaculture loss - number	A.3-1
46	农林牧渔业直接经济损失	AFAFECLO	N (12, 4)	10^8 元	Ecological - economic direct economic loss	A.3-1
47	停产工矿企业	SPIM	N (8)	个	Number of industrial and mining enterprises suspending operation	A.4-1
48	铁路中断	INRA	N (8)	条次	Disrupted railway number	A.4-1
49	公路中断	INHW	N (8)	条次	Disrupted highroad number	A.4-1
50	机场、港口关停	SDAP	N (8)	个次	Airport and port closure number	A.4-1
51	供电中断	INPS	N (8)	条次	Power supply interruption number	A.4-1
52	通信中断	INCO	N (8)	条次	Communication interruption number	A.4-1
53	工业交通运输业直接经济损失	INTRECLO	N (12, 4)	10^8 元	Industrial transport direct economic loss	A.4-1
54	损坏水库-大中型	DARELE	N (8)	座	Damaged large and medium reservoir number	A.5-1
55	损坏水库-小型	DARESM	N (8)	座	Damaged small reservoir number	A.5-1
56	水库垮坝-大中型	REDALE	N (8)	座	Collapsed large and medium reservoir number	A.5-1
57	水库垮坝-小一	REDASO	N (8)	座	Collapsed small reservoir number	A.5-1
58	水库垮坝-小二	REDAST	N (8)	座	Collapsed smaller reservoir number	A.5-1
59	损坏堤防-处数	DADIN	N (8)	处	Damaged dike number	A.5-1
60	损坏堤防-长度	DADIL	N (10, 3)	km	Damaged dike length	A.5-1
61	堤防决口-处数	LEBRN	N (8)	处	Dike breakdown number	A.5-1
62	堤防决口-长度	LEBRL	N (10, 3)	km	Dike breakdown length	A.5-1
63	损坏护岸	DABARE	N (8)	处	Damaged revetment number	A.5-1
64	损坏水闸	DASL	N (8)	座	Damaged sluice number	A.5-1
65	冲毁塘坝	FLDAM	N (8)	座	Destroyed retaining dam number	A.5-1
66	损坏灌溉设施	DAIRFA	N (8)	处	Damaged irrigation facility number	A.5-1
67	损坏水文测站	DAHMST	N (8)	个	Damaged hydrometric station number	A.5-1
68	损坏机电井	DAELWE	N (8)	眼	Damaged electro - mechanical well number	A.5-1
69	损坏机电泵站	DAEMPST	N (8)	座	Damaged mechanical and electrical pumping station number	A.5-1
70	损坏水电站	DAHPST	N (8)	座	Damaged hydropower station number	A.5-1

附 录 C 字 段 标 识 符 索 引 （续）

编号	中文字段名	字段标识	类型及长度	计量单位	字 段 英 文 名	首次出现表
71	水利设施直接经济损失	WCFAECLO	N（12，4）	10^8 元	Water conservancy facilities direct economic loss	A.5-1
72	死亡人员-姓名	DENM	VC（40）		Dead people – name	A.6-1
73	死亡人员-性别	DESEX	C（2）		Dead people – sex	A.6-1
74	死亡人员-年龄	DEAGE	N（3）		Dead people – age	A.6-1
75	死亡人员-户籍所在地	DEDOM	VC（100）		Dead people – registered permanent residence	A.6-1
76	死亡人员-死亡时间	DETM	VC（40）		Dead people – death time	A.6-1
77	死亡人员-死亡地点	DEPLA	VC（100）		Dead people – death place	A.6-1
78	死亡原因	DECA	VC（100）		Death reason	A.6-1
79	备注	RMK	VC（1024）		Remark	A.6-1
80	城市名称	CITYNM	VC（100）		City name	A.7-1
81	淹没范围-面积	FLREAR	N（6，1）	km²	Submerging range area	A.7-1
82	淹没范围-比例	FLREPRO	N（10，4）	%	Submerging range ratio	A.7-1
83	受淹过程-进水时间	FLPRFET	VC（40）	月-日 时	Submerged process – fill time	A.7-1
84	受淹过程-淹没历时	FLPRFLD	N（6，1）	h	Submerged process – submerge period	A.7-1
85	受淹过程-累积降水量	FLPRCUP	N（6，1）	mm	Submerged process – cumulative rainfall	A.7-1
86	受淹过程-洪水围困人口	FLPRFLP	N（12，4）	10^4 人	Submerged process – trapped population	A.7-1
87	受淹过程-紧急转移人口	FLPRETP	N（12，4）	10^4 人	Submerged process – emergency transferring population	A.7-1
88	主要街道最大水深	MSTRMAXD	N（8，1）	m	Maximum depth of main street	A.7-1
89	生命线工程中断历时-供水	INWASU	N（6，1）	h	Interrupt period for lifeline engineering – water supply	A.7-1
90	生命线工程中断历时-供电	INPOSU	N（6，1）	h	Interrupt period for lifeline engineering – power supply	A.7-1
91	生命线工程中断历时-供气	INGASU	N（6，1）	h	Interrupt period for lifeline engineering – air supply	A.7-1
92	生命线工程中断历时-交通	INTRA	N（6，1）	h	Interrupt period for lifeline engineering – transportation	A.7-1
93	建筑物受淹-房屋	FLHOU	N（12，4）	10^4 户	Flooding building – house	A.7-1
94	建筑物受淹-地下设施	FLFAC	N（8，1）	m²	Flooding building – underground installation	A.7-1
95	城区直接经济损失	CITYECLO	N（12，4）	10^8 元	Urban direct economic loss	A.7-1
96	防汛物资消耗-编织袋	CONWB	N（12，4）	10^4 条	Flood – fighting materials consumption – woven bag	A.8-1
97	防汛物资消耗-编织布	CONWC	N（12，4）	10^4 m²	Flood – fighting materials consumption – woven cloth	A.8-1
98	防汛物资消耗-挡水设施	CONWRF	N（9，2）	延米	Flood – fighting materials consumption – water retaining facilities	A.8-1

附录 C 字 段 标 识 符 索 引 （续）

编号	中文字段名	字段标识	类型及长度	计量单位	字 段 英 文 名	首次出现表
99	防汛物资消耗-砂石料	CONST	N（12，4）	$10^4 m^3$	Flood – fighting materials consumption – sand and gravel	A. 8 – 1
100	防汛物资消耗-木材	CONWO	N（12，4）	$10^4 m^3$	Flood – fighting materials consumption – wood	A. 8 – 1
101	防汛物资消耗-钢材	CONSP	N（16，3）	t	Flood – fighting materials consumption – steel	A. 8 – 1
102	防汛物资消耗-救生衣	CONLJ	N（7）	件	Flood – fighting materials consumption – life jacket	A. 8 – 1
103	防汛物资消耗-抗灾用油	CONOIL	N（16，3）	t	Flood – fighting materials consumption – oil	A. 8 – 1
104	防汛物资消耗-抗灾用电	CONEL	N（12，3）	$10^4 kWh$	Flood – fighting materials consumption – electricity	A. 8 – 1
105	防汛物资消耗-其他物资消耗折算资金	CONOTH	N（16，4）	10^4 元	Flood – fighting materials consumption – cost of other materials consumption	A. 8 – 1
106	防汛物资消耗-总物资消耗折算资金	CONSUM	N（16，4）	10^4 元	Flood – fighting materials consumption – total cost of materials consumption	A. 8 – 1
107	出动情况-投入抢险人数-合计	ENSUM	N（8）	人次	Resource input – number of all rescue personnel	A. 8 – 1
108	出动情况-投入抢险人数-部队官兵	ENTRO	N（8）	人次	Resource input – number of army rescue personnel	A. 8 – 1
109	出动情况-投入抢险人数-地方人员	ENLOC	N（8）	人次	Resource input – number of local rescue personnel	A. 8 – 1
110	出动情况-投入抢险人数-防汛机动抢险人员	ENCON	N（8）	人次	Resource input – number of flexible rescue personnel	A. 8 – 1
111	出动情况-抢险设备情况-抢险舟（船）	REBOAT	N（8）	舟次	Resource input – rescue boat	A. 8 – 1
112	出动情况-抢险设备情况-运输设备	RETRA	N（8）	班次	Resource input – transportation equipment	A. 8 – 1
113	出动情况-抢险设备情况-机器设备	REMAC	N（8）	台班	Resource input – machinery equipment	A. 8 – 1
114	资金投入-小计	CAINSUM	N（16，4）	10^4 元	Total fund input	A. 9 – 1
115	资金投入-中央	CAINCEN	N（16，4）	10^4 元	Fund input of the central government	A. 9 – 1
116	资金投入-省级	CAINPRO	N（16，4）	10^4 元	Fund input of provincial government	A. 9 – 1
117	资金投入-省级以下	CAINBEPRO	N（16，4）	10^4 元	Fund input of under provincial government	A. 9 – 1
118	资金投入-群众投劳折资	CAINCLF	N（16，4）	10^4 元	Fund input from the masses[1] labor	A. 9 – 1
119	防洪减灾效益-减淹耕地	FADRRSC	N（12，4）	$10^3 hm^2$	Flood control and disaster mitigation benefits – submerged cultivated land reduction	A. 9 – 1
120	防洪减灾效益-避免粮食减收	FADRAFR	N（12，4）	$10^4 t$	Flood control and disaster mitigation benefits – avoiding food allowance	A. 9 – 1

附录 C 字 段 标 识 符 索 引 （续）

编号	中文字段名	字段标识	类型及长度	计量单位	字 段 英 文 名	首次出现表
121	防洪减灾效益-减少受灾人口	FADRRDP	N（12，4）	10^4 人	Flood control and disaster mitigation benefits – affected population reduction	A.9－1
122	防洪减灾效益-解救洪水围困群众	FADRSFP	N（12，4）	10^4 人	Flood control and disaster mitigation benefits – rescue of trapped people	A.9－1
123	防洪减灾效益-避免人员伤亡-次数	FADRACT	N（8）	起	Flood control and disaster mitigation benefits – avoiding loss of life – times	A.9－1
124	防洪减灾效益-避免人员伤亡-人数	FADRACN	N（8）	人	Flood control and disaster mitigation benefits – avoiding loss of life – number	A.9－1
125	防洪减灾效益-转移人员-山洪	FADRTPMT	N（12，4）	10^4 人	Flood control and disaster mitigation benefits – transferring people by torrential flood	A.9－1
126	防洪减灾效益-转移人员-台风	FADRTPTY	N（12，4）	10^4 人	Flood control and disaster mitigation benefits – transferring people by typhoon	A.9－1
127	防洪减灾效益-转移人员-其他	FADRTPOT	N（12，4）	10^4 人	Flood control and disaster mitigation benefits – transferring people by other reasons	A.9－1
128	防洪减灾效益-避免县级以上城市受淹	FADRAACF	N（8）	座	Flood control and disaster mitigation benefits – avoiding flooding in the city at or above the county level	A.9－1
129	防洪减灾效益-减灾经济效益	FADRDREB	N（12，4）	10^8 元	Flood control and disaster mitigation benefits – relief economic benefits	A.9－1
130	农作物受灾面积	CRDIA	N（12，4）	$10^3 hm^2$	Affected crop area	A.10－1

国家防汛抗旱指挥系统工程建设标准

NFCS 05—2017

旱情数据库表结构及标识符

Structure and identifier for drought
information database

2017－02－28 发布

2017－02－28 实施

水利部国家防汛抗旱指挥系统工程项目建设办公室　发布

前　言

本标准是国家防汛抗旱指挥系统二期工程的项目标准之一，用于规范旱情数据库的表结构及标识符。本标准在国家防汛抗旱指挥系统一期工程旱情数据库设计成果的基础上，按照《水利信息化资源整合共享顶层设计》（水信息〔2015〕169号）的要求，依据GB/T 1.1—2009《标准化工作导则　第1部分：标准的结构和编写》、SL 478—2010《水利信息数据库表结构及标识符编制规范》等国家和行业标准编制要求进行规范化、标准化处理。

本标准包括8个章节和附录，主要内容包括范围、规范性引用文件、术语和定义、数据范围、表结构设计、标识符命名规范、字段类型及长度、旱情数据库表结构、附录。

本标准批准部门：水利部国家防汛抗旱指挥系统工程项目建设办公室

本标准主持机构：水利部国家防汛抗旱指挥系统工程项目建设办公室

本标准解释单位：水利部国家防汛抗旱指挥系统工程项目建设办公室

本标准主编单位：水利部国家防汛抗旱指挥系统工程项目建设办公室

本标准发布单位：水利部国家防汛抗旱指挥系统工程项目建设办公室

本标准主要起草人：陈鹏、张玉婷、陆琦、赵龙兵、黄梦恬

2017年2月28日

目　　录

1 范围

为规范国家防汛抗旱指挥系统二期工程的设计、实施和管理，统一国家防汛抗旱指挥系统二期工程数据库中旱情数据的库表结构、数据表示及标识制定本标准。

本标准适用于国家防汛抗旱指挥系统二期工程旱情数据库建设，以及与其相关的数据查询、信息发布和应用服务软件开发。

2 规范性引用文件

下列文件中的条款通过本标准的引用而成为本标准的条款。凡是注日期的引用文件，仅注日期的版本适用于本标准。凡是不注日期的引用文件，其最新版本（包括所有的修改单）适用于本标准。

GB/T 2260《中华人民共和国行政区划代码》

GB 2312—1980《信息交换用汉字编码字符集　基本集》

GB/T 50095—1998《水文基本术语和符号标准》

GB/T 10113—2003《分类与编码通用术语》

SL/Z 376—2007《水利信息化常用术语》

GB/T 22482—2008《水文情报预报规范》

GB/T 1.1—2009《标准化工作导则　第1部分：标准的结构和编写》

GB/T 20481—2006《气象干旱等级》

GB/T 32135—2015《区域旱情等级》

GB/T 32136—2015《农业干旱等级》

SL/T 200.03—1997《水利系统单位隶属关系代码》

SL/T 200.04—1997《部属和省（自治区、直辖市）水利（水电）厅（局）单位名称代码》

SL 252—2000《水利水电工程等级划分及洪水标准》

SL 324—2005《基础水文数据库表结构及标识符标准》

SL 183—2005《地下水监测规范》

SL 364—2006《土壤墒情监测规范》

SL 424—2008《干旱等级标准》

SL 478—2010《水利信息数据库表结构及标识符编制规范》

SL 323—2011《实时雨水情数据库表结构及标识符》

SL 213—2012《水利工程代码编制规范》

SL 26—2012《水利水电工程技术术语》

SL 249—2012《中国河流代码》

SZY 102—2013《信息分类及编码规定》

SL 729—2016《水利空间信息数据字典》

《水利对象基础信息数据库表结构与标识符》（暂定）

《水利对象分类编码方案》（暂定）

3 术语和定义

3.1 旱情数据库

用于保存与旱情相关的各地受旱、抗旱各类统计数据，以及进行业务工作所需要的各类信息。

3.2 表结构

用于组织管理数据资源而构建的数据表的结构体系。

3.3 标识符

数据库中用于唯一标识数据要素的名称或数字，标识符分为表标识符和字段标识符。

3.4 字段

数据库中表示与对象或类关联的变量，由字段名、字段标识和字段类型等数据要素组成。

3.5 数据类型

字段中定义变量性质、长度、有效值域及对该值域内的值进行有效操作的规定的总和。

3.6 值域

字段可以定义的取值范围。

4 数据范围

旱情业务所涉及的数据种类众多，涉及面广，为满足国家防汛指挥系统的需要，尽可能减少防汛抗旱综合数据库的数据冗余、保证数据质量，本数据库中所涉及的数据范围主要为业务相关的数据类别，如旱情统计信息、抗旱统计信息、抗旱服务组织、抗旱物资等，其他相关的水文实时监测数据、历史统计数据、预测类数据如无必要不在旱情数据库中重复建设。

5 表结构设计

5.1 一般规定

5.1.1 旱情数据库表结构的设计应遵循科学、实用、简洁和可扩展性的原则。

5.1.2 为兼顾原有业务系统、保持数据表的连续性，在原标准体系不变的情况下，尽量满足 SL 478—2010《水利信息数据库表结构及标识符编制规范》的要求。

5.1.3 应使常用数据查询中表链接最少，以提高查询效率。

5.1.4 为避免库表的重复设计，保证一数一源，对于《水利对象基础信息数据库表结构与标识符》（暂行）等基础数据库中已进行规范化设计的表和字段，本数据库对其进行直接引用。

5.2 基本内容

本标准包括抗旱统计类、抗旱基础类、分析成果类共三大类信息的存储结构，涉及旱情动态、多年监测信息、抗旱工作开展情况、旱情发展预测成果、调水方案等多种旱情相关数据。

大量实时监测、统计、预测预报类数据需从水文部门构建的实时雨水情数据库、气象业务系统中读取，主要包括降水量、河道水情、水库水情、土壤墒情、日蒸发量、地下水水情等数据，按照国家防汛抗旱指挥系统二期工程的建设要求，相关的数据表不再单独建设，通过应用支撑平台读取所需数据。

5.3 表设计与定义

5.3.1 每个表结构描述的内容应包括中文表名、表主题、表标识、表编号、表体和字段描述6个部分。

5.3.2 中文表名应使用简明扼要的文字表达该表所描述的内容。

5.3.3 表主题应进一步描述该表存储的内容、目的及意义。

5.3.4 表标识用以识别表的分类及命名，应为中文表名的英文缩写，在进行数据库建设时，应作为数据库的表名。

5.3.5 表编号为表的代码，反映表的分类和在表结构描述中的逻辑顺序，由 11 位字符组成。表编号格式为：

HQXX_AAA_BBBB

其中　HQXX——专业分类码，固定字符，表示旱情信息数据库；

AAA——表编号的一级分类码，3 位字符。表类代码按表 5.3.5-1 的规定执行；

BBBB——表编号的二级分类码，4 位字符，每类表从 0001 开始编号，依次递增。

注：对于直接从其他标准引用的表格，延用原标准的表编号。

表 5.3.5-1　表编号一级分类代码表

AAA	表　分　类	内　　容
000	抗旱基础综合类数据表	存储抗旱基础信息
001	抗旱统计类数据表	存储各地上报的旱情统计类报表的信息
002	分析成果类数据表	存储分析成果类数据

5.3.6 表体以表格的形式按字段在表中的次序列出表中每个字段的字段名称、字段标识、类型及长度、计量单位、主键、外键、有无空值、索引序号。表中各内容应符合下列规定：

　　a）字段名采用中文描述，表征字段的名称。

　　b）标识符为数据库中该字段的唯一标识。标识符命名规则见第 6 章。

　　c）类型及长度描述该字段的数据类型和数据最大位数。字段类型及长度的规定见第 7 章。

　　d）计量单位描述该字段填入数据的计量单位，关系表无此项。

　　e）是否允许空值描述该字段是否允许填入空值，用"N"表示该字段不允许为空值，否则表示该字段可以取空值。

　　f）主键描述该字段是否作为主键，用"Y"表示该字段是表的主键或联合主键之一，否则表示该字段不是主键。

　　g）索引序号用于描述该字段在实际建表时索引的优先顺序，分别用阿拉伯数字"1""2""3"等描述。"1"表示该字段在表中为第一索引字段，"2"表示该字段在表中为第二索引字段，依次类推。

　　h）外键指向所引用的前置表主键，当前置表存在该外键值时为有效值，确保数据一致性。

5.3.7 字段描述用于对表体中各字段的意义、填写说明及示例等给出说明。

5.3.8 相同字段名或同义字段名的解释，以第一次解释为准。

6　标识符命名规范

6.1　一般规定

6.1.1 标识符分为表标识和字段标识两类，遵循唯一性。

6.1.2 标识符由英文字母、下划线、数字构成，首字符应为大写英文字母。

6.1.3 标识符是中文名称关键词的英文翻译，可采用英文译名的缩写命名。

6.1.4 按照中文名称提取的关键词顺序排列关键词的英文翻译，关键词之间用下划线分隔；缩写关键词一般不超过 4 个，后续关键词应取首字母。

6.1.5 当英文单词长度不超过 6 个字母时，可直接取其全拼。

6.1.6 当标识符采用英文译名缩写命名时，单词缩写主要遵循以下规则：

　　a）英文关键词有标准缩写的应直接采用，例如，POLYGON 缩写为 POL、CHINA 缩写为 CHN。

b）没有标准缩写的，取单词的第一个音节，并自辅音之后省略，例如，INTAKE 缩写为 INT。

c）如果英文译名缩写相同时，参考压缩字母法等常见缩写方法以区分不同关键词。

6.1.7 相同的实体和实体特征在要素类表、关系类表、属性类表中应采用一致的标识。

6.2 表标识

6.2.1 表标识与表名应一一对应。

6.2.2 表标识由前缀、主体标识及下划线组成。其编写格式为：

$$HQXX\_\alpha$$

其中　HQXX——旱情数据库专业分类码，在国家防汛抗旱指挥系统二期工程项目建设中，分配给
　　　　　　　　旱情数据库使用；

　　　　α——表标识的主体标识。

注：对于直接从其他标准引用的表格，延用原标准的表标识。

6.3 字段标识

字段命名为关键词的英文方式。具体规则如下：

a）先从中文字段名称中取出关键词。

b）采用一般规定，将关键词翻译成英文，关键词之间按顺序排列。

c）字段标识长度尽量不超过 10 个字符。

7 字段类型及长度

基础数据库表字段类型主要有字符、数值、日期时间和布尔型。其类型长度应按以下格式描述：

a）字符型。其长度的描述格式为：

$$C(D)或 VC(D)$$

其中　C——定长字符串型的数据类型标识；

　　VC——变长字符串型的数据类型标识；

　　（ ）——固定不变；

　　D——十进制数，用以定义字符串长度，或最大可能的字符串长度。

b）数值型。其长度的描述格式为：

$$N(D[,d])$$

其中　N——数值型的数据类型标识；

　　（ ）——固定不变；

　　[ ]——表示小数位描述，可选；

　　D——描述数值型数据的总位数（不包括小数点位）；

　　,——固定不变，分隔符；

　　d——描述数值型数据的小数位数。

c）日期时间型。采用公元纪年的北京时间。

　　1）日期型：Date。表示日期型数据，即 YYYY‐MM‐DD（年‐月‐日）。不能填写至月或日
　　　　的，月和日分别填写 01。

　　2）时间型：Time。表示时间型数据，即 YYYY‐MM‐DD hh：mm：ss（年‐月‐日 时：分：
　　　　秒）。

d）布尔型。其描述格式为：

$$Bool$$

布尔型字段用于存储逻辑判断字符，取值为 1 或 0，1 表示是，0 表示否；若为空值，其表达意

义同 0。

　　e）字段的取值范围。

　　　　1）可采用抽象的连续数字描述，在字段描述中应给出其取值范围。

　　　　2）取值为特定的若干选项，在字段描述中应采用枚举的方法描述取值范围。

8　旱情数据库表结构

8.1　抗旱基础综合类数据表

　　抗旱基础综合类数据表包括历史气象、水文监测和统计特征数据，历史旱情和灾情信息，抗旱组织机构、抗旱物资、抗旱预案等数据信息，见表 8.1-1。

表 8.1-1　抗旱基础综合类数据表

序号	数　据　表	数　据　来　源	数据类型	是否必须
1	行政区划名录表	水利对象基础信息数据库		
2	行政区划与流域水系关系表	水利对象基础信息数据库		
3	流域分区名录表	使用其他数据来源		
4	历史旱灾信息表	数据整编录入		√
5	旱情报表类型表	数据整编录入		√
6	旱情等级标准参数表	数据整编录入		√
7	抗旱组织机构信息表	数据整编录入		√
8	抗旱文档分类表	数据整编录入		
9	抗旱文档信息表	数据整编录入		√
10	抗旱预案信息表	数据整编录入		√
11	抗旱预案预警简表	数据整编录入		√
12	抗旱预案应急响应简表	数据整编录入		√

8.1.1　行政区划名录表

　　如防汛抗旱综合数据库中有统一的行政区划数据来源，则不应在旱情数据库中构建该表，本标准列出该表仅在需单独建设行政区划信息时作为参考。

　　a）本表存储行政区划对象名录信息，引用《水利对象基础信息数据库表结构与标识符》（暂定）中的"行政区划名录表"。

　　b）表标识：OBJ_AD。

　　c）表编号：OBJ_0050。

　　d）各字段定义见表 8.1.1-1。

表 8.1.1-1　行政区划名录表字段定义

序号	字段名	标识符	类型及长度	计量单位	是否允许空值	主键	外键	索引序号
1	行政区划代码	AD_CODE	CHAR（15）		N	Y		1
2	行政区划名称	AD_NAME	VC（100）		N			
3	对象建立时间	FROM_DATE	DATE		N			
4	对象终止时间	TO_DATE	DATE					

　　e）各字段存储内容应符合下列规定：

　　　　1）行政区划代码：也称行政代码，它是国家行政机关的识别符号。

2）行政区划名称：指行政区划代码所代表行政区划的中文名称。

3）对象建立时间：对象个体生命周期开始时间。

4）对象终止时间：对象个体生命周期终止时间。

8.1.2　行政区划与流域分区关系表

a）本表存储行政区划与流域分区关系信息。

b）表标识：REL＿AD＿BAS。

c）表编号：REL＿0003。

d）各字段定义见表8.1.2－1。

表8.1.2－1　行政区划与流域分区关系表字段定义

序号	字段名	标识符	类型及长度	计量单位	是否允许空值	主键	外键	索引序号
1	行政区划代码	AD＿CODE	CHAR（15）		Y	Y	N	1
2	流域分区代码	BAS＿CODE	CHAR（17）		Y	Y	N	2
3	关系建立时间	FROM＿DATE	DATE				N	
4	关系终止时间	TO＿DATE	DATE					

e）各字段存储内容应符合下列规定：

1）流域分区代码：填写流域分区代码。

2）行政区划代码：同8.1.1节"行政区划代码"字段，是引用表8.1.1－1的外键。

3）关系建立时间：同8.1.1节"对象建立时间"字段。

4）关系终止时间：同8.1.1节"对象终止时间"字段。

8.1.3　流域分区名录表

a）本表存储流域分区名录信息，数据非本数据库建立，引用其他数据来源。

b）表标识：OBJ＿BAS。

c）表编号：OBJ＿0001。

d）各字段定义见表8.1.3－1。

表8.1.3－1　流域分区名录表字段定义

序号	字段名	标识符	类型及长度	计量单位	是否允许空值	主键	外键	索引序号
1	流域分区代码	BAS＿CODE	CHAR（17）		Y	Y	N	1
2	流域分区名称	BAS＿NAME	VC（100）		Y		N	
3	对象建立时间	FROM＿DATE	DATE				N	
4	对象终止时间	TO＿DATE	DATE					

e）各字段存储内容应符合下列规定：

1）流域分区代码：同8.1.2节"流域分区代码"字段。

2）流域分区名称：指流域分区代码所代表流域分区的中文名称。

3）对象建立时间：同8.1.1节"对象建立时间"字段。

4）对象终止时间：同8.1.1节"对象终止时间"字段。

8.1.4　历史旱灾信息表

a）本表存储全国的历史旱灾信息，通过抗旱文档表可以保存相关的历史旱灾文档、图片、多媒体等类型的资料。

b）表标识：HQXX _ HSTYINFO _ B。

c）表编号：HQXX _ 000 _ 0004。

d）各字段定义见表 8.1.4 - 1。

表 8.1.4 - 1　历史旱灾信息表字段定义

序号	字 段 名	标识符	类型及长度	计量单位	是否允许空值	主键	外键	索引序号
1	历史旱灾信息标识	HSDID	CHAR（32）		N	Y		1
2	行政区划代码	AD _ CODE	CHAR（15）				Y	
3	统计日期	IDDT	DATE					
4	旱灾开始日期	DBGDT	DATE					
5	旱灾结束日期	DENDDT	DATE					
6	灾情描述	DESCP	NVC（2048）					
7	影响人口	INFPOP	N（10，4）	10^4 人				
8	受灾面积	INFAREA	N（10，4）	$10^3\,hm^2$				
9	成灾面积	RESAREA	N（10，4）	$10^3\,hm^2$				
10	绝收面积	ZROAREA	N（10，4）	$10^3\,hm^2$				
11	经济作物损失	ECLOSS	N（10，2）	10^4 元				
12	损失粮食	FODLOSS	N（10，4）	$10^4\,t$				
13	其他行业损失	OTHRLOSS	N（12，4）	10^4 元				
14	填报单位	RPTDEPT	VC（64）					

e）各字段存储内容应符合下列规定：

　　1）历史旱灾信息标识：唯一标识本数据库录入的一张历史旱灾信息表。

　　2）行政区划代码：同 8.1.1 节"行政区划代码"字段，是引用表 8.1.1 - 1 的外键。

　　3）统计日期：统计旱灾信息的日期。

　　4）旱灾开始日期：旱灾开始的日期。

　　5）旱灾结束日期：旱灾结束的日期。

　　6）灾情描述：对受灾情况的简要描述。

　　7）影响人口：填写受旱灾影响的人口。

　　8）受灾面积：指因灾减产一成（含一成）以上的农作物播种面积。如果同一地块的当季农作物多次受灾，只计算其中受灾最重的一次。

　　9）成灾面积：指受灾面积中，因灾减产 3 成以上的农作物播种面积。

　　10）绝收面积：指受灾面积中，因灾减产 8 成以上的农作物播种面积。

　　11）经济作物损失：填写该地区因旱灾造成的经济作物损失。

　　12）损失粮食：填写该地区因旱灾造成的粮食减产损失。

　　13）其他行业损失：填写该地区因旱灾造成的其他行业损失。

　　14）填报单位：旱灾信息填报的单位名称。

8.1.5　旱情报表类型表

a）本表存储地方所填报的旱情统计报表中，各类报表的类型和相应的制表信息、启用年月、报表详情信息所对应的数据库表标识符等。

b）表标识：HQXX _ DRTP _ B。

c）表编号：HQXX _ 000 _ 0005。

d）各字段定义见表 8.1.5 - 1。

表 8.1.5-1 旱情报表类型表字段定义

序号	字段名	标识符	类型及长度	计量单位	是否允许空值	主键	外键	索引序号
1	旱情报表类型标识	DRTPID	CHAR（32）		N	Y		1
2	表号	RNO	VC（32）					
3	制定机关	EDEPT	VC（32）					
4	批准机关	ADEPT	VC（32）					
5	批准文号	ARNUM	VC（32）					
6	报表类型名称	DTNM	VC（64）					
7	启用日期	SDT	DATE					

e）各字段存储内容应符合下列规定：

1）旱情报表类型标识：唯一标识本数据库录入的一张旱情报表类型。

2）表号：旱情报表的编号。

3）制定机关：制定旱情报表类型的机关单位名称。

4）批准机关：批准旱情报表类型的机关单位名称。

5）批准文号：批准旱情报表类型的文件编号。

6）报表类型名称：报表类型的中文名称。

7）启用日期：报表开始启用的日期。

根据抗旱统计报表类型表中对应数据填写对应编码，包括：

1）GT201155GXT10 农业旱情动态统计表（国汛统 10 表）。

2）GT201155GXT11 农业抗旱情况统计表（国汛统 11 表）。

3）GT201155GXT12 农业旱灾及抗旱效益统计表（国汛统 12 表）。

4）GT201155GXT13 城市干旱缺水及水源情况统计表（国汛统 13 表）。

5）GT201155GXT14 城市干旱缺水及抗旱情况统计表（国汛统 14 表）。

6）GT201155GXT15 干旱缺水城市基本情况及用水情况统计表（国汛统 15 表）。

7）GT201155GXT16 干旱缺水城市供水水源基本情况统计表（国汛统 16 表）。

8）GT201301GXT17 水库蓄水情况统计表（月报）。

9）OT＿DS＿RTI 调水动态统计表。

10）OT＿KHFWD＿JBQKHZ 抗旱服务队基本情况汇总表。

11）OT＿KHFWD＿JBQKDC 抗旱服务队基本情况调查表。

12）OT＿KHFWD＿KHSBGZQKDC 抗旱服务队抗旱设备购置情况调查表。

13）OT＿KHFWD＿KHFWZZKHXYTJ 抗旱服务组织抗旱效益统计表。

14）OT＿KHYJSYGC＿XXSK 小型水库工程主要特性指标表。

15）OT＿KHYJSYGC＿KHYJBYJ 抗旱应急备用井主要特性指标表。

16）OT＿KHYJSYGC＿YTDSGC 引调提水工程主要特性指标表。

8.1.6 旱情等级标准参数表

a）本表存储根据最新的旱情、干旱等级标准所划分的农、牧、城市旱情等级标准，存储结构化后的数据，用以进行旱情等级划分的模型计算。

b）表标识：HQXX＿DSC＿EVAL＿B。

c）表编号：HQXX＿000＿0006。

d）各字段定义见表 8.1.6-1。

表 8.1.6-1 旱情等级标准参数表字段定义

序号	字 段 名	标识符	类型及长度	计量单位	是否允许空值	主键	外键	索引序号
1	干旱等级标准标识	DSCEID	CHAR (32)		N	Y		1
2	旱情等级	DSCID	CHAR (1)		N		Y	
3	旱情类别	DSTYPE	CHAR (1)					
4	评定指标项代码	INDEXCODE	VC (32)					
5	指标范围小值	MINV	N (6, 2)					
6	指标范围小值比较符	MINCOMP	VC (16)					
7	指标范围大值	MAXV	N (6, 2)					
8	指标范围大值比较符	MAXCOMP	VC (16)					
9	作用域	APSCOPE	VC (32)					
10	指标状态	STATUS	C (1)					
11	标准年份	STDYEAR	VC (4)					
12	备注	RMK	VC (1024)					

e）各字段存储内容应符合下列规定：

　　1）干旱等级标准标识：唯一标识本数据库录入的干旱等级标识符。

　　2）旱情等级：旱情等级采用表 8.1.6-2 代码取值。

表 8.1.6-2 旱情等级代码表

代码	旱情等级	代码	旱情等级
1	轻度干旱	3	严重干旱
2	中度干旱	4	特大干旱

　　3）旱情类别：旱情类别采用表 8.1.6-3 代码取值。

表 8.1.6-3 旱情类别代码表

代码	旱情类别	代码	旱情类别
1	农业旱情	6	区域牧业旱情
2	牧业旱情	7	区域因旱饮水困难
3	城市旱情	8	农牧业综合旱情
4	因旱饮水困难	9	区域综合旱情
5	区域农业旱情		

　　4）评定指标项代码：用于指定范围内旱情等级评估的指标项，代码见表 8.1.6-4。

表 8.1.6-4 评定指标项代码

农业旱情	NY_TRSD 土壤相对湿度＼NY_JYJP 降水量距平百分率＼NY_LXWY 连续无雨日数＼NY_ZWQS 作物缺水率＼NY_DSTS 断水天数
城市旱情	CS_GSQSL 城市干旱缺水率＼CS_JBYSL 基本生活用水量＼CS_YSKNSJ 因旱饮水困难持续时间
区域旱情	QY_NYHQZS 区域农业旱情指数＼QY_MYHQZS 区域牧业旱情指数＼QY_YHYSKNERK 区域因旱饮水困难人口＼QY_YSKNRKBL 区域饮水困难人口所占比例＼QY_NMZHHQZS 农牧业综合旱情指数

　　5）指标范围小值：填写指标范围小值。

　　6）指标范围小值比较符：填写指标范围小值比较符。

　　7）指标范围大值：填写指标范围大值。

8）指标范围大值比较符：填写指标范围大值比较符。

9）作用域：等级划分指标对应的作用范围。

  ①降水量距平中：月尺度、季尺度、年尺度。

  ②连续无雨日中：春秋季北方、春秋季南方、夏季北方、夏季南方、冬季北方、冬季南方。

  ③断水天数中：南方春秋季、南方夏季、北方。

  ④牧业旱情中：连续无雨日的春秋季、夏季。

  ⑤城市旱情中：因旱饮水困难、取水地点改变、基本生活用水量的北方、南方。

  ⑥区域旱情指标中：进行区域旱情评定时，所指定区域的级别，包括全国、省（自治区、直辖市）、地（市）、县（区）。

  ⑦区域农业旱情的行政区划分：全国、省（自治区、直辖市）、地（市）、县（区）。

  ⑧区域牧业旱情中的省（自治区、直辖市）、地（市）、县（区）。

  ⑨区域因旱饮水困难中的全国、省（自治区、直辖市）、地（市）、县（区）。

  ⑩农牧业综合旱情中的省（自治区、直辖市）、地（市）、县（区）。

10）指标状态：0—停用，1—启用。

11）标准年份：旱情等级评定标准所发布的年份。

12）备注：简短描述的其他文字内容。当本表枚举项为"其他"时，可在此做详细说明。

8.1.7　抗旱组织机构信息表

a）本表存储全国抗旱组织机构信息，以地市为单元统计。

b）表标识：HQXX_DTCTY_B。

c）表编号：HQXX_000_0007。

d）各字段定义见表 8.1.7-1。

表 8.1.7-1　抗旱组织机构信息表字段定义

序号	字 段 名	标识符	类型及长度	计量单位	是否允许空值	主键	外键	索引序号
1	抗旱服务组织机构标识	DTCTYID	CHAR（32）		N	Y		1
2	行政区划代码	AD_CODE	CHAR（15）				Y	
3	统计时间	IDTM	DATE					
4	组织机构名称	ORGNAM	VC（64）					
5	组织机构代码	ORGCODE	VC（32）					
6	级别	ORGLEV	VC（32）					
7	内设机构	INNORG	VC（1024）					
8	总人员数量	TTNUM	N（5）					
9	专职人员数量	SPNUM	N（5）					
10	抗旱机构简介	DORGDESC	NVC（2048）					
11	联系人	CONTACT	VC（32）					
12	联系电话	TEL	VC（32）					
13	联系邮箱	EMAIL	VC（32）					
14	传真	FAXNUM	VC（64）					

  e）各字段存储内容应符合下列规定：

   1）抗旱服务组织机构标识：唯一标识一个抗旱服务组织机构。

   2）行政区划代码：同 8.1.1 节"行政区划代码"字段，是引用表 8.1.1-1 的外键。

3）统计时间：填写本表的统计时间。

4）组织机构名称：填写抗旱组织机构的名称。

5）组织结构代码：填写抗旱组织机构的代码。

6）级别：填写抗旱组织机构的行政级别代码，代码取值见表 8.1.7－2。

表 8.1.7－2　行政级别代码表

代码	行政级别	代码	行政级别
0	国家级	2	市级
1	省（自治区、直辖市）级	3	县级

7）内设机构：填写抗旱组织机构的内设机构情况。

8）总人员数量：填写抗旱组织机构的总人员数量。

9）专职人员数量：填写抗旱组织机构的专职人员数量。

10）抗旱机构简介：简要描述抗旱机构情况。

11）联系人：填写抗旱机构联系人姓名。

12）联系电话：填写抗旱机构联系人电话号码。

13）联系邮箱：填写抗旱机构联系人邮箱。

14）传真：填写抗旱机构传真号码。

8.1.8　抗旱文档表

8.1.8.1　抗旱文档分类表

a）本表存储抗旱管理信息里的管理信息，抗旱政策法规、抗旱预案等抗旱文档。

b）表标识：HQXX＿CATALOG＿B。

c）表编号：HQXX＿000＿0008。

d）各字段定义见表 8.1.8－1。

表 8.1.8－1　抗旱文档分类表字段定义

序号	字段名	标识符	类型及长度	计量单位	是否允许空值	主键	外键	索引序号
1	类别标识	CID	CHAR（32）		N	Y		1
2	父类别标识	PCID	VC（32）		N		Y	
3	类别名称	CNAME	VC（32）					
4	顺序号	CORDER	N（2）					
5	说明	ORDESC	VC（4000）					

e）各字段存储内容应符合下列规定：

1）类别标识：唯一标识一条文档的类别。

2）父类别标识：唯一标识一条文档的父类别。

3）类别名称：填写文档类别的名称。

4）顺序号：填写文档顺序号。

5）说明：填写文档的说明。

8.1.8.2　抗旱文档信息表

a）本表存储抗旱管理信息里的上传文件信息、省市填报的旱情图片、水源工程监控视频图像文件、历史旱灾相关文件等资料，通过类别及文件类型进行标识。

b）表标识：HQXX＿FILEINFO＿B。

c）表编号：HQXX＿000＿0009。

d) 各字段定义见表 8.1.8－2。

表 8.1.8－2 抗旱文档信息表字段定义

序号	字段名	标识符	类型及长度	计量单位	是否允许空值	主键	外键	索引序号
1	文件信息标识	FID	CHAR（32）		N	Y		1
2	所属类别标识	CID	CHAR（32）		N		Y	
3	文件名	FLNM	VC（128）					
4	文件显示标题	FTITLE	VC（128）					
5	文件类型	FLEXT	CHAR（6）					
6	文件路径	FPATH	VC（256）					
7	发布时间	PTM	DATE					
8	发布者 ID	PUID	VC（32）					
9	发布者姓名	PUNAME	VC（32）					
10	来源途径	FSWAY	VC（32）					

e) 各字段存储内容应符合下列规定：

1）文件信息标识：唯一标识一条文件信息。

2）所属类别标识：唯一标识文档所属类别。

3）文件名：抗旱文档的文件名。

4）文件显示标题：抗旱文档的文件显示标题。

5）文件类型：填写文件的类型信息，如 XLS、DOC、JPG、AVI 等。

6）文件路径：填写多个文档文件的相对路径，格式为"/节点代码/文档类型简称/文件创建年月/文件代码．扩展名"。节点代码按表 8.1.8－3 的规定取值；文档类型简称按文件扩展名取值；文件创建年月按照 YYYYMM 格式取值（YYYY 为年份，MM 为月份）。

表 8.1.8－3 节 点 代 码 表

节点名称	节点代码	节点名称	节点代码
北京市	BJ	海南省	HI
天津市	TJ	重庆市	CQ
河北省	HE	四川省	SC
山西省	SX	贵州省	GZ
内蒙古自治区	NM	云南省	YN
辽宁省	LN	西藏自治区	XZ
吉林省	JL	陕西省	SN
黑龙江省	HL	甘肃省	GS
上海市	SH	青海省	QH
江苏省	JS	宁夏回族自治区	NX
浙江省	ZJ	新疆维吾尔自治区	XJ
安徽省	AH	新疆生产建设兵团	XB
福建省	FJ	水利部	MWR
江西省	JX	长江水利委员会	CJW
山东省	SD	黄河水利委员会	YRC
河南省	HA	淮河水利委员会	HRC
湖北省	HB	海河水利委员会	HWC
湖南省	HN	珠江水利委员会	ZJW
广东省	GD	松辽水利委员会	SLW
广西壮族自治区	GX	太湖流域管理局	TBA

7）发布时间：发布文档文件的时间。

8）发布者 ID：发布文档文件人的 ID。

9）发布者姓名：发布文档文件人的姓名。

10）来源途径：文档文件的来源途径。

8.1.9 抗旱预案信息表

a）本表存储各级抗旱预案信息。

b）表标识：HQXX＿CUTPLN＿B。

c）表编号：HQXX＿000＿0010。

d）各字段定义见表 8.1.9－1。

表 8.1.9－1 抗旱预案信息表字段定义

序号	字段名	标识符	类型及长度	计量单位	是否允许空值	主键	外键	索引序号
1	预案标识	PLNID	CHAR（32）		N	Y		1
2	行政区划代码	AD＿CODE	CHAR（15）		N		Y	
3	编制日期	ETDT	DATE		N			
4	预案类别	PPCLS	VC（32）					
5	预案名称	PPNAM	VC（64）					
6	关联文档标识	FID	CHAR（32）				Y	
7	审批日期	PDT	DATE					
8	审批机关	PORG	VC（64）					
9	修改日期	FXKH＿MDDT	DATE					

e）各字段存储内容应符合下列规定：

1）预案标识：唯一标识一条预案信息。

2）行政区划代码：同 8.1.1 节"行政区划代码"字段，是引用表 8.1.1－1 的外键。

3）编制日期：预案编制的日期。

4）预案类别：预案类别标示代码及其含义见表 8.1.9－2。

表 8.1.9－2 预案类别标示代码及其含义

代码	含 义	代码	含 义
FD	抗旱应急预案	DO	地方总体抗旱预案
CS	城市（城区）专项抗旱预案	BS	流域专项抗旱预案
WD	调水预案		

5）预案名称：填写预案的名称。

6）关联文档标识：唯一标识一条关联文档。

7）审批日期：预案审批的日期。

8）审批机关：审批预案的机关名称。

9）修改日期：修改预案的日期。

8.1.10 抗旱预案预警简表

a）本表存储抗旱预案中所规定的预警简要信息，一份预案对应多个预警简表数据，按红、橙、黄、蓝 4 级预警进行分级。

b) 表标识：HQXX＿CUTPLN＿WD＿B。

c) 表编号：HQXX＿000＿00011。

d) 各字段定义见表 8.1.10-1。

表 8.1.10-1　抗旱预案预警简表字段定义

序号	字　段　名	标识符	类型及长度	计量单位	是否允许空值	主键	外键	索引序号
1	预案预警简表标识	PLNWDID	CHAR（32）		N	Y		1
2	预案标识	PLNID	CHAR（32）		N		Y	
3	预警等级	WGRD	CHAR（1）		N			
4	耕地、牧场受旱情况-面积	RDASUM	N（10，4）	10^4 亩				
5	耕地、牧场受旱情况-占耕地面积比例	RDAP	N（5，2）	％				
6	农村饮水困难情况-缺水人口数	VDRHWP	N（10，4）	10^4 人				
7	农村饮水困难情况-占农村人口比例	VDRHWPP	N（5，2）	％				
8	城市预期缺水-预期缺水量	CFMWQ	N（10，4）	$10^4 m^3$				
9	城市预期缺水-缺水率	CFMWP	N（6，2）	％				
10	影响人口	MWP	N（10，4）	10^4 人				
11	其他原因	OTRS	VC（128）					

e) 各字段存储内容应符合下列规定：

1）预案预警简表标识：唯一标识本数据库录入的一张预案预警简表。

2）预案标识：唯一标识一条预案。

3）预警等级：预警等级采用表 8.1.10-2 代码取值。

表 8.1.10-2　预警等级代码表

代码	预警等级	代码	预警等级
1	红色预警	3	黄色预警
2	橙色预警	4	蓝色预警

4）耕地、牧场受旱情况-面积：填写该地区耕地、牧场受旱面积。

5）耕地、牧场受旱情况-占耕地面积比例：填写该地区耕地、牧场受旱面积占总面积的比例。

6）农村饮水困难情况-缺水人口数：填写该地区农村缺水人口数。

7）农村饮水困难情况-占农村人口比例：填写该地区农村缺水人口数占农村人口数的比例。

8）城市预期缺水-预期缺水量：填写该城市预期缺水总量。

9）城市预期缺水-缺水率：填写该城市预期缺水率。

10）影响人口：同 8.1.3 节"影响人口"字段。

11）其他原因：填写触发该地区预警的其他原因。

8.1.11　抗旱预案应急响应简表

a) 本表存储抗旱预案所对应应急响应的简表信息，一份预案对应多个应急响应简表数据，按Ⅰ、Ⅱ、Ⅲ、Ⅳ 4 级应急响应进行分级。

b) 表标识：HQXX＿CUTPLN＿RD＿B。

c) 表编号：HQXX＿000＿00012。

d) 各字段定义见表 8.1.11-1。

表 8.1.11-1 抗旱预案应急响应简表字段定义

序号	字 段 名	标识符	类型及长度	计量单位	是否允许空值	主键	外键	索引序号
1	预案应急响应标识	PLNRDID	CHAR（32）		N	Y		1
2	预案标识	PLNID	CHAR（32）		N		Y	
3	应急响应等级	RGRD	CHAR（2）		N			
4	应急响应启动条件	RBR	NVC（2048）					
5	应急响应启动程序	RBPGM	NVC（2048）					
6	应急响应启动主要措施	RBACTION	NVC（2048）					
7	工作会商主持人	CLMDRT	VC（128）					
8	其他信息	REMARKS	VC（128）					

e）各字段存储内容应符合下列规定：

1）预案应急响应标识：唯一标识一条预案应急响应。

2）预案标识：同 8.1.9 节"预案标识"字段。

3）应急响应等级：应急响应等级采用表 8.1.11-2 代码取值。

表 8.1.11-2 应急响应等级代码表

代码	应急响应等级	代码	应急响应等级
1	Ⅰ级响应	3	Ⅲ级响应
2	Ⅱ级相应	4	Ⅳ级响应

4）应急响应启动条件：填写预案应急响应的启动条件。

5）应急响应启动程序：填写预案应急响应的启动程序。

6）应急响应启动主要措施：填写预案应急响应启动的主要措施。

7）工作会商主持人：填写工作会商主持人的姓名。

8）其他信息：填写预案应急响应的其他信息。

8.2 抗旱统计类数据表

各省、自治区、直辖市、新疆生产建设兵团以及市、县防办根据国家防汛抗旱总指挥部办公室要求，上报抗旱统计报表，抗旱统计报表基本信息见表 8.2-1。

表 8.2-1 抗 旱 统 计 类 数 据 表

序号	数 据 表	填 报 频 度	数据类型	是否必须
水 旱 灾 害 类				
1	农业旱情动态统计表	Ⅳ级，每周三上报； Ⅱ级、Ⅲ级，每周一、四上报； Ⅰ级，每日上报		√
2	农业抗旱情况统计表			√
	农业抗旱情况统计表（年报）	每年十二月底前		√
3	农业旱灾及抗旱效益统计表			√
4	城市干旱缺水及水源情况统计表	城市出现供水短缺时开始填报，持续期实行月报，即每月第一个工作日上报		√
5	城市干旱缺水及抗旱情况统计表	每年十二月底前		√
6	干旱缺水城市基本情况及用水情况统计表	表中数据有明显变化时填报		√
7	干旱缺水城市供水水源基本情况统计表			√

表 8.2－1 抗旱统计类数据（续）

序号	数 据 表	填 报 频 度	数据类型	是否必须
		抗 旱 服 务 队 类		
8	抗旱服务队基本情况汇总表	每年12月底前		√
9	抗旱服务队基本情况调查表	每年12月底前		√
10	抗旱服务队设备购置情况调查表	每年12月底前		√
11	抗旱服务组织抗旱效益统计表	与农业抗旱情况统计表同时上报		√
		应 急 水 源 工 程 建 设 管 理 类		
12	水库蓄水情况统计表（月报）	每月1日上报		√
13	调水动态统计表	实时报		
14	小型水库工程主要特性指标表	每月底前		√
15	抗旱应急备用井主要特性指标表	每月底前		√
16	引调提水工程主要特性指标表	每月底前		√
		统 计 报 表 基 本 信 息		
17	旱情统计报表基础信息表	随每次报表上报自动提交的报表基础信息		√

8.2.1 旱情统计报表基础信息表

a) 本表存储各单位填报旱情统计报表的基础信息，用于唯一标识各地填报的报表，同时抽取存储最基础的报表属性信息。

b) 表标识：HQXX＿DRBI＿S。

c) 表编号：HQXX＿001＿0001。

d) 各字段定义见表8.2.1－1。

表 8.2.1－1 旱情统计报表基础信息表字段定义

序号	字 段 名	标识符	类型及长度	计量单位	是否允许空值	主键	外键	索引序号
1	基础信息标识	DRBIID	CHAR（32）		N	Y		1
2	旱情报表类型	DRTP	VC（32）					
3	旱情报表时段类型	DRPTP	CHAR（2）					
4	填报地区代码	AD＿CODE	CHAR（15）		N		Y	
5	报表统计开始日期	SDT	DATE					
6	报表统计结束日期	EDT	DATE					
7	单位负责人	MMAN	VC（64）					
8	统计负责人	TMAN	VC（64）					
9	填表人	IMAN	VC（64）					
10	报出日期	SUBDT	DATE					
11	接收报表时间	RCVTM	TIME					

e) 各字段存储内容应符合下列规定：

　　1) 基础信息标识：唯一标识本数据库录入的一张旱情统计报表。

　　2) 旱情报表类型：指旱情报表的类型，具体类型见表8.2.1－2。

　　3) 旱情报表时段类型：指该旱情报表的上报频率类型，采用表8.2.1－3代码取值。

表 8.2.1－2　旱情报表类型表

旱情报表类别	代　码
农业旱情动态统计表	GT201155GXT10
农业抗旱情况统计表	GT201155GXT11
农业旱灾及抗旱效益统计表	GT201155GXT12
城市干旱缺水及水源情况统计表	GT201155GXT13
城市干旱缺水及抗旱情况统计表	GT201155GXT14
干旱缺水城市基本情况及用水情况统计表	GT201155GXT15
干旱缺水城市供水水源基本情况统计表	GT201155GXT16
抗旱服务队基本情况汇总表	OT＿KHFWD＿JBQKHZ
抗旱服务队基本情况调查表	OT＿KHFWD＿JBQKDC
抗旱服务队设备购置情况调查表	OT＿KHFWD＿KHSBGZQKDC
抗旱服务组织效益统计表	OT＿KHFWD＿KHFWZZKHXYTJ
水库蓄水情况统计表（月报）	GT201301GXT17
调水动态统计表	OT＿DS＿RTI
小型水库工程主要特性指标表	OT＿KHYJSYGC＿XXSK
抗旱应急备用井主要特性指标表	OT＿KHYJSYGC＿KHYJBYJ
引调提水工程主要特性指标表	OT＿KHYJSYGC＿YTDSGC

表 8.2.1－3　旱情报表时段类型表

代码	旱情报表时段类型	代码	旱情报表时段类型
YY	年报	WT	一周双报
MM	月报	DAY	日报
WK	周报		

4）填报地区代码：同 8.1.1 节"行政区划代码"字段，是引用表 8.1.1－1 的外键。

5）报表统计开始日期：表示开始该报表统计时的日期。

6）报表统计结束日期：表示结束该报表统计时的日期。

7）单位负责人：填写该报表所在单位的负责人。

8）统计负责人：填写统计该报表数据的负责人。

9）填表人：该报表的填表人。

10）报出日期：填写报表上报日期。

11）接收报表日期：填写报表上报后被接收的日期。

8.2.2　农业旱情动态统计表

a）本表存储农业旱情动态统计表的数据，对应统计上报基础信息中的基本信息标识字段，本表为对应报表中的逐条详情数据，随报表中内容数量而增加。

b）表标识：HQXX＿DRATP＿S。

c）表编号：HQXX＿001＿0002。

d）各字段定义见表 8.2.2－1。

e）各字段存储内容应符合下列规定：

1）报表详情标识：唯一标识一条农业旱情动态统计表的数据。

2）报表基础信息标识：同 8.2.1 节"基础信息标识"字段，是引用表 8.2.1－1 的外键。

表 8.2.2－1　农业旱情动态统计表字段定义

序号	字　段　名	标识符	类型及长度	计量单位	是否允许空值	主键	外键	索引序号
1	报表详情标识	RDID	CHAR（32）		N	Y		1
2	报表基础信息标识	DRBIID	CHAR（32）		N		Y	
3	行政区划代码	AD_CODE	CHAR（15）		N		Y	
4	在田作物面积	CPAREA	N（10，4）	$10^3 hm^2$				
5	作物受旱面积-合计	CRDASUM	N（10，4）	$10^3 hm^2$				
6	作物受旱面积-其中无抗旱条件面积	CRNDASUM	N（10，4）	$10^3 hm^2$				
7	作物受旱面积-轻旱	CRDALHT	N（10，4）	$10^3 hm^2$				
8	作物受旱面积-重旱	CRDAHVY	N（10，4）	$10^3 hm^2$				
9	作物受旱面积-干枯	CRDADRY	N（10，4）	$10^3 hm^2$				
10	缺水缺墒面积-水田缺水	LWAPF	N（10，4）	$10^3 hm^2$				
11	缺水缺墒面积-旱地缺墒	LWAGM	N（10，4）	$10^3 hm^2$				
12	牧区受旱面积	PADRA	N（8，4）	$10^4 km^2$				
13	因旱人畜饮水困难-人口	DRHWP	N（10，4）	10^4 人				
14	因旱人畜饮水困难-大牲畜	DRHWL	N（10，4）	10^4 头				
15	水利工程蓄水情况-蓄水总量	WPSINSUM	N（8，4）	$10^8 m^3$				
16	水利工程蓄水情况-比多年同期增减	WPSINIL	N（6，2）	％				
17	河道断流	RDFNUM	N（7，0）	条				
18	水库干涸	RSDNUM	N（7，0）	座				
19	机电井出水不足	MPWDSNUM	N（7，0）	眼				

3）行政区划代码：同 8.1.1 节"行政区划代码"字段，是引用表 8.1.1－1 的外键。

4）在田作物面积：填写该地区耕种面积。

5）作物受旱面积-合计：填写该地区总的农作物受旱面积。

6）作物受旱面积-其中无抗旱条件面积：填写该地区没有抗旱条件的农作物受旱面积。

7）作物受旱面积-轻旱：填写该地区达到轻旱程度的农作物面积。

8）作物受旱面积-重旱：填写该地区达到重旱程度的农作物面积。

9）作物受旱面积-干枯：填写该地区达到干枯程度的农作物面积。

10）缺水缺墒面积-水田缺水：填写该地区水田缺水的面积。

11）缺水缺墒面积-旱地缺墒：填写该地区旱地缺墒的面积。

12）牧区受旱面积：填写该地区牧区的受旱面积。

13）因旱人畜饮水困难-人口：填写该地区饮水困难的人口数。

14）因旱人畜饮水困难-大牲畜：填写该地区饮水困难的大牲畜头数。

15）水利工程蓄水情况-蓄水总量：填写该地区水库的蓄水总量。

16）水利工程蓄水情况-比多年同期增减：填写该地区水库蓄水总量与多年平均蓄水总量的差值。

17）河道断流：填写该地区断流河道的条数。

18）水库干涸：填写该地区水库干涸的座数。

19）机电井出水不足：填写该地区出水不足的机电井眼数。

8.2.3　农业抗旱情况统计表

a）本表存储各地填报农业抗旱情况统计表的详细数据，表中数据随报表中记录数量而增加。

b）表标识：HQXX＿FDINP＿S。

c）表编号：HQXX＿001＿0003。

d）各字段定义见表8.2.3－1。

表8.2.3－1 农业抗旱情况统计表字段定义

序号	字 段 名	标识符	类型及长度	计量单位	是否允许空值	主键	外键	索引序号
1	报表详情标识	RDID	CHAR（32）		N	Y		1
2	报表基础信息标识	DRBIID	CHAR（32）		N		Y	
3	行政区划代码	AD＿CODE	CHAR（15）		N		Y	
4	投入抗旱人数	FDPAM	N（8，4）	10^4人				
5	投入抗旱设施-机电井	FDEMW	N（8，4）	10^4眼				
6	投入抗旱设施-泵站	FDEPS	N（8，4）	处				
7	投入抗旱设施-机动抗旱设备	FDEME	N（8，4）	10^4台套				
8	投入抗旱设施-装机容量	FDECAP	N（8，4）	10^4kW				
9	投入抗旱设施-机动运水车辆	FDEMV	N（8，4）	10^4辆				
10	投入抗旱资金-合计	FDFSUM	N（10，4）	10^4元				
11	投入抗旱资金-中央拨款	FDFCF	N（10，4）	10^4元				
12	投入抗旱资金-省级财政拨款	FDFSF	N（10，4）	10^4元				
13	投入抗旱资金-地县级财政拨款	FDFTF	N（10，4）	10^4元				
14	投入抗旱资金-群众自筹	FDFMF	N（10，4）	10^4元				
15	抗旱用电	FDUE	N（8，4）	10^4kWh				
16	抗旱用油	FDUO	N（10，4）	t				
17	抗旱浇灌面积	FDIRA	N（10，4）	10^3hm²				
18	抗旱累计浇灌面积	FDIRAT	N（10，4）	10^3hm²				
19	临时解决人畜饮水困难-人口	THWP	N（10，4）	10^4人				
20	临时解决人畜饮水困难-大牲畜	THWL	N（10，4）	10^4头				

e）各字段存储内容应符合下列规定：

1）报表详情标识：唯一标识一条农业抗旱情况统计表的数据，同8.2.2节"报表详情标识"字段。

2）报表基础信息标识：同8.2.1节"基础信息标识"字段，是引用表8.2.1－1的外键。

3）行政区划代码：同8.1.1节"行政区划代码"字段，是引用表8.1.1－1的外键。

4）投入抗旱人数：填写该地区参与抗旱的人数。

5）投入抗旱设施-机电井：填写该地区投入抗旱的机电井眼数。

6）投入抗旱设施-泵站：填写该地区投入抗旱的泵站处数。

7）投入抗旱设施-机动抗旱设备：填写该地区投入抗旱的机动抗旱设备台数。

8）投入抗旱设施-装机容量：填写该地区投入抗旱设施的装机容量。

9）投入抗旱设施-机动运水车辆：填写该地区投入抗旱的机动运水车辆数。

10）投入抗旱资金-合计：填写该地区投入抗旱的资金。

11）投入抗旱资金-中央拨款：填写该地区中央下发的抗旱资金。

12）投入抗旱资金-省级财政拨款：填写该地区省级财政拨款的抗旱资金。

13）投入抗旱资金-地县级财政拨款：填写该地区地县级财政拨款的抗旱资金。

14）投入抗旱资金-群众自筹：填写该地区群众自筹的抗旱资金。

15）抗旱用电：填写该地区投入抗旱的用电量。

16）抗旱用油：填写该地区投入抗旱的用油量。

17）抗旱浇灌面积：填写该地区抗旱浇灌的面积。

18）抗旱累计浇灌面积：填写该地区累计浇灌的面积。

19）临时解决人畜饮水困难-人口：填写该地区解决饮水困难问题的人口数。

20）临时解决人畜饮水困难-大牲畜：填写该地区解决饮水困难问题的大牲畜头数。

8.2.4 农业旱灾及抗旱效益统计表

a）本表存储各地填报的农业旱灾及抗旱效益统计表的数据，表中数据随报表中记录数量而增加。

b）表标识：HQXX＿FDBY＿S。

c）表编号：HQXX＿001＿0004。

d）各字段定义见表8.2.4-1。

表8.2.4-1 农业旱灾及抗旱效益统计表字段定义

序号	字 段 名	标识符	类型及长度	计量单位	是否允许空值	主键	外键	索引序号
1	报表详情标识	RDID	CHAR（32）		N	Y		1
2	报表基础信息标识	DRBIID	CHAR（32）		N		Y	
3	行政区划代码	AD＿CODE	CHAR（15）		N		Y	
4	实际播种面积-粮食作物	SAFC	N（10，4）	$10^3 hm^2$				
5	实际播种面积-经济作物	SAEC	N（10，4）	$10^3 hm^2$				
6	作物受旱面积	CRDRA	N（10，4）	$10^3 hm^2$				
7	作物受灾面积-总计	CRSASUM	N（10，4）	$10^3 hm^2$				
8	作物受灾面积-其中成灾	CRSAST	N（10，4）	$10^3 hm^2$				
9	作物受灾面积-其中绝收	CRSAN	N（10，4）	$10^3 hm^2$				
10	因旱人畜饮水困难-人口	DRHWP	N（10，4）	10^4 人				
11	因旱人畜饮水困难-大牲畜	DRHWL	N（10，4）	10^4 头				
12	本年粮食总产量	YFOS	N（10，4）	$10^4 t$				
13	旱灾损失-粮食	DRLF	N（10，4）	$10^4 t$				
14	旱灾损失-粮食（金额）	DRLFM	N（8，4）	10^8 元				
15	旱灾损失-经济作物	DRLE	N（8，4）	10^8 元				
16	其他行业因旱直接经济损失	OTDRLE	N（8，4）	10^8 元				
17	因旱直接经济总损失	ALLDRLE	N（8，4）	10^8 元				
18	抗旱效益-挽回粮食	FDBF	N（10，4）	$10^4 t$				
19	抗旱效益-挽回粮食（金额）	FDBFM	N（8，4）	10^8 元				
20	抗旱效益-挽回经济作物	FDBE	N（8，4）	10^8 元				

e）各字段存储内容应符合下列规定：

1）报表详情标识：唯一标识一条农业旱灾及抗旱效益统计表的数据，同8.2.2节"报表详情标识"字段。

2）报表基础信息标识：同8.2.1节"基础信息标识"字段，是引用表8.2.1-1的外键。

3）行政区划代码：同8.1.1节"行政区划代码"字段，是引用表8.1.1-1的外键。

4）实际播种面积-粮食作物：填写该地区粮食作物的实际播种面积。

5）实际播种面积-经济作物：填写该地区经济作物的实际播种面积。

6）作物受旱面积：同8.2.2节"作物受旱面积"字段。

7）作物受灾面积-总计：填写该地区的作物受灾面积。

8）作物受灾面积-其中成灾：填写该地区的作物成灾面积。

9）作物受灾面积-其中绝收：填写该地区的作物绝收面积。

10）因旱人畜饮水困难-人口：同 8.2.2 节"因旱人畜饮水困难-人口"字段。

11）因旱人畜饮水困难-大牲畜：同 8.2.2 节"因旱人畜饮水困难-大牲畜"字段。

12）本年粮食总产量：填写该地区全年的粮食总产量。

13）旱灾损失-粮食：填写该地区因旱损失的粮食产量。

14）旱灾损失-粮食（金额）：填写该地区因旱损失的粮食的经济价值。

15）旱灾损失-经济作物：填写该地区因旱损失的经济作物的经济价值。

16）其他行业因旱直接经济损失：填写该地区其他行业因旱直接经济损失。

17）因旱直接经济总损失：填写该地区因旱直接经济总损失。

18）抗旱效益-挽回粮食：填写该地区抗旱挽回的粮食产量。

19）抗旱效益-挽回粮食（金额）：填写该地区抗旱挽回粮食的经济价值。

20）抗旱效益-挽回经济作物：填写该地区抗旱挽回经济作物的经济价值。

8.2.5 城市干旱缺水及水源情况统计表

a）本表存储城市干旱缺水及水源情况统计表的数据，表中数据随报表中记录数量而增加。

b）表标识：HQXX＿CTYMWRM＿S。

c）表编号：HQXX＿001＿0005。

d）各字段定义见表 8.2.5－1。

表 8.2.5－1　城市干旱缺水及水源情况统计表字段定义

序号	字 段 名	标识符	类型及长度	计量单位	是否允许空值	主键	外键	索引序号
1	报表详情标识	RDID	CHAR（32）		N	Y		1
2	报表基础信息标识	DRBIID	CHAR（32）		N		Y	
3	行政区划代码	AD＿CODE	CHAR（15）		N		Y	
4	正常日用水量-小计	NDWSUM	N（8，4）	$10^4 m^3$				
5	正常日用水量-生活	NDWL	N（8，4）	$10^4 m^3$				
6	正常日用水量-工业	NDWI	N（8，4）	$10^4 m^3$				
7	正常日用水量-生态	NDWF	N（8，4）	$10^4 m^3$				
8	正常日用水量-其他	NDWO	N（8，4）	$10^4 m^3$				
9	当前日供水量-小计	DSWSUM	N（8，4）	$10^4 m^3$				
10	当前日供水量-水库名称	DSWRSVNM	C（64）					
11	当前日供水量-水库当前蓄水量	DSWRSVDWV	N（12，4）	$10^4 m^3$				
12	当前日供水量-水库可用水量	DSWRSVAWV	N（12，4）	$10^4 m^3$				
13	当前日供水量-水库当前日供水量	DSWRSVDSW	N（8，4）	$10^4 m^3$				
14	当前日供水量-江河湖泊取水-名称	DSWRLSNM	C（64）					
15	当前日供水量-江河湖泊取水-当前水位	DSWRLSWL	N（7，3）	m				
16	当前日供水量-江河湖泊取水-当前日供水量	DSWRLSDSW	N（8，4）	$10^4 m^3$				
17	当前日供水量-地下水日供水量	DSWGWDSW	N（8，4）	$10^4 m^3$				
18	当前日供水量-其他水源日供水量	DSWOWRDSW	N（8，4）	$10^4 m^3$				
19	日缺水量	DMW	N（8，4）	$10^4 m^3$				
20	缺水影响人口	MWP	N（10，4）	10^4 人				
21	影响工业产值	IIV	N（10，4）	10^4 元/月				
22	干旱程度	MWL	C（64）					

e）各字段存储内容应符合下列规定：

    1）报表详情标识：唯一标识一条城市干旱缺水及水源情况统计表的数据，同8.2.2节"报表详情标识"字段。

    2）报表基础信息标识：同8.2.1节"基础信息标识"字段，是引用表8.2.1-1的外键。

    3）行政区划代码：同8.1.1节"行政区划代码"字段，是引用表8.1.1-1的外键。

    4）正常日用水量-小计：填写该城市的正常日用水量。

    5）正常日用水量-生活：填写该城市的生活日用水量。

    6）正常日用水量-工业：填写该城市的工业日用水量。

    7）正常日用水量-生态：填写该城市的生态日用水量。

    8）正常日用水量-其他：填写该城市除了生活、工业和生态之外的日用水量。

    9）当前日供水量-小计：填写该城市的日供水量。

    10）当前日供水量-水库名称：填写供水水库的中文名称。

    11）当前日供水量-水库当前蓄水量：填写该水库当前的蓄水量。

    12）当前日供水量-水库可用水量：填写该水库当前的可用水量。

    13）当前日供水量-水库当前日供水量：填写该水库当前的日供水量。

    14）当前日供水量-江河湖泊取水-名称：填写江河湖泊取水工程的中文名称。

    15）当前日供水量-江河湖泊取水-当前水位：填写该江河湖泊取水工程的当前水位。

    16）当前日供水量-江河湖泊取水-当前日供水量：填写该江河湖泊取水工程的日供水量。

    17）当前日供水量-地下水日供水量：填写该城市地下水的日供水量。

    18）当前日供水量-其他水源日供水量：填写该城市除了水库、江河湖泊和地下水之外的其他水源的日供水量。

    19）日缺水量：填写该城市的日缺水量。

    20）缺水影响人口：填写该城市因缺水影响的人口。

    21）影响工业产值：填写该城市因缺水影响的工业产值。

    22）干旱程度：填写该城市的干旱等级。

8.2.6 城市干旱缺水及抗旱情况统计表

a）本表存储城市干旱缺水及抗旱情况统计表的数据，表中数据随报表中记录数量而增加。

b）表标识：HQXX_CTYSWADY_S。

c）表编号：HQXX_001_0006。

d）各字段定义见表8.2.6-1。

表8.2.6-1　城市干旱缺水及抗旱情况统计表字段定义

序号	字　段　名	标识符	类型及长度	计量单位	是否允许空值	主键	外键	索引序号
1	报表详情标识	RDID	CHAR（32）		N	Y		1
2	报表基础信息标识	DRBIID	CHAR（32）		N		Y	
3	行政区划（城市）代码	AD_CODE	CHAR（15）		N		Y	
4	年实际供水量	YRTDW	N（12，4）	$10^4 m^3$				
5	年缺水量	YDW	N（12，4）	$10^4 m^3$				
6	主要缺水时段	PMWP	VC（64）					
7	影响人口	MWP	N（10，4）	10^4 人/a				
8	影响工业产值	IIV	N（10，4）	10^4 元/a				
9	年节约水量	YSW	N（10，4）	$10^4 m^3$/a				

表 8.2.6－1　城市干旱缺水及抗旱情况统计表字段定义（续）

序号	字　段　名	标识符	类型及长度	计量单位	是否允许空值	主键	外键	索引序号
10	应急水源建设-名称	EWRCNM	C（64）					
11	应急水源建设-投入资金	EWRCF	N（10，4）	10⁴ 元				
12	应急水源建设-新增供水能力	EWRCNS	N（10，4）	10⁴m³/a				
13	抗旱效果-减少影响人口	DEP	N（10，4）	10⁴ 人/a				
14	抗旱效果-减少工业损失	DIL	N（10，4）	10⁴ 元/a				

e）各字段存储内容应符合下列规定：

　　1）报表详情标识：唯一标识一条旱情信息，同 8.2.2 节"报表详情标识"字段。

　　2）报表基础信息标识：同 8.2.1 节"基础信息标识"字段，是引用表 8.2.1－1 的外键。

　　3）行政区划（城市）代码：同 8.1.1 节"行政区划代码"字段，是引用表 8.1.1－1 的外键。

　　4）年实际供水量：填写该城市的年实际供水量。

　　5）年缺水量：填写该城市的年缺水量。

　　6）主要缺水时段：填写该城市的主要缺水时段。

　　7）影响人口：同 8.2.5 节"影响人口"字段。

　　8）影响工业产值：同 8.2.5 节"影响工业产值"字段。

　　9）年节约水量：填写该城市的年节约水量。

　　10）应急水源建设-名称：填写该城市的应急水源工程名称。

　　11）应急水源建设-投入资金：填写该城市投入到应急水源工程建设的资金。

　　12）应急水源建设-新增供水能力：填写该城市应急水源工程的新增供水能力。

　　13）抗旱效果-减少影响人口：填写该城市采取抗旱措施后减少的旱情影响人口。

　　14）抗旱效果-减少工业损失：填写该城市采取抗旱措施后减少的工业损失。

8.2.7　干旱缺水城市基本情况及用水情况统计表

a）本表存储干旱缺水城市基本情况及用水情况统计表的数据，表中数据随报表中记录数量而增加。

b）表标识：HQXX＿CTYBUY＿S。

c）表编号：HQXX＿001＿0007。

d）各字段定义见表 8.2.7－1。

表 8.2.7－1　干旱缺水城市基本情况及用水情况统计表字段定义

序号	字　段　名	标识符	类型及长度	计量单位	是否允许空值	主键	外键	索引序号
1	报表详情标识	RDID	CHAR（32）		N	Y		1
2	报表基础信息标识	DRBIID	CHAR（32）		N		Y	
3	行政区划（城市）代码	AD＿CODE	CHAR（15）		N		Y	
4	城市级别	CTYLVL	VC（32）					
5	地理位置经度	CTYLGTD	N（10，6）					
6	地理位置纬度	CTYLTTD	N（10，6）					
7	城区总人口	POP	N（10，4）	10⁴ 人				
8	GDP	GDP	N（12，4）	10⁸ 元				
9	年工业总产值	YIP	N（12，4）	10⁸ 元				
10	万元 GDP 用水量	WPGDP	N（10，4）	m³				

表 8.2.7-1 干旱缺水城市基本情况及用水情况统计表字段定义（续）

序号	字 段 名	标识符	类型及长度	计量单位	是否允许空值	主键	外键	索引序号
11	万元工业产值用水量	WPTIV	N（10，4）	m^3				
12	正常年用水量-小计	YDWSUM	N（12，4）	$10^4 m^3$				
13	正常年用水量-生活	YDWL	N（12，4）	$10^4 m^3$				
14	正常年用水量-工业	YDWI	N（12，4）	$10^4 m^3$				
15	正常年用水量-生态	YDWF	N（12，4）	$10^4 m^3$				
16	正常年用水量-其他	YDWO	N（12，4）	$10^4 m^3$				
17	人均生活用水量	DWAVG	N（4）	L/d				
18	地理位置文本信息（经纬度）	LGANDLT	VC（64）					

e）各字段存储内容应符合下列规定：

1）报表详情标识：唯一标识一条干旱缺水城市基本情况及用水情况统计表的数据，同 8.2.2 节"报表详情标识"字段。

2）报表基础信息标识：同 8.2.1 节"基础信息标识"字段，是引用表 8.2.1-1 的外键。

3）行政区划（城市）代码：同 8.1.1 节"行政区划代码"字段，是引用表 8.1.1-1 的外键。

4）城市级别：填写该城市的城市规模，县级市或地级市。

5）地理位置经度：填写该城市的经度。

6）地理位置纬度：填写该城市的纬度。

7）城区总人口：填写该城市城区的总人口。

8）GDP：填写该城市的生产总值。

9）年工业总产值：填写该城市的年工业总产值。

10）万元 GDP 用水量：填写该城市万元 GDP 的用水量。

11）万元工业产值用水量：填写该城市万元工业产值的用水量。

12）正常年用水量-小计：填写该城市在正常情况下的年用水量。

13）正常年用水量-生活：填写该城市在正常情况下的年生活用水量。

14）正常年用水量-工业：填写该城市在正常情况下的年工业用水量。

15）正常年用水量-生态：填写该城市在正常情况下的年生态用水量。

16）正常年用水量-其他：填写该城市在正常情况下除了生活、工业和生态用水之外的其他年用水量。

17）人均生活用水量：填写该城市的人均生活用水量。

18）地理位置文本信息（经纬度）：用于保存历史旱情统计报表数据，同时适配作为数据来源的旱情汇集平台中各地所填报的内容。在数据写入本字段后，把经度、纬度数据按照数值类型处理后存储。

8.2.8 干旱缺水城市供水水源基本情况统计表

a）本表存储干旱缺水城市供水水源基本情况统计表的数据，表中数据随报表中记录数量而增加。

b）表标识：HQXX_CTYPWBY_S。

c）表编号：HQXX_001_0008。

d）各字段定义见表 8.2.8-1。

e）各字段存储内容应符合下列规定：

1）报表详情标识：唯一标识一条干旱缺水城市供水水源基本情况统计表的数据，同 8.2.2 节"报表详情标识"字段。

表 8.2.8－1　干旱缺水城市供水水源基本情况统计表字段定义

序号	字段名	标识符	类型及长度	计量单位	是否允许空值	主键	外键	索引序号
1	报表详情标识	RDID	CHAR（32）		N	Y		1
2	报表基础信息标识	DRBIID	CHAR（32）		N		Y	
3	行政区划（城市）代码	AD_CODE	CHAR（15）		N		Y	
4	正常年供水总量	YSTW	N（12，4）	$10^4\,m^3$				
5	供水水库-名称	SWSRTRNM	VC（64）					
6	供水水库-总库容	SWSRTRV	N（12，4）	$10^4\,m^3$				
7	供水水库-兴利水位	SWSRNRZ	N（7，3）	m				
8	供水水库-兴利库容	SWSRNRV	N（12，4）	$10^4\,m^3$				
9	供水水库-死库容	SWSRDRV	N（12，4）	$10^4\,m^3$				
10	供水水库-正常年供水量	SWSRNYSW	N（12，4）	$10^4\,m^3$				
11	江河湖泊取水工程-工程名称	SWRLENM	VC（64）					
12	江河湖泊取水工程-设计取水能力	SWRLEDSW	N（8，4）	$10^4\,m^3/d$				
13	江河湖泊取水工程-最低取水水位	SWRLELSWL	N（7，3）	m				
14	江河湖泊取水工程-正常年供水量	SWRLENYSW	N（12，4）	$10^4\,m^3$				
15	地下水-正常年供应量	GWNYSW	N（12，4）	$10^4\,m^3$				
16	地下水-年超采量	GWYBD	N（12，4）	$10^4\,m^3$				
17	其他水源-正常年供水量-中水回用	OWNYSWC	N（12，4）	$10^4\,m^3$				
18	其他水源-正常年供水量-海水淡化	OWNYSWS	N（12，4）	$10^4\,m^3$				

2）报表基础信息标识：同 8.2.1 节"基础信息标识"字段，是引用表 8.2.1－1 的外键。

3）行政区划（城市）代码：同 8.1.1 节"行政区划代码"字段，是引用表 8.1.1－1 的外键。

4）正常年供水总量：填写该城市在正常情况下的年供水总量。

5）供水水库-名称：同 8.2.5 节"当前日供水量-水库名称"字段。

6）供水水库-总库容：填写该水库的总库容。

7）供水水库-兴利水位：填写该水库的兴利水位。

8）供水水库-兴利库容：填写该水库的兴利库容。

9）供水水库-死库容：填写该水库的死库容。

10）供水水库-正常年供水量：填写该水库在正常情况下的年供水量。

11）江河湖泊取水工程-工程名称：同 8.2.5 节"当前日供水量-江河湖泊取水-名称"字段。

12）江河湖泊取水工程-设计取水能力：填写该江河湖泊取水工程的设计取水能力。

13）江河湖泊取水工程-最低取水水位：填写该江河湖泊取水工程的最低取水水位。

14）江河湖泊取水工程-正常年供水量：填写该江河湖泊取水工程在正常情况下的正常年供水量。

15）地下水-正常年供应量：填写该城市在正常情况下的地下水年供水量。

16）地下水-年超采量：填写该城市地下水的年超采量。

17）其他水源-正常年供水量-中水回用：填写该城市在正常情况下中水回用的年供水量。

18）其他水源-正常年供水量-海水淡化：填写该城市在正常情况下海水淡化的年供水量。

8.2.9　抗旱服务队基本情况汇总表

a）本表存储抗旱服务队基本情况汇总表的数据，表中数据随报表中记录数量而增加。

b）表标识：HQXX_FDOBINY_S。

c）表编号：HQXX＿001＿0009。

d）各字段定义见表8.2.9-1。

表 8.2.9-1 抗旱服务队基本情况汇总表字段定义

序号	字 段 名	标识符	类型及长度	计量单位	是否允许空值	主键	外键	索引序号
1	报表详情标识	RDID	CHAR (32)		N	Y		1
2	报表基础信息标识	DRBIID	CHAR (32)		N		Y	
3	行政区划代码	AD＿CODE	CHAR (15)		N		Y	
4	抗旱服务队个数-小计	ALLDTEAM	N (5)					
5	抗旱服务队个数-省级	PROVDTEAM	N (4)					
6	抗旱服务队个数-市级	CITYTDEAM	N (4)					
7	抗旱服务队个数-县级	COUNTYDTEAM	N (4)					
8	抗旱服务队个数-乡级	XDTEAM	N (5)					
9	抗旱服务队性质-全额拨款	DTTPQE	N (6)					
10	抗旱服务队性质-差额拨款	DTTPCE	N (6)					
11	抗旱服务队性质-自收自支	DTTPZS	N (6)					
12	队员人数-小计	TMANSUM	N (7)					
13	队员人数-其中在编人员	TMANISSUM	N (7)					
14	仓储面积	SAREA	N (7)	m^2				
15	现有主要抗旱设备-固定资产	EFDEFA	N (10, 4)	10^4 元				
16	现有主要抗旱设备-应急打水车	EFDEECWW	N (5)	辆				
17	现有主要抗旱设备-打井洗井设备	EFDEDFE	N (6)	台套				
18	现有主要抗旱设备-移动灌溉设备	EFDEMIE	N (6)	台套				
19	现有主要抗旱设备-移动喷滴灌节水设备	EFDEMSIWE	N (6)	台套				
20	现有主要抗旱设备-输水软管	EFDEHE	N (10, 4)	10^4 m				
21	现有主要抗旱设备-简易净水设备	EFDESWPE	N (6)	台套				
22	现有主要抗旱设备-清淤设备	EFDEDE	N (6)	台套				
23	现有主要抗旱设备-发电和动力设备	EFDEPGPE	N (6)	台套				
24	现有主要抗旱设备-其他设备	EFDEOE	N (6)	台套				
25	抗旱能力-浇地能力	FDAIC	N (9, 4)	10^4 亩/d				
26	抗旱能力-应急送水	FDAEW	N (6)	t/次				
27	近3年来抗旱收益-解决人饮困难	FDESDD	N (10, 4)	10^4 人				
28	近3年来抗旱收益-抗旱浇地	FDEFDI	N (10, 4)	10^4 亩				
29	近3年来抗旱收益-应急打井	FDEED	N (6)	眼				
30	近3年来抗旱收益-维修抗旱设备	FDEME	N (6)	台套				
31	近3年来抗旱收益-节水灌溉面积	FDEWSIA	N (10, 4)	10^4 亩				
32	近3年来抗旱收益-抗旱挽回粮食损失	FDESGL	N (10, 4)	t				
33	近3年来各级财政投入资金	ALFI	N (10, 4)	10^4 元				

e）各字段存储内容应符合下列规定：

　　1）报表详情标识：唯一标识一条抗旱服务队基本情况汇总表的数据，同8.2.2节"报表详情标识"字段。

　　2）报表基础信息标识：同8.2.1节"基础信息标识"字段，是引用表8.2.1-1的外键。

3）行政区划代码：同 8.1.1 节"行政区划代码"字段，是引用表 8.1.1-1 的外键。

4）抗旱服务队个数-小计：填写该地区的抗旱服务队个数。

5）抗旱服务队个数-省级：填写该地区省级抗旱服务队个数。

6）抗旱服务队个数-市级：填写该地区市级抗旱服务队个数。

7）抗旱服务队个数-县级：填写该地区县级抗旱服务队个数。

8）抗旱服务队个数-乡级：填写该地区乡级抗旱服务队个数。

9）抗旱服务队性质-全额拨款：填写该地区性质为全额拨款的抗旱服务队个数。

10）抗旱服务队性质-差额拨款：填写该地区性质为差额拨款的抗旱服务队个数。

11）抗旱服务队性质-自收自支：填写该地区性质为自收自支的抗旱服务队个数。

12）队员人数-小计：填写该地区抗旱服务队队员人数。

13）队员人数-其中在编人员：填写该地区抗旱服务队的在编队员人数。

14）仓储面积：填写该地区抗旱仓储的面积。

15）现有主要抗旱设备-固定资产：填写该地区抗旱服务队的固定资产。

16）现有主要抗旱设备-应急打水车：填写该地区抗旱服务队拥有的应急打水车辆数。

17）现有主要抗旱设备-打井洗井设备：填写该地区抗旱服务队拥有的打井洗井设备台数。

18）现有主要抗旱设备-移动灌溉设备：填写该地区抗旱服务队拥有的移动灌溉设备台数。

19）现有主要抗旱设备-移动喷滴灌节水设备：填写该地区抗旱服务队拥有的移动喷滴灌节水设备台数。

20）现有主要抗旱设备-输水软管：填写该地区抗旱服务队拥有的输水软管长度。

21）现有主要抗旱设备-简易净水设备：填写该地区抗旱服务队拥有的简易净水设备台数。

22）现有主要抗旱设备-清淤设备：填写该地区抗旱服务队拥有的清淤设备台数。

23）现有主要抗旱设备-发电和动力设备：填写该地区抗旱服务队拥有的发电和动力设备台数。

24）现有主要抗旱设备-其他设备：填写该地区抗旱服务队拥有的除应急打水车、打井洗井设备、移动灌溉设备、移动喷滴灌节水设备、输水软管、简易净水设备、清淤设备以及发电和动力设备之外的其他设备台数。

25）抗旱能力-浇地能力：填写该地区抗旱服务队的浇地能力，即每天能浇地的面积。

26）抗旱能力-应急送水：填写该地区抗旱服务队的应急送水能力，即每次能输送的水量。

27）近 3 年来抗旱收益-解决人饮困难：填写该地区抗旱服务队近 3 年来解决人饮困难的人次。

28）近 3 年来抗旱收益-抗旱浇地：填写该地区抗旱服务队近 3 年来累计抗旱浇地的面积。

29）近 3 年来抗旱收益-应急打井：填写该地区抗旱服务队近 3 年来应急打井的眼数。

30）近 3 年来抗旱收益-维修抗旱设备：填写该地区抗旱服务队近 3 年来维修抗旱设备的台数。

31）近 3 年来抗旱收益-节水灌溉面积：填写该地区抗旱服务队近 3 年来节水灌溉的面积。

32）近 3 年来抗旱收益-抗旱挽回粮食损失：填写该地区抗旱服务队近 3 年来挽回的粮食损失量。

33）近 3 年来各级财政投入资金：填写该地区抗旱服务队近 3 年来各级财政投入的资金。

8.2.10 抗旱服务队基本情况调查表

a）本表存储抗旱服务队基本情况调查表的数据，表中数据随报表中记录数量而增加。

b）表标识：HQXX_FDSTBSI_S。

c）表编号：HQXX_001_00010。

d) 各字段定义见表8.2.10-1。

表 8.2.10-1　抗旱服务队基本情况调查表字段定义

序号	字　段　名	标识符	类型及长度	计量单位	是否允许空值	主键	外键	索引序号
1	报表详情标识	RDID	CHAR（32）		N	Y		1
2	报表基础信息标识	DRBIID	CHAR（32）		N		Y	
3	序号	FDSTBSIIDX	N（7）					
4	行政区划代码	AD_CODE	CHAR（15）		N		Y	
5	服务队名称	FDTNM	VC（64）		N			
6	抗旱服务队性质-全额拨款	DTTPQE	VC（32）					
7	抗旱服务队性质-差额拨款	DTTPCE	VC（32）					
8	抗旱服务队性质-自收自支	DTTPZS	VC（32）					
9	队员人数-小计	TMANSUM	N（5）					
10	队员人数-其中在编人员	TMANISSUM	N（5）					
11	仓储面积	SAREA	N（7）	m²				
12	现有主要抗旱设备-固定资产	EFDEFA	N（10，4）	10^4 元				
13	现有主要抗旱设备-应急打水车	EFDEECWW	N（5）	辆				
14	现有主要抗旱设备-打井洗井设备	EFDEDFE	N（6）	台套				
15	现有主要抗旱设备-移动灌溉设备	EFDEMIE	N（6）	台套				
16	现有主要抗旱设备-移动喷滴灌节水设备	EFDEMSIWE	N（6）	台套				
17	现有主要抗旱设备-输水软管	EFDEHE	N（10，4）	10^4 m				
18	现有主要抗旱设备-简易净水设备	EFDESWPE	N（6）	台套				
19	现有主要抗旱设备-清淤设备	EFDEDE	N（6）	台套				
20	现有主要抗旱设备-发电和动力设备	EFDEPGPE	N（6）	台套				
21	现有主要抗旱设备-其他设备	EFDEOE	N（6）	台套				
22	抗旱能力-浇地能力	FDAIC	N（10，4）	10^4 亩/d				
23	抗旱能力-应急送水	FDAEW	N（6）	t/次				
24	近3年来抗旱收益-解决人饮困难	FDESDD	N（10，4）	10^4 人				
25	近3年来抗旱收益-抗旱浇地	FDEFDI	N（10，4）	10^4 亩				
26	近3年来抗旱收益-应急打井	FDEED	N（6）	眼				
27	近3年来抗旱收益-维修抗旱设备	FDEME	N（6）	台套				
28	近3年来抗旱收益-节水灌溉面积	FDEWSIA	N（10，4）	10^4 亩				
29	近3年来抗旱收益-抗旱挽回粮食损失	FDESGL	N（10，4）	t				
30	近3年来各级财政投入资金	ALFI	N（10，4）	10^4 元				
31	设备运行管理费是否列入财政预算	ERMF	VC（2）					

e) 各字段存储内容应符合下列规定：

1）报表详情标识：唯一标识一条抗旱服务队基本情况调查表的数据，同8.2.2节"报表详情标识"字段。

2）报表基础信息标识：同8.2.1节"基础信息标识"字段，是引用表8.2.1-1的外键。

3）序号：抗旱服务队的序号。

4）行政区划代码：同8.1.1节"行政区划代码"字段，是引用表8.1.1-1的外键。

5）服务队名称：抗旱服务队的中文名称。

6）抗旱服务队性质-全额拨款：表示抗旱服务队的性质是否为全额拨款，按表8.2.10-2的规定执行。

表8.2.10-2 抗旱服务队性质表

代码	含义	代码	含义
0	非全额拨款	1	是全额拨款

7）抗旱服务队性质-差额拨款：表示抗旱服务队的性质是否为差额拨款，按表8.2.10-2的规定执行。

8）抗旱服务队性质-自收自支：表示抗旱服务队的性质是否为自收自支，按表8.2.10-2的规定执行。

9）队员人数-小计：同8.2.9节"队员人数-小计"字段。

10）队员人数-其中在编人员：同8.2.9节"队员人数-其中在编人员"字段。

11）仓储面积：同8.2.9节"仓储面积"字段。

12）现有主要抗旱设备-固定资产：同8.2.9节"现有主要抗旱设备-固定资产"字段。

13）现有主要抗旱设备-应急打水车：同8.2.9节"现有主要抗旱设备-应急打水车"字段。

14）现有主要抗旱设备-打井洗井设备：同8.2.9节"现有主要抗旱设备-打井洗井设备"字段。

15）现有主要抗旱设备-移动灌溉设备：同8.2.9节"现有主要抗旱设备-移动灌溉设备"字段。

16）现有主要抗旱设备-移动喷滴灌节水设备：同8.2.9节"现有主要抗旱设备-移动喷滴灌节水设备"字段。

17）现有主要抗旱设备-输水软管：同8.2.9节"现有主要抗旱设备-输水软管"字段。

18）现有主要抗旱设备-简易净水设备：同8.2.9节"现有主要抗旱设备-简易净水设备"字段。

19）现有主要抗旱设备-清淤设备：同8.2.9节"现有主要抗旱设备-清淤设备"字段。

20）现有主要抗旱设备-发电和动力设备：同8.2.9节"现有主要抗旱设备-发电和动力设备"字段。

21）现有主要抗旱设备-其他设备：同8.2.9节"现有主要抗旱设备-其他设备"字段。

22）抗旱能力-浇地能力：同8.2.9节"抗旱能力-浇地能力"字段。

23）抗旱能力-应急送水：同8.2.9节"抗旱能力-应急送水"字段。

24）近3年来抗旱收益-解决人饮困难：同8.2.9节"近3年来抗旱收益-解决人饮困难"字段。

25）近3年来抗旱收益-抗旱浇地：同8.2.9节"近3年来抗旱收益-抗旱浇地"字段。

26）近3年来抗旱收益-应急打井：同8.2.9节"近3年来抗旱收益-应急打井"字段。

27）近3年来抗旱收益-维修抗旱设备：同8.2.9节"近3年来抗旱收益-维修抗旱设备"字段。

28）近3年来抗旱收益-节水灌溉面积：同8.2.9节"近3年来抗旱收益-节水灌溉面积"字段。

29）近3年来抗旱收益-抗旱挽回粮食损失：同8.2.9节"近3年来抗旱收益-抗旱挽回粮食损失"字段。

30）近3年来各级财政投入资金：同8.2.9节"近3年来各级财政投入资金"字段。

31）设备运行管理费是否列入财政预算：表示设备运行管理费是否列入财政预算，按表8.2.10-3的规定执行。

表 8.2.10-3　设备运行管理费是否列入财政预算表

代码	含　义	代码	含　义
0	是	1	否

8.2.11　抗旱服务队设备购置情况调查表

a）本表存储抗旱服务队设备购置情况调查表的数据，表中数据随报表中记录数量而增加。

b）表标识：HQXX_FDSTEPSI_S。

c）表编号：HQXX_001_00011。

d）各字段定义见表 8.2.11-1。

表 8.2.11-1　抗旱服务队设备购置情况调查表字段定义

序号	字段名	标识符	类型及长度	计量单位	是否允许空值	主键	外键	索引序号
1	报表详情标识	RDID	CHAR（32）		N	Y		1
2	报表基础信息标识	DRBIID	CHAR（32）		N		Y	
3	序号	FDSTEPSIIDX	N（7）					
4	行政区划代码	AD_CODE	CHAR（15）		N		Y	
5	抗旱服务队名称	FDTNM	VC（64）		N			
6	是否完成全部购置任务	FDSTTN	VC（2）					
7	补助资金	SF	N（10，4）	10^4 元				
8	签订合同资金	SCF	N（10，4）	10^4 元				
9	入库抗旱设备价值	WFDEV	N（10，4）	10^4 元				
10	应急拉水车	ECWW	N（3）	辆				
11	打井洗井设备	DFE	N（3）	台套				
12	移动灌溉设备	MIE	N（3）	台套				
13	移动喷滴灌节水设备	MSIWE	N（3）	台套				
14	输水软管	HE	N（8，4）	10^4 m				
15	简易净水设备	SWPE	N（3）	台套				
16	清淤设备	DE	N（3）	台套				
17	发电和动力设备	PGPE	N（3）	台套				
18	其他设备	OE	N（3）	台套				

e）各字段存储内容应符合下列规定：

1）报表详情标识：唯一标识一条抗旱服务队设备购置情况调查表的数据，同 8.2.2 节"报表详情标识"字段。

2）报表基础信息标识：同 8.2.1 节"基础信息标识"字段，是引用表 8.2.1-1 的外键。

3）序号：同 8.2.10 节"序号"字段。

4）行政区划代码：同 8.1.1 节"行政区划代码"字段，是引用表 8.1.1-1 的外键。

5）服务队名称：同 8.2.10 节"服务队名称"字段。

6）是否完成全部购置任务：表示是否完成全部购置任务，按表 8.2.11-2 的规定执行。

表 8.2.11-2　是否完成全部购置任务表

代码	含　义	代码	含　义
0	是	1	否

7) 补助资金：填写该抗旱服务队的中央抗旱设备购置补助金额。

8) 签订合同资金：填写该抗旱服务队签订补助资金合同的金额。

9) 入库抗旱设备价值：填写该抗旱服务队入库抗旱设备的价值。

10) 应急拉水车：填写该抗旱服务队利用补助资金购买的应急拉水车辆数。

11) 打井洗井设备：填写该抗旱服务队利用补助资金购买的打井洗井设备台数。

12) 移动灌溉设备：填写该抗旱服务队利用补助资金购买的移动灌溉设备台数。

13) 移动喷滴灌节水设备：填写该抗旱服务队利用补助资金购买的移动喷滴灌节水设备台数。

14) 输水软管：填写该抗旱服务队利用补助资金购买的输水软管长度。

15) 简易净水设备：填写该抗旱服务队利用补助资金购买的简易净水设备台数。

16) 清淤设备：填写该抗旱服务队利用补助资金购买的清淤设备台数。

17) 发电和动力设备：填写该抗旱服务队利用补助资金购买的发电和动力设备台数。

18) 其他设备：填写该抗旱服务队利用补助资金购买的除应急打水车、打井洗井设备、移动灌溉设备、移动喷滴灌节水设备、输水软管、简易净水设备、清淤设备以及发电和动力设备之外的其他设备台数。

8.2.12 抗旱服务组织抗旱效益统计表

a) 本表存储抗旱服务组织抗旱效益统计表（年报）的数据，表中数据随报表中记录数量而增加。

b) 表标识：HQXX _ FDOPBY _ S。

c) 表编号：HQXX _ 001 _ 00012。

d) 各字段定义见表 8.2.12-1。

表 8.2.12-1　抗旱服务组织抗旱效益统计表字段定义

序号	字 段 名	标识符	类型及长度	计量单位	是否允许空值	主键	外键	索引序号
1	报表详情标识	RDID	CHAR（32）		N	Y		1
2	报表基础信息标识	DRBIID	CHAR（32）		N		Y	
3	行政区划代码	AD_CODE	CHAR（15）		N		Y	
4	抗旱服务队个数-小计	ALLDTEAM	N（4）					
5	抗旱服务队个数-省级	PROVDTEAM	N（3）					
6	抗旱服务队个数-市级	CITYTDEAM	N（3）					
7	抗旱服务队个数-县级	COUNTYDTEAM	N（3）					
8	抗旱服务队个数-乡级	XDTEAM	N（4）					
9	抗旱投入劳力	IMAN	N（7）	人次				
10	出动抗旱设备	IDPM	N（5）	台套				
11	维修抗旱设备	MDPM	N（5）	台套				
12	抗旱应急水源工程建设	DEWSP	N（5）	处				
13	应急打井	FDPP	N（5）	眼				
14	拉水送水	FDPT	N（12，4）	t				
15	新增节水灌溉面积	NMDPFDIR	N（10，4）	10^4 亩				
16	改善灌溉面积	MMDPFDIR	N（10，4）	10^4 亩				
17	抗旱灌溉面积	MDPFDIR	N（10，4）	10^4 亩				
18	抗旱累计灌溉面积	MDPFDIRN	N（10，4）	10^4 亩				
19	解决饮水困难-人口	MDPHWP	N（10，4）	10^4 人				
20	解决饮水困难-大牲畜	MDPHWL	N（10，4）	10^4 头				

e) 各字段存储内容应符合下列规定：

  1）报表详情标识：唯一标识一条抗旱服务组织抗旱效益统计表（年报）的数据，同8.2.2节"报表详情标识"字段。

  2）报表基础信息标识：同8.2.1节"基础信息标识"字段，是引用表8.2.1-1的外键。

  3）行政区划代码：同8.1.1节"行政区划代码"字段，是引用表8.1.1-1的外键。

  4）抗旱服务队个数-小计：同8.2.9节"抗旱服务队个数-小计"字段。

  5）抗旱服务队个数-省级：同8.2.9节"抗旱服务队个数-省级"字段。

  6）抗旱服务队个数-市级：同8.2.9节"抗旱服务队个数-市级"字段。

  7）抗旱服务队个数-县级：同8.2.9节"抗旱服务队个数-县级"字段。

  8）抗旱服务队个数-乡级：同8.2.9节"抗旱服务队个数-乡级"字段。

  9）抗旱投入劳力：填写该地区累计投入到抗旱工作的人次。

  10）出动抗旱设备：填写该地区出动抗旱设备的台数。

  11）维修抗旱设备：填写该地区维修抗旱设备的台数。

  12）抗旱应急水源工程建设：填写该地区新建设抗旱应急水源工程的处数。

  13）应急打井：填写该地区应急打井的眼数。

  14）拉水送水：填写该地区拉水送水量。

  15）新增节水灌溉面积：填写该地区新增的节水灌溉面积。

  16）改善灌溉面积：填写该地区改善的灌溉面积。

  17）抗旱灌溉面积：同8.2.3节"抗旱浇灌面积"字段。

  18）抗旱累计灌溉面积：同8.2.3节"抗旱累计浇灌面积"字段。

  19）解决饮水困难-人口：同8.2.3节"临时解决人畜饮水困难-人口"字段。

  20）解决饮水困难-大牲畜：同8.2.3节"临时解决人畜饮水困难-大牲畜"字段。

8.2.13 水库蓄水情况统计表（月报）

a) 本表存储水库蓄水情况统计表（月报）的数据，表中数据随报表中记录数量而增加。

b) 表标识：HQXX_BMWSTRE_S。

c) 表编号：HQXX_001_00013。

d) 各字段定义见表8.2.13-1。

表8.2.13-1 水库蓄水情况统计表（月报）字段定义

序号	字 段 名	标识符	类型及长度	计量单位	是否允许空值	主键	外键	索引序号
1	报表详情标识	RDID	CHAR（32）		N	Y		1
2	报表基础信息标识	DRBIID	CHAR（32）		N		Y	
3	行政区划代码	AD_CODE	CHAR（15）		N		Y	
4	总计-座数	TRSUM	N（10）	座				
5	总计-蓄水总量	TWATERS	N（8，4）	$10^8 m^3$				
6	总计-常年同期蓄水总量	TLWATERS	N（8，4）	$10^8 m^3$				
7	大型水库-座数	BSUM	N（4）	座				
8	大型水库-蓄水量	BWATERS	N（8，4）	$10^8 m^3$				
9	大型水库-常年同期蓄水总量	BLWATERS	N（8，4）	$10^8 m^3$				
10	中型水库-座数	MSUM	N（4）	座				
11	中型水库-蓄水量	MWATERS	N（8，4）	$10^8 m^3$				
12	中型水库-常年同期蓄水总量	MLWATERS	N（8，4）	$10^8 m^3$				

表 8.2.13-1　水库蓄水情况统计表（月报）字段定义（续）

序号	字　段　名	标识符	类型及长度	计量单位	是否允许空值	主键	外键	索引序号
13	小（1）型水库-座数	SSUM	N（5）	座				
14	小（1）型水库-蓄水量	SWATERS	N（8，4）	$10^8\,m^3$				
15	小（1）型水库-常年同期蓄水总量	SLWATERS	N（8，4）	$10^8\,m^3$				
16	其他-蓄水总量	OTWATERS	N（8，4）	$10^8\,m^3$				
17	其他-常年同期蓄水量	OTLWATERS	N（8，4）	$10^8\,m^3$				

　e）各字段存储内容应符合下列规定：

　　1）报表详情标识：唯一标识一条水库蓄水情况统计表（月报）的数据，同 8.2.2 节"报表详情标识"字段。

　　2）报表基础信息标识：同 8.2.1 节"基础信息标识"字段，是引用表 8.2.1-1 的外键。

　　3）行政区划代码：同 8.1.1 节"行政区划代码"字段，是引用表 8.1.1-1 的外键。

　　4）总计-座数：填写该地区水库总座数。

　　5）总计-蓄水总量：填写该地区水库蓄水总量。

　　6）总计-常年同期蓄水总量：填写该地区水库常年同期蓄水总量。

　　7）大型水库-座数：填写该地区大型水库的座数。

　　8）大型水库-蓄水量：填写该地区大型水库的蓄水量。

　　9）大型水库-常年同期蓄水总量：填写该地区大型水库常年同期的蓄水总量。

　　10）中型水库-座数：填写该地区中型水库的座数。

　　11）中型水库-蓄水量：填写该地区中型水库的蓄水量。

　　12）中型水库-常年同期蓄水总量：填写该地区中型水库常年同期的蓄水总量。

　　13）小（1）型水库-座数：填写该地区小（1）型水库的座数。

　　14）小（1）型水库-蓄水量：填写该地区小（1）型水库的蓄水量。

　　15）小（1）型水库-常年同期蓄水总量：填写该地区小（1）型水库常年同期的蓄水总量。

　　16）其他-蓄水总量：填写该地区水库中除大型水库、中型水库和小（1）型水库之外其他水库的蓄水总量。

　　17）其他-常年同期蓄水量：填写该地区水库中除大型水库、中型水库和小（1）型水库之外其他水库常年同期的蓄水总量。

8.2.14　调水动态统计表

　a）本表存储调水动态统计表的数据，表中数据随报表中记录数量而增加。

　b）表标识：HQXX_TWRTIS_S。

　c）表编号：HQXX_001_00014。

　d）各字段定义见表 8.2.14-1。

表 8.2.14-1　调水动态统计表字段定义

序号	字　段　名	标识符	类型及长度	计量单位	是否允许空值	主键	外键	索引序号
1	报表详情标识	RDID	CHAR（32）		N	Y		1
2	报表基础信息标识	DRBIID	CHAR（32）		N		Y	
3	行政区划代码	AD_CODE	CHAR（15）		N		Y	
4	序号	RNO	VC（32）					
5	断面名称	TRNM	VC（100）		N			

表 8.2.14-1　调水动态统计表字段定义（续）

序号	字 段 名	标识符	类型及长度	计量单位	是否允许空值	主键	外键	索引序号
6	开闸过水时间	BGTM	DATE					
7	实时水情流量	FL	N（10，3）	m³/s				
8	实时水位	WTLV	N（8，3）	m				
9	实时水情累计过水量	SWQTY	N（9，2）	m³				
10	实时水情水质	WQL	VC（32）					
11	关闸断流时间	ENDTM	DATE					

　　e）各字段存储内容应符合下列规定：

　　　　1）报表详情标识：唯一标识一条调水动态统计表数据，同 8.2.2 节"报表详情标识"字段。

　　　　2）报表基础信息标识：同 8.2.1 节"基础信息标识"字段，是引用表 8.2.1-1 的外键。

　　　　3）行政区划代码：同 8.1.1 节"行政区划代码"字段，是引用表 8.1.1-1 的外键。

　　　　4）序号：表示断面的序号，同 8.2.10 节"序号"字段。

　　　　5）断面名称：填写断面的中文名称。

　　　　6）开闸过水时间：填写该断面的开闸过水时间。

　　　　7）实时水情流量：填写该断面的实时流量。

　　　　8）实时水情水位：填写该断面的实时水位。

　　　　9）实时水情累计过水量：填写该断面的实时累计过水量。

　　　　10）实时水情水质：填写该断面的实时水质情况，按表 8.2.14-2 的规定执行。

表 8.2.14-2　水 质 类 型 表

代码	水质类型	代码	水质类型
0	无水质信息	3	Ⅲ类水质
1	Ⅰ类水质	4	Ⅳ类水质
2	Ⅱ类水质	5	Ⅴ类水质

　　　　11）关闸断流时间：填写该断面的关闸断流时间。

8.2.15　小型水库工程主要特性指标表

　　a）本表存储小型水库工程主要特性指标表的数据，表中数据随报表中记录数量而增加。

　　b）表标识：HQXX_SRPMCI_S。

　　c）表编号：HQXX_001_00015。

　　d）各字段定义见表 8.2.15-1。

表 8.2.15-1　小型水库工程主要特性指标表字段定义

序号	字 段 名	标识符	类型及长度	计量单位	是否允许空值	主键	外键	索引序号
1	报表详情标识	RDID	CHAR（32）		N	Y		1
2	报表基础信息标识	DRBIID	CHAR（32）		N		Y	
3	序号	SRPMCIIDX	N（7，0）					
4	行政区划代码	AD_CODE	CHAR（15）		N		Y	
5	项目名称	PRONAME	VC（256）		N			
6	主要建设内容	FDPCC	VC（2048）					
7	所在河流名称	STRNM	VC（64）					

表 8.2.15－1　小型水库工程主要特性指标表字段定义（续）

序号	字 段 名	标识符	类型及长度	计量单位	是否允许空值	主键	外键	索引序号
8	坝址处控制流域面积	DCBA	N (10, 4)	km²				
9	坝址处多年平均年径流量	DMYAR	N (10, 4)	10⁴m³				
10	坝型	DT	VC (32)					
11	最大坝高	DH	N (8, 4)	m				
12	总库容	TOT_CAP	N (9, 2)	10⁴m³				
13	死库容	DEAD_CAP	N (9, 2)	10⁴m³				
14	主要供水量-总供水量	TWS	N (10, 4)	10⁴t				
15	主要供水量-城镇年供水量	UWS	N (10, 4)	10⁴t				
16	主要供水量-灌溉年供水量	IWS	N (10, 4)	10⁴t				
17	抗旱能力-解决城镇人饮	SCD	N (8, 4)	10⁴人				
18	抗旱能力-解决农村人饮	SRD	N (8, 4)	10⁴人				
19	抗旱能力-城乡供水涉及乡镇	UWSIVT	VC (256)					
20	抗旱能力-农业灌溉面积	AIA	N (8, 4)	10⁴亩				
21	抗旱能力-农业灌溉涉及乡镇	AIIVT	VC (256)					
22	工期与投资-建设总工期	GCTL	N (3)	月				
23	工期与投资-计划开工年限	PSFY	N (4)	a				
24	工期与投资-总投资	TI	N (10, 4)	10⁴元				
25	工期与投资-落实省级建设资金	ILPF	N (10, 4)	10⁴元				
26	工期与投资-落实市县建设资金	ILCDF	N (10, 4)	10⁴元				
27	工期与投资-总投资年度计划-第一年	TIAPFO	N (10, 4)	10⁴元				
28	工期与投资-总投资年度计划-第二年	TIAPFI	N (10, 4)	10⁴元				
29	工期与投资-总投资年度计划-第三年	TIAPSI	N (10, 4)	10⁴元				
30	工程进展情况-前期工作进展	PWP	VC (256)					
31	工程进展情况-完成投资比例	TCIP	N (5, 2)	%				
32	工程进展情况-形象进度	IP	VC (2048)					
33	工程进展情况-完成竣工验收	CCIA	VC (64)					
34	落实管理单位	TIMU	VC (64)					
35	落实管理经费	TIMF	VC (32)					
36	抗旱供水时段	FDWST	VC (64)	月				
37	抗旱供水总量	FDWSA	N (8, 4)	10⁴t				
38	解决人饮困难	SDD	N (8, 4)	10⁴人				
39	抗旱浇地面积	FDI	N (8, 4)	10⁴亩				
40	备注	RMK	VC (1024)					

e）各字段存储内容应符合下列规定：

1）报表详情标识：唯一标识一条小型水库工程主要特性指标表数据，同 8.2.2 节"报表详情标识"字段。

2）报表基础信息标识：同 8.2.1 节"基础信息标识"字段，是引用表 8.2.1－1 的外键。

3）序号：表示小型水库工程的序号，同 8.2.10 节"序号"字段。

4）行政区划代码：同 8.1.1 节"行政区划代码"字段，是引用表 8.1.1－1 的外键。

5）项目名称：填写该小型水库工程的中文名称。

6）主要建设内容：填写该小型水库工程的主体工程、配套设施等建设内容。

7）所在河流名称：填写该小型水库工程所在河流的中文名称。

8）坝址处控制流域面积：填写该小型水库工程坝址处控制流域面积。

9）坝址处多年平均年径流量：填写该小型水库工程坝址处多年平均年径流量。

10）坝型：填写该小型水库工程的坝体类型，按表 8.2.15－2 的规定执行。

表 8.2.15－2　坝　体　类　型　表

代码	坝体类型	代码	坝体类型
ZL	重力坝	DS	堆石坝
GX	拱坝	SLCT	水利冲填坝
ZD	支墩坝	SZ	水坠坝
TS	土石坝	QT	其他
TR	土坝		

11）最大坝高：填写该小型水库工程的最大坝高。

12）总库容：填写该小型水库工程的总库容。

13）死库容：填写该小型水库工程的死库容。

14）主要供水量-总供水量：填写该小型水库工程的年供水量。

15）主要供水量-城镇年供水量：填写该小型水库工程的城镇年供水量。

16）主要供水量-灌溉年供水量：填写该小型水库工程的灌溉年供水量。

17）抗旱能力-解决城镇人饮：填写该小型水库工程能解决城镇人饮困难的人口。

18）抗旱能力-解决农村人饮：填写该小型水库工程能解决农村人饮困难的人口。

19）抗旱能力-城乡供水涉及乡镇：填写该小型水库工程城乡供水涉及的乡镇。

20）抗旱能力-农业灌溉面积：填写该小型水库工程的农业灌溉面积。

21）抗旱能力-农业灌溉涉及乡镇：填写该小型水库工程农业灌溉涉及的乡镇。

22）工期与投资-建设总工期：填写该小型水库工程的建设总工期。

23）工期与投资-计划开工年限：填写该小型水库工程的计划开工年限。

24）工期与投资-总投资：填写该小型水库工程的总投资。

25）工期与投资-落实省级建设资金：填写该小型水库工程已落实的省级建设资金。

26）工期与投资-落实市县建设资金：填写该小型水库工程已落实的市县建设资金。

27）工期与投资-总投资年度计划-第一年：填写该小型水库工程第一年的总投资年度计划。

28）工期与投资-总投资年度计划-第二年：填写该小型水库工程第二年的总投资年度计划。

29）工期与投资-总投资年度计划-第三年：填写该小型水库工程第三年的总投资年度计划。

30）工程进展情况-前期工作进展：填写该小型水库工程的前期工作进展情况。

31）工程进展情况-完成投资比例：填写该小型水库工程的完成投资比例。

32）工程进展情况-形象进度：填写该小型水库工程的主体工程或配套设施建设进展情况。

33）工程进展情况-完成竣工验收：填写该小型水库工程竣工验收情况。

34）落实管理单位：填写该小型水库工程已落实的管理单位

35）落实管理经费：填写该小型水库工程已落实的管理经费。

36）抗旱供水时段：填写该小型水库工程的抗旱供水时段。

37）抗旱供水总量：填写该小型水库工程的抗旱供水总量。

38）解决人饮困难：填写该小型水库工程解决人饮困难人口数，同 8.2.3 节"临时解决人畜饮水困难-人口"字段。

39）抗旱浇地面积：填写该小型水库工程抗旱浇地面积，同 8.2.3 节"抗旱浇灌面积"字段。

40）备注：填写该小型水库工程的备注。

8.2.16 抗旱应急备用井主要特性指标表

a）本表存储抗旱应急备用井主要特性指标表的数据，表中数据随报表中记录数量而增加。

b）表标识：HQXX＿FDEWMCI＿S。

c）表编号：HQXX＿001＿00016。

d）各字段定义见表8.2.16－1。

表8.2.16－1 抗旱应急备用井主要特性指标表字段定义

序号	字段名	标识符	类型及长度	计量单位	是否允许空值	主键	外键	索引序号
1	报表详情标识	RDID	CHAR（32）		N	Y		1
2	报表基础信息标识	DRBIID	CHAR（32）		N		Y	
3	序号	FDEWMCIIDX	N（7，0）					
4	行政区划代码	AD＿CODE	CHAR（15）		N		Y	
5	项目名称	PRONAME	VC（256）		N			
6	主要建设内容	FDPCC	VC（2048）					
7	工程特征指标-数量	NUM	N（5）					
8	工程特征指标-平均井深	AD	N（7，3）	m				
9	工程特征指标-总供水量	TWS	N（12，4）	t				
10	工程特征指标-城镇年供水量	UWS	N（12，4）	t				
11	工程特征指标-灌溉年供水量	IWS	N（12，4）	t				
12	抗旱能力-解决乡镇人饮	SCD	N（10，4）	人				
13	抗旱能力-城乡供水涉及乡镇	UWSIVT	VC（256）					
14	抗旱能力-农业灌溉面积	AIA	N（10，4）	亩				
15	抗旱能力-农业灌溉涉及乡镇	AIIVT	VC（256）					
16	工期与投资-建设总工期	GCTL	N（3）	月				
17	工期与投资-计划开工年限	PSFY	N（4）					
18	工期与投资-总投资	TI	N（10，4）	10^4元				
19	工期与投资-落实省级建设资金	ILPF	N（10，4）	10^4元				
20	工期与投资-落实市县建设资金	ILCDF	N（10，4）	10^4元				
21	工期与投资-总投资年度计划-第一年	TIAPFO	N（10，4）					
22	工期与投资-总投资年度计划-第二年	TIAPFI	N（10，4）					
23	工期与投资-总投资年度计划-第三年	TIAPSI	N（10，4）					
24	工程进展情况-前期工作进展	PWP	VC（256）					
25	工程进展情况-完成投资比例	TCIP	N（5，2）	％				
26	工程进展情况-形象进度	IP	VC（2048）					
27	工程进展情况-完成竣工验收	CCIA	VC（64）					
28	落实管理单位	TIMU	VC（64）					
29	落实管理经费	TIMF	VC（32）					
30	抗旱供水时段	FDWST	VC（64）	月				
31	抗旱供水总量	FDWSA	N（12，4）	m^3				
32	解决人饮困难	SDD	N（8，4）	10^4人				
33	抗旱浇地面积	FDI	N（8，4）	10^4亩				
34	备注	RMK	VC（1024）					

e）各字段存储内容应符合下列规定：

1）报表详情标识：唯一标识一条抗旱应急备用井主要特性指标表数据，同8.2.2节"报表详情标识"字段。

2）报表基础信息标识：同8.2.1节"基础信息标识"字段，是引用表8.2.1-1的外键。

3）序号：表示抗旱应急备用井工程的序号，同8.2.10节"序号"字段。

4）行政区划代码：同8.1.1节"行政区划代码"字段，是引用表8.1.1-1的外键。

5）项目名称：填写该抗旱应急备用井工程的中文名称，同8.2.15节"项目名称"字段。

6）主要建设内容：填写该抗旱应急备用井工程的主体工程、配套设施等建设内容，同8.2.15节"主要建设内容"字段。

7）工程特征指标-数量：填写该抗旱应急备用井工程中应急备用井的眼数。

8）工程特征指标-平均井深：填写该抗旱应急备用井工程中应急备用井的平均井深。

9）工程特征指标-总供水量：填写该抗旱应急备用井工程的总供水量，同8.2.15节"主要供水量-总供水量"字段。

10）工程特征指标-城镇年供水量：填写该抗旱应急备用井工程的城镇年供水量，同8.2.15节"主要供水量-城镇年供水量"字段。

11）工程特征指标-灌溉年供水量：填写该抗旱应急备用井工程的灌溉年供水量，同8.2.15节"主要供水量-灌溉年供水量"字段。

12）抗旱能力-解决乡镇人饮：填写该抗旱应急备用井工程能解决的乡镇人饮困难人口数，同8.2.15节"抗旱能力-解决乡镇人饮"字段。

13）抗旱能力-城乡供水涉及乡镇：填写该抗旱应急备用井工程城乡供水涉及的乡镇，同8.2.15节"抗旱能力-城乡供水涉及乡镇"字段。

14）抗旱能力-农业灌溉面积：填写该抗旱应急备用井工程能提供的农业灌溉面积，同8.2.15节"抗旱能力-农业灌溉面积"字段。

15）抗旱能力-农业灌溉涉及乡镇：填写该抗旱应急备用井工程农业灌溉涉及的乡镇，同8.2.15节"抗旱能力-农业灌溉涉及乡镇"字段。

16）工期与投资-建设总工期：填写该抗旱应急备用井工程的建设总工期，同8.2.15节"工期与投资-建设总工期"字段。

17）工期与投资-计划开工年限：填写该抗旱应急备用井工程的计划开工年限，同8.2.15节"工期与投资-计划开工年限"字段。

18）工期与投资-总投资：填写该抗旱应急备用井工程的总投资，同8.2.15节"工期与投资-总投资"字段。

19）工期与投资-落实省级建设资金：填写该抗旱应急备用井工程已落实的省级建设资金，同8.2.15节"工期与投资-落实省级建设资金"字段。

20）工期与投资-落实市县建设资金：填写该抗旱应急备用井工程已落实的市县建设资金。同8.2.15节"工期与投资-落实市县建设资金"字段。

21）工期与投资-总投资年度计划-第一年：填写该抗旱应急备用井工程第一年的总投资年度计划，同8.2.15节"工期与投资-总投资年度计划-第一年"字段。

22）工期与投资-总投资年度计划-第二年：填写该抗旱应急备用井工程第二年的总投资年度计划，同8.2.15节"工期与投资-总投资年度计划-第二年"字段。

23）工期与投资-总投资年度计划-第三年：填写该抗旱应急备用井工程第三年的总投资年度计划，同8.2.15节"工期与投资-总投资年度计划-第三年"字段。

24）工程进展情况-前期工作进展：填写该抗旱应急备用井工程的前期工作进展，根据实际情况填写，同8.2.15节"工程进展情况-前期工作进展"字段。

25）工程进展情况-完成投资比例：填写该抗旱应急备用井工程已完成的投资比例，同

8.2.15 节"工程进展情况-完成投资比例"字段。

26）工程进展情况-形象进度：填写该抗旱应急备用井工程的主体工程或配套设施建设进展情况，同 8.2.15 节"工程进展情况-形象进度"字段。

27）工程进展情况-完成竣工验收：填写该抗旱应急备用井工程的竣工验收情况，同 8.2.15 节"工程进展情况-完成竣工验收"字段。

28）落实管理单位：填写该抗旱应急备用井工程已落实的管理单位，同 8.2.15 节"落实管理单位"字段。

29）落实管理经费：填写该抗旱应急备用井工程已落实的经费，同 8.2.15 节"落实管理经费"字段。

30）抗旱供水时段：填写该抗旱应急备用井工程的抗旱供水时段，同 8.2.15 节"抗旱供水时段"字段。

31）抗旱供水总量：填写该抗旱应急备用井工程抗旱供水总量，同 8.2.15 节"抗旱供水总量"字段。

32）解决人饮困难：填写该抗旱应急备用井工程解决人饮困难人口数，同 8.2.3 节"临时解决人畜饮水困难-人口"字段。

33）抗旱浇地面积：填写该抗旱应急备用井工程抗旱浇地面积，同 8.2.3 节"抗旱浇灌面积"字段。

34）备注：填写关于该抗旱应急备用井工程的备注，同 8.2.15 节"备注"字段。

8.2.17 引调提水工程主要特性指标表

a）本表存储引调提水工程主要特性指标表的数据，表中数据随报表中记录数量而增加。

b）表标识：HQXX_BTWPMCI_S。

c）表编号：HQXX_001_00017。

d）各字段定义见表 8.2.17-1。

表 8.2.17-1 引调提水工程主要特性指标表字段定义

序号	字 段 名	标识符	类型及长度	计量单位	是否允许空值	主键	外键	索引序号
1	报表详情标识	RDID	CHAR（32）		N	Y		1
2	报表基础信息标识	DRBIID	CHAR（32）		N		Y	
3	序号	BTWPMCIIDX	N（7,0）					
4	行政区划代码	AD_CODE	CHAR（15）		N		Y	
5	项目名称	PRONAME	VC（256）		N			
6	主要工程类型	FDPTP	VC（32）					
7	主要建设内容	FDPCC	VC（2048）					
8	工程特征指标-供水水源	WSS	VC（128）					
9	工程特征指标-输水线路类型	WLT	VC（32）					
10	工程特征指标-输水线路长度	WLL	N（10,4）	km				
11	工程特征指标-总供水量	TWS	N（12,4）	10^4 t				
12	工程特征指标-城镇年供水量	UWS	N（12,4）	10^4 t				
13	工程特征指标-灌溉年供水量	IWS	N（12,4）	10^4 t				
14	抗旱能力-解决乡镇人饮	SCD	N（10,4）	10^4 人				
15	抗旱能力-城乡供水涉及乡镇	UWSIVT	VC（256）					

表 8.2.17-1　引调提水工程主要特性指标表字段定义（续）

序号	字　段　名	标识符	类型及长度	计量单位	是否允许空值	主键	外键	索引序号
16	抗旱能力-农业灌溉面积	AIA	N（10，4）	10^4 亩				
17	抗旱能力-农业灌溉涉及乡镇	AIIVT	VC（256）					
18	工期与投资-建设总工期	GCTL	N（3）	月				
19	工期与投资-计划开工年限	PSFY	N（4）					
20	工期与投资-总投资	TI	N（10，4）	10^4 元				
21	工期与投资-落实省级建设资金	ILPF	N（10，4）	10^4 元				
22	工期与投资-落实市县建设资金	ILCDF	N（10，4）	10^4 元				
23	工期与投资-总投资年度计划-第一年	TIAPFO	N（10，4）	10^4 元				
24	工期与投资-总投资年度计划-第二年	TIAPFI	N（10，4）	10^4 元				
25	工期与投资-总投资年度计划-第三年	TIAPSI	N（10，4）	10^4 元				
26	工程进展情况-前期工作进展	PWP	VC（256）					
27	工程进展情况-完成招投标	TCTB	VC（32）					
28	工程进展情况-完成投资比例	TCIP	N（5，2）	％				
29	工程进展情况-形象进度	IP	VC（2048）					
30	工程进展情况-完成竣工验收	CCIA	VC（64）					
31	落实管理单位	TIMU	VC（64）					
32	落实管理经费	TIMF	VC（32）					
33	抗旱供水时段	FDWST	VC（64）	月				
34	抗旱供水总量	FDWSA	N（12，4）	m^3				
35	解决人饮困难	SDD	N（8，4）	10^4 人				
36	抗旱浇地面积	FDI	N（8，4）	10^4 亩				
37	备注	RMK	VC（1024）					

e）各字段存储内容应符合下列规定：

1）报表详情标识：唯一标识一条引调提水工程主要特性指标表数据，同 8.2.2 节"报表详情标识"字段。

2）报表基础信息标识：同 8.2.1 节"基础信息标识"字段，是引用表 8.2.1-1 的外键。

3）序号：表示该引调提水工程的序号，同 8.2.10 节"序号"字段。

4）行政区划代码：同 8.1.1 节"行政区划代码"字段，是引用表 8.1.1-1 的外键。

5）项目名称：填写该引调提水工程的中文名称，同 8.2.15 节"项目名称"字段。

6）主要工程类型：填写该引调提水工程的主要工程类型。

7）主要建设内容：填写该引调提水工程的主要建设内容，同 8.2.15 节"项目名称"字段。

8）工程特征指标-供水水源：填写该引调提水工程的供水水源。

9）工程特征指标-输水线路类型：填写该引调提水工程的输水路线类型。

10）工程特征指标-输水线路长度：填写该引调提水工程的输水路线长度。

11）工程特征指标-总供水量：填写该引调提水工程的总供水量，同 8.2.15 节"主要供水量-总供水量"字段。

12）工程特征指标-城镇年供水量：填写该引调提水工程的城镇年供水量，同 8.2.15 节"主要供水量-城镇年供水量"字段。

13）工程特征指标-灌溉年供水量：填写该引调提水工程的灌溉年供水量，同 8.2.15 节"主要供水量-灌溉年供水量"字段。

14）抗旱能力-解决乡镇人饮：填写该引调提水工程能解决的乡镇人饮困难人口数，同 8.2.15 节"抗旱能力-解决乡镇人饮"字段。

15）抗旱能力-城乡供水涉及乡镇：填写该引调提水工程城乡供水涉及的乡镇，同 8.2.15 节"抗旱能力-城乡供水涉及乡镇"字段。

16）抗旱能力-农业灌溉面积：填写该引调提水工程能提供的农业灌溉面积，同 8.2.15 节"抗旱能力-农业灌溉面积"字段。

17）抗旱能力-农业灌溉涉及乡镇：填写该引调提水工程农业灌溉涉及的乡镇，同 8.2.15 节"抗旱能力-农业灌溉涉及乡镇"字段。

18）工期与投资-建设总工期：填写该引调提水工程的建设总工期，同 8.2.15 节"工期与投资-建设总工期"字段。

19）工期与投资-计划开工年限：填写该引调提水工程的计划开工年限，同 8.2.15 节"工期与投资-计划开工年限"字段。

20）工期与投资-总投资：填写该引调提水工程的总投资，同 8.2.15 节"工期与投资-总投资"字段。

21）工期与投资-落实省级建设资金：填写该引调提水工程已落实的省级建设资金。

22）工期与投资-落实市县建设资金：填写该引调提水工程已落实的市县建设资金。

23）工期与投资-总投资年度计划-第一年：填写该引调提水工程第一年的总投资年度计划，同 8.2.15 节"工期与投资-总投资年度计划-第一年"字段。

24）工期与投资-总投资年度计划-第二年：填写该引调提水工程第二年的总投资年度计划，同 8.2.15 节"工期与投资-总投资年度计划-第二年"字段。

25）工期与投资-总投资年度计划-第三年：填写该引调提水工程第三年的总投资年度计划，同 8.2.15 节"工期与投资-总投资年度计划-第三年"字段。

26）工程进展情况-前期工作进展：填写该引调提水工程的前期工作进展，根据实际情况填写，同 8.2.15 节"工程进展情况-前期工作进展"字段。

27）工程进展情况-完成招投标：填写该引调提水工程的招投标情况。

28）工程进展情况-完成投资比例：填写该引调提水工程已完成的投资比例，同 8.2.15 节"工程进展情况-完成投资比例"字段。

29）工程进展情况-形象进度：填写该引调提水工程的主体工程或配套设施建设进展情况，同 8.2.15 节"工程进展情况-形象进度"字段。

30）工程进展情况-完成竣工验收：填写该引调提水工程的竣工验收情况，同 8.2.15 节"工程进展情况-完成竣工验收"字段。

31）落实管理单位：填写该引调提水工程已落实的管理单位，同 8.2.15 节"落实管理单位"字段。

32）落实管理经费：填写该引调提水工程已落实的经费，同 8.2.15 节"落实管理经费"字段。

33）抗旱供水时段：填写该引调提水工程的抗旱供水时段，同 8.2.15 节"抗旱供水时段"字段。

34）抗旱供水总量：填写该引调提水工程的抗旱供水总量，同 8.2.15 节"抗旱供水总量"字段。

35）解决人饮困难：填写该引调提水工程解决人饮困难人口数，同 8.2.3 节"临时解决人畜饮水困难-人口"字段。

36）抗旱浇地面积：填写该引调提水工程抗旱浇地面积，同 8.2.3 节"抗旱灌溉面积"字段。

37）备注：填写关于该引调提水工程的备注，同 8.2.15 节"备注"字段。

8.3 分析成果类数据表

分析成果类数据表主要包括旱情评估、旱灾评估、抗旱调度调水、遥感监测成果等旱情分析成果类的数据，见表8.3-1。

表 8.3-1 分析成果类数据表

序号	数 据 表	数据来源	数据类型	是否必须
1	旱情评估成果基本信息表	系统生成		√
2	旱情评估成果数据表	系统生成		√
3	旱灾评估基本信息表	系统生成		√
4	旱灾评估成果数据表	系统生成		√
5	调水线路基本信息表	用户录入		√
6	调水事件信息表	用户录入		√
7	调水事件状态表	用户录入		√
8	调水线路文档资料关联表	用户录入		√
9	调水线路与测站关联信息表	用户录入		√
10	调水监测站点信息表	用户录入		√
11	调水线路实时监测信息表	自动统计		√
12	旱情遥感监测成果接收表	旱情遥感系统		
13	旱情遥感监测成果信息表	系统生成		
14	旱情遥感监测受旱耕地面积统计信息表	系统生成		
15	会商主题表	用户录入		√
16	会商资料成果表	用户录入		√
17	会商决议记录表	用户录入		√
18	会商大纲模板表	用户录入		√
19	会商资料类型表	用户录入		√
20	会商大纲明细表	用户录入		√
21	旱情预测成果数据表	用户录入		√
22	旱情预测成果详情数据表	用户录入		√

8.3.1 旱情评估成果表

旱情评估成果表主要包括监测点和区域的旱情与历年同期对比、旱情等级等数据，以数据库形式存储，以测站编码或行政区域编码、时间为索引。

8.3.1.1 旱情评估成果基本信息表

a）本表存储旱情评估成果基本信息。

b）表标识：HQXX_DRAS_A。

c）表编号：HQXX_002_0001。

d）各字段定义见表8.3.1-1。

表 8.3.1-1 旱情评估成果基本信息表字段定义

序号	字 段 名	标识符	类型及长度	计量单位	是否允许空值	主键	外键	索引序号
1	旱情评估成果标识	DRASRID	CHAR (32)		N	Y		1
2	成果编码	RNO	VC (32)					
3	评估地区	AD_CODE	CHAR (15)					
4	评估起始日期	SDT	DATE					
5	评估结束日期	EDT	DATE					
6	成果名称	RNAME	VC (64)					
7	评估类别	ASMTKIND	VC (32)					
8	评估方法	ASWAY	VC (64)					
9	生成时间	CRETM	DATE					
10	生成人员	CUID	VC (32)					

　e）各字段存储内容应符合下列规定：

　　1）旱情评估成果标识：填写旱情评估成果标识。

　　2）成果编码：填写旱情评估成果编码。

　　3）评估地区：填写评估成果地区代码。

　　4）评估起始日期：填写旱情评估的时段起始日期。

　　5）评估结束日期：填写旱情评估的时段结束日期。

　　6）成果名称：填写旱情评估成果的名称。

　　7）评估类别：填写评估类别代码（NyHq-农业旱情、CsHq-城市旱情、QyYskn-区域因旱饮水困难、QyZhhq-区域综合旱情）。

　　8）评估方法：填写评估方法代码，如农业旱情（srhm-土壤相对湿度、pram-降雨量距平百分率、cdwr-连续无雨日数、rss-遥感）、城市旱情（uwsr-城市缺水率）、区域因旱饮水困难（pddw-因旱饮水困难人口总数、ppdd-因旱饮水困难人口占当地总人口的比例）、区域综合旱情（caad-农牧业综合旱情评估、rcda-区域综合旱情评估）。

　　9）生成时间：填写旱情评估成果的生成时间。

　　10）生成人员：填写旱情评估成果的生成人员姓名。

8.3.1.2 旱情评估成果数据表

　a）本表存储区旱情评估成果数据。

　b）表标识：HQXX_DRAS_DT_A。

　c）表编号：HQXX_002_0002。

　d）各字段定义见表 8.3.1-2。

表 8.3.1-2 旱情评估成果数据表字段定义

序号	字 段 名	标识符	类型及长度	计量单位	是否允许空值	主键	外键	索引序号
1	旱情评估成果详情标识	DRASRDID	CHAR (32)		N	Y		1
2	旱情评估成果标识	DRASRID	CHAR (32)		N	Y	Y	
3	时间	TM	DATE		N	Y		
4	行政区划代码	AD_CODE	CHAR (15)					
5	旱情等级	DSCID	CHAR (1)					
6	干旱等级标准标识	DSCEID	CHAR (32)					
7	评估数据	ACDDATA	VC (1024)					

e）各字段存储内容应符合下列规定：

    1）旱情评估成果详情标识：标识一条旱情评估成果，唯一主键。

    2）旱情评估成果标识：同 8.3.1.1 节"旱情评估成果标识"字段，是引用表 8.3.1－1 的外键。

    3）时间：填写旱情评估成果数据统计的时间。

    4）行政区划代码：同 8.1.1 节"行政区划代码"字段，是引用表 8.1.1－1 的外键。

    5）旱情等级：同 8.1.5 节"旱情等级"字段。

    6）干旱等级标准标识：同 8.1.5 节"干旱等级标准标识"字段。

    7）评估数据：填写旱情评估数据。

8.3.2 旱灾评估成果表

旱灾评估成果表包括受灾成灾绝收面积、作物减产、经济损失、抗旱投入和效益、旱灾与历年同期对比、评估的旱灾等级等数据，以数据库形式存储，以行政区域编码、时间为索引。

8.3.2.1 旱灾评估基本信息表

a）本表存储区旱灾评估基本信息。

b）表标识：HQXX＿DAAS＿A。

c）表编号：HQXX＿002＿0003。

d）各字段定义见表 8.3.2－1。

表 8.3.2－1 旱灾评估基本信息表字段定义

序号	字 段 名	标识符	类型及长度	计量单位	是否允许空值	主键	外键	索引序号
1	旱灾评估成果标识	DAASRID	CHAR（32）		N	Y		1
2	成果编码	RNO	VC（32）		N			
3	行政区划代码	AD＿CODE	CHAR（15）		N		Y	
4	评估起始日期	SDT	DATE					
5	评估结束日期	EDT	DATE					
6	成果名称	RNAME	VC（64）		N			
7	评估类别	ASMTKIND	VC（32）		N			
8	评估方法	ASWAY	VC（64）					
9	生成时间	CRETM	DATE					
10	生成人员	CUID	VC（32）					

e）各字段存储内容应符合下列规定：

    1）旱灾评估成果标识：标识一条旱灾评估成果，唯一主键。

    2）成果编码：填写旱灾成果编码。

    3）行政区划代码：同 8.1.1 节"行政区划代码"字段，是引用表 8.1.1－1 的外键。

    4）评估起始日期：填写旱灾评估的时段起始日期。

    5）评估结束日期：填写旱灾评估的时段结束日期。

    6）成果名称：填写旱灾评估成果的名称。

    7）评估类别：填写旱灾评估成果的类别。

    8）评估方法：填写旱灾评估成果的方法。

    9）生成时间：填写旱灾评估成果的生成时间。

    10）生成人员：填写旱灾评估成果生成人员姓名。

8.3.2.2 旱灾评估成果数据表

a）本表存储区旱灾评估成果数据。

b）表标识：HQXX＿DAAS＿DT＿A。

c）表编号：HQXX＿002＿0004。

d）各字段定义见表8.3.2－2。

表8.3.2－2　旱灾评估成果数据表字段定义

序号	字 段 名	标识符	类型及长度	计量单位	是否允许空值	主键	外键	索引序号
1	旱灾评估成果详情标识	DAASRDID	CHAR（32）		N	Y		1
2	旱灾评估成果标识	DAASRID	CHAR（32）		N		Y	
3	时间	TM	DATE		N			
4	行政区划代码	AD＿CODE	CHAR（15）		N		Y	
5	作物受灾面积	CRSASUM	N（10，4）	$10^3 hm^2$				
6	作物成灾面积	CRSAST	N（10，4）	$10^3 hm^2$				
7	作物绝收面积	CRSAN	N（10，4）	$10^3 hm^2$				
8	作物减产	DRLF	N（10，4）	$10^4 t$				
9	经济损失	DRLE	N（10，4）	10^4 元				
10	抗旱投入	SFAMT	N（10，4）	10^4 元				
11	抗旱效益	FDBE	N（10，4）	10^4 元				
12	旱灾等级	DGRD	CHAR（1）					
13	依据数据	ADCDDATA	VC（1024）					

e）各字段存储内容应符合下列规定：

1）旱灾评估成果详情标识：标识一条旱灾评估成果，唯一主键。

2）旱灾评估成果标识：同8.3.2.1节"旱灾评估成果标识"字段，是引用表8.3.2－1的外键。

3）时间：填写旱灾评估的时间。

4）行政区划代码：同8.1.1节"行政区划代码"字段，是引用表8.1.1－1的外键。

5）作物受灾面积：填写旱灾导致作物受灾面积。

6）作物成灾面积：填写旱灾导致作物成灾面积。

7）作物绝收面积：填写旱灾导致作物绝收面积。

8）作物减产：填写旱灾导致作物减产情况。

9）经济损失：填写旱灾导致经济损失情况。

10）抗旱投入：填写抗旱投入情况。

11）抗旱效益：填写抗旱效益。

12）旱灾等级：填写评估受灾情况时分析得出的旱灾等级。

13）依据数据：填写旱灾评估依据数据。

8.3.3　抗旱调度调水类数据表

抗旱调度调水类数据表主要包括调水断面的流量、水量数据、有关文档等，以数据库形式存储，以区域或站号、时间为索引。

8.3.3.1　调水线路基本信息表

a）本表存储区调水线路基本信息。

b）表标识：HQXX＿TWLINE＿A。

c）表编号：HQXX＿002＿0005。

d）各字段定义见表8.3.3－1。

表 8.3.3－1 调水线路基本信息表字段定义

序号	字 段 名	标识符	类型及长度	计量单位	是否允许空值	主键	外键	索引序号
1	调水线路标识	LID	CHAR（32）		N	Y		1
2	调水线路编码	LCODE	VC（32）		N			
3	调水线路名称	LNAME	VC（64）		N			
4	调水线路类别	LTYPE	VC（32）		N			
5	调水线路简介	LRM	NVC（2048）					
6	调水线路 GIS 图层	LGISLAYER	VC（256）					
7	状态	STATUS	C（1）		N			
8	涉及地区	RELADS	VC（128）					
9	批复时间	PADT	DATE					
10	创建人	CREATOR	VC（32）					
11	创建时间	CREATE＿TIME	DATE					

e）各字段存储内容应符合下列规定：

1）调水线路标识：标识一条调水线路，唯一主键。

2）调水线路编码：表示调水线路的序号。

3）调水线路名称：填写调水线路的名称。

4）调水线路类别：填写调水线路的类别。

5）调水线路简介：填写调水线路的简介。

6）调水线路 GIS 图层：调水线路空间数据展示所需的图层相关信息。

7）状态：0—停用，1—启用。

8）涉及地区：填写抗旱调度调水涉及的地区。

9）批复时间：填写调水预案的批复时间。

10）创建人：填写调水预案的创建人姓名。

11）创建时间：填写调水预案的创建时间。

8.3.3.2 调水事件信息表

根据各地实际需要开展调水工作，基于事件的方式管理历次调水工作，记录相关信息，便于对历史调水工作进行总结，监测当前调水工作开展状态。

a）本表存储调水事件信息。

b）表标识：HQXX＿TWEVENT＿A。

c）表编号：HQXX＿002＿0006。

d）各字段定义见表 8.3.3－2。

表 8.3.3－2 调水事件信息表字段定义

序号	字 段 名	标识符	类型及长度	计量单位	是否允许空值	主键	外键	索引序号
1	调水事件信息标识	TWEID	CHAR（32）		N	Y		1
2	调水线路标识	LID	CHAR（32）		N		Y	
3	开始时间	STARTTIME	DATE					
4	结束时间	ENDTIME	DATE					
5	事件状态	ESTATUS	VC（32）		N			
6	事件描述	EDESC	VC（200）					
7	调水目标	TWTARGET	VC（256）					

表 8.3.3－2　调水事件信息表字段定义（续）

序号	字 段 名	标识符	类型及长度	计量单位	是否允许空值	主键	外键	索引序号
8	计划输水量	TWPQTY	N（8，4）	$10^6 m^3$				
9	实际输水量	TWRQTY	N（8，4）	$10^6 m^3$				
10	计划输水天数	TWPDAYS	N（4，1）	d				
11	调水依据	TWACCTO	VC（64）					
12	记录时间	CTM	DATE					

e）各字段存储内容应符合下列规定：

1）调水事件信息标识：标识一条调水时间信息，唯一主键。

2）调水线路标识：同 8.3.3.1 节"调水线路标识"字段，是引用表 8.3.3－1 的外键。

3）开始时间：填写调水事件的开始时间。

4）结束时间：填写调水事件的结束时间。

5）事件状态：事件状态采用表 8.3.3－3 代码取值。

表 8.3.3－3　事 件 状 态 代 码 表

代码	事件状态	代码	事件状态
0	未开始	2	已结束
1	正在进行		

6）事件描述：填写本次调水相关的背景信息，如本次调水决策情况、调水重点、具体执行步骤等内容。

7）调水目标：描述本次抗旱水量调度重点支持的目标。

8）计划输水量：调水计划阶段中预定到一个或多个目标的总调水量，单位为 $10^6 m^3$。

9）实际输水量：填写实际输水量。

10）计划输水天数：填写计划输水天数。

11）调水依据：填写调水的依据，以文本形式描述。

12）记录时间：该条数据产生的时间记录。

8.3.3.3　调水事件状态表

a）本表存储调水事件状态信息。

b）表标识：HQXX＿TWEVENT＿STATUS＿A。

c）表编号：HQXX＿002＿0007。

d）各字段定义见表 8.3.3－4。

表 8.3.3－4　调水事件状态表字段定义

序号	字 段 名	标识符	类型及长度	计量单位	是否允许空值	主键	外键	索引序号
1	调水事件状态标识	ESTATUSID	VC（32）		N	Y	N	1
2	调水事件信息标识	TWEID	VC（32）		N		N	
3	调水事件状态	STATUS	N（1）		Y		N	
4	实际开始时间	ASTM	TIMESTAMP（6）		Y		N	
5	实际结束时间	AETM	TIMESTAMP（6）		Y		N	
6	操作人	OPERATOR	VC（32）		Y		N	
7	操作时间	OTM	TIMESTAMP（6）		Y		N	
8	调水工作动态	EWD	VC（600）		Y		N	

e）各字段存储内容应符合下列规定：

1）调水事件状态标识：标识一条调水事件状态，唯一主键。

2）调水事件信息标识：同8.3.3.2节"调水事件信息标识"字段。

3）调水事件状态：调水事件的状态。

4）实际开始时间：调水事件的实际开始时间。

5）实际结束时间：调水事件的实际结束时间。

6）操作人：调水事件的操作者。

7）操作时间：调水事件的操作时间。

8）调水工作动态：调水事件的工作动态信息。

8.3.3.4 调水线路文档资料关联表

a）本表存储调水线路文档资料。

b）表标识：HQXX_TWLINE_FILE_A。

c）表编号：HQXX_002_0008。

d）各字段定义见表8.3.3-5。

表8.3.3-5 调水线路文档资料关联表字段定义

序号	字段名	标识符	类型及长度	计量单位	是否允许空值	主键	外键	索引序号
1	调水线路文档关联标识	LFID	CHAR（32）		N	Y		1
2	调水线路标识	LID	CHAR（32）		N		Y	
3	文档标识	FID	CHAR（32）		N		Y	
4	备注	RMK	VC（1024）					

e）各字段存储内容应符合下列规定：

1）调水线路文档关联标识：标识一条调水线路文档关联，唯一主键。

2）调水线路标识：同8.3.3.1节"调水线路标识"字段，是引用表8.3.3-1的外键。

3）文档标识：同8.1.7节"文件信息标识"字段，是引用表8.1.7-2的外键。

4）备注：同8.1.5节"备注"字段。

8.3.3.5 调水线路与测站关联信息表

a）本表存储调水线路与测站关联信息。

b）表标识：HQXX_TWLINE_RSTCD_A。

c）表编号：HQXX_002_0009。

d）各字段定义见表8.3.3-6。

表8.3.3-6 调水线路与测站关联信息表字段定义

序号	字段名	标识符	类型及长度	计量单位	是否允许空值	主键	外键	索引序号
1	关联标识	TLSTLID	CHAR（32）		N	Y		1
2	调水线路标识	LID	CHAR（32）		N		Y	
3	测站编码	STCD	CHAR（32）		N			
4	站点来源	STSOURCE	VC（8）		N			
5	测站顺序号	TLSTNO	N（3）		N			
6	相对方位	QUAD	VC（8）					
7	是否为重点测站	IMPSTA	N（2）					

e）各字段存储内容应符合下列规定：

1）关联标识：关联字段标识，唯一主键。

2）调水线路标识：同8.3.3.1节"调水线路标识"字段，是引用表8.3.3-1的外键。

3）测站编码：与实时雨水情数据库中站点的测站编码进行关联，由用户进行选择，标识与本调水线路有相关关系，需进行数据的汇集和监视。

4）站点来源：标识出该站点的数据来源，用于获取对应的调水状态监测数据，采用表8.3.3－7代码取值。

表 8.3.3－7　站 点 来 源 代 码 表

代码	站点来源	代码	站点来源
1	实时雨水情数据库	3	调水动态表
2	人工添加	4	其他

5）测站顺序号：标识出输水路线上各站点间的上下游顺序。

6）相对方位：站点相对输水路线中轴的位置，按 1—东北、2—西北、3—西南、4—东南进行取值。

7）是否为重点测站：标识该站点是否为本条输水路线的重点测站，按 0—非重点测站、1—重点测站取值。

8.3.3.6　调水监测站点信息表

a）本表存储调水监测站点信息。

b）表标识：HQXX＿TWLINE＿STIF＿A。

c）表编号：HQXX＿002＿0010。

d）各字段定义见表 8.3.3－8。

表 8.3.3－8　调水监测站点信息表字段定义

序号	字 段 名	标识符	类型及长度	计量单位	是否允许空值	主键	外键	索引序号
1	输水路线站点标识	TWSTIFID	VC（32）		N	Y	N	1
2	站点名称	TWSTNM	VC（32）		Y		N	
3	站点经度	TWSTLGTD	N（9，6）		Y		N	
4	站点纬度	TWSTLTTD	N（8，6）		Y		N	
5	站点类型	TWSTTP	VC（32）		Y		N	
6	行政区划代码	TWSTADCD	VC（32）		Y		N	
7	站点地址	TWSTLC	VC（32）		Y		N	
8	所在水系	TWSTHNNM	VC（32）		Y		N	
9	所在河流	TWSTRVNM	VC（32）		Y		N	
10	生成时间	CREATETM	TIMESTAMP（6）		Y		N	
11	调水监测站点信息标识	TWLID	VC（32）		Y		N	

e）各字段存储内容应符合下列规定：

1）输水路线站点标识：标识一个输水路线的站点，唯一主键。

2）站点名称：调水监测站点的名称。

3）站点经度：调水监测站点的经度。

4）站点纬度：调水监测站点的纬度。

5）站点类型：调水监测站点的类型。

6）行政区划代码：同 8.1.1 节"行政区划代码"字段，是引用表 8.1.1－1 的外键。

7）站点地址：调水监测站点的地址。

8）所在水系：调水监测站点所在水系。

9）所在河流：调水监测站点所在河流。

10）生成时间：调水监测站点信息的生成时间。

11）调水监测站点信息标识：唯一标识一个调水监测的站点。

8.3.3.7　调水线路实时监测信息表

a）本表存储调水线路实时监测信息。

b）表标识：HQXX＿TWRIVER＿R＿A。

c）表编号：HQXX＿002＿0011。

d）各字段定义见表8.3.3-9。

表8.3.3-9　调水线路实时监测信息表字段定义

序号	字 段 名	标识符	类型及长度	计量单位	是否允许空值	主键	外键	索引序号
1	测站编码	STCD	CHAR（32）		N	Y		1
2	时间	TM	DATE		N	Y		2
3	调水事件信息标识	TWEID	CHAR（32）		N	Y		3
4	水位	WTLV	N（8，3）	m				
5	流量	FL	N（10，3）	m^3/s				
6	水质	WQ	VC（32）					
7	蓄水量	CRRTWTVLM	N（12，2）	$10^6 m^3$				
8	累计过水量	ACCW	N（10，4）	$10^6 m^3$				

e）各字段存储内容应符合下列规定：

1）测站编码：同8.3.4.4节"测站编码"字段。

2）时间：测站监测数据采集时间。

3）调水事件信息标识：同8.3.3.2节"调水事件信息标识"字段。

4）水位：数据可自动同步实时雨水情对应ST＿RIVER＿R、ST＿RSVR＿R等表中对应测站的数据记录，也可引用其他来源的监测数据。

5）流量：数据可自动同步实时雨水情对应ST＿RIVER＿R、ST＿RSVR＿R等表中对应测站的数据记录，也可引用其他来源的监测数据。

6）水质：测站监测的水质情况。

7）蓄水量：如监测站点有蓄水量值的数据来源，一般为水库或湖泊等工程，则在表中保存蓄水量。

8）累计过水量：该监测站点在调水开始后的总过水量。

8.3.4　旱情遥感监测信息表

目前旱情遥感监测系统定期生成旱情遥感产品，包括分区域时段内受旱耕地面积统计表、全国旱情监测简报PDF及对应XML数据文档、干旱监测图片文件。在系统设计中明确提出要将成果数据写入到旱情数据库中，需预留相关数据表，同时为更好地利用数据进行二次加工，需要解析XML中的数据并另行存储。

8.3.4.1　旱情遥感监测成果接收表

旱情遥感监测成果接收表用来供旱情遥感监测系统将数据储存入库，抗旱业务系统收到文件后应再整理进行二次入库，减少反复读取数据库大字段的影响。

a）本表存储接收到的旱情遥感监测成果。

b）表标识：HQXX＿RSPRTREV＿A。

c）表编号：HQXX＿002＿0012。

d）各字段定义见表8.3.4-1。

表 8.3.4－1　旱情遥感监测成果接收表字段定义

序号	字 段 名	标识符	类型及长度	计量单位	是否允许空值	主键	外键	索引序号
1	旱情遥感成果接收标识	RSPRID	CHAR（32）		N	Y		1
2	保存时间	TM	DATE		N			
3	文档内容路径	PRTCONTENT	VC（128）					
4	处理状态	DSTATUS	N					
5	处理反馈	DRESP	VC（512）					
6	处理时间	DTM	DATE					

　　e）各字段存储内容应符合下列规定：

　　　　1）旱情遥感成果接收标识：唯一标识一条接收到的旱情遥感成果。

　　　　2）保存时间：填写旱情遥感成果接收保存的时间。

　　　　3）文档内容：保存旱情遥感成果文档的保存路径。

　　　　4）处理状态：用来标识该数据在接收后程序处理过程是否成功（1—成功，0—未成功）。

　　　　5）处理反馈：接收旱情遥感成果后，解析处理成果内容的相关说明。

　　　　6）处理时间：接收旱情遥感成果后，进行后续处理的时间。

8.3.4.2　旱情遥感监测成果信息表

　　解析接收到的旱情遥感监测成果，将保存在数据库的文件转换为实体文件保存，对 XML 文件中的数据进行结构化作为子表入库。

　　a）本表存储旱情遥感监测成果信息。

　　b）表标识：HQXX＿RSPRTINFO＿A。

　　c）表编号：HQXX＿002＿0013。

　　d）各字段定义见表 8.3.4－2。

表 8.3.4－2　旱情遥感监测成果信息表字段定义

序号	字 段 名	标识符	类型及长度	计量单位	是否允许空值	主键	外键	索引序号
1	旱情遥感监测成果信息标识	RSPIID	CHAR（32）		N	Y		1
2	旱情遥感监测成果接收标识	RSPRID	CHAR（32）		N		Y	
3	保存时间	TM	TM		N			
4	产品生成时间	PRTTM	TM					
5	产品开始日期	BGDT	DT					
6	产品结束日期	ENDDT	DT					
7	旱情简报	RPTDESC	NVC（2048）					
8	产品周期	TMRSLT	VC（32）					
9	产品名称	RSPNM	VC（64）					
10	生成单位	RSPPDEPT	VC（64）					
11	产品范围	RSPREGION	VC（32）					

　　e）各字段存储内容应符合下列规定：

　　　　1）旱情遥感监测成果信息标识：唯一标识一套旱情遥感监测成果信息。

　　　　2）旱情遥感监测成果接收标识：同 8.3.4.1 节"旱情遥感监测成果接收标识"字段，是引用表 8.3.4－1 的外键。

　　　　3）保存时间：同 8.3.4.1 节"保存时间"字段。

　　　　4）产品生成时间：填写旱情遥感监测成果信息表生成时间。

5）产品开始日期：填写旱情遥感监测开始日期。

6）产品结束日期：填写旱情遥感监测结束日期。

7）旱情简报：简要描述旱情情况。

8）产品周期：对应代码填写周期（1-周，2-旬，3-月，4-季度，5-年）。

9）产品名称：填写旱情遥感监测成果的名称。

10）生成单位：填写生成旱情遥感监测成果信息的单位名称。

11）产品范围：分析产品所对应的行政区划或流域的编码信息（全国为"000000"，长江为"010000"，黄河为"020000"，淮河为"030000"，海河为"040000"，珠江为"050000"，松辽为"060000"，太湖为"070000"）。

8.3.4.3 旱情遥感监测受旱耕地面积统计信息表

将监测产品中的行政区相关受旱耕地面积旱情分析数据入库，形成本次遥感旱情监测的分区域成果。

a）本表存储旱情遥感监测受旱耕地面积统计信息。

b）表标识：HQXX＿RSPRTINFO＿DSHGD＿A。

c）表编号：HQXX＿002＿0014。

d）各字段定义见表8.3.4-3。

表8.3.4-3 旱情遥感监测受旱耕地面积统计信息表字段定义

序号	字 段 名	标识符	类型及长度	计量单位	是否允许空值	主键	外键	索引序号
1	详情信息标识	RSPISHGDID	CHAR（32）		N	Y		1
2	旱情遥感监测成果信息标识	RSPIID	CHAR（32）		N		Y	
3	行政区划代码	AD＿CODE	CHAR（15）		N		Y	
4	正常耕地面积	NRDA	N（10，4）	$10^3 hm^2$				
5	轻度干旱耕地面积	RDA1	N（10，4）	$10^3 hm^2$				
6	中度干旱耕地面积	RDA2	N（10，4）	$10^3 hm^2$				
7	严重干旱耕地面积	RDA3	N（10，4）	$10^3 hm^2$				
8	特大干旱耕地面积	RDA4	N（10，4）	$10^3 hm^2$				
9	总受旱面积	RDASUM	N（10，4）	$10^3 hm^2$				
10	总耕地面积	DASUM	N（10，4）	$10^3 hm^2$				
11	总受旱耕地面积比例	RDAP	N（5，2）	％				

e）各字段存储内容应符合下列规定：

1）详情信息标识：唯一标识一条详情信息。

2）旱情遥感监测成果信息标识：唯一标识一条旱情遥感监测成果信息，是引用表8.3.4-1的外键。

3）行政区划代码：同8.1.1节"行政区划代码"字段，是引用表8.1.1-1的外键。

4）正常耕地面积：填写正常耕地面积。

5）轻度干旱耕地面积：填写轻度干旱的耕地面积。

6）中度干旱耕地面积：填写中度干旱的耕地面积。

7）严重干旱耕地面积：填写严重干旱的耕地面积。

8）特大干旱耕地面积：填写特大干旱的耕地面积。

9）总受旱面积：填写耕地总受旱面积。

10）总耕地面积：填写总耕地面积。

11）总受旱耕地面积比例：填写总受旱耕地面积比例。

8.3.5 抗旱会商表

8.3.5.1 会商主题表

a）本表存储会商主题相关信息。

b）表标识：HQXX_CONSLT_A。

c）表编号：HQXX_002_0015。

d）各字段定义见表 8.3.5－1。

表 8.3.5－1 会商主题表字段定义

序号	字 段 名	标识符	类型及长度	计量单位	是否允许空值	主键	外键	索引序号
1	会商信息标识	CLID	CHAR（32）		N	Y		1
2	会商时间	TM	DATE		N			
3	会商主题	CLNM	VC（128）		N			
4	会商类型	CLTYPE	VC（32）					
5	会商地点	CLADDR	VC（128）					
6	会商人员	CLPEOP	VC（512）					
7	主持人	CLCOMPERE	VC（64）					
8	状态	STATUS	C（1）					

e）各字段存储内容应符合下列规定：

1）会商信息标识：唯一标识一条会商信息标识。

2）会商时间：填写会商时间。

3）会商主题：填写会商主题。

4）会商类型：填写会商类型，按对应代码取值（1—应急会商，2—专题会商，3—日常情势分析，4—调水专题，5—其他）。

5）会商地点：填写会商地点。

6）会商人员：填写会商人员。

7）主持人：填写会商主持人。

8）状态：填写会商状态，按对应代码取值（1—会商准备，2—会商开始，3—会商结束）。

8.3.5.2 会商资料成果表

a）本表存储会商资料成果。

b）表标识：HQXX_CONSLT_INFO_A。

c）表编号：HQXX_002_0016。

d）各字段定义见表 8.3.5－2。

表 8.3.5－2 会商资料成果表字段定义

序号	字 段 名	标识符	类型及长度	计量单位	是否允许空值	主键	外键	索引序号
1	会商资料标识	CIID	CHAR（32）		N	Y		1
2	会商信息标识	CLID	CHAR（32）		N		Y	
3	资料名称	CIFNM	VC（128）		N			
4	资料类型	CITP	VC（32）		N			
5	资料来源	CIFSOURCE	VC（32）					
6	资料内容	CIFCONTENT	NVC（2048）					
7	关联文档资料标识	CIFID	VC（256）					
8	发布者 ID	CIFPUID	VC（32）					

e）各字段存储内容应符合下列规定：

    1）会商资料标识：唯一标识一条会商资料。

    2）会商信息标识：同 8.3.5.1 节"会商信息标识"字段，是引用表 8.3.5－1 的外键。

    3）资料名称：填写会商资料名称。

    4）资料类型：填写会商资料类型。

    5）资料来源：填写会商资料来源。

    6）资料内容：填写会商资料内容。

    7）关联文档资料标识：填写关联文档资料。

    8）发布者 ID：填写会商发布者 ID。

8.3.5.3　会商决议记录表

a）本表存储会商决议记录。

b）表标识：HQXX＿CONSLT＿REC＿A。

c）表编号：HQXX＿002＿0017。

d）各字段定义见表 8.3.5－3。

表 8.3.5－3　会商决议记录表字段定义

序号	字 段 名	标识符	类型及长度	计量单位	是否允许空值	主键	外键	索引序号
1	记录标识	CLRID	CHAR（32）		N	Y		1
2	会商标识	CLID	CHAR（32）		N		Y	
3	记录内容	CLRCONT	NVC（2048）					
4	附件文档标识	CLRAFFID	VC（128）					
5	记录者 ID	CLRUID	VC（32）					

e）各字段存储内容应符合下列规定：

    1）记录标识：唯一标识一条会商记录。

    2）会商标识：同 8.3.5.1 节"会商信息标识"字段，是引用表 8.3.5－1 的外键。

    3）记录内容：填写会商决议记录内容。

    4）附件文档标识：唯一标识一条附件文档。

    5）记录者 ID：填写会商决议记录者 ID。

8.3.5.4　会商大纲模板表

a）本表存储会商大纲模板。

b）表标识：HQXX＿CONSLT＿TEMPLATE＿A。

c）表编号：HQXX＿002＿0018。

d）各字段定义见表 8.3.5－4。

表 8.3.5－4　会商大纲模板表字段定义

序号	字 段 名	标识符	类型及长度	计量单位	是否允许空值	主键	外键	索引序号
1	会商模板标识	CLTID	CHAR（32）		N	Y		1
2	模板名称	CLTNM	VC（64）		N			
3	模板说明	CLTDESC	VC（256）					
4	创建人标识	CLTCUID	VC（32）					
5	创建时间	CREATE＿TIME	DATE					

e）各字段存储内容应符合下列规定：

    1）会商模板标识：唯一标识一条会商模板。

2）模板名称：填写会商模板名称。

3）模板说明：填写会商模板说明。

4）创建人标识：填写会商大纲创建人在系统内的标识信息。

5）创建时间：填写会商大纲创建时间。

8.3.5.5 会商资料类型表

a）本表存储会商资料类型。

b）表标识：HQXX_CONSLT_TYPE_A。

c）表编号：HQXX_002_0019。

d）各字段定义见表8.3.5-5。

表8.3.5-5 会商资料类型表字段定义

序号	字段名	标识符	类型及长度	计量单位	是否允许空值	主键	外键	索引序号
1	类型标识	CLTPID	CHAR（32）		N	Y		1
2	类型名称	CLTPNM	VC（64）		N			
3	资源地址	CLTPURL	VC（256）					
4	资源参数	CLTPPARAM	VC（128）					
5	成果类型	CLTPRTP	VC（32）					
6	备注	RMK	VC（1024）					

e）各字段存储内容应符合下列规定：

1）类型标识：唯一标识一条会商资料类型。

2）类型名称：填写会商资料类型名称。

3）资源地址：填写会商资源地址。

4）资源参数：填写会商资源参数。

5）成果类型：填写会商成果类型。

6）备注：同8.1.5节"备注"字段。

8.3.5.6 会商大纲明细表

a）本表存储会商大纲明细。

b）表标识：HQXX_CONSLT_TEMPDETAIL_A。

c）表编号：HQXX_002_0020。

d）各字段定义见表8.3.5-6。

表8.3.5-6 会商大纲明细表字段定义

序号	字 段 名	标识符	类型及长度	计量单位	是否允许空值	主键	外键	索引序号
1	大纲明细标识	CLTDID	CHAR（32）		N	Y		1
2	会商大纲模板标识	CLTID	CHAR（32）				Y	
3	资料类型标识	CLTPID	CHAR（32）				Y	
4	大纲明细序号	CLTDNO	N（2）					
5	备注	RMK	VC（1024）					

e）各字段存储内容应符合下列规定：

1）大纲明细标识：唯一标识一条会商大纲明细。

2）会商大纲模板标识：同8.3.5.4节"会商大纲模版标识"字段，是引用表8.3.5-4的外键。

3）资料类型标识：同8.3.5.5节"资料类型标识"字段，是引用表8.3.5-5的外键。

4）大纲明细序号：填写会商大纲明细序号。

5）备注：同8.1.5节"备注"字段。

8.3.6 预测预报成果表

预测预报成果表主要存储一定时间段旱情发展预测的成果数据。

8.3.6.1 旱情预测成果数据表

a）本表存储旱情预测成果基本信息。

b）表标识：HQXX＿DFREAS＿A。

c）表编号：HQXX＿002＿0021。

d）各字段定义见表8.3.6－1。

表8.3.6－1　旱情预测成果数据表字段定义

序号	字 段 名	标识符	类型及长度	计量单位	是否允许空值	主键	外键	索引序号
1	预测成果标识	RID	CHAR（32）		N	Y		1
2	成果编码	RNO	VC（32）		N			
3	成果名称	RNAME	VC（64）					
4	生成时间	CRETM	DATE					
5	生成人员标识	CUID	VC（32）					

e）各字段存储内容应符合下列规定：

1）预测成果标识：唯一标识一条旱情预测成果基本信息。

2）成果编码：旱情预测成果的序号。

3）成果名称：旱情预测成果的中文名称。

4）生成时间：旱情预测成果的生成时间。

5）生成人员标识：旱情预测成果的生成人员。

8.3.6.2 旱情预测成果详情数据表

a）本表存储旱情预测成果详情数据（包括旱情发生、发展和结束过程的数据）。

b）表标识：HQXX＿DFREA＿DT＿A。

c）表编号：HQXX＿002＿0022。

d）各字段定义见表8.3.6－2。

表8.3.6－2　旱情预测成果详情数据表字段定义

序号	字 段 名	标识符	类型及长度	计量单位	是否允许空值	主键	外键	索引序号
1	预测成果详情标识	RDID	CHAR（32）		N	Y		1
2	预测成果标识	RID	CHAR（32）		N		Y	
3	行政区划代码	AD＿CODE	CHAR（15）		N			
4	时间	TM	DATE		N			
5	日降水量	DYP	N（5，1）	mm				
6	蒸发量	EV	N（5，1）	mm				
7	土壤相对湿度	RSM	N（4，1）					
8	平均气温	ATMP	N（3，1）	℃				
9	其他指标名称1	OVNM1	VC（32）					
10	其他指标值1	OVVAL1	N（10，4）					
11	其他指标名称2	OVNM2	VC（32）					

表 8.3.6－2　旱情预测成果详情数据表字段定义（续）

序号	字 段 名	标识符	类型及长度	计量单位	是否允许空值	主键	外键	索引序号
12	其他指标值 2	OVVAL2	N（10，4）					
13	其他指标名称 3	OVNM3	VC（32）					
14	其他指标值 3	OVVAL3	N（10，4）					
15	旱度指数	DIND	N（3，1）					
16	旱情等级	DSCID	CHAR（1）					

e）各字段存储内容应符合下列规定：

1）预测成果详情标识：唯一标识一条旱情预测成果的详细信息。

2）预测成果标识：同 8.3.6.1 节"预测成果标识"字段，是引用表 8.3.6－1 的外键。

3）行政区划代码：同 8.1.1 节"行政区划代码"字段，是引用表 8.1.1－1 的外键。

4）时间：表示旱情预测成果的发生时间。

5）日降水量：预测或从外部数据来源提取，用来进行旱情预测分析的日降水量数据。

6）蒸发量：预测或从外部数据来源提取，用来进行旱情预测分析的蒸发量数据。

7）土壤相对湿度：预测或从外部数据来源提取，用来进行旱情预测分析的土壤相对湿度数据。

8）平均气温：预测或从外部数据来源提取，用来进行旱情预测分析的平均气温数据。

9）其他指标名称 1：进行旱情预测分析的某项指标的名称。

10）其他指标值 1：预测或从外部数据来源提取，与"其他指标名称 1"对应的数据值。

11）其他指标名称 2：进行旱情预测分析的某项指标的名称。

12）其他指标值 2：预测或从外部数据来源提取，与"其他指标名称 2"对应的数据值。

13）其他指标名称 3：进行旱情预测分析的某项指标的名称。

14）其他指标值 3：预测或从外部数据来源提取，与"其他指标名称 3"对应的数据值。

15）旱度指数：表示分析预测的旱度指数数值，标识一个地区的干旱程度。

16）旱情等级：同 8.1.5 节"旱情等级"字段。

附录 A 表标识符索引

编号	中文字段名	表标识	表索引
抗旱基础综合类数据表			
1	行政区划名录表	OBJ＿AD	8.1.1－1
2	行政区划与流域分区关系表	REL＿AD＿BAS	8.1.2－1
3	流域分区名录表	OBJ＿BAS	8.1.3－1
4	历史旱灾信息表	HQXX＿HSTYINFO＿B	8.1.4－1
5	旱情报表类型表	HQXX＿DRTP＿B	8.1.5－1
6	旱情等级标准参数表	HQXX＿DSC＿EVAL＿B	8.1.6－1
7	抗旱组织机构信息表	HQXX＿DTCTY＿B	8.1.7－1
8	文档分类表	HQXX＿CATALOG＿B	8.1.8－1
9	文档信息表	HQXX＿FILEINFO＿B	8.1.8－2
10	抗旱预案信息表	HQXX＿CUTPLN＿B	8.1.9－1
11	抗旱预案预警简表	HQXX＿CUTPLN＿WD＿B	8.1.10－1
12	抗旱预案应急响应简表	HQXX＿CUTPLN＿RD＿B	8.1.11－1
抗旱统计类数据表			
1	旱情统计报表基础信息表	HQXX＿DRBI＿S	8.2.1－1
2	农业旱情动态统计表	HQXX＿DRATP＿S	8.2.2－1
3	农业抗旱情况统计表	HQXX＿FDINP＿S	8.2.3－1
4	农业旱灾及抗旱效益统计表	HQXX＿FDBY＿S	8.2.4－1
5	城市干旱缺水及水源情况统计表	HQXX＿CTYMWRM＿S	8.2.5－1
6	城市干旱缺水及抗旱情况统计表	HQXX＿CTYSWADY＿S	8.2.6－1
7	干旱缺水城市基本情况及用水情况统计表	HQXX＿CTYBUY＿S	8.2.7－1
8	干旱缺水城市供水水源基本情况统计表	HQXX＿CTYPWBY＿S	8.2.8－1
9	抗旱服务队基本情况汇总表	HQXX＿FDOBINY＿S	8.2.9－1
10	抗旱服务队基本情况调查表	HQXX＿FDSTBSI＿S	8.2.10－1
11	抗旱服务队设备购置情况调查表	HQXX＿FDSTEPSI＿S	8.2.11－1
12	抗旱服务组织抗旱效益统计表	HQXX＿FDOPBY＿S	8.2.12－1
13	水库蓄水情况统计表（月报）	HQXX＿BMWSTRE＿S	8.2.13－1
14	调水动态统计表	HQXX＿TWRTIS＿S	8.2.14－1
15	小型水库工程主要特性指标表	HQXX＿SRPMCI＿S	8.2.15－1
16	抗旱应急备用井主要特性指标表	HQXX＿FDEWMCI＿S	8.2.16－1
17	引调提水工程主要特性指标表	HQXX＿BTWPMCI＿S	8.2.17－1
分析成果类数据表			
1	旱情评估成果基本信息表	HQXX＿DRAS＿A	8.3.1－1
2	旱情评估成果数据表	HQXX＿DRAS＿DT＿A	8.3.1－2
3	旱灾评估基本信息表	HQXX＿DAAS＿A	8.3.2－1
4	旱灾评估成果数据表	HQXX＿DAAS＿DT＿A	8.3.2－2
5	调水线路基本信息表	HQXX＿TWLINE＿A	8.3.3－1
6	调水事件信息表	HQXX＿TWEVENT＿A	8.3.3－2
7	调水事件状态表	HQXX＿TWEVENT＿STATUS＿A	8.3.3－4
8	调水线路文档资料关联表	HQXX＿TWLINE＿FILE＿A	8.3.3－5

附录 A 表 标 识 符 索 引（续）

编号	中 文 字 段 名	表 标 识	表索引
9	调水线路与测站关联信息表	HQXX_TWLINE_RSTCD_A	8.3.3－6
10	调水监测站点信息表	HQXX_TWLINE_STIF_A	8.3.3－8
11	调水线路实时监测信息表	HQXX_TWRIVER_R_A	8.3.3－10
12	旱情遥感监测成果接收表	HQXX_RSPRTREV_A	8.3.4－1
13	旱情遥感监测成果信息表	HQXX_RSPRTINFO_A	8.3.4－2
14	旱情遥感监测受旱耕地面积统计信息表	HQXX_RSPRTINFO_DSHGD_A	8.3.4－3
15	会商主题表	HQXX_CONSLT_A	8.3.5－1
16	会商资料成果表	HQXX_CONSLT_INFO_A	8.3.5－2
17	会商决议记录表	HQXX_CONSLT_REC_A	8.3.5－3
18	会商大纲模板表	HQXX_CONSLT_TEMPLATE_A	8.3.5－4
19	会商资料类型表	HQXX_CONSLT_TYPE_A	8.3.5－5
20	会商大纲明细表	HQXX_CONSLT_TEMPDETAIL_A	8.3.5－6
21	旱情预测成果表	HQXX_DFREAS_A	8.3.6－1
22	旱情预测成果详细数据表	HQXX_DFREA_DT_A	8.3.6－2

附录 B 字段标识符索引

编号	中文字段名	字段标识	类型及长度	计量单位	首次出现表
1	行政区划代码	AD_CODE	CHAR (15)		8.1.1-1
2	行政区划名称	AD_NAME	VC (100)		8.1.1-1
3	对象建立时间	FROM_DATE	DATE		8.1.1-1
4	对象终止时间	TO_DATE	DATE		8.1.1-1
5	流域分区代码	BAS_CODE	CHAR (17)		8.1.2-1
6	关系建立时间	FROM_DATE	DATE		8.1.2-1
7	关系终止时间	TO_DATE	DATE		8.1.2-1
8	流域分区名称	BAS_NAME	VC (100)		8.1.3-1
9	历史旱灾信息标识	HSDID	CHAR (32)		8.1.4-1
10	统计日期	IDDT	DATE		8.1.4-1
11	旱灾开始日期	DBGDT	DATE		8.1.4-1
12	旱灾结束日期	DENDDT	DATE		8.1.4-1
13	灾情描述	DESCP	NVC (2048)		8.1.4-1
14	影响人口	INFPOP	N (10, 4)	10^4 人	8.1.4-1
15	受灾面积	INFAREA	N (10, 4)	$10^3 hm^2$	8.1.4-1
16	成灾面积	RESAREA	N (10, 4)	$10^3 hm^2$	8.1.4-1
17	绝收面积	ZROAREA	N (10, 4)	$10^3 hm^2$	8.1.4-1
18	经济作物损失	ECLOSS	N (10, 2)	10^4 元	8.1.4-1
19	损失粮食	FODLOSS	N (10, 4)	10^4 t	8.1.4-1
20	其他行业损失	OTHRLOSS	N (12, 4)	10^4 元	8.1.4-1
21	填报单位	RPTDEPT	VC (64)		8.1.4-1
22	旱情报表类型标识	DRTPID	CHAR (32)		8.1.5-1
23	表号	RNO	VC (32)		8.1.5-1
24	制定机关	EDEPT	VC (32)		8.1.5-1
25	批准机关	ADEPT	VC (32)		8.1.5-1
26	批准文号	ARNUM	VC (32)		8.1.5-1
27	报表类型名称	DTNM	VC (64)		8.1.5-1
28	启用日期	SDT	DATE		8.1.5-1
29	干旱等级标准标识	DSCEID	CHAR (32)		8.1.6-1
30	旱情等级	DSCID	CHAR (1)		8.1.6-1
31	旱情类别	DSTYPE	CHAR (1)		8.1.6-1
32	评定指标项代码	INDEXCODE	VC (32)		8.1.6-1
33	指标范围小值	MINV	N (6, 2)		8.1.6-1
34	指标范围小值比较符	MINCOMP	VC (16)		8.1.6-1
35	指标范围大值	MAXV	N (6, 2)		8.1.6-1
36	指标范围大值比较符	MAXCOMP	VC (16)		8.1.6-1
37	作用域	APSCOPE	VC (32)		8.1.6-1
38	指标状态	STATUS	C (1)		8.1.6-1
39	标准年份	STDYEAR	VC (4)		8.1.6-1
40	备注	RMK	VC (1024)		8.1.6-1

附录 B 字段标识符索引（续）

编号	中 文 字 段 名	字段标识	类型及长度	计量单位	首次出现表
41	抗旱服务组织机构标识	DTCTYID	CHAR（32）		8.1.7-1
42	统计时间	IDTM	DATE		8.1.7-1
43	组织机构名称	ORGNAM	VC（64）		8.1.7-1
44	组织结构代码	ORGCODE	VC（32）		8.1.7-1
45	级别	ORGLEV	VC（32）		8.1.7-1
46	内设机构	INNORG	VC（1024）		8.1.7-1
47	总人员数量	TTNUM	N（5）		8.1.7-1
48	专职人员数量	SPNUM	N（5）		8.1.7-1
49	抗旱机构简介	DORGDESC	NVC（2048）		8.1.7-1
50	联系人	CONTACT	VC（32）		8.1.7-1
51	联系电话	TEL	VC（32）		8.1.7-1
52	联系邮箱	EMAIL	VC（32）		8.1.7-1
53	传真	FAXNUM	VC（64）		8.1.7-1
54	类别标识	CID	CHAR（32）		8.1.8-1
55	父类别标识	PCID	VC（32）		8.1.8-1
56	类别名称	CNAME	VC（32）		8.1.8-1
57	顺序号	CORDER	N（2）		8.1.8-1
58	说明	ORDESC	VC（4000）		8.1.8-1
59	文件信息标识	FID	CHAR（32）		8.1.8-2
60	所属类别标识	CID	CHAR（32）		8.1.8-2
61	文件名	FLNM	VC（128）		8.1.8-2
62	文件显示标题	FTITLE	VC（128）		8.1.8-2
63	文件类型	FLEXT	CHAR（6）		8.1.8-2
64	文件路径	FPATH	VC（256）		8.1.8-2
65	发布时间	PTM	DATE		8.1.8-2
66	发布者ID	PUID	VC（32）		8.1.8-2
67	发布者姓名	PUNAME	VC（32）		8.1.8-2
68	来源途径	FSWAY	VC（32）		8.1.8-2
69	预案标识	PLNID	CHAR（32）		8.1.9-1
70	编制日期	ETDT	DATE		8.1.9-1
71	预案类别	PPCLS	VC（32）		8.1.9-1
72	预案名称	PPNAM	VC（64）		8.1.9-1
73	关联文档标识	FID	CHAR（32）		8.1.9-1
74	审批日期	PDT	DATE		8.1.9-1
75	审批机关	PORG	VC（64）		8.1.9-1
76	修改日期	FXKH_MDDT	DATE		8.1.9-1
77	预案预警简表标识	PLNWDID	CHAR（32）		8.1.10-1
78	预警等级	WGRD	CHAR（1）		8.1.10-1
79	耕地、牧场受旱情况-面积	RDASUM	N（10,4）	10^4 亩	8.1.10-1
80	耕地、牧场受旱情况-占耕地面积比例	RDAP	N（5,2）	％	8.1.10-1

附录 B 字段标识符索引（续）

编号	中文字段名	字段标识	类型及长度	计量单位	首次出现表
81	农村饮水困难情况-缺水人口数	VDRHWP	N（10,4）	10^4人	8.1.10-1
82	农村饮水困难情况-占农村人口比例	VDRHWPP	N（4,2）	％	8.1.10-1
83	城市预期缺水-预期缺水量	CFMWQ	N（10,4）	$10^4 m^3$	8.1.10-1
84	城市预期缺水-缺水率	CFMWP	N（6,2）	％	8.1.10-1
85	其他原因	OTRS	VC（128）		8.1.10-1
86	预案应急响应标识	PLNRDID	CHAR（32）		8.1.11-1
87	应急响应等级	RGRD	CHAR（2）		8.1.11-1
88	应急响应启动条件	RBR	NVC（2048）		8.1.11-1
89	应急响应启动程序	RBPGM	NVC（2048）		8.1.11-1
90	应急响应启动主要措施	RBACTION	NVC（2048）		8.1.11-1
91	工作会商主持人	CLMDRT	VC（128）		8.1.11-1
92	其他信息	REMARKS	VC（128）		8.1.11-1
93	基础信息标识	DRBIID	CHAR（32）		8.2.1-1
94	旱情报表类型	DRTP	VC（32）		8.2.1-1
95	旱情报表时段类型	DRPTP	CHAR（2）		8.2.1-1
96	填报地区代码	AD_CODE	CHAR（15）		8.2.1-1
97	报表统计开始日期	SDT	DATE		8.2.1-1
98	报表统计结束日期	EDT	DATE		8.2.1-1
99	单位负责人	MMAN	VC（64）		8.2.1-1
100	统计负责人	TMAN	VC（64）		8.2.1-1
101	填表人	IMAN	VC（64）		8.2.1-1
102	报出日期	SUBDT	DATE		8.2.1-1
103	接收报表时间	RCVTM	TIME		8.2.1-1
104	报表详情标识	RDID	CHAR（32）		8.2.2-1
105	报表基础信息标识	DRBIID	CHAR（32）		8.2.2-1
106	在田作物面积	CPAREA	N（10,4）	$10^3 hm^2$	8.2.2-1
107	作物受旱面积-合计	CRDASUM	N（10,4）	$10^3 hm^2$	8.2.2-1
108	作物受旱面积-其中无抗旱条件面积	CRNDASUM	N（10,4）	$10^3 hm^2$	8.2.2-1
109	作物受旱面积-轻旱	CRDALHT	N（10,4）	$10^3 hm^2$	8.2.2-1
110	作物受旱面积-重旱	CRDAHVY	N（10,4）	$10^3 hm^2$	8.2.2-1
111	作物受旱面积-干枯	CRDADRY	N（10,4）	$10^3 hm^2$	8.2.2-1
112	缺水缺墒面积-水田缺水	LWAPF	N（10,4）	$10^3 hm^2$	8.2.2-1
113	缺水缺墒面积-旱地缺墒	LWAGM	N（10,4）	$10^3 hm^2$	8.2.2-1
114	牧区受旱面积	PADRA	N（8,4）	$10^4 km^2$	8.2.2-1
115	因旱人畜饮水困难-人口	DRHWP	N（10,4）	10^4人	8.2.2-1
116	因旱人畜饮水困难-大牲畜	DRHWL	N（10,4）	10^4头	8.2.2-1
117	水利工程蓄水情况-蓄水总量	WPSINSUM	N（8,4）	$10^8 m^3$	8.2.2-1
118	水利工程蓄水情况-比多年同期增减	WPSINIL	N（6,2）	％	8.2.2-1
119	河道断流	RDFNUM	N（7,0）	条	8.2.2-1
120	水库干涸	RSDNUM	N（7,0）	座	8.2.2-1

附录 B 字段标识符索引（续）

编号	中文字段名	字段标识	类型及长度	计量单位	首次出现表
121	机电井出水不足	MPWDSNUM	N（7，0）	眼	8.2.2-1
122	投入抗旱人数	FDPAM	N（8，4）	10⁴人	8.2.3-1
123	投入抗旱设施-机电井	FDEMW	N（8，4）	10⁴眼	8.2.3-1
124	投入抗旱设施-泵站	FDEPS	N（8，4）	处	8.2.3-1
125	投入抗旱设施-机动抗旱设备	FDEME	N（8，4）	10⁴台套	8.2.3-1
126	投入抗旱设施-装机容量	FDECAP	N（8，4）	10⁴kW	8.2.3-1
127	投入抗旱设施-机动运水车辆	FDEMV	N（8，4）	10⁴辆	8.2.3-1
128	投入抗旱资金-合计	FDFSUM	N（10，4）	10⁴元	8.2.3-1
129	投入抗旱资金-中央拨款	FDFCF	N（10，4）	10⁴元	8.2.3-1
130	投入抗旱资金-省级财政拨款	FDFSF	N（10，4）	10⁴元	8.2.3-1
131	投入抗旱资金-地县级财政拨款	FDFTF	N（10，4）	10⁴元	8.2.3-1
132	投入抗旱资金-群众自筹	FDFMF	N（10，4）	10⁴元	8.2.3-1
133	抗旱用电	FDUE	N（8，4）	10⁴kWh	8.2.3-1
134	抗旱用油	FDUO	N（10，4）	t	8.2.3-1
135	抗旱浇灌面积	FDIRA	N（10，4）	10³hm²	8.2.3-1
136	抗旱累计浇灌面积	FDIRAT	N（10，4）	10³hm²	8.2.3-1
137	临时解决人畜饮水困难-人口	THWP	N（10，4）	10⁴人	8.2.3-1
138	临时解决人畜饮水困难-大牲畜	THWL	N（10，4）	10⁴元	8.2.3-1
139	实际播种面积-粮食作物	SAFC	N（10，4）	10³hm²	8.2.4-1
140	实际播种面积-经济作物	SAEC	N（10，4）	10³hm²	8.2.4-1
141	作物受旱面积	CRDRA	N（10，4）	10³hm²	8.2.4-1
142	作物受灾面积-总计	CRSASUM	N（10，4）	10³hm²	8.2.4-1
143	作物受灾面积-其中成灾	CRSAST	N（10，4）	10³hm²	8.2.4-1
144	作物受灾面积-其中绝收	CRSAN	N（10，4）	10³hm²	8.2.4-1
145	本年粮食总产量	YFOS	N（10，4）	10⁴t	8.2.4-1
146	旱灾损失-粮食	DRLF	N（10，4）	10⁴t	8.2.4-1
147	旱灾损失-粮食（金额）	DRLFM	N（8，4）	10⁸元	8.2.4-1
148	旱灾损失-经济作物	DRLE	N（8，4）	10⁸元	8.2.4-1
149	其他行业因旱直接经济损失	OTDRLE	N（8，4）	10⁸元	8.2.4-1
150	因旱直接经济总损失	ALLDRLE	N（8，4）	10⁸元	8.2.4-1
151	抗旱效益-挽回经济作物	FDBE	N（8，4）	10⁸元	8.2.4-1
152	正常日用水量-小计	NDWSUM	N（8，4）	10⁴m³	8.2.5-1
153	正常日用水量-生活	NDWL	N（8，4）	10⁴m³	8.2.5-1
154	正常日用水量-工业	NDWI	N（8，4）	10⁴m³	8.2.5-1
155	正常日用水量-生态	NDWF	N（8，4）	10⁴m³	8.2.5-1
156	正常日用水量-其他	NDWO	N（8，4）	10⁴m³	8.2.5-1
157	当前日供水量-小计	DSWSUM	N（8，4）	10⁴m³	8.2.5-1
158	当前日供水量-水库名称	DSWRSVNM	C（50）		8.2.5-1
159	当前日供水量-水库当前蓄水量	DSWRSVDWV	N（12，4）	10⁴m³	8.2.5-1
160	当前日供水量-水库可用水量	DSWRSVAWV	N（12，4）	10⁴m³	8.2.5-1

附录 B 字 段 标 识 符 索 引 （续）

编号	中文字段名	字段标识	类型及长度	计量单位	首次出现表
161	当前日供水量-水库当前日供水量	DSWRSVDSW	N (8, 4)	$10^4 m^3$	8.2.5-1
162	当前日供水量-江河湖泊取水-名称	DSWRLSNM	C (50)		8.2.5-1
163	当前日供水量-江河湖泊取水-当前水位	DSWRLSWL	N (7, 3)	m	8.2.5-1
164	当前日供水量-江河湖泊取水-当前日供水量	DSWRLSDSW	N (8, 4)	$10^4 m^3$	8.2.5-1
165	当前日供水量-地下水日供水量	DSWGWDSW	N (8, 4)	$10^4 m^3$	8.2.5-1
166	当前日供水量-其他水源日供水量	DSWOWRDSW	N (8, 4)	$10^4 m^3$	8.2.5-1
167	日缺水量	DMW	N (8, 4)	$10^4 m^3$	8.2.5-1
168	缺水影响人口	MWP	N (10, 4)	10^4 人	8.2.5-1
169	影响工业产值	IIV	N (10, 4)	10^4 元/月	8.2.5-1
170	干旱程度	MWL	C (50)		8.2.5-1
171	行政区划（城市）代码	AD_CODE	CHAR (15)		8.2.6-1
172	年实际供水量	YRTDW	N (12, 4)	$10^4 m^3$	8.2.6-1
173	年缺水量	YDW	N (12, 4)	$10^4 m^3$	8.2.6-1
174	主要缺水时段	PMWP	VC (64)		8.2.6-1
175	年节约水量	YSW	N (10, 4)	$10^4 m^3/a$	8.2.6-1
176	应急水源建设-名称	EWRCNM	C (50)		8.2.6-1
177	应急水源建设-投入资金	EWRCF	N (10, 4)	10^4 元	8.2.6-1
178	应急水源建设-新增供水能力	EWRCNS	N (10, 4)	$10^4 m^3/a$	8.2.6-1
179	抗旱效果-减少影响人口	DEP	N (10, 4)	10^4 人/a	8.2.6-1
180	抗旱效果-减少工业损失	DIL	N (10, 4)	10^4 元/a	8.2.6-1
181	城市级别	CTYLVL	VC (32)		8.2.7-1
182	地理位置经度	CTYLGTD	N (10, 6)		8.2.7-1
183	地理位置纬度	CTYLTTD	N (10, 6)		8.2.7-1
184	城区总人口	POP	N (10, 4)	10^4 人	8.2.7-1
185	GDP	GDP	N (12, 4)	10^8 元	8.2.7-1
186	年工业总产值	YIP	N (12, 4)	10^8 元	8.2.7-1
187	万元 GDP 用水量	WPGDP	N (10, 4)	m^3	8.2.7-1
188	万元工业产值用水量	WPTIV	N (10, 4)	m^3	8.2.7-1
189	正常年用水量-小计	YDWSUM	N (12, 4)	$10^4 m^3$	8.2.7-1
190	正常年用水量-生活	YDWL	N (12, 4)	$10^4 m^3$	8.2.7-1
191	正常年用水量-工业	YDWI	N (12, 4)	$10^4 m^3$	8.2.7-1
192	正常年用水量-生态	YDWF	N (12, 4)	$10^4 m^3$	8.2.7-1
193	正常年用水量-其他	YDWO	N (12, 4)	$10^4 m^3$	8.2.7-1
194	人均生活用水量	DWAVG	N (4)	L/d	8.2.7-1
195	地理位置文本信息（经纬度）	LGANDLT	VC (64)		8.2.7-1
196	正常年供水总量	YSTW	N (12, 4)	$10^4 m$	8.2.8-1
197	供水水库-名称	SWSRTRNM	VC (64)		8.2.8-1
198	供水水库-总库容	SWSRTRV	N (12, 4)	$10^4 m$	8.2.8-1
199	供水水库-兴利水位	SWSRNRZ	N (7, 3)	m	8.2.8-1
200	供水水库-兴利库容	SWSRNRV	N (12, 4)	$10^4 m$	8.2.8-1

附录 B 字段标识符索引（续）

编号	中文字段名	字段标识	类型及长度	计量单位	首次出现表
201	供水水库-死库容	SWSRDRV	N（12，4）	10⁴m	8.2.8-1
202	供水水库-正常年供水量	SWSRNYSW	N（12，4）	10⁴m	8.2.8-1
203	江河湖泊取水工程-工程名称	SWRLENM	VC（64）		8.2.8-1
204	江河湖泊取水工程-设计取水能力	SWRLEDSW	N（8，4）	10⁴m/d	8.2.8-1
205	江河湖泊取水工程-最低取水水位	SWRLELSWL	N（7，3）	m	8.2.8-1
206	江河湖泊取水工程-正常年供水量	SWRLENYSW	N（12，4）	10⁴m	8.2.8-1
207	地下水-正常年供应量	GWNYSW	N（12，4）	10⁴m	8.2.8-1
208	地下水-年超采量	GWYBD	N（12，4）	10⁴m	8.2.8-1
209	其他水源-正常年供水量-中水回用	OWNYSWC	N（12，4）	10⁴m	8.2.8-1
210	其他水源-正常年供水量-海水淡化	OWNYSWS	N（12，4）	10⁴m	8.2.8-1
211	抗旱服务队个数-小计	ALLDTEAM	N（5）		8.2.9-1
212	抗旱服务队个数-省级	PROVDTEAM	N（4）		8.2.9-1
213	抗旱服务队个数-市级	CITYTDEAM	N（4）		8.2.9-1
214	抗旱服务队个数-县级	COUNTYDTEAM	N（4）		8.2.9-1
215	抗旱服务队个数-乡级	XDTEAM	N（5）		8.2.9-1
216	抗旱服务队性质-全额拨款	DTTPQE	N（6）		8.2.9-1
217	抗旱服务队性质-差额拨款	DTTPCE	N（6）		8.2.9-1
218	抗旱服务队性质-自收自支	DTTPZS	N（6）		8.2.9-1
219	队员人数-小计	TMANSUM	N（7）		8.2.9-1
220	队员人数-其中在编人员	TMANISSUM	N（7）		8.2.9-1
221	仓储面积	SAREA	N（7）	m²	8.2.9-1
222	现有主要抗旱设备-固定资产	EFDEFA	N（10，4）	10⁴元	8.2.9-1
223	现有主要抗旱设备-应急打水车	EFDEECWW	N（5）	辆	8.2.9-1
224	现有主要抗旱设备-打井洗井设备	EFDEDFE	N（6）	台套	8.2.9-1
225	现有主要抗旱设备-移动灌溉设备	EFDEMIE	N（6）	台套	8.2.9-1
226	现有主要抗旱设备-移动喷滴灌节水设备	EFDEMSIWE	N（6）	台套	8.2.9-1
227	现有主要抗旱设备-输水软管	EFDEHE	N（10，4）	10⁴m	8.2.9-1
228	现有主要抗旱设备-简易净水设备	EFDESWPE	N（6）	台套	8.2.9-1
229	现有主要抗旱设备-清淤设备	EFDEDE	N（6）	台套	8.2.9-1
230	现有主要抗旱设备-发电和动力设备	EFDEPGPE	VC（6）	台套	8.2.9-1
231	现有主要抗旱设备-其他设备	EFDEOE	N（6）	台套	8.2.9-1
232	抗旱能力-浇地能力	FDAIC	N（9，4）	10⁴亩/d	8.2.9-1
233	抗旱能力-应急送水	FDAEW	N（6）	t/次	8.2.9-1
234	近3年来抗旱收益-解决人饮困难	FDESDD	N（10，4）	10⁴人	8.2.9-1
235	近3年来抗旱收益-抗旱浇地	FDEFDI	N（10，4）	10⁴亩	8.2.9-1
236	近3年来抗旱收益-应急打井	FDEED	N（6）	眼	8.2.9-1
237	近3年来抗旱收益-维修抗旱设备	FDEME	N（6）	台套	8.2.9-1
238	近3年来抗旱收益-节水灌溉面积	FDEWSIA	N（10，4）	10⁴亩	8.2.9-1
239	近3年来抗旱收益-抗旱挽回粮食损失	FDESGL	N（10，4）	t	8.2.9-1
240	近3年来各级财政投入资金	ALFI	N（10，4）	10⁴元	8.2.9-1

附录 B 字段标识符索引（续）

编号	中文字段名	字段标识	类型及长度	计量单位	首次出现表
241	序号	FDSTBSIIDX	N（7）		8.2.10-1
242	服务队名称	FDTNM	VC（64）		8.2.10-1
243	队员人数-小计	TMANSUM	N（5）		8.2.10-1
244	队员人数-其中在编人员	TMANISSUM	N（5）		8.2.10-1
245	设备运行管理费是否列入财政预算	ERMF	VC（2）		8.2.10-1
246	抗旱服务队名称	FDTNM	VC（64）		8.2.11-1
247	是否完成全部购置任务	FDSTTN	VC（2）		8.2.11-1
248	补助资金	SF	N（10，4）	10^4 元	8.2.11-1
249	签订合同资金	SCF	N（10，4）	10^4 元	8.2.11-1
250	入库抗旱设备价值	WFDEV	N（10，4）	10^4 元	8.2.11-1
251	应急拉水车	ECWW	N（3）	辆	8.2.11-1
252	打井洗井设备	DFE	N（3）	台套	8.2.11-1
253	移动灌溉设备	MIE	N（3）	台套	8.2.11-1
254	移动喷滴灌节水设备	MSIWE	N（3）	台套	8.2.11-1
255	输水软管	HE	N（8，4）	10^4 m	8.2.11-1
256	简易净水设备	SWPE	N（3）	台套	8.2.11-1
257	清淤设备	DE	N（3）	台套	8.2.11-1
258	发电和动力设备	PGPE	N（3）	台套	8.2.11-1
259	其他设备	OE	N（3）	台套	8.2.11-1
260	抗旱投入劳力	IMAN	N（7）	人次	8.2.12-1
261	出动抗旱设备	IDPM	N（5）	台套	8.2.12-1
262	维修抗旱设备	MDPM	N（5）	台套	8.2.12-1
263	抗旱应急水源工程建设	DEWSP	N（5）	处	8.2.12-1
264	应急打井	FDPP	N（5）	眼	8.2.12-1
265	拉水送水	FDPT	N（12，4）	t	8.2.12-1
266	新增节水灌溉面积	NMDPFDIR	N（10，4）	10^4 亩	8.2.12-1
267	改善灌溉面积	MMDPFDIR	N（10，4）	10^4 亩	8.2.12-1
268	抗旱灌溉面积	MDPFDIR	N（10，4）	10^4 亩	8.2.12-1
269	抗旱累计灌溉面积	MDPFDIRN	N（10，4）	10^4 亩	8.2.12-1
270	解决饮水困难-人口	MDPHWP	N（10，4）	10^4 人	8.2.12-1
271	解决饮水困难-大牲畜	MDPHWL	N（10，4）	10^4 头	8.2.12-1
272	总计-座数	TRSUM	N（10）		8.2.13-1
273	总计-蓄水总量	TWATERS	N（8，4）	10^8 m³	8.2.13-1
274	总计-常年同期蓄水总量	TLWATERS	N（8，4）	10^8 m³	8.2.13-1
275	大型水库-座数	BSUM	N（4）	座	8.2.13-1
276	大型水库-蓄水量	BWATERS	N（8，4）	10^8 m³	8.2.13-1
277	大型水库-常年同期蓄水总量	BLWATERS	N（8，4）	10^8 m³	8.2.13-1
278	中型水库-座数	MSUM	N（4）	座	8.2.13-1
279	中型水库-蓄水量	MWATERS	N（8，4）	10^8 m³	8.2.13-1
280	中型水库-常年同期蓄水总量	MLWATERS	N（8，4）	10^8 m³	8.2.13-1

附录 B 字 段 标 识 符 索 引 (续)

编号	中 文 字 段 名	字段标识	类型及长度	计量单位	首次出现表
281	小（1）型水库-座数	SSUM	N（5）	座	8.2.13-1
282	小（1）型水库-蓄水量	SWATERS	N（8，4）	$10^8 m^3$	8.2.13-1
283	小（1）型水库-常年同期蓄水总量	SLWATERS	N（8，4）	$10^8 m^3$	8.2.13-1
284	其他-蓄水总量	OTWATERS	N（8，4）	$10^8 m^3$	8.2.13-1
285	其他-常年同期蓄水量	OTLWATERS	N（8，4）	$10^8 m^3$	8.2.13-1
286	断面名称	TRNM	VC（100）		8.2.14-1
287	开闸过水时间	BGTM	DATE		8.2.14-1
288	实时水情流量	FL	N（10，3）	m^3/s	8.2.14-1
289	实时水情水位	WTLV	N（8，3）	m	8.2.14-1
290	实时水情累计过水量	SWQTY	N（9，2）	m^3	8.2.14-1
291	实时水情水质	WQL	VC（32）		8.2.14-1
292	关闸断流时间	ENDTM	DATE		8.2.14-1
293	项目名称	PRONAME	VC（256）		8.2.15-1
294	主要建设内容	FDPCC	VC（2048）		8.2.15-1
295	所在河流名称	STRNM	VC（64）		8.2.15-1
296	坝址处控制流域面积	DCBA	N（10，4）	km^2	8.2.15-1
297	坝址处多年平均年径流量	DMYAR	N（10，4）	$10^4 m^3$	8.2.15-1
298	坝型	DT	VC（32）		8.2.15-1
299	最大坝高	DH	N（8，4）	m	8.2.15-1
300	总库容	TOT_CAP	N（9，2）	$10^4 m^3$	8.2.15-1
301	死库容	DEAD_CAP	N（9，2）	$10^4 m^3$	8.2.15-1
302	主要供水量-总供水量	TWS	N（10，4）	$10^4 t$	8.2.15-1
303	主要供水量-城镇年供水量	UWS	N（10，4）	$10^4 t$	8.2.15-1
304	主要供水量-灌溉年供水量	IWS	N（10，4）	$10^4 t$	8.2.15-1
305	抗旱能力-解决城镇人饮	SCD	N（8，4）	10^4 人	8.2.15-1
306	抗旱能力-解决农村人饮	SRD	N（8，4）	10^4 人	8.2.15-1
307	抗旱能力-城乡供水涉及乡镇	UWSIVT	VC（256）		8.2.15-1
308	抗旱能力-农业灌溉面积	AIA	N（8，4）	10^4 亩	8.2.15-1
309	抗旱能力-农业灌溉涉及乡镇	AIIVT	VC（256）		8.2.15-1
310	工期与投资-建设总工期	GCTL	N（3）	月	8.2.15-1
311	工期与投资-计划开工年限	PSFY	N（4）	a	8.2.15-1
312	工期与投资-总投资	TI	N（10，4）	10^4 元	8.2.15-1
313	工期与投资-落实省级建设资金	ILPF	N（10，4）	10^4 元	8.2.15-1
314	工期与投资-落实市县建设资金	ILCDF	N（10，4）	10^4 元	8.2.15-1
315	工期与投资-总投资年度计划-第一年	TIAPFO	N（10，4）	10^4 元	8.2.15-1
316	工期与投资-总投资年度计划-第二年	TIAPFI	N（10，4）	10^4 元	8.2.15-1
317	工期与投资-总投资年度计划-第三年	TIAPSI	N（10，4）	10^4 元	8.2.15-1
318	工程进展情况-前期工作进展	PWP	VC（256）		8.2.15-1
319	工程进展情况-完成投资比例	TCIP	N（5，2）	%	8.2.15-1
320	工程进展情况-形象进度	IP	VC（2048）		8.2.15-1

附录 B 字 段 标 识 符 索 引 （续）

编号	中 文 字 段 名	字段标识	类型及长度	计量单位	首次出现表
321	工程进展情况-完成竣工验收	CCIA	VC（64）		8.2.15-1
322	落实管理单位	TIMU	VC（64）		8.2.15-1
323	落实管理经费	TIMF	VC（32）		8.2.15-1
324	抗旱供水时段	FDWST	VC（64）	月	8.2.15-1
325	抗旱供水总量	FDWSA	N（8，4）	10^4 t	8.2.15-1
326	解决人饮困难	SDD	N（8，4）	10^4 人	8.2.15-1
327	抗旱浇地面积	FDI	N（8，4）	10^4 亩	8.2.15-1
328	工程特征指标-数量	NUM	N（5）		8.2.16-1
329	工程特征指标-平均井深	AD	N（7，3）	m	8.2.16-1
330	工程特征指标-总供水量	TWS	N（12，4）	t	8.2.16-1
331	工程特征指标-城镇年供水量	UWS	N（12，4）	t	8.2.16-1
332	工程特征指标-灌溉年供水量	IWS	N（12，4）	t	8.2.16-1
333	抗旱能力-解决乡镇人饮	SCD	N（10，4）	人	8.2.16-1
334	主要工程类型	FDPTP	VC（32）		8.2.17-1
335	工程特征指标-供水水源	WSS	VC（128）		8.2.17-1
336	工程特征指标-输水线路类型	WLT	VC（32）		8.2.17-1
337	工程特征指标-输水线路长度	WLL	N（10，4）	km	8.2.17-1
338	工程进展情况-完成招投标	TCTB	VC（32）		8.2.17-1
339	旱情评估成果标识	DRASRID	CHAR（32）		8.3.1-1
340	成果编码	RNO	VC（32）		8.3.1-1
341	评估地区	AD_CODE	CHAR（15）		8.3.1-1
342	时段起始日期	SDT	DATE		8.3.1-1
343	时段结束日期	EDT	DATE		8.3.1-1
344	成果名称	RNAME	VC（64）		8.3.1-1
345	评估类别	ASMTKIND	VC（32）		8.3.1-1
346	评估方法	ASWAY	VC（64）		8.3.1-1
347	生成时间	CRETM	DATE		8.3.1-1
348	生成人员	CUID	VC（32）		8.3.1-1
349	旱情评估成果详情标识	DRASRDID	CHAR（32）		8.3.1-2
350	时间	TM	DATE		8.3.1-2
351	评估数据	ACDDATA	VC（1024）		8.3.1-2
352	旱灾评估成果标识	DAASRID	CHAR（32）		8.3.2-1
353	旱灾评估成果详情标识	DAASRDID	CHAR（32）		8.3.2-2
354	作物受灾面积	CRSASUM	N（10，4）	10^3 hm^2	8.3.2-2
355	作物成灾面积	CRSAST	N（10，4）	10^3 hm^2	8.3.2-2
356	作物绝收面积	CRSAN	N（10，4）	10^3 hm^2	8.3.2-2
357	作物减产	DRLF	N（10，4）	10^4 t	8.3.2-2
358	经济损失	DRLE	N（10，4）	10^4 元	8.3.2-2
359	抗旱投入	SFAMT	N（10，4）	10^4 元	8.3.2-2
360	抗旱效益	FDBE	N（10，4）	10^4 元	8.3.2-2

附录 B 字段标识符索引（续）

编号	中文字段名	字段标识	类型及长度	计量单位	首次出现表
361	旱灾等级	DGRD	CHAR（1）		8.3.2-2
362	依据数据	ADCDDATA	VC（1024）		8.3.2-2
363	调水线路标识	LID	CHAR（32）		8.3.3-1
364	调水线路编码	LCODE	VC（32）		8.3.3-1
365	调水线路名称	LNAME	VC（64）		8.3.3-1
366	调水线路类别	LTYPE	VC（32）		8.3.3-1
367	调水线路简介	LRM	NVC（2048）		8.3.3-1
368	调水线路GIS图层	LGISLAYER	VC（256）		8.3.3-1
369	状态	STATUS	C（1）		8.3.3-1
370	涉及地区	RELADS	VC（128）		8.3.3-1
371	批复时间	PADT	DATE		8.3.3-1
372	创建人	CREATOR	VC（32）		8.3.3-1
373	创建时间	CREATE_TIME	DATE		8.3.3-1
374	调水事件信息标识	TWEID	CHAR（32）		8.3.3-2
375	开始时间	STARTTIME	DATE		8.3.3-2
376	结束时间	ENDTIME	DATE		8.3.3-2
377	事件状态	ESTATUS	VC（32）		8.3.3-2
378	事件描述	EDESC	VC（200）		8.3.3-2
379	调水目标	TWTARGET	VC（256）		8.3.3-2
380	计划输水量	TWPQTY	N（8，4）	$10^6 m^3$	8.3.3-2
381	实际输水量	TWRQTY	N（8，4）	$10^6 m^3$	8.3.3-2
382	计划输水天数	TWPDAYS	N（4，1）		8.3.3-2
383	调水依据	TWACCTO	VC（64）		8.3.3-2
384	记录时间	CIM	DATE		8.3.3-2
385	调水事件状态标识	ESTATUSID	VC（32）		8.3.3-4
386	调水事件状态	STATUS	N（1）		8.3.3-4
387	实际开始时间	ASTM	TIMESTAMP（6）		8.3.3-4
388	实际结束时间	AETM	TIMESTAMP（6）		8.3.3-4
389	操作人	OPERATOR	VC（32）		8.3.3-4
390	操作时间	OTM	TIMESTAMP（6）		8.3.3-4
391	调水工作动态	EWD	VC（600）		8.3.3-4
392	调水线路文档关联标识	LFID	CHAR（32）		8.3.3-5
393	文档标识	FID	CHAR（32）		8.3.3-5
394	关联标识	TLSTLID	CHAR（32）		8.3.3-6
395	测站编码	STCD	CHAR（32）		8.3.3-6
396	站点来源	STSOURCE	VC（8）		8.3.3-6
397	测站顺序号	TLSTNO	N（3）		8.3.3-6
398	相对方位	QUAD	VC（8）		8.3.3-6
399	是否为重点测站	IMPSTA	N（2）		8.3.3-6
400	输水路线站点标识	TWSTIFID	VC（32）		8.3.3-8

附录 B 字 段 标 识 符 索 引 (续)

编号	中文字段名	字段标识	类型及长度	计量单位	首次出现表
401	站点名称	TWSTNM	VC (32)		8.3.3－8
402	站点经度	TWSTLGTD	N (9, 6)		8.3.3－8
403	站点纬度	TWSTLTTD	N (8, 6)		8.3.3－8
404	站点类型	TWSTTP	VC (32)		8.3.3－8
405	站点地址	TWSTLC	VC (32)		8.3.3－8
406	所在水系	TWSTHNNM	VC (32)		8.3.3－8
407	所在河流	TWSTRVNM	VC (32)		8.3.3－8
408	调水监测站点信息标识	TWLID	VC (32)		8.3.3－8
409	水位	WTLV	N (8, 3)	m	8.3.3－10
410	流量	FL	N (10, 3)	m^3/s	8.3.3－10
411	水质	WQ	VC (32)		8.3.3－10
412	蓄水量	CRRTWTVLM	N (12, 2)	$10^6 m^3$	8.3.3－10
413	累计过水量	ACCW	N (10, 4)	$10^6 m^3$	8.3.3－10
414	旱情遥感成果接收标识	RSPRID	CHAR (32)		8.3.4－1
415	保存时间	TM	DATE		8.3.4－1
416	文档内容路径	PRTCONTENT	VC (128)		8.3.4－1
417	处理状态	DSTATUS	N		8.3.4－1
418	处理反馈	DRESP	VC (512)		8.3.4－1
419	处理时间	DTM	DATE		8.3.4－1
420	旱情遥感监测成果信息标识	RSPIID	CHAR (32)		8.3.4－2
421	旱情遥感监测成果接收标识	RSPRID	CHAR (32)		8.3.4－2
422	产品生成时间	PRTTM	TM		8.3.4－2
423	产品开始日期	BGDT	DT		8.3.4－2
424	产品结束日期	ENDDT	DT		8.3.4－2
425	旱情简报	RPTDESC	NVC (2048)		8.3.4－2
426	产品周期	TMRSLT	VC (32)		8.3.4－2
427	产品名称	RSPNM	VC (64)		8.3.4－2
428	生成单位	RSPPDEPT	VC (64)		8.3.4－2
429	产品范围	RSPREGION	VC (32)		8.3.4－2
430	详情信息标识	RSPISHGDID	CHAR (32)		8.3.4－3
431	正常耕地面积	NRDA	N (10, 4)		8.3.4－3
432	轻度干旱耕地面积	RDA1	N (10, 4)		8.3.4－3
433	中度干旱耕地面积	RDA2	N (10, 4)		8.3.4－3
434	严重干旱耕地面积	RDA3	N (10, 4)		8.3.4－3
435	特大干旱耕地面积	RDA4	N (10, 4)		8.3.4－3
436	总受旱面积	RDASUM	N (10, 4)		8.3.4－3
437	总耕地面积	DASUM	N (10, 4)		8.3.4－3
438	总受旱耕地面积比例	RDAP	N (5, 2)	%	8.3.4－3
439	会商信息标识	CLID	CHAR (32)		8.3.5－1
440	会商时间	TM	DATE		8.3.5－1

附录 B 字段标识符索引（续）

编号	中文字段名	字段标识	类型及长度	计量单位	首次出现表
441	会商主题	CLNM	VC（128）		8.3.5-1
442	会商类型	CLTYPE	VC（32）		8.3.5-1
443	会商地点	CLADDR	VC（128）		8.3.5-1
444	会商人员	CLPEOP	VC（512）		8.3.5-1
445	主持人	CLCOMPERE	VC（64）		8.3.5-1
446	会商资料标识	CIID	CHAR（32）		8.3.5-2
447	会商信息标识	CLID	CHAR（32）		8.3.5-2
448	资料名称	CIFNM	VC（128）		8.3.5-2
449	资料类型	CITP	VC（32）		8.3.5-2
450	资料来源	CIFSOURCE	VC（32）		8.3.5-2
451	资料内容	CIFCONTENT	NVC（2048）		8.3.5-2
452	关联文档资料	CIFID	VC（256）		8.3.5-2
453	记录标识	CLRID	CHAR（32）		8.3.5-3
454	会商标识	CLID	CHAR（32）		8.3.5-3
455	记录内容	CLRCONT	NVC（2048）		8.3.5-3
456	附件文档标识	CLRAFFID	VC（128）		8.3.5-3
457	记录者 ID	CLRUID	VC（32）		8.3.5-3
458	会商模板标识	CLTID	CHAR（32）		8.3.5-4
459	模板名称	CLTNM	VC（64）		8.3.5-4
460	模板说明	CLTDESC	VC（256）		8.3.5-4
461	创建人标识	CLTCUID	VC（32）		8.3.5-4
462	类型标识	CLTPID	CHAR（32）		8.3.5-5
463	类型名称	CLTPNM	VC（64）		8.3.5-5
464	资源地址	CLTPURL	VC（256）		8.3.5-5
465	资源参数	CLTPPARAM	VC（128）		8.3.5-5
466	成果类型	CLTPRTP	VC（32）		8.3.5-5
467	大纲明细标识	CLTDID	CHAR（32）		8.3.5-6
468	会商大纲模板标识	CLTID	CHAR（32）		8.3.5-6
469	资料类型标识	CLTPID	CHAR（32）		8.3.5-6
470	大纲明细序号	CLTDNO	N（2）		8.3.5-6
471	预测成果标识	RID	CHAR（32）		8.3.6-1
472	生成人员标识	CUID	VC（32）		8.3.6-1
473	预测成果详情标识	RDID	CHAR（32）		8.3.6-2
474	日降水量	DYP	N（5，1）	mm	8.3.6-2
475	蒸发量	EV	N（5，1）	mm	8.3.6-2
476	土壤相对湿度	RSM	N（4，1）		8.3.6-2
477	平均气温	ATMP	N（3，1）		8.3.6-2
478	其他指标名称1	OVNM1	VC（32）		8.3.6-2
479	其他指标值1	OVVAL1	N（10，4）		8.3.6-2
480	其他指标名称2	OVNM2	VC（32）		8.3.6-2
481	其他指标值2	OVVAL2	N（10，4）		8.3.6-2
482	其他指标名称3	OVNM3	VC（32）		8.3.6-2
483	其他指标值3	OVVAL3	N（10，4）		8.3.6-2
484	旱度指数	DIND	N（3，1）		8.3.6-2

国家防汛抗旱指挥系统工程建设标准

NFCS 06—2017

社会经济数据库表结构及标识符
Standard for table structure and identifier
in society economy database

2017－04－13发布

2017－04－13实施

水利部国家防汛抗旱指挥系统工程项目建设办公室　发布

前　　言

本标准是国家防汛抗旱指挥系统二期工程的项目标准之一，用于规范社会经济数据库的表结构及标识符。本标准在国家防汛抗旱指挥系统一期工程社会经济数据库设计成果的基础上，按照《水利信息化资源整合共享顶层设计》（水信息〔2015〕169号）的要求，与水利部水信息基础平台项目编制的《水利对象基础信息数据库表结构与标识符》（暂定）等标准充分整合；依据 GB/T 1.1—2009《标准化工作导则　第1部分：标准的结构和编写》和 SL 478—2010《水利信息数据库表结构及标识符编制规范》等国家和行业标准编制要求进行规范化、标准化处理。

本标准包括10个章节和附录，主要内容包括范围、规范性引用文件、术语和定义、数据范围、表结构设计、标识符命名、字段类型及长度、社会经济数据库表结构、对象关系表、字典表数据、附录。

本标准批准部门：水利部国家防汛抗旱指挥系统工程项目建设办公室

本标准主持机构：水利部国家防汛抗旱指挥系统工程项目建设办公室

本标准解释单位：水利部国家防汛抗旱指挥系统工程项目建设办公室

本标准主编单位：水利部国家防汛抗旱指挥系统工程项目建设办公室

本标准发布单位：水利部国家防汛抗旱指挥系统工程项目建设办公室

本标准主要起草人：张越胜、董涛、刘阳、石晶、代立志

2017年4月13日

<h1>目　　录</h1>

1 范围

为规范国家防汛抗旱指挥系统二期工程的设计、实施和管理，统一国家防汛抗旱指挥系统二期工程数据库中社会经济数据的库表结构、数据表示及标识制定本标准。

本标准适用于国家防汛抗旱指挥系统二期工程社会经济数据库建设，主要用于洪水调度预案评估、洪灾评估、洪灾风险管理、分洪运用补偿、抗旱管理、流域及行蓄洪区规划等方面。

2 规范性引用文件

下列文件中的条款通过本标准的引用而成为本标准的条款。凡是注日期的引用文件，仅注日期的版本适用于本标准。凡是不注日期的引用文件，其最新版本（包括所有的修改单）适用于本标准。

GB/T 2260—2007《中华人民共和国行政区划代码》

GB 2312—1980《信息交换用汉字编码字符集 基本集》

GB/T 22482—2008《水文情报预报规范》

GB/T 50095—1998《水文基本术语和符号标准》

SL 263—2000《中国蓄滞洪区名称代码》

SL 249《中国河流代码》

SL 252—2000《水利水电工程等级划分及洪水标准》

SL 324—2005《基础水文数据库表结构及标识符标准》

SL 478—2010《水利信息数据库表结构及标识符编制规范》

《水利对象分类编码方案》（暂定）

《水利对象基础信息数据库表结构与标识符》（暂定）

3 术语和定义

3.1 社会经济数据库 society economy database

与社会经济有关的各种经济指标的数据集合，包括行政区划代码、总人口、农业人口、GDP、工业产值（工业增加值）、第三产业增加值、农林牧渔业总产值（第一产业增加值）、农业产值、林业产值、牧业产值、渔业产值、土地面积、耕地面积、水田面积、农作物播种面积、粮食作物产量、棉花总产量、油料总产量、有效灌溉面积、旱涝保收面积、经济作物产量、旱地面积、经济作物播种面积、棉花播种面积、油料播种面积、保障灌溉面积、实际灌溉面积等指标。

3.2 表结构 table sturcture

用于组织管理数据资源而构建的数据表的结构体系。

3.3 标识符 identifier

数据库中用于唯一标识数据要素的名称或数字，标识符分为表标识符和字段标识符。

3.4 字段 field

数据库中表示与对象或类关联的变量，由字段名、字段标识和字段类型等数据要素组成。

3.5 数据类型 data type

字段中定义变量性质、长度、有效值域及对该值域内的值进行有效操作的规定的总和。

4 数据范围

全国以村级行政区划、乡镇行政区划、县级以上行政区划、蓄滞洪区为单位的社会经济数据指标主要包括行政区划代码、总人口、农业人口、GDP、工业产值（工业增加值）、第三产业增加值、农林牧渔业总产值（第一产业增加值）、农业产值、林业产值、牧业产值、渔业产值、土地面积、耕地面积、水田面积、农作物播种面积、粮食作物产量、棉花总产量、油料总产量、有效灌溉面积、旱涝保收面积、经济作物产量、旱地面积、经济作物播种面积、棉花播种面积、油料播种面积、保障灌溉面积、实际灌溉面积等。

5 表结构设计

5.1 一般规定

5.1.1 社会经济数据库表结构设计应遵循科学、实用、简洁和可扩展性的原则。

5.1.2 社会经济数据库表结构设计的命名原则及格式应尽量满足 SL 478—2010《水利信息数据库表结构及标识符编制规范》（下面简称"SL 478"）的要求。

5.1.3 各类对象统一的属性项进行统一的库表设计，其他指标项按不同类别的社会经济单独进行库表设计。

5.1.4 针对不同表对数据项描述的需求，为方便用户理解，同一属性在不同的表中采用不同的称谓，即使用同义词的方法进行指标项描述。

5.2 表设计与定义

5.2.1 本标准包括 4 类行政级别的社会经济指标信息的存储结构，共 48 张表。

5.2.2 每个表结构描述的内容应包括中文表名、表主题、表标识、表编号、表体和字段描述 6 个部分。

5.2.3 中文表名应使用简明扼要的文字表达该表所描述的内容。

5.2.4 表主题应进一步描述该表存储的内容、目的及意义。

5.2.5 表标识用以识别表的分类及命名，应为中文表名的英文缩写，在进行数据库建设时，应作为数据库的表名。

5.2.6 表编号为表的数字化识别代码，反映表的分类和在表结构描述中的逻辑顺序，由 9 位字符组成。表编号格式为：

$$SHJJ \_ AAA \_ BBBB$$

其中 SHJJ——专业分类码，固定字符，表示社会经济数据库；

AAA——表编号的一级分类码，3 位字符。表类代码按表 5.2-1 的规定执行；

BBBB——表编号的二级分类码，4 位字符，每类表从 0001 开始编号，依次递增。

表 5.2-1 表编号一级分类代码表

一级分类码	表　分　类	内　　　容
000	以村级行政区划为单位的统计表	存储以村级行政区划为单位的人口情况、房屋情况、私有财产、耕地及播种面积、经济产值、农作物产量、工矿企业情况、水利设施情况、交通设施情况、供电设施情况、通信设施、公共设施情况
001	以乡镇行政区划为单位的统计表	存储以乡镇行政区划为单位的人口情况、房屋情况、私有财产、耕地及播种面积、经济产值、农作物产量、工矿企业情况、水利设施情况、交通设施情况、供电设施情况、通信设施、公共设施情况
002	以县级以上行政区划为单位的统计表	存储以县级以上行政区划为单位的人口情况、房屋情况、私有财产、耕地及播种面积、经济产值、农作物产量、工矿企业情况、水利设施情况、交通设施情况、供电设施情况、通信设施、公共设施情况
003	以蓄滞洪区为单位的统计表	存储以蓄滞洪区为单位的人口情况、房屋情况、私有财产、耕地及播种面积、经济产值、农作物产量、工矿企业情况、水利设施情况、交通设施情况、供电设施情况、通信设施、公共设施情况

5.2.7 表体以表格的形式列出表中每个字段的字段名、标识符、类型及长度、计量单位、可否允许空值、主键和索引序号等，在引用了其他表主键作为外键时，应添加外键说明，各内容应符合下列规定：

　　a) 字段名采用中文描述，表征字段的名称。

　　b) 标识符为数据库中该字段的唯一标识。标识符命名规则见第6章。

　　c) 类型及长度描述该字段的数据类型和数据最大位数。字段类型及长度的规定见第7章。

　　d) 计量单位描述该字段填入数据的计量单位，关系表无此项。

　　e) 可否允许空值描述该字段是否允许填入空值，用"N"表示该字段不允许为空值，否则表示该字段可以取空值。

　　f) 主键描述该字段是否作为主键，用"Y"表示该字段是表的主键或联合主键之一，否则表示该字段不是主键。

　　g) 索引序号用于描述该字段在实际建表时索引的优先顺序，分别用阿拉伯数字"1""2""3"等描述。"1"表示该字段在表中为第一索引字段，"2"表示该字段在表中为第二索引字段，依次类推。

　　h) 外键指向所引用的前置表主键，当前置表存在该外键值时为有效值，确保数据一致性。

5.2.8 字段描述用于对表体中各字段的意义、填写说明及示例等给出说明。

5.2.9 相同字段名或同义字段名的解释，以第一次解释为准。

6 标识符命名

6.1 一般规定

6.1.1 标识符分为表标识和字段标识两类，遵循唯一性。

6.1.2 标识符由英文字母、下划线、数字构成，首字符应为大写英文字母。

6.1.3 标识符是中文名称关键词的英文翻译，可采用英文译名的缩写命名。

6.1.4 按照中文名称提取的关键词顺序排列关键词的英文翻译，关键词之间用下划线分隔；缩写关键词一般不超过4个，后续关键词应取首字母。

6.1.5 当英文单词长度不超过6个字母时，可直接取其全拼。

6.1.6 当标识符采用英文译名缩写命名时，单词缩写主要遵循以下规则：

　　a) 英文关键词有标准缩写的应直接采用，例如，POLYGON 缩写为 POL、CHINA 缩写为 CHN。

　　b) 没有标准缩写的，取单词的第一个音节，并自辅音之后省略，例如，INTAKE 缩写为 INT。

　　c) 如果英文译名缩写相同时，参考压缩字母法等常见缩写方法以区分不同关键词。

6.1.7 相同的实体和实体特征在要素类表、关系类表、属性类表中应采用一致的标识。

6.2 表标识

6.2.1 表标识与表名应一一对应。

6.2.2 表标识由前缀"SHJJ"、主体标识及分类后缀三部分用下划线（"_"）连接组成。其编写格式为：

$$SHJJ \_ X \_ A$$

其中　SHJJ——专业分类码，代表社会经济数据库；

　　　　X——表代码，表标识的主体标识；

　　　　A——表标识的分类后缀，用于标识表的分类，具体取值见表6.2.2-1。

表 6.2.2-1 表标识的分类后缀取值表

专业分类码	表 分 类	分类后缀
SHJJ	村级行政区划社会经济表	A
SHJJ	乡镇行政区划经济表	B
SHJJ	县级以上行政区划社会经济表	C
SHJJ	蓄滞洪区社会经济表	F

6.3 字段标识

社会经济数据库字段标识符命名按"SL 478"的规定执行，字段标识长度不宜超过 10 个字符，10 位编码不能满足字段描述需求时可向后依次扩展。

6.4 区域代码设计

县级以上行政区划代码按 GB/T 2260—2007 的规定执行。

乡镇行政区划代码在县级以上行政区划代码后加 3 位代码。前 6 位为县市代码，后 3 位为乡镇代码。代码排列方式按国家标准的规定执行。

村级行政区划代码在乡镇行政区划代码后加 3 位代码。前 6 位为县市代码，中间 3 位为乡镇代码，后 3 位为村代码。代码排列方式按国家标准的规定执行。

蓄滞洪区代码按 SL 263—2000 的规定执行。

7 字段类型及长度

基础数据库表字段类型主要有字符、数值、日期时间和布尔型。其类型长度应按以下格式描述：

a）字符型。其长度的描述格式为：

$$C(d) 或 VC(d)$$

其中　C——定长字符串型的数据类型标识；

VC——变长字符串型的数据类型标识；

（ ）——固定不变；

D——十进制数，用以定义字符串长度，或最大可能的字符串长度。

b）数值型。其长度的描述格式为：

$$N(D[,d])$$

其中　N——数值型的数据类型标识；

（ ）——固定不变；

[ ]——表示小数位描述，可选；

D——描述数值型数据的总位数（不包括小数点位）；

,——固定不变，分隔符；

d——描述数值型数据的小数位数。

c）日期时间型。采用公元纪年的北京时间。

1）日期型：Date。表示日期型数据，即 YYYY-MM-DD（年-月-日）。不能填写至月或日的，月和日分别填写 01。

2）时间型：Time。表示时间型数据，即 YYYY-MM-DD hh：mm：ss（年-月-日 时：分：秒）。

d）布尔型。其描述格式为：

$$Bool$$

布尔型字段用于存储逻辑判断字符,取值为 1 或 0,1 表示是,0 表示否;若为空值,其表达意义同 0。

　　e) 字段的取值范围。

　　　　1) 可采用抽象的连续数字描述,在字段描述中应给出其取值范围。

　　　　2) 取值为特定的若干选项,在字段描述中应采用枚举的方法描述取值范围。

8　社会经济数据库表结构

8.1　通用基础信息表

8.1.1　行政区划名录表

　　a) 本表存储行政区划对象名录信息,引用《水利对象基础信息数据库表结构与标识符》(暂定)中的"行政区划名录表"。数据来源于地理空间库。

　　b) 表标识:OBJ_AD。

　　c) 表编号:OBJ_0050。

　　d) 各字段定义见表 8.1.1-1。

表 8.1.1-1　行政区划名录表字段定义

字 段 名	标 识 符	类型与长度	有无空值	单位	主键	索引序号
行政区划代码	AD_CODE	C(15)	N		Y	1
行政区划名称	AD_NAME	VC(100)	N			
对象建立时间	FROM_DATE	DATE	N			
对象终止时间	TO_DATE	DATE				

　　e) 各字段存储内容应符合下列规定:

　　　　1) 行政区划代码:也称行政代码,它是国家行政机关的识别符号。

　　　　2) 行政区划名称:指行政区划代码所代表行政区划的中文名称。

　　　　3) 对象建立时间:对象个体生命周期开始时间。

　　　　4) 对象终止时间:对象个体生命周期终止时间。

8.1.2　蓄滞洪区名录表

　　a) 本表存储蓄滞洪区的对象名录信息,引用《水利对象基础信息数据库表结构与标识符》(暂定)中的"蓄滞洪区名录表"。数据来源于防洪工程数据库。

　　b) 表标识:OBJ_FSDA。

　　c) 表编号:OBJ_0024。

　　d) 各字段定义见表 8.1.2-1。

表 8.1.2-1　蓄滞洪区名录表字段定义

字 段 名	标 识 符	类型及长度	有无空值	单位	主键	索引序号
蓄滞洪区代码	FSDA_CODE	C(17)	N		Y	1
蓄滞洪区名称	FSDA_NAME	VC(100)	N			
对象建立时间	FROM_DATE	DATE	N			
对象终止时间	TO_DATE	DATE				

　　e) 各字段存储内容应符合下列规定:

　　　　1) 蓄滞洪区代码:唯一标识本数据库的一个蓄滞洪区。

2）蓄滞洪区名称：指蓄滞洪区代码所代表蓄滞洪区的中文名称。

3）对象建立时间：同 8.1.1 节"对象建立时间"字段。

4）对象终止时间：同 8.1.1 节"对象终止时间"字段。

8.2 村级行政区划统计表

8.2.1 村级行政区划人口情况表

a）本表存储村级行政区划内人口和洪灾发生时就地避洪及外迁人数等情况。

b）表标识：SHJJ_FBTOPOPU_A。

c）表编号：SHJJ_000_0001。

d）各字段定义见表 8.2.1-1。

表 8.2.1-1 村级行政区划人口情况表字段定义

字 段 名	标 识 符	类型与长度	有无空值	单位	主键	索引序号
行政区划代码	AD_CODE	C（15）	N		Y	1
发布日期	PUBDT	DATE	N		Y	2
属性采集时间	COLL_DATE	DATE	N			
属性更新时间	UPD_DATE	DATE				
总人口	POPUNUMB	N（12，0）	N	人		
农村人口	RPOPNUMB	N（12，0）	N	人		
常住人口	PPOPNUMB	N（12，0）	N	人		
避水工程容纳人数	FFPERSON	N（12，0）	N	人		
避险迁安人数	FFDIPOPU	N（12，0）	N	人		
总户数	TOHOUNUM	N（12）	N	户		
数据来源	FXKH_DASC	VC（30）				

e）各字段存储内容应符合下列规定：

1）行政区划代码：唯一标识某一行政区。引用《水利对象基础信息数据库表结构与标识符》（暂定）中的"行政区划名录表"。

2）发布日期：指哪一年的数据，如 2015。

3）属性采集时间：填写本条记录的采集时间。

4）属性更新时间：填写本条记录的失效时间，即本条记录的下一次采集时间，本条记录未被更新时，该字段为空。

5）总人口：指一定时点、一定地区范围内的有生命的个人的总和。

6）农村人口：指农业户口人口。

7）常住人口：指具有中华人民共和国国籍并在中华人民共和国境内常住的人口。时间标准为半年，空间标准为乡镇街道，即只要在某乡镇街道居住半年以上，即为该地的常住人口。

8）避水工程容纳人数：避水工程指分、蓄洪区蓄洪时，为保护区内群众生命安全，减少损失所采取的措施，又称避洪安全措施。避水工程容纳人数则指该工程措施内所能容纳的人员数量。

9）避险迁安人数：为避免因地质灾害造成的人员伤亡和财产损失，确保人民生命财产安全，实行的搬迁避险工程所涉及的人员数量。

10）总户数：指在报告期末具有当地户籍的户数总量，以公安部门的户籍统计为准。

11）数据来源：指该表中数值的出处，采用表8.2.1-2代码填写。

表 8.2.1-2　数 据 来 源 代 码 表

代码	数据来源类型	代码	数据来源类型
1	地方上报	3	山洪灾害
2	统计局年鉴	0	其他

8.2.2　村级行政区划房屋情况表

a）本表储存村级行政区划内房屋间数情况。

b）表标识：SHJJ_FBTOHOUS_A。

c）表编号：SHJJ_000_0002。

d）各字段定义见表8.2.2-1。

表 8.2.2-1　村级行政区划房屋情况表字段定义

字 段 名	标 识 符	类型与长度	有无空值	单位	主键	索引序号
行政区划代码	AD_CODE	C（15）	N		Y	1
发布日期	PUBDT	DATE	N		Y	2
属性采集时间	COLL_DATE	DATE	N			
属性更新时间	UPD_DATE	DATE				
房屋间数	HOUSNUMB	N（12，0）	N	间		
土房间数	SOHONUMB	N（12，0）	N	间		
砖瓦平房间数	BRHONUMB	N（12，0）	N	间		
数据来源	FXKH_DASC	VC（30）				

e）各字段存储内容应符合下列规定：

1）行政区划代码：唯一标识某一行政区。引用《水利对象基础信息数据库表结构与标识符》（暂定）中的"行政区划名录表"。

2）发布日期：指哪一年的数据，如2015。

3）属性采集时间：填写本条记录的采集时间。

4）属性更新时间：填写本条记录的失效时间，即本条记录的下一次采集时间，本条记录未被更新时，该字段为空。

5）房屋间数：指房屋主体的自然间数，不包括厕所、车库、禽畜间、柴草间、杂物间、简易的搭盖、单独的店面、作坊等。

6）土房间数：指泥土为墙，墙内外材料用的都是泥土的房屋间数。

7）砖瓦平房间数：指建筑物中竖向承重结构的墙采用砖或者砌块砌筑，构造柱以及横向承重的梁、楼板、屋面板等采用钢筋混凝土结构的房屋间数。

8）数据来源：指该表中数值的出处，采用表8.2.2-2代码填写。

表 8.2.2-2　数 据 来 源 代 码 表

代码	数据来源类型	代码	数据来源类型
1	地方上报	3	山洪灾害
2	统计局年鉴	0	其他

8.2.3　村级行政区划私有财产统计表

a）本表储存村级行政区划内人均私有财产情况，包括生产和生活资料，不包括银行存款。

b）表标识：SHJJ＿FBTOPRPR＿A。

c）表编号：SHJJ＿000＿0003。

d）各字段定义见表 8.2.3－1。

表 8.2.3－1　村级行政区划私有财产统计表字段定义

字 段 名	标 识 符	类型与长度	有无空值	单位	主键	索引序号
行政区划代码	AD＿CODE	C（15）	N		Y	1
发布日期	PUBDT	DATE	N		Y	2
属性采集时间	COLL＿DATE	DATE	N			
属性更新时间	UPD＿DATE	DATE				
人均私有财产	CAPIPERP	N（16，2）	N	10^4 元		
数据来源	FXKH＿DASC	VC（30）				

e）各字段存储内容应符合下列规定：

　　1）行政区划代码：唯一标识某一行政区。引用《水利对象基础信息数据库表结构与标识符》（暂定）中的"行政区划名录表"。

　　2）发布日期：指哪一年的数据，如 2015。

　　3）属性采集时间：填写本条记录的采集时间。

　　4）属性更新时间：填写本条记录的失效时间，即本条记录的下一次采集时间，本条记录未被更新时，该字段为空。

　　5）人均私有财产：私有财产是指私人所有的财产，即公民个人依法对其所有的动产或者不动产享有的权利，以及私人投资者投资到各类企业中所依法享有的出资人的权益。人均私有财产则是指平均个人的私有财产。

　　6）数据来源：指该表中数值的出处，采用表 8.2.3－2 代码填写。

表 8.2.3－2　数 据 来 源 代 码 表

代码	数据来源类型	代码	数据来源类型
1	地方上报	3	山洪灾害
2	统计局年鉴	0	其他

8.2.4　村级行政区划耕地及播种面积情况表

a）本表储存村级行政区划内耕地及农作物播种面积情况。

b）表标识：SHJJ＿GLAGRI＿A。

c）表编号：SHJJ＿000＿0004。

d）各字段定义见表 8.2.4－1。

表 8.2.4－1　村级行政区划耕地及播种面积情况表字段定义

字 段 名	标 识 符	类型与长度	有无空值	单位	主键	索引序号
行政区划代码	AD＿CODE	C（15）	N		Y	1
发布日期	PUBDT	DATE	N		Y	2
属性采集时间	COLL＿DATE	DATE	N			
属性更新时间	UPD＿DATE	DATE				
土地面积	TLAREA	N（10，2）	N	km^2		
耕地面积	GLAREA	N（12，2）	N	hm^2		

表 8.2.4－1　村级行政区划耕地及播种面积情况表字段定义（续）

字 段 名	标 识 符	类型与长度	有无空值	单位	主键	索引序号
旱地面积	HLAERA	N（12，2）	N	hm²		
水田面积	SLAREA	N（12，2）	N	hm²		
农作物播种面积	APLAREA	N（12，2）	N	hm²		
经济作物播种面积	EPLAREA	N（12，2）	N	hm²		
棉花播种面积	CPLAREA	N（12，2）	N	hm²		
油料播种面积	OPLAREA	N（12，2）	N	hm²		
有效灌溉面积	EFF＿IRR＿AREA	N（12，2）	N	hm²		
保障灌溉面积	SAFAREA	N（12，2）	N	hm²		
旱涝保收面积	SECAREA	N（12，2）	N	hm²		
实际灌溉面积	ACIAREA	N（12，2）	N	hm²		
行政区域面积	ADMINAREA	N（12，2）	N	hm²		
粮食作物播种面积	FOCAREA	N（12，2）	N	hm²		
数据来源	FXKH＿DASC	VC（30）				

e）各字段存储内容应符合下列规定：

1）行政区划代码：唯一标识某一行政区。引用《水利对象基础信息数据库表结构与标识符》（暂定）中的"行政区划名录表"。

2）发布日期：指哪一年的数据，如2015。

3）属性采集时间：填写本条记录的采集时间。

4）属性更新时间：填写本条记录的失效时间，即本条记录的下一次采集时间，本条记录未被更新时，该字段为空。

5）土地面积：指行政区域内的土地调查总面积，包括农用地面积、建设用地面积和未利用地面积。

6）耕地面积：指经过开垦用以种植农作物并经常进行耕耘的土地面积，包括种有作物的土地面积、休闲地面积、新开荒地面积和抛荒未满3年的土地面积。

7）旱地面积：指无灌溉设施，主要靠天然降水种植旱生农作物的耕地面积，包括没有灌溉设施，仅靠引洪淤灌的耕地面积。

8）水田面积：指筑有田埂（坎），可以经常蓄水，用来种植水稻或莲藕、席草等水生作物的耕地面积。因天旱暂时没有蓄水而改种旱地作物的，或实行水稻和旱地作物轮种的（如水稻和小麦、油菜、蚕豆等轮种），仍作水田面积统计。

9）农作物播种面积：指实际播种或移植有农作物的面积。凡是实际种植有农作物的面积，不论种植在耕地上还是种植在非耕地上，均包括在农作物播种面积中。在播种季节基本结束后，因遭灾而重新改种和补种的农作物面积，也包括在内。

10）经济作物播种面积：指具有某种特定经济用途的农作物播种面积。

11）棉花播种面积：指棉花播种面积。

12）油料播种面积：指以榨取油脂为主要用途的作物播种面积。

13）有效灌溉面积：指具有一定的水源，地块比较平整，灌溉工程或设备已经配套，在一般年景下，当年能够进行正常灌溉的耕地面积。

14）保障灌溉面积：在灌溉工程控制范围内，可按设计保证率和灌溉制度实施灌溉的耕地面积。

15）旱涝保收面积：指在有效灌溉面积中，灌溉设施齐全，抗洪能力较强，土地肥力较高，能保证遇旱能灌、遇涝能排的耕地面积。

16）实际灌溉面积：指当年实际灌水一次以上（包括一次）的耕地面积，在同一亩耕地上无论灌水几次，都按一亩统计。

17）行政区域面积：指行政区域内的全部土地面积（包括水域面积），以国务院批准的行政区划面积为准。

18）粮食作物播种面积：指以收获成熟果实为目的，经去壳、碾磨等加工程序而成为人类基本食粮的一类作物播种面积。

19）数据来源：指该表中数值的出处，采用表 8.2.4-2 代码填写。

表 8.2.4-2 数据来源代码表

代码	数据来源类型	代码	数据来源类型
1	地方上报	3	山洪灾害
2	统计局年鉴	0	其他

8.2.5 村级行政区划经济产值情况表

a）本表储存村级行政区划内经济产值情况。

b）表标识：SHJJ_OUTPUT_A。

c）表编号：SHJJ_000_0005。

d）各字段定义见表 8.2.5-1。

表 8.2.5-1 村级行政区划经济产值情况表字段定义

字段名	标识符	类型与长度	有无空值	单位	主键	索引序号
行政区划代码	AD_CODE	C（15）	N		Y	1
发布日期	PUBDT	DATE	N		Y	2
属性采集时间	COLL_DATE	DATE	N			
属性更新时间	UPD_DATE	DATE				
GDP（生产总值）	GDP	N（16，2）	N	10^4 元		
工业产值	INDOUTPUT	N（16，2）	N	10^4 元		
农业产值	AGROUTPUT	N（16，2）	N	10^4 元		
林业产值	FOROUTPUT	N（16，2）	N	10^4 元		
牧业产值	ANIOUTPUT	N（16，2）	N	10^4 元		
渔业产值	FISOUTPUT	N（16，2）	N	10^4 元		
工业增加值	INDADDOUTPUT	N（16，2）	N	10^4 元		
第三产业增加值	TTIADDOUTPUT	N（16，2）	N	10^4 元		
农林牧渔业总产值	EECADDOUTPUT	N（16，2）	N	10^4 元		
第一产业增加值	FIIADDOUTPUT	N（16，2）	N	10^4 元		
第三产业产值	TTIOUTPUT	N（16，2）	N	10^4 元		
固定资产	FIXASSET	N（16，2）	N	10^4 元		
大牲畜数量	LIVESNUM	N（12，0）	N	头		
数据来源	FXKH_DASC	VC（30）				

e）各字段存储内容应符合下列规定：

1）行政区划代码：唯一标识某一行政区。引用《水利对象基础信息数据库表结构与标识符》（暂定）中的"行政区划名录表"。

2）发布日期：指哪一年的数据，如 2015。

3）属性采集时间：填写本条记录的采集时间。

4）属性更新时间：填写本条记录的失效时间，即本条记录的下一次采集时间，本条记录未被更新时，该字段为空。

5）GDP（生产总值）：指一个国家（或地区）所有常住单位在一定时期内生产活动的最终成果。

6）工业产值：指以货币表现的工业企业在报告期内生产的工业产品总量。

7）农业产值：指以货币表现的农、林、牧、渔业全部产品的总量。

8）林业产值：包括营林产值、林产品产值和村及村以下竹木采伐产值三部分。营林产值按从事人造林木各项生产活动的工作量乘单位成本计算。林产品产值按采集的林产品产量乘单价计算。采伐产值按采伐量乘单价计算。

9）牧业产值：包括牲畜饲养产值、家禽饲养产值、活的畜禽产品产值、捕猎产值和其他动物饲养产值。

10）渔业产值：按报告期水产品产量乘单价计算。

11）工业增加值：指工业企业在报告期内以货币表现的工业生产活动的最终成果。工业增加值有两种计算方法：一是生产法，即工业总产出减去工业中间投入加上应交增值税；二是收入法，即从收入的角度出发，根据生产要素在生产过程中应得到的收入份额计算，具体构成项目有固定资产折旧、劳动者报酬、生产税净额、营业盈余，这种方法也称要素分配法。

12）第三产业增加值：指除第一、第二产业以外的其他行业产值增加值（第一产业是指农业、林业、畜牧业、渔业和农林牧渔服务业。第二产业是指采矿业，制造业，电力、煤气及水的生产和供应业，建筑业）。

13）农林牧渔业总产值：以货币表现的农林牧渔业的全部产品总量和对农林牧渔业生产活动进行的各种支持性服务活动的价值。

14）第一产业增加值：指农业、林业、畜牧业、渔业和农林牧渔服务业产值增加值。

15）第三产业产值：指除第一、第二产业以外的其他行业产值。

16）固定资产：指使用年限一年以上，单位价值在规定标准以上，并在使用过程中保持原来物质形态的资产，包括企业固定资产净值、固定资产清理、在建工程、待处理固定资产净损失所占用的资金。

17）大牲畜数量：指体型较大，需饲养 2～3 年以上才发育成熟的牲畜数量，如马、牛、驴、骡、骆驼等。

18）数据来源：指该表中数值的出处，采用表 8.2.5-2 代码填写。

表 8.2.5-2 数据来源代码表

代码	数据来源类型	代码	数据来源类型
1	地方上报	3	山洪灾害
2	统计局年鉴	0	其他

8.2.6 村级行政区划农作物产量情况表

a）本表储存村级行政区划农作物产量情况。

b）表标识：SHJJ_CROPYIELD_A。

c）表编号：SHJJ_000_0006。

d）各字段定义见表 8.2.6-1。

表 8.2.6－1 村级行政区划农作物产量情况表字段定义

字 段 名	标 识 符	类型与长度	有无空值	单位	主键	索引序号
行政区划代码	AD＿CODE	C（15）	N		Y	1
发布日期	PUBDT	DATE	N		Y	2
属性采集时间	COLL＿DATE	DATE	N			
属性更新时间	UPD＿DATE	DATE				
粮食作物产量	CEYIELD	N（16，2）	N	t		
经济作物产量	ECYIELD	N（16，2）	N	t		
棉花产量	COYIELD	N（16，2）	N	t		
油料产量	OIYIELD	N（16，2）	N	t		
数据来源	FXKH＿DASC	VC（30）				

e）各字段存储内容应符合下列规定：

    1）行政区划代码：唯一标识某一行政区。引用《水利对象基础信息数据库表结构与标识符》（暂定）中的"行政区划名录表"。

    2）发布日期：指哪一年的数据，如 2015。

    3）属性采集时间：填写本条记录的采集时间。

    4）属性更新时间：填写本条记录的失效时间，即本条记录的下一次采集时间，本条记录未被更新时，该字段为空。

    5）粮食作物产量：包括国有经济经营的、集体统一经营的和农民家庭经营的粮食产量，还包括工矿企业办的农场和其他生产单位的粮食产量。粮食除包括稻谷、小麦、玉米、高粱、谷子及其他杂粮外，还包括薯类和豆类。其产量计算方法，豆类按去豆荚后的干豆计算；薯类（包括甘薯和马铃薯，不包括芋头和木薯）1963 年以前按每 4kg 鲜薯折 1kg 粮食计算，从 1964 年开始改为按 5kg 鲜薯折 1kg 粮食计算。城市郊区作为蔬菜的薯类（如马铃薯等）按鲜品计算，并且不作为粮食统计。其他粮食一律按脱粒后的原粮计算。

    6）经济作物产量：指具有某种特定经济用途的农作物产量。

    7）棉花产量：指棉花产量。

    8）油料产量：指以榨取油脂为主要用途的作物产量。

    9）数据来源：指该表中数值的出处，采用表 8.2.6－2 代码填写。

表 8.2.6－2 数据来源代码表

代码	数据来源类型	代码	数据来源类型
1	地方上报	3	山洪灾害
2	统计局年鉴	0	其他

8.2.7 村级行政区划工矿企业情况表

a）本表储存村级行政区划内工矿企业个数、产值等情况。

b）表标识：SHJJ＿FBTOINCP＿A。

c）表编号：SHJJ＿000＿0007。

d）各字段定义见表 8.2.7－1。

e）各字段存储内容应符合下列规定：

    1）行政区划代码：唯一标识某一行政区。引用《水利对象基础信息数据库表结构与标识符》（暂定）中的"行政区划名录表"。

表 8.2.7－1　村级行政区划工矿企业情况表字段定义

字 段 名	标 识 符	类型与长度	有无空值	单位	主键	索引序号
行政区划代码	AD＿CODE	C（15）	N		Y	1
发布日期	PUBDT	DATE	N		Y	2
属性采集时间	COLL＿DATE	DATE	N			
属性更新时间	UPD＿DATE	DATE				
工矿企业类型	PMETCTY	VC（2）			Y	3
工矿企业个数	PMETCNUMB	N（8，0）	N			
工矿企业产值	PMETCOTVAL	N（8，2）	N			
数据来源	FXKH＿DASC	VC（30）				

2）发布日期：指哪一年的数据，如 2015。

3）属性采集时间：填写本条记录的采集时间。

4）属性更新时间：填写本条记录的失效时间，即本条记录的下一次采集时间，本条记录未被
更新时，该字段为空。

5）工矿企业类型：工矿企业类型采用表 8.2.7－2 代码填写。

表 8.2.7－2　工矿企业类型代码表

代码	工矿企业类型	代码	工矿企业类型
1	工业	0	其他
2	采矿业		

6）工矿企业个数：该行政区划中工矿企业的个数。

7）工矿企业产值：产值是以货币形式表现的，是指工矿企业在一定时期内生产的工业最终产
品或提供工业性劳务活动的总价值量。

8）数据来源：指该表中数值的出处，采用表 8.2.7－3 代码填写。

表 8.2.7－3　数 据 来 源 代 码 表

代码	数据来源类型	代码	数据来源类型
1	地方上报	3	山洪灾害
2	统计局年鉴	0	其他

8.2.8　村级行政区划水利设施情况表

a）本表储存村级行政区划内水库、堤防、护岸、水闸、塘坝、灌溉设施、水文测站、机电井、
机电泵站、水电站等所有水利设施情况。

b）表标识：SHJJ＿FBTOWPROC＿A。

c）表编号：SHJJ＿000＿0008。

d）各字段定义见表 8.2.8－1。

表 8.2.8－1　村级行政区划水利设施情况表字段定义

字 段 名	标 识 符	类型与长度	有无空值	单位	主键	索引序号
行政区划代码	AD＿CODE	C（15）	N		Y	1
发布日期	PUBDT	DATE	N		Y	2
属性采集时间	COLL＿DATE	DATE	N			

表 8.2.8－1 村级行政区划水利设施情况表字段定义（续）

字 段 名	标 识 符	类型与长度	有无空值	单位	主键	索引序号
属性更新时间	UPD_DATE	DATE				
水利设施类别	WPROCCATE	VC（2）	N		Y	3
水利设施数量	WPROCNUMB	N（8，2）	N			
数量单位	NUMBUT	VC（2）	N			
数据来源	FXKH_DASC	VC（30）				

e）各字段存储内容应符合下列规定：

1）行政区划代码：唯一标识某一行政区。引用《水利对象基础信息数据库表结构与标识符》（暂定）中的"行政区划名录表"。

2）发布日期：指哪一年的数据，如 2015。

3）属性采集时间：填写本条记录的采集时间。

4）属性更新时间：填写本条记录的失效时间，即本条记录的下一次采集时间，本条记录未被更新时，该字段为空。

5）水利设施类别：设施类别采用表 8.2.8－2 代码填写。

表 8.2.8－2 水利设施类别代码表

代码	水利设施类别	代码	水利设施类别
1	水库	6	灌溉设施
2	堤防	7	水文测站
3	护岸	8	机电井
4	水闸	9	机电泵站
5	塘坝		

6）水利设施数量：水利设施的数量。

7）数量单位：设施数的计量单位，采用表 8.2.8－3 代码填写。

表 8.2.8－3 数量单位代码表

代码	数量单位类型	代码	数量单位类型
1	座	4	口
2	个	0	其他
3	条		

8）数据来源：指该表中数值的出处，采用表 8.2.8－4 代码填写。

表 8.2.8－4 数据来源代码表

代码	数据来源类型	代码	数据来源类型
1	地方上报	3	山洪灾害
2	统计局年鉴	0	其他

8.2.9 村级行政区划交通设施情况表

a）本表储存村级行政区划内铁路、公路、港口、机场等交通设施情况。

b）表标识：SHJJ_FBTOTRAFC_A。

c）表编号：SHJJ_000_0009。

d）各字段定义见表 8.2.9-1。

表 8.2.9-1 村级行政区划交通设施情况表字段定义

字 段 名	标 识 符	类型与长度	有无空值	单位	主键	索引序号
行政区划代码	AD_CODE	C（15）	N		Y	1
发布日期	PUBDT	DATE	N		Y	2
属性采集时间	COLL_DATE	DATE	N			
属性更新时间	UPD_DATE	DATE				
交通设施类别	TRAFCCATE	VC（3）	N		Y	3
交通设施数量	TRAFCNUMB	N（8，2）	N			
数量单位	NUMBUT	VC（10）	N			
数据来源	FXKH_DASC	VC（30）				

e）各字段存储内容应符合下列规定：

1）行政区划代码：唯一标识某一行政区。引用《水利对象基础信息数据库表结构与标识符》（暂定）中的"行政区划名录表"。

2）发布日期：指哪一年的数据，如 2015。

3）属性采集时间：填写本条记录的采集时间。

4）属性更新时间：填写本条记录的失效时间，即本条记录的下一次采集时间，本条记录未被更新时，该字段为空。

5）交通设施类别：交通设施类别采用表 8.2.9-2 代码填写。

表 8.2.9-2 交通设施类别代码表

代码	交通设施类别	代码	交通设施类别
1	铁路	4	港口
2	公路	5	工矿企业
3	机场	0	其他

6）交通设施数量：行政区划内交通设施的数量。

7）数量单位：设施数的计量单位，采用表 8.2.9-3 代码填写。

表 8.2.9-3 数量单位代码表

代码	数量单位类型	代码	数量单位类型
1	座	4	口
2	个	0	其他
3	条		

8）数据来源：指该表中数值的出处，采用表 8.2.9-4 代码填写。

表 8.2.9-4 数据来源代码表

代码	数据来源类型	代码	数据来源类型
1	地方上报	3	山洪灾害
2	统计局年鉴	0	其他

8.2.10 村级行政区划供电设施情况表

a）本表储存村级行政区划内电厂、变电站、输电线路等供电设施情况。

b）表标识：SHJJ＿FBTOELSUC＿A。

c）表编号：SHJJ＿000＿0010。

d）各字段定义见表8.2.10－1。

表8.2.10－1 村级行政区划供电设施情况表字段定义

字 段 名	标 识 符	类型与长度	有无空值	单位	主键	索引序号
行政区划代码	AD＿CODE	C（15）	N		Y	1
发布日期	PUBDT	DATE	N			
属性采集时间	COLL＿DATE	DATE	N		Y	2
属性更新时间	UPD＿DATE	DATE				
供电设施类别	ELSUCCATE	VC（2）	N		Y	3
供电设施数量	ELSUCNUMB	N（8，2）	N			
数量单位	NUMBUT	VC（10）	N			
数据来源	FXKH＿DASC	VC（30）				

e）各字段存储内容应符合下列规定：

1）行政区划代码：唯一标识某一行政区。引用《水利对象基础信息数据库表结构与标识符》
（暂定）中的"行政区划名录表"。

2）发布日期：指哪一年的数据，如2015。

3）属性采集时间：填写本条记录的采集时间。

4）属性更新时间：填写本条记录的失效时间，即本条记录的下一次采集时间，本条记录未被
更新时，该字段为空。

5）供电设施类别：供电设施类别采用表8.2.10－2代码填写。

表8.2.10－2 供电设施类别代码表

代码	供电设施类别	代码	供电设施类别
1	电厂	3	输电线路
2	变电站	0	其他

6）供电设施数量：行政区划内供电设施的数量。

7）数量单位：设施数的计量单位，采用表8.2.10－3代码填写。

表8.2.10－3 数量单位代码表

代码	数量单位类型	代码	数量单位类型
1	座	4	口
2	个	0	其他
3	条		

8）数据来源：指该表中数值的出处，采用表8.2.10－4代码填写。

表8.2.10－4 数据来源代码表

代码	数据来源类型	代码	数据来源类型
1	地方上报	3	山洪灾害
2	统计局年鉴	0	其他

8.2.11 村级行政区划通信设施情况表

a）本表储存村级行政区划内通信线路、电信局等通信设施情况。

b）表标识：SHJJ＿FBTOCOMMC＿A。

c）表编号：SHJJ＿000＿0011。

d）各字段定义见表8.2.11－1。

表 8.2.11－1 村级行政区划通信设施情况表字段定义

字 段 名	标 识 符	类型与长度	有无空值	单位	主键	索引序号
行政区划代码	AD＿CODE	C（15）	N		Y	1
发布日期	PUBDT	DATE	N		Y	2
属性采集时间	COLL＿DATE	DATE	N			
属性更新时间	UPD＿DATE	DATE				
通信设施类别	COMMCCATE	VC（2）	N		Y	3
通信设施数量	COMMCNUMB	N（8，2）	N			
数量单位	NUMBUT	VC（10）	N			
数据来源	FXKH＿DASC	VC（30）				

e）各字段存储内容应符合下列规定：

1）行政区划代码：唯一标识某一行政区。引用《水利对象基础信息数据库表结构与标识符》（暂定）中的"行政区划名录表"。

2）发布日期：指哪一年的数据，如2015。

3）属性采集时间：填写本条记录的采集时间。

4）属性更新时间：填写本条记录的失效时间，即本条记录的下一次采集时间，本条记录未被更新时，该字段为空。

5）通信设施类别：通信设施类别采用表8.2.11－2代码填写。

表 8.2.11－2 通信设施类别代码表

代码	通信设施类别	代码	通信设施类别
1	电信局	0	其他
2	通信线路		

6）通信设施数量：行政区划内通信设施的数量。

7）数量单位：设施数的计量单位，采用表8.2.11－3代码填写。

表 8.2.11－3 数 量 单 位 代 码 表

代码	数量单位类型	代码	数量单位类型
1	座	4	口
2	个	0	其他
3	条		

8）数据来源：指该表中数值的出处，采用表8.2.11－4代码填写。

表 8.2.11－4 数 据 来 源 代 码 表

代码	数据来源类型	代码	数据来源类型
1	地方上报	3	山洪灾害
2	统计局年鉴	0	其他

8.2.12 村级行政区划公共设施情况表

a）本表储存村级行政区划内学校、医院、公园、剧场、电影院等公共设施情况。

b）表标识：SHJJ＿FBTOPUBLC＿A。

c）表编号：SHJJ＿000＿0012。

d）各字段定义见表8.2.12－1。

表8.2.12－1　村级行政区划公共设施情况表字段定义

字　段　名	标　识　符	类型与长度	有无空值	单位	主键	索引序号
行政区划代码	AD＿CODE	C（15）	N		Y	1
发布日期	PUBDT	DATE	N		Y	2
属性采集时间	COLL＿DATE	DATE	N			
属性更新时间	UPD＿DATE	DATE				
公共设施类别	PUBLCCATE	VC（2）	N		Y	3
公共设施数量	PUBLCNUMB	N（8，2）	N			
数量单位	NUMBUT	VC（10）	N			
数据来源	FXKH＿DASC	VC（30）				

e）各字段存储内容应符合下列规定：

　　1）行政区划代码：唯一标识某一行政区。引用《水利对象基础信息数据库表结构与标识符》（暂定）中的"行政区划名录表"。

　　2）发布日期：指哪一年的数据，如2015。

　　3）属性采集时间：填写本条记录的采集时间。

　　4）属性更新时间：填写本条记录的失效时间，即本条记录的下一次采集时间，本条记录未被更新时，该字段为空。

　　5）公共设施类别：公共设施类别采用表8.2.12－2代码填写。

表8.2.12－2　公共设施类别代码表

代码	公共设施类别	代码	公共设施类别
1	学校	4	剧场
2	医院	5	电影院
3	公园	0	其他

　　6）公共设施数量：行政区划内公共设施的数量。

　　7）数量单位：设施数的计量单位，采用表8.2.12－3代码填写。

表8.2.12－3　数量单位代码表

代码	数量单位类型	代码	数量单位类型
1	座	4	口
2	个	0	其他
3	条		

　　8）数据来源：指该表中数值的出处，采用表8.2.12－4代码填写。

表8.2.12－4　数据来源代码表

代码	数据来源类型	代码	数据来源类型
1	地方上报	3	山洪灾害
2	统计局年鉴	0	其他

8.3 乡镇行政区划统计表

8.3.1 乡镇行政区划人口情况表

a）本表存储乡镇行政区人口和洪灾发生时就地避洪及外迁人数等情况。

b）表标识：SHJJ＿FBTOPOPU＿B。

c）表编号：SHJJ＿001＿0001。

d）各字段定义见表8.3.1－1。

表8.3.1－1 乡镇行政区划人口情况表字段定义

字 段 名	标 识 符	类型与长度	有无空值	单位	主键	索引序号
行政区划代码	AD＿CODE	C（15）	N		Y	1
发布日期	PUBDT	DATE	N		Y	2
属性采集时间	COLL＿DATE	DATE	N			
属性更新时间	UPD＿DATE	DATE				
总人口	POPUNUMB	N（12，0）	N	人		
农村人口	RPOPNUMB	N（12，0）	N	人		
常住人口	PPOPNUMB	N（12，0）	N	人		
避水工程容纳人数	FFPERSON	N（12，0）	N	人		
避险迁安人数	FFDIPOPU	N（12，0）	N	人		
总户数	TOHOUNUM	N（12）	N	户		
数据来源	FXKH＿DASC	VC（30）				

e）各字段存储内容应符合下列规定：

1）行政区划代码：唯一标识某一行政区。引用《水利对象基础信息数据库表结构与标识符》（暂定）中的"行政区划名录表"。

2）发布日期：指哪一年的数据，如2015。

3）属性采集时间：填写本条记录的采集时间。

4）属性更新时间：填写本条记录的失效时间，即本条记录的下一次采集时间，本条记录未被更新时，该字段为空。

5）总人口：指一定时点、一定地区范围内的有生命的个人的总和。

6）农村人口：指农业户口人口。

7）常住人口：指具有中华人民共和国国籍并在中华人民共和国境内常住的人口。时间标准为半年，空间标准为乡镇街道，即只要在某乡镇街道居住半年以上，即为该地的常住人口。

8）避水工程容纳人数：避水工程指分、蓄洪区蓄洪时，为保护区内群众生命安全，减少损失所采取的措施，又称避洪安全措施。避水工程容纳人数则指该工程措施内所能容纳的人员数量。

9）避险迁安人数：为避免因地质灾害造成的人员伤亡和财产损失，确保人民生命财产安全，实行的搬迁避险工程所涉及的人员数量。

10）总户数：指在报告期末具有当地户籍的户数总量，以公安部门的户籍统计为准。

11）数据来源：指该表中数值的出处，采用表8.3.1－2代码填写。

表 8.3.1-2　数 据 来 源 代 码 表

代码	数据来源类型	代码	数据来源类型
1	地方上报	3	山洪灾害
2	统计局年鉴	0	其他

8.3.2 乡镇行政区划房屋情况表

a）本表储存乡镇行政区划内房屋间数情况。

b）表标识：SHJJ＿FBTOHOUS＿B。

c）表编号：SHJJ＿001＿0002。

d）各字段定义见表 8.3.2-1。

表 8.3.2-1　乡镇行政区划房屋情况表字段定义

字 段 名	标 识 符	类型与长度	有无空值	单位	主键	索引序号
行政区划代码	AD＿CODE	C（15）	N		Y	1
发布日期	PUBDT	DATE	N		Y	2
属性采集时间	COLL＿DATE	DATE	N			
属性更新时间	UPD＿DATE	DATE				
房屋间数	HOUSNUMB	N（12，0）	N	间		
土房间数	SOHONUMB	N（12，0）	N	间		
砖瓦平房间数	BRHONUMB	N（12，0）	N	间		
数据来源	FXKH＿DASC	VC（30）				

e）各字段存储内容应符合下列规定：

　　1）行政区划代码：唯一标识某一行政区。引用《水利对象基础信息数据库表结构与标识符》（暂定）中的"行政区划名录表"。

　　2）发布日期：指哪一年的数据，如 2015。

　　3）属性采集时间：填写本条记录的采集时间。

　　4）属性更新时间：填写本条记录的失效时间，即本条记录的下一次采集时间，本条记录未被更新时，该字段为空。

　　5）房屋间数：指房屋主体的自然间数，不包括厕所、车库、禽畜间、柴草间、杂物间、简易的搭盖、单独的店面、作坊等。

　　6）土房间数：指泥土为墙，墙内外材料用的都是泥土的房屋间数。

　　7）砖瓦平房间数：指建筑物中竖向承重结构的墙采用砖或者砌块砌筑，构造柱以及横向承重的梁、楼板、屋面板等采用钢筋混凝土结构的房屋间数。

　　8）数据来源：指该表中数值的出处，采用表 8.3.2-2 代码填写。

表 8.3.2-2　数 据 来 源 代 码 表

代码	数据来源类型	代码	数据来源类型
1	地方上报	3	山洪灾害
2	统计局年鉴	0	其他

8.3.3 乡镇行政区划私有财产统计表

a）本表储存乡镇行政区划内人均私有财产情况，包括生产和生活资料，不包括银行存款。

b）表标识：SHJJ＿FBTOPRPR＿B。

c）表编号：SHJJ＿001＿0003。

d）各字段定义见表 8.3.3－1。

表 8.3.3－1　乡镇行政区划私有财产统计表字段定义

字 段 名	标 识 符	类型与长度	有无空值	单位	主键	索引序号
行政区划代码	AD＿CODE	C（15）	N		Y	1
发布日期	PUBDT	DATE	N		Y	2
属性采集时间	COLL＿DATE	DATE	N			
属性更新时间	UPD＿DATE	DATE				
人均私有财产	CAPIPERP	N（16，2）	N	10^4 元		
数据来源	FXKH＿DASC	VC（30）				

e）各字段存储内容应符合下列规定：

　　1）行政区划代码：唯一标识某一行政区。引用《水利对象基础信息数据库表结构与标识符》（暂定）中的"行政区划名录表"。

　　2）发布日期：指哪一年的数据，如 2015。

　　3）属性采集时间：填写本条记录的采集时间。

　　4）属性更新时间：填写本条记录的失效时间，即本条记录的下一次采集时间，本条记录未被更新时，该字段为空。

　　5）人均私有财产：私有财产是指私人所有的财产，即公民个人依法对其所有的动产或者不动产享有的权利，以及私人投资者投资到各类企业中所依法享有的出资人的权益。人均私有财产则是指平均个人的私有财产。

　　6）数据来源：指该表中数值的出处，采用表 8.3.3－2 代码填写。

表 8.3.3－2　数 据 来 源 代 码 表

代码	数据来源类型	代码	数据来源类型
1	地方上报	3	山洪灾害
2	统计局年鉴	0	其他

8.3.4　乡镇行政区划耕地及播种面积情况表

a）本表储存乡镇行政区划内耕地及农作物播种面积情况。

b）表标识：SHJJ＿GLAGRI＿B。

c）表编号：SHJJ＿001＿0004。

d）各字段定义见表 8.3.4－1。

表 8.3.4－1　乡镇行政区划耕地及播种面积情况表字段定义

字 段 名	标 识 符	类型与长度	有无空值	单位	主键	索引序号
行政区划代码	AD＿CODE	C（15）	N		Y	1
发布日期	PUBDT	DATE	N		Y	2
属性采集时间	COLL＿DATE	DATE	N			
属性更新时间	UPD＿DATE	DATE				
土地面积	TLAREA	N（10，2）	N	km²		
耕地面积	GLAREA	N（12，2）	N	hm²		

表8.3.4－1 乡镇行政区划耕地及播种面积情况表字段定义（续）

字 段 名	标 识 符	类型与长度	有无空值	单位	主键	索引序号
旱地面积	HLAERA	N（12，2）	N	hm²		
水田面积	SLAREA	N（12，2）	N	hm²		
农作物播种面积	APLAREA	N（12，2）	N	hm²		
经济作物播种面积	EPLAREA	N（12，2）	N	hm²		
棉花播种面积	CPLAREA	N（12，2）	N	hm²		
油料播种面积	OPLAREA	N（12，2）	N	hm²		
行政区域面积	ADMINAREA	N（12，2）	N	hm²		
有效灌溉面积	EFF＿IRR＿AREA	N（12，2）	N	hm²		
保障灌溉面积	SAFAREA	N（12，2）	N	hm²		
旱涝保收面积	SECAREA	N（12，2）	N	hm²		
实际灌溉面积	ACIAREA	N（12，2）	N	hm²		
粮食作物播种面积	FOCAREA	N（12，2）	N	hm²		
数据来源	FXKH＿DASC	VC（30）				

e）各字段存储内容应符合下列规定：

1）行政区划代码：唯一标识某一行政区。引用《水利对象基础信息数据库表结构与标识符》（暂定）中的"行政区划名录表"。

2）发布日期：指哪一年的数据，如2015。

3）属性采集时间：填写本条记录的采集时间。

4）属性更新时间：填写本条记录的失效时间，即本条记录的下一次采集时间，本条记录未被更新时，该字段为空。

5）土地面积：指行政区域内的土地调查总面积，包括农用地面积、建设用地面积和未利用地面积。

6）耕地面积：指经过开垦用以种植农作物并经常进行耕耘的土地面积，包括种有作物的土地面积、休闲地面积、新开荒地面积和抛荒未满3年的土地面积。

7）旱地面积：指无灌溉设施，主要靠天然降水种植旱生农作物的耕地面积，包括没有灌溉设施，仅靠引洪淤灌的耕地面积。

8）水田面积：指筑有田埂（坎），可以经常蓄水，用来种植水稻或莲藕、席草等水生作物的耕地面积。因天旱暂时没有蓄水而改种旱地作物的，或实行水稻和旱地作物轮种的（如水稻和小麦、油菜、蚕豆等轮种），仍作水田面积统计。

9）农作物播种面积：指实际播种或移植有农作物的面积。凡是实际种植有农作物的面积，不论种植在耕地上还是种植在非耕地上，均包括在农作物播种面积中。在播种季节基本结束后，因遭灾而重新改种和补种的农作物面积，也包括在内。

10）经济作物播种面积：指具有某种特定经济用途的农作物播种面积。

11）棉花播种面积：指棉花播种面积。

12）油料播种面积：指以榨取油脂为主要用途的作物播种面积。

13）有效灌溉面积：指具有一定的水源，地块比较平整，灌溉工程或设备已经配套，在一般年景下，当年能够进行正常灌溉的耕地面积。

14）保障灌溉面积：在灌溉工程控制范围内，可按设计保证率和灌溉制度实施灌溉的耕地面积。

15）旱涝保收面积：指在有效灌溉面积中，灌溉设施齐全，抗洪能力较强，土地肥力较高，能保证遇旱能灌、遇涝能排的耕地面积。

16）实际灌溉面积：指当年实际灌水一次以上（包括一次）的耕地面积，在同一亩耕地上无论灌水几次，都按一亩统计。

17）行政区域面积：指行政区域内的全部土地面积（包括水域面积），以国务院批准的行政区划面积为准。

18）粮食作物播种面积：指以收获成熟果实为目的，经去壳、碾磨等加工程序而成为人类基本食粮的一类作物播种面积。

19）数据来源：指该表中数值的出处，采用表8.3.4－2代码填写。

表 8.3.4－2 数 据 来 源 代 码 表

代码	数据来源类型	代码	数据来源类型
1	地方上报	3	山洪灾害
2	统计局年鉴	0	其他

8.3.5 乡镇行政区划经济产值情况表

a）本表储存乡镇行政区划内经济产值情况。

b）表标识：SHJJ＿OUTPUT＿B。

c）表编号：SHJJ＿001＿0005。

d）各字段定义见表8.3.5－1。

表 8.3.5－1 乡镇行政区划经济产值情况表字段定义

字 段 名	标 识 符	类型与长度	有无空值	单位	主键	索引序号
行政区划代码	AD＿CODE	C（15）	N		Y	1
发布日期	PUBDT	DATE	N		Y	2
属性采集时间	COLL＿DATE	DATE	N			
属性更新时间	UPD＿DATE	DATE				
GDP（生产总值）	GDP	N（16，2）	N	10⁴元		
工业产值	INDOUTPUT	N（16，2）	N	10⁴元		
农业产值	AGROUTPUT	N（16，2）	N	10⁴元		
林业产值	FOROUTPUT	N（16，2）	N	10⁴元		
牧业产值	ANIOUTPUT	N（16，2）	N	10⁴元		
渔业产值	FISOUTPUT	N（16，2）	N	10⁴元		
工业增加值	INDADDOUTPUT	N（16，2）	N	10⁴元		
第三产业增加值	TTIADDOUTPUT	N（16，2）	N	10⁴元		
农林牧渔业总产值	EECADDOUTPUT	N（16，2）	N	10⁴元		
第一产业增加值	FIIADDOUTPUT	N（16，2）	N	10⁴元		
第三产业产值	TTIOUTPUT	N（16，2）	N	10⁴元		
固定资产	FIXASSET	N（16，2）	N	10⁴元		
大牲畜数量	LIVESNUM	N（12，0）	N	头		
数据来源	FXKH＿DASC	VC（30）				

e）各字段存储内容应符合下列规定：

1）行政区划代码：唯一标识某一行政区。引用《水利对象基础信息数据库表结构与标识符》（暂定）中的"行政区划名录表"。

2）发布日期：指哪一年的数据，如 2015。

3）属性采集时间：填写本条记录的采集时间。

4）属性更新时间：填写本条记录的失效时间，即本条记录的下一次采集时间，本条记录未被更新时，该字段为空。

5）GDP（生产总值）：指一个国家（或地区）所有常住单位在一定时期内生产活动的最终成果。

6）工业产值：指以货币表现的工业企业在报告期内生产的工业产品总量。

7）农业产值：指以货币表现的农、林、牧、渔业全部产品的总量。

8）林业产值：包括营林产值、林产品产值和村及村以下竹木采伐产值三部分。营林产值按从事人造林木各项生产活动的工作量乘单位成本计算。林产品产值按采集的林产品产量乘单价计算。采伐产值按采伐量乘单价计算。

9）牧业产值：包括牲畜饲养产值、家禽饲养产值、活的畜禽产品产值、捕猎产值和其他动物饲养产值。

10）渔业产值：按报告期水产品产量乘单价计算。

11）工业增加值：指工业企业在报告期内以货币表现的工业生产活动的最终成果。工业增加值有两种计算方法：一是生产法，即工业总产出减去工业中间投入加上应交增值税；二是收入法，即从收入的角度出发，根据生产要素在生产过程中应得到的收入份额计算，具体构成项目有固定资产折旧、劳动者报酬、生产税净额、营业盈余，这种方法也称要素分配法。

12）第三产业增加值：指除第一、第二产业以外的其他行业产值增加值（第一产业是指农业、林业、畜牧业、渔业和农林牧渔服务业。第二产业是指采矿业，制造业，电力、煤气及水的生产和供应业，建筑业）。

13）农林牧渔业总产值：以货币表现的农林牧渔业的全部产品总量和对农林牧渔业生产活动进行的各种支持性服务活动的价值。

14）第一产业增加值：指农业、林业、畜牧业、渔业和农林牧渔服务业产值增加值。

15）第三产业产值：指除第一、第二产业以外的其他行业产值。

16）固定资产：指使用年限一年以上，单位价值在规定标准以上，并在使用过程中保持原来物质形态的资产，包括企业固定资产净值、固定资产清理、在建工程、待处理固定资产净损失所占用的资金。

17）大牲畜数量：指体型较大，需饲养 2～3 年以上才发育成熟的牲畜数量，如马、牛、驴、骡、骆驼等。

18）数据来源：指该表中数值的出处，采用表 8.3.5-2 代码填写。

表 8.3.5-2　数据来源代码表

代码	数据来源类型	代码	数据来源类型
1	地方上报	3	山洪灾害
2	统计局年鉴	0	其他

8.3.6　乡镇行政区划农作物产量情况表

a）本表储存乡镇行政区划农作物产量情况。

b）表标识：SHJJ_CROPYIELD_B。

c）表编号：SHJJ_001_0006。

d）各字段定义见表 8.3.6-1。

表 8.3.6－1 乡镇行政区划农作物产量情况表字段定义

字 段 名	标 识 符	类型与长度	有无空值	单位	主键	索引序号
行政区划代码	AD＿CODE	C（15）	N		Y	1
发布日期	PUBDT	DATE	N		Y	2
属性采集时间	COLL＿DATE	DATE	N			
属性更新时间	UPD＿DATE	DATE				
粮食作物产量	CEYIELD	N（16，2）	N	t		
经济作物产量	ECYIELD	N（16，2）	N	t		
棉花产量	COYIELD	N（16，2）	N	t		
油料产量	OIYIELD	N（16，2）	N	t		
数据来源	FXKH＿DASC	VC（30）				

e）各字段存储内容应符合下列规定：

    1）行政区划代码：唯一标识某一行政区。引用《水利对象基础信息数据库表结构与标识符》（暂定）中的"行政区划名录表"。

    2）发布日期：指哪一年的数据，如 2015。

    3）属性采集时间：填写本条记录的采集时间。

    4）属性更新时间：填写本条记录的失效时间，即本条记录的下一次采集时间，本条记录未被更新时，该字段为空。

    5）粮食作物产量：包括国有经济经营的、集体统一经营的和农民家庭经营的粮食产量，还包括工矿企业办的农场和其他生产单位的粮食产量。粮食除包括稻谷、小麦、玉米、高粱、谷子及其他杂粮外，还包括薯类和豆类。其产量计算方法，豆类按去豆荚后的干豆计算；薯类（包括甘薯和马铃薯，不包括芋头和木薯）1963 年以前按每 4kg 鲜薯折 1kg 粮食计算，从 1964 年开始改为按 5kg 鲜薯折 1kg 粮食计算。城市郊区作为蔬菜的薯类（如马铃薯等）按鲜品计算，并且不作为粮食统计。其他粮食一律按脱粒后的原粮计算。

    6）经济作物产量：指具有某种特定经济用途的农作物产量。

    7）棉花产量：指棉花产量。

    8）油料产量：指以榨取油脂为主要用途的作物产量。

    9）数据来源：指该表中数值的出处，采用表 8.3.6－2 代码填写。

表 8.3.6－2 数 据 来 源 代 码 表

代码	数据来源类型	代码	数据来源类型
1	地方上报	3	山洪灾害
2	统计局年鉴	0	其他

8.3.7 乡镇行政区划工矿企业情况表

a）本表储存乡镇行政区划内工矿企业个数、产值等情况。

b）表标识：SHJJ＿FBTOINCP＿B。

c）表编号：SHJJ＿001＿0007。

d）各字段定义见表 8.3.7－1。

e）各字段存储内容应符合下列规定：

    1）行政区划代码：唯一标识某一行政区。引用《水利对象基础信息数据库表结构与标识符》（暂定）中的"行政区划名录表"。

表 8.3.7-1　乡镇行政区划工矿企业情况表字段定义

字 段 名	标 识 符	类型与长度	有无空值	单位	主键	索引序号
行政区划代码	AD_CODE	C (15)	N		Y	1
发布日期	PUBDT	DATE	N		Y	2
属性采集时间	COLL_DATE	DATE	N			
属性更新时间	UPD_DATE	DATE				
工矿企业类型	PMETCTY	VC (2)	N		Y	3
工矿企业个数	PMETCNUMB	N (8, 0)	N			
工矿企业产值	PMETCOTVAL	N (8, 2)	N			
数据来源	FXKH_DASC	VC (30)				

2）发布日期：指哪一年的数据，如 2015。

3）属性采集时间：填写本条记录的采集时间。

4）属性更新时间：填写本条记录的失效时间，即本条记录的下一次采集时间，本条记录未被更新时，该字段为空。

5）工矿企业类型：工矿企业类型采用表 8.3.7-2 代码填写。

表 8.3.7-2　工矿企业类型代码表

代码	工矿企业类型	代码	工矿企业类型
1	工业	0	其他
2	采矿业		

6）工矿企业个数：该行政区划中工矿企业的个数。

7）工矿企业产值：产值是以货币形式表现的，是指工矿企业在一定时期内生产的工业最终产品或提供工业性劳务活动的总价值量。

8）数据来源：指该表中数值的出处，采用表 8.3.7-3 代码填写。

表 8.3.7-3　数 据 来 源 代 码 表

代码	数据来源类型	代码	数据来源类型
1	地方上报	3	山洪灾害
2	统计局年鉴	0	其他

8.3.8　乡镇行政区划水利设施情况表

a）本表储存乡镇行政区划内水库、堤防、护岸、水闸、塘坝、灌溉设施、水文测站、机电井、机电泵站、水电站等所有水利设施情况。

b）表标识：SHJJ_FBTOWPROC_B。

c）表编号：SHJJ_001_0008。

d）各字段定义见表 8.3.8-1。

表 8.3.8-1　乡镇行政区划水利设施情况表字段定义

字 段 名	标 识 符	类型与长度	有无空值	单位	主键	索引序号
行政区划代码	AD_CODE	C (15)	N		Y	1
发布日期	PUBDT	DATE	N		Y	2
属性采集时间	COLL_DATE	DATE	N			

表 8.3.8－1　乡镇行政区划水利设施情况表字段定义（续）

字 段 名	标 识 符	类型与长度	有无空值	单位	主键	索引序号
属性更新时间	UPD＿DATE	DATE				
水利设施类别	WPROCCATE	VC（2）	N		Y	3
水利设施数量	WPROCNUMB	N（8，2）	N			
数量单位	NUMBUT	VC（10）	N			
数据来源	FXKH＿DASC	VC（30）				

e）各字段存储内容应符合下列规定：

 1）行政区划代码：唯一标识某一行政区。引用《水利对象基础信息数据库表结构与标识符》（暂定）中的"行政区划名录表"。

 2）发布日期：指哪一年的数据，如 2015。

 3）属性采集时间：填写本条记录的采集时间。

 4）属性更新时间：填写本条记录的失效时间，即本条记录的下一次采集时间，本条记录未被更新时，该字段为空。

 5）水利设施类别：设施类别采用表 8.3.8－2 代码填写。

表 8.3.8－2　水利设施类别代码表

代码	水利设施类别	代码	水利设施类别
1	水库	6	灌溉设施
2	堤防	7	水文测站
3	护岸	8	机电井
4	水闸	9	机电泵站
5	塘坝		

 6）水利设施数量：水利设施的数量。

 7）数量单位：设施数的计量单位，采用表 8.3.8－3 代码填写。

表 8.3.8－3　数 量 单 位 代 码 表

代码	数量单位类型	代码	数量单位类型
1	座	4	口
2	个	0	其他
3	条		

 8）数据来源：指该表中数值的出处，采用表 8.3.8－4 代码填写。

表 8.3.8－4　数 据 来 源 代 码 表

代码	数据来源类型	代码	数据来源类型
1	地方上报	3	山洪灾害
2	统计局年鉴	0	其他

8.3.9　乡镇行政区划交通设施情况表

a）本表储存乡镇行政区划内铁路、公路、港口、机场等交通设施情况。

b）表标识：SHJJ＿FBTOTRAFC＿B。

c）表编号：SHJJ＿001＿0009。

d）各字段定义见表8.3.9-1。

表8.3.9-1　乡镇行政区划交通设施情况表字段定义

字 段 名	标 识 符	类型与长度	有无空值	单位	主键	索引序号
行政区划代码	AD_CODE	C（15）	N		Y	1
发布日期	PUBDT	DATE	N		Y	2
属性采集时间	COLL_DATE	DATE	N			
属性更新时间	UPD_DATE	DATE				
交通设施类别	TRAFCCATE	VC（2）	N		Y	3
交通设施数量	TRAFCNUMB	N（8，2）	N			
数量单位	NUMBUT	VC（10）	N			
数据来源	FXKH_DASC	VC（30）				

e）各字段存储内容应符合下列规定：

　　1）行政区划代码：唯一标识某一行政区。引用《水利对象基础信息数据库表结构与标识符》（暂定）中的"行政区划名录表"。

　　2）发布日期：指哪一年的数据，如2015。

　　3）属性采集时间：填写本条记录的采集时间。

　　4）属性更新时间：填写本条记录的失效时间，即本条记录的下一次采集时间，本条记录未被更新时，该字段为空。

　　5）交通设施类别：交通设施类别采用表8.3.9-2代码填写。

表8.3.9-2　交通设施类别代码表

代码	交通设施类别	代码	交通设施类别
1	铁路	4	港口
2	公路	5	工矿企业
3	机场	0	其他

　　6）交通设施数量：行政区划内交通设施的数量。

　　7）数量单位：设施数的计量单位，采用表8.3.9-3代码填写。

表8.3.9-3　数量单位代码表

代码	数量单位类型	代码	数量单位类型
1	座	4	口
2	个	0	其他
3	条		

　　8）数据来源：指该表中数值的出处，采用表8.3.9-4代码填写。

表8.3.9-4　数据来源代码表

代码	数据来源类型	代码	数据来源类型
1	地方上报	3	山洪灾害
2	统计局年鉴	0	其他

8.3.10　乡镇行政区划供电设施情况表

　　a）本表储存乡镇行政区划内电厂、变电站、输电线路等供电设施情况。

b）表标识：SHJJ＿FBTOELSUC＿B。

c）表编号：SHJJ＿001＿0010。

d）各字段定义见表8.3.10-1。

表8.3.10-1　乡镇行政区划供电设施情况表字段定义

字　段　名	标　识　符	类型与长度	有无空值	单位	主键	索引序号
行政区划代码	AD＿CODE	C（15）	N		Y	1
发布日期	PUBDT	DATE	N		Y	2
属性采集时间	COLL＿DATE	DATE	N			
属性更新时间	UPD＿DATE	DATE				
供电设施类别	ELSUCCATE	VC（2）	N		Y	3
供电设施数量	ELSUCNUMB	N（8，2）	N			
数量单位	NUMBUT	VC（10）	N			
数据来源	FXKH＿DASC	VC（30）				

e）各字段存储内容应符合下列规定：

1）行政区划代码：唯一标识某一行政区。引用《水利对象基础信息数据库表结构与标识符》（暂定）中的"行政区划名录表"。

2）发布日期：指哪一年的数据，如2015。

3）属性采集时间：填写本条记录的采集时间。

4）属性更新时间：填写本条记录的失效时间，即本条记录的下一次采集时间，本条记录未被更新时，该字段为空。

5）供电设施类别：供电设施类别采用表8.3.10-2代码填写。

表8.3.10-2　供电设施类别代码表

代码	供电设施类别	代码	供电设施类别
1	电厂	3	输电线路
2	变电站	0	其他

6）供电设施数量：行政区划内供电设施的数量。

7）数量单位：设施数的计量单位，采用表8.3.10-3代码填写。

表8.3.10-3　数量单位代码表

代码	数量单位类型	代码	数量单位类型
1	座	4	口
2	个	0	其他
3	条		

8）数据来源：指该表中数值的出处，采用表8.3.10-4代码填写。

表8.3.10-4　数据来源代码表

代码	数据来源类型	代码	数据来源类型
1	地方上报	3	山洪灾害
2	统计局年鉴	0	其他

8.3.11　乡镇行政区划通信设施情况表

a）本表储存乡镇行政区划内通信线路、电信局等通信设施情况。

b）表标识：SHJJ＿FBTOCOMMC＿B。

c）表编号：SHJJ＿001＿0011。

d）各字段定义见表8.3.11－1。

表8.3.11－1　乡镇行政区划通信设施情况表字段定义

字 段 名	标 识 符	类型与长度	有无空值	单位	主键	索引序号
行政区划代码	AD＿CODE	C（15）	N		Y	1
发布日期	PUBDT	DATE	N		Y	2
属性采集时间	COLL＿DATE	DATE	N			
属性更新时间	UPD＿DATE	DATE				
通信设施类别	COMMCCATE	VC（2）	N		Y	3
通信设施数量	COMMCNUMB	N（8，2）	N			
数量单位	NUMBUT	VC（10）	N			
数据来源	FXKH＿DASC	VC（30）				

e）各字段存储内容应符合下列规定：

1）行政区划代码：唯一标识某一行政区。引用《水利对象基础信息数据库表结构与标识符》（暂定）中的"行政区划名录表"。

2）发布日期：指哪一年的数据，如2015。

3）属性采集时间：填写本条记录的采集时间。

4）属性更新时间：填写本条记录的失效时间，即本条记录的下一次采集时间，本条记录未被更新时，该字段为空。

5）通信设施类别：通信设施类别采用表8.3.11－2代码填写。

表8.3.11－2　通信设施类别代码表

代码	通信设施类别	代码	通信设施类别
1	电信局	0	其他
2	通信线路		

6）通信设施数量：行政区划内通信设施的数量。

7）数量单位：设施数的计量单位，采用表8.3.11－3代码填写。

表8.3.11－3　数量单位代码表

代码	数量单位类型	代码	数量单位类型
1	座	4	口
2	个	0	其他
3	条		

8）数据来源：指该表中数值的出处，采用表8.3.11－4代码填写。

表8.3.11－4　数据来源代码表

代码	数据来源类型	代码	数据来源类型
1	地方上报	3	山洪灾害
2	统计局年鉴	0	其他

8.3.12　乡镇行政区划公共设施情况表

a）本表储存乡镇行政区划内学校、医院、公园、剧场、电影院等公共设施情况。

b）表标识：SHJJ＿FBTOPUBLC＿B。

c）表编号：SHJJ＿001＿0012。

d）各字段定义见表8.3.12－1。

表8.3.12－1　乡镇行政区划公共设施情况表字段定义

字 段 名	标 识 符	类型与长度	有无空值	单位	主键	索引序号
行政区划代码	AD＿CODE	C（15）	N		Y	1
发布日期	PUBDT	DATE	N		Y	2
属性采集时间	COLL＿DATE	DATE	N			
属性更新时间	UPD＿DATE	DATE				
公共设施类别	PUBLCCATE	VC（2）	N		Y	3
公共设施数量	PUBLCNUMB	N（8，2）	N			
数量单位	NUMBUT	VC（10）	N			
数据来源	FXKH＿DASC	VC（30）				

e）各字段存储内容应符合下列规定：

1）行政区划代码：唯一标识某一行政区。引用《水利对象基础信息数据库表结构与标识符》（暂定）中的"行政区划名录表"。

2）发布日期：指哪一年的数据，如2015。

3）属性采集时间：填写本条记录的采集时间。

4）属性更新时间：填写本条记录的失效时间，即本条记录的下一次采集时间，本条记录未被更新时，该字段为空。

5）公共设施类别：公共设施类别采用表8.3.12－2代码填写。

表8.3.12－2　公共设施类别代码表

代码	公共设施类别	代码	公共设施类别
1	学校	4	剧场
2	医院	5	电影院
3	公园	0	其他

6）公共设施数量：行政区划内公共设施的数量。

7）数量单位：设施数的计量单位，采用表8.3.12－3代码填写

表8.3.12－3　数量单位代码表

代码	数量单位类型	代码	数量单位类型
1	座	4	口
2	个	0	其他
3	条		

8）数据来源：指该表中数值的出处，采用表8.3.12－4代码填写。

表8.3.12－4　数据来源代码表

代码	数据来源类型	代码	数据来源类型
1	地方上报	3	山洪灾害
2	统计局年鉴	0	其他

8.4 县级以上行政区划统计表

8.4.1 县级以上行政区划人口情况表

  a) 本表储存县级以上行政区人口和洪灾发生时就地避洪及外迁人数等情况。

  b) 表标识：SHJJ＿FBTOPOPU＿C。

  c) 表编号：SHJJ＿002＿0001。

  d) 各字段定义见表8.4.1-1。

表 8.4.1-1 县级以上行政区划人口情况表字段定义

字 段 名	标 识 符	类型与长度	有无空值	单位	主键	索引序号
行政区划代码	AD＿CODE	C（15）	N		Y	1
发布日期	PUBDT	DATE	N		Y	2
属性采集时间	COLL＿DATE	DATE	N			
属性更新时间	UPD＿DATE	DATE				
总人口	POPUNUMB	N（12，0）	N	人		
农村人口	RPOPNUMB	N（12，0）	N	人		
常住人口	PPOPNUMB	N（12，0）	N	人		
避水工程容纳人数	FFPERSON	N（12，0）	N	人		
避险迁安人数	FFDIPOPU	N（12，0）	N	人		
总户数	TOHOUNUM	N（12）	N	户		
数据来源	FXKH＿DASC	VC（30）				

  e) 各字段存储内容应符合下列规定：

   1）行政区划代码：唯一标识某一行政区。引用《水利对象基础信息数据库表结构与标识符》（暂定）中的"行政区划名录表"。

   2）发布日期：指哪一年的数据，如2015。

   3）属性采集时间：填写本条记录的采集时间。

   4）属性更新时间：填写本条记录的失效时间，即本条记录的下一次采集时间，本条记录未被更新时，该字段为空。

   5）总人口：指一定时点、一定地区范围内的有生命的个人的总和。

   6）农村人口：指农业户口人口。

   7）常住人口：指具有中华人民共和国国籍并在中华人民共和国境内常住的人口。时间标准为半年，空间标准为乡镇街道，即只要在某乡镇街道居住半年以上，即为该地的常住人口。

   8）避水工程容纳人数：避水工程指分、蓄洪区蓄洪时，为保护区内群众生命安全，减少损失所采取的措施，又称避洪安全措施。避水工程容纳人数则指该工程措施内所能容纳的人员数量。

   9）避险迁安人数：为避免因地质灾害造成的人员伤亡和财产损失，确保人民生命财产安全，实行的搬迁避险工程所涉及的人员数量。

   10）总户数：指在报告期末具有当地户籍的户数总量，以公安部门的户籍统计为准。

   11）数据来源：指该表中数值的出处，采用表8.4.1-2代码填写。

表 8.4.1-2 数据来源代码表

代码	数据来源类型	代码	数据来源类型
1	地方上报	3	山洪灾害
2	统计局年鉴	0	其他

8.4.2 县级以上行政区划房屋情况表

a) 本表储存县级以上行政区划内房屋间数情况。

b) 表标识：SHJJ＿FBTOHOUS＿C。

c) 表编号：SHJJ＿002＿0002。

d) 各字段定义见表 8.4.2－1。

表 8.4.2－1　县级以上行政区划房屋情况表字段定义

字 段 名	标 识 符	类型与长度	有无空值	单位	主键	索引序号
行政区划代码	AD＿CODE	C（15）	N		Y	1
发布日期	PUBDT	DATE	N		Y	2
属性采集时间	COLL＿DATE	DATE	N			
属性更新时间	UPD＿DATE	DATE				
房屋间数	HOUSNUMB	N（12，0）	N	间		
土房间数	SOHONUMB	N（12，0）	N	间		
砖瓦平房间数	BRHONUMB	N（12，0）	N	间		
数据来源	FXKH＿DASC	VC（30）				

e) 各字段存储内容应符合下列规定：

1) 行政区划代码：唯一标识某一行政区。引用《水利对象基础信息数据库表结构与标识符》（暂定）中的"行政区划名录表"。

2) 发布日期：指哪一年的数据，如 2015。

3) 属性采集时间：填写本条记录的采集时间。

4) 属性更新时间：填写本条记录的失效时间，即本条记录的下一次采集时间，本条记录未被更新时，该字段为空。

5) 房屋间数：指房屋主体的自然间数，不包括厕所、车库、禽畜间、柴草间、杂物间、简易的搭盖、单独的店面、作坊等。

6) 土房间数：指泥土为墙，墙内外材料用的都是泥土的房屋间数。

7) 砖瓦平房间数：指建筑物中竖向承重结构的墙采用砖或者砌块砌筑，构造柱以及横向承重的梁、楼板、屋面板等采用钢筋混凝土结构的房屋间数。

8) 数据来源：指该表中数值的出处，采用表 8.4.2－2 代码填写。

表 8.4.2－2　数 据 来 源 代 码 表

代码	数据来源类型	代码	数据来源类型
1	地方上报	3	山洪灾害
2	统计局年鉴	0	其他

8.4.3 县级以上行政区划私有财产统计表

a) 本表储存县级以上行政区划内人均私有财产情况，包括生产和生活资料，不包括银行存款。

b) 表标识：SHJJ＿FBTOPRPR＿C。

c) 表编号：SHJJ＿002＿0003。

d) 各字段定义见表 8.4.3－1。

表 8.4.3－1　县级以上行政区划私有财产统计表字段定义

字 段 名	标 识 符	类型与长度	有无空值	单位	主键	索引序号
行政区划代码	AD＿CODE	C（15）	N		Y	1
发布日期	PUBDT	DATE	N		Y	2
属性采集时间	COLL＿DATE	DATE	N			
属性更新时间	UPD＿DATE	DATE				
人均私有财产	CAPIPERP	N（16，2）	N	10⁴ 元		
数据来源	FXKH＿DASC	VC（30）				

e）各字段存储内容应符合下列规定：

    1）行政区划代码：唯一标识某一行政区。引用《水利对象基础信息数据库表结构与标识符》（暂定）中的"行政区划名录表"。

    2）发布日期：指哪一年的数据，如 2015。

    3）属性采集时间：填写本条记录的采集时间。

    4）属性更新时间：填写本条记录的失效时间，即本条记录的下一次采集时间，本条记录未被更新时，该字段为空。

    5）人均私有财产：私有财产是指私人所有的财产，即公民个人依法对其所有的动产或者不动产享有的权利，以及私人投资者投资到各类企业中所依法享有的出资人的权益。人均私有财产则是指平均个人的私有财产。

    6）数据来源：指该表中数值的出处，采用表 8.4.3－2 代码填写。

表 8.4.3－2　数 据 来 源 代 码 表

代码	数据来源类型	代码	数据来源类型
1	地方上报	3	山洪灾害
2	统计局年鉴	0	其他

8.4.4　县级以上行政区划耕地及播种面积情况表

a）本表储存县级以上行政区划内耕地及农作物播种面积情况。

b）表标识：SHJJ＿GLAGRI＿C。

c）表编号：SHJJ＿002＿0004。

d）各字段定义见表 8.4.4－1。

表 8.4.4－1　县级以上行政区划耕地及播种面积情况表字段定义

字 段 名	标 识 符	类型与长度	有无空值	单位	主键	索引序号
行政区划代码	AD＿CODE	C（15）	N		Y	1
发布日期	PUBDT	DATE	N		Y	2
属性采集时间	COLL＿DATE	DATE	N			
属性更新时间	UPD＿DATE	DATE				
土地面积	TLAREA	N（10，2）	N	km²		
耕地面积	GLAREA	N（12，2）	N	hm²		
旱地面积	HLAERA	N（12，2）	N	hm²		
水田面积	SLAREA	N（12，2）	N	hm²		
农作物播种面积	APLAREA	N（12，2）	N	hm²		

表 8.4.4-1 县级以上行政区划耕地及播种面积情况表字段定义（续）

字段名	标识符	类型与长度	有无空值	单位	主键	索引序号
经济作物播种面积	EPLAREA	N（12，2）	N	hm²		
棉花播种面积	CPLAREA	N（12，2）	N	hm²		
油料播种面积	OPLAREA	N（12，2）	N	hm²		
有效灌溉面积	EFF_IRR_AREA	N（12，2）	N	hm²		
保障灌溉面积	SAFAREA	N（12，2）	N	hm²		
旱涝保收面积	SECAREA	N（12，2）	N	hm²		
实际灌溉面积	ACIAREA	N（12，2）	N	hm²		
行政区域面积	ADMINAREA	N（12，2）	N	hm²		
粮食作物播种面积	FOCAREA	N（12，2）	N	hm²		
数据来源	FXKH_DASC	VC（30）				

e）各字段存储内容应符合下列规定：

1）行政区划代码：唯一标识某一行政区。引用《水利对象基础信息数据库表结构与标识符》（暂定）中的"行政区划名录表"。

2）发布日期：指哪一年的数据，如 2015。

3）属性采集时间：填写本条记录的采集时间。

4）属性更新时间：填写本条记录的失效时间，即本条记录的下一次采集时间，本条记录未被更新时，该字段为空。

5）土地面积：指行政区域内的土地调查总面积，包括农用地面积、建设用地面积和未利用地面积。

6）耕地面积：指经过开垦用以种植农作物并经常进行耕耘的土地面积，包括种有作物的土地面积、休闲地面积、新开荒地面积和抛荒未满 3 年的土地面积。

7）旱地面积：指无灌溉设施，主要靠天然降水种植旱生农作物的耕地面积，包括没有灌溉设施，仅靠引洪淤灌的耕地面积。

8）水田面积：指筑有田埂（坎），可以经常蓄水，用来种植水稻或莲藕、席草等水生作物的耕地面积。因天旱暂时没有蓄水而改种旱地作物的，或实行水稻和旱地作物轮种的（如水稻和小麦、油菜、蚕豆等轮种），仍作水田面积统计。

9）农作物播种面积：指实际播种或移植有农作物的面积。凡是实际种植有农作物的面积，不论种植在耕地上还是种植在非耕地上，均包括在农作物播种面积中。在播种季节基本结束后，因遭灾而重新改种和补种的农作物面积也包括在内。

10）经济作物播种面积：指具有某种特定经济用途的农作物播种面积。

11）棉花播种面积：指棉花播种面积。

12）油料播种面积：指以榨取油脂为主要用途的作物播种面积。

13）有效灌溉面积：指具有一定的水源，地块比较平整，灌溉工程或设备已经配套，在一般年景下，当年能够进行正常灌溉的耕地面积。

14）保障灌溉面积：在灌溉工程控制范围内，可按设计保证率和灌溉制度实施灌溉的耕地面积。

15）旱涝保收面积：指在有效灌溉面积中，灌溉设施齐全，抗洪能力较强，土地肥力较高，能保证遇旱能灌、遇涝能排的耕地面积。

16）实际灌溉面积：指当年实际灌水一次以上（包括一次）的耕地面积，在同一亩耕地上无论灌水几次，都按一亩统计。

17）行政区域面积：指行政区域内的全部土地面积（包括水域面积），以国务院批准的行政区划面积为准。

18）粮食作物播种面积：指以收获成熟果实为目的，经去壳、碾磨等加工程序而成为人类基本食粮的一类作物播种面积。

19）数据来源：指该表中数值的出处，采用表8.4.4-2代码填写。

表 8.4.4-2 数据来源代码表

代码	数据来源类型	代码	数据来源类型
1	地方上报	3	山洪灾害
2	统计局年鉴	0	其他

8.4.5 县级以上行政区划经济产值情况表

a）本表储存县级以上行政区划内经济产值情况。

b）表标识：SHJJ_OUTPUT_C。

c）表编号：SHJJ_002_0005。

d）各字段定义见表8.4.5-1。

表 8.4.5-1 县级以上行政区划经济产值情况表字段定义

字 段 名	标 识 符	类型与长度	有无空值	单位	主键	索引序号
行政区划代码	AD_CODE	C（15）	N		Y	1
发布日期	PUBDT	DATE	N		Y	2
属性采集时间	COLL_DATE	DATE	N			
属性更新时间	UPD_DATE	DATE				
GDP（生产总值）	GDP	N（16，2）	N	10^4 元		
工业产值	INDOUTPUT	N（16，2）	N	10^4 元		
农业产值	AGROUTPUT	N（16，2）	N	10^4 元		
林业产值	FOROUTPUT	N（16，2）	N	10^4 元		
牧业产值	ANIOUTPUT	N（16，2）	N	10^4 元		
渔业产值	FISOUTPUT	N（16，2）	N	10^4 元		
工业增加值	INDADDOUTPUT	N（16，2）	N	10^4 元		
第三产业增加值	TTIADDOUTPUT	N（16，2）	N	10^4 元		
农林牧渔业总产值	EECADDOUTPU	N（16，2）	N	10^4 元		
第一产业增加值	FIIADDOUTPU	N（16，2）	N	10^4 元		
第三产业产值	TTIOUTPUT	N（16，2）	N	10^4 元		
固定资产	FIXASSET	N（16，2）	N	10^4 元		
大牲畜数量	LIVESNUM	N（12，0）	N	头		
数据来源	FXKH_DASC	VC（30）				

e）各字段存储内容应符合下列规定：

1）行政区划代码：唯一标识某一行政区。引用《水利对象基础信息数据库表结构与标识符》（暂定）中的"行政区划名录表"。

2）发布日期：指哪一年的数据，如 2015。

3）属性采集时间：填写本条记录的采集时间。

4）属性更新时间：填写本条记录的失效时间，即本条记录的下一次采集时间，本条记录未被更新时，该字段为空。

5）GDP（生产总值）：指一个国家（或地区）所有常住单位在一定时期内生产活动的最终成果。

6）工业产值：指以货币表现的工业企业在报告期内生产的工业产品总量。

7）农业产值：指以货币表现的农、林、牧、渔业全部产品的总量。

8）林业产值：包括营林产值、林产品产值和村及村以下竹木采伐产值三部分。营林产值按从事人造林木各项生产活动的工作量乘单位成本计算。林产品产值按采集的林产品产量乘单价计算。采伐产值按采伐量乘单价计算。

9）牧业产值：包括牲畜饲养产值、家禽饲养产值、活的畜禽产品产值、捕猎产值和其他动物饲养产值。

10）渔业产值：按报告期水产品产量乘单价计算。

11）工业增加值：指工业企业在报告期内以货币表现的工业生产活动的最终成果。工业增加值有两种计算方法：一是生产法，即工业总产出减去工业中间投入加上应交增值税；二是收入法，即从收入的角度出发，根据生产要素在生产过程中应得到的收入份额计算，具体构成项目有固定资产折旧、劳动者报酬、生产税净额、营业盈余，这种方法也称要素分配法。

12）第三产业增加值：指除第一、第二产业以外的其他行业产值增加值（第一产业是指农业、林业、畜牧业、渔业和农林牧渔服务业。第二产业是指采矿业，制造业，电力、煤气及水的生产和供应业，建筑业）。

13）农林牧渔业总产值：以货币表现的农林牧渔业的全部产品总量和对农林牧渔业生产活动进行的各种支持性服务活动的价值。

14）第一产业增加值：指农业、林业、畜牧业、渔业和农林牧渔服务业产值增加值。

15）第三产业产值：指除第一、第二产业以外的其他行业产值。

16）固定资产：指使用年限一年以上，单位价值在规定标准以上，并在使用过程中保持原来物质形态的资产，包括企业固定资产净值、固定资产清理、在建工程、待处理固定资产净损失所占用的资金。

17）大牲畜数量：指体型较大，需饲养 2～3 年以上才发育成熟的牲畜数量，如马、牛、驴、骡、骆驼等。

18）数据来源：指该表中数值的出处，采用表 8.4.5－2 代码填写。

表 8.4.5－2　数据来源代码表

代码	数据来源类型	代码	数据来源类型
1	地方上报	3	山洪灾害
2	统计局年鉴	0	其他

8.4.6　县级以上行政区划农作物产量情况表

a）本表储存县级以上行政区划农作物产量情况。

b）表标识：SHJJ＿CROPYIELD＿C。

c）表编号：SHJJ＿002＿0006。

d）各字段定义见表 8.4.6－1。

表 8.4.6-1 县级以上行政区划农作物产量情况表字段定义

字 段 名	标 识 符	类型与长度	有无空值	单位	主键	索引序号
行政区划代码	AD_CODE	C（15）	N		Y	1
发布日期	PUBDT	DATE	N		Y	2
属性采集时间	COLL_DATE	DATE	N			
属性更新时间	UPD_DATE	DATE				
粮食作物产量	CEYIELD	N（16，2）	N	t		
经济作物产量	ECYIELD	N（16，2）	N	t		
棉花产量	COYIELD	N（16，2）	N	t		
油料产量	OIYIELD	N（16，2）	N	t		
数据来源	FXKH_DASC	VC（30）				

e) 各字段存储内容应符合下列规定：

1) 行政区划代码：唯一标识某一行政区。引用《水利对象基础信息数据库表结构与标识符》（暂定）中的"行政区划名录表"。

2) 发布日期：指哪一年的数据，如 2015。

3) 属性采集时间：填写本条记录的采集时间。

4) 属性更新时间：填写本条记录的失效时间，即本条记录的下一次采集时间，本条记录未被更新时，该字段为空。

5) 粮食作物产量：包括国有经济经营的、集体统一经营的和农民家庭经营的粮食产量，还包括工矿企业办的农场和其他生产单位的粮食产量。粮食除包括稻谷、小麦、玉米、高粱、谷子及其他杂粮外，还包括薯类和豆类。其产量计算方法，豆类按去豆荚后的干豆计算；薯类（包括甘薯和马铃薯，不包括芋头和木薯）1963 年以前按每 4kg 鲜薯折 1kg 粮食计算，从 1964 年开始改为按 5kg 鲜薯折 1kg 粮食计算。城市郊区作为蔬菜的薯类（如马铃薯等）按鲜品计算，并且不作为粮食统计。其他粮食一律按脱粒后的原粮计算。

6) 经济作物产量：指具有某种特定经济用途的农作物产量。

7) 棉花产量：指棉花产量。

8) 油料产量：指以榨取油脂为主要用途的作物产量。

9) 数据来源：指该表中数值的出处，采用表 8.4.6-2 代码填写。

表 8.4.6-2 数 据 来 源 代 码 表

代码	数据来源类型	代码	数据来源类型
1	地方上报	3	山洪灾害
2	统计局年鉴	0	其他

8.4.7 县级以上行政区划工矿企业情况表

a) 本表存储县级以上行政区划内工矿企业个数、产值等情况。

b) 表标识：SHJJ_FBTOINCP_C。

c) 表编号：SHJJ_002_0007。

d) 各字段定义见表 8.4.7-1。

e) 各字段存储内容应符合下列规定：

1) 行政区划代码：唯一标识某一行政区。引用《水利对象基础信息数据库表结构与标识符》（暂定）中的"行政区划名录表"。

表 8.4.7-1 县级以上行政区划工矿企业情况表字段定义

字 段 名	标 识 符	类型与长度	有无空值	单位	主键	索引序号
行政区划代码	AD_CODE	C（15）	N		Y	1
发布日期	PUBDT	DATE	N		Y	2
属性采集时间	COLL_DATE	DATE	N			
属性更新时间	UPD_DATE	DATE				
工矿企业类型	PMETCTY	VC（2）	N		Y	3
工矿企业个数	PMETCNUMB	N（8，0）	N			
工矿企业产值	PMETCOTVAL	N（8，2）	N			
数据来源	FXKH_DASC	VC（30）				

2）发布日期：指哪一年的数据，如 2015。

3）属性采集时间：填写本条记录的采集时间。

4）属性更新时间：填写本条记录的失效时间，即本条记录的下一次采集时间，本条记录未被更新时，该字段为空。

5）工矿企业类型：工矿企业类型采用表 8.4.7-2 代码填写。

表 8.4.7-2 工矿企业类型代码表

代码	工矿企业类型	代码	工矿企业类型
1	工业	0	其他
2	采矿业		

6）工矿企业个数：该行政区划中工矿企业的个数。

7）工矿企业产值：产值是以货币形式表现的，是指工矿企业在一定时期内生产的工业最终产品或提供工业性劳务活动的总价值量。

8）数据来源：指该表中数值的出处，采用表 8.4.7-3 代码填写。

表 8.4.7-3 数 据 来 源 代 码 表

代码	数据来源类型	代码	数据来源类型
1	地方上报	3	山洪灾害
2	统计局年鉴	0	其他

8.4.8 县级以上行政区划水利设施情况表

a）本表储存县级以上行政区划内水库、堤防、护岸、水闸、塘坝、灌溉设施、水文测站、机电井、机电泵站、水电站等所有水利设施情况。

b）表标识：SHJJ_FBTOWPROC_C。

c）表编号：SHJJ_002_0008。

d）各字段定义见表 8.4.8-1。

表 8.4.8-1 县级以上行政区划水利设施情况表字段定义

字 段 名	标 识 符	类型与长度	有无空值	单位	主键	索引序号
行政区划代码	AD_CODE	C（15）	N		Y	1
发布日期	PUBDT	DATE	N		Y	2
属性采集时间	COLL_DATE	DATE	N			

表 8.4.8－1　县级以上行政区划水利设施情况表字段定义（续）

字 段 名	标 识 符	类型与长度	有无空值	单位	主键	索引序号
属性更新时间	UPD＿DATE	DATE				
水利设施类别	WPROCCATE	VC（2）	N		Y	3
水利设施数量	WPROCNUMB	N（8，2）	N			
数量单位	NUMBUT	VC（10）	N			
数据来源	FXKH＿DASC	VC（30）				

  e）各字段存储内容应符合下列规定：

    1）行政区划代码：唯一标识某一行政区。引用《水利对象基础信息数据库表结构与标识符》（暂定）中的"行政区划名录表"。

    2）发布日期：指哪一年的数据，如 2015。

    3）属性采集时间：填写本条记录的采集时间。

    4）属性更新时间：填写本条记录的失效时间，即本条记录的下一次采集时间，本条记录未被更新时，该字段为空。

    5）水利设施类别：水利设施类别采用表 8.4.8－2 代码填写。

表 8.4.8－2　水利设施类别代码表

代码	水利设施类别	代码	水利设施类别
1	水库	6	灌溉设施
2	堤防	7	水文测站
3	护岸	8	机电井
4	水闸	9	机电泵站
5	塘坝		

    6）水利设施数量：水利设施的数量。

    7）数量单位：设施数的计量单位，采用表 8.4.8－3 代码填写。

表 8.4.8－3　数量单位代码表

代码	数量单位类型	代码	数量单位类型
1	座	4	口
2	个	0	其他
3	条		

    8）数据来源：指该表中数值的出处，采用表 8.4.8－4 代码填写。

表 8.4.8－4　数据来源代码表

代码	数据来源类型	代码	数据来源类型
1	地方上报	3	山洪灾害
2	统计局年鉴	0	其他

8.4.9　县级以上行政区划交通设施情况表

  a）本表储存县级以上行政区划内铁路、公路、港口、机场等交通设施情况。

  b）表标识：SHJJ＿FBTOTRAFC＿C。

  c）表编号：SHJJ＿002＿0009。

d）各字段定义见表 8.4.9－1。

表 8.4.9－1 县级以上行政区划交通设施情况表字段定义

字 段 名	标 识 符	类型与长度	有无空值	单位	主键	索引序号
行政区划代码	AD_CODE	C（15）	N		Y	1
发布日期	PUBDT	DATE	N		Y	2
属性采集时间	COLL_DATE	DATE	N			
属性更新时间	UPD_DATE	DATE				
交通设施类别	TRAFCCATE	VC（2）	N		Y	3
交通设施数量	TRAFCNUMB	N（8，2）	N			
数量单位	NUMBUT	VC（10）	N			
数据来源	FXKH_DASC	VC（30）				

e）各字段存储内容应符合下列规定：

1）行政区划代码：唯一标识某一行政区。引用《水利对象基础信息数据库表结构与标识符》（暂定）中的"行政区划名录表"。

2）发布日期：指哪一年的数据，如 2015。

3）属性采集时间：填写本条记录的采集时间。

4）属性更新时间：填写本条记录的失效时间，即本条记录的下一次采集时间，本条记录未被更新时，该字段为空。

5）交通设施类别：交通设施类别采用表 8.4.9－2 代码填写。

表 8.4.9－2 交通设施类别代码表

代码	交通设施类别	代码	交通设施类别
1	铁路	4	港口
2	公路	5	工矿企业
3	机场	0	其他

6）交通设施数量：行政区划内交通设施的数量。

7）数量单位：设施数的计量单位，采用表 8.4.9－3 代码填写。

表 8.4.9－3 数 量 单 位 代 码 表

代码	数量单位类型	代码	数量单位类型
1	座	4	口
2	个	0	其他
3	条		

8）数据来源：指该表中数值的出处，采用表 8.4.9－4 代码填写。

表 8.4.9－4 数 据 来 源 代 码 表

代码	数据来源类型	代码	数据来源类型
1	地方上报	3	山洪灾害
2	统计局年鉴	0	其他

8.4.10 县级以上行政区划供电设施情况表

a）本表储存县级以上行政区划内电厂、变电站、输电线路等供电设施情况。

b）表标识：SHJJ_FBTOELSUC_C。

c）表编号：SHJJ_002_0010。

d）各字段定义见表8.4.10-1。

表8.4.10-1　县级以上行政区划供电设施情况表字段定义

字 段 名	标 识 符	类型与长度	有无空值	单位	主键	索引序号
行政区划代码	AD_CODE	C（15）	N		Y	1
发布日期	PUBDT	DATE	N		Y	2
属性采集时间	COLL_DATE	DATE	N			
属性更新时间	UPD_DATE	DATE				
供电设施类别	ELSUCCATE	VC（2）	N		Y	3
供电设施数量	ELSUCNUMB	N（8，2）	N			
数量单位	NUMBUT	VC（2）	N			
数据来源	FXKH_DASC	VC（30）				

e）各字段存储内容应符合下列规定：

1）行政区划代码：唯一标识某一行政区。引用《水利对象基础信息数据库表结构与标识符》（暂定）中的"行政区划名录表"。

2）发布日期：指哪一年的数据，如2015。

3）属性采集时间：填写本条记录的采集时间。

4）属性更新时间：填写本条记录的失效时间，即本条记录的下一次采集时间，本条记录未被更新时，该字段为空。

5）供电设施类别：供电设施类别采用表8.4.10-2代码填写。

表8.4.10-2　供电设施类别代码表

代码	供电设施类别	代码	供电设施类别
1	电厂	3	输电线路
2	变电站	0	其他

6）供电设施数量：行政区划内供电设施的数量。

7）数量单位：设施数的计量单位，采用表8.4.10-3代码填写。

表8.4.10-3　数量单位代码表

代码	数量单位类型	代码	数量单位类型
1	座	4	口
2	个	0	其他
3	条		

8）数据来源：指该表中数值的出处，采用表8.4.10-4代码填写。

表8.4.10-4　数据来源代码表

代码	数据来源类型	代码	数据来源类型
1	地方上报	3	山洪灾害
2	统计局年鉴	0	其他

8.4.11　县级以上行政区划通信设施情况表

a）本表储存县级以上行政区划内通信线路、电信局等通信设施情况。

b）表标识：SHJJ＿FBTOCOMMC＿C。

c）表编号：SHJJ＿002＿0011。

d）各字段定义见表8.4.11－1。

表8.4.11－1　县级以上行政区划通信设施情况表字段定义

字 段 名	标 识 符	类型与长度	有无空值	单位	主键	索引序号
行政区划代码	AD＿CODE	C（15）	N		Y	1
发布日期	PUBDT	DATE	N		Y	2
属性采集时间	COLL＿DATE	DATE	N			
属性更新时间	UPD＿DATE	DATE				
通信设施类别	COMMCCATE	VC（2）	N		Y	3
通信设施数量	COMMCNUMB	N（8，2）	N			
数量单位	NUMBUT	VC（2）	N			
数据来源	FXKH＿DASC	VC（30）				

e）各字段存储内容应符合下列规定：

1）行政区划代码：唯一标识某一行政区。引用《水利对象基础信息数据库表结构与标识符》（暂定）中的"行政区划名录表"。

2）发布日期：指哪一年的数据，如2015。

3）属性采集时间：填写本条记录的采集时间。

4）属性更新时间：填写本条记录的失效时间，即本条记录的下一次采集时间，本条记录未被更新时，该字段为空。

5）通信设施类别：通信设施类别采用表8.4.11－2代码填写。

表8.4.11－2　通信设施类别代码表

代码	通信设施类别	代码	通信设施类别
1	电信局	0	其他
2	通信线路		

6）通信设施数量：行政区划内通信设施的数量。

7）数量单位：设施数的计量单位，采用表8.4.11－3代码填写。

表8.4.11－3　数量单位代码表

代码	数量单位类型	代码	数量单位类型
1	座	4	口
2	个	0	其他
3	条		

8）数据来源：指该表中数值的出处，采用表8.4.11－4代码填写。

表8.4.11－4　数据来源代码表

代码	数据来源类型	代码	数据来源类型
1	地方上报	3	山洪灾害
2	统计局年鉴	0	其他

8.4.12　县级以上行政区划公共设施情况表

a）本表储存县级以上行政区划内学校、医院、公园、剧场、电影院等公共设施情况。

b）表标识：SHJJ _ FBTOPUBLC _ C。

c）表编号：SHJJ _ 002 _ 0012。

d）各字段定义见表 8.4.12－1。

表 8.4.12－1　县级以上行政区划公共设施情况表字段定义

字 段 名	标 识 符	类型与长度	有无空值	单位	主键	索引序号
行政区划代码	AD _ CODE	C（15）	N		Y	1
发布日期	PUBDT	DATE	N		Y	2
属性采集时间	COLL _ DATE	DATE	N			
属性更新时间	UPD _ DATE	DATE				
公共设施类别	PUBLCCATE	VC（2）	N		Y	3
公共设施数量	PUBLCNUMB	N（8，2）	N			
数量单位	NUMBUT	VC（10）	N			
数据来源	FXKH _ DASC	VC（30）				

e）各字段存储内容应符合下列规定：

1）行政区划代码：唯一标识某一行政区。引用《水利对象基础信息数据库表结构与标识符》（暂定）中的"行政区划名录表"。

2）发布日期：指哪一年的数据，如 2015。

3）属性采集时间：填写本条记录的采集时间。

4）属性更新时间：填写本条记录的失效时间，即本条记录的下一次采集时间，本条记录未被更新时，该字段为空。

5）公共设施类别：公共设施类别采用表 8.4.12－2 代码填写。

表 8.4.12－2　公共设施类别代码表

代码	公共设施类别	代码	公共设施类别
1	学校	4	剧场
2	医院	5	电影院
3	公园	0	其他

6）公共设施数量：行政区划内公共设施的数量。

7）数量单位：设施数的计量单位，采用表 8.4.12－3 代码填写。

表 8.4.12－3　数 量 单 位 代 码 表

代码	数量单位类型	代码	数量单位类型
1	座	4	口
2	个	0	其他
3	条		

8）数据来源：指该表中数值的出处，采用表 8.4.12－4 代码填写。

表 8.4.12－4　数 据 来 源 代 码 表

代码	数据来源类型	代码	数据来源类型
1	地方上报	3	山洪灾害
2	统计局年鉴	0	其他

8.5 蓄滞洪区统计表

8.5.1 蓄滞洪区人口情况表

a）本表储存蓄滞洪区人口和洪灾发生时就地避洪及外迁人数等情况。

b）表标识：SHJJ _ FBTOPOPU _ F。

c）表编号：SHJJ _ 003 _ 0001。

d）各字段定义见表 8.5.1－1。

表 8.5.1－1　蓄滞洪区人口情况表字段定义

字　段　名	标　识　符	类型与长度	有无空值	单位	主键	索引序号
蓄滞洪区代码	FSDA _ CODE	C（17）	N		Y	1
发布日期	PUBDT	DATE	N		Y	2
属性采集时间	COLL _ DATE	DATE	N			
属性更新时间	UPD _ DATE	DATE				
总人口	POPUNUMB	N（12，0）	N	人		
农村人口	RPOPNUMB	N（12，0）	N	人		
常住人口	PPOPNUMB	N（12，0）	N	人		
避水工程容纳人数	FFPERSON	N（12，0）	N	人		
避险迁安人数	FFDIPOPU	N（12，0）	N	人		
总户数	TOHOUNUM	N（12）	N	户		
数据来源	FXKH _ DASC	VC（30）				

e）各字段存储内容应符合下列规定：

1）蓄滞洪区代码：唯一标识某一蓄滞洪区。引用《水利对象基础信息数据库表结构与标识符》（暂定）中的"蓄滞洪区名录表"。

2）发布日期：指哪一年的数据，如 2015。

3）属性采集时间：填写本条记录的采集时间。

4）属性更新时间：填写本条记录的失效时间，即本条记录的下一次采集时间，本条记录未被更新时，该字段为空。

5）总人口：指一定时点、一定地区范围内的有生命的个人的总和。

6）农村人口：指农业户口人口。

7）常住人口：指具有中华人民共和国国籍并在中华人民共和国境内常住的人口。时间标准为半年，空间标准为乡镇街道，即只要在某乡镇街道居住半年以上，即为该地的常住人口。

8）避水工程容纳人数：避水工程指分、蓄洪区蓄洪时，为保护区内群众生命安全，减少损失所采取的措施，又称避洪安全措施。避水工程容纳人数则指该工程措施内所能容纳的人员数量。

9）避险迁安人数：为避免因地质灾害造成的人员伤亡和财产损失，确保人民生命财产安全，实行的搬迁避险工程所涉及的人员数量。

10）总户数：指在报告期末具有当地户籍的户数总量，以公安部门的户籍统计为准。

11）数据来源：指该表中数值的出处，采用表 8.5.1－2 代码填写。

表 8.5.1－2　数 据 来 源 代 码 表

代码	数据来源类型	代码	数据来源类型
1	地方上报	3	山洪灾害
2	统计局年鉴	0	其他

8.5.2 蓄滞洪区房屋情况表

a) 本表储存蓄滞洪区内房屋间数情况。

b) 表标识：SHJJ_FBTOHOUS_F。

c) 表编号：SHJJ_003_0002。

d) 各字段定义见表8.5.2-1。

表8.5.2-1 蓄滞洪区房屋情况表字段定义

字 段 名	标 识 符	类型与长度	有无空值	单位	主键	索引序号
蓄滞洪区代码	FSDA_CODE	C（17）	N		Y	1
发布日期	PUBDT	DATE	N		Y	2
属性采集时间	COLL_DATE	DATE	N			
属性更新时间	UPD_DATE	DATE				
房屋间数	HOUSNUMB	N（12，0）	N	间		
土房间数	SOHONUMB	N（12，0）	N	间		
砖瓦平房间数	BRHONUMB	N（12，0）	N	间		
数据来源	FXKH_DASC	VC（30）				

e) 各字段存储内容应符合下列规定：

1) 蓄滞洪区代码：唯一标识某一蓄滞洪区。引用《水利对象基础信息数据库表结构与标识符》（暂定）中的"蓄滞洪区名录表"。

2) 发布日期：指哪一年的数据，如2015。

3) 属性采集时间：填写本条记录的采集时间。

4) 属性更新时间：填写本条记录的失效时间，即本条记录的下一次采集时间，本条记录未被更新时，该字段为空。

5) 房屋间数：指房屋主体的自然间数，不包括厕所、车库、禽畜间、柴草间、杂物间、简易的搭盖、单独的店面、作坊等。

6) 土房间数：指泥土为墙，墙内外材料用的都是泥土的房屋间数。

7) 砖瓦平房间数：指建筑物中竖向承重结构的墙采用砖或者砌块砌筑，构造柱以及横向承重的梁、楼板、屋面板等采用钢筋混凝土结构的房屋间数。

8) 数据来源：指该表中数值的出处，采用表8.5.2-2代码填写。

表8.5.2-2 数据来源代码表

代码	数据来源类型	代码	数据来源类型
1	地方上报	3	山洪灾害
2	统计局年鉴	0	其他

8.5.3 蓄滞洪区私有财产统计表

a) 本表储存蓄滞洪区内人均私有财产情况，包括生产和生活资料，不包括银行存款。

b) 表标识：SHJJ_FBTOPRPR_F。

c) 表编号：SHJJ_003_0003。

d) 各字段定义见表8.5.3-1。

表 8.5.3－1 蓄滞洪区私有财产统计表字段定义

字 段 名	标 识 符	类型与长度	有无空值	单位	主键	索引序号
蓄滞洪区代码	FSDA_CODE	C（17）	N		Y	1
发布日期	PUBDT	DATE	N		Y	2
属性采集时间	COLL_DATE	DATE	N			
属性更新时间	UPD_DATE	DATE				
人均私有财产	CAPIPERP	N（16，2）	N	10^4 元		
数据来源	FXKH_DASC	VC（30）				

e）各字段存储内容应符合下列规定：

　　1）蓄滞洪区代码：唯一标识某一蓄滞洪区。引用《水利对象基础信息数据库表结构与标识符》（暂定）中的"蓄滞洪区名录表"。

　　2）发布日期：指哪一年的数据，如 2015。

　　3）属性采集时间：填写本条记录的采集时间。

　　4）属性更新时间：填写本条记录的失效时间，即本条记录的下一次采集时间，本条记录未被更新时，该字段为空。

　　5）人均私有财产：私有财产是指私人所有的财产，即公民个人依法对其所有的动产或者不动产享有的权利，以及私人投资者投资到各类企业中所依法享有的出资人的权益。人均私有财产则是指平均个人的私有财产。

　　6）数据来源：指该表中数值的出处，采用表 8.5.3－2 代码填写。

表 8.5.3－2 数据来源代码表

代码	数据来源类型	代码	数据来源类型
1	地方上报	3	山洪灾害
2	统计局年鉴	0	其他

8.5.4 蓄滞洪区耕地及播种面积情况表

a）本表储存蓄滞洪区内耕地及农作物播种面积情况。

b）表标识：SHJJ_GLAGRI_F。

c）表编号：SHJJ_003_0004。

d）各字段定义见表 8.5.4－1。

表 8.5.4－1 蓄滞洪区耕地及播种面积情况表字段定义

字 段 名	标 识 符	类型与长度	有无空值	单位	主键	索引序号
蓄滞洪区代码	FSDA_CODE	C（17）	N		Y	1
发布日期	PUBDT	DATE	N		Y	2
属性采集时间	COLL_DATE	DATE	N			
属性更新时间	UPD_DATE	DATE				
土地面积	TLAREA	N（10，2）	N	km²		
耕地面积	GLAREA	N（12，2）	N	hm²		
旱地面积	HLAERA	N（12，2）	N	hm²		
水田面积	SLAREA	N（12，2）	N	hm²		
农作物播种面积	APLAREA	N（12，2）	N	hm²		

表 8.5.4－1 蓄滞洪区耕地及播种面积情况表字段定义（续）

字 段 名	标 识 符	类型与长度	有无空值	单位	主键	索引序号
经济作物播种面积	EPLAREA	N (12, 2)	N	hm²		
棉花播种面积	CPLAREA	N (12, 2)	N	hm²		
油料播种面积	OPLAREA	N (12, 2)	N	hm²		
粮食作物播种面积	FOCAREA	N (12, 2)	N	hm²		
行政区域面积	ADMINAREA	N (12, 2)	N	hm²		
有效灌溉面积	EFF_IRR_AREA	N (12, 2)	N	hm²		
保障灌溉面积	SAFAREA	N (12, 2)	N	hm²		
旱涝保收面积	SECAREA	N (12, 2)	N	hm²		
实际灌溉面积	ACIAREA	N (12, 2)	N	hm²		
数据来源	FXKH_DASC	VC (30)				

e）各字段存储内容应符合下列规定：

1）蓄滞洪区代码：唯一标识某一蓄滞洪区。引用《水利对象基础信息数据库表结构与标识符》（暂定）中的"蓄滞洪区名录表"。

2）发布日期：指哪一年的数据，如 2015。

3）属性采集时间：填写本条记录的采集时间。

4）属性更新时间：填写本条记录的失效时间，即本条记录的下一次采集时间，本条记录未被更新时，该字段为空。

5）土地面积：指行政区域内的土地调查总面积，包括农用地面积、建设用地面积和未利用地面积。

6）耕地面积：指经过开垦用以种植农作物并经常进行耕耘的土地面积。包括种有作物的土地面积、休闲地面积、新开荒地面积和抛荒未满 3 年的土地面积。

7）旱地面积：指无灌溉设施，主要靠天然降水种植旱生农作物的耕地面积，包括没有灌溉设施，仅靠引洪淤灌的耕地面积。

8）水田面积：指筑有田埂（坎），可以经常蓄水，用来种植水稻或莲藕、席草等水生作物的耕地面积。因天旱暂时没有蓄水而改种旱地作物的，或实行水稻和旱地作物轮种的（如水稻和小麦、油菜、蚕豆等轮种），仍作水田面积统计。

9）农作物播种面积：指实际播种或移植有农作物的面积。凡是实际种植有农作物的面积，不论种植在耕地上还是种植在非耕地上，均包括在农作物播种面积中。在播种季节基本结束后，因遭灾而重新改种和补种的农作物面积，也包括在内。

10）经济作物播种面积：指具有某种特定经济用途的农作物播种面积。

11）棉花播种面积：指棉花播种面积。

12）油料播种面积：指以榨取油脂为主要用途的作物播种面积。

13）有效灌溉面积：指具有一定的水源，地块比较平整，灌溉工程或设备已经配套，在一般年景下，当年能够进行正常灌溉的耕地面积。

14）保障灌溉面积：在灌溉工程控制范围内，可按设计保证率和灌溉制度实施灌溉的耕地面积。

15）旱涝保收面积：指在有效灌溉面积中，灌溉设施齐全，抗洪能力较强，土地肥力较高，能保证遇旱能灌、遇涝能排的耕地面积。

16）实际灌溉面积：指当年实际灌水一次以上（包括一次）的耕地面积，在同一亩耕地上无论灌水几次，都按一亩统计。

17）行政区域面积：指行政区域内的全部土地面积（包括水域面积），以国务院批准的行政区划面积为准。

18）粮食作物播种面积：指以收获成熟果实为目的，经去壳、碾磨等加工程序而成为人类基本食粮的一类作物播种面积。

19）数据来源：指该表中数值的出处，采用表8.5.4-2代码填写。

表 8.5.4-2 数据来源代码表

代码	数据来源类型	代码	数据来源类型
1	地方上报	3	山洪灾害
2	统计局年鉴	0	其他

8.5.5 蓄滞洪区经济产值情况表

a）本表储存蓄滞洪区内经济产值情况。

b）表标识：SHJJ_OUTPUT_F。

c）表编号：SHJJ_003_0005。

d）各字段定义见表8.5.5-1。

表 8.5.5-1 蓄滞洪区经济产值情况表字段定义

字 段 名	标 识 符	类型与长度	有无空值	单位	主键	索引序号
蓄滞洪区代码	FSDA_CODE	C（17）	N		Y	1
发布日期	PUBDT	DATE	N		Y	2
属性采集时间	COLL_DATE	DATE	N			
属性更新时间	UPD_DATE	DATE				
GDP（生产总值）	GDP	N（16，2）	N	10^4 元		
工业产值	INDOUTPUT	N（16，2）	N	10^4 元		
农业产值	AGROUTPUT	N（16，2）	N	10^4 元		
林业产值	FOROUTPUT	N（16，2）	N	10^4 元		
牧业产值	ANIOUTPUT	N（16，2）	N	10^4 元		
渔业产值	FISOUTPUT	N（16，2）	N	10^4 元		
工业增加值	INDADDOUTPUT	N（16，2）	N	10^4 元		
第三产业增加值	TTIADDOUTPUT	N（16，2）	N	10^4 元		
农林牧渔业总产值	EECADDOUTPUT	N（16，2）	N	10^4 元		
第一产业增加值	FIIADDOUTPU	N（16，2）	N	10^4 元		
第三产业产值	TTIOUTPUT	N（16，2）	N	10^4 元		
固定资产	FIXASSET	N（16，2）	N	10^4 元		
大牲畜数量	LIVESNUM	N（12，0）	N	头		
数据来源	FXKH_DASC	VC（30）				

e）各字段存储内容应符合下列规定：

1）蓄滞洪区代码：唯一标识某一蓄滞洪区。引用《水利对象基础信息数据库表结构与标识符》（暂定）中的"蓄滞洪区名录表"。

2）发布日期：指哪一年的数据，如2015。

3）属性采集时间：填写本条记录的采集时间。

4）属性更新时间：填写本条记录的失效时间，即本条记录的下一次采集时间，本条记录未被更新时，该字段为空。

5）GDP（生产总值）：指一个国家（或地区）所有常住单位在一定时期内生产活动的最终成果。

6）工业产值：指以货币表现的工业企业在报告期内生产的工业产品总量。

7）农业产值：指以货币表现的农、林、牧、渔业全部产品的总量。

8）林业产值：包括营林产值、林产品产值和村及村以下竹木采伐产值三部分。营林产值按从事人造林木各项生产活动的工作量乘单位成本计算。林产品产值按采集的林产品产量乘单价计算。采伐产值按采伐量乘单价计算。

9）牧业产值：包括牲畜饲养产值、家禽饲养产值、活的畜禽产品产值、捕猎产值和其他动物饲养产值。

10）渔业产值：按报告期水产品产量乘单价计算。

11）工业增加值：指工业企业在报告期内以货币表现的工业生产活动的最终成果。工业增加值有两种计算方法：一是生产法，即工业总产出减去工业中间投入加上应交增值税；二是收入法，即从收入的角度出发，根据生产要素在生产过程中应得到的收入份额计算，具体构成项目有固定资产折旧、劳动者报酬、生产税净额、营业盈余，这种方法也称要素分配法。

12）第三产业增加值：指除第一、第二产业以外的其他行业产值增加值（第一产业是指农业、林业、畜牧业、渔业和农林牧渔服务业。第二产业是指采矿业，制造业，电力、煤气及水的生产和供应业，建筑业）。

13）农林牧渔业总产值：以货币表现的农林牧渔业的全部产品总量和对农林牧渔业生产活动进行的各种支持性服务活动的价值。

14）第一产业增加值：指农业、林业、畜牧业、渔业和农林牧渔服务业产值增加值。

15）第三产业产值：指除第一、第二产业以外的其他行业产值。

16）固定资产：指使用年限一年以上，单位价值在规定标准以上，并在使用过程中保持原来物质形态的资产，包括企业固定资产净值、固定资产清理、在建工程、待处理固定资产净损失所占用的资金。

17）大牲畜数量：指体型较大，需饲养2～3年以上才发育成熟的牲畜数量，如马、牛、驴、骡、骆驼等。

18）数据来源：指该表中数值的出处，采用表8.5.5-2代码填写。

表 8.5.5-2 数 据 来 源 代 码 表

代码	数据来源类型	代码	数据来源类型
1	地方上报	3	山洪灾害
2	统计局年鉴	0	其他

8.5.6 蓄滞洪区农作物产量情况表

a）本表储存蓄滞洪区农作物产量情况。

b）表标识：SHJJ_CROPYIELD_F。

c）表编号：SHJJ_003_0006。

d）各字段定义见表8.5.6-1。

表 8.5.6-1 蓄滞洪区农作物产量情况表字段定义

字 段 名	标 识 符	类型与长度	有无空值	单位	主键	索引序号
蓄滞洪区代码	FSDA_CODE	C (17)	N		Y	1
发布日期	PUBDT	DATE	N		Y	2
属性采集时间	COLL_DATE	DATE	N			

表 8.5.6-1　蓄滞洪区农作物产量情况表字段定义（续）

字 段 名	标 识 符	类型与长度	有无空值	单位	主键	索引序号
属性更新时间	UPD_DATE	DATE				
粮食作物产量	CEYIELD	N（16，2）	N	t		
经济作物产量	ECYIELD	N（16，2）	N	t		
棉花产量	COYIELD	N（16，2）	N	t		
油料产量	OIYIELD	N（16，2）	N	t		
数据来源	FXKH_DASC	VC（30）				

e）各字段存储内容应符合下列规定：

　　1）蓄滞洪区代码：唯一标识某一蓄滞洪区。引用《水利对象基础信息数据库表结构与标识符》（暂定）中的"蓄滞洪区名录表"。

　　2）发布日期：指哪一年的数据，如 2015。

　　3）属性采集时间：填写本条记录的采集时间。

　　4）属性更新时间：填写本条记录的失效时间，即本条记录的下一次采集时间，本条记录未被更新时，该字段为空。

　　5）粮食作物产量：包括国有经济经营的、集体统一经营的和农民家庭经营的粮食产量，还包括工矿企业办的农场和其他生产单位的粮食产量。粮食除包括稻谷、小麦、玉米、高粱、谷子及其他杂粮外，还包括薯类和豆类。其产量计算方法，豆类按去豆荚后的干豆计算；薯类（包括甘薯和马铃薯，不包括芋头和木薯）1963 年以前按每 4kg 鲜薯折 1kg 粮食计算，从 1964 年开始改为按 5kg 鲜薯折 1kg 粮食计算。城市郊区作为蔬菜的薯类（如马铃薯等）按鲜品计算，并且不作为粮食统计。其他粮食一律按脱粒后的原粮计算。

　　6）经济作物产量：指具有某种特定经济用途的农作物产量。

　　7）棉花产量：指棉花产量。

　　8）油料产量：指以榨取油脂为主要用途的作物产量。

　　9）数据来源：指该表中数值的出处，采用表 8.5.6-2 代码填写。

表 8.5.6-2　数据来源代码表

代码	数据来源类型	代码	数据来源类型
1	地方上报	3	山洪灾害
2	统计局年鉴	0	其他

8.5.7　蓄滞洪区工矿企业情况表

a）本表储存蓄滞洪区内工矿企业个数、产值等情况。

b）表标识：SHJJ_FBTOINCP_F。

c）表编号：SHJJ_003_0007。

d）各字段定义见表 8.5.7-1。

表 8.5.7-1　蓄滞洪区工矿企业情况表字段定义

字 段 名	标 识 符	类型与长度	有无空值	单位	主键	索引序号
蓄滞洪区代码	FSDA_CODE	C（17）	N		Y	1
发布日期	PUBDT	DATE	N		Y	2
属性采集时间	COLL_DATE	DATE	N			

表 8.5.7－1　蓄滞洪区工矿企业情况表字段定义（续）

字 段 名	标 识 符	类型与长度	有无空值	单位	主键	索引序号
属性更新时间	UPD＿DATE	DATE				
工矿企业类型	PMETCTY	VC（2）	N		Y	3
工矿企业个数	PMETCNUMB	N（8，0）	N			
工矿企业产值	PMETCOTVAL	N（8，2）	N			
数据来源	FXKH＿DASC	VC（30）				

e）各字段存储内容应符合下列规定：

　　1）蓄滞洪区代码：唯一标识某一蓄滞洪区。引用《水利对象基础信息数据库表结构与标识符》（暂定）中的"蓄滞洪区名录表"。

　　2）发布日期：指哪一年的数据，如 2015。

　　3）属性采集时间：填写本条记录的采集时间。

　　4）属性更新时间：填写本条记录的失效时间，即本条记录的下一次采集时间，本条记录未被更新时，该字段为空。

　　5）工矿企业类型：工矿企业类型采用表 8.5.7－2 代码填写。

表 8.5.7－2　工矿企业类型代码表

代码	工矿企业类型	代码	工矿企业类型
1	工业	0	其他
2	采矿业		

　　6）工矿企业个数：该行政区划中工矿企业的个数。

　　7）工矿企业产值：产值是以货币形式表现的，是指工矿企业在一定时期内生产的工业最终产品或提供工业性劳务活动的总价值量。

　　8）数据来源：指该表中数值的出处，采用表 8.5.7－3 代码填写。

表 8.5.7－3　数 据 来 源 代 码 表

代码	数据来源类型	代码	数据来源类型
1	地方上报	3	山洪灾害
2	统计局年鉴	0	其他

8.5.8　蓄滞洪区水利设施情况表

a）本表储存蓄滞洪区内水库、堤防、护岸、水闸、塘坝、灌溉设施、水文测站、机电井、机电泵站、水电站等所有水利设施情况。

b）表标识：SHJJ＿FBTOWPROC＿F。

c）表编号：SHJJ＿003＿0008。

d）各字段定义见表 8.5.8－1。

表 8.5.8－1　蓄滞洪区水利设施情况表字段定义

字 段 名	标 识 符	类型与长度	有无空值	单位	主键	索引序号
蓄滞洪区代码	FSDA＿CODE	C（17）	N		Y	1
发布日期	PUBDT	DATE	N		Y	2
属性采集时间	COLL＿DATE	DATE	N			

表 8.5.8-1 蓄滞洪区水利设施情况表字段定义 (续)

字 段 名	标 识 符	类型与长度	有无空值	单位	主键	索引序号
属性更新时间	UPD_DATE	DATE				
水利设施类别	WPROCCATE	VC (2)	N		Y	3
水利设施数量	WPROCNUMB	N (8，2)	N			
数量单位	NUMBUT	VC (2)	N			
数据来源	FXKH_DASC	VC (30)				

e）各字段存储内容应符合下列规定：

1）蓄滞洪区代码：唯一标识某一蓄滞洪区。引用《水利对象基础信息数据库表结构与标识符》（暂定）中的"蓄滞洪区名录表"。

2）发布日期：指哪一年的数据，如 2015。

3）属性采集时间：填写本条记录的采集时间。

4）属性更新时间：填写本条记录的失效时间，即本条记录的下一次采集时间，本条记录未被更新时，该字段为空。

5）水利设施类别：水利设施类别采用表 8.5.8-2 代码填写。

表 8.5.8-2 水利设施类别代码表

代码	水利设施类别	代码	水利设施类别
1	水库	6	灌溉设施
2	堤防	7	水文测站
3	护岸	8	机电井
4	水闸	9	机电泵站
5	塘坝		

6）水利设施数量：水利设施的数量。

7）数量单位：设施数的计量单位，采用表 8.5.8-3 代码填写。

表 8.5.8-3 数量单位代码表

代码	数量单位类型	代码	数量单位类型
1	座	4	口
2	个	0	其他
3	条		

8）数据来源：指该表中数值的出处，采用表 8.5.8-4 代码填写。

表 8.5.8-4 数据来源代码表

代码	数据来源类型	代码	数据来源类型
1	地方上报	3	山洪灾害
2	统计局年鉴	0	其他

8.5.9 蓄滞洪区交通设施情况表

a）本表储存蓄滞洪区内铁路、公路、港口、机场等交通设施情况。

b）表标识：SHJJ_FBTOTRAFC_F。

c）表编号：SHJJ_003_0009。

d）各字段定义见表8.5.9-1。

表8.5.9-1 蓄滞洪区交通设施情况表字段定义

字段名	标识符	类型与长度	有无空值	单位	主键	索引序号
蓄滞洪区代码	FSDA_CODE	C（17）	N		Y	1
发布日期	PUBDT	DATE	N		Y	2
属性采集时间	COLL_DATE	DATE	N			
属性更新时间	UPD_DATE	DATE				
交通设施类别	TRAFCCATE	VC（2）	N		Y	3
交通设施数量	TRAFCNUMB	N（8，2）	N			
数量单位	NUMBUT	VC（2）	N			
数据来源	FXKH_DASC	VC（30）				

e）各字段存储内容应符合下列规定：

　　1）蓄滞洪区代码：唯一标识某一蓄滞洪区。引用《水利对象基础信息数据库表结构与标识符》（暂定）中的"蓄滞洪区名录表"。

　　2）发布日期：指哪一年的数据，如2015。

　　3）属性采集时间：填写本条记录的采集时间。

　　4）属性更新时间：填写本条记录的失效时间，即本条记录的下一次采集时间，本条记录未被更新时，该字段为空。

　　5）交通设施类别：交通设施类别采用表8.5.9-2代码填写。

表8.5.9-2 交通设施类别代码表

代码	交通设施类别	代码	交通设施类别
1	铁路	4	港口
2	公路	5	工矿企业
3	机场	0	其他

　　6）交通设施数量：行政区划内交通设施的数量。

　　7）数量单位：设施数的计量单位，采用表8.5.9-3代码填写。

表8.5.9-3 数量单位代码表

代码	数量单位类型	代码	数量单位类型
1	座	4	口
2	个	0	其他
3	条		

　　8）数据来源：指该表中数值的出处，采用表8.5.9-4代码填写。

表8.5.9-4 数据来源代码表

代码	数据来源类型	代码	数据来源类型
1	地方上报	3	山洪灾害
2	统计局年鉴	0	其他

8.5.10 蓄滞洪区供电设施情况表

a）本表储存蓄滞洪区内电厂、变电站、输电线路等供电设施情况。

b）表标识：SHJJ _ FBTOELSUC _ F。

c）表编号：SHJJ _ 003 _ 0010。

d）各字段定义见表 8.5.10－1。

表 8.5.10－1　蓄滞洪区供电设施情况表字段定义

字 段 名	标 识 符	类型与长度	有无空值	单位	主键	索引序号
蓄滞洪区代码	FSDA _ CODE	C（17）	N		Y	1
发布日期	PUBDT	DATE	N		Y	2
属性采集时间	COLL _ DATE	DATE	N			
属性更新时间	UPD _ DATE	DATE				
供电设施类别	ELSUCCATE	VC（2）	N		Y	3
供电设施数量	ELSUCNUMB	N（8，2）	N			
数量单位	NUMBUT	VC（2）	N			
数据来源	FXKH _ DASC	VC（30）				

e）各字段存储内容应符合下列规定：

　　1）蓄滞洪区代码：唯一标识某一蓄滞洪区。引用《水利对象基础信息数据库表结构与标识符》（暂定）中的"蓄滞洪区名录表"。

　　2）发布日期：指哪一年的数据，如 2015。

　　3）属性采集时间：填写本条记录的采集时间。

　　4）属性更新时间：填写本条记录的失效时间，即本条记录的下一次采集时间，本条记录未被更新时，该字段为空。

　　5）供电设施类别：供电设施类别采用表 8.5.10－2 代码填写。

表 8.5.10－2　供电设施类别代码表

代码	供电设施类别	代码	供电设施类别
1	电厂	3	输电线路
2	变电站	0	其他

　　6）供电设施数量：行政区划内供电设施的数量。

　　7）数量单位：设施数的计量单位，采用表 8.5.10－3 代码填写。

表 8.5.10－3　数 量 单 位 代 码 表

代码	数量单位类型	代码	数量单位类型
1	座	4	口
2	个	0	其他
3	条		

　　8）数据来源：指该表中数值的出处，采用表 8.5.10－4 代码填写。

表 8.5.10－4　数 据 来 源 代 码 表

代码	数据来源类型	代码	数据来源类型
1	地方上报	3	山洪灾害
2	统计局年鉴	0	其他

8.5.11　蓄滞洪区通信设施情况表

a）本表储存蓄滞洪区内通信线路、电信局等通信设施情况。

b）表标识：SHJJ_FBTOCOMMC_F。

c）表编号：SHJJ_003_0011。

d）各字段定义见表8.5.11-1。

表8.5.11-1 蓄滞洪区通信设施情况表字段定义

字 段 名	标 识 符	类型与长度	有无空值	单位	主键	索引序号
蓄滞洪区代码	FSDA_CODE	C（17）	N		Y	1
发布日期	PUBDT	DATE	N		Y	2
属性采集时间	COLL_DATE	DATE	N			
属性更新时间	UPD_DATE	DATE				
通信设施类别	COMMCCATE	VC（2）	N		Y	3
通信设施数量	COMMCNUMB	N（8,2）	N			
数量单位	NUMBUT	VC（2）	N			
数据来源	FXKH_DASC	VC（30）				

e）各字段存储内容应符合下列规定：

1）蓄滞洪区代码：唯一标识某一蓄滞洪区。引用《水利对象基础信息数据库表结构与标识符》（暂定）中的"蓄滞洪区名录表"。

2）发布日期：指哪一年的数据，如2015。

3）属性采集时间：填写本条记录的采集时间。

4）属性更新时间：填写本条记录的失效时间，即本条记录的下一次采集时间，本条记录未被更新时，该字段为空。

5）通信设施类别：通信设施类别采用表8.5.11-2代码填写。

表8.5.11-2 通信设施类别代码表

代码	通信设施类别	代码	通信设施类别
1	电信局	0	其他
2	通信线路		

6）通信设施数量：行政区划内通信设施的数量。

7）数量单位：设施数的计量单位，采用表8.5.11-3代码填写。

表8.5.11-3 数 量 单 位 代 码 表

代码	数量单位类型	代码	数量单位类型
1	座	4	口
2	个	0	其他
3	条		

8）数据来源：指该表中数值的出处，采用表8.5.11-4代码填写。

表8.5.11-4 数 据 来 源 代 码 表

代码	数据来源类型	代码	数据来源类型
1	地方上报	3	山洪灾害
2	统计局年鉴	0	其他

8.5.12 蓄滞洪区公共设施情况表

a）本表储存蓄滞洪区内学校、医院、公园、剧场、电影院等公共设施情况。

b）表标识：SHJJ＿FBTOPUBLC＿F。

c）表编号：SHJJ＿003＿0012。

d）各字段定义见表 8.5.12－1。

表 8.5.12－1　蓄滞洪区公共设施情况表字段定义

字　段　名	标　识　符	类型与长度	有无空值	单位	主键	索引序号
蓄滞洪区代码	FSDA＿CODE	C（17）	N		Y	1
发布日期	PUBDT	DATE	N		Y	2
属性采集时间	COLL＿DATE	DATE	N			
属性更新时间	UPD＿DATE	DATE				
公共设施类别	PUBLCCATE	VC（2）	N		Y	3
公共设施数量	PUBLCNUMB	N（8，2）	N			
数量单位	NUMBUT	VC（10）	N			
数据来源	FXKH＿DASC	VC（30）				

e）各字段存储内容应符合下列规定：

1）蓄滞洪区代码：唯一标识某一蓄滞洪区。引用《水利对象基础信息数据库表结构与标识符》（暂定）中的"蓄滞洪区名录表"。

2）发布日期：指哪一年的数据，如 2015。

3）属性采集时间：填写本条记录的采集时间。

4）属性更新时间：填写本条记录的失效时间，即本条记录的下一次采集时间，本条记录未被更新时，该字段为空。

5）公共设施类别：公共设施类别采用表 8.5.12－2 代码填写。

表 8.5.12－2　公共设施类别代码表

代码	公共设施类别	代码	公共设施类别
1	学校	4	剧场
2	医院	5	电影院
3	公园	0	其他

6）公共设施数量：行政区划内公共设施的数量。

7）数量单位：设施数的计量单位，采用表 8.5.12－3 代码填写。

表 8.5.12－3　数量单位代码表

代码	数量单位类型	代码	数量单位类型
1	座	4	口
2	个	0	其他
3	条		

8）数据来源：指该表中数值的出处，采用表 8.5.12－4 代码填写。

表 8.5.12－4　数据来源代码表

代码	数据来源类型	代码	数据来源类型
1	地方上报	3	山洪灾害
2	统计局年鉴	0	其他

9 对象关系表

9.1 蓄滞洪区与行政区划关系表

a) 本表存储蓄滞洪区与行政区划关系信息,引用《水利对象基础信息数据库表结构与标识符》(暂定)中的"蓄滞洪区与行政区划关系表"。

b) 表标识:REL_FSDA_AD。

c) 表编号:REL_0139。

d) 各字段定义见表9.1-1。

表 9.1-1 蓄滞洪区与行政区划关系表字段定义

字 段 名	标 识 符	类型及长度	有无空值	单位	主键	索引序号
蓄滞洪区代码	FSDA_CODE	C (17)	N		Y	1
行政区划代码	AD_CODE	C (15)	N		Y	2
关系建立时间	FROM_DATE	DATE	N			
关系终止时间	TO_DATE	DATE				

e) 各字段存储内容应符合下列规定:

1) 蓄滞洪区代码:同8.1.2节"蓄滞洪区代码"字段,是引用表8.1.2-1的外键。

2) 行政区划代码:同8.1.1节"行政区划代码"字段,是引用表8.1.1-1的外键。

3) 对象建立时间:关系建立日期。

4) 对象终止时间:关系终止日期。

10 字典表数据

数据项名	英文标识符	物理意义说明	值 域
水利设施类别	WPROCCATE	水利设施类别	1—水库,2—堤防,3—护岸,4—水闸,5—塘坝,6—灌溉设施,7—水文测站,8—机电井,9—机电泵站,10—水电站,0—其他
数量单位	NUMBUT	设施数的计量单位	1—座,2—个,3—条,4—口,0—其他
交通设施类型	TRAFCCATE	交通设施类型	1—铁路,2—公路,3—机场,4—港口,0—其他
供电设施类别	ELSUCCATE	供电设施类别	1—电厂,2—变电站,3—输电线路,0—其他
通信设施类别	COMMCCATE	通信设施类别	1—电信局,2—通信线路,0—其他
工矿企业类型	PMETCTY	工矿企业类型	1—工业,2—采矿业,0—其他
公共设施类别	PUBLCCATE	公共设施类别	1—学校,2—医院,3—公园,4—剧场,5—电影院,0—其他
数据来源	DATASOURCE	数据来源	1—地方上报,2—统计局年鉴,3—山洪灾害,0—其他

附录 A 表 标 识 符 索 引

编号	中 文 名	表 标 识	表 编 号	表索引
通用基础信息表				
1	行政区划名录表	OBJ_AD	OBJ_0050	8.1.1-1
2	蓄滞洪区名录表	OBJ_FSDA	OBJ_0024	8.1.2-1
村级行政区划统计表				
3	村级行政区划人口情况表	SHJJ_FBTOPOPU_A	SHJJ_000_0001	8.2.1-1
4	村级行政区划房屋情况表	SHJJ_FBTOHOUS_A	SHJJ_000_0002	8.2.2-1
5	村级行政区划私有财产统计表	SHJJ_FBTOPRPR_A	SHJJ_000_0003	8.2.3-1
6	村级行政区划耕地及播种面积情况表	SHJJ_GLAGRI_A	SHJJ_000_0004	8.2.4-1
7	村级行政区划经济产值情况表	SHJJ_OUTPUT_A	SHJJ_000_0005	8.2.5-1
8	村级行政区划农作物产量情况表	SHJJ_CROPYIELD_A	SHJJ_000_0006	8.2.6-1
9	村级行政区划工矿企业情况表	SHJJ_FBTOINCP_A	SHJJ_000_0007	8.2.7-1
10	村级行政区划水利设施情况表	SHJJ_FBTOWPROC_A	SHJJ_000_0008	8.2.8-1
11	村级行政区划交通设施情况表	SHJJ_FBTOTRAFC_A	SHJJ_000_0009	8.2.9-1
12	村级行政区划供电设施情况表	SHJJ_FBTOELSUC_A	SHJJ_000_0010	8.2.10-1
13	村级行政区划通信设施情况表	SHJJ_FBTOCOMMC_A	SHJJ_000_0011	8.2.11-1
14	村级行政区划公共设施情况表	SHJJ_FBTOPUBLC_A	SHJJ_000_0012	8.2.12-1
乡镇行政区划统计表				
15	乡镇行政区划人口情况表	SHJJ_FBTOPOPU_B	SHJJ_001_0001	8.3.1-1
16	乡镇行政区划房屋情况表	SHJJ_FBTOHOUS_B	SHJJ_001_0002	8.3.2-1
17	乡镇行政区划私有财产统计表	SHJJ_FBTOPRPR_B	SHJJ_001_0003	8.3.3-1
18	乡镇行政区划耕地及播种面积情况表	SHJJ_GLAGRI_B	SHJJ_001_0004	8.3.4-1
19	乡镇行政区划经济产值情况表	SHJJ_OUTPUT_B	SHJJ_001_0005	8.3.5-1
20	乡镇行政区划农作物产量情况表	SHJJ_CROPYIELD_B	SHJJ_001_0006	8.3.6-1
21	乡镇行政区划工矿企业情况表	SHJJ_FBTOINCP_B	SHJJ_001_0007	8.3.7-1
22	乡镇行政区划水利设施情况表	SHJJ_FBTOWPROC_B	SHJJ_001_0008	8.3.8-1
23	乡镇行政区划交通设施情况表	SHJJ_FBTOTRAFC_B	SHJJ_001_0009	8.3.9-1
24	乡镇行政区划供电设施情况表	SHJJ_FBTOELSUC_B	SHJJ_001_0010	8.3.10-1
25	乡镇行政区划通信设施情况表	SHJJ_FBTOCOMMC_B	SHJJ_001_0011	8.3.11-1
26	乡镇行政区划公共设施情况表	SHJJ_FBTOPUBLC_B	SHJJ_001_0012	8.3.12-1
县级以上行政区划统计表				
27	县级以上行政区划人口情况表	SHJJ_FBTOPOPU_C	SHJJ_002_0001	8.4.1-1
28	县级以上行政区划房屋情况表	SHJJ_FBTOHOUS_C	SHJJ_002_0002	8.4.2-1
29	县级以上行政区划私有财产统计表	SHJJ_FBTOPRPR_C	SHJJ_002_0003	8.4.3-1
30	县级以上行政区划耕地及播种面积情况表	SHJJ_GLAGRI_C	SHJJ_002_0004	8.4.4-1
31	县级以上行政区划经济产值情况表	SHJJ_OUTPUT_C	SHJJ_002_0005	8.4.5-1
32	县级以上行政区划农作物产量情况表	SHJJ_CROPYIELD_C	SHJJ_002_0006	8.4.6-1
33	县级以上行政区划工矿企业情况表	SHJJ_FBTOINCP_C	SHJJ_002_0007	8.4.7-1
34	县级以上行政区划水利设施情况表	SHJJ_FBTOWPROC_C	SHJJ_002_0008	8.4.8-1
35	县级以上行政区划交通设施情况表	SHJJ_FBTOTRAFC_C	SHJJ_002_0009	8.4.9-1
36	县级以上行政区划供电设施情况表	SHJJ_FBTOELSUC_C	SHJJ_002_0010	8.4.10-1

附录 A 表 标 识 符 索 引 （续）

编号	中 文 名	表 标 识	表 编 号	表索引
37	县级以上行政区划通信设施情况表	SHJJ_FBTOCOMMC_C	SHJJ_002_0011	8.4.11-1
38	县级以上行政区划公共设施情况表	SHJJ_FBTOPUBLC_C	SHJJ_002_0012	8.4.12-1
蓄 滞 洪 区 统 计 表				
39	蓄滞洪区人口情况表	SHJJ_FBTOPOPU_F	SHJJ_003_0001	8.5.1-1
40	蓄滞洪区房屋情况表	SHJJ_FBTOHOUS_F	SHJJ_003_0002	8.5.2-1
41	蓄滞洪区私有财产统计表	SHJJ_FBTOPRPR_F	SHJJ_003_0003	8.5.3-1
42	蓄滞洪区耕地及播种面积情况表	SHJJ_GLAGRI_F	SHJJ_003_0004	8.5.4-1
43	蓄滞洪区经济产值情况表	SHJJ_OUTPUT_F	SHJJ_003_0005	8.5.5-1
44	蓄滞洪区农作物产量情况表	SHJJ_CROPYIELD_F	SHJJ_003_0006	8.5.6-1
45	蓄滞洪区工矿企业情况表	SHJJ_FBTOINCP_F	SHJJ_003_0007	8.5.7-1
46	蓄滞洪区水利设施情况表	SHJJ_FBTOWPROC_F	SHJJ_003_0008	8.5.8-1
47	蓄滞洪区交通设施情况表	SHJJ_FBTOTRAFC_F	SHJJ_003_0009	8.5.9-1
48	蓄滞洪区供电设施情况表	SHJJ_FBTOELSUC_F	SHJJ_003_0010	8.5.10-1
49	蓄滞洪区通信设施情况表	SHJJ_FBTOCOMMC_F	SHJJ_003_0011	8.5.11-1
50	蓄滞洪区公共设施情况表	SHJJ_FBTOPUBLC_F	SHJJ_003_0012	8.5.12-1
对 象 关 系 表				
51	蓄滞洪区与行政区划关系表	REL_FSDA_AD	REL_0139	9.1-1

附录 B　字 段 标 识 符 索 引

编号	中文字段名	字段标识	类型及长度	计量单位	字 段 英 文 名	首次出现表
1	行政区划代码	AD_CODE	C (15)		Administrative region code	8.1.1-1
2	行政区划名称	AD_NAME	VC (100)		Administrative region name	8.1.1-1
3	对象建立时间	FROM_DATE	DATE		Object creation time	8.1.1-1
4	对象终止时间	TO_DATE	DATE		Object termination time	8.1.1-1
5	蓄滞洪区代码	FSDA_CODE	C (17)		Flood storage and detention area code	8.1.2-1
6	蓄滞洪区名称	FSDA_NAME	VC (100)		Flood storage and detention area name	8.1.2-1
7	发布日期	PUBYEAR	DATE		Release year	8.2.1-1
8	属性采集时间	COLL_DATE	DATE		Property collection time	8.2.1-1
9	属性更新时间	UPD_DATE	DATE		Property update time	8.2.1-1
10	总人口	POPUNUMB	N (12, 0)	人	Total population	8.2.1-1
11	农村人口	RPOPNUMB	N (12, 0)	人	Rural population	8.2.1-1
12	常住人口	PPOPNUMB	N (12, 0)	人	Permanent population	8.2.1-1
13	避水工程容纳人数	FFPERSON	N (12, 0)	人	Water holding capacity	8.2.1-1
14	避险迁安人数	FFDIPOPU	N (12, 0)	人	Number of refuge resettlement	8.2.1-1
15	总户数	TOHOUNUM	N (12, 0)	户	The total number of households	8.2.1-1
16	数据来源	FXKH_DASC	VC (30)		Data sources	8.2.1-1
17	房屋间数	HOUSNUMB	N (12, 0)	间	Room number	8.2.2-1
18	土房间数	SOHONUMB	N (12, 0)	间	Soil room number	8.2.2-1
19	砖瓦平房间数	BRHONUMB	N (12, 0)	间	Room number Waping brick	8.2.2-1
20	人均私有财产	CAPIPERP	N (16, 2)	10⁴元	Per capita private property	8.2.3-1
21	土地面积	TLAREA	N (10, 2)	km²	Land area	8.2.4-1
22	耕地面积	GLAREA	N (12, 2)	hm²	Cultivated area	8.2.4-1
23	旱地面积	HLAERA	N (12, 2)	hm²	Dry land area	8.2.4-1
24	水田面积	SLAREA	N (12, 2)	hm²	Paddy area	8.2.4-1
25	农作物播种面积	APLAREA	N (12, 2)	hm²	Sown area of crops	8.2.4-1
26	经济作物播种面积	EPLAREA	N (12, 2)	hm²	Sown area of economic crops	8.2.4-1
27	棉花播种面积	CPLAREA	N (12, 2)	hm²	Cotton sown area	8.2.4-1
28	油料播种面积	OPLAREA	N (12, 2)	hm²	Oil sown area	8.2.4-1
29	有效灌溉面积	EFF_IRR_AREA	N (12, 2)	hm²	Effective irrigation area	8.2.4-1
30	保障灌溉面积	SAFAREA	N (12, 2)	hm²	Protected irrigation area	8.2.4-1
31	旱涝保收面积	SECAREA	N (12, 2)	hm²	Drought and waterlogging area	8.2.4-1
32	实际灌溉面积	ACIAREA	N (12, 2)	hm²	Actual irrigated area	8.2.4-1
33	行政区域面积	ADMINAREA	N (12, 2)	hm²	Administrative area	8.2.4-1
34	粮食作物播种面积	FOCAREA	N (12, 2)	hm²	Sown area of grain crops	8.2.4-1
35	GDP（生产总值）	GDP	N (16, 2)	10⁴元	Gross domestic product	8.2.5-1
36	工业产值	INDOUTPUT	N (16, 2)	10⁴元	Industrial output	8.2.5-1
37	农业产值	AGROUTPUT	N (16, 2)	10⁴元	Agricultural output	8.2.5-1
38	林业产值	FOROUTPUT	N (16, 2)	10⁴元	Forestry output value	8.2.5-1
39	牧业产值	ANIOUTPUT	N (16, 2)	10⁴元	Output value of animal husbandry	8.2.5-1
40	渔业产值	FISOUTPUT	N (16, 2)	10⁴元	Fishery output	8.2.5-1

附录 B 字段标识符索引（续）

编号	中文字段名	字段标识	类型及长度	计量单位	字 段 英 文 名	首次出现表
41	工业增加值	INDADDOUTPUT	N (16，2)	10⁴ 元	Industrial added value	8.2.5－1
42	第三产业增加值	TTIADDOUTPUT	N (16，2)	10⁴ 元	Third industry added value	8.2.5－1
43	农林牧渔业总产值	EECADDOUTPUT	N (16，2)	10⁴ 元	Total output value of agriculture，forestry，animal husbandry and fishery	8.2.5－1
44	第一产业增加值	FIIADDOUTPUT	N (16，2)	10⁴ 元	Added value of primary industry	8.2.5－1
45	第三产业产值	TTIOUTPUT	N (16，2)	10⁴ 元	Third industry output value	8.2.5－1
46	固定资产	FIXASSET	N (16，2)	10⁴ 元	Fixed assets	8.2.5－1
47	大牲畜数量	LIVESNUM	N (12，0)	头	Large livestock	8.2.5－1
48	粮食作物产量	CEYIELD	N (16，2)	t	Grain crop yield	8.2.6－1
49	经济作物产量	ECYIELD	N (16，2)	t	Economic crop yield	8.2.6－1
50	棉花产量	COYIELD	N (16，2)	t	Cotton yield	8.2.6－1
51	油料产量	OIYIELD	N (16，2)	t	Oil yield	8.2.6－1
52	工矿企业类型	PMETCTY	VC (2)		Types of industrial and mining enterprises	8.2.7－1
53	工矿企业个数	PMETCNUMB	N (8，0)		Number of industrial and mining enterprises	8.2.7－1
54	工矿企业产值	PMETCOTVAL	N (8，2)		Output value of industrial and mining enterprises	8.2.7－1
55	水利设施类别	WPROCCATE	VC (2)		Water conservancy facility category	8.2.8－1
56	水利设施数量	WPROCNUMB	N (8，2)		Water conservancy Facility quantity	8.2.8－1
57	数量单位	NUMBUT	VC (2)		Quantity unit	8.2.8－1
58	交通设施类别	TRAFCCATE	VC (2)		Traffic facilities category	8.2.9－1
59	交通设施数量	TRAFCNUMB	N (8，2)		Number of traffic facilities	8.2.9－1
60	供电设施类别	ELSUCCATE	VC (2)		Power supply facilities category	8.2.10－1
61	供电设施数量	ELSUCNUMB	N (8，2)		Number of power supply facilities	8.2.10－1
62	通信设施类别	COMMCCATE	VC (2)		Communication facilities category	8.2.11－1
63	通信设施数量	COMMCNUMB	N (8，2)		Number of communication facilities	8.2.11－1
64	公共设施类别	PUBLCCATE	VC (1)		Public facilities category	8.2.12－1
65	公共设施数量	PUBLCNUMB	N (8，2)		Number of public facilities	8.2.12－1
66	关系建立时间	FROM_DATE	DATE		Relationship creation time	9.1－1
67	关系终止时间	TO_DATE	DATE		Relationship termination time	9.1－1

元数据库表结构及标识符
Structure and identifier for metadata database

2017－02－28发布

2017－02－28实施

水利部国家防汛抗旱指挥系统工程项目建设办公室　发布

前　言

　　本标准是国家防汛抗旱指挥系统二期工程的项目标准之一，用于规范元数据库的表结构及标识符。本标准在国家防汛抗旱指挥系统一期工程元数据库设计成果和第一次全国水利普查调查指标的基础上，按照《水利信息化资源整合共享顶层设计》（水信息〔2015〕169号）的要求，与水利部水信息基础平台项目编制的《水利对象基础信息数据库表结构与标识符》（暂定）等标准充分整合；依据GB/T 1.1—2009《标准化工作导则　第1部分：标准的结构和编写》和SL 478—2010《水利信息数据库表结构及标识符编制规范》等国家和行业标准编制要求进行规范化、标准化处理。

　　本标准包括8个章节和附录，主要内容包括范围、规范性引用文件、术语和定义、数据范围、表结构设计、标识符命名、字段类型及长度、元数据结构、附录。

　　本标准批准部门：水利部国家防汛抗旱指挥系统工程项目建设办公室

　　本标准主持机构：水利部国家防汛抗旱指挥系统工程项目建设办公室

　　本标准解释单位：水利部国家防汛抗旱指挥系统工程项目建设办公室

　　本标准主编单位：水利部国家防汛抗旱指挥系统工程项目建设办公室

　　本标准发布单位：水利部国家防汛抗旱指挥系统工程项目建设办公室

　　本标准主要起草人：李长海、孟辉、褚文君、戚鑫、荣庆潮、赵军海

2017年2月28日

目　　录

508

1 范围

为规范国家防汛抗旱指挥系统二期工程的设计、实施和管理，统一国家防汛抗旱指挥系统二期工程数据库中元数据的库表结构、数据表示及标识制定本标准。

本标准适用于国家防汛抗旱指挥系统二期工程元数据结构的建设，以及与其相关的数据查询、信息发布和应用服务软件开发。

2 规范性引用文件

下列文件中的条款通过本标准的引用而成为本标准的条款。凡是注日期的引用文件，仅注日期的版本适用于本标准。凡是不注日期的引用文件，其最新版本（包括所有的修改单）适用于本标准。

GB/T 10113—2003《分类与编码通用术语》

GB/T 50095《水文基本术语和符号标准》

SL 26—92《水利水电工程技术标准术语》

SL/Z 376—2007《水利信息化常用术语》

SL 478—2010《水利信息数据库表结构及标识符编制规范》

SL 252—2000《水利水电工程等级划分及洪水标准》

SL 213—2012《水利工程代码编制规范》

SZY 102—2013《信息分类及编码规定》

SL 729—2016《水利空间信息数据字典》

GB/T 17694—2009《地理信息 术语》

GB/T 19170—2005《地理信息 元数据》

SL 701—2014《水利信息分类》

GB/T 2260《中华人民共和国行政区划代码》

3 术语和定义

3.1 元数据 metadata

元数据是描述其他数据的数据（data about other data），或者说是用于提供某种资源的有关信息的结构数据（structured data）。

3.2 表结构 table sturcture

用于组织管理数据资源而构建的数据表的结构体系。

3.3 标识符 identifier

数据库中用于唯一标识数据要素的名称或数字，标识符分为表标识符和字段标识符。

3.4 字段 field

数据库中表示与对象或类关联的变量，由字段名、字段标识和字段类型等数据要素组成。

3.5 数据类型 data type

字段中定义变量性质、长度、有效值域及对该值域内的值进行有效操作的规定的总和。

4 数据范围

从既满足国家防汛抗旱指挥系统二期工程的需要，又尽可能减少数据冗余、保证数据质量的角度出发，限定本数据库收集对象如下：

——国家防汛抗旱指挥系统二期工程建设范围内的综合数据库；

——元数据结构（包括实体信息、标识信息、数据质量信息、参照系信息、内容信息、覆盖范围信息、分发信息、限制信息、核心数据信息以及维护信息等）。

5 表结构设计

5.1 一般规定

5.1.1 元数据结构设计应遵循科学、实用、简洁和可扩展性的原则。

5.1.2 元数据结构设计为兼顾原有业务系统、保持数据表的连续性，在原标准体系不变情况下，应尽量满足 SL 478—2010《水利信息数据库表结构及标识符编制规范》的要求。

5.1.3 为确保元数据结构的统一定义，本数据库中的元数据结构与《水利对象基础信息数据库表结构与标识符》（暂行）保持一致。

5.1.4 为避免库表的重复设计，保证一数一源，对于《水利对象基础信息数据库表结构与标识符》（暂行）等基础数据库中已进行规范化设计的表和字段，本数据库对其进行直接引用。

5.1.5 为了提高查询效率，要确保常用数据查询中使用的表链接最少。

5.2 表设计与定义

5.2.1 每个表结构描述的内容应包括中文表名、表主题、表标识、表编号、表体和字段描述 6 个部分。

5.2.2 中文表名应使用简明扼要的文字表达该表所描述的内容。

5.2.3 表主题应进一步描述该表存储的内容、目的及意义。

5.2.4 表标识用以识别表的分类及命名，应为中文表名的英文的缩写，在进行数据库建设时，应作为数据库的表名。

5.2.5 表编号为表的数字化识别代码，反映表的分类和在表结构描述中的逻辑顺序，表编号由 6 位数字组成，含义见表 5.2.5-1。

表 5.2.5-1 表编号说明表

1~2 位	3~4 位	5~6 位
库分类	表分类	表顺序号

a）防汛抗旱元信息库分类为"28"。

b）分为 10 类，详见表 5.2.5-2。

表 5.2.5-2 分类表

数字	表分类	数字	表分类
00	实体信息	05	内容信息
01	标识信息	06	覆盖范围信息
02	数据质量信息	07	分发信息
03	维护信息	08	限制信息
04	参照系信息	09	核心数据信息

c）表顺序号递增。

5.2.6 表体以表格的形式列出表中每个字段的字段名、标识符、类型及长度、计量单位、是否允许空值、主键和索引序号等，在引用了其他表主键作为外键时，应添加外键说明，各内容应符合下列规定：

a）字段名称采用中文字符，表征字段的名称。

b）字段标识为数据库中该字段的唯一标识。

c）类型及长度描述该字段的数据类型及数据最大位数。字段类型及长度的规定见第7章。

d）计量单位描述该字段填入数据的计量单位。

e）主键描述该字段是否作为主键，用"Y"表示该字段是表的主键或联合主键之一，否则表示该字段不是主键。

f）外键描述该字段是否作为外键，用"Y"表示该字段是外键，否则表示该字段不是外键。外键指向所引用的前置表主键，当前置表存在该外键值时为有效值，确保数据一致性。

g）有无空值描述该字段是否允许填入空值，用"N"表示该字段不允许为空值，否则表示该字段可以取空值。

h）索引序号：当该字段是主键时，描述该字段在主键中的序号，分别用阿拉伯数字"1，2，3…"描述次序。"1"表示该字段在主键中为第1个字段，"2"表示该字段在主键中为第2个字段，依次类推。

字段的数据类型采用表5.2.6-1中定义的抽象数据类型符号描述。

表 5.2.6-1 数 据 类 型 说 明 表

序号	数据类型	简写	说　明	举　例
1	CHAR（）	C（）	固定字符型的括号内为字段长度，存储的时候会在字符串后面填补空格，长度定义在1～2000字节之间	CHAR（40）为40个字符或20个汉字，CHAR型数据：'YO' = 'YO'
2	VARCHAR2（）	VC（）	可变长度的、有最大长度的字母或数字型数据，字段长度可以达到4000字节，变量长度可以达到32676字节	一个空的 VARCHAR2（2000）字段和一个空的 VARCHAR2（2）字段所占用的空间是一样的，VARCHAR2型数据：'YO' < 'YO'
3	NUMBER（X，Y）	N（X，Y）	NUMBER 数据类型存储一个有 X 位精确度的 Y 位等级的数据	NUMBER（8，3）数字型小数点前可填5位，小数点后可填3位。如 23456.234
4	DATE	T	DATE 数据类型是用来存储日期和时间格式的数据。这种格式可以转换为其他格式的数据去浏览，而且它有专门的函数和属性用来控制和计算。以下的几种信息都包含在 DATE 数据类型中： —》Century —》Year —》Month —》Day —》Hour —》Minute —》Second 时间数据类型有如下两种表示方式： （1）日期类型：指年月日，格式为×××× -××-××（年-月-日）。 （2）时间类型：指年月日时分秒，格式为×××× -××-×× ××：××：××（年-月-日 时：分：秒）	1. 存储日期计算到日使用 YYYY - MM - DD，表示年-月-日，如1994-05-22。 2. 存储日期计算到秒使用 YYYY - MM - DD hh24：mi：ss，表示年-月-日 小时：分钟：秒，如1994-05-22 12：00：00
5	BLOB	BLOB	存储非结构化数据，如二进制文件、图形文件或其他外部文件。LOB 可以存储到4G字节大小。数据可以存储到数据库中也可以存储到外部数据文件中	用于嵌套工程图或照片、视频文件等

表 5.2.6-1 数据类型说明表（续）

序号	数据类型	简写	说　　明	举　　例
6	NUMBER（X，Y）	DR	（1）时段数据类型的描述格式：DR。 （2）时段数据类型定义为 N（5，2），其整数部分表示小时数，小数部分表示分钟数，不足 10 分钟时，数据十分位用 0 表示	如 4.02 表示 4 小时 2 分钟
7	枚举型（用 CHAR）	C（）	根据需要规定录入的格式（1：YES；2：NO）	建筑物级别枚举型填写格式规范为 1、2、3、4、5

5.2.7 字段描述用于描述每个字段的意义及取值范围、数值精度和计量单位等。

5.2.8 相同字段名或同义字段名的解释，以第一次解释为准。

6　标识符命名

6.1　一般规定

6.1.1 标识符分为表标识和字段标识两类，遵循唯一性。

6.1.2 标识符由英文字母、下划线、数字构成，首字符应为大写英文字母。

6.1.3 标识符是中文名称关键词的英文翻译，可采用英文译名的缩写命名。

6.1.4 按照中文名称提取的关键词顺序排列关键词的英文翻译，关键词之间用下划线分隔；缩写关键词一般不超过 4 个，后续关键词应取首字母。

6.1.5 当英文单词长度不超过 6 个字母时，可直接取其全拼。

6.1.6 当标识符采用英文译名缩写命名时，单词缩写主要遵循以下规则：

　　a）英文关键词有标准缩写的应直接采用，例如，POLYGON 缩写为 POL、CHINA 缩写为 CHN。

　　b）没有标准缩写的，取单词的第一个音节，并自辅音之后省略，例如，INTAKE 缩写为 INT。

　　c）如果英文译名缩写相同时，参考压缩字母法等常见缩写方法以区分不同关键词。

6.1.7 相同的实体和实体特征在要素类表、关系类表、属性类表中应采用一致的标识。

6.2　表标识命名规范

6.2.1 表标识与表名应一一对应。

6.2.2 表标识名命名规范如下：

　　a）表英文名称统一按照水利行业标准，样式为：固定前缀＋英文缩写＋数据分类，即：P（前缀）＿Y（英文缩写）＿Z（后缀：数据分类）；

　　b）表英文名称前缀部分以字符串"SLMD＿"开头。

　　c）表英文名称英文缩写部分能简单描述该表的核心含义。

　　d）表英文名称后缀（数据分类）部分，见表 6.2.2-1。

表 6.2.2-1　数据分类表

后缀	表分类	后缀	表分类
E	实体信息	C	内容信息
M	标识信息	E	覆盖范围信息
Q	数据质量信息	D	分发信息
S	维护信息	A	限制信息
R	参照系信息	V	核心数据信息

6.2.3 当标识符采用中文词的汉语拼音缩写命名时应符合下列规定：

a）应按表名或字段名的汉语拼音缩写顺序排列。

b）汉语拼音缩写取每个汉字首辅音顺序排列，当遇汉字拼音以元音开始时，应保留该元音；当形成的标识符重复或易引起歧义时，可取某些字的全拼作为标识符的组成成分。

7 字段类型及长度

基础数据库表字段类型主要有字符、数值、日期时间和布尔型。其类型长度应按以下格式描述：

a）字符型。其长度的描述格式为：

$$C(D)\ 或\ VC(D)$$

其中 C——定长字符串型的数据类型标识；

VC——变长字符串型的数据类型标识；

（ ）——固定不变；

D——十进制数，用以定义字符串长度，或最大可能的字符串长度。

b）数值型。其长度的描述格式为：

$$N(D[,d])$$

其中 N——数值型的数据类型标识；

（ ）——固定不变；

[ ]——表示小数位描述，可选；

D——描述数值型数据的总位数（不包括小数点位）；

，——固定不变，分隔符；

d——描述数值型数据的小数位数。

c）日期时间型。采用公元纪年的北京时间。

    1）日期型：Date。表示日期型数据，即 YYYY－MM－DD（年-月-日）。不能填写至月或日的，月和日分别填写 01。

    2）时间型：Time。表示时间型数据，即 YYYY－MM－DD hh：mm：ss（年-月-日 时：分：秒）。

d）布尔型。其描述格式为：

$$Bool$$

布尔型字段用于存储逻辑判断字符，取值为 1 或 0，1 表示是，0 表示否；若为空值，其表达意义同 0。

e）字段的取值范围。

    1）可采用抽象的连续数字描述，在字段描述中应给出其取值范围。

    2）取值为特定的若干选项，在字段描述中应采用枚举的方法描述取值范围。

f）字符型大型对象类型，用于存储文本型的大型数据对象。其描述格式为 B。

8 元数据结构

8.1 实体信息

8.1.1 防汛抗旱信息元数据表

a）本表存储有关水利信息资源的元数据。

b）表标识：SLMD＿METADATA＿E。

c）表编号：280001。

d）各字段定义见表 8.1.1－1。

表 8.1.1-1　防汛抗旱信息元数据表字段定义

序号	字段名称	字段标识	类型及长度	有无空值	计量单位	主键	外键	索引序号	备　注
1	元数据编号	YSJBZ	VC (64)	N		Y		1	
2	语种	MDLANG	VC (2)						遵循标准： GB/T 4880.2—2000
3	元数据名称	YSJWJM	VC (128)						
4	字符集	MDCHAR	VC (16)						
5	元数据创建日期	MDDATEST	T	N					
6	元数据标准名称	MDSTANNAME	VC (1024)						
7	元数据标准版本	MDSTANVER	VC (32)						
8	元数据分类	MDTYPE	VC (32)	N					
9	审核人	SUSER	VC (32)						
10	审核时间	SDATE	T						
11	审批状态	SPZT	C (1)	N					
12	审批意见	SPYJ	VC (512)						
13	机构代码	FXKH_OGID	VC (12)						
14	交换标示位	FXKH_SDFL	VC (50)	N					
15	修改人	FXKH_MDPS	VC (30)						
16	修改日期	FXKH_MDDT	T						
17	数据来源	FXKH_DASC	VC (30)	N					
18	数据说明	FXKH_DSPT	VC (256)						
19	数据标识	FXKH_DAFL	C (1)	N					
20	数据流水号	FXKH_ATID	VC (36)	N					

e）各字段存储内容应符合下列规定：

1）元数据编号：元数据文件唯一标识符，前面两位为英文"MD"开头，如"MD001"。

2）语种：元数据文件使用的语言。

3）元数据名称：元数据文件的名称。

4）字符集：元数据集使用的字符编码标准的全名，该字段填写代码值，见表 8.1.1-2。

表 8.1.1-2　字符集代码表

分类名称	分类标识	代码值	英文名	顺序号	备　注
字符集代码	B3	001	ucs2	1	
		002	ucs4	2	
		003	utf7	3	
		004	utf8	4	
		005	utf16	5	
		006	big5	6	
		007	GB 2312—1980	7	
		008	GB 18030—2005	8	

5）元数据创建日期：元数据创建的日期。

6）元数据标准名称：执行的元数据标准（包括专用标准）名称。

7）元数据标准版本：执行的元数据标准（包括专用标准）版本。

8）元数据分类：元数据数据结构类型分类，见表 8.1.1-3。

表 8.1.1-3　元 数 据 分 类 代 码 表

分类名称	分类标识	代码值	中文名	顺序号	备　注
元数据分类代码	B15	001	数据元数据	1	
		002	空间元数据	2	

9）审核人：审核元数据是否正确的人员。

10）审核时间：元数据审核完成的时间。

11）审批状态：审批的状态（1—待审批，2—审批通过，3—审批不通过，4—已处理）。

12）审批意见：审批人对数据交换申请的审批意见。

13）机构代码：公共数据库设计中的机构代码，见表 8.1.1-4。

表 8.1.1-4　机 构 代 码 表

分类名称	分类标识	代码值	中文名	顺序号	备　注
日期类型代码	B1	001	生产	1	
		002	出版	2	
		003	修订	3	

14）交换标示位：用于在开发应用程序数据交换平台时，标示数据表的每个记录在各个单位的数据交换情况。

说明：

①当有一个新数据形成或记录被修改时，默认值为 50 个"I"：

　　　　IIIIIIIIIIIIIIIIIIIIIIIIIIIIIIIIIIIIIIIIIIIIIIIIII

②该字段的每一位对应一个部门或单位，各单位在建立数据库时可以根据本身应用系统的情况自行定义每一位对应的部门或单位；

③未发送状态：对应发送部门的标识位为 I；

④已经发送状态：对应发送部门的标识位为 G；形成或修改数据的部门在首次向外发送数据时其相应的标识位为 L；

⑤本字段是水利部、七大流域机构、各省（自治区、直辖市）及新疆生产建设水利兵团数据中心数据交换控制字段，在各级单位建设应用系统时可以根据实际应用情况自行选择是否使用。

15）修改人：记录最后修改记录的操作人信息，如操作人用户号、名称等。

16）修改日期：记录最后修改的日期时间，时间精确到秒。

17）数据来源：描述该条数据来源哪个系统或数据库，该编码可扩充，根据数据修改单位进行增加，由数据中心统一管理。编码形式见表 8.1.1-5。

表 8.1.1-5　数 据 来 源 表

代码	名　　称	代码	名　　称
DS01	水土保持植物开发管理中心	DS05	水利部水文局
DS02	水库移民开发局	DS06	水利部农村水电及电气化发展局
DS03	水利部水资源管理中心	⋮	⋮
DS04	水利部农村水利司		

18）数据说明：该条数据的说明。

19）数据标识：该条数据在数据中心的有效标识，1—有效，0—无效。

20）数据流水号：当前记录的数据库自动形成的唯一标识该记录的一个流水号。

8.2 标识信息

8.2.1 标识信息表

a）本表存储唯一标识数据资源所需的基本信息。

b）表标识：SLMD_IDENT_M。

c）表编号：280101。

d）各字段定义见表8.2.1-1。

表 8.2.1-1 标识信息表字段定义

序号	字段名称	字段标识	类型及长度	有无空值	计量单位	主键	外键	索引序号	备 注
1	标识编号	IDENTID	VC (64)	N		Y		1	编号唯一
2	元数据编号	YSJBZ	VC (64)	N		Y		2	
3	数据资源版本	IDEDVER	VC (32)						
4	中文名称	ORNAME	VC (256)						一般为数据表中文名
5	标识符	IDENTCODE	VC (128)						一般为数据表标识：stu.ST_PPTN_R
6	摘要	IDABS	VC (4000)						
7	目的	IDPURP	VC (4000)						
8	关键词	KEYWORD	VC (4000)						
9	状况	ISTATUS	VC (32)						
10	语种	ADALANG	VC (2)						遵循标准：GB/T 4880.2—2000
11	字符集	DATACHAR	VC (16)						
12	数据分类	TPCAT	VC (32)						
13	数据获取途径	GTMEAN	VC (16)						
14	获取途径编码	GTMEANBH	VC (64)						
15	格式名称	FORMATNAME	VC (32)						
16	格式版本	FORMATVER	VC (32)						
17	机构代码	FXKH_OGID	VC (12)						
18	交换标示位	FXKH_SDFL	VC (50)	N					
19	修改人	FXKH_MDPS	VC (30)						
20	修改日期	FXKH_MDDT	T						
21	数据来源	FXKH_DASC	VC (30)	N					
22	数据说明	FXKH_DSPT	VC (256)						
23	数据标识	FXKH_DAFL	C (1)	N					
24	数据流水号	FXKH_ATID	VC (36)	N					

e）各字段存储内容应符合下列规定：

1）标识编号：数据资源的标识编号，标识编号前面为该标识的元数据编号，后面为自身编号，以"."分隔开，类似"MD001.01"，"MD001"为元数据编号。

2）数据资源版本：数据资源的版本。

3）中文名称：标识中文名称。

4）标识符：数据集的数据库结构名。

5）摘要：数据资源内容的简单说明。

6）目的：数据资源开发的目的说明。

7）关键词：数据资源的关键词或短语。

8）状况：数据资源状况，见表 8.2.1－2。

表 8.2.1－2　进 展 代 码 表

分类名称	分类标识	代码值	中文名	顺序号	备　注
进展代码	B6	001	完成	1	
		002	历史档案	2	
		003	废弃	3	
		004	其他	4	
		005	连续更新计划	5	
		006	按需要	6	
		007	正在开发	7	

9）语种：数据资源采用的语言。

10）字符集：数据资源使用的字符标准全名，该字段填写代码值，见表 8.1.1－2。

11）数据分类：数据的分类，见表 8.2.1－3。

表 8.2.1－3　数 据 分 类 代 码 表

分类名称	分类标识	代码值	中文名	顺序号	备　注
数据分类代码	B9	001	水文	1	
		002	水资源	2	
		003	水环境	3	
		004	防汛抗旱	4	
		005	水土保持	5	
		006	农村水利	6	
		007	水力发电	7	
		008	河流水系	8	
		009	水利工程	9	

12）数据获取途径：数据集的获取途径，见表 8.2.1－4。

表 8.2.1－4　获 取 途 径 代 码 表

分类名称	分类标识	代码值	中文名	顺序号	备　注
获取途径代码	B12	001	观测	1	
		002	调查	2	
		003	实验	3	
		004	专题	4	

13）获取途径编号：数据集获取途径的编号，如专题数据编号。

14）格式名称：数据传送格式名称。

15）格式版本：数据传送格式版本。

元数据编号、机构代码、交换标示位、修改人、修改日期、数据来源、数据说明、数据标识、数据流水号的描述参见 8.1.1 节。

8.2.2 观测数据描述表

a）本表存储水利观测数据。

b）表标识：SLMD_OBSDTDS_M。

c）表编号：280102。

d）各字段定义见表 8.2.2-1。

表 8.2.2-1 观测数据描述表字段定义

序号	字段名称	字段标识	类型及长度	有无空值	计量单位	主键	外键	索引序号	备注
1	观测数据编号	STATID	VC（64）	N		Y		1	
2	测站名称	ST_NAME	VC（256）	N					
3	测站基面	NETBLEVEL	VC（16）	N					
4	采样率	SAMPINTER	N（8）	N					
5	机构代码	FXKH_OGID	VC（12）						
6	交换标示位	FXKH_SDFL	VC（50）	N					
7	修改人	FXKH_MDPS	VC（30）						
8	修改日期	FXKH_MDDT	T						
9	数据来源	FXKH_DASC	VC（30）	N					
10	数据说明	FXKH_DSPT	VC（256）						
11	数据标识	FXKH_DAFL	C（1）	N					
12	数据流水号	FXKH_ATID	VC（36）	N					

e）各字段存储内容应符合下列规定：

1）观测数据编号：产生数据集的观测数据编号。

2）测站名称：测站的名称。

3）测站基面：测站数据采集的垂向基准面。

4）采样率：固定时段采样次数。

机构代码、交换标示位、修改人、修改日期、数据来源、数据说明、数据标识、数据流水号的描述参见 8.1.1 节。

8.2.3 调查数据描述表

a）本表存储调查数据。

b）表标识：SLMD_SURDTDS_M。

c）表编号：280103。

d）各字段定义见表 8.2.3-1。

e）各字段存储内容应符合下列规定：

1）调查数据编号：产生数据集的调查数据编号。

2）调查方法/手段：数据调查的方法或手段。

3）调查报告文件名：以该数据集为基础产出的调查报告的名称。

表 8.2.3-1　调查数据描述表字段定义

序号	字段名称	字段标识	类型及长度	有无空值	计量单位	主键	外键	索引序号	备注
1	调查数据编号	SURMEANID	VC (64)	N		Y		1	
2	调查方法/手段	SURMEAN	VC (64)	N					
3	调查报告文件名	SURRPNAM	VC (256)	N					
4	调查内容	SURCONT	VC (4000)	N					
5	最大值	SURMAXVAL	N (10, 2)						
6	最小值	SURMINVAL	N (10, 2)						
7	机构代码	FXKH_OGID	VC (12)						
8	交换标示位	FXKH_SDFL	VC (50)	N					
9	修改人	FXKH_MDPS	VC (30)						
10	修改日期	FXKH_MDDT	T						
11	数据来源	FXKH_DASC	VC (30)	N					
12	数据说明	FXKH_DSPT	VC (256)						
13	数据标识	FXKH_DAFL	C (1)	N					
14	数据流水号	FXKH_ATID	VC (36)	N					

4) 调查内容：数据调查的内容。

5) 最大值：所调查数据中的最大值。

6) 最小值：所调查数据中的最小值。

机构代码、交换标示位、修改人、修改日期、数据来源、数据说明、数据标识、数据流水号的描述参见 8.1.1 节。

8.2.4　实验数据描述表

a) 本表存储实验数据。

b) 表标识：SLMD_EXPDTDES_M。

c) 表编号：280104。

d) 各字段定义见表 8.2.4-1。

表 8.2.4-1　实验数据描述表字段定义

序号	字段名称	字段标识	类型及长度	有无空值	计量单位	主键	外键	索引序号	备注
1	实验数据编号	LABID	VC (64)	N		Y		1	
2	实验室类别	LABCLASS	VC (64)	N					
3	实验室资质	LABQUALI	VC (256)						
4	实验仪器	LABINSTR	VC (256)						
5	实验报告文件名	EXPREPNM	VC (256)	N					
6	机构代码	FXKH_OGID	VC (12)						
7	交换标示位	FXKH_SDFL	VC (50)	N					
8	修改人	FXKH_MDPS	VC (30)						
9	修改日期	FXKH_MDDT	T						
10	数据来源	FXKH_DASC	VC (30)	N					
11	数据说明	FXKH_DSPT	VC (256)						
12	数据标识	FXKH_DAFL	C (1)						
13	数据流水号	FXKH_ATID	VC (36)	N					

e) 各字段存储内容应符合下列规定：

    1) 实验数据编号：产生该数据信息的实验室编号。

    2) 实验室类别：产生该数据的实验室类别。

    3) 实验室资质：实验室具有的资质信息。

    4) 实验仪器：实验室所有使用的仪器及有关信息。

    5) 实验报告文件名：以该数据集为基础产出的实验报告的名称。

机构代码、交换标示位、修改人、修改日期、数据来源、数据说明、数据标识、数据流水号的描述参见8.1.1节。

8.2.5 专题数据描述表

a) 本表存储专题数据。

b) 表标识：SLMD_STDTDECS_M。

c) 表编号：280105。

d) 各字段定义见表8.2.5-1。

表 8.2.5-1　专题数据描述表字段定义

序号	字段名称	字段标识	类型及长度	有无空值	计量单位	主键	外键	索引序号	备注
1	项目编号	PROID	VC（64）	N		Y		1	
2	项目名称	PRONAME	VC（256）	N					
3	项目来源	PROSORC	VC（256）	N					
4	项目概述	PROSUMER	VC（4000）	N					
5	机构代码	FXKH_OGID	VC（12）						
6	交换标示位	FXKH_SDFL	VC（50）	N					
7	修改人	FXKH_MDPS	VC（30）						
8	修改日期	FXKH_MDDT	T						
9	数据来源	FXKH_DASC	VC（30）	N					
10	数据说明	FXKH_DSPT	VC（256）						
11	数据标识	FXKH_DAFL	C（1）	N					
12	数据流水号	FXKH_ATID	VC（36）	N					

e) 各字段存储内容应符合下列规定：

    1) 项目编号：产生该数据信息的项目编号。

    2) 项目名称：获取该数据集的项目名称。

    3) 项目来源：项目的来源。

    4) 项目概述：对研究项目的概要描述。

机构代码、交换标示位、修改人、修改日期、数据来源、数据说明、数据标识、数据流水号的描述参见8.1.1节。

8.2.6 空间数据标识表

a) 本表存储识别空间数据集所需的信息。

b) 表标识：SLMD_SPATDATAIDENT_M。

c) 表编号：280106。

d) 各字段定义见表8.2.6-1。

e) 各字段存储内容应符合下列规定：

1）空间数据标识：空间数据标识编号。

2）空间表示类型：在空间上表示水利信息使用方法，该字段填写代码值，见表8.2.6-2。

表8.2.6-1 空间数据标识表字段定义

序号	字段名称	字段标识	类型及长度	有无空值	计量单位	主键	外键	索引序号	备 注
1	元数据编号	YSJBZ	VC（64）	N		Y		1	
2	空间数据标识	SPATDATAIDENT	VC（64）	N		Y		2	
3	空间表示类型	SPATRPTP	VC（16）						详见表8.2.6-2
4	文件名	FLNM	VC（128）						
5	文件说明	BGFILEDESC	VC（1024）						
6	文件类型	FLEXT	VC（16）						
7	等效比例尺分母	EQUSCALE	VC（64）						
8	采样间隔	SCALDIST	VC（64）						
9	环境说明	ENVIRDESC	VC（1024）						
10	补充信息	SUPPINFO	VC（1024）						
11	机构代码	FXKH_OGID	VC（12）						
12	交换标示位	FXKH_SDFL	VC（50）	N					
13	修改人	FXKH_MDPS	VC（30）						
14	修改日期	FXKH_MDDT	T						
15	数据来源	FXKH_DASC	VC（30）	N					
16	数据说明	FXKH_DSPT	VC（256）						
17	数据标识	FXKH_DAFL	C（1）	N					
18	数据流水号	FXKH_ATID	VC（36）	N					

表8.2.6-2 空间表示类型代码表

分类名称	分类标识	代码值	中文名	顺序号	备 注
空间表示类型代码	B8	001	矢量	1	
		002	格网	2	
		003	文字表格	3	
		004	三角网	4	
		005	立体模型	5	
		006	录像	6	

3）文件名：数据集图解的文件名。

4）文件说明：数据集图解的说明。

5）文件类型：图解的编码格式。

6）等效比例尺分母：用硬拷贝地图的比例尺表示的详细程度。

7）采样间隔：地面采样间隔。

8）环境说明：说明数据集生产者的处理环境，包括软件、计算机操作系统、文件名和数据量等。

9）补充信息：有关数据集的其他说明信息。

元数据编号、机构代码、交换标示位、修改人、修改日期、数据来源、数据说明、数据标识、数据流水号的描述参见8.1.1节。

8.2.7 数据元表

a）本表存储数据元。

b）表标识：SLMD_DATAMETA_M。

c）表编号：280110。

d）各字段定义见表8.2.7-1。

表 8.2.7-1 数据元表字段定义

序号	字段名称	字段标识	类型及长度	有无空值	计量单位	主键	外键	索引序号	备注
1	标识编号	IDENTID	VC（64）	N		Y		1	
2	元数据中文名称	CNNAME	VC（128）						
3	元数据英文名称	ENNAME	VC（128）	N		Y		2	
4	版本	VERSION	VC（16）						
5	描述	MS	VC（512）						
6	类型	LX	VC（16）						
7	长度	DPDS_LEN	N（7，2）						
8	格式	GS	VC（128）						
9	单位	DW	VC（128）						
10	值域	ZY	VC（128）						
11	关联数据集	GLSJJ	VC（128）						
12	是否主键	IS_PK	VC（16）						值：Y/N
13	是否核心字段	IS_MC	C（1）						值：Y/N
14	机构代码	FXKH_OGID	VC（12）						
15	交换标示位	FXKH_SDFL	VC（50）	N					
16	修改人	FXKH_MDPS	VC（30）						
17	修改日期	FXKH_MDDT	T						
18	数据来源	FXKH_DASC	VC（30）	N					
19	数据说明	FXKH_DSPT	VC（256）						
20	数据标识	FXKH_DAFL	C（1）	N					
21	数据流水号	FXKH_ATID	VC（36）	N					

e）各字段存储内容应符合下列规定：

　　1）元数据中文名称：元数据的中文名称。

　　2）元数据英文名称：元数据的英文名称。

　　3）版本：元数据的版本。

　　4）描述：元数据的中文描述。

　　5）类型：元数据的类型。

　　6）长度：元数据的长度。

　　7）格式：元数据的格式。

　　8）单位：元数据的单位。

　　9）值域：元数据的值域。

　　10）关联数据集：与元数据相关联的数据集。

11）是否主键：主键字段，Y 表示为主键，N 表示为非主键。

12）是否核心字段：需要描述的核心字段，Y 表示为核心字段，N 表示为非核心字段。

标识编号、机构代码、交换标示位、修改人、修改日期、数据来源、数据说明、数据标识、数据流水号的描述参见 8.1.1 节。

8.3 数据质量信息

8.3.1 数据质量报告表

a）本表存储数据采集之旅的定性和定量说明信息。

b）表标识：SLMD＿DQREPORT＿Q。

c）表编号：280201。

d）各字段定义见表 8.3.1-1。

表 8.3.1-1 数据质量报告表字段定义

序号	字段名称	字段标识	类型及长度	有无空值	计量单位	主键	外键	索引序号	备 注
1	元数据编号	YSJBZ	VC（64）	N		Y		1	
2	度量名称	MEASNAME	VC（64）						
3	度量标识	MEASLD	VC（64）						
4	度量说明	MEASDESC	VC（256）						
5	值类型	QUANVALTYPE	VC（64）						
6	值单位	QUANVALUNIT	VC（64）						
7	误差统计	ERRSTAT	VC（64）						
8	值	QUANVAL	VC（64）						
9	评价方法类型	EVALMETHTYPE	VC（256）						
10	评价方法说明	EVALMETHDESC	VC（256）						
11	评价程序	EVALPROC	VC（256）						
12	评价日期时间	MEASDATETM	T						
13	评价规范	CONSPEC	VC（64）						
14	评价解释	CONEXPL	VC（256）						
15	评价结果	CONPASS	C（1）						0—不通过，1—通过
16	机构代码	FXKH＿OGID	VC（12）						
17	交换标示位	FXKH＿SDFL	VC（50）	N					
18	修改人	FXKH＿MDPS	VC（30）						
19	修改日期	FXKH＿MDDT	T						
20	数据来源	FXKH＿DASC	VC（30）	N					
21	数据说明	FXKH＿DSPT	VC（256）						
22	数据标识	FXKH＿DAFL	C（1）	N					
23	数据流水号	FXKH＿ATID	VC（36）	N					

e）各字段存储内容应符合下列规定：

1）度量名称：对数据进行检查的名称。

2）度量标识：标识注册标准过程的代码。

3）度量说明：度量的说明。

4）值类型：记录数据质量评价结果的值的类型。

5）值单位：记录数据质量评价结果的值的单位。

6）误差统计：用于决定质量评价结果的值的统计结果。

7）值：采用评价程序确定的定量值或一组值、内容。

8）评价方法类型：用于评价数据集质量的方法。

9）评价方法说明：评价方法的说明。

10）评价程序：有关评价程序的信息。

11）评价日期时间：进行数据质量度量的日期或一段日期。

12）评价规范：评价数据所引用的产品规范或用户需求。

13）评价解释：评价结果的一致性含义解释。

14）评价结果：一致性评价结果说明，0—不通过，1—通过。

元数据编号、机构代码、交换标示位、修改人、修改日期、数据来源、数据说明、数据标识、数据流水号的描述参见 8.1.1 节。

8.3.2 数据志表

a）本表存储范围确定的数据产生的有关事件或数据源信息，或需要了解的数据志信息。

b）表标识：SLMD_LINEAGE_Q。

c）表编号：280204。

d）各字段定义见表 8.3.2-1。

表 8.3.2-1 数 据 志 表 字 段 定 义

序号	字段名称	字段标识	类型及长度	有无空值	计量单位	主键	外键	索引序号	备注
1	元数据编号	YSJBZ	VC（64）	N		Y		1	
2	数据志编号	STEPBH	VC（64）	N		Y		2	
3	处理步骤说明	STEPDESC	VC（256）						
4	基本原理	STEPRAT	VC（256）						
5	日期时间	STEPDATETM	T						
6	比例尺分母	SRCSCALE	N（8）						
7	参照系	SRCDATUM	VC（256）						
8	处理者	STEPUSER	VC（30）						
9	机构代码	FXKH_OGID	VC（12）						
10	交换标示位	FXKH_SDFL	VC（50）	N					
11	修改人	FXKH_MDPS	VC（30）						
12	修改日期	FXKH_MDDT	T						
13	数据来源	FXKH_DASC	VC（30）	N					
14	数据说明	FXKH_DSPT	VC（256）						
15	数据标识	FXKH_DAFL	C（1）	N					
16	数据流水号	FXKH_ATID	VC（36）	N					

e）各字段存储内容应符合下列规定：

1）数据志编号：数据志的编号。

2）处理步骤说明：处理过程说明。

3）基本原理：处理过程的基本原理。

4）日期时间：数据志产生的时间。

5）比例尺分母：产生数据的地图分数式比例尺分母。

6）参照系：产生数据的地图空间参照系。

7）处理者：数据志的创建者。

元数据编号、机构代码、交换标示位、修改人、修改日期、数据来源、数据说明、数据标识、数据流水号的描述参见 8.1.1 节。

8.4 维护信息

8.4.1 维护信息表

a）本表存储有关更新范围和频率的信息。

b）表标识：SLMD _ MAINTINFO _ S。

c）表编号：280301。

d）各字段定义见表 8.4.1-1。

表 8.4.1-1 维护信息表字段定义

序号	字段名称	字段标识	类型及长度	有无空值	计量单位	主键	外键	索引序号	备注
1	元数据编号	YSJBZ	VC（64）	N		Y		1	
2	维护与更新频率	MAINTFREQ	VC（16）	N					
3	下次更新日期	DATENEXT	T						
4	用户要求的维护频率	USRDEFFREQ	VC（16）						
5	更新范围	MAINTSCP	VC（256）						
6	更新范围说明	UPSCPDESC	VC（256）						
7	维护注释	MAINTNOTE	VC（256）						
8	机构代码	FXKH _ OGID	VC（12）						
9	交换标示位	FXKH _ SDFL	VC（50）	N					
10	修改人	FXKH _ MDPS	VC（30）						
11	修改日期	FXKH _ MDDT	T						
12	数据来源	FXKH _ DASC	VC（30）	N					
13	数据说明	FXKH _ DSPT	VC（256）						
14	数据标识	FXKH _ DAFL	C（1）	N					
15	数据流水号	FXKH _ ATID	VC（36）	N					

e）各字段存储内容应符合下列规定：

1）维护与更新频率：在资源初次完成后，对其进行修订和补充的频率，见表 8.4.1-2。

2）下次更新日期：预定更新资源的日期。

3）用户要求的维护频率：与确定的周期不同的维护更新周期。

4）更新范围：维护更新数据的范围。

5）更新范围说明：更新范围的补充信息。

6）维护注释：有关对资源维护更新的特殊需求信息。

元数据编号、机构代码、交换标示位、修改人、修改日期、数据来源、数据说明、数据标识、数据流水号的描述参见 8.1.1 节。

表 8.4.1-2 维护频率代码表

分类名称	分类标识	代码值	中文名	顺序号	备 注
维护频率代码	B13	001	连续	1	
		002	按日	2	
		003	按周	3	
		004	按旬	4	
		005	按两周	5	
		006	按月	6	
		007	按季	7	
		008	按半年	8	
		009	按年	9	
		010	按需要	10	
		011	不固定	11	
		012	无计划	12	
		013	未知	13	

8.5 参照系信息

8.5.1 参照系信息表

a）本表存储有关参照系的信息。

b）表标识：SLMD_REFSYSTEM_R。

c）表编号：280401。

d）各字段定义见表 8.5.1-1。

表 8.5.1-1 参照系信息表字段定义

序号	字段名称	字段标识	类型及长度	有无空值	计量单位	主键	外键	索引序号	备注
1	元数据编号	YSJBZ	VC（64）	N		Y		1	
2	参照系标识符	REFSYSID	VC（256）						
3	投影	PROJECTION	VC（256）						
4	椭球体	ELLIPSOID	VC（256）						
5	基准代码	DATUM	VC（256）						
6	机构代码	FXKH_OGID	VC（12）						
7	交换标示位	FXKH_SDFL	VC（50）	N					
8	修改人	FXKH_MDPS	VC（30）						
9	修改日期	FXKH_MDDT	T						
10	数据来源	FXKH_DASC	VC（30）	N					
11	数据说明	FXKH_DSPT	VC（256）						
12	数据标识	FXKH_DAFL	C（1）	N					
13	数据流水号	FXKH_ATID	VC（36）	N					

e）各字段存储内容应符合下列规定：

　　1）参照系标识符：参照系的标识。

　　2）投影：所用投影的名称及其参数。

　　3）椭球体：所用椭球体的名称及其参数。

　　4）基准代码：所用基准的名称代码，该字段填写代码值，见表 8.5.1-2。

表 8.5.1－2　大地坐标参照系代码表

分类名称	分类标识	代码值	中　文　名	顺序号	备　注
大地坐标参照系代码	B10	001	1954 年北京坐标系	1	
		002	1980 年国家大地坐标系	2	
		003	2000 年国家坐标系	3	
		004	地方独立坐标系	4	
		005	全球参考系	5	
		006	IAG 1979 年大地参照系	6	
		007	世界大地坐标系	7	

元数据编号、机构代码、交换标示位、修改人、修改日期、数据来源、数据说明、数据标识、数据流水号的描述参见 8.1.1 节。

8.6　内容信息

8.6.1　内容信息表

a）本表存储有关数据集的内容。

b）表标识：SLMD＿CONTINFO＿C。

c）表编号：280501。

d）各字段定义见表 8.6.1－1。

表 8.6.1－1　内容信息表字段定义

序号	字段名称	字段标识	类型及长度	有无空值	计量单位	主键	外键	索引序号	备注
1	元数据编号	YSJBZ	VC（64）	N		Y		1	
2	要素类型	CATFETTYPE	VC（64）	N		Y		2	
3	机构代码	FXKH＿OGID	VC（12）						
4	交换标示位	FXKH＿SDFL	VC（50）	N					
5	修改人	FXKH＿MDPS	VC（30）						
6	修改日期	FXKH＿MDDT	T						
7	数据来源	FXKH＿DASC	VC（30）	N					
8	数据说明	FXKH＿DSPT	VC（256）						
9	数据标识	FXKH＿DAFL	C（1）	N					
10	数据流水号	FXKH＿ATID	VC（36）	N					

e）各字段存储内容应符合下列规定：

要素类型：数据集中出现的引用要素编目的要素类型子集。

元数据编号、机构代码、交换标示位、修改人、修改日期、数据来源、数据说明、数据标识、数据流水号的描述参见 8.1.1 节。

8.6.2　数据层说明表

a）本表存储有关格网数据单元内容的信息。

b）表标识：SLMD＿COVDESC＿C。

c）表编号：280502。

d）各字段定义见表 8.6.2－1。

表 8.6.2-1　数据层说明表字段定义

序号	字段名称	字段标识	类型及长度	有无空值	计量单位	主键	外键	索引序号	备注
1	元数据编号	YSJBZ	VC（64）	N		Y		1	
2	属性说明	ATTDESC	VC（256）	N					
3	内容说明	DSCRPTN	VC（16）	N					
4	机构代码	FXKH_OGID	VC（12）						
5	交换标示位	FXKH_SDFL	VC（50）	N					
6	修改人	FXKH_MDPS	VC（30）						
7	修改日期	FXKH_MDDT	T						
8	数据来源	FXKH_DASC	VC（30）	N					
9	数据说明	FXKH_DSPT	VC（256）						
10	数据标识	FXKH_DAFL	C（1）	N					
11	数据流水号	FXKH_ATID	VC（36）	N					

e）各字段存储内容应符合下列规定：

　　1）属性说明：用度量值表示的属性说明。

　　2）内容说明：用格网单元值表示的信息类型，该字段填写代码值，见表 8.6.2-2。

表 8.6.2-2　数据类型代码表

分类名称	分类标识	代码值	中文名	顺序号	备注
数据类型代码	B5	001	影像	1	
		002	专题分类	2	
		003	物理量度	3	

　　元数据编号、机构代码、交换标示位、修改人、修改日期、数据来源、数据说明、数据标识、数据流水号的描述参见 8.1.1 节。

8.7　覆盖范围信息

8.7.1　地理覆盖范围信息表

　　a）本表存储有关数据集的地理位置信息（这仅仅是近似的方位，无须说明坐标）。

　　b）表标识：SLMD_GEOBNDBOX_E。

　　c）表编号：280601。

　　d）各字段定义见表 8.7.1-1。

表 8.7.1-1　地理覆盖范围信息表字段定义

序号	字段名称	字段标识	类型及长度	有无空值	计量单位	主键	外键	索引序号	备注
1	元数据编号	YSJBZ	VC（64）	N		Y		1	
2	西边经度	WESTBL	N（12，9）						
3	东边经度	EASTBL	N（12，9）						
4	南边纬度	SOUTHBL	N（12，9）						
5	北边纬度	NORTHBL	N（12，9）						
6	机构代码	FXKH_OGID	VC（12）						
7	交换标示位	FXKH_SDFL	VC（50）	N					

表8.7.1-1 地理覆盖范围信息表字段定义（续）

序号	字段名称	字段标识	类型及长度	有无空值	计量单位	主键	外键	索引序号	备注
8	修改人	FXKH_MDPS	VC（30）						
9	修改日期	FXKH_MDDT	T						
10	数据来源	FXKH_DASC	VC（30）	N					
11	数据说明	FXKH_DSPT	VC（256）						
12	数据标识	FXKH_DAFL	C（1）	N					
13	数据流水号	FXKH_ATID	VC（36）	N					

e）各字段存储内容应符合下列规定：

  1）西边经度：数据集覆盖范围最西边坐标，用十进制经度表示（东半球为正）。

  2）东边经度：数据集覆盖范围最东边坐标，用十进制经度表示（东半球为正）。

  3）南边纬度：数据集覆盖范围最南边坐标，用十进制纬度表示（东北球为正）。

  4）北边纬度：数据集覆盖范围最北边坐标，用十进制纬度表示（东北球为正）。

元数据编号、机构代码、交换标示位、修改人、修改日期、数据来源、数据说明、数据标识、数据流水号的描述参见8.1.1节。

8.7.2 时间覆盖范围信息表

a）本表存储数据及内容跨的时间段的有关信息。

b）表标识：SLMD_TEMPEXTENT_E。

c）表编号：280602。

d）各字段定义见表8.7.2-1。

表8.7.2-1 时间覆盖范围信息表字段定义

序号	字段名称	字段标识	类型及长度	有无空值	计量单位	主键	外键	索引序号	备注
1	元数据编号	YSJBZ	VC（64）	N		Y		1	
2	时间覆盖范围	EXTEMP	VC（64）						
3	起始时间	EXBEGIN	T						
4	终止时间	EXEND	T						
5	机构代码	FXKH_OGID	VC（12）						
6	交换标示位	FXKH_SDFL	VC（50）	N					
7	修改人	FXKH_MDPS	VC（30）						
8	修改日期	FXKH_MDDT	T						
9	数据来源	FXKH_DASC	VC（30）	N					
10	数据说明	FXKH_DSPT	VC（256）						
11	数据标识	FXKH_DAFL	C（1）	N					
12	数据流水号	FXKH_ATID	VC（36）	N					

e）各字段存储内容应符合下列规定：

  1）时间覆盖范围：数据及内容的日期和时间。

  2）起始时间：数据原始数据生成或采集的开始时间。

  3）终止时间：数据原始数据生成或采集的终止时间。

元数据编号、机构代码、交换标示位、修改人、修改日期、数据来源、数据说明、数据标识、数据流水号的描述参见8.1.1节。

8.7.3 垂向覆盖范围信息表

a) 本表存储有关数据集的垂向域信息。

b) 表标识：SLMD＿VERTEXTENT＿E。

c) 表编号：280603。

d) 各字段定义见表8.7.3-1。

表 8.7.3-1 垂向覆盖范围信息表字段定义

序号	字段名称	字段标识	类型及长度	有无空值	计量单位	主键	外键	索引序号	备注
1	元数据编号	YSJBZ	VC（64）	N		Y		1	
2	最小值	VERTMINVAL	N（10,2）	N					
3	最大值	VERTMAXVAL	N（10,2）	N					
4	度量单位	VERTUOM	VC（64）	N					米、英尺、厘米、百帕
5	垂向基准名称	VERTDATUMNM	VC（256）	N					
6	机构代码	FXKH＿OGID	VC（12）						
7	交换标示位	FXKH＿SDFL	VC（50）	N					
8	修改人	FXKH＿MDPS	VC（30）						
9	修改日期	FXKH＿MDDT	T						
10	数据来源	FXKH＿DASC	VC（30）	N					
11	数据说明	FXKH＿DSPT	VC（256）						
12	数据标识	FXKH＿DAFL	C（1）	N					
13	数据流水号	FXKH＿ATID	VC（36）	N					

e) 各字段存储内容应符合下列规定：

1) 最小值：数据集包含的垂向范围最小值。

2) 最大值：数据集包含的垂向范围最大值。

3) 度量单位：用于垂向范围信息的度量单位。

4) 垂向基准名称：提供度量垂向范围最大值和最小值的原点信息，该字段填写代码值，见表8.7.3-2。

元数据编号、机构代码、交换标示位、修改人、修改日期、数据来源、数据说明、数据标识、数据流水号的描述参见8.1.1节。

表 8.7.3-2 垂向坐标参照系代码表

分类名称	分类标识	代码值	中文名	顺序号	备注
垂向坐标参照系代码	B11	101	1956年黄海高程系	1	高程
		102	1985年国家高程系	2	
		103	地方独立高程系	3	
		104	大连高程基准	4	
		105	大沽高程基准	5	
		106	废黄河高程基准	6	
		107	吴淞高程基准	7	
		108	坎门高程基准	8	
		109	珠江高程基准	9	
		110	罗星塔高程基准	10	
		111	秀英高程基准	11	
		112	榆林高程基准	12	

表 8.7.3 - 2　垂向坐标参照系代码表（续）

分类名称	分类标识	代码值	中　文　名	顺序号	备　注
垂向坐标参照系代码	B11	201	略最低低潮面（印度大潮地潮面）	13	深度
		202	理论深度基准面	14	
		301	国家重力控制网（57 网）	15	重力相关
		302	1985 国家重力基本网（85 网）	16	
		303	维也纳重力基准	17	
		304	波茨坦重力基准	18	
		305	1971 国际重力基准网（IGSN - 71）	19	
		306	国际绝对重力基准网（IAGBN）	20	

8.8　分发信息

8.8.1　联系信息表

a）本表存储有关负责人和（或）负责单位联系所需信息。

b）表标识：SLMD _ CONTACT _ D。

c）表编号：280701。

d）各字段定义见表 8.8.1 - 1。

表 8.8.1 - 1　联系信息表字段定义

序号	字段名称	字段标识	类型及长度	有无空值	计量单位	主键	外键	索引序号	备　注
1	元数据编号	YSJBZ	VC（64）	N		Y		1	
2	分发订购程序	DISTORORDPRC	VC（256）	N					
3	负责人名	RPINDNAME	VC（128）						如果是 SLMD _ METADATA 表的关联数据则填 1
4	负责人单位名称	RPORGNAME	VC（128）						
5	职务	RPPOSNAME	VC（512）						
6	职责	ROLE	VC（128）						
7	电话	VOICENUM	VC（64）						
8	传真	FAXNUM	VC（64）						
9	详细地址	DELPOINT	VC（512）						
10	邮政编码	POSTCODE	VC（6）						
11	电子邮件地址	EMAILADD	VC（512）						
12	机构代码	FXKH _ OGID	VC（12）						
13	交换标示位	FXKH _ SDFL	VC（50）	N					
14	修改人	FXKH _ MDPS	VC（30）						
15	修改日期	FXKH _ MDDT	T						
16	数据来源	FXKH _ DASC	VC（30）	N					
17	数据说明	FXKH _ DSPT	VC（256）						
18	数据标识	FXKH _ DAFL	C（1）	N					
19	数据流水号	FXKH _ ATID	VC（36）	N					

e）各字段存储内容应符合下列规定：

1）分发订购程序：提供如何获得数据资源的有关信息，以及相关说明和费用信息。

2）负责人名：负责人的姓名。

3）负责人单位名称：负责人的单位名称。

4）职务：负责人的角色和职务。

5）职责：负责人的单位职责，该字段填写代码值，见表8.8.1-2。

表8.8.1-2　角色代码表

分类名称	分类标识	代码值	中文名	顺序号	备注
角色代码	B2	001	数据资源提供者	1	
		002	管理者	2	
		003	拥有者	3	
		004	用户	4	
		005	分发者	5	
		006	生产者	6	
		007	联系人	7	
		008	主要调查者	8	
		009	处理者	9	
		010	出版者	10	

6）电话：负责人或负责单位的电话号码。

7）传真：负责人或负责单位的传真号码。

8）详细地址：所在位置的详细地址，包括路、门牌号等。

9）邮政编码：所在位置的邮政编码。

10）电子邮件地址：负责人或负责单位的邮件地址。

元数据编号、机构代码、交换标示位、修改人、修改日期、数据来源、数据说明、数据标识、数据流水号的描述参见8.1.1节。

8.8.2　在线资源信息表

a）本表存储可以获取的数据集、规范、共用的领域专用标准名称和扩展的元数据元素的在线资源信息。

b）表标识：SLMD_ONLINERES_D。

c）表编号：280702。

d）各字段定义见表8.8.2-1。

表8.8.2-1　在线资源信息表字段定义

序号	字段名称	字段标识	类型及长度	有无空值	计量单位	主键	外键	索引序号	备注
1	元数据编号	YSJBZ	VC（64）	N		Y		1	
2	链接地址	LINKAGE	VC（512）						
3	协议	PROTOCOL	VC（64）						
4	名称	ORNAME	VC（512）						
5	说明	ORDESC	VC（4000）						
6	功能	ORFUNCT	VC（16）						详见表8.8.2-2
7	机构代码	FXKH_OGID	VC（12）						
8	交换标示位	FXKH_SDFL	VC（50）	N					
9	修改人	FXKH_MDPS	VC（30）						

表8.8.2-1　在线资源信息表字段定义（续）

序号	字段名称	字段标识	类型及长度	有无空值	计量单位	主键	外键	索引序号	备 注
10	修改日期	FXKH_MDDT	T						
11	数据来源	FXKH_DASC	VC（30）	N					
12	数据说明	FXKH_DSPT	VC（256）						
13	数据标识	FXKH_DAFL	C（1）	N					
14	数据流水号	FXKH_ATID	VC（36）	N					

e）各字段存储内容应符合下列规定：

1）链接地址：使用 URL 地址或类似地址模式进行在线访问的地址。

2）协议：使用的链接协议。

3）名称：在线资源名称。

4）功能：在线功能代码，该字段填写代码值，见表8.8.2-2。

表8.8.2-2　在 线 功 能 代 码 表

分类名称	分类标识	代码值	中文名	顺序号	备 注
在线功能代码	B14	001	下载	1	
		002	提供信息	2	
		003	离线访问	3	
		004	预定	4	
		005	检索	5	

5）说明：在线资源的中文解释。

元数据编号、机构代码、交换标示位、修改人、修改日期、数据来源、数据说明、数据标识、数据流水号的描述参见8.1.1节。

8.9　限制信息

8.9.1　限制信息表

a）本表存储有关访问和使用数据资源或元数据的限制信息。

b）表标识：SLMD_CONSATS_A。

c）表编号：280801。

d）各字段定义见表8.9.1-1。

表8.9.1-1　限制信息表字段定义

序号	字段名称	字段标识	类型及长度	有无空值	计量单位	主键	外键	索引序号	备 注
1	元数据编号	YSJBZ	VC（64）	N		Y		1	
2	用途限制	USERLIMIT	VC（256）						
3	访问限制	ACCESSCONSTS	VC（256）						详见表8.9.1-2限制代码
4	使用限制	USECONSTS	VC（64）						详见表8.9.1-2限制代码
5	安全制分级	CLASS	VC（256）						详见表8.9.1-4安全限制分级代码
6	机构代码	FXKH_OGID	VC（12）						
7	交换标示位	FXKH_SDFL	VC（50）	N					
8	修改人	FXKH_MDPS	VC（30）						

表 8.9.1－1　限制信息表字段定义（续）

序号	字段名称	字段标识	类型及长度	有无空值	计量单位	主键	外键	索引序号	备　注
9	修改日期	FXKH＿MDDT	T						
10	数据来源	FXKH＿DASC	VC（30）	N					
11	数据说明	FXKH＿DSPT	VC（256）						
12	数据标识	FXKH＿DAFL	C（1）	N					
13	数据流水号	FXKH＿ATID	VC（36）	N					

e）各字段存储内容应符合下列规定：

1）用途限制：影响数据资源适用性的限制。

2）访问限制：用于确保隐私权或保护知识产权的访问限制，以及获取数据资源时任何特殊的约束或限制。限制代码见表 8.9.1－2

表 8.9.1－2　限　制　代　码　表

分类名称	分类标识	代码值	中文名	顺序号	备　注
限制代码	B7	001	版权	1	
		002	专利权	2	
		003	专利审查中	3	
		004	商标	4	
		005	许可证	5	
		006	知识产权	6	
		007	受限制	7	
		008	其他限制	8	

3）使用限制：用于确保隐私权或保护知识产权的使用限制，以及使用数据资源时任何特殊的约束、限制或声明。

4）安全制分级：对于资源或元数据操作限制的名称，该字段填写代码值，见表 8.9.1－3。

表 8.9.1－3　安全限制分级代码表

分类名称	分类标识	代码值	中文名	顺序号	备　注
安全限制分级代码	B4	001	未分级	1	
		002	内部	2	
		003	秘密	3	
		004	机密	4	
		005	绝密	5	

元数据编号、机构代码、交换标示位、修改人、修改日期、数据来源、数据说明、数据标识、数据流水号的描述参见 8.1.1 节。

8.10　核心数据信息

8.10.1　核心记录信息表

a）本表存储有关数据集的核心记录信息。

b）表标识：DM＿DMRM＿V。

c）表编号：280901。

d）各字段定义见表8.10.1-1。

表8.10.1-1　核心记录信息表字段定义

序号	字段名称	字段标识	类型及长度	有无空值	计量单位	主键	外键	索引序号	备注
1	记录编号	RMTDTID	VC（64）	N		Y		1	
2	标识编号	IDENTID	VC（64）	N					
3	版本	VERSION	VC（16）	N					
4	标识主键字段	PKC	VC（128）	N					
5	标识主键值	PKV	VC（4000）	N					
6	摘要	IDABS	VC（4000）						
7	关键词	KEYWORD	VC（4000）						
8	目的	IDPURP	VC（4000）						
9	资源名称	ZYMC	VC（64）						
10	资源说明	ZYSM	VC（128）						
11	资源存储地址	ZYCFLJ	VC（128）						
12	资源提供者	TUSER	VC（30）						
13	资源维护者	WUSER	VC（30）						
14	发布者	PUSER	VC（30）						
15	创建日期	CREATEDATE	T						
16	机构代码	FXKH_OGID	VC（12）						
17	交换标示位	FXKH_SDFL	VC（50）	N					
18	修改人	FXKH_MDPS	VC（30）						
19	修改日期	FXKH_MDDT	T						
20	数据来源	FXKH_DASC	VC（30）	N					
21	数据说明	FXKH_DSPT	VC（256）						
22	数据标识	FXKH_DAFL	C（1）	N					
23	数据流水号	FXKH_ATID	VC（36）	N					

e）各字段存储内容应符合下列规定：

1）记录编号：核心记录信息编号。

2）标识编号：核心记录所关联的标识信息编号。

3）版本：核心记录的版本。

4）标识主键字段：核心记录的主键字段名，多个字段以","分隔，如实时雨水情中的降水量表（ST_PPTN_R）中主键字段为STCD和TM，则应该填写STCD,TM。

5）标识主键值：核心记录主键字段值，多个字段以","分隔，时间格式为（YYYY-MM-DD hh24：mi：ss），如实时雨水情中的降水量表（ST_PPTN_R）中有一条记录对应的核心记录的主键值为（81220540，2010-4-11 11：00：00）。

6）摘要：核心记录的摘要。

7）关键词：核心记录的关键词或短语。

8）目的：创建核心记录的目的说明。

9）资源名称：核心记录信息描述所引用到的数据资源名称。

10）资源说明：核心记录信息描述所引用到的数据资源说明。

11）资源存储地址：核心记录信息描述所引用到的数据资源存储路径。

12）资源提供者：核心记录信息描述所引用到的数据资源提供者。

13）资源维护者：核心记录信息描述所引用到的数据资源维护者。

14）发布者：核心记录信息的发布者。

15）创建日期：创建核心记录信息的日期。

机构代码、交换标示位、修改人、修改日期、数据来源、数据说明、数据标识、数据流水号的描述参见 8.1.1 节。

8.10.2 核心字段信息表

a）本表存储有关访问和使用数据资源或元数据的限制信息。

b）表标识：DM＿DMCM＿V。

c）表编号：280902。

d）各字段定义见表 8.10.2－1。

表 8.10.2－1 核心字段信息表字段定义

序号	字段名称	字段标识	类型及长度	有无空值	计量单位	主键	外键	索引序号	备注
1	记录编号	RMTDTID	VC（64）	N		Y		1	
2	元数据英文名称	ENNAME	VC（128）	N		Y		2	
3	版本	VERSION	VC（16）	N		Y		3	
4	字段值	MDV	VC（4000）	N					
5	摘要	IDABS	VC（4000）						
6	关键词	KEYWORD	VC（4000）						
7	目的	IDPURP	VC（4000）						
8	资源名称	ZYMC	VC（64）						
9	资源说明	ZYSM	VC（128）						
10	资源存储地址	ZYCFLJ	VC（128）						
11	资源提供者	TUSER	VC（30）						
12	资源维护者	WUSER	VC（30）						
13	发布者	PUSER	VC（30）						
14	创建日期	CREATEDATE	T						
15	机构代码	FXKH＿OGID	VC（12）						
16	交换标示位	FXKH＿SDFL	VC（50）	N					
17	修改人	FXKH＿MDPS	VC（30）						
18	修改日期	FXKH＿MDDT	T						
19	数据来源	FXKH＿DASC	VC（30）	N					
20	数据说明	FXKH＿DSPT	VC（256）						
21	数据标识	FXKH＿DAFL	C（1）	N					
22	数据流水号	FXKH＿ATID	VC（36）	N					

e）各字段存储内容应符合下列规定：

1）记录编号：字段关联到的核心记录信息编号。

2）元数据英文名称：核心字段的英文名称。

3）版本：核心字段的版本。

4）字段值：核心字段值。

5）摘要：核心字段的摘要。

6）关键词：核心字段的关键词或短语。

7）目的：创建核心字段的目的说明。

8）资源名称：核心字段信息描述所引用到的数据资源名称。

9）资源说明：核心字段信息描述所引用到的数据资源说明。

10）资源存储地址：核心字段信息描述所引用到的数据资源存储路径。

11）资源提供者：核心字段信息描述所引用到的数据资源提供者。

12）资源维护者：核心字段信息描述所引用到的数据资源维护者。

13）发布者：核心字段信息的发布者。

14）创建日期：创建核心字段信息的日期。

机构代码、交换标示位、修改人、修改日期、数据来源、数据说明、数据标识、数据流水号的描述参见 8.1.1 节。

附录 A 表标识符索引

编号	中文表名	表标识	表索引
280001	防洪抗旱信息元数据表	SLMD_METADATA_E	8.1.1-1
280101	标识信息表	SLMD_IDENT_M	8.2.1-1
280102	观测数据描述表	SLMD_OBSDTDS_M	8.2.2-1
280103	调查数据描述表	SLMD_SURDTDS_M	8.2.3-1
280104	实验数据描述表	SLMD_EXPDTDES_M	8.2.4-1
280105	专题数据描述表	SLMD_STDTDECS_M	8.2.5-1
280106	空间数据标识表	SLMD_SPATDATAIDENT_M	8.2.6-1
280107	数据元表	SLMD_DATAMETA_M	8.2.7-1
280201	数据质量报告表	SLMD_DQREPORT_Q	8.3.1-1
280202	数据志表	SLMD_LINEAGE_Q	8.3.2-1
280301	维护信息表	SLMD_MAINTINFO_S	8.4.1-1
280401	参照系信息表	SLMD_REFSYSTEM_R	8.5.1-1
280501	内容信息表	SLMD_CONTINFO_C	8.6.1-1
280502	数据层说明表	SLMD_COVDESC_C	8.6.2-1
280601	地理覆盖范围信息表	SLMD_GEOBNDBOX_E	8.7.1-1
280602	时间覆盖范围信息表	SLMD_TEMPEXTENT_E	8.7.2-1
280603	垂向覆盖范围信息表	SLMD_VERTEXTENT_E	8.7.3-1
280701	联系信息表	SLMD_CONTACT_D	8.8.1-1
280702	在线资源信息表	SLMD_ONLINERES_D	8.8.2-1
280801	限制信息表	SLMD_CONSATS_A	8.9.1-1
280901	核心记录信息表	DM_DMRM_V	8.10.1-1
280902	核心字段信息表	DM_DMCM_V	8.10.2-1

附录 B　字 段 标 识 符 索 引

编号	中文字段名	字段标识	类型及长度	计量单位	字 段 英 文 名	首次出现表
1	元数据编号	YSJBZ	VC（64）		Metadata number	8.1.1-1
2	语种	MDLANG	VC（2）		Classification of language	8.1.1-1
3	元数据名称	YSJWJM	VC（128）		Metadata name	8.1.1-1
4	字符集	MDCHAR	VC（16）		Character set	8.1.1-1
5	元数据创建日期	MDDATEST	T		Metadata created date	8.1.1-1
6	元数据标准名称	MDSTANNAME	VC（1024）		Metadata standard name	8.1.1-1
7	元数据标准版本	MDSTANVER	VC（32）		Metadata standard version	8.1.1-1
8	元数据分类	MDTYPE	VC（32）		Metadata classification	8.1.1-1
9	审核人	SUSER	VC（32）		Audit person	8.1.1-1
10	审核时间	SDATE	T		Audit time	8.1.1-1
11	审批状态	SPZT	C（1）		Approval status	8.1.1-1
12	审批意见	SPYJ	VC（512）		Approval opinion	8.1.1-1
13	机构代码	FXKH_OGID	VC（12）		Organization code	8.1.1-1
14	交换标示位	FXKH_SDFL	VC（50）		Swap flag	8.1.1-1
15	修改人	FXKH_MDPS	VC（30）		Modification person	8.1.1-1
16	修改日期	FXKH_MDDT	T		Modification time	8.1.1-1
17	数据来源	FXKH_DASC	VC（30）		Data sources	8.1.1-1
18	数据说明	FXKH_DSPT	VC（256）		Data specification	8.1.1-1
19	数据标识	FXKH_DAFL	C（1）		Data identification	8.1.1-1
20	数据流水号	FXKH_ATID	VC（36）		Serial number data	8.1.1-1
21	标识编号	IDENTID	VC（64）		Identification number	8.2.1-1
22	数据资源版本	IDEDVER	VC（32）		Version	8.2.1-1
23	中文名称	ORNAME	VC（256）		Name	8.2.1-1
24	标识符	IDENTCODE	VC（128）		Identifier	8.2.1-1
25	摘要	IDABS	VC（4000）		Remark	8.2.1-1
26	目的	IDPURP	VC（4000）		Purpose	8.2.1-1
27	关键词	KEYWORD	VC（4000）		Key words	8.2.1-1
28	状况	ISTATUS	VC（32）		Status	8.2.1-1
29	数据分类	TPCAT	VC（32）		Data classification	8.2.1-1
30	数据获取途径	GTMEAN	VC（16）		Data procurement	8.2.1-1
31	获取途径编码	GTMEANBH	VC（64）		Channel code	8.2.1-1
32	格式名称	FORMATNAME	VC（32）		Pattern name	8.2.1-1
33	格式版本	FORMATVER	VC（32）		Pattern version	8.2.1-1
34	观测数据编号	STATID	VC（64）		Observed data number	8.2.2-1
35	测站名称	ST_NAME	VC（256）		Stat name	8.2.2-1
36	测站基面	NETBLEVEL	VC（16）		Gauge datum	8.2.2-1
37	采样率	SAMPINTER	N（8）		Sampling rate	8.2.2-1
38	调查数据编号	SURMEANID	VC（64）		Survey data number	8.2.3-1
39	调查方法/手段	SURMEAN	VC（64）		Survey way/means	8.2.3-1
40	调查报告文件名	SURRPNAM	VC（256）		Census filename	8.2.3-1

附录 B 字段标识符索引（续）

编号	中文字段名	字段标识	类型及长度	计量单位	字段英文名	首次出现表
41	调查内容	SURCONT	VC（4000）		Survey content	8.2.3－1
42	最大值	SURMAXVAL	N（10，2）		Maximal Value	8.2.3－1
43	最小值	SURMINVAL	N（10，2）		Minimum value	8.2.3－1
44	实验数据编号	LABID	VC（64）		Experimental data number	8.2.4－1
45	实验室类别	LABCLASS	VC（64）		Laboratory classification	8.2.4－1
46	实验室资质	LABQUALI	VC（256）		Laboratory aptitude	8.2.4－1
47	实验仪器	LABINSTR	VC（256）		Laboratory apparatus	8.2.4－1
48	实验报告文件名	EXPREPNM	VC（256）		Laboratory report filename	8.2.4－1
49	项目编号	PROID	VC（64）		Project number	8.2.5－1
50	项目名称	PRONAME	VC（256）		Project name	8.2.5－1
51	项目来源	PROSORC	VC（256）		Project source	8.2.5－1
52	项目概述	PROSUMER	VC（4000）		Project summary	8.2.5－1
53	空间数据标识	SPATDATAIDENT	VC（64）		Spatial data identification	8.2.5－1
54	空间表示类型	SPATRPTP	VC（16）		Spatial representation type	8.2.5－1
55	文件名	FLNM	VC（128）		Filename	8.2.5－1
56	文件说明	BGFILEDESC	VC（1024）		File description	8.2.6－1
57	文件类型	FLEXT	VC（16）		File type	8.2.6－1
58	等效比例尺分母	EQUSCALE	VC（64）		Equivalent scale denominator	8.2.6－1
59	采样间隔	SCALDIST	VC（64）		Sampling interval	8.2.6－1
60	环境说明	ENVIRDESC	VC（1024）		Environment description	8.2.6－1
61	补充信息	SUPPINFO	VC（1024）		Supplementary information	8.2.6－1
62	元数据中文名称	CNNAME	VC（128）		Metadata Chinese name	8.2.7－1
63	元数据英文名称	ENNAME	VC（128）		Metadata English name	8.2.7－1
64	版本	VERSION	VC（16）		Version	8.2.7－1
65	描述	MS	VC（512）		Description	8.2.7－1
66	类型	LX	VC（16）		Type	8.2.7－1
67	长度	DPDS_LEN	N（7，2）		Length	8.2.7－1
68	格式	GS	VC（128）		Pattern	8.2.7－1
69	单位	DW	VC（128）		Unit	8.2.7－1
70	值域	ZY	VC（128）		Range	8.2.7－1
71	关联数据集	GLSJJ	VC（128）		Associated data	8.2.7－1
72	是否主键	IS_PK	VC（16）		Whether the primary key	8.2.7－1
73	是否核心字段	IS_MC	C（1）		Whether the core field	8.2.7－1
74	度量名称	MEASNAME	VC（64）		Metric name	8.3.1－1
75	度量标识	MEASLD	VC（64）		Metric identify	8.3.1－1
76	度量说明	MEASDESC	VC（256）		Metric description	8.3.1－1
77	值类型	QUANVALTYPE	VC（64）		Value type	8.3.1－1
78	值单位	QUANVALUNIT	VC（64）		Value unit	8.3.1－1
79	误差统计	ERRSTAT	VC（64）		Error statistics	8.3.1－1
80	值	QUANVAL	VC（64）		Value	8.3.1－1

附录 B 字段标识符索引（续）

编号	中文字段名	字段标识	类型及长度	计量单位	字段英文名	首次出现表
81	评价方法类型	EVALMETHTYPE	VC（256）		Evaluation methodology type	8.3.1-1
82	评价方法说明	EVALMETHDESC	VC（256）		Evaluation methodology description	8.3.1-1
83	评价程序	EVALPROC	VC（256）		Evaluation program	8.3.1-1
84	评价日期时间	MEASDATETM	T		Evaluation date	8.3.1-1
85	评价规范	CONSPEC	VC（64）		Evaluation standard	8.3.1-1
86	评价解释	CONEXPL	VC（256）		Evaluation explain	8.3.1-1
87	评价结果	CONPASS	C（1）		Evaluation result	8.3.1-1
88	数据志编号	STEPBH	VC（64）		Data lineage number	8.3.2-1
89	处理步骤说明	STEPDESC	VC（256）		Processing steps description	8.3.2-1
90	基本原理	STEPRAT	VC（256）		Fundamental	8.3.2-1
91	日期时间	STEPDATETM	T		Date	8.3.2-1
92	比例尺分母	SRCSCALE	N（8）		Scale denominator	8.3.2-1
93	参照系	SRCDATUM	VC（256）		Frame of reference	8.3.2-1
94	处理者	STEPUSER	VC（30）		Handler	8.3.2-1
95	维护与更新频率	MAINTFREQ	VC（16）		Defend update	8.4.1-1
96	下次更新日期	DATENEXT	T		Next update time	8.4.1-1
97	用户要求的维护频率	USRDEFFREQ	VC（16）		Defend rate	8.4.1-1
98	更新范围	MAINTSCP	VC（256）		Update range	8.4.1-1
99	更新范围说明	UPSCPDESC	VC（256）		Update range description	8.4.1-1
100	维护注释	MAINTNOTE	VC（256）		Defend description	8.4.1-1
101	参照系标识符	REFSYSID	VC（256）		Reference line identifier	8.5.1-1
102	投影	PROJECTION	VC（256）		Shadow	8.5.1-1
103	椭球体	ELLIPSOID	VC（256）		Spheroid	8.5.1-1
104	基准代码	DATUM	VC（256）		Standard code	8.5.1-1
105	要素类型	CATFETTYPE	VC（64）		Feature type	8.6.1-1
106	属性说明	ATTDESC	VC（256）		Attribute description	8.6.2-1
107	内容说明	DSCRPTN	VC（16）		Instruction	8.6.2-1
108	西边经度	WESTBL	N（12，9）		West longitude	8.7.1-1
109	东边经度	EASTBL	N（12，9）		East longitude	8.7.1-1
110	南边纬度	SOUTHBL	N（12，9）		South latitude	8.7.1-1
111	北边纬度	NORTHBL	N（12，9）		North latitude	8.7.1-1
112	时间覆盖范围	EXTEMP	VC（64）		Time coverage area	8.7.2-1
113	起始时间	EXBEGIN	T		Begin time	8.7.2-1
114	终止时间	EXEND	T		End time	8.7.2-1
115	度量单位	VERTUOM	VC（64）		Metric unit	8.7.3-1
116	垂向基准名称	VERTDATUMNM	VC（256）		Vertical standard name	8.7.3-1
117	分发订购程序	DISTORORDPRC	VC（256）		Issue order program	8.8.1-1
118	负责人名	RPINDNAME	VC（128）		Responsible person	8.8.1-1
119	负责人单位名称	RPORGNAME	VC（128）		Responsible person unit	8.8.1-1
120	职务	RPPOSNAME	VC（512）		Business	8.8.1-1

附录 B 字段标识符索引（续）

编号	中文字段名	字段标识	类型及长度	计量单位	字段英文名	首次出现表
121	职责	ROLE	VC（128）		Duty	8.8.1-1
122	电话	VOICENUM	VC（64）		Phone	8.8.1-1
123	传真	FAXNUM	VC（64）		Fax	8.8.1-1
124	详细地址	DELPOINT	VC（512）		Detailed address	8.8.1-1
125	邮政编码	POSTCODE	VC（6）		Postalcode	8.8.1-1
126	电子邮件地址	EMAILADD	VC（512）		E-mail address	8.8.1-1
127	链接地址	LINKAGE	VC（512）		Chained address	8.8.2-1
128	协议	PROTOCOL	VC（64）		Agreement	8.8.2-1
129	名称	ORNAME	VC（512）		Name	8.8.2-1
130	说明	ORDESC	VC（4000）		Description	8.8.2-1
131	功能	ORFUNCT	VC（16）		Function	8.8.2-1
132	用途限制	USERLIMIT	VC（256）		User restriction	8.9.1-1
133	访问限制	ACCESSCONSTS	VC（256）		Access restrictions	8.9.1-1
134	使用限制	USECONSTS	VC（64）		Service restrictions	8.9.1-1
135	安全制分级	CLASS	VC（256）		Security grade	8.9.1-1
136	记录编号	RMTDTID	VC（64）		Record id	8.10.1-1
137	标识主键字段	PKC	VC（128）		Identify key word	8.10.1-1
138	标识主键值	PKV	VC（4000）		Key word value	8.10.1-1
139	资源名称	ZYMC	VC（64）		Source name	8.10.1-1
140	资源说明	ZYSM	VC（128）		Source description	8.10.1-1
141	资源存储地址	ZYCFLJ	VC（128）		Source store address	8.10.1-1
142	资源提供者	TUSER	VC（30）		Source tenderer	8.10.1-1
143	资源维护者	WUSER	VC（30）		Source vindicator	8.10.1-1
144	发布者	PUSER	VC（30）		Promulgator	8.10.1-1
145	创建日期	CREATEDATE	T		Creation date	8.10.1-1
146	字段值	MDV	VC（4000）		Field value	8.10.2-1